普通高等教育教材

吉林省普通本科高校省级重点教材

生物化学

THE THIRD EDITION

第三版

常桂英　邢力　叶飞　主编

化学工业出版社

·北京·

内容简介

《生物化学》全书共分三篇十四章。第一篇为静态生物化学，包括蛋白质化学、核酸化学、糖类化学、脂类化学及酶与维生素；第二篇为动态生物化学，包括生物氧化、糖代谢、脂类物质的代谢、蛋白质的酶促降解与氨基酸代谢、核酸的酶促降解与核苷酸代谢；第三篇为分子生物化学，包括 DNA 的生物合成、RNA 的生物合成、蛋白质的生物合成及物质代谢的相互联系及调节控制。本书在讲授专业知识的同时，有机融入了“人物事迹、绿色生态、健康中国、中国文化”等课程思政元素，有利于培养学生的家国情怀、科学精神，提高道德素养。

本书可作为生物科学类（生物科学、生物技术等）；生物工程类（生物制药、生物工程等）；植物生产类（农学、植物保护、园艺等）；动物生产类（动物科学等）；动物医学类（动物医学、动植物检疫等）；药学类（中药学、药物制剂等）；化工与制药类（制药工程等）；食品类（食品科学与工程、食品营养与健康等）的本科生教材，也可作为其他学科本科生学习生物化学课程的选修或辅修教材及参考书。

图书在版编目（CIP）数据

生物化学 / 常桂英，邢力，叶飞主编. -- 3 版.
北京：化学工业出版社，2026. 1. -- (普通高等教育教材)（吉林省普通本科高校省级重点教材）. -- ISBN 978-7-122-49756-7

I. Q5

中国国家版本馆 CIP 数据核字第 2026FG1503 号

责任编辑：熊明燕　蔡洪伟　旷英姿
责任校对：张茜越　　　　装帧设计：王晓宇

出版发行：化学工业出版社
（北京市东城区青年湖南街 13 号　邮政编码 100011）
印　　装：三河市双峰印刷装订有限公司
787mm×1092mm　1/16　印张 21½　字数 528 千字
2026 年 3 月北京第 3 版第 1 次印刷

购书咨询：010-64518888　　售后服务：010-64518899
网　　址：http://www.cip.com.cn
凡购买本书，如有缺损质量问题，本社销售中心负责调换。

定　　价：49.80 元
版权所有　违者必究

《生物化学》(第三版)编审人员

主　编　常桂英　邢　力　叶　飞

副主编　田瑞雪　麻馨月　王　欢　王俊玲

主　审　梁忠岩

编写人员（按姓氏笔画排序）

王　欢　王俊玲　王　霞

叶　飞　田瑞雪　邢　力

刘晓丹　李佳蓉　李珊珊

杨国会　郑　雪　常桂英

麻馨月

前言

本书第三版在修订之际，正值全国高等教育深化改革、课程思政全面推进的重要时期。自第二版教材发行以来，我们收到了众多师生的宝贵反馈：大家普遍认为教材内容系统全面、专业性强，但在引导学生将专业知识与家国情怀、科学精神相融合方面仍有提升空间；同时，在信息技术与教育教学深度融合的背景下，读者对教材的形态创新与资源拓展也提出了更高期待。

本次修订在保留第二版基本结构和编写特色的基础上进行了三方面优化：首先，全面推进课程思政有机融入育人元素。每章新增了典型的案例及启示，如绪论部分中国生物化学家吴宪的事迹，蛋白质化学部分中国首次人工合成结晶牛胰岛素的事例，核酸化学部分杂交水稻之父袁隆平的事迹，脂类化学部分药学家屠呦呦发现并提取青蒿素的事迹。通过这些事例，弘扬爱国情怀，树立民族自信，厚植社会主义核心价值观，其他章节也选取典型事例，将党的二十大报告中体现的新思想、新理念、科学方法论与专业知识有机融合，帮助学生在学习专业知识的同时，提高道德素养，树立正确的世界观、价值观和健康观。其次，积极响应教育数字化战略，构建新形态教材体系。将教学微课等资源以二维码的形式融入教材，方便学生进行自主学习。再次，每章新增思考题，助力知识巩固。此外，其他各章部分内容也作了一定程度的修订，进一步对第二版不妥之处进行了校正。

全书由吉林农业科技学院深耕生物化学领域的中青年骨干教师共纂，分工如下：绪论由杨国会、叶飞编写；第一章由田瑞雪编写；第二章由叶飞、王欢、田瑞雪编写；第三章由王俊玲、田瑞雪编写；第四章由王欢、田瑞雪编写；第五章由邢力、田瑞雪编写；第六章由常桂英、邢力、田瑞雪编写；第七章由常桂英、田瑞雪编写；第八章由邢力、田瑞雪编写；第九章由田瑞雪编写；第十章由邢力、田瑞雪编写；第十一章由叶飞、王欢、李珊珊编写；第十二章由叶飞、王俊玲、刘晓丹编写；第十三章由叶飞、王俊玲、王霞编写；第十四章由麻馨月、邢力、郑雪编写；附录由李佳蓉编写。本书由常桂英统稿，梁忠岩主审。

本书修订过程中得到了吉林农业科技学院校领导的支持和化学工业出版社的帮助，在此表示感谢！由于编者水平有限，书中不足之处在所难免，敬请读者提出宝贵意见。

编者

2025 年 10月

第一版 前言

生物化学是高等学校生物类、农学类、医学类、食品类等相关专业的专业基础课，该课程以蛋白质、核酸、糖类、脂类四大物质的组成、结构、性质、代谢转化、信息传递等生命活动过程中的化学变化规律及其相关知识等为基本内容。

本书分四篇共十六章，第一篇为静态生物化学，包括蛋白质化学、核酸化学、糖类化学、脂类化学及酶与维生素五章；第二篇为动态生物化学，包括生物氧化、糖代谢、脂类物质的代谢、蛋白质的酶促降解与氨基酸代谢、核酸的酶促降解与核苷酸代谢五章；第三篇为分子生物化学，包括 DNA 的生物合成、RNA 的生物合成、蛋白质的生物合成及物质代谢的相互关系及调节控制；第四篇为组织、器官生物化学，包括血液与肝脏生物化学、蛋和乳的生物化学。

全书由长期从事生物化学教学与科学研究的中青年骨干教师编写完成。具体编写分工是：绪论、第三章由湖南工业大学刘飞编写；第一章由湖南科技大学孙远东编写；第二章由南华大学曹运长编写；第四、第八、第九章由吉林农业科技学院李玉杰编写；第五、第十五章由吉林农业科技学院邢力编写；第六、第七、第十、第十四章由吉林农业科技学院常桂英编写；第十一～十三章由吉林农业科技学院叶飞编写；第十六章由吉林农业科技学院金艳梅编写；附录部分由吉林市畜牧局于经伟编写。本书由常桂英、刘飞主编，梁忠岩主审，常桂英负责全书的统稿。

本教材在编写过程中力求做到“注重基础、突出重点、便于学习”。“注重基础”就是保证生物化学基础知识的完整性；“突出重点”就是突出蛋白质、核酸、酶的结构、性质、分离纯化的核心地位，并为后续章节奠定基础；“便于学习”就是根据教学规律与学生的认知规律，章前设有内容概要与学习指导，章后设有知识框架，在章节安排上由浅入深，以便于学生理解和掌握生物化学的原理和知识体系。

本书可作为生物类（生物科学、生物技术、生物工程等）、农学类（农学、园艺、兽医、畜牧等）和医学类（中药、动医、动植物检疫等）、食品类（食品工程、食品科学等）的本科生教材，也可作为其他学科本科生学习生物化学课程的选修或辅修教材及参考书。本书在编写过程中得到相关院校领导、化学工业出版社的支持与帮助，在此一并表示感谢！但由于编者学识水平有限，对某些知识点的理解不够深刻，在内容取舍上也有不尽如人意的地方，恳请读者批评指正。

编者

2010 年 3 月

第二版　前言

《生物化学》第一版于2010年出版，出版后受到广大读者欢迎，也得到了多所高等院校师生的认可和支持，同时广大师生在使用本教材过程中发现了一些缺点和不足，需要改正。而且近几年生物化学领域又有了不少新的进展，因此有必要修订再版，使之更完善、更符合教学的需要。

本书第二版保留了第一版的基本结构和编写特色，修订原则力求“注重基础、突出重点、便于学习”，着重反映学科的最新进展。主要修订内容如下：删去第四篇组织、器官生化部分，其他部分基本框架不变；蛋白质化学增加氨基酸 pK 和 p*I* 值内容；糖代谢部分对多糖降解内容进行了扩充调整，增设血糖的来源和去路；酶与维生素部分增加酶活力测定方法、硫辛酸、维生素C部分的内容，进一步丰富了酶促反应动力学内容；氨基酸分解代谢部分增加了机体重要的转氨基反应。此外，其他各章部分内容也做了一定程度的修订，并对第一版教材中一些图表进行替换，进一步对第一版不妥之处进行了校正。

全书由长期从事生物化学教学与科学研究的中青年骨干教师编写完成。具体编写任务分工是：第六章和第七章由吉林农业科技学院常桂英编写；第五章、第八章、第十章由吉林农业科技学院邢力编写；第二章、第十一章～第十三章由吉林农业科技学院叶飞编写；绪论和第一章由吉林农业科技学院杨国会编写；第三章由湖南工业大学刘飞编写；第四章由吉林农业科技学院金艳梅编写；第九章由吉林农业科技学院田瑞雪编写；第十四章由吉林农业科技学院麻馨月编写；附录部分由吉林市畜牧局王经伟编写。

本书再版编写过程中得到吉林农业科技学院校领导的支持、化学工业出版社的帮助，在此表示感谢！由于编者水平有限，书中疏漏之处在所难免，敬请读者提出宝贵意见。

编者

2017年12月

目录

第二篇 动态生物化学

第三篇　分子生物化学

二维码资源目录

序号	资源名称	资源类型	页码
1	绪论	视频	001
2	蛋白质化学总论	视频	006
3	氨基酸的分类与物理研究	视频	008
4	氨基酸等电点	视频	013
5	氨基酸的化学反应	视频	016
6	肽	视频	022
7	蛋白质的结构与功能	视频	024
8	蛋白质的性质	视频	040
9	蛋白质的分离、纯化	视频	043
10	蛋白质的分离纯化方法	视频	044
11	蛋白质的鉴定与分析	视频	049
12	核酸的概念	视频	057
13	核苷酸的结构	视频	058
14	DNA 的结构	视频	062
15	tRNA 的结构	视频	066
16	核酸的理化性质	视频	068
17	核酸的变性、复性与分子杂交	视频	069
18	酶的概念	视频	122
19	酶的分类和命名	视频	123
20	酶的化学本质和结构	视频	126
21	维生素与辅酶	微课	127
22	酶的结构与功能	视频	135
23	诱导契合学说	视频	139
24	酶的高效性机制	视频	140
25	酶促反应动力学底物浓度	视频	141
26	酶促反应动力学酶浓度、温度、pH 对酶反应速率的影响	视频	142
27	酶促反应动力学竞争性抑制作用	视频	146
28	生物氧化的特点	视频	154
29	生物氧化体系——呼吸链	视频	160
30	ATP 的生成方式	视频	165
31	化学渗透假说	视频	168
32	线粒体的穿梭系统	视频	170
33	多糖的酶促磷酸解	视频	176

续表

序号	资源名称	资源类型	页码
34	糖酵解	视频	178
35	糖有氧氧化	视频	184
36	三羧酸循环	视频	185
37	糖有氧氧化的能量计算	视频	189
38	磷酸戊糖途径	视频	189
39	糖异生	视频	193
40	寡糖和多糖的合成	视频	196
41	脂肪的分解代谢	视频	208
42	脂肪酸氧化	视频	209
43	脂肪酸氧化的能量计算	视频	211
44	酮体的生成与利用	视频	212
45	乙醛酸循环	视频	215
46	脂肪的合成代谢	视频	216
47	氨基酸的一般代谢	视频	230
48	鸟氨酸循环	视频	235
49	氨的转运	视频	238
50	个别氨基酸的分解代谢	视频	239
51	芳香族氨基酸的代谢	视频	240
52	氨基酸的合成代谢	视频	244
53	嘌呤的分解代谢	视频	251
54	嘧啶的分解代谢	视频	253
55	核苷酸的合成代谢	视频	254
56	嘌呤核苷酸的从头合成	视频	254
57	核苷酸合成的抗代谢物	视频	262
58	DNA 是遗传物质的发现	视频	268
59	半保留复制的发现	视频	269
60	参与 DNA 复制的酶与蛋白质	视频	272
61	DNA 复制的过程	视频	275
62	端粒的复制	视频	278
63	RNA 聚合酶	视频	286
64	转录的过程	视频	287
65	启动子	视频	287
66	转录终止机制	视频	289
67	转录后加工修饰	视频	290
68	遗传密码的特性	视频	298
69	rRNA 与蛋白质合成场所	视频	300
70	翻译的步骤	视频	301
71	肽链合成后的加工	视频	305
72	代谢调节	视频	314
73	乳糖操纵子	视频	319
74	色氨酸操纵子	视频	320

绪论

绪 论

一、生物化学的含义

生物化学是关于生命的化学，或者说是关于生命的化学本质的科学。它是以研究生物体的化学组成，生物物质的结构和功能，生命过程中物质变化和能量变化的规律，以及一切生命现象（如生长、发育、运动、呼吸、遗传、变异、衰老、生命起源等）的生物化学原理为基本内容的科学。

生物化学涉及的范围很广，学科分支越来越多。根据所研究的生物对象不同，可分为动物生化、植物生化、微生物生化、农业生化、临床生化等。随着生化向纵深发展，学科本身的各个组成部分常常被作为独立的分科，如蛋白质生化、糖的生化、核酸、酶学、能量代谢、代谢调控等。现代科学中非常引人瞩目的分子生物学，可视为以研究生物大分子的结构与功能为主要内容的现代生物化学的前沿学科。

生物化学既是由多学科共同孕育形成并发展起来的边缘学科，又是生物及医学、农学、环保等学科必不可少的基础学科；既是在理论和技术方面都有很大影响的带头学科，又是涉及面很广的应用学科。无论就其在自然科学中的地位来看，还是从其在国民经济建设中的作用来看，都是十分重要的一门科学。正如 1953 年 Watson 和 Crick 提出 DNA 分子双螺旋结构模型，对生物学、遗传学、医学、农学，从理论到实践所产生的深刻影响那样，生物化学研究成果的意义远远超出对生命本身的认识。

二、生物化学的形成和发展

生物化学是一门新兴学科，是 20 世纪早期在有机化学、生物学、医学、农学等学科的基础上形成的一门边缘学科。早在史前，人类就已经在生产、生活和医疗等方面积累了许多与生化有关的实践经验。如在公元前 22 世纪就用谷物酿酒；公元前 12 世纪就会制酱、制饴糖。公元前 7 世纪，我国中医医生就用车前子、杏仁等中草药治疗脚气病，用猪肝治疗夜盲症（俗称“雀蒙眼”）等。然而，人们对生命的化学本质的认识却很晚，直到 18 世纪中后期才有所发现。

19 世纪末以前是静态生物化学阶段。这是生物化学发展的萌芽阶段，其主要的工作是分析和研究生物体的组成成分。18 世纪 70 年代，Schcele 从动、植物材料中分离出甘油及柠檬酸、苹果酸、乳酸、尿酸等有机物。18 世纪 80 年代，Lavoisier 发现动物吸入 O_2，呼出 CO_2，证明了呼吸作用就是氧化作用，他还证明了酒精发酵本质上是一系列的化学反应过程。19 世纪，对生命现象开展了比较广泛的研究，对生命的化学本质的认识有了许多重大进展，为生物化学学科的形成奠定了基础。1810 年，Gay-Lussac 推导出了酒精发酵的反应式；1833 年，Payen 分离出麦芽淀粉酶。19 世纪 50 年代，Pasteur 证明了酒精发酵是微生物引起的，排除了发酵自生论。19 世纪 60 年代，德国生理化学家 Hoppe-Seyler 得到了蛋白质结晶——血红蛋白；Mendel 发表了豌豆杂交试验；Miescher 发现核酸等。此后，Fis-

cher 等对酶的催化作用机理进行了早期的研究。

1877 年，Hoppe-Seyler 首次提出“Biochemie”（“生物化学”），并创办了《生理化学》杂志。从此，随着生产和研究工作的发展，以及教学工作的需要，生物化学的有关内容才从有机化学、生理学、医学等学科中独立出来，逐渐形成了现在这样一门以生物功能为轴心的理论体系独特的边缘学科。

20 世纪上半叶是动态生物化学阶段。这一时期是生物化学蓬勃发展的时期，人们基本上弄清了生物体内各种主要化学物质的代谢途径。早期的发酵和医学研究对生化的发展，无论是在生化的早期，还是在现代生化研究中，都是重要的动力。特别是在 1897 年，Buchner 兄弟利用无细胞酵母汁液发酵蔗糖产生酒精的研究将酶学和代谢等现代生化研究引入了一个快速发展的新时期，是生化发展早期的一个重要里程碑。脂肪酸氧化降解途径、糖酵解途径、三羧酸循环途径的基本化学过程都在 20 世纪 30 年代提出来了。1926 年，Sumner 获得脲酶结晶，证明了酶的化学本质是蛋白质；其后，蛋白质分子结构和功能的研究成了热点。

20 世纪 50 年代进入分子生物学时期。这一阶段的主要研究工作就是探讨各种生物大分子的结构与其功能之间的关系。1955 年，由 Sanger 首次完成了牛胰岛素分子的一级结构分析。10 年之后的 1965 年，由我国生物化学家率先完成了结晶牛胰岛素分子的人工合成，为推动核酸、蛋白质等生物大分子的人工合成作出了重大贡献。同一历史时期，关于蛋白质分子空间构象与功能的研究、核酸大分子结构与功能的研究、生物膜的结构与功能的研究，以及生物氧化、电子传递链、辅酶、激素等方面都有突破性的研究成果。1965 年 Monod 提出的蛋白质变构学说，对酶学和代谢调节的研究产生了积极的影响。由于放射性同位素标记追踪实验用于代谢研究，以及酶抑制剂的使用和微量分析技术的进步，在 20 世纪 50 年代关于氨基酸、嘌呤、嘧啶、脂肪酸、萜类化合物等许多物质的生物合成和酶促降解途径被阐明了。

自 1944 年 Avery 用肺炎球菌转化实验证明了核酸是遗传的物质基础之后，1953 年 Watson 和 Crick 提出了 DNA 双螺旋结构模型，奠定了分子遗传学的理论基础。1967 年，Weiss 发现了 T4 噬菌体 DNA 连接酶，R. Yuan 发现了 DNA 限制性内切酶，这些发现为研究核酸大分子结构和功能找到了自由切割和重组的工具。在此基础上，1977 年 Sanger 完成了由 5375 个核苷酸组成的 ΦX174DNA 一级结构分析。这些成果和方法，以及原核细胞代谢调控机理的研究成果为进行遗传物质结构和功能的研究，为基因分离、体外重组和体内表达创造了条件。进入 20 世纪 80 年代世界新的工业革命浪潮以来，各国政府对生物技术和新材料都倍加重视，分子生物学研究成了最受青睐的学术领域之一，酶工程、遗传工程、细胞工程、生物工程都得到了迅速发展。其中，DNA 重组技术已成为当代最突出的科学成就之一。通过重组技术，可将亲缘关系很远的外来基因引入细胞，从而实现了定向改造微生物的 DNA 分子，创造出具有新的遗传性状的新物种。生化研究把人们认识自然、改造自然的能力发展到了一个自由度更大的新阶段。

1990 年，人类基因组计划（将人体 23 对染色体全部 DNA 的核苷酸序列测出来）正式启动，到 2000 年 6 月，人类基因组序列草图提前完成。这是人类生命科学历史上的一个重大里程碑，它揭示了人类遗传学图谱的基本特点，将为人类的健康和疾病研究带来根本性的变革。

2014 年 6 月 5 日，清华大学宣布：清华大学医学院颜宁教授研究组在世界上首次解析了人源葡萄糖转运蛋白 GLUT1 的晶体结构，初步揭示了其工作机制及相关疾病的致病机理。该研究成果被国际学术界誉为“具有里程碑意义”的重大科学成就。

三、本课程的内容组成

本书属于普通生化的范畴，其内容以介绍生物界普遍存在的化学物质和共同遵循的基本代谢规律为主。课程内容主要由三部分组成。

1. 生物体的化学组成

生物机体的化学组成非常复杂，从无机物到有机物，从小分子到各种生物大分子，应有尽有。除了各种无机盐和水之外，大多数生物物质是由下面30种小分子前体物质构成的。有人将这30种前体物质称为生物化学的字母表。

（1）20种氨基酸　氨基酸是组成所有蛋白质分子的单体，也参与许多其他结构物质和活性物质的组成。

（2）5种芳香族碱基　2种嘌呤（腺嘌呤和鸟嘌呤）和3种嘧啶（胞嘧啶、尿嘧啶、胸腺嘧啶）分别参加核苷酸的组成。核苷酸是DNA和RNA分子的前体，也是核苷酸类辅酶和高能磷酸化合物ATP等三磷酸核苷酸的前体。

（3）2种糖　D-葡萄糖是植物光合作用的主要产物，也是多糖化合物的主要单体分子。D-核糖是核苷酸的组成成分。

（4）脂肪酸、甘油和胆碱　它们是脂肪和类脂的组成成分。类脂中，磷脂分子是组建生物膜双层脂质的基本物质。

由以上单体分子或它们的衍生物为基本成分组成的糖类、脂类、蛋白质、核酸以及对代谢起催化和调节作用的酶、维生素和激素，通常被称为生物化学中的四大基本物质和三大活性物质。研究这些生物物质的结构、性质和功能的内容，在生物化学教材中，称为静态生物化学。书中的第一章至第五章属静态生物化学的内容。

2. 代谢的研究

新陈代谢是生命的基本特征。在生化中，关于代谢的内容称为动态生物化学。物质代谢是生物体与外界的物质交换过程，是活细胞进行的复杂的系列酶促反应过程，其基本过程主要包括三大步骤：消化、吸收→中间代谢→排泄。其中，中间代谢过程是在细胞内进行的，是最为复杂的化学变化过程，它包括合成代谢、分解代谢、物质互变、代谢调控、能量代谢几方面的内容。合成代谢是生物体利用外来营养物质转化为自身有机物质的过程；分解代谢则是生物机体中原有的有机物质分解并转化为环境中物质的过程。代谢过程的化学反应可分为氧化还原反应、基团转移反应、水解反应、裂解反应、异构反应和合成反应。动态生物化学以代谢途径为中心，研究物质在细胞内的变化规律及其伴随发生的能量变化。书中第六章至第十章属代谢方面的内容。

3. 遗传的分子基础及代谢调节

生物性状之所以能代代相传，是靠核酸和蛋白质作为物质基础。DNA是遗传信息的载体，通过DNA分子半保留复制，将遗传信息传递给子代细胞，再通过蛋白质生物合成，将生物的遗传性状表达出来。生物体内的化学变化，就反应性质的复杂性、产品的多样性和生产组织调控的严密性来说，是任何现代化大工厂所不能比拟的。从20世纪60年代以来，现代生化研究正在逐渐揭示生物体代谢调节机制的秘密，所取得的成果已经对遗传育种和生物工程产业产生巨大影响。细胞内存在多条信号转导途径，而这些途径之间通过一定的方式相互交织在一起，从而构成了非常复杂的信号转导网络，调控细胞的代谢、生理活动及生长分化。代谢调控理论是新型发酵生产的主要理论依据，在抗生素、氨基酸、核苷酸、酶制剂、单细胞蛋白等新型发酵领域，若没有代谢调控理论的指导，则难以实现生产目标。第十一章至第十四章介绍这方面的基本知识。

四、学习生物化学应注意的几个问题

1. 建立起以生物功能为轴线的思维体系

因为生物化学的理论体系是以生物功能为轴线建立起来的，不同于无机化学以元素周期系为基础的理论体系，也不同于有机化学以官能团为基础的理论体系。从静态生化到动态生化都贯穿着生物功能这根轴线。静态生化中有些生化物质的概念就与有机化学的不同。关于分子结构与生物功能的关系更是生化重点讨论的内容，例如，维生素类化合物有30多种，它们的化学结构相差很大，可分别属于有机化学的醇、酸、酚、醌、醛、胺、苷等化合物。因为它们在体内都有调节代谢、维持生命的作用，故同归为一类，叫作维生素。生物化学中的脂类化合物，是泛指生物合成并能被生物体利用的所有溶于有机溶剂的化合物。其成员复杂，远远超出了有机化学中酯类的范围，却又不能包括有机化学中所有的酯类化合物。酶是蛋白质，却又从蛋白质化学中独立出来，以突出研究其结构、功能和作用机理。至于各种物质在细胞中的代谢变化，都有其特定的生物功能。学习研究反应过程和代谢变化规律，要理解正常代谢与生命现象的关系，还要理解正常或非正常代谢与发酵生产的关系。

2. 注意学习技巧

生物化学内容虽有静态和动态之分，但编排次序并没有固定的格式，无论怎样编排，前后内容都是平等的，但又互相联系、互相依存。前面的内容常常需要学到后面才能深入理解，学习后面的内容又离不开前面的知识。因此，学习方法上需要前挂后联，温故知新。随学随消化，则越学越容易，否则，越学困难越大。经常复习，总结归纳，是很重要的方法。复习时要由纲到目，先粗后细；否则，会觉得内容多，零乱无序，没有系统。

3. 要充分利用实验课的机会

加深对生化理论知识的理解，学习实验研究方法，提高分析问题、解决问题和动手的能力。

润心驿站　　生物化学中的中国人——吴宪教授

吴宪（1893—1959年），字陶民，福建福州人，是中国近现代生物化学和营养学的奠基人之一，被誉为“中国生化之父”。他不仅在科学研究领域取得了卓越成就，更以其深厚的爱国情怀，为后人树立了光辉的榜样。

1911年，吴宪经由“庚子赔款”留学美国麻省理工学院，学习海军造船工程专业，后改为主修化学专业，辅修生物学专业，1916年获学士学位，1917年师从奥托·福林（Otto Folin）研究血液化学，1919年获博士学位。1920年，吴宪回国任职北京协和医学院。战争年代，他辗转于中、美两国，从事科学研究工作，终生保持中国国籍。

吴宪教授在国内外研究期间，取得了卓越的学术成就。1919年，他完成博士论文《一种血液分析系统》，随后以此为基础开展一系列血液生物化学研究工作，为现代临床血液生化分析提供了重要分析手段，具有历史性的创新意义。其开创的关于血糖测定的方法在国际上沿用长达70年，为此他被誉为国际血液分析的权威。1924—1940年间，他主要在协和医院从事蛋白质变性理论的研究。1929年在第13届国际生理学大会上首次提出蛋白质变性理论，1931年在《中国生理学杂志》（Chinese Journal of Physiology）上发表论文“Studies on Denaturation of Proteins XIII. A Theory of Denaturation”，正式提出了“变性说”，阐述了蛋白质变性理论。这一成果得到了全世界学术界的高度赞誉。同时，他在免疫化学、营养学、氨基酸代谢也取得了卓越的研究成果。

吴宪教授注重教育兴国，回国后在协和医学院开设实验课、编写实验讲义，编撰教材《物理生物化学原理》，并亲自讲授，培养学生。在他带领下，北京协和医学院生化科在 20 世纪 20 年代至 40 年代前期，人才辈出、成果卓著，蜚声国内外。据他学生估计，到 20 世纪 50 年代，“中国的生物化学教师和研究人员有 70%以上曾在协和医学院受过训练。”这为中国的生物化学及其相关学科领域奠定了坚实基础。

小思考

1. 吴宪教授终生保持中国国籍，为祖国积极培养生物化学及相关学科人才，体现了科学家的什么情怀？

2. 吴宪教授在艰苦的战争年代，在国内开展科学研究并取得令世界瞩目的成就，这体现了科学家的什么精神？

第一篇　静态生物化学

第一章 蛋白质化学

蛋白质化学总论

内容概要与学习指导——蛋白质化学

本章从蛋白质的组成、结构、性质、功能及分离纯化等方面较全面地介绍了蛋白质化学的基础知识。重点阐述了氨基酸、肽、蛋白质的结构、性质及功能之间的相互关系。

L-α-氨基酸是构成蛋白质的基本结构单位，氨基酸之间通过肽键连接成多肽链。一条或几条多肽链进一步盘绕、折叠就形成了蛋白质。

蛋白质结构层次分为一级结构、二级结构、超二级结构、结构域、三级结构和四级结构，其中二级至四级结构统称为空间结构，又称构象。一级结构是蛋白质结构层次的基础，一级结构决定高级结构。多肽、蛋白质的空间结构与其功能密切相关，大分子蛋白质完成生物学功能是由构象决定的，所以功能相似的蛋白质具有相似的构象。高温、强酸、强碱等理化因素会破坏蛋白质的构象，并导致生物活性丧失，称为变性。寡聚蛋白质能通过变构改变其生物学功能，称为变构效应。

除氨基酸和蛋白质均具有两性性质外，氨基酸与茚三酮反应用于氨基酸鉴定，氨基酸与PITC、 DNFB 等反应用于肽链或蛋白质 N 末端的测定；蛋白质也因其表面电荷及水化膜而具有胶体的特性，当环境因素破坏了蛋白质的胶体性质后，蛋白质就会从溶液中沉淀下来，根据不同需要选用不同的方法，可以从生物材料中分离提取蛋白质。

学习本章时应以组成—结构—性质—分离—功能为主线，并注意：

① 氨基酸是一种取代的酸，因此学习时应联系有机酸的结构；

② 各种物质的性质取决于结构，学习氨基酸、蛋白质的性质应与各自的结构联系起来，而且性质是分离纯化的依据；

③ 氨基酸、蛋白质的分离提取要与实际工作中的应用相联系。

蛋白质的英文名称为 protein，源自希腊文 προτο，是“最原始的”“第一重要的”意思。蛋白质在生物体内分布极广，构成生物体的器官、组织，细胞的各个部分都含有蛋白质，蛋白质是重要的结构分子和功能分子，几乎所有的生命现象和生物功能都是蛋白质作用的结果。蛋白质也是细胞内含量最丰富的有机分子，占人体干重的 45%，某些组织含量更高，例如脾、肺及横纹肌等高达 80%。

根据蛋白质的元素分析，蛋白质一般含有 C 50%～55%、H 6.1%～7.0%、O 23%、N 16%以及少量的 S 0～3%。有些蛋白质尚含有其他一些元素，主要是 P、Fe、Cu、I、Zn 和 Mo 等。其中氮的含量在各种蛋白质中都比较接近，平均为 16%，这是蛋白质元素组成的一个特点。因此，一般可由生物样品中氮的含量粗略地计算出其中蛋白质的含量，即每 1g 蛋白氮相当于 6.25g 蛋白质。

蛋白质是由多个氨基酸通过肽键连接而成的生物大分子，在细胞内形成不同的结构层次，一般包括一级结构、二级结构、三级结构和四级结构。结构决定功能，蛋白质具有多种生物学功能，比如催化、调节、转运、贮藏以及骨架支持等作用。

蛋白质的任何一项功能都与其特定的结构，特别是三维结构密不可分。研究蛋白质结构与功能的关系是当今蛋白质组学（proteomics）最重要的内容之一，而根据一级结构的信息预测一种多肽或蛋白质的高级结构，并进而对其功能进行预测一直是科学家的梦想。

本章将较全面地介绍蛋白质化学的基础知识。重点阐述了氨基酸、肽和蛋白质的结构、性质和功能之间的依附关系，对个别重要蛋白质的化学以及蛋白质的分离、纯化和鉴定也作了相关介绍。

第一节 蛋白质构件——氨基酸

氨基酸是蛋白质的基本结构单位。大多数蛋白质是由 20 种氨基酸以不同的比例组成的。另外，许多特殊的蛋白质还含有一些由 20 种基本氨基酸形成多肽骨架结构后衍生而来的 L-α-氨基酸，这些“非编码”氨基酸在相应的蛋白质中所发挥的十分特殊的功能是一个值得探讨的问题，这些氨基酸也增加了多肽的生物多样性。

一、氨基酸的结构

从蛋白质水解产物中分离出来的常见氨基酸有 20 种。除脯氨酸外，这些氨基酸在结构上的共同点是与羧基相邻的 α-碳原子（C_α）上都有一个氨基，因此称为 α-氨基酸。连接在 α-碳上的还有一个氢原子和一个可变的侧链（称为 R 基），各种氨基酸的区别就在于 R 基的不同。α-氨基酸的结构通式见图 1-1。

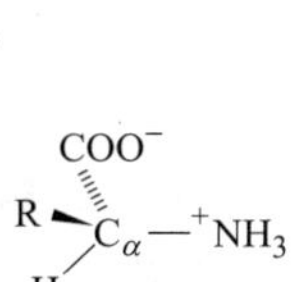

图 1-1 α-氨基酸的结构通式

在生物化学中，具有 4 个不同取代基团的四面体碳原子被称为手性中心，也称为不对称碳原子（asymmetric carbon）或手性碳原子，常用 C^* 表示。由于手性中心的存在，绕手性中心的取代基团以特定的顺序排列，这样形成的立体异构体称为旋光异构体或光学异构体（optical isomer），旋光异构体一般都具有旋光性。旋光性是指旋光物质引起平面偏振光的偏振面发生旋转的性质（旋转角度的大小和方向）。

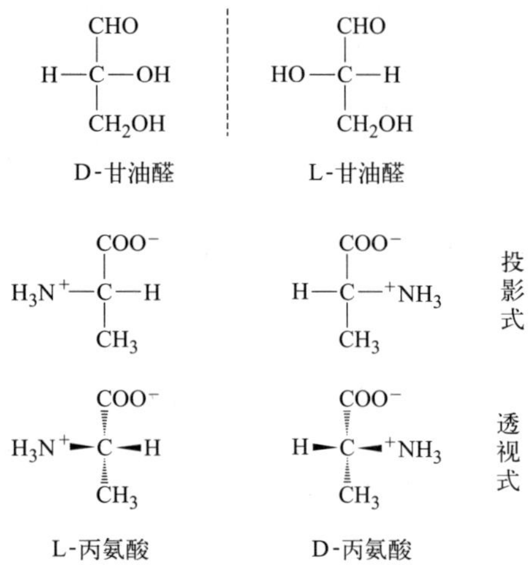

图 1-2　甘油醛与丙氨酸的构型示意图

氨基酸分为 D-型和 L-型，除甘氨酸无不对称碳原子因而无 D-型及 L-型之分外，其余氨基酸都有 D-及 L-两种异构体。

氨基酸的 D-型或 L-型是以 L-甘油醛（图 1-2）或 L-乳酸为参考的。凡 α-C 位的构型与 L-甘油醛（或 L-乳酸）相同的氨基酸皆为 L-型氨基酸；凡 α-C 位的构型与 D-甘油醛（或 D-乳酸）相同的氨基酸皆为 D-型氨基酸。

D-或 L-只表示氨基酸在构型上与 D-或 L-甘油醛类似，并不表示氨基酸的旋光性。表示旋光性则与糖类相似，须以（+）或（−）表示。

氨基酸通式中，只有 α 位上有一个氨基。个别氨基酸，例如赖氨酸有两个氨基，一个在 α 位，一个在 ε 位；还有一个一般被列入氨基酸而实际只含亚氨基的脯氨酸。

形成氨基酸的酸，一般为直链一羧酸，亦有二羧酸。个别氨基酸含有环状结构或其他基团，如胍基、咪唑基、吲哚基或巯基（—SH）等。

已知天然蛋白质中的氨基酸都属 L-型，所以日常书写或陈述时，“L-”这个符号常常被省略。D-型和 L-型氨基酸在分子式、熔点和溶解度等性质上虽然没有区别，但在生理功能上不同。L-型氨基酸是生物生长所必需的，而相应的 D-型氨基酸一般不能为生物所利用，甚至能抑制某些生物的生长。例如乳酸菌在含 L-亮氨酸的培养基上可以生长，当给以 D-亮氨酸时，乳酸菌不仅不能利用，相反生长受到抑制，并随着培养基中 D-亮氨酸浓度的增加抑制程度也增加，当恢复给 L-亮氨酸时，乳酸菌又能正常生长。

虽然天然蛋白质中没有 D-型氨基酸，但在某些微生物和植物的某些组成中常含有 D-型氨基酸，如具有抗菌作用的短杆菌肽 S 中含有 D-苯丙氨酸，多黏菌肽中含有 D-丝氨酸和 D-亮氨酸，细菌细胞壁中含有 D-丙氨酸和 D-谷氨酸。

二、氨基酸的分类

氨基酸的分类与物理研究

尽管自然界存在 300 种以上的氨基酸，其中还存在若干种不常见的氨基酸，但它们都是由专一酶催化经化学修饰转化而来。在 300 多种天然氨基酸中，参与蛋白质组成的称为蛋白质氨基酸，不参与蛋白质组成的称为非蛋白质氨基酸。为表达蛋白质或多肽结构的需要，常用三字母符号表示氨基酸的名称，有时也可用单字母的简写符号表示多肽链的氨基酸序列，常见氨基酸名称及缩写符号见表 1-1。

表 1-1　氨基酸的名称和缩写

中文名称	英文全名	三字母缩写	单字母缩写	中文名称	英文全名	三字母缩写	单字母缩写
丙氨酸	alanine	Ala	A	亮氨酸	leucine	Leu	L
精氨酸	arginine	Arg	R	赖氨酸	lysine	Lys	K
天冬酰胺	asparagine	Asn	N	甲硫氨酸	methioine	Met	M
天冬氨酸	aspartic acid	Asp	D	苯丙氨酸	phenylalanine	Phe	F
半胱氨酸	cysteine	Cys	C	脯氨酸	proline	Pro	P
谷氨酰胺	glutamine	Gln	Q	丝氨酸	serine	Ser	S
谷氨酸	glutamic acid	Glu	E	苏氨酸	threonine	Thr	T
甘氨酸	glycine	Gly	G	色氨酸	tryptophan	Trp	W
组氨酸	histidine	His	H	酪氨酸	tyrosine	Tyr	Y
异亮氨酸	isoleucine	Ile	I	缬氨酸	valine	Val	V

（一）常见的蛋白质氨基酸

氨基酸之间的区别主要在于它们的侧链 R 基不同，那么完全可以根据 R 基团的性质对 20 种标准氨基酸进行分类。但由于对 R 基团性质可以从不同的角度来认定，因而对氨基酸的分类方法也就不止一种。

根据 R 基的化学结构，20 种氨基酸可以分为脂肪族氨基酸、芳香族氨基酸和杂环族氨基酸三类。

1. 脂肪族氨基酸

（1）R 基为脂肪烃基的氨基酸　属于此类的氨基酸有 Gly、Ala、Val、Ile 和 Leu（图 1-3）。此五种氨基酸的 R 基均为中性烷基，但 Gly 的 R 基仅仅是一个 H 原子，它是最简单的氨基酸。此类氨基酸的 R 基对氨基酸分子酸碱性影响很小，它们几乎有相同的等电点，它们的等电点在 5.97～6.03。从 Gly 至 Ile，R 基团疏水性增强，而且 Ile 是 20 种氨基酸中脂溶性最强的氨基酸。

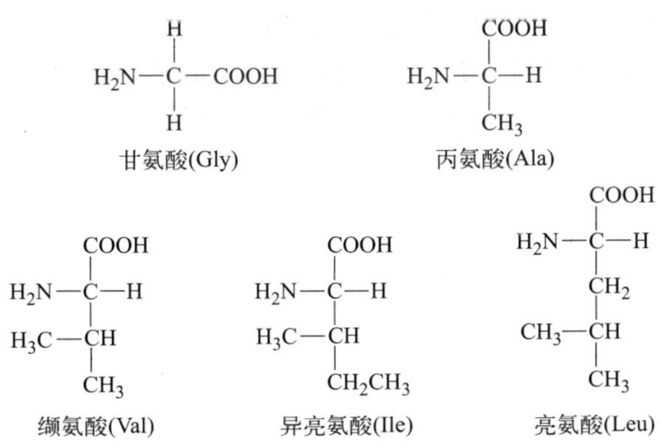

图 1-3　中性脂肪族氨基酸

（2）R 基中含硫的氨基酸　属于此类的有 Cys 和 Met 两种氨基酸（图 1-4）。

Cys 中 R 基含巯基（—SH），Cys 具有如下三个重要性质。

① Cys 的 pK_a 约为 8.4，所以 Cys 在生理 pH 下主要以非解离的形式存在，在较高 pH 值条件下，巯基解离。

② Cys 常出现在酶的活性中心。

③ 溶液中自由的两个 Cys 分子之间的巯基可以通过氧化反应生成二硫键，生成的胱氨酸 Cys—S—S—Cys（图 1-5）存在于血液和组织之中。二硫键的形成有助于稳定蛋白质的三维结构。

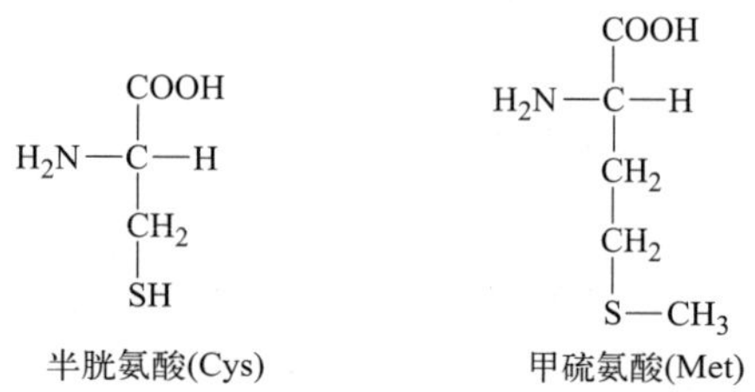

图 1-4　R 基中含硫的氨基酸

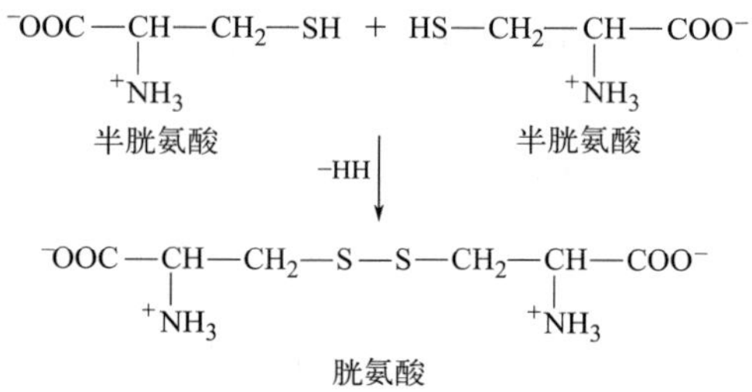

图 1-5　半胱氨酸巯基氧化生成胱氨酸

Met 的 R 基中含有甲硫基（CH_3—S—），硫原子有亲核性，易发生极化，因此，Met 可作为甲基供体被转移到其他分子之中。

（3）R 基中含有羟基的氨基酸　属于此类的有 Ser 和 Thr 两种氨基酸（图 1-6）。

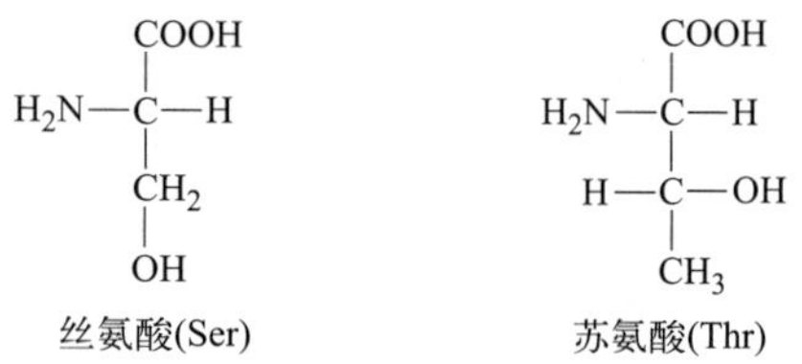

图 1-6　R 基中含羟基的氨基酸

Ser 的—CH_2OH 在生理条件下不解离，但它是一个极性基团，能与其他基团形成氢键而具有重要的生理意义。在大多数酶的活性中心都发现有 Ser 残基存在。Thr 的—OH 是仲醇，具有亲水性，但此—OH 形成氢键的能力较弱，因此，在蛋白质活性中心很少出现。Ser 和 Thr 的—OH 往往与糖链相连，形成糖蛋白。

（4）R 基中含有酰胺基的氨基酸　属于此类的有 Gln 和 Asn 两种氨基酸（图 1-7）。含酰胺基的氨基酸的氨基易发生氨基转移反应，可在生物合成中提供氨基，也可通过排泄系统将氨排出体外，因而是人体内氨的解毒运载体。

（5）R 基中含有羧基的氨基酸　这类氨基酸为酸性氨基酸，包括 Asp 和 Glu（图 1-8）。Asp 侧链羧基 pK_a（β-COOH）为 3.86，Glu 侧链羧基 pK_a（γ-COOH）为 4.25。它们是在生理条件下带有负电荷的仅有的两个氨基酸。

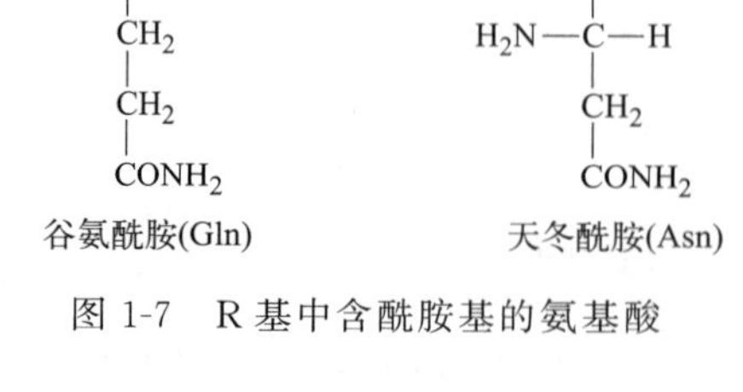

图 1-7　R 基中含酰胺基的氨基酸

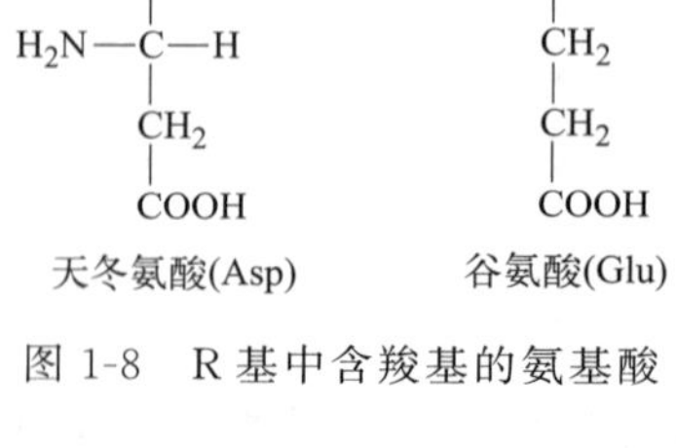

图 1-8　R 基中含羧基的氨基酸

（6）R 基中含有氨基的氨基酸　这类氨基酸包括 Lys 和 Arg，一般称碱性氨基酸（图 1-9）。

生理条件下，Lys 侧链带有一个正电荷（—NH_3^+），侧链氨基的 pK_a 为 10.53。同时它的侧链有 4 个碳的直链，柔性较大，使侧链氨基反应活性增大，如肽聚糖的短肽间的连接。Arg 是碱性最强的氨基酸，侧链上的胍基是已知碱性最强的有机碱，其 pK_a 值为 12.48，在生理条件下完全质子化。碱性氨基酸 R 基团上的正电荷能够与带负电荷的基团形成离子键。

2. 芳香族氨基酸

这类氨基酸有 Trp、Phe 和 Tyr 三种（图 1-10）。三者都具有共轭 π 电子体系，易与其他缺电子体系或 π 电子体系形成电荷转移配合物或电子重叠配合物，在受体-底物或分子相互识别过程中具有重要作用。这三种氨基酸在紫外区有特殊吸收峰，最大吸收峰在 280nm 处，吸收强度 Trp＞Tyr＞Phe，蛋白质的紫外吸收主要来自这三种氨基酸。酪氨酸的—OH 磷酸化是一个十分普遍的调控机制，Tyr 在较高 pH 值时酚羟基离解；Phe 疏水性最强；Trp 有复杂的 π 共轭体系，比 Phe 和 Tyr 更易形成电荷转移配合物。

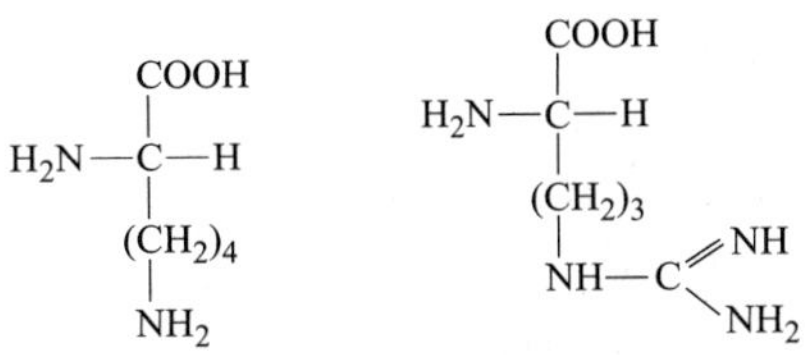

赖氨酸(Lys)　　精氨酸(Arg)

图 1-9　R 基中含有氨基的氨基酸

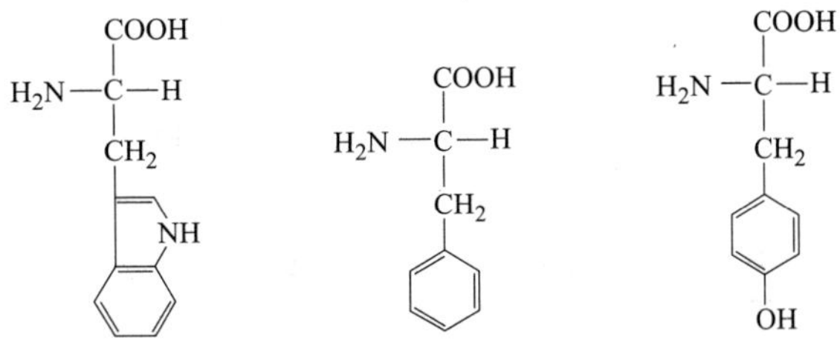

色氨酸(Trp)　　苯丙氨酸(Phe)　　酪氨酸(Tyr)

图 1-10　芳香族氨基酸

3. 杂环族氨基酸

这类氨基酸有 Pro 和 His 两种（图 1-11）。Pro 的 α-亚氨基是环的一部分，因此具有特殊的刚性结构。它在蛋白质空间结构中具有极重要的作用，一般出现在两段 α 螺旋之间的转角处，Pro 残基所在的位置必然发生骨架方向的变化。His 含咪唑环，一侧去质子化和另一侧质子化同步进行，因而在酶的酸碱催化机制中起重要作用；His 又是碱性氨基酸，在 pH6.0 时有 50% 以上带正电荷，但在 pH7.0 时带正电荷小于 10%，它是唯一一个 R 基的 pK_a 在 7 附近的氨基酸。

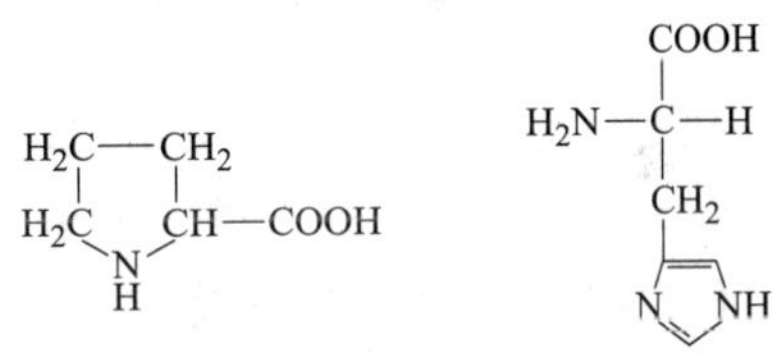

脯氨酸(Pro)　　组氨酸(His)

图 1-11　杂环族氨基酸

按 R 基的极性大小，将 20 种氨基酸分为 4 类，即非极性 R 基氨基酸、不带电荷的极性 R 基氨基酸、带正电荷极性 R 基氨基酸和带负电荷极性 R 基氨基酸（指在细胞内的 pH 范围，即 pH7.0 左右的解离状态）。

（1）非极性 R 基氨基酸　Ala、Val、Leu、Ile、Pro、Phe、Trp、Met。

（2）不带电荷的极性 R 基氨基酸　Gly、Ser、Thr、Cys、Tyr、Asn、Gln。

（3）带正电荷极性 R 基氨基酸　Lys、Arg、His。

（4）带负电荷极性 R 基氨基酸　Asp、Glu。

（二）特殊的蛋白质氨基酸

尽管大部分蛋白质是由上述 20 种 L-α-氨基酸按不同的比例组成的，但亦有些蛋白质含有一些其他氨基酸。除硒代半胱氨酸是通过结合在转运 RNA（tRNA）分子上的丝氨酸加以修饰而形成以外，其他特殊氨基酸都是通过对已经渗入到肽或者蛋白质中的氨基酸进行化学修饰而形成。例如，肽酰脯氨酸和赖氨酸转变为 4-羟脯氨酸和 5-羟赖氨酸；肽酰谷氨酸转变为 γ-羟化谷氨酸。这些修饰通过改变蛋白质或肽的溶解度、稳定性、亚细胞分布以及在参与磷酸化信号转导网络中与其他蛋白质的相互作用等扩展了蛋白质功能的多样性。几种特殊蛋白质氨基酸化学式见图 1-12。

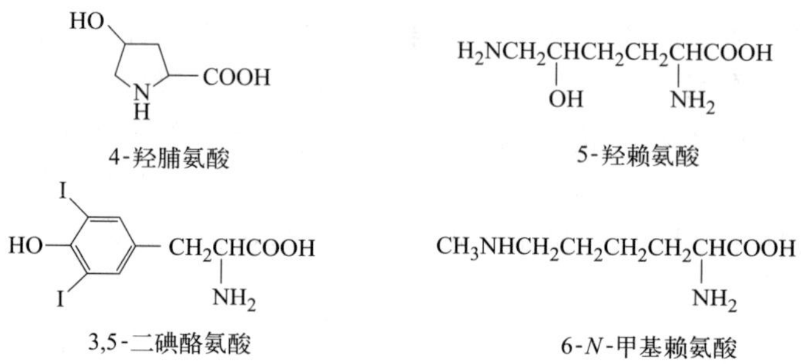

4-羟脯氨酸　5-羟赖氨酸　3,5-二碘酪氨酸　6-N-甲基赖氨酸

图 1-12　几种特殊蛋白质氨基酸化学式

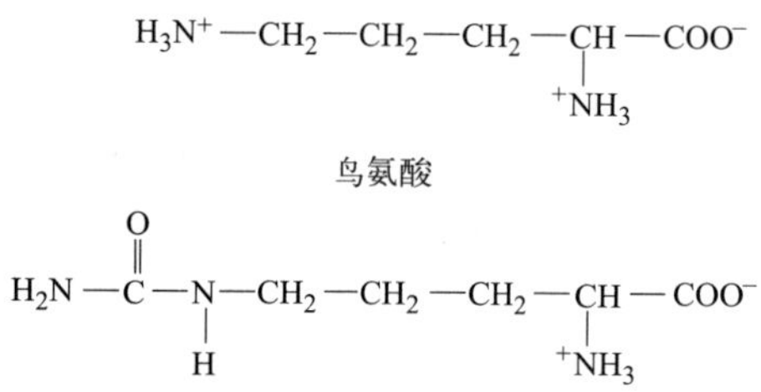

鸟氨酸　瓜氨酸

图 1-13　某些非蛋白质氨基酸

（三）非蛋白质氨基酸

除了参与蛋白质组成的 20 多种氨基酸外，生物体内存在大量的氨基酸中间代谢产物。这些氨基酸大多是蛋白质中存在的 L-α-氨基酸的衍生物（图 1-13）。但是有一些是 β-、γ-或 δ-氨基酸。它们不是蛋白质的结构单元，但在生物体内具有很多生物学功能。主要分为以下几种类型。

（1）L-α-氨基酸的衍生物　L-瓜氨酸（citrulline）、L-鸟氨酸（ornithine）（参与鸟氨酸循环）。

（2）D-型氨基酸　D-Glu、D-Ala（肽聚糖中）、D-Phe（短杆菌肽 S）。

（3）β-、γ-、δ-氨基酸　β-Ala（泛素的前体）、γ-氨基丁酸（神经递质）。

R 基团并非氨基酸分类的唯一标准，有时还可以根据它们对动物（通常指人）的营养价值，将 20 种常见的氨基酸分为必需氨基酸（essential amino acid）和非必需氨基酸（nonessential amino acid）。

必需氨基酸是指人体必不可少，而体内又不能合成，必须从食物中摄取的氨基酸。必需氨基酸有 8 种，包括 Met、Thr、Lys、Ile、Trp、Phe、Leu、Val。人体虽能够合成 Arg 和 His，但合成的量通常不能满足正常的需要，因此这两种氨基酸又被称为半必需氨基酸。余下的氨基酸则属于非必需氨基酸，动物自身可以进行有效的合成，它们包括 Ala、Asn、Asp、Gln、Glu、Pro、Ser、Cys、Tyr、Gln。

总之，可以根据不同的方面将氨基酸分为不同种类，它的分类是极其丰富多样的。

三、氨基酸的理化性质

（一）氨基酸的物理性质

L-α-氨基酸除甘氨酸外，都具有旋光性；α-氨基酸是白色晶体，熔点很高，一般在 200℃以上；各种氨基酸都有特殊的晶体形状，利用晶体形状可以鉴别各种氨基酸；除胱氨酸和酪氨酸外，一般都能溶于水，脯氨酸和羟脯氨酸还能溶于乙醇和乙醚中。氨基酸的物理性质详见表 1-2。

表 1-2　天然氨基酸的溶解度和旋光性

氨基酸	溶解度(25℃,在水中)/(g/100mL)	旋光性				
		左旋或右旋①	比旋度/(°)	浓度/(g/100mL)	溶剂/(mol/L HCl)	温度/℃
胱氨酸	0.011	－	－212.9	0.99	0.02	25
酪氨酸	0.045	＋	－7.27	4.0	6.08	25
天冬氨酸	0.05	＋	＋24.62	2.0	6	24
谷氨酸	0.84	－	＋31.7	0.99	1.73	25
色氨酸	1.13	－	－32.15	1.07	水	26
苏氨酸	1.59	＋	－28.3	1.1	水	20
亮氨酸	2.19	－	＋13.91	9.07	4.5	25
苯丙氨酸	2.96	＋	－35.1	1.93	水	20
甲硫氨酸	3.38	＋	＋23.4	5.0	3	20
异亮氨酸	4.12	－	＋40.6	5.1	6.1	25
组氨酸	4.29	＋	－39.2	3.77	水	25
丝氨酸	5.02	＋	＋14.5	9.34	1	25
缬氨酸	8.85	＋	＋28.8	3.40	6	20
丙氨酸	16.51	无	＋14.47	10.0	5.97	25
甘氨酸	24.99	－				
羟脯氨酸	36.11	－	－75.2	1.0	水	22.5
脯氨酸	62.30	＋	－85.0	1.0	水	20
精氨酸	易溶	＋	＋25.58	1.66	6	23
赖氨酸	易溶	＋	＋25.72	1.64	6.08	25

①“－”表示左旋，“＋”表示右旋。

（二）两性性质和等电点

经研究发现在水中和晶体中氨基酸以离子形式存在：氨基具有碱性，羧基具有酸性，这种形式被称为偶极离子或两性离子（图 1-14）。

氨基酸等电点

图 1-14　氨基酸的状态

依照 Bronsted-Lowry 的酸碱质子理论，酸是质子的供体，碱是质子的受体。它们的相互关系如下：

$$\underset{酸}{HA} \longleftrightarrow \underset{碱}{A^-} + \underset{质子}{H^+}$$

这里原初的酸（HA）和生成的碱（A^-）被称为共轭酸碱对。根据这一理论，氨基酸在水中的偶极离子既起酸的作用，也起碱的作用，因此氨基酸是两性电解质。

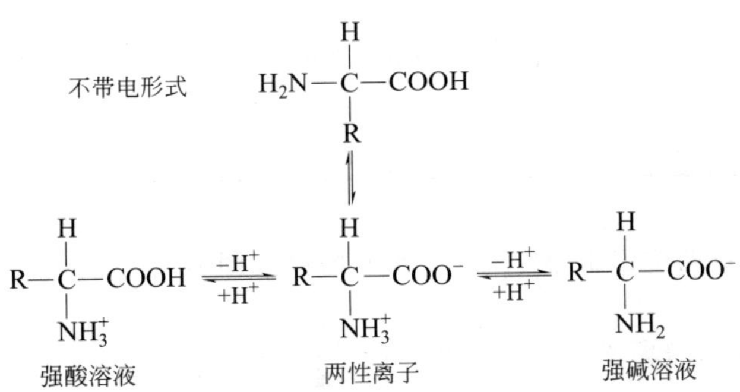

在某一 pH 环境中，氨基酸解离成阳离子及阴离子的趋势相等，所带净电荷为零，在电场中不泳动，此时氨基酸所处环境的 pH 值称为该种氨基酸的等电点（pI）。实验证明在等电点时，氨基酸主要以两性离子形式存在，但也有少量的而且数量相等的正、负离子形式，还有极少量的中性分子。

氨基酸在其等电 pH（pI）时所携带的净电荷为零，利用 Handerson-Hasselbalch 公式：

$$\mathrm{pH}=\mathrm{p}K_{\mathrm{a}}+\lg\frac{[\text{质子接纳体}]}{[\text{质子供体}]}$$

和所给的 pK_{a1} 和 pK_{a2} 等数据，即可计算出任一 pH 条件下一种氨基酸的各种离子的比例。等电 pH（isoelectric pH，pI）位于这一等电离氨基酸两侧基团的 pK 值之间。对于只有两个解离基团的氨基酸，很容易计算出 pI。

pI 的计算公式为 $\mathrm{p}I=\frac{1}{2}(\mathrm{p}K_n+\mathrm{p}K_{n+1})$（其中 n 为可解离的正电荷基团数目）（表 1-3）。

表 1-3 各种氨基酸在 25℃ 时 pK 和 pI 的近似值

氨基酸名称	pK_1(α-COOH)	pK_2	pK_3	pI
甘氨酸	2.34	9.60		5.97
丙氨酸	2.34	9.69		6.0
缬氨酸	2.32	9.62		5.96
亮氨酸	2.36	9.60		5.98
异亮氨酸	2.36	9.68		6.02
丝氨酸	2.21	9.15		5.68
苏氨酸	2.71	9.62		6.18
半胱氨酸(30℃)	1.96	8.18(SH)	10.28(NH_3^+)	5.07
胱氨酸(30℃)	1.00	1.7(COOH)	7.48 和 9.02	4.60
甲硫氨酸	2.28	9.21		5.74
天冬氨酸	1.88	3.65(β-COO^-)	9.60(NH_3^+)	2.77
谷氨酸	2.19	4.25(γ-COO^-)	9.67(NH_3^+)	3.22
天冬酰胺	2.02	8.80		5.41
谷氨酰胺	2.17	9.13		5.65
赖氨酸	2.18	8.95(α-NH_3^+)	10.53(ε-NH_3^+)	9.74
精氨酸	2.17	9.04(α-NH_3^+)	12.48(胍基)	10.76
苯丙氨酸	1.83	9.13		5.48
酪氨酸	2.20	9.11(α-NH_3^+)	10.07(OH)	5.66
色氨酸	2.38	9.39		5.89
组氨酸	1.82	6.00(咪唑基)	9.17(α-NH_3^+)	7.59
脯氨酸	1.99	10.60		6.30
羟脯氨酸	1.92	9.73		5.83

酸性氨基酸的 pI：两个最低 pK_{a} 的算术平均值，即 $\mathrm{p}I=\frac{1}{2}(\mathrm{p}K_{\mathrm{a1}}+\mathrm{p}K_{\mathrm{a2}})$。碱性氨基酸的 p$I$：两个最高 p$K_{\mathrm{a}}$ 的算术平均值，即 $\mathrm{p}I=\frac{1}{2}(\mathrm{p}K_{\mathrm{a2}}+\mathrm{p}K_{\mathrm{a3}})$。R 基团无解离的氨基酸

的 pI：两个 pK_a 的算术平均值，即 $pI=\frac{1}{2}(pK_{a1}+pK_{a2})$。

例如甘氨酸 pI 的计算，其 $pK_1(RCOOH)=2.34$，$pK_2(RNH_3^+)=9.60$（滴定曲线见图 1-15），因此甘氨酸的等电 pH(pI) 为：

$$\underset{Gly^+}{H_3N^+—CH_2—COOH} \underset{+H^+}{\overset{-H^+}{\rightleftharpoons}} \underset{Gly^\pm}{H_3N^+—CH_2—COO^-} \underset{+H^+}{\overset{-H^+}{\rightleftharpoons}} \underset{Gly^-}{H_2N—CH_2—COO^-}$$

pK_1　　pK_2

pK_1、pK_2 分别代表 α-COOH 和 α-NH_3 的表观解离常数，可以从滴定曲线中求得

$$pI=\frac{1}{2}(pK_1+pK_2)=\frac{1}{2}\times(2.34+9.60)=5.97$$

（三）氨基酸的光学性质

现代生物化学中最重要的进展之一是光谱学方法的应用，此方法能测定被分子和原子吸收或发射的不同频率的能量。蛋白质、核酸和其他生物分子的光谱学研究为深入了解这些分子的结构和动态过程提供了许多新的信息。

氨基酸不吸收可见光（因而无色），除了色氨酸、酪氨酸、苯丙氨酸芳香族氨基酸外，氨基酸也不吸收波长大于 240nm 的紫外线。有些氨基酸（尤其色氨酸）吸收长波（250～290nm）紫外线。因为在大多数蛋白质中这些氨基酸并不常见，因此对大多数可吸收 280nm 光线的蛋白质来说，色氨酸起了决定性的作用。三种芳香族氨基酸的紫外吸收光谱见图 1-16。

（四）R 基团的疏水性

R 基团的疏水性（hydropathy）是指每一个氨基酸的 R 基团对疏水环境的相对亲和能力。 个氨基酸疏水性越高，那么它对疏水环境的亲和力越高。

氨基酸的疏水性直接影响蛋白质的折叠。在水溶液中，疏水氨基酸一般位于多肽链的内部，亲水氨基酸位于多肽链的表面，这是驱动蛋白质折叠的动力之一。但带不同电荷的极性氨基酸有可能成对地位于某些球蛋白的内部。

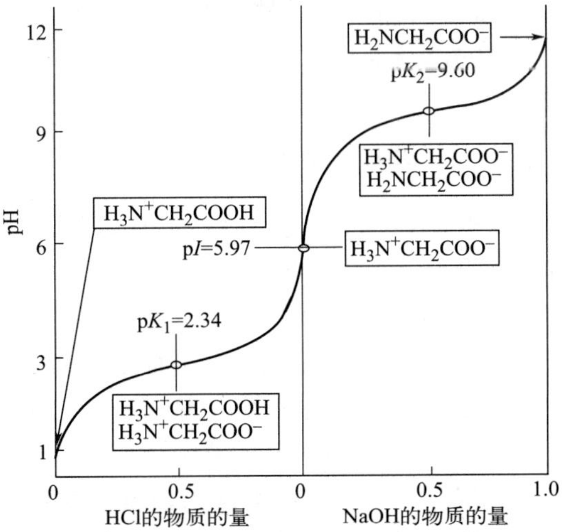

图 1-15　甘氨酸（10mmol）的滴定曲线（解离曲线）

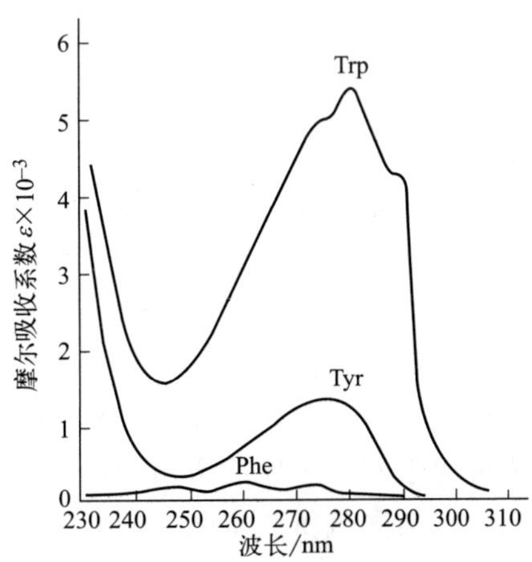

图 1-16　色氨酸、酪氨酸和苯丙氨酸的紫外吸收光谱图

（五）氨基酸的化学反应

氨基酸的化学反应主要是指它的 α-氨基和 α-羧基及侧链 R 基上官能团所参与的反应。

氨基酸的化学反应

1. α-氨基参与的反应

（1）亚硝酸盐反应　此反应是范斯来克氨基测定法定量测定氨基酸的基本反应。

$$\text{R—CH(NH}_2\text{)—COOH} + \text{HNO}_2 \longrightarrow \text{R—CH(OH)—COOH} + \text{H}_2\text{O} + \text{N}_2\uparrow$$

放出的 N_2，一半来自氨基，一半来自 HNO_2，因此测得 N_2 的数量为氨基氮的 1 倍。由于亚硝酸只能与游离的氨基反应，而当一个蛋白质水解时，会释放出游离的氨基酸，因此可以使用亚硝酸与蛋白质水解物反应，然后根据释放的氮气的量对蛋白质的水解程度进行评估，显然释放的氮气越多，水解的程度越高。但脯氨酸、羟脯氨酸环中的亚氨基，精氨酸、组氨酸和色氨酸环中的结合 N 皆不与亚硝酸作用。

（2）与酰化试剂反应　苄氧羰酰氯的苄氧羰基（$C_6H_5CH_2$—O—CO—）在弱碱中与氨基酸的钠盐作用可置换—NH_2 中的一个 H。

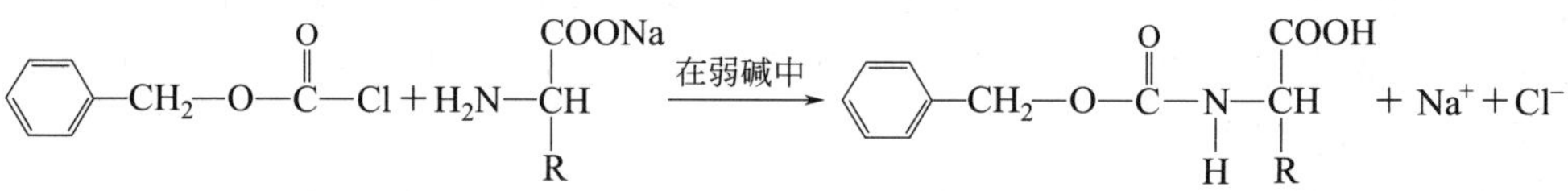

（3）与 2,4-二硝基氟苯（DNFB）的反应（Sanger 反应）　在弱碱条件下，氨基酸的 α-氨基容易与 2,4-二硝基氟苯（DNFB）起反应，生成稳定的黄色物质——2,4-二硝基苯胺酸（dinitrophenyl amino acid，DNP-氨基酸）。由于此反应最初由 Frederick Sanger 发现，所以它也叫 Sanger 反应，而 DNFB 也被称为 Sanger 试剂。

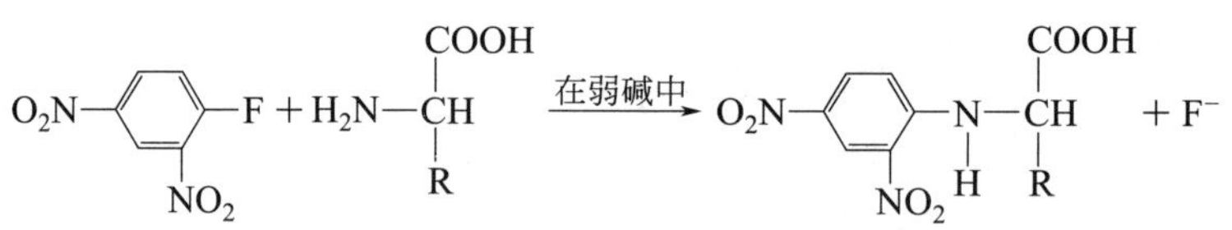

DNFB　　DNP-氨基酸(黄色)

多肽或蛋白质的 N 末端氨基酸的 α-氨基与 DNFB 反应，生成一种二硝基苯肽（DNP-肽）。由于硝基苯与氨基结合牢固，不易被水解，因此当 DNP-肽被酸水解时，所有肽键均被水解，只有 N 末端氨基酸仍连在 DNP 上，得到产物为黄色的 DNP-氨基酸和其他氨基酸的混合液。混合液中只有 DNP-氨基酸溶于乙酸乙酯，所以可以用乙酸乙酯抽提并将抽提液进行色谱分析，再以标准的 DNP-氨基酸作对照鉴定出此氨基酸的种类。因此 2,4-二硝基氟苯法可用于鉴定多肽或蛋白质的 N 末端氨基酸。

（4）与异硫氰酸苯酯（PITC）的反应（Edman 降解）　在弱碱条件下，氨基酸的 α-氨基可与异硫氰酸苯酯（PITC）反应生成相应的苯氨基硫甲酰氨基酸（PTC-氨基酸）。在酸性条件下（HF 或三氟乙酸），PTC-氨基酸迅速环化形成稳定的苯乙内酰硫脲氨基酸（PTH-氨基酸）。

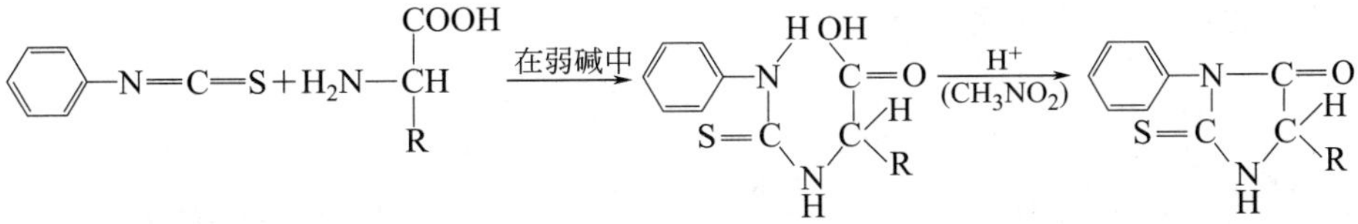

多肽链 N 端氨基酸的 α-氨基也能发生此反应，生成 PTC-肽，在酸性溶液中释放出末端的 PTH-氨基酸和比原来少 1 个氨基酸残基的肽链。新暴露出来的 N 端氨基可以再次进行同样的反应。经过多次重复，N 端的氨基酸被依次释放出来，成为 PTH-氨基酸。由于 PTH-氨基酸在酸性条件下极稳定并可溶于乙酸乙酯，因此在每一次反应结束以后用乙酸乙酯抽提，再经高压液相色谱就可以确定肽链 N 端氨基酸的种类，直到确定出一个完整的多肽链序列。氨基酸顺序自动分析仪就是根据该原理设计的。Edman 降解法是瑞典化学家 Edman 以他名字命名的蛋白质 N 端测序方法。

Edman 降解进行多肽序列分析是一个循环式的化学反应过程，如图 1-17 所示。

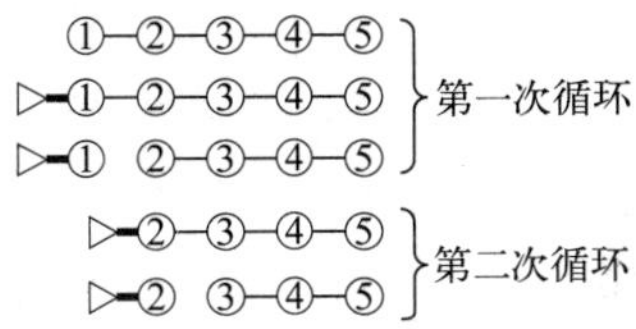

图 1-17　Edman 法测定蛋白质一级结构示意图

(5) 甲醛滴定反应　氨基酸在溶液中主要以两性离子形式存在，所以不能直接用酸、碱滴定的方法来测定其含量。但如果事先将甲醛加到氨基酸溶液中，就可以解决不能直接进行酸、碱滴定的问题。因为甲醛能和非质子化的氨基反应，使其羟甲基化，从而促进两性离子释放出质子（降低溶液的 pH），使之转变为去质子化的形式。因此，可以以酚酞作为指示剂用强碱来滴定，从而推算出氨基酸中氨基的量，进而得出氨基酸的含量。上述在甲醛存在的情况下对氨基酸进行滴定的方法称为氨基酸的甲醛滴定法。

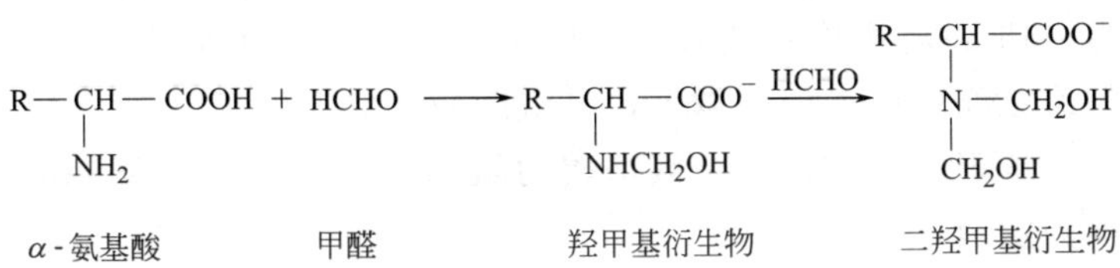

2. α-羧基参与的反应

(1) 成盐和成酯反应

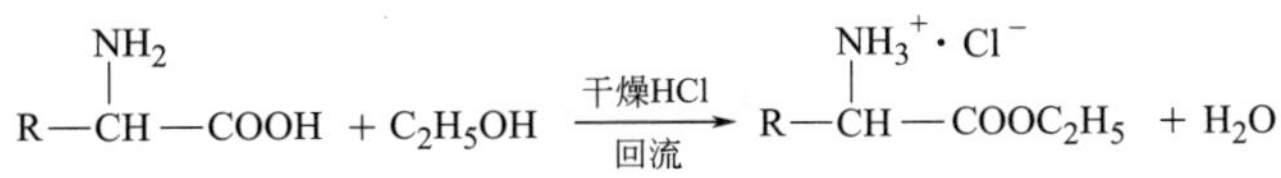

(2) 成酰氯的反应

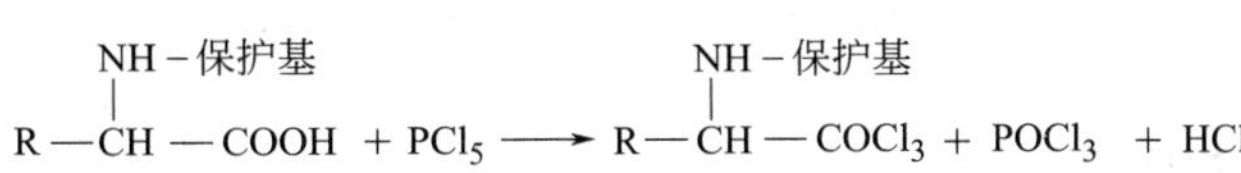

(3) 叠氮反应

3. α-氨基和 α-羧基同时参与的反应

(1) 茚三酮反应　茚三酮（ninhydrin）在弱酸溶液中可与 α-氨基酸共热，即使氨基酸氧化脱氨产生酮酸，酮酸脱羧形成醛，茚三酮本身即变为还原茚三酮，后者再与茚三酮和氨作用产生蓝紫色物质，其反应如下：

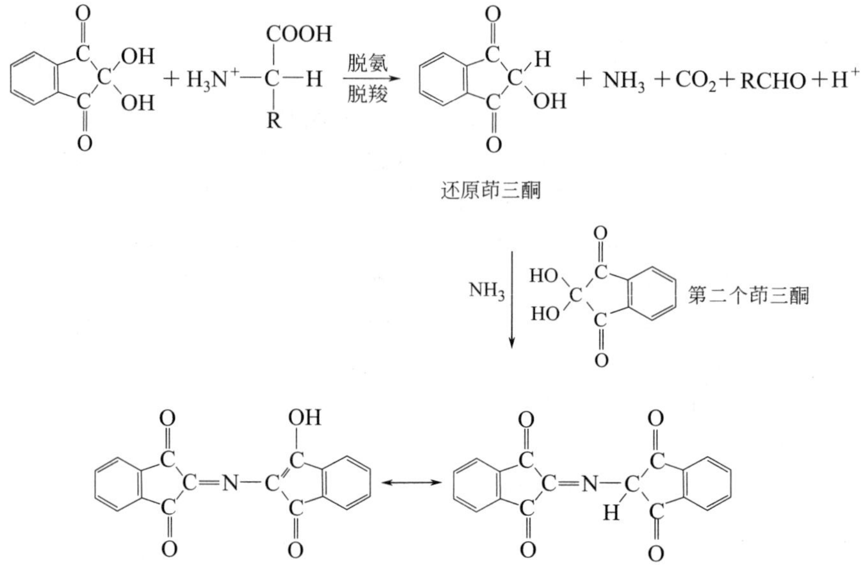

紫色复合物的两个共振形式

此反应在分析氨基酸方法上极为重要，放出的 CO_2 可用定量法加以测定，从而计算出参加反应的氨基酸量。氨基酸与茚三酮水合物共热，生成蓝紫色化合物，其最大吸收峰在 570nm 处。此外，Pro 与茚三酮反应生成黄色复合物；Asn 与茚三酮反应生成棕色复合物。由于此吸收峰值与氨基酸的含量存在正比关系，因此可作为氨基酸定量分析方法。

茚三酮反应为一切 α-氨基酸所共有，反应十分灵敏，几个微克的氨基酸就能显色。多肽和蛋白质也能与茚三酮反应，但肽越大，灵敏度越差。

（2）成肽反应　从理论上讲，一个氨基酸的氨基可以与另一个氨基酸的羧基缩合成肽，缩合后的化学键称为肽键。

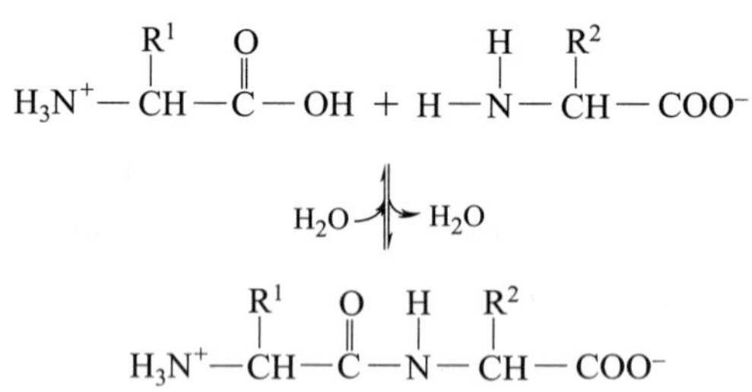

4. 侧链 R 基参与的反应

（1）二硫键的形成　巯基容易受空气或其他氧化剂氧化，例如半胱氨酸（Cys—SH）在空气中被氧化成胱氨酸（Cys—S—S—Cys），参见图 1-5。在强氧化剂如过甲酸（performic acid）的作用下—SH 和—S—S—键被氧化成磺酸基（$—SO_3H$）。

（2）二硫键的打开　蛋白质结构分析中胱氨酸残基的二硫键常用氧化剂或还原剂打开。过甲酸可定量打开胱氨酸的二硫键，生成磺基丙氨酸（cyter acid）。还原剂如巯基化合物（R—SH）也能断裂二硫键，生成半胱氨酸及相应的二硫化物。

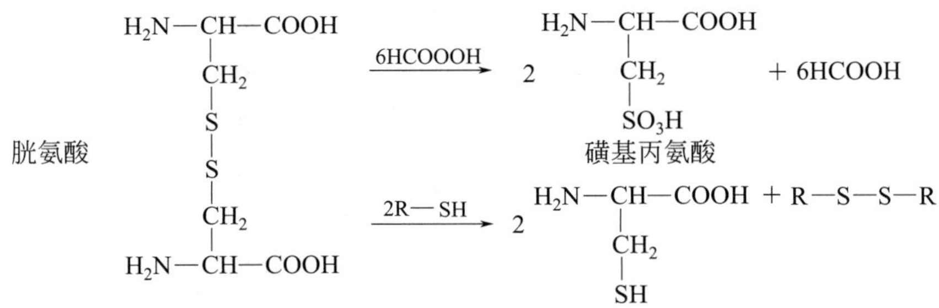

(3) 颜色反应 氨基酸侧链可与不同试剂反应产生不同的颜色，常见反应、试剂及检测基团见表 1-4。

表 1-4 氨基酸的颜色反应

反应类型	试剂	基团	产物	功能
Millon 反应	Millon 试剂：汞的硝酸盐与亚硝酸盐溶液	酚基	红色的化合物	检测 Tyr 或含 Tyr 的蛋白质
Folin 反应	酚试剂；复合磷钼钨酸试剂（磷钼酸-磷钨酸化合物）	酚基	蓝色的钼蓝、钨蓝	检测 Tyr 或含 Tyr 的蛋白质
坂口反应	坂口试剂：α-萘酚的碱性次溴酸钠溶液	胍基	红色的沉淀	检测 Arg 或含 Arg 的蛋白质
Pauly 反应	5%的对氨基苯磺酸盐酸溶液、亚硝酸钠、碳酸钠混合溶液	咪唑基、酚基	橘红色的化合物	检测 His、Tyr 及含 His、Tyr 的蛋白质
乙醛酸反应	乙醛酸和浓硫酸	吲哚基	产生分层现象，界面出现紫红色环	检测 Trp 或含 Trp 的蛋白质
Cys 的反应	亚硝基亚铁氰酸钠的稀氨溶液	巯基	红色化合物	检测 Cys 或含 Cys 的蛋白质

四、氨基酸分析

氨基酸分析是指将样品中所含的混合氨基酸分开，并对每种氨基酸进行定性、定量测定。氨基酸分析的方法很多，常用的方法是色谱。色谱是将待分离氨基酸溶液（流动相）经过一个固态物质（固定相）时，根据溶液中待分离的氨基酸的电荷多少及亲和力等，使待分离的氨基酸组分在两相中反复分配，并以不同速度流经固定相而达到分离氨基酸的目的的一种方法。

氨基酸分离常用的色谱方法有分配色谱、离子交换色谱、凝胶色谱、吸附色谱、亲和色谱等。以下仅对分配色谱和离子交换色谱法进行介绍。

1. 分配色谱

分配色谱是根据被分析的样品（如氨基酸混合物）在两种互不相溶的溶剂中分配系数的不同而达到分离的目的。

$$\text{分配系数 } K_d = \frac{c_a}{c_b}$$

式中 c_a——一种物质在 A 相（流动相）中的浓度；

c_b——一种物质在 B 相（固定相）中的浓度。

分配色谱分为逆流分溶和纸色谱两种。逆流分溶过程如图 1-18 所示。

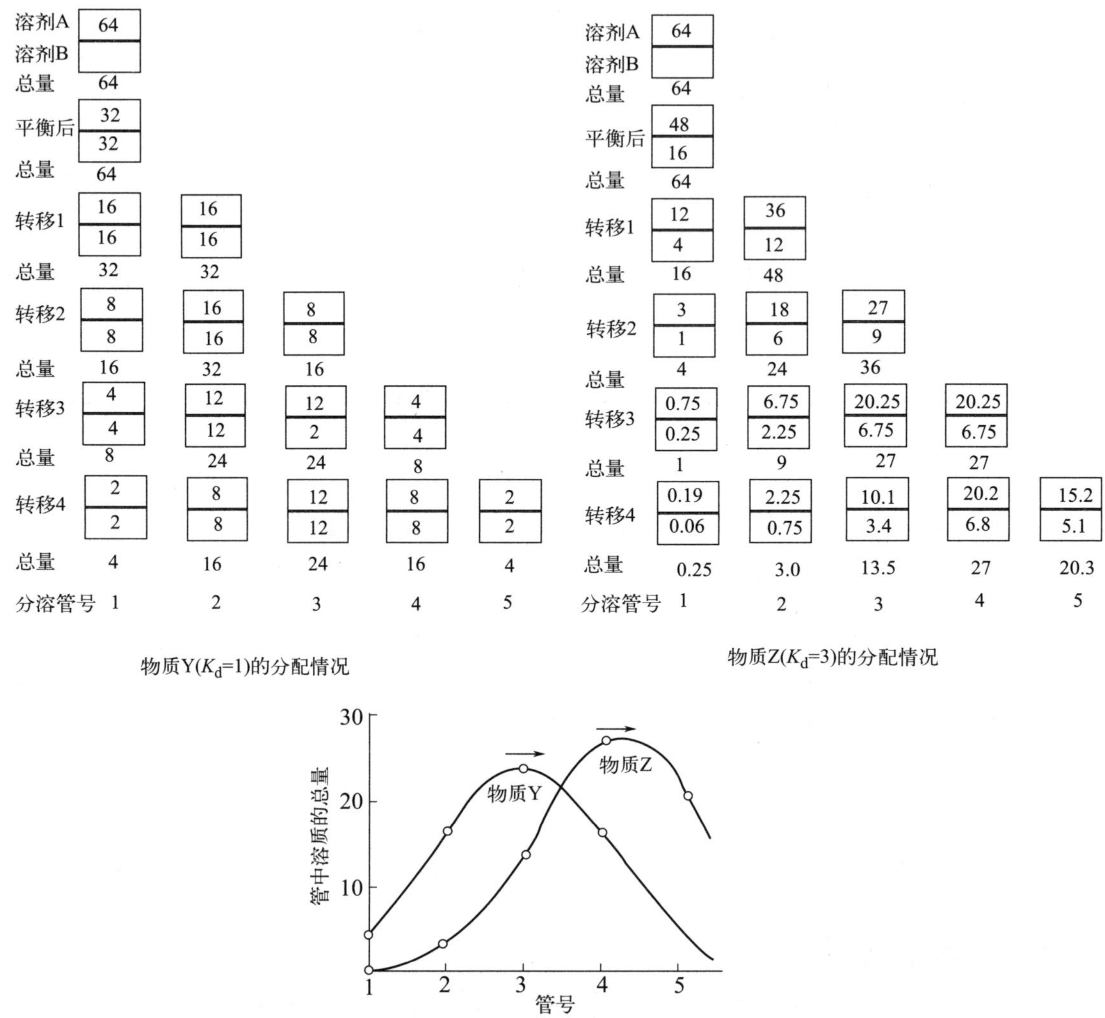

物质Y(K_d=1)的分配情况　　物质Z(K_d=3)的分配情况

分配系数大的物质(Z)沿一系列分布管移动的速率比分配系数小的物质(Y)快

图 1-18 逆流分溶过程

2. 离子交换色谱

离子交换色谱（ion-exchange chromatography）是根据各种蛋白质在一定的 pH 环境下所带电荷种类与数量不同而将不同蛋白质予以分离。将被分离物质的离子与离子交换剂上的平衡离子进行交换，然后用适当的洗脱液进行洗脱。由于各种被分离的物质离子的净电荷量不同，与载体上可解离基团的结合力大小不同，所以洗脱顺序不同而被先后洗脱下来。

（1）阴离子交换剂　不溶性载体上共价连接着带正电荷的基团，吸附和交换周围介质中的阴离子（图 1-19）。如 DEAE-纤维素（二乙基氨基乙基纤维素）。

$$—R—Y^- + X^- \longrightarrow —R—X^- + Y^- \quad \text{（Y 为平衡离子）}$$

（2）阳离子交换剂　不溶性载体上共价连接着带负电荷的基团，吸附和交换周围介质中的阳离子。如 CM-纤维素（羧甲基纤维素）。

$$—R—Y^+ + X^+ \longrightarrow —R—X^+ + Y^+ \quad \text{（Y 为平衡离子）}$$

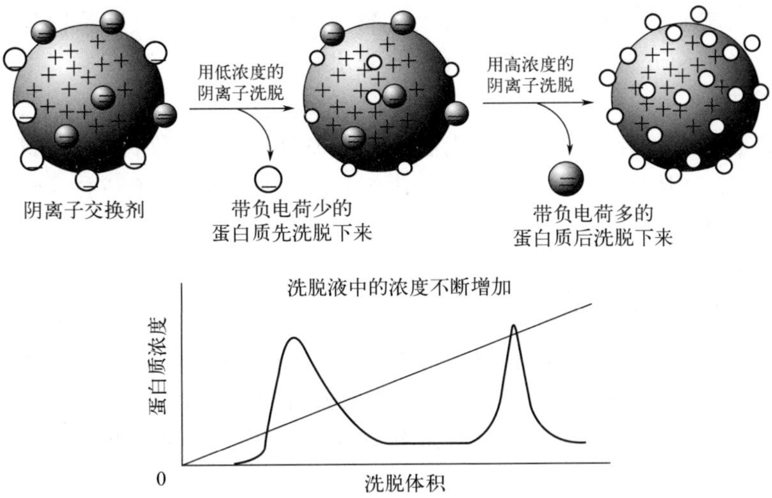

图 1-19　阴离子交换色谱过程

五、氨基酸的功能

氨基酸在生物体内除作为蛋白质的基本结构单位外还具有许多生理功能。

① 作为寡肽、多肽和蛋白质的组成单位。

② 作为多种生物活性物质的前体。例如，NO 的前体是 Arg，组胺的前体是组氨酸，褪黑素的前体是 Trp。

③ 作为神经递质。谷氨酸在脑组织中可作为一种兴奋性神经递质，而它的脱羧基产物是一种抑制性神经递质——GABA。

④ 氧化分解产生 ATP。

⑤ 作为糖异生的前体。

六、氨基酸的制备

由于科学实验、医药卫生和工业生产各方面对需要氨基酸的需求日益增多，因此，对氨基酸的生产就更显得重要。生产氨基酸的方法可以分为三类，即水解蛋白质法、人工合成法和微生物发酵法。

1. 水解蛋白质法

蛋白质经酸、碱或多种酶水解成氨基酸，再用适当的方法分离、提纯，即可得到所需的氨基酸。

（1）酸水解　一般用 6mol/L 或 4mol/L H_2SO_4 进行水解。回流煮沸 20h 左右可使蛋白质完全水解。酸水解的优点是不引起消旋（racemization），得到的是 L-氨基酸。缺点是色氨酸完全被沸酸破坏，羟基氨基酸（丝氨酸及苏氨酸）有一小部分被水解，同时天冬酰胺和谷氨酰胺的酰胺基被水解下来。

（2）碱水解　通常与 5mol/L NaOH 共煮 10～20h，即可使蛋白质完全水解。水解过程中多数氨基酸遭到不同程度的破坏，并产生消旋，所得产物是 D-和 L-氨基酸的等物质的量混合物，称为消旋物。此外，碱水解引起精氨酸脱氨，生成鸟氨酸和尿素。然而在碱性条件下色氨酸是稳定的。

（3）酶水解　不产生消旋，也不破坏氨基酸。然而使用一种酶往往水解不彻底，需要几种酶协同作用才能使蛋白质完全水解。此外，酶水解所需时间较长。因此酶法主要用于部分水解。常用的蛋白酶有胰蛋白酶、胰凝乳蛋白酶（或称糜蛋白酶）以及胃蛋白酶等，它们主要用于蛋白质一级结构分析以获得蛋白质的部分水解产物。

2. 人工合成法

用有机溶剂进行人工合成。人工合成法制备氨基酸的缺点是所制得的氨基酸都是外消旋产物（即 D-型和 L-型混合物，称为 DL-型），而人们需要的是 L-型（DL-型氨基酸的生物功能只有 L-型氨基酸的一半）。

3. 微生物发酵法

20 世纪 60 年代通过微生物发酵法制备氨基酸，它有多、快、好、省的优点。现在味精厂多改用发酵法生产谷氨酸，用谷氨酸生产菌（谷氨酸短杆菌）在一定的条件下培养（如合适的培养基、温度、pH 和通风等）即可获得大量的谷氨酸。近年还开始用石油及其化学产物，如石蜡、乙酸、乙醇等做氨基酸发酵试验，并取得了一定的成果。

第二节　肽

肽

L-α-氨基酸通过肽键聚合形成蛋白质的多肽链。有的蛋白质仅由一条多肽链组成，如溶菌酶和肌红蛋白，这些蛋白质称为单体蛋白质（monomeric protein）。有些蛋白质是由两条或多条肽链组成，如血红蛋白（2 条 α 链和 2 条 β 链），这些蛋白质称为寡肽（oligomeric）或寡聚（multimeric）蛋白质；其中每条多肽链称为亚基（subuint），亚基之间通过非共价力缔合在一起。

一、肽和肽键的结构

一个氨基酸的 α-羧基与另一个氨基酸的 α-氨基脱水缩合而成的化合物叫肽。氨基酸之间脱水后形成的键叫肽键，亦称酰胺键。肽键的形成如下：

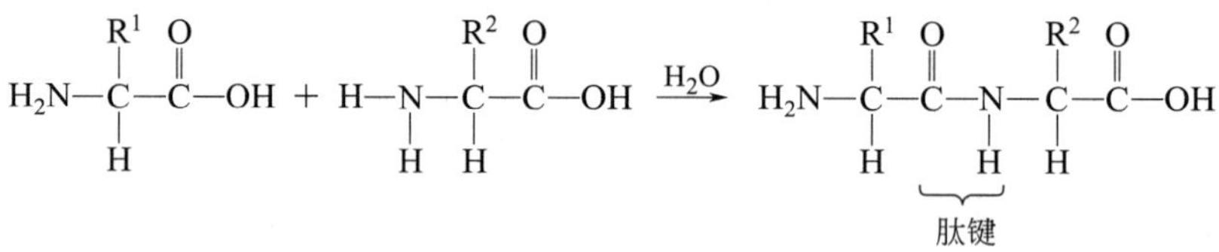

由 2 个氨基酸通过肽键连接而成的化合物称二肽（dipeptide），由 3 个氨基酸通过肽键连接而成的化合物称三肽（tripeptide），以此类推，由多个氨基酸通过肽键连接而成的化合物称多肽（polypeptide）。一般来说，由 2～10 个氨基酸组成的肽称寡肽（oligopeptide），由 10 个以上氨基酸组成的肽称多肽，但这种规定并不严格。肽链中的氨基酸分子因为脱水缩合而基团不全，被称为氨基酸残基（residue）。

氨基酸之间通过肽键连接而成的链称为肽链（peptide chain），可用下式表示：

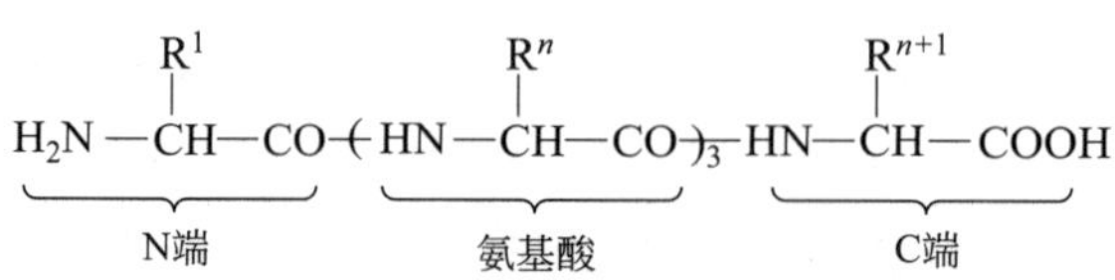

多肽链（polypeptide chain）中氨基酸残基的排列顺序称为氨基酸序列。多肽链有两端：

有游离氨基的一端为 N 末端，有游离羧基的一端为 C 末端。应该指出，肽链也像氨基酸一样具有极性（polarity），书写时通常把氨基末端（N 端）的氨基酸残基放在左边，羧基末端（C 端）的氨基酸残基放在右边。即肽链书写方式：N 端→C 端。

用三字母符号或单字母符号表示氨基酸残基，用“—”或“·”表示肽键。下面结构式表示的是四肽，命名为丙氨酰甘氨酰亮氨酰苏氨酸，简写为 Ala—Gly—Leu—Thr 或 Ala·Gly·Leu·Thr。现在光盘数据库中，为方便起见，上述肽直接用 AGLT 表示。

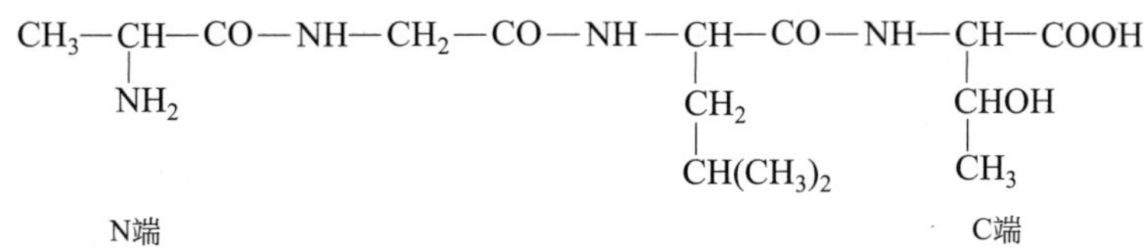

二、肽键的特点

肽键又称酰胺键，由于键内原子处于共振状态而表现出较高的稳定性。在肽键中 C—N 单键具有约 40% 双键性质，而 C═O 双键具有 40% 单键性质。这样就产生两个重要结果：①肽键的亚氨基在 pH 0～14 的范围内没有明显的解离和质子化的倾向；②肽键中的 C—N 单键不能自由旋转，这在多肽和蛋白质折叠形成特定的构象过程中起着非常重要的作用。肽基的 C、O 和 N 原子间的共振相互作用见图 1-20。

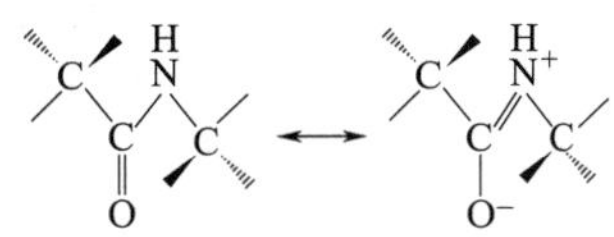

图 1-20　肽基的 C、O 和 N 原子间的共振相互作用

因为 C—N 具有双键的性质不能自由旋转，形成肽键的 4 个原子（C、O、N、H）和与之相连的 2 个 α-碳原子共处在一个平面上，称为肽平面或酰胺平面（图 1-21）。在肽平面内，2 个 C_α 原子可以处于顺式或反式构型。在反式构型中，两个 C_α 原子及其取代基团互相远离；而在顺式构型中彼此接近，引起 C_α 上的 R 基之间的位阻。所以反式构型比顺式构型稳定，两者相差 8kJ/mol。因此，肽链中的肽键都是反式构型（图 1-22）。

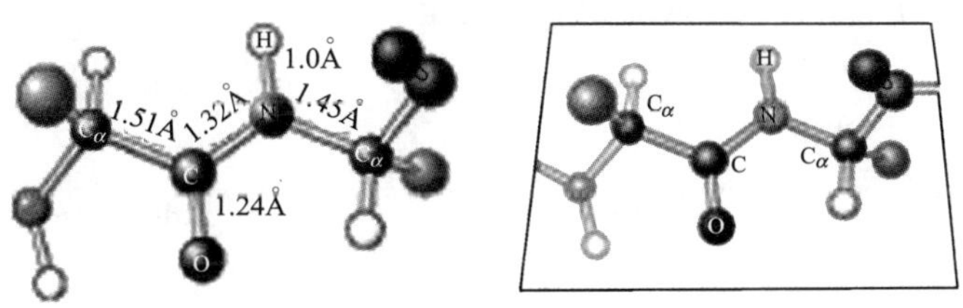

(a) 肽键(1Å=0.1nm)　　(b) 肽平面

图 1-21　肽键和肽平面

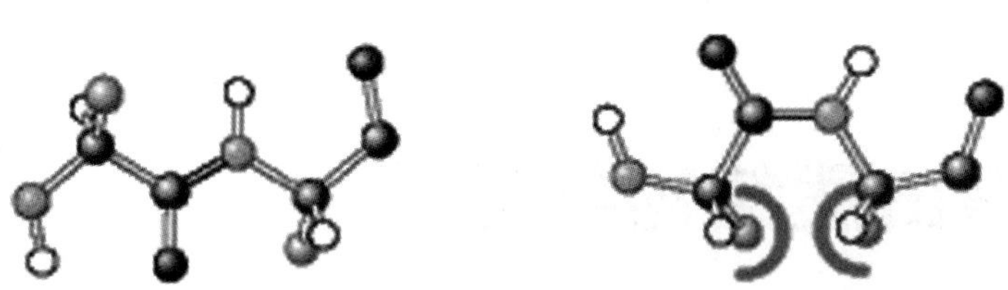

图 1-22　相邻的 α-碳呈现反式构型

肽单位是肽链主链上的重复结构（由构成肽键的 4 个原子和两侧的 C_α 原子组成的结构单位）。实际上每个肽单位就是一个肽平面。

三、肽的理化性质

（一）两性解离与等电点

肽与氨基酸一样具有酸、碱性质，它的解离主要取决于肽链的末端氨基、末端羧基和侧链 R 基。小肽的理化性质与氨基酸类似。晶体的熔点很高，是离子晶体，在水溶液中以两性离子存在。在长肽或蛋白质中，可解离的基团主要是侧链 R 基。肽至少有一个游离的氨基和游离的羧基，也是两性化合物，至少有二级解离，通常都有多级解离。因此肽在水溶液中也能够带电荷，也有自己的等电点 pI，其计算和测定与氨基酸相同。

（二）肽的旋光性及紫外吸收

如果在相当温和条件下进行蛋白质的部分水解，不对称 α-碳原子不会发生消旋作用，则所得的肽具有旋光性。一些短肽的旋光度约等于组成该肽中各个氨基酸的旋光度之和。但较长肽链的旋光度就不是简单的加和，而是比累加的和小得多。

如对一个肽在紫外吸收区进行光吸收扫描，发现在波长 215nm 处有一个大的吸收峰，这是肽键的吸收峰，因而可用此作为肽的定量测定。

（三）肽的化学性质

肽的化学性质与氨基酸相似，如茚三酮反应、Sanger 反应、丹磺酰氯（DNS）反应和 Edman 反应等，但肽有与氨基酸不同的特殊反应——双缩脲反应。一般含有两个或两个以上肽键的化合物都能与 $CuSO_4$ 碱性溶液发生双缩脲反应而生成紫红色或蓝紫色的复合物。此反应是肽和蛋白质特有的反应，游离氨基酸无此反应。利用这个反应可以测定蛋白质的含量。

四、天然活性肽

动物、植物和细菌细胞中含有多种低分子量多肽（3～100 个氨基酸残基）。这类多肽具有重要的生理活性，如脑啡肽、激素类多肽、抗生素类多肽、谷胱甘肽和蛇毒多肽等。

谷胱甘肽（Glu—Cys—Gly）简写为 GSH，全称为 γ-谷氨酰半胱氨酰甘氨酸。其巯基可被氧化、还原，故有还原型谷胱甘肽（GSH）与氧化型谷胱甘肽（GSSG）两种存在形式。

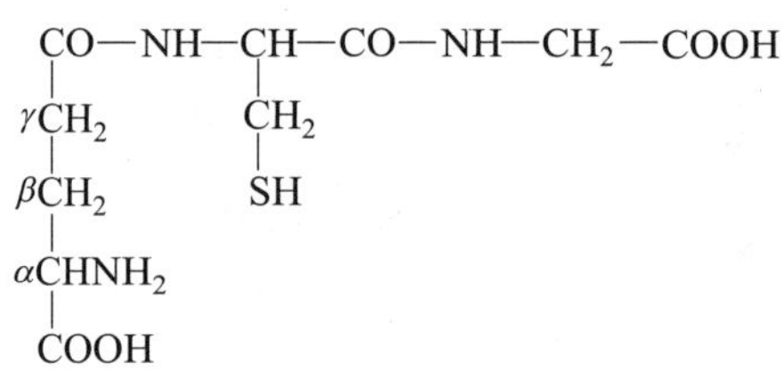

还原型谷胱甘肽(GSH)

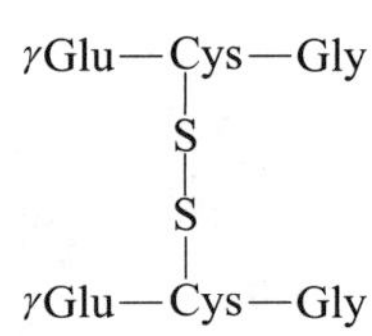

氧化型谷胱甘肽(GSSG)

谷胱甘肽具有重要的生理作用：与毒物或药物结合，消除其毒性作用；作为重要的还原剂，参与体内多种氧化还原反应；还可使巯基酶的活性基团—SH 维持还原状态；消除氧化剂对红细胞膜结构的破坏作用，维持红细胞膜结构的稳定等。

第三节　蛋白质结构与功能

蛋白质的结构与功能

根据长期研究蛋白质的结果显示，所有蛋白质的特征是具有通过共价键和非共价键形成的空间构象。

一、蛋白质的分类

蛋白质的分类方法至少有四种，一是根据蛋白质分子的形状，二是根据蛋白质的组成，三是根据蛋白质的溶解性，四是根据蛋白质的功能。

1. 根据分子的形状分类

（1）球状蛋白质　分子似球形，较易溶解，如血液的血红蛋白、血清球蛋白，豆类的球蛋白等。

（2）纤维状蛋白质　形状似纤维，不溶于水，如指甲、羽毛中的角蛋白和蚕丝的丝蛋白等。

2. 根据组成分类

（1）单纯蛋白质　其组分只有 α-氨基酸，自然界的许多蛋白质都属于此类。

（2）结合蛋白质　由单纯蛋白质与非蛋白质物质结合而成，主要包括如下几类。

① 色蛋白。为简单蛋白质与其他色素物质结合而成，如血红蛋白、叶绿蛋白和细胞色素等。

② 糖蛋白。为蛋白质与糖类结合而成，如唾液中的黏蛋白、硫酸软骨素蛋白和细胞膜的糖蛋白等。

③ 磷蛋白。为蛋白质与磷酸结合而成，如酪蛋白、卵黄蛋白等。

④ 核蛋白。为蛋白质与核酸结合而成，存在于一切细胞中。

⑤ 脂蛋白。为蛋白质与脂类结合而成，如血清 α-脂蛋白、β-脂蛋白及作为细胞膜和细胞主要成分的脂蛋白。

3. 根据溶解性分类

（1）清蛋白　又称白蛋白。溶于水，如血清清蛋白、乳清蛋白等。

（2）球蛋白　微溶于水，溶于稀中性盐溶液，如血清球蛋白、肌球蛋白和大豆球蛋白等。

（3）谷蛋白　不溶于水、醇及中性盐溶液，但溶于稀酸、稀碱，如米谷蛋白、麦谷蛋白。

（4）醇溶蛋白　不溶于水，溶于 70%～80%乙醇，如玉米蛋白。

（5）精蛋白　溶于水及酸性溶液，呈碱性，含碱性氨基酸多（如精氨酸、赖氨酸、组氨酸），如鲑精蛋白。

（6）组蛋白　溶于水及稀酸溶液，含精氨酸、赖氨酸较多，呈碱性，如珠蛋白。

（7）硬蛋白　不溶于水、盐、稀酸、稀碱溶液，如胶原蛋白，毛、发、蹄、角及甲壳的角蛋白和丝心蛋白以及腱和韧带中的弹性蛋白等。

4. 根据功能分类

（1）活性蛋白质　包括在生命过程中一切有活性的蛋白质及其前体，如酶、激素蛋白质、运输蛋白质、运动蛋白质、贮存蛋白质、保护或防御蛋白质、受体蛋白质、毒蛋白质、控制生长和分化的蛋白质以及膜蛋白质等。

（2）非活性蛋白质　这类蛋白质对生物体起保护或支持作用。如硬蛋白，包括胶原蛋白、角蛋白、弹性蛋白和丝心蛋白等。

蛋白质的主要功能见表 1-5。

表 1-5 蛋白质的主要功能

功能		蛋白质
催化作用	高效专一地催化机体内几乎所有的反应	酶
运输作用	专一运输各种小分子和离子	如血红蛋白
调节作用	调节机体的代谢活动	如胰岛素、钙调蛋白、阻遏蛋白
运动作用	负责机体的运动	如肌动蛋白、肌球蛋白
防御作用	防御异体侵入机体	如免疫球蛋白、病毒外壳蛋白
营养作用	负责氨基酸的贮存，用于生长发育所需或某些物质与蛋白质结合而被贮存	如卵清蛋白、酪蛋白、麦醇溶蛋白、铁蛋白
结构蛋白	作为构建机体某部分的材料	如 α-角蛋白、胶原蛋白

二、蛋白质结构的组织层次

蛋白质分子不仅功能多样，而且结构十分复杂。为便于描述和理解这种复杂的结构，通常将蛋白质结构分为四个组织层次（organization level），并采用以下专门术语描述：蛋白质的一级结构（primary structure），指多肽链中氨基酸的排列顺序；蛋白质的二级结构（secondary structure），指在多肽链一级结构的基础上，主链原子按照一定的方式通过氢键而形成的有规则的 α 螺旋或 β 折叠等结构；蛋白质的三级结构（tertiary structure），指整个多肽链在二级结构、超二级结构和结构域的基础上，借助非共价力相互作用，进一步盘曲折叠形成的特定的整个空间结构；蛋白质的四级结构（quaternary structure），指 2 个或 2 个以上具有独立的三级结构的多肽链（亚基），彼此借次级键相连，形成一定的空间结构（图 1-23）。

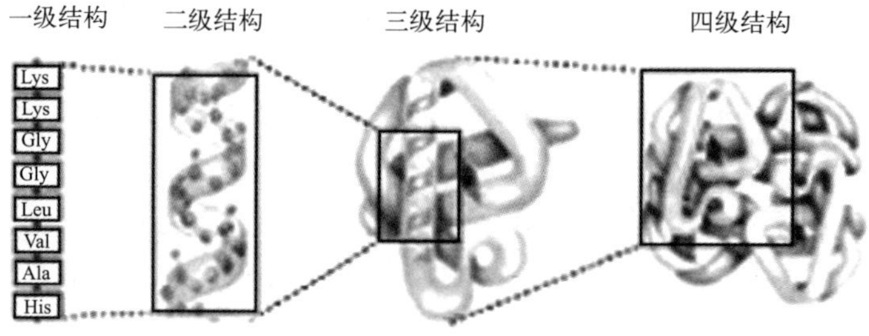

图 1-23 蛋白质的组织结构层次

蛋白质的一级结构中氨基酸残基是由共价键连接的。二级结构和其他高级结构主要是由非共价键如氢键、离子键、范德瓦耳斯力（又称范德华力）和疏水相互作用维系的。必须强调指出，一个蛋白质分子为获得复杂结构所需的全部信息都存在于一级结构即多肽链的氨基酸序列中。

三、蛋白质的一级结构

蛋白质的一级结构是指蛋白质多肽链中氨基酸的排列顺序，包括二硫键的位置。其中最重要的是多肽链的氨基酸顺序，它是蛋白质生物功能的基础。维系蛋白质一级结构的主要化学键是肽键。氨基酸序列是蛋白质分子结构的基础，它决定蛋白质的高级结构。一级结构可用氨基酸的三字母符号或单字母符号表示，从 N 末端向 C 末端书写。采用三字母符号时，氨基酸之间用连字符（—）隔开。

1954 年英国生化学家 Sanger 报道了胰岛素的一级结构，是世界上第一例确定一级结构的蛋白质，Sanger 由此获 1958 年 Nobel 化学奖。1965 年我国科学家完成了结晶牛胰岛素（图 1-24）的合成，是世界上第一例人工合成蛋白质。

胰岛素（insulin）由 51 个氨基酸残基组成，分为 A、B 两条链。A 链有 21 个氨基酸残基，B 链有 30 个氨基酸残基。A、B 两条链之间通过两个二硫键连接在一起，A 链另有一个链内二硫键。

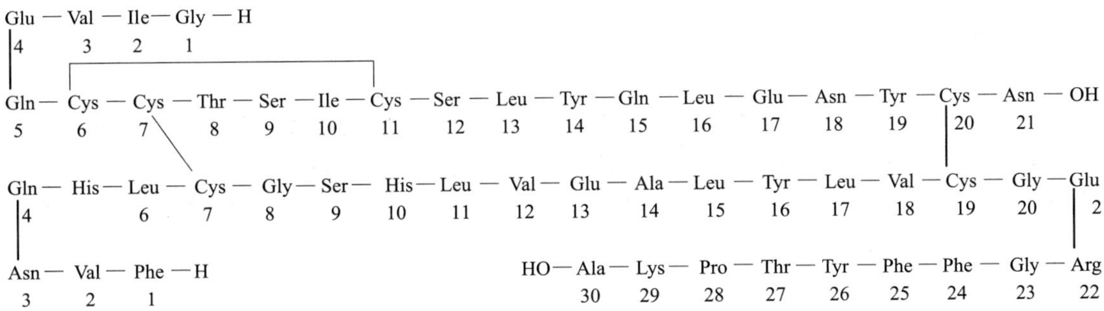

图 1-24　结晶牛胰岛素一级结构图

自 1953 年 Sanger 报道了牛胰岛素两条多肽链的氨基酸序列以来，已有 10 万多个不同蛋白质的氨基酸序列被测定（简称蛋白质测序）。

（一）蛋白质测序的基本策略

对于一个纯蛋白质，理想的方法是从 N 端直接测至 C 端，但目前一次只能连续测 60 个左右 N 端氨基酸。现在常用的蛋白质测序方法有两种：用酶和特异性试剂直接作用于蛋白质而测定出氨基酸顺序的直接法；通过测定蛋白质的基因的核苷酸顺序，用遗传密码来推断氨基酸的顺序的间接法。用直接法测定蛋白质的一级结构，要求样品必须是均一的（纯度大于 97%），而且是已知分子量的蛋白质。间接法的核苷酸的测序比蛋白质的测序工作更方便、更准确。

（二）蛋白质测序的直接法的一般步骤

① 测定蛋白质分子中多肽链的数目。根据末端分析可以确定蛋白质中不同的多肽链数目（因为不同的多肽链一般含有不同的末端残基）。如果是单体蛋白质或同多聚蛋白质则只含一种多肽链；如果是杂多聚蛋白质则含有两种或多种不同的多肽链。

② 拆分蛋白质分子中的多肽链。非共价力缔合的寡聚（或多聚）蛋白质，可用变性剂如尿素、盐酸胍或高浓度盐处理，可使多肽亚基解离。如果多肽亚基是不同的，则各亚基要用多种方式进行分离纯化。

③ 断裂多肽链内的二硫键。如果多肽链间是通过二硫键交联的，如胰岛素（含 α 和 β 两条链），则需要氧化剂或还原剂将二硫键断裂，方可使多肽链分开。

④ 分析每一多肽链的氨基酸组成。经纯化的多肽链样品一部分进行完全水解，测其氨基酸组成，并计算出每个蛋白质分子（或亚基）中氨基酸残基的数目。氨基酸组成的信息可以解释其他步骤的结果。

⑤ 鉴定多肽链的 N 末端和 C 末端残基。多肽链样品的另一部分进行 N 末端残基的鉴定，用作重建多肽链序列时的重要参考依据。

⑥ 多肽链部分裂解成肽段。用两种或几种不同的断裂方法（指断裂点不同）将多肽链

样品降解成两套或几套肽段（或称肽碎片）。每套肽段进行分离、纯化，并对每一纯化了的肽段进行下一步的测序工作。

⑦ 测定各个肽段的氨基酸顺序。目前最常用的肽段测序方法是 Edman 化学降解法，并有自动测序分析仪可供利用。

⑧ 片段重叠法重建完整肽链的一级结构。利用两套或多套肽段的氨基酸序列彼此间有交错重叠，可以拼凑出原来完整的多肽链的氨基酸序列。

⑨ 确定多肽链中二硫键的位置。

（三）蛋白质测序的一般方法

1. 测序前的准备工作

在测定一个蛋白质的结构以前，首先必须保证被测蛋白质的纯度，使结果准确可靠。其次要了解它的分子量和亚基数，按照其亚基数将蛋白质分成几个多肽链。蛋白质的纯度鉴定要求纯度在 97%以上，均一。主要采用聚丙烯酰胺凝胶电泳（PAGE）和 DNS-Cl（二甲氨基萘磺酰氯）法等。

2. N 末端分析

（1）2,4-二硝基氟苯（DNFB）法　其基本原理已在氨基酸的化学反应中作了介绍。在弱碱溶液中，肽链 N 端的氨基酸残基可同 2,4-二硝基氟苯（fluorodinitrobenzene，DNFB）起反应生成二硝基苯衍生物，后者为黄色物，可用乙醚抽提，用色谱法鉴定。其反应如图 1-25 所示。

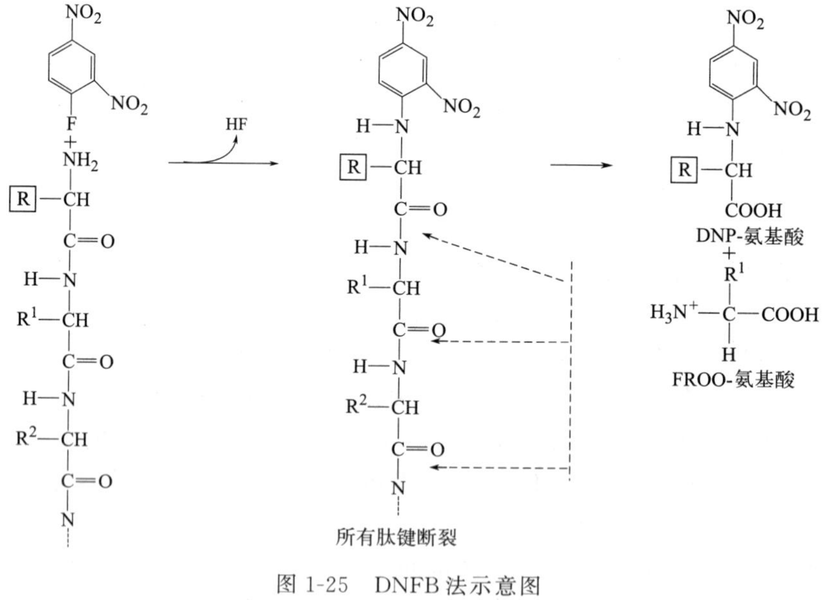

图 1-25　DNFB 法示意图

蛋白质多肽 N 端游离 α-NH_2 与 2,4-二硝基氟苯（DNFB）反应形成 DNP-多肽，用 6mol/L HCl 水解断裂所有肽键后，分离与二硝基苯基连接的 N 端氨基酸（黄色），通过色谱法与标准氨基酸比较鉴定。

（2）丹磺酰氯（DNS）法　原理同 DNFB 法，具有强烈黄色荧光，灵敏度极高，且 DNS-多肽水解后产生的 DNS-氨基酸不需要提取，直接用纸电泳或薄层色谱鉴定。其反应过程如图 1-26 所示。

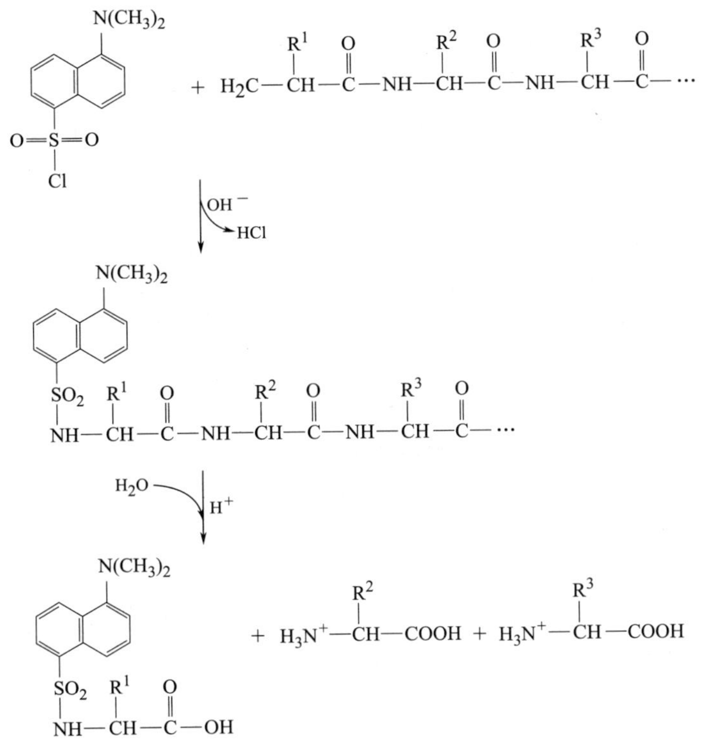

图 1-26 丹磺酰氯反应过程

（3）氨肽酶法 氨肽酶（amino peptidase）是一类肽链外切酶，从肽链的 N 端每次降解一个氨基酸残基。原则上说，只要能跟随酶水解进程，将释放的氨基酸分别定量测出，就能测出肽的序列。但实际上由于酶的专一性等问题，在判断氨基酸序列时常会遇到不少困难。最常用的氨肽酶是亮氨酸氨肽酶（leucine amino peptidase，LAP），除了 N 端的第二个氨基酸是 Pro 时，此酶不能将 N 端氨基酸水解下来外，其余所有 N 端的肽键都能被 LAP 水解，但水解速率相差很大。当 N 端为 Leu 时，水解速率最快。

（4）PITC 法 瑞典科学家 Edman 首先用异硫氰酸苯酯（Edman 试剂）来测定蛋白质的 N 端氨基酸，故此法又称 Edman 降解法（图 1-27）。异硫氰酸苯酯在弱碱条件下可与多肽链的 N 端氨基酸的氨基作用，形成苯氨基硫甲酰多肽或蛋白质（简称 PTC-多肽或蛋白质），再在酸性溶液中使 N 端的 PTC-氨基酸环化成苯乙内酰硫脲氨基酸（简称 PTH-氨基酸），并从多肽链上脱落下来，用乙酸乙酯抽提，对其进行鉴定。

Edman 降解法的最大优点是在酸性溶液中，仅仅是靠近 PTC 基的肽键断裂，其他肽键不断。每次递减一个氨基酸，如此重复多次就可以测定出一定数目的氨基酸序列。现代蛋白质序列仪的基本原理就是 Edman 降解法，逐个降解 N 端氨基酸。

3. C 末端分析

（1）肼解法 是测定 C 末端残基最重要的化学方法。无水肼（NH_2NH_2）与多肽加热（100℃）发生肼解，C 末端氨基酸以游离形式存在，其余的都转变为相应的氨基酸酰肼化物。用苯甲醛沉淀氨基酸的酰肼，C 末端游离氨基酸留在上清液中。可借助 DNS 法或 DN-FB 法以及色谱技术进行鉴定。

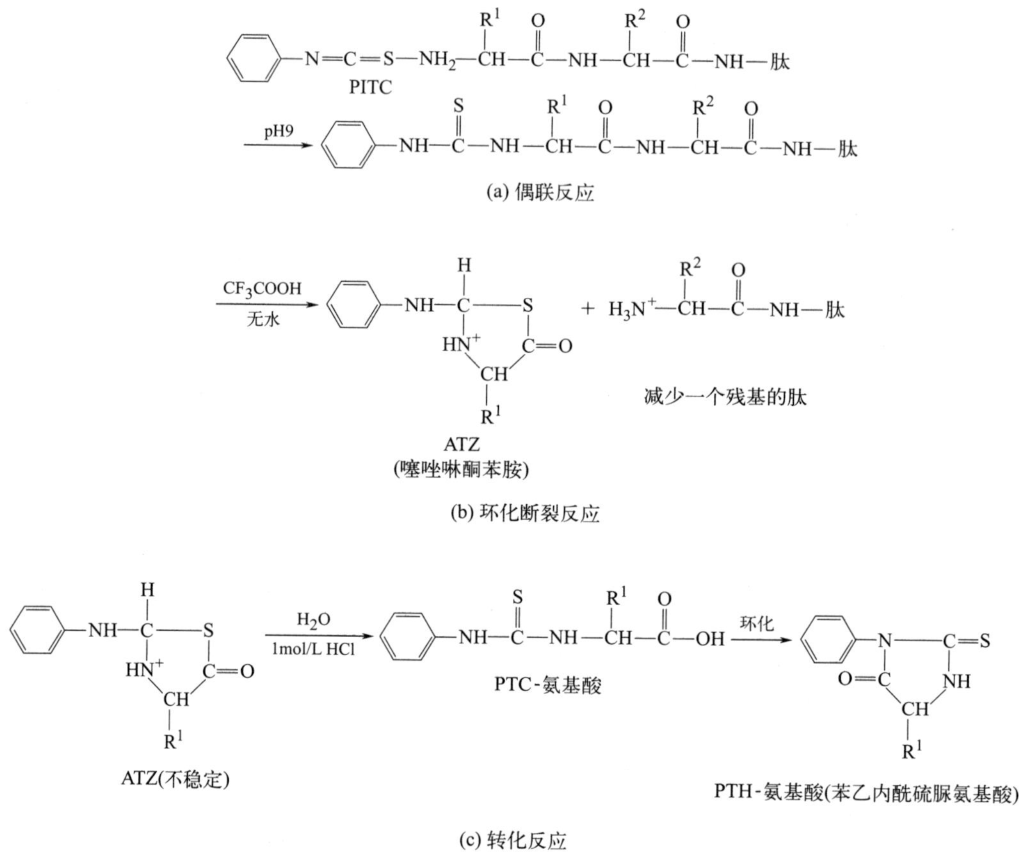

图 1-27　Edman 降解法（PITC 法）示意图

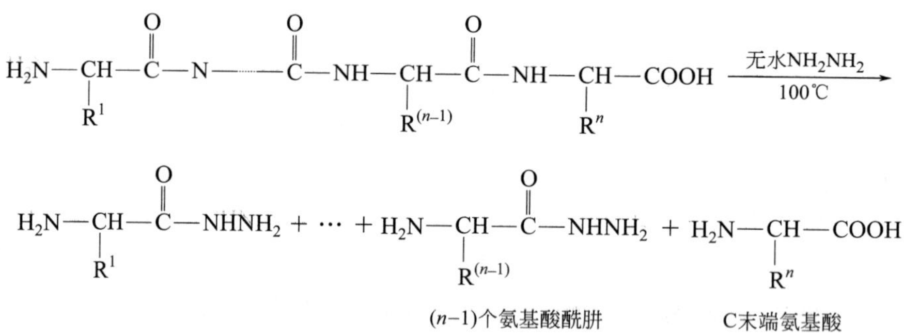

（2）羧肽酶法　是最有效、最常用的方法，但 Pro 不能测。羧肽酶与氨肽酶相似，都是肽链外切酶，不同点在于羧肽酶从肽链的 C 端每次降解一个氨基酸残基，释放出游离氨基酸。用氨基酸的释放量对时间作图，可确定 C 端氨基酸的序列。

常用羧肽酶有四种，见表 1-6。

表 1-6　四种常用羧肽酶的专一性

酶	来源	专一性
羧肽酶 A(CPA)	胰脏	释放除 Arg、Lys、Pro、Hypro 以外的所有 C 端氨基酸
羧肽酶 B(CPB)	胰脏	主要释放 C 端的 Arg、Lys
羧肽酶 C(CPC)	柑橘叶	释放除 Hypro 外的所有 C 端氨基酸
羧肽酶 Y(CPY)	面包酵母	释放 C 端所有氨基酸

（3）还原法　C端氨基酸与硼氢化锂还原成α-氨基醇，可用色谱法鉴别。

4. 二硫键的断裂

蛋白质结构分析中胱氨酸残基的二硫键常用氧化剂或还原剂打开。过甲酸可定量打开胱氨酸的二硫键，生成磺基丙氨酸（cyter acid）。还原剂如巯基化合物（R—SH）也能断裂二硫键，生成半胱氨酸及相应的二硫化物。

5. 肽链的断裂

氨基酸顺序自动分析仪只能准确测定50个氨基酸残基以下的肽链，而一般的蛋白质都含有100以上的氨基酸残基，所以，要将蛋白质打断成多肽甚至寡肽，再进行分析，而且要2套以上，便于以后拼接。为此，经纯化并断开二硫键的多肽链选用专一性强的蛋白酶或化学试剂进行可控制的裂解。裂解时要求断裂点少，专一性强，反应产率高。

（1）化学裂解法　获得的肽段较大，适合自动序列仪。

① 溴化氰（CNBr）：水解—Met—X—之间的肽键，产率85%。

② 亚碘酰基苯甲酸：水解—Trp—X—之间的肽键，产率70%～100%。

③ NTCB(2-硝基-5-硫氰苯甲酸)：水解—X—Cys—之间形成的肽键。

④ 羟胺（NH_2OH）：水解—Asn—Gly—之间形成的肽键，专一性不强，也能裂解—Asn—Leu—和—Asn—Ala—之间的肽键。

（2）酶裂解法　用于肽链断裂的蛋白水解酶（或称蛋白酶）都是肽链内切酶或内肽酶。最常用的蛋白酶主要有胰蛋白酶、糜蛋白酶、胃蛋白酶和嗜热菌蛋白酶等。几种蛋白水解酶的专一性如表1-7所示。

表1-7　几种蛋白水解酶的专一性

蛋白水解酶	酶对水解位点两侧氨基酸残基的要求
胰蛋白酶	R^1 = Lys 或 Arg
糜蛋白酶	R^1 = Phe、Tyr 或 Trp
胃蛋白酶	R^2 = Phe、Val、Tyr 或 Trp
葡萄球菌蛋白酶	R^1 = Asp 或 Glu
嗜热菌蛋白酶	R^2 = Leu、Ile、Phe、Val、Tyr、Met 或 Trp

6. 肽段氨基酸序列的测定

自动序列分析技术应用了Edman试剂——异硫氰酸苯酯。与Sanger测序技术不同，Edman法使多肽水解掉N末端残基后仍保留修饰肽链的完整性（即剩余的多肽不被水解），这一特征改变了蛋白质测序技术。在反应过程中，氨基端的氨基酸以苯乙内酰硫脲衍生物的形式释放，然后通过HPLC进行鉴定。序列中的下一个氨基酸接着发生衍生化并释放出来，这一过程不断重复，30～40个（偶尔也可60～80个）氨酰基的序列可在一次连续的操作中得以完成（图1-27）。

7. 肽段拼接成肽链

通常采用重叠肽法确定各肽段在原多肽链中的正确顺序，拼凑出整个多肽链的氨基酸序列。重叠肽是指用两种或两种以上的不同方法（专一性不同）断裂多肽样品，得两套或多套肽段。

例如：16 肽，N 末端—H，C 末端—S

A 法裂解产生的肽段　QNS，PS，EQVE，RLA，HQWT

B 法裂解产生的肽段　SEQ，WTQN，VERL，APS，HQ

重叠肽法确定序列　HQWTQNSEQVERLAPS

8. 二硫键位置的确定

二硫键位置的确定包括链内和链间二硫键的位置，用对角线电泳法来测定。在肽链未拆分的情况下用胃蛋白酶水解，可以得到被二硫键连着的多肽产物。先进行第一向电泳，将产物分开，再用过甲酸、碘代乙酸、巯基乙醇处理，将二硫键打断，最后进行第二向电泳，条件与第一向电泳完全相同。选取偏离对角线的样品（多肽或寡肽），它们就是含二硫键的片段，上机测氨基酸顺序，根据已测出的蛋白质的氨基酸顺序，把这些片段进行定位，就能找到二硫键的位置。

四、蛋白质的二级结构

多肽链在一级结构的基础上，主链原子按照一定的方式通过氢键有规律地旋转或折叠形成的空间构象就是蛋白质的二级结构。其实质是多肽链在空间的排列方式。主要包括 α 螺旋、β 折叠、β 转角、无规卷曲等。

1. 构型与构象

构型（configuration）指一个分子由于其中各原子特有的固定的空间排列，而使该分子所具有的特定的立体化学形式。构型的改变只能通过共价键的破坏和再形成而实现（例如 D-丙氨酸转变为 L-丙氨酸）。

构象（conformation），是指一个分子中，不改变共价键结构，仅单键周围的原子旋转所产生的原子空间排布。构象之间的相互转化不涉及共价键的破坏，而是通过非共价键（氢键、盐键、疏水键等）的破坏与再形成而实现。即使消除了由空间相互作用所产生的构象，一个多肽链主链中 2/3 的共价键仍可自由旋转而形成无数个可能的构象，然而对于一个蛋白质来说，只有一小部分构象具有生物学意义。

2. 多肽主链的折叠的空间限制

一个 C_α 原子相连的两个肽平面，由于 $N_1—C_\alpha$ 和 $C_\alpha—C_2$（羧基碳）两个键为单键，肽平面可以分别围绕这两个键旋转，从而构成不同的构象。一个肽平面围绕 $N_1—C_\alpha$（氮原子与 α-碳原子）旋转的角度，用 Φ 表示；另一个肽平面围绕 $C_\alpha—C_2$（α-碳原子与羧基碳）旋转的角度，用 Ψ 表示。这两个旋转角度叫二面角。二面角（Φ、Ψ）所决定的构象能否存在，主要取决于两个相邻肽单位中非键合原子间的接近有无阻碍。$C_\alpha—N$ 和 $C_\alpha—C$ 键旋转时将受到 α-碳原子上的侧链 R 基的空间阻碍影响，所以使肽链的构象受到限制，只能形成一定的构象。构象 Φ、Ψ 示意图见图 1-28。

Ramachandran 根据蛋白质中非键合原子间的最小接触距离，确定了哪些成对二面角（Φ、Ψ）所规定的两个相邻肽单位的构象是允许的，哪些是不允许的，并且以 Φ 为横坐标、以 Ψ 为纵坐标，在坐标图上标出，该坐标图称为拉氏构象图。

3. 二级结构中的规则和不规则构象

蛋白质多肽骨架的构象构成了它们的二级结构，可以通过 X 射线衍射分析方法来确定。

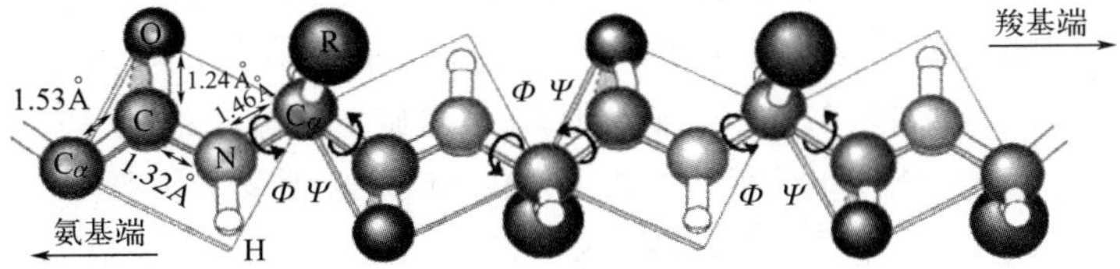

图 1-28　构象 Φ、Ψ 示意图（1Å＝0.1nm）

肽键的部分双键性质和 R 基团的大小及形状决定其存在的二级结构种类。

（1）α 螺旋结构　如果多肽链以 α-碳原子为核心做角度相同的旋转，即可以形成线卷或螺旋结构。螺旋旋转的强度和方向不同，所形成的螺旋类型也不相同。螺旋沿着它的中心轴上升，每一圈的氨基酸残基数（n）或每圈的距离（p，螺距）决定了螺旋的类型。肽链中的肽平面绕 C_α 相继旋转一定角度形成 α 螺旋，并盘绕前进。每隔 3.6 个氨基酸残基，螺旋上升一圈，每圈间距 0.54nm，即每个氨基酸残基沿螺旋中心轴上升 0.15nm，旋转 100°（见图 1-29）。α 螺旋中氨基酸残基侧链伸向外侧，相邻的螺圈之间形成链内氢键，氢键的取向几乎与中心轴平行。第 1 个肽键的 ＞C═O 上的氧和第 4 个肽键的 ＞NH 上的氢之间形成氢键，第 n 个肽键的 ＞C═O 上的氧和第 $n+3$ 个肽键的 ＞NH 上的氢之间形成氢键。由氢键封闭形成的环是十三元环：

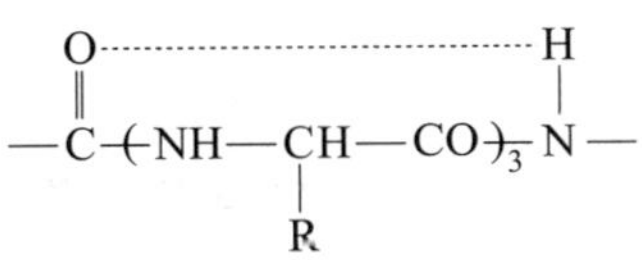

氨基酸具有手性特征，因此形成的螺旋亦有手性，即右手螺旋和左手螺旋之分。握住手掌，拇指向外，就构成右手螺旋。对一个右手螺旋的多肽链来讲，如果拇指指向肽链的羧基端，螺旋沿着手指卷曲的方向前进。绝大多数天然蛋白质都是右手螺旋（见图 1-30）。

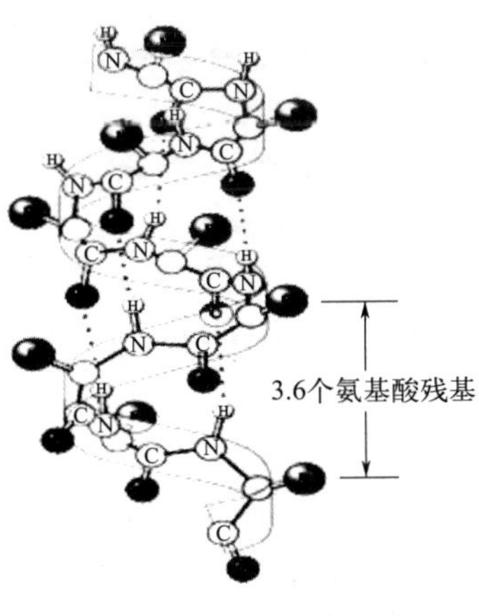

图 1-29　α 螺旋的构象

图 1-30　α 螺旋的右手螺旋示意图

由于 α 螺旋是多肽链中能量最低、最稳定的构象，由此可以自发地形成。但一条肽链能否形成 α 螺旋，以及形成的螺旋是否稳定，与它的空间位阻和静电斥力有极大的关系。多个侧链较大的氨基酸（Ile、Trp、Phe 等），由于极大的侧链基团而存在空间位阻而不能形成

稳定的 α 螺旋；连续存在的侧链带有相同电荷的氨基酸残基因同种电荷的互斥效应而不能形成稳定的 α 螺旋。例如多聚 Lys，当 pH＝7 时 R 基都带正电荷，妨碍 α 螺旋的形成，而以无规则卷曲形式存在；当 pH＝12 时则自发形成 α 螺旋。α 螺旋遇到 Pro 会被中断而拐弯，因为脯氨酸是亚氨基酸，其肽键 N 原子上没有 H，不能形成氢键；且 C_α 原子参与吡咯环的形成，环内 C_α—N 和 C_α—C 键不能旋转。R 为 Gly 时，由于 C 上有 2 个 H，使 C_α—C、C_α—N 转动的自由度很大，即刚性很小，所以使螺旋的稳定性大大降低。

（2）β 片层结构　也称 β 折叠结构，β 片层（β-pleated sheet）是由两条或多条完全伸展的多肽链靠氢键连接而成的锯齿状片层结构。每条肽链称 β 折叠股或 β 股。形成 α 螺旋中的氨基酸在一级结构中均为邻近氨基酸，β 片层则不同，其氨基酰残基可以来自多肽链中不同一级结构区域的 5～10 个氨基酸构成的区段。与 α 螺旋的致密结构相比，β 片层构象几乎完全是伸展的。侧链基团与 C_α 间的键几乎垂直于折叠平面，R 基团交替分布于片层平面两侧。β 片层结构具有平行结构和反平行结构两种形式。

图 1-31 展示了反平行走向的 β 片层结构，相邻的两多肽链具有相反的方向；而平行的 β 片层结构中，两多肽链的走向是相同的。每一种 β 片层结构都具有特有的氢键类型（图 1-32），并尽可能在所有可以形成氢键的原子之间形成氢键。在反平行的 β 片层构象中，宽窄相间的氢键位于两多肽链之间，对构象起到稳定作用。而在平行 β 片层中，氢键则是均匀存在且与肽链形成一定倾斜角度。几乎所有的 β 片层链都是右手卷曲的，卷曲的 β 片层可以形成球状蛋白质的核心。一个 β 片层结构可以由 2～15 条多肽段构成，平行和反平行 β 片层常混合存在。

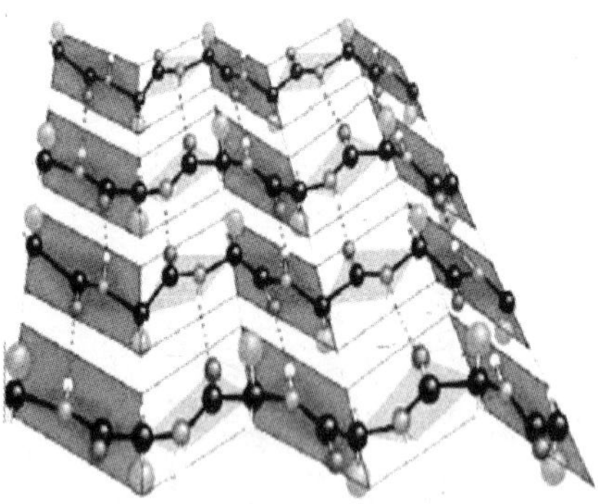

图 1-31　反平行 β 片层结构模式图

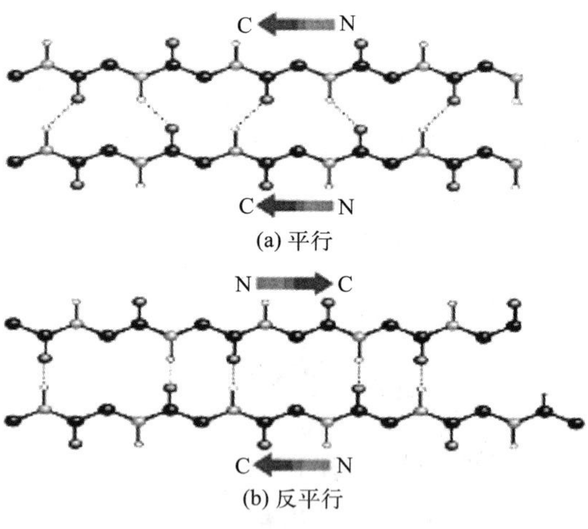

图 1-32　在平行和反平行 β 片层中氢键的排列

（3）β 转角结构　β 转角也称 β 回折、β 弯曲或发夹结构，多存在于球状蛋白质分子的表面，是多肽链 180°回折部分所形成的一种二级结构。由第一个氨基酸残基的 C═O 上的氧与第 4 个氨基酸残基的 N—H 上的氢之间形成氢键，形成一个紧密的环，使 β 转角成为稳定结构。主要有两种类型：Ⅰ型和Ⅱ型（图 1-33），二者主要差别是中央肽基旋转了 180°。

一些氨基酸如 Pro、Gly 经常出现在 β 转角中，而Ⅱ型 β 转角中的第 3 个氨基酸残基总是 Gly。这是因为甘氨酸的侧链只有一个氢原子，在构象上几乎没有空间障碍，可以缓和由于肽链弯曲造成的残基侧链间的作用。脯氨酸则相反，其亚氨基与侧链形成环状结构，比较严格地限制了构象角的自由度，在一定条件下能导致 β 转角的形成。在球状蛋白质中，β 转角是非常多的，可以占总残基数的1/4。大多数β转角位于蛋白质分子表面，多数由亲水氨基酸残基组成。

（4）无规则卷曲　无规则卷曲泛指那些不能被归入明确的二级结构元件的多肽区域。常出现在α螺旋与α螺旋、α螺旋与β折叠、β折叠与β折叠之间。它是形成蛋白质三级结构所必需的。酶的功能部位常常处于这种构象区域。

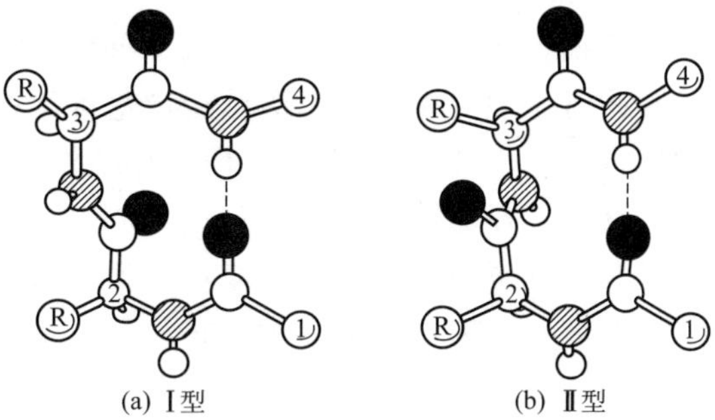

图1-33　β转角的Ⅰ型、Ⅱ型示意图

α螺旋、β转角、β折叠在拉氏构象图上有固定位置，而无规卷曲的Φ、Ψ二面角可存在于所有允许区域内。

五、蛋白质的超二级结构和结构域

在蛋白质中经常看到若干相邻的二级结构单元（主要是α螺旋和β折叠）组合在一起，彼此相互作用，形成有规则的、在空间上能辨认的二级结构组合体，称为超二级结构。它们是蛋白质二级结构至三级结构层次的一种过渡态构象层次，可直接作为三级结构的“建筑块”或域结构的组成单位，是蛋白质发挥特定功能的基础。现在已知的超二级结构有以下几种基本组合形式（图1-34）。

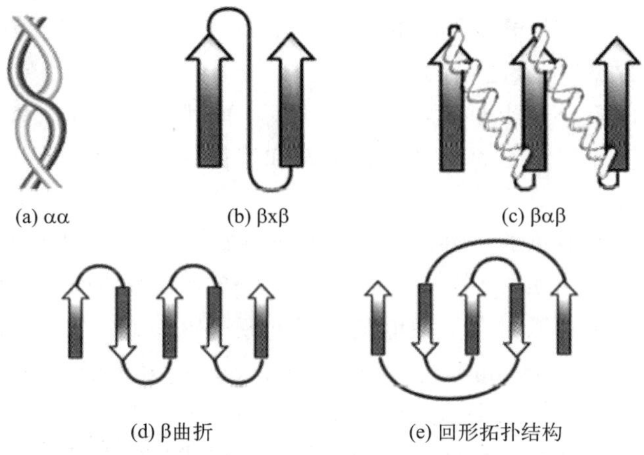

图1-34　常见的超二级结构示意图

（1）αα　这是由两股或三股右手α螺旋彼此缠绕而成的左手超螺旋。主要存在于α角蛋白、肌球蛋白等蛋白质分子内。α螺旋沿超螺旋轴有相当的倾斜，重复距离从0.54nm缩短到0.51nm。超螺旋的螺距约为14nm，直径为2nm。两股α螺旋的侧链能紧密相互作用，使超螺旋结构更加稳定。

（2）βxβ　是由两段平行的β折叠通过一段连接链（x结构）连接而成的超二级结构，主要有如下两种形式。

① βcβ。x为无规卷曲。

② βαβ。x为α螺旋，β片层的疏水侧链面向α螺旋的疏水面，彼此紧密结合装配。最常见的是βαβαβ，相当于两个βαβ单元组合在一起，称Rossmann折叠，存在于苹果酸脱氢酶、乳酸脱氢酶的蛋白质中。

（3）β曲折　由多个相邻的反平行β片层股通过紧凑的β转角连接而成的超二级结构。

（4）回形拓扑结构（希腊钥匙）　回形拓扑结构（“Greek key” topology）也是反平行β折叠片中常出现的一种超二级结构。这种结构直接用希腊陶瓷花瓶上的一种常见图案命名，称“Greek key”拓扑结构。这种拓扑结构有两种可能的回旋方向，但实际上只存在其中的一种。这种选择的基础尚未确定。

长肽链（多于150个氨基酸）在超二级结构的基础上通过多次折叠，在空间上形成一些半独立的球状结构，叫结构域，它是三级结构的一部分，结构域之间靠无规则卷曲连接。也就是说结构域是将三级结构拆开后首先看到的结构。结构域具有独特的空间构象，与分子整体以共价键相连，并承担特定的生物学功能。如一些要分泌到细胞外的蛋白质，其信号肽（负责使蛋白质通过细胞膜）就构成一个结构域。此外，还有与残基修饰有关的结构域、与酶原激活有关的结构域等。铰链区柔性较强，使结构域之间容易发生相对运动，所以酶的活性中心常位于结构域之间。小蛋白多由一个结构域构成，如核糖核酸酶、肌红蛋白等。由多个结构域构成的蛋白质一般分子量大，结构复杂，例如免疫球蛋白的重链含有4个结构域。

六、蛋白质的三级结构

蛋白质的三级结构是指整条肽链中全部氨基酸残基的相对空间位置，也就是整条肽链所有原子在三维空间的排布位置，包括主链和侧链。三级结构的形成使得在序列中相隔较远的氨基酸侧链相互靠近。一条长的多肽链，可先折叠成几个相对独立的结构域，再缔合成三级结构，这在动力学上比直接折叠更为合理。三级结构是蛋白质发挥生物活性所必需的。

（一）维持三级结构的次级键

三级结构涉及蛋白质分子或亚基内所有原子的空间排布，但不涉及亚基之间的关系。三级结构主要靠非共价键如氢键、离子键、疏水键和范德华力等来维持。

1. 氢键

氢键是次级键中发现最早的一种键，在维持蛋白质的构象中起重要作用。例如α螺旋的形成、β片层中链与链之间的结合等。氢键是一个电负性很强的原子（O或N）共价相连的氢原子和相邻的另一个含有孤对电子的电负性强的原子（如O、N或F）之间形成的一种吸引力。氢键的键能为12～30kJ/mol，比共价键弱得多，但由于蛋白质分子中存在许多氢键，所以在维持蛋白质三级结构的稳定性中仍起重要作用。

氢键有两个特征，一个是饱和性，即一个氢供体只能与一个氢受体形成一个氢键；另一个即方向性，即氢键的供体和受体都在同一直线上形成的氢键最强，如两者之间有一角度，氢键就随角度的增大而减弱。

2. 离子键

离子键是由带相反电荷的基团通过静电引力形成的，其键能为20kJ/mol，在蛋白质中常被称为盐键或盐桥。在生理pH下，构成多肽链的碱性氨基酸残基侧链带正电，酸性氨基酸残基侧链带负电；另外，游离的N端氨基酸残基的氨基和C端氨基酸残基的羧基也分别带正、负电荷，这些带相反电荷的基团之间可以形成离子键。

3. 疏水键

构成蛋白质的非极性氨基酸残基上的各种非极性R基团避开水相，互相聚集在一起而形成的作用力称为疏水作用力，也称疏水键，其键能＜40kJ/mol。在水溶液中它们会躲避周围的极性溶液而自发地聚集在一起，从而在分子内部形成疏水核心。这种疏水相互作用在维持蛋白质的三级结构中起到十分重要的作用。如果一个多肽的所有氨基酸残基都是亲水的，那么用来驱动三级结构形成的力将十分有限；而如果一个多肽既含亲水氨基酸又含疏水氨基酸，则有利于蛋白质在溶液中采取最终的构象状态。

4. 范德华力

这是一种普遍存在的作用力，是一个原子的原子核吸引另一个原子外围电子所产生的作用力。它是一种比较弱的、非特异性的作用力。尽管范德华力十分弱，键能只有 0.4～4kJ/mol，但在蛋白质分子中，这样的力大量存在，因此其对蛋白质三级结构的形成作用不容小觑。

5. 金属离子的配位结合

金属离子的配位结合只存在于金属蛋白。以羧肽酶 A 为例，这种由 307 个氨基酸组成的多肽链大致折叠成球形，这与被结合的 Zn^{2+} 和其 His69、Glu72、His196 的侧链以及 1 个水分子配位结合形成四面体结构有一定关系。

总的来说，维持蛋白质分子三级结构的作用力是次级键，它们的键能虽然弱，但是多个次级键加在一起时，就产生了一种足以维持蛋白质三维结构的强大作用力。另外，绝大多数蛋白质中二硫键对蛋白质的稳定和三级结构的形成也起到相当重要的作用。1963 年英国 J. Kendrew 等测出了第一个蛋白质——抹香鲸肌红蛋白的全部原子的空间结构。抹香鲸肌红蛋白是由一条 α 螺旋链折叠、盘绕成一个近似球状的三级结构，分子大小约 4.5nm×3.5nm×2.5nm，还有一个血红素辅基（图 1-35）。

通过对多种球状蛋白质的三维结构研究后发现，虽然每种球状蛋白质都有自己独特的三级结构，但是它们仍有如下共同特征。

(1) 含有丰富的二级结构元　纤维蛋白质只含有一种类型的二级结构，而球状蛋白质通常含有几种二级结构。如鸡卵清溶菌酶（图 1-36）含有 α 螺旋、β 片层、β 转角和无规则卷曲等。当然，不同的球状蛋白质各种元件的含量是不一样的。

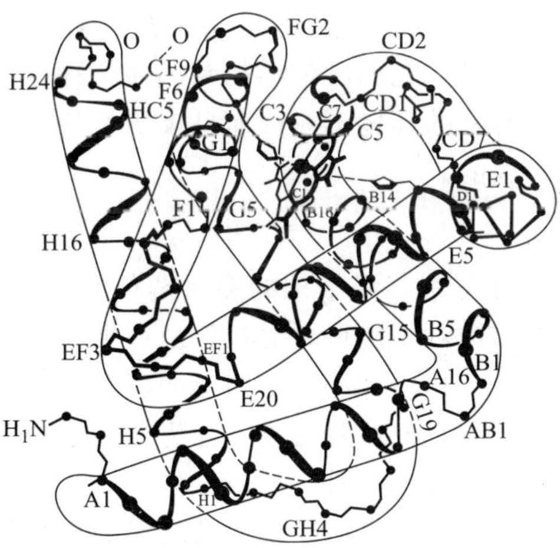

图 1-35　抹香鲸肌红蛋白结构示意图

图 1-36　鸡卵清溶菌酶

(2) 具有明显的折叠层次　球状蛋白质具有丰富的结构层次，包括二级结构、超二级结构、结构域、三级结构和四级结构。

(3) 分子呈现球状或椭圆状　多肽链折叠中各种二级结构彼此紧密装配，偶尔有水分子大小或稍大的空腔存在，但它仅占构成蛋白质总体积的很小一部分，例如在 α-胰凝乳蛋白酶晶体结构中发现只有16个水分子的空隙。值得注意的是邻近活性部位的区域有较大的空间可塑性，允许活性部位的结合基团和催化基团有较大的活动范围。这是酶与底物或调节物相互作用的结构基础。

(4) 疏水侧链埋藏在分子内部，亲水侧链暴露在外表 蛋白质三级折叠的驱动力是引起疏水相互作用的熵效应，折叠的结果是形成热力学上最稳定的三维结构。球状蛋白质分子约80%～90%疏水侧链被埋藏，分子表面主要是亲水侧链，因此，球状蛋白质是水溶性的。

(5) 分子表面常常有空穴 这个空穴为配体结合部位（活性中心）。空穴大小能容纳1～2个小分子配体或大分子配体的一部分。空穴的周围分布着许多疏水侧链，为底物等发生化学反应营造了一个疏水环境（低介电区域）。

（二）研究三级结构的方法

测定蛋白质三级结构的方法主要有两种，一种是X射线晶体衍射，另一种是核磁共振影像。两种方法各有利弊。前一种方法首先需要得到蛋白质的晶体，但得到一种蛋白质的晶体并非易事，特别是膜蛋白，某些蛋白质的晶体可能永远无法得到。只有在得到蛋白质晶体以后，才可以进行X射线晶体衍射，但得到的并不是原子的直接图谱，而是电子密度图谱，因此需要傅里叶逆转化去分析电子密度，再还原成三维结构。但典型的蛋白质晶体相对较软，常发生移位，因此它们的电子密度图难以揭示个别原子的准确位置。而且，有些蛋白质只能稳定地存在于溶液中，无法结晶，所以不能应用此方法。核磁共振技术（NMR）则提供了蛋白质在溶液中的结构信息。一些在生物学上十分重要的原子核，例如^{1}H、^{13}C、^{15}N和^{31}P都有特征性的磁矩或自旋。核磁共振仪可以用于分析这些原子核的化学环境并提供有关分子中的原子之间距离的信息。在分析蛋白质的结构时，将此信息与氨基酸的序列、键角、各种基团的平面特征、范德华力等相结合可以解出蛋白质的三维结构。核磁共振技术测蛋白质三维结构可以达到相当于0.25nm X射线晶体结构分析的分辨率。

自从1985年第一个蛋白质的三维结构由NMR法确定以来，已有几百种蛋白质的空间结构通过这种方法得到，约占已被确定空间结构的蛋白质总数的20%。其中有些蛋白质分别被NMR和X射线晶体衍射两种方法测定过。比较它们的溶液结构和晶体结构可以看出二者总体上是相同的，但局部的表面区域由于它们所处的环境不一样而呈现明显的差异，这是因为两种状态下蛋白质分子所处的环境不同而造成的。

七、蛋白质的四级结构

蛋白质的四级结构是指两个或两个以上的具有完整三级结构的多肽链依靠次级键相连，形成特定的空间结构。可以根据蛋白质有无四级结构对其进行分类：仅由一个亚基组成并无四级结构的蛋白质称为单体蛋白质，如核糖核酸酶、胰岛素等；由两个或两个以上亚基组成的蛋白质统称为寡（多）聚蛋白质。寡聚蛋白质只由一种亚基组成，称为同多聚蛋白质，如谷氨酰胺合成酶；由几种不同的亚基组成，称为杂多聚蛋白质，如血红蛋白。

蛋白质的四级结构内容包括亚基的种类、数目、空间排布以及亚基之间的相互作用。亚基的表面是不规则的，这使得亚基之间能够结合，成为四级结构形成的基础。亚基之间是否结合不仅与其形状有关，而且与将亚基联系在一起的次级键有关，包括氢键供体对氢键受体、疏水基团对疏水基团、正电荷基团对负电荷基团。这些互补的性质在所有的结合作用中都可以观察到，无论是蛋白质和小分子之间，还是蛋白质和其他大分子之间。

蛋白质四级结构中亚基缔合在结构和功能上具有优越性，主要体现在以下几点。

① 降低比表面积，增加蛋白质的稳定性。

② 提高基因编码的效率和经济性。

③ 使酶的催化基团汇集，提高催化效率。

④ 丰富蛋白质的结构，以行使更复杂的功能。

⑤ 形成一定的几何形状，如细菌鞭毛。

⑥ 适当降低溶液渗透压。

⑦ 具有协同效应和别构效应，实现对酶活性的调节。

别构效应指别构蛋白的别构部位与效应物结合改变蛋白质的构象，从而对活性部位所产生的影响。酶的别构效应包括涉及酶与底物结合时催化部位与催化部位之间的相互作用，即同促别构效应（homoteric allosteric effect）；涉及酶与调节物结合时调节部位与活性部位之间的相互作用，即异促别构效应（heterotropic allosteric effect）。

八、蛋白质的结构与功能

蛋白质的性质和生物功能是以其化学组成和结构为基础的。各种蛋白质虽然都是由 20 种基本氨基酸所组成，但它们分子中的氨基酸种类、排列次序、肽链的多少和大小以及空间结构等各不相同。因此，一种蛋白质的生物功能的表现，不仅需要一定的化学结构，而且需要一定的三维结构。

蛋白质的一级结构与其三维结构具有密切联系。一般来说，具有相似的一级结构通常具有相似的三维结构，但有时非常不同的一级结构（同源相似序列小于 20%）能形成相似的三维结构。蛋白质的功能取决于它的三维结构，而三维结构是由其一级结构决定的，蛋白质结构的改变会导致某些疾病的发生。

1. 分子病

因 DNA 分子核苷酸发生错差，导致蛋白质分子合成异常引起的疾病称为分子病。蛋白质中氨基酸的改变是基因突变的结果，所以，分子病是一类基因突变引起的遗传病。镰刀状细胞贫血病是人类认识的第一个分子病。它是一种慢性溶血性贫血，病人的红细胞在氧气不足的情况下变形而呈镰刀状，故由此得名。正常人的红细胞是球状的，而病人血液中相当一部分红细胞是镰刀状（图 1-37）。进一步分析镰刀状细胞贫血病病人的红细胞成分，发现其与正常人不同，这种病人红细胞的数量只有正常人的一半，血红蛋白的含量也是正常人的一半，对白细胞数量的影响相对小一些。

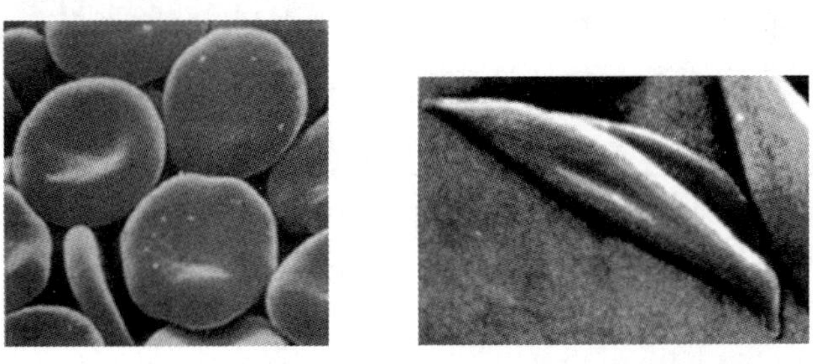

(a) 正常人血液红细胞　　(b) 镰刀状细胞贫血病病人血液红细胞

图 1-37　血液红细胞

正常人的血红蛋白（以 HbA 代表）同镰刀状细胞贫血病病人的血红蛋白（以 HbS 代表）的生物功能大小悬殊，但在结构上，它们之间的差异仅仅是 β 链上的一个氨基酸残基，即 HbA 的 β 链的第 6 位为谷氨酸，而 HbS 的 β 链的第 6 位为缬氨酸。

HbA　β链　Val—His—Leu—Thr—Pro—Glu—Glu—Lys…

HbS　β链　Val—His—Leu—Thr—Pro—Val—Glu—Lys…

2. 蛋白质构象与疾病

若蛋白质的折叠发生错误，尽管其一级结构不变，但蛋白质的构象发生改变，仍可影响其功能，严重时可导致疾病发生。有些蛋白质错误折叠后相互聚集，常形成抗蛋白水解酶的淀粉样纤维沉淀，产生毒性而致病，表现为蛋白质淀粉样纤维沉淀的病理改变。

朊病毒是一种不含有核酸的感染性蛋白质，它们可以引起许多致命的神经退行性疾病。例如流行性海绵状脑病（transmissible spongiform encehapathies，TSE）或叫朊病毒病。朊病毒病可以是遗传性的、感染性的或散在性的疾病。它们主要涉及朊病毒的蛋白质的二级结构和三级结构的改变。这一类疾病包括人的克-雅脑病（CJD）、羊的羊瘙痒症、牛的牛海绵状脑病（疯牛病，BSE）。这些疾病的特征改变是由淀粉样原纤维中不溶性蛋白质的沉积引起的海绵状、星形胶质细胞增生和神经元丧失。

第四节　蛋白质的性质与分离纯化

蛋白质是氨基酸的多聚体，因此它所具有的很多性质是由组成它的氨基酸残基带来的，例如紫外吸收、两性解离和等电点。但作为生物大分子的蛋白质又由于其特有的共价结构与三维结构的影响，具有许多特有的性质，例如变性、复性和水解等。利用蛋白质的特有性质和不同蛋白质某些性质上的差异而对蛋白质进行分离纯化。

一、蛋白质的性质

（一）蛋白质的两性性质

蛋白质的性质

蛋白质同氨基酸一样也是两性电解质，既能和酸作用，也能和碱作用。蛋白质分子中可解离的基团除肽链末端的α-氨基和α-羧基外，主要还是多肽链中氨基酸残基上的侧链基团，如ε-氨基、β-羧基、γ-羧基、咪唑基、胍基、苯酚基、巯基等。在一定的pH条件下，这些基团能解离为带电基团，从而使蛋白质带有电荷。常见氨基酸侧链的解离见表1-8。

表1-8　常见氨基酸侧链的解离

基团	酸⟷碱	pK_a(25℃)
α-羧基	$—COOH \rightleftharpoons —COO^- + H^+$	3.0～3.2
β-羧基(Asp)	$—COOH \rightleftharpoons —COO^- + H^+$	3.0～4.7
γ-羧基(Glu)	$—COOH \rightleftharpoons —COO^- + H^+$	4.4
咪唑基(His)	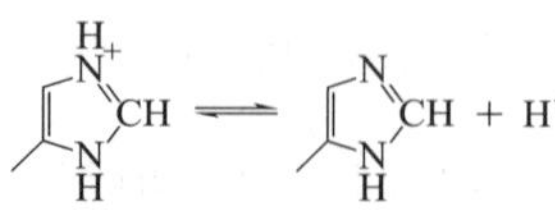	5.6～7.0
α-氨基	$—\overset{+}{N}H_3 \rightleftharpoons —NH_2 + H^+$	7.6～8.4

续表

基团	酸⟷碱	pK_a(25℃)
ε-氨基(Lys)	$—\overset{+}{N}H_3 \rightleftharpoons —NH_2 + H^+$	9.4～10.6
巯基(Cys)	$—SH \rightleftharpoons —S^- + H^+$	9.1～10.8
苯酚基(Tyr)	$—C_6H_4—OH \rightleftharpoons —C_6H_4—O^- + H^+$	9.8～10.4
胍基(Arg)	$—C(=NH)—\overset{+}{N}H_3 \rightleftharpoons —C(=NH)—NH_2 + H^+$	11.6～12.6

当某蛋白质在一定的 pH 溶液中，所带的正负电荷相等，它在电场中既不向阳极移动也不向阴极移动，此时溶液的 pH 值称为该蛋白质的等电点 pI。由于一个蛋白质分子含有多个氨基酸残基，其解离情况要比单个氨基酸或一个小肽复杂得多，因此一种蛋白质的 pI 不能直接计算，只能使用等电聚焦等方法测定。由于各种蛋白质的等电点不同，在同一 pH 时所带电荷不同，在电场作用下移动的方向和速度也不同，所以可用电泳来分离提纯蛋白质。蛋白质的两性解离如图 1-38 所示。

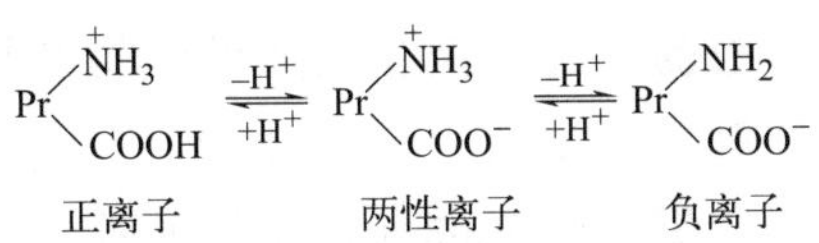

图 1-38　蛋白质的两性解离

（二）蛋白质的紫外吸收性质

Trp、Tyr 和 Phe 三种芳香族氨基酸的 R 基团在 280nm 波长附近有最大的吸收峰，由于绝大多数蛋白质都具有这三种氨基酸，所以蛋白质也会有紫外吸收现象，最大吸收峰在 280nm。尽管核酸也有紫外吸收，但其最大吸收峰在 260nm。因此，测定蛋白质溶液在 280nm 的光吸收值已成为测定溶液中蛋白质含量的最便捷的方法。

（三）蛋白质胶体性质

蛋白质的分子量在 1 万～100 万，其分子直径 1～100nm，是胶体颗粒的范围。蛋白质的水溶液是一种比较稳定的亲水胶体，这是因为在其表面分布很多极性基团（$—NH_2$、—COOH、—OH、—SH、—CO、—NH 等），亲水性强，易吸附水，形成水化膜（水化层），使蛋白质溶于水，又可隔离蛋白质，使其不易沉淀；又因为在非等电状态时，都带有相同的净电荷，互相排斥而不易沉淀，并与周围的相反离子构成稳定的双电层，所以蛋白质具有胶体性质，如布朗运动、光散射、电泳、不能透过半透膜及具有吸附能力等。利用蛋白质不能透过半透膜的性质，可用羊皮纸、火棉胶、玻璃纸等来分离纯化蛋白质，此方法称透析（dialysis）。

蛋白质的胶体性质具有重要的生理意义。在生物体内，蛋白质与水结合构成各种流动性不同的胶体系统。实际上，细胞的原生质就是一种复杂的胶体系统，体内许多的代谢反应即在此系统中进行。

（四）沉淀反应

蛋白质在溶液中靠水化膜和双电层保持其稳定性，水化膜和双电层一旦失去，蛋白质胶体溶液的稳定性就被破坏，蛋白质就会从溶液中絮结沉淀下来，此现象即为蛋白质的沉淀作用。根据沉淀后是否能重新溶解成溶液分为可逆沉淀和不可逆沉淀。

1. 可逆沉淀

在温和条件下，改变溶液的 pH 或电荷状况或除去水化层，蛋白质将从胶体溶液中沉淀分离。在沉淀过程中，结构和性质都没有发生变化，在适当的条件下，又可重新溶解形成溶液的沉淀叫作可逆沉淀，又称为非变性沉淀。

可逆沉淀是分离和纯化蛋白质的基本方法。主要包括以下几种。

(1) 等电点沉淀法 在蛋白质溶液中加酸使其达到蛋白质的等电点（一般蛋白质的等电点皆偏酸性），破坏蛋白质表面电荷的排斥作用，蛋白质溶解度降低而沉淀。

(2) 盐析法 在蛋白质溶液中加入一定量的中性盐可使蛋白质溶解度降低并沉淀析出的现象叫盐析。盐在水中迅速解离后，与蛋白质争夺水分子，破坏蛋白质颗粒表面的水化膜；另外，离子可大量中和蛋白质表面上的电荷，使蛋白质成为既不含水化膜又不带电荷的颗粒而聚集沉淀。硫酸铵是最常用的中性盐。

(3) 有机溶剂沉淀法 某些与水互溶的有机溶剂（如甲醇、乙醇、丙酮）等可使蛋白质产生沉淀，这是由于有机溶剂的亲和力比水大，能破坏蛋白质表面的水化膜，从而使蛋白质的溶解度降低并产生沉淀。

2. 不可逆沉淀

不可逆沉淀是在强烈沉淀条件下，破坏了蛋白质胶体溶液的稳定性及蛋白质的结构和性质，产生的蛋白质沉淀不可能再重新溶解于水，又称为变性沉淀。主要有以下几种。

(1) 加热沉淀 几乎所有的蛋白质都因加热变性而凝固。少量盐类能促进蛋白质加热变性。当蛋白质处于等电点时，加热凝固最完全和最迅速。加热变性引起蛋白质凝固沉淀的原因可能是由于热变性使蛋白质天然构象解体，疏水基外露，因而破坏了水化层，同时也破坏了带电状态。

(2) 强酸碱沉淀 由于破坏了氢键而造成不可逆沉淀。

(3) 重金属盐沉淀 当 pH 大于 pI 时，蛋白质颗粒带负电荷，这样它容易与重金属离子（Hg^{2+}、Ag^{+}、Pb^{+}等）结成不溶性盐而沉淀。

(4) 生物碱试剂及某些酸类沉淀法 当溶液 pH 小于 pI 时，蛋白质颗粒带正电荷，与生物碱试剂和酸类的负离子生成不溶性沉淀。常见的生物碱试剂有单宁酸、苦味酸、钨酸、三氯乙酸、磺基水杨酸。

（五）蛋白质变性与复性

蛋白质受到某些理化因素的影响，使其空间构象发生改变，蛋白质的理化性质和生物学功能随之改变或丧失，但未导致蛋白质一级结构的改变，这种现象叫变性（denaturation）。变性后的蛋白质称为变性蛋白质。二硫键的改变引起的失活可看作变性。

影响蛋白质变性的原因很多，主要是受温度、pH、有机溶剂和别构激活剂等影响。

(1) 温度 多数酶在 60℃以上开始变性，热变性通常是不可逆的。多数酶在低温下稳定，但有些酶在低温下会钝化，其中有些酶的钝化是不可逆的。如固氮酶的铁蛋白在 0～1℃下 15h 就会失活，一个可能的原因是寡聚蛋白发生解聚，如 TMV 的丙酮酸羧化酶。

(2) pH 酶一般在 pH4～10 范围较稳定。当 pH 超过 pK 几个单位时，一些蛋白内部基团可能会翻转到表面，造成变性。如血红蛋白中的组氨酸在低 pH 下会出现在表面。

(3) 有机溶剂 有机溶剂能破坏氢键，削弱疏水键，还能降低介电常数，使分子内斥力增加，造成肽链伸展、变性。

(4) 胍、尿素等 变性剂胍、尿素等破坏氢键和疏水键而使蛋白质变性。硫氰酸胍比盐酸胍效果好。

(5) 某些盐类 盐溶效应强的盐类，如氯化钙、硫氰酸钾等，有变性作用，可能是与蛋白质内部基团或溶剂相互作用的结果。

（6）表面活性剂　如 SDS$^-$、CTAB$^+$、triton 等。triton 因为不带电荷，所以比较温和，经常用来破碎病毒。

蛋白质变性后分子性质改变，黏度升高，溶解度降低，结晶能力丧失，旋光度和红外、紫外光谱均发生变化；变性蛋白质对蛋白酶的敏感性增大，易被水解，即消化率上升；变性蛋白质基团位置改变，包埋在分子内部的可反应基团暴露出来，反应性增加；生物活性失去，抗原性也发生改变。

这些变化的原因主要是高级结构的改变，氢键等次级键被破坏，肽链松散，变为无规卷曲。由于其一级结构不变，所以如果变性条件不是过于剧烈，则是一种可逆过程，在适当条件下还可以恢复功能。高级结构松散了的变性蛋白质通常在除去变性因素后，可缓慢地重新自发折叠形成原来的构象，恢复原有的理化性质和生物活性。如胃蛋白酶加热至 80～90℃时，失去活性，降温至 37℃，又可恢复活力，这种现象称为复性（renaturation）。但随着变性时间的增加，条件加剧，变性程度也加深，则达到不可逆的变性。

研究蛋白质的变性，可采取某些措施防止变性，如添加明胶、树胶、酶的底物和抑制剂、辅基、金属离子、盐类、缓冲液、糖类等，可抑制变性作用。但有些酶在有底物时会降低热稳定性。有时有机溶剂也可起稳定作用，如猪心苹果酸脱氢酶，在 25℃下保温 30min，酶活力为 50%；加入 70%甘油后，经同样处理，活力为 100%。

变性现象也可加以利用，如用酒精消毒，就是利用乙醇对蛋白质的变性作用来杀菌。在提纯蛋白质时，可用变性剂除去一些易变性的杂蛋白。工业上将大豆蛋白变性，使它成为纤维状，就是人造肉。

蛋白质经强酸、强碱作用发生变性后，仍能溶解于强碱或强酸溶液中，若将 pH 调至等电点，则变性蛋白质立即结成絮状的不溶解物，此絮状物仍可溶于强酸和强碱中，如再加热则絮状物可变成较坚固的凝块，此凝块不易再溶于强酸与强碱中，这种现象称为蛋白质的凝固作用。如鸡蛋煮熟后本来流动的蛋清变成了固体。实际上凝固是蛋白质变性后进一步发展的不可逆的结果。

（六）蛋白质的颜色反应

蛋白质的化学性质也和氨基酸一样，游离的 α-氨基、α-羧基和 R 基可以发生与氨基酸中相应基团类似的反应；N 端的氨基酸残基也能与茚三酮发生定量反应，生成呈色物质。但蛋白质因为具有特殊结构而具有氨基酸不具有的反应——双缩脲反应。通常可用此反应来定性鉴定蛋白质，也可根据反应产物的颜色深浅在 540nm 处进行蛋白质的定量测定。

（七）蛋白质的水解

酸、碱及蛋白质水解酶皆可破坏蛋白质的肽键，使蛋白质经过一系列的中间产物，最后产生氨基酸，这些中间产物中最主要的是蛋白胨。蛋白胨可溶于水，遇热不凝固，不被饱和的硫酸铵溶液沉淀，常被用作细菌培养基的成分。

二、蛋白质的分离、纯化

蛋白质的分离和纯化不仅有助于研究蛋白质本身的结构与功能，也有助于研究其基因的结构与功能，而且具有工业或医药应用价值的蛋白质也需要得到它们的纯品。例如，如果无法直接得到一种蛋白质的基因，那么通过纯化蛋白质，就可以测出它的一部分的

蛋白质的分离、纯化

氨基酸序列，然后根据遗传密码表设计和制作核酸探针，去“钓”出它的基因；或者以纯化的蛋白质免疫动物得到抗体，从 cDNA 表达文库中分离出它的基因。如果已经分离得到一种蛋白质的基因，那么在纯化到这种基因的蛋白质产物以后，可以对其性质、构象及其功能进行全方位的研究。

（一）分离纯化的一般步骤

分离纯化某一种蛋白质的一般程序可以分为前处理、粗分级分离、细分级分离和结晶四步。

（1）前处理　制备一个蛋白质样品首先要考虑它是在细胞内还是细胞外，如果在细胞外（如血清、尿等体液）就可以直接进行分离。但实际上大多数蛋白质是在细胞内，就要将细胞破碎，使蛋白质释放出来。细胞破碎的方法很多，破碎动物细胞可用电动捣碎机、匀浆器或超声波破碎法。对植物组织可使用匀浆器或采用石英砂与抽提液混合研磨的方法。微生物细胞的破碎由于细胞壁的存在而比较困难，常用的方法是用溶菌酶（破坏细胞壁的肽聚糖）处理除去细胞壁后再加超声波处理破碎的方法，而工业上常采用微小石英砂混合研磨法、减压法等。如果待制备的蛋白质位于某一个细胞器中，可在破碎细胞后通过差速离心法得到该细胞器，这样就可以除尽细胞质中的蛋白质。如果碰上所要蛋白质是与细胞膜或膜质细胞器结合的，则必须利用超声波或去污剂使膜结构解聚，然后用适当的介质提取。

（2）粗分级分离　当蛋白质混合物的提取液获得后，选用一套适当分离纯化方法，使目的蛋白与大量的杂蛋白分离开。一般这一步采用的方法有盐析法、有机溶剂沉淀法和有机溶剂分级分离等方法。这些方法的特点是简便、处理量大，既能除去大量杂质，又能浓缩蛋白质溶液。

（3）细分级分离　即将样品进一步提纯的过程。样品经粗分级以后，一般体积较小，杂蛋白已经大部分被除去，但还需进一步纯化，以获得单一的蛋白质样品。通常采用色谱法（凝胶过滤色谱、离子交换色谱、吸附色谱、亲和色谱、疏水色谱）、电泳法（自由界面电泳、凝胶电泳、滤纸和薄膜电泳、粉末电泳、细丝电泳、盘电泳、等电聚焦、双向电泳）、密度梯度离心等。

（4）结晶　结晶过程本身也伴随着一定程度的提纯。能否结晶不仅是纯度的一个标志，也是判断制品是否有活性的指标。蛋白质纯度愈高，溶液愈浓就愈容易结晶。当溶液略处于过饱和状态，通过控制温度、加盐盐析、加有机溶剂或调节 pH 等方法能使蛋白质结晶，接入晶种能加速结晶。

（二）蛋白质分离纯化的方法

分离纯化蛋白质的各种方法都是利用蛋白质的各种理化性质，例如，质量和形状、溶解性、表面电荷、表面吸附性、与特定配体结合性、表面疏水性等。

蛋白质的分离纯化方法

常用的方法有：沉淀（溶解性）、离子交换（电荷性）、聚焦色谱（电荷性）、凝胶过滤（大小和形状）、疏水作用色谱（疏水性）等。

在纯化过程中，有时候样品体积较大，需要进行浓缩以缩小体积。常用的浓缩法有：沉淀、冻干、对 50%甘油透析、对固体聚乙二醇（polyethylene glycol，PEG）透析、超滤等。

下面就蛋白质的性质对一些方法和原理作简单介绍。

1. 根据分子大小差异分离蛋白质

（1）透析（dialysis） 利用蛋白质分子不能透过半透膜的性质，使它与其他小分子化合物如无机盐、单糖、氨基酸以及表面活性剂等分离的方法。此方法常被用于去除大分子溶液中的小分子物质或改变蛋白质的溶液组成。常用的半透膜有玻璃纸、火棉纸和其他改性的纤维素材料，截留分子量一般为 10000。

（2）超滤（ultrafiltration） 对透析原理进行了改进，在一定的压力或离心力下，使蛋白质溶液在通过一定孔径的超滤膜时，小分子量的物质滤过，而大分子量的蛋白质被截留，从而达到脱盐、浓缩或更换缓冲液的目的。

（3）密度梯度（区带）离心 在密度梯度介质中进行的一种沉降速度离心，被离心的物质根据其沉降系数不同进行分离。沉降速度与颗粒的质量、密度和形状有关。质量和密度大的颗粒沉降较快，离心后按沉降的速度不同，彼此分开形成区带（停止于与自身密度相等的介质密度梯度）。常用蔗糖或甘油来制备梯度。密度梯度离心是依赖时间的，如果离心时间过长，已经分离的物质均可沉降到离心管的底部或某一区域。

（4）平衡密度梯度离心 也是在密度梯度中进行的，但被分离的物质是依靠它们的密度不同进行分离的，此种离心常用 CsCl 等无机盐类制备密度梯度。在梯度介质中，当被分离的物质分别达到与其密度相同的介质部位时就不再移动，从而达到分离的目的。平衡密度梯度离心是不依赖于时间的，只要梯度不被破坏，时间延长也不影响分离。

（5）凝胶过滤（gel filtration） 又称分子排阻或分子筛色谱，即以具有分子筛效应的惰性颗粒状多孔网状物质为支持物，根据分子大小的不同分离物质的技术（图 1-39）。较大的分子不能或很难进入多孔凝胶颗粒内部，通过颗粒间隙向下流动，行程短，被先洗脱下来；较小的分子可以进入凝胶颗粒内部，路径迂回曲折，行程长，后洗脱下来。从而达到按不同分子量将溶液中各组分分开的目的。

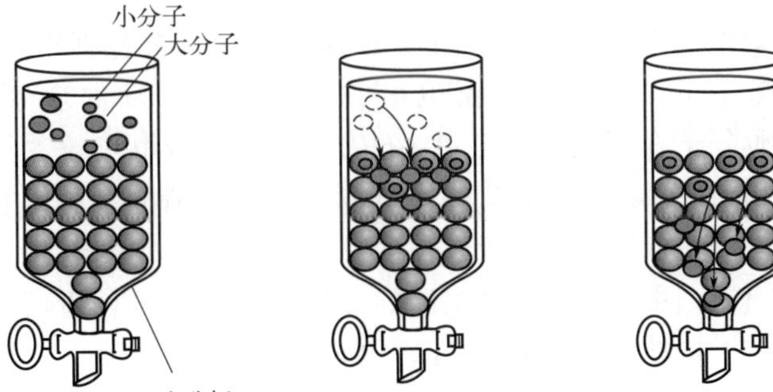

图 1-39 凝胶过滤色谱的原理图

凝胶过滤介质是凝胶珠（或称凝胶颗粒），内部是多孔的网状结构。其交联度或孔度决定凝胶的分级分离范围。常用的凝胶：交联葡聚糖（Sephadex）、琼脂糖（Sepharose，或 Bio-GelA）、聚丙烯酰胺凝胶（Bio-GelP）。

凝胶过滤的优点是分离条件温和，不影响样品的生物活性，样品损失小，回收率高，所以广泛用于蛋白质、核酸等生物大分子的分离纯化。目前已有将离子交换色谱与凝胶过滤两者结合起来，如 DEAE-Sephadex、DEAE-Sepharose 等，分离过程中既有电荷效应又有分子筛效应，对蛋白质的分离纯化更为有效。

2. 根据蛋白质的溶解度分离

影响蛋白质溶解度的外部因素主要有溶液的 pH、离子强度、介电常数、温度等。根据蛋白质这一性质分离的方法主要有以下几种。

（1）盐析（salting out）　硫酸铵、硫酸钠等中性盐因能破坏蛋白质在溶液中稳定存在的两大因素（盐类离子与水的亲和性大，又是强电解质，可与蛋白质争夺水分子，破坏蛋白质颗粒表面的水化膜；大量地中和蛋白质颗粒上的表面电荷），故能使蛋白质发生沉淀。不同蛋白质分子颗粒大小不同，亲水程度不同，故盐析所需要的盐浓度不同。如用硫酸铵分离清蛋白和球蛋白，在半饱和的硫酸铵溶液中，球蛋白即可从混合溶液中沉淀析出除掉，而清蛋白在饱和硫酸铵中才会沉淀。盐析的优点是不会使蛋白质发生变性。

盐析时所需的盐浓度称为盐析浓度，用饱和百分比表示。由于不同蛋白质的分子大小及带电状况各不相同，所以盐析浓度亦不同。因此，可以通过调节盐浓度使混合液中不同的蛋白质分别沉淀析出，称为分段盐析。

（2）盐溶（salting in）　当在蛋白质溶液中加入中性盐的浓度较低时，蛋白质溶解度会增加，这种现象称为盐溶。这是由于蛋白质颗粒上吸附某种无机盐离子后，使蛋白质颗粒带同种电荷而相互排斥，并且与水分子的作用加强，从而使溶解度增加。

同样浓度的二价离子中性盐，如 $MgCl_2$、$(NH_4)_2SO_4$ 对蛋白质溶解度影响的效果，要比单价中性盐如 NaCl、NH_4Cl 等大得多，这与离子强度相关。

（3）有机溶剂分级分离法　凡能与水互溶的有机溶剂（如甲醇、乙醇、丙酮等）均可用于沉淀蛋白质。有机溶剂能降低水的介电常数，使蛋白质分子间相互吸引而沉淀（库仑定律：介电常数的降低将增加两个相反电荷之间的吸引力）；而其还能与蛋白质争夺水分子破坏其水化膜而使其沉淀分离。为防止蛋白质在分离过程中发生变性，有机溶剂浓度不能太高（30%～50%），且需要在低温条件下进行。

3. 根据电荷差异分离

即根据蛋白质酸碱性质的不同分离蛋白质的技术方法，常包括电泳和离子交换色谱技术。带电颗粒在外加电场下，向着带相反电荷的电极发生移动的现象称为电泳或离子泳（ionophoresis）。蛋白质分子在高于或低于其 pI 的溶液中为带电颗粒，故可在电场中发生泳动。移动的方向和速度取决于所带净电荷的正负性、所带电荷的多少以及分子颗粒的大小和形状。由于各种蛋白质的等电点不同，所以在同一 pH 溶液中所带电荷不同，在电场中移动的方向和速度也各不相同，因此可以通过电泳的方法将混合的各种蛋白质分离开来。影响电泳迁移率的因素有很多，主要是：电位梯度、电流密度、导电性、环境 pH（分子电荷）、离子强度、分子的大小和形状。根据电泳的原理和影响因素可以设计不同的电泳方法以达到预期的目的。

电泳有不同的分类方式。按照分离的原理电泳可以分为区带电泳、移动界面电泳、等速电泳和等电聚焦；按照支持物的有无又可以分为自由电泳和支持物电泳。

（1）非变性聚丙烯酰胺凝胶电泳（native-PAGE）　这是一种不加变性剂，直接以具有网络结构的聚丙烯酰胺凝胶为支持物分离天然蛋白质的凝胶电泳方法。主要根据电荷性质的不同，分子的大小和形状也起一定作用。尤其是用分子筛效应较明显的凝胶作支持物时，分子的大小和形状起着较大的作用。小的、近球形的分子迁移速度快。

（2）十二烷基硫酸钠-聚丙烯酰胺凝胶电泳（SDS-PAGE）　利用变性剂 SDS 处理蛋白质后，在变性条件下进行的聚丙烯酰胺凝胶电泳，即“变性”电泳（图 1-40）。SDS 能破坏蛋

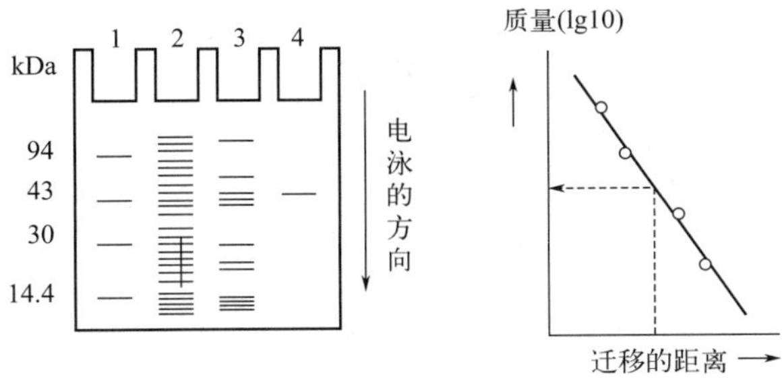

图 1-40　SDS-PAGE

白质分子的氢键和疏水作用，之后以烃链与蛋白质分子的侧链结合，结合比例为 1.4g SDS/1g 蛋白质。其分离依据为蛋白质分子的大小（质量）。SDS-PAGE 的基本原理和特点如下。

① 蛋白质经还原剂处理后，二硫键断裂，非共价键相互作用被破坏，亚基分离。

② 蛋白质经 SDS 处理后带大量负电荷，掩盖了原来的电荷差异，且负电荷量与蛋白质分子量成比例。

③ 凝胶中的泳动速度仅取决于分子量的大小。在 1 万～20 万范围内，迁移率（移动距离）与分子量的对数呈线性关系。

④ 可测定蛋白质的纯度、分子量及分子中的亚基数。

(3) 等电聚焦（isoelectric focusing，IEF） 是在具有 pH 梯度的介质（如浓蔗糖溶液）中进行的电泳，是一种具有高分辨率的自由界面电泳。

等电聚焦电泳技术就是在电泳支持介质中加入载体两性电解质，通以直流电后在正负极之间形成稳定、连续和线性的 pH 梯度，蛋白质在 pH 梯度凝胶中受电场力作用而泳动。当蛋白质分子一旦到达它的等电点位置，分子所带净电荷为 0，就不能再迁移。因此蛋白质在与其本身 p*I* 相等的 pH 位置被聚焦成窄而稳定的区带。这种效应称之为“聚焦效应”，保证了蛋白质分离的高分辨率，是等电聚焦最为突出的优点。

pH 梯度的形成依靠有缓冲作用的两性载体电解质，载体电解质是一系列多氨基多羧基的混合物，其 p*I* 分布在 2.5～10.0，载体两性电解质溶液的 pH 大约是该溶液 pH 范围的平均值。在没有电流时，所有载体两性分子都带电荷，所带总的净电荷为 0。

(4) 双向电泳（two-dimensional electrophoresis）(2-DE) 双向电泳（图 1-41）是等电聚焦与 SDS-PAGE 结合得到的一种高分辨率的电泳方法，是当今蛋白质组学研究的重要技术。第一向：等电聚焦；第二向：SDS-PAGE，先后分别按蛋白质所带电荷和分子大小（质量）进行分离，分辨率提高。

电泳完毕，可用多种方法使蛋白质在 2-DE 凝胶中显现。常用的有：用显色剂（如考马斯亮蓝、$AgNO_3$）浸染后可显示出蛋白质组分区带；也用免疫印迹法，即将凝胶上的蛋白质电转移至硝酸纤维素或尼龙膜片的过程。

4. 根据物质的电离性质差异进行分离

被分离物质的离子与离子交换剂上的平衡离子进行交换，然后用适当的洗脱液进行洗脱。由于各种被分离物质离子的净电荷量不同，与载体上的可解离基团的结合力大小不同，所以被先后洗脱下来。色谱柱中填充的是能与溶液中的正离子或负离子进行交换的离子交换剂，由不溶性载体上共价连接可电离的基团制成。

在离子交换色谱中，蛋白质对离子交换的结合力取决于彼此间相反的电荷基团的静电吸引，因此与溶液的 pH 和盐浓度有关。蛋白质混合物的分离可以通过改变洗脱液的盐离子强度和 pH 来完成。改变洗脱剂的盐浓度和 pH 的方式有两种：一种是跳跃式的分段改变，称为分段洗脱（stepwise elution）；另一种是渐进式的连续改变，称为梯度洗脱（gradient elu-

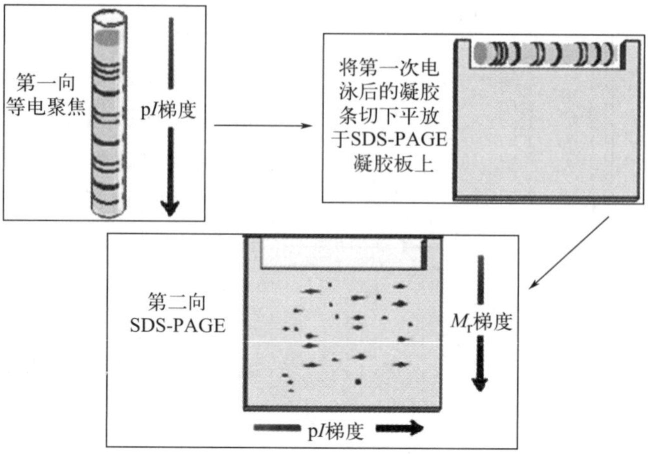

图 1-41　双向电泳全过程

tion)，梯度洗脱一般分离效果好，分辨率高。

5. 根据蛋白质与特定配体结合的亲和力分离

亲和色谱是利用蛋白质与配体的特异性亲和力而建立的色谱分离方法。其固定相是惰性的带有共价结合的配体基质，而配体（ligand）是能被生物大分子识别并与之结合的原子、原子团和分子。其基本原理和操作如下。

① 将配体共价结合于惰性多孔载体上（即固定化)，灌装制成亲和色谱柱。

② 让蛋白质混合物流经色谱柱，使目的蛋白与配体结合。用缓冲液充分流洗，洗去不结合和非特异结合的杂蛋白。

③ 用含较高浓度游离（可溶）配体的缓冲液将特异结合的蛋白质（竞争）洗脱下来；或改变洗脱液的 pH 或盐浓度等，使目的蛋白与配体的结合力下降而被洗脱。

④ 透析除去目的蛋白质分子上的配体。

可用于亲和色谱的具有特异性亲和力的生物分子对主要有：酶与底物/抑制剂；受体与激素；抗体和抗原；抗体与蛋白质 A；His 标签与金属镍；GST 标签与谷胱甘肽；蛋白质与染料；糖蛋白与植物凝集素（lectin)；特异结合蛋白与被结合的配体。

亲和色谱纯化过程简单、迅速、高效，有时能够“一柱到位”。对分离含量极少又不稳定的活性物质特别有效。

6. 根据疏水性分离

疏水作用色谱（hydrophobic interaction chromatography，HIC）也称疏水色谱，是利用蛋白质表面的非极性基团和介质上的非极性基团间的疏水作用来分离蛋白质的色谱方法。在水溶液中蛋白质表面的 Leu、Val 和 Phe 等非极性侧链形成疏水区，因而容易与介质上的疏水基团作用而被吸附。由于不同蛋白质分子的疏水区强弱有较大差异，造成与介质上的疏水基团间相互作用的强弱不同，改变色谱条件，使不同的蛋白质洗脱下来。

疏水作用色谱的介质一般以琼脂糖为母体，偶联上非极性基团，如苯基琼脂糖、辛基琼脂糖等。离子浓度对疏水作用色谱有较大影响，高离子浓度会增加疏水作用，特别是硫酸铵效果尤为明显。因此疏水作用色谱一般在高浓度的硫酸铵存在下将蛋白质吸附在介质上，然后改变色谱条件，减弱疏水作用，如采用逐渐降低硫酸铵的浓度进行洗脱，这样可按蛋白质与介质的疏水作用的强弱程度将蛋白质分别洗脱下来，达到纯化的目的。

7. 其他分离方法

（1）高效液相色谱（HPLC）　也称为高压液相色谱。它实际上是离子交换色谱、凝胶过滤、吸附色谱和分配色谱等技术的新发展。因此一方面它以这些色谱的原理为基础，另一方面在技术上作了很大的改进，使这些色谱有高效率、高分辨率和更快的过柱速度。HPLC已成为当前最通用、最有力和最多能的色谱形式。HPLC 可用于蛋白质、氨基酸和其他生物分子的分析与制备。

（2）快速蛋白质液相色谱（FPLC）　由高流率代替了 HPLC 的高压力，并具有容量大和高分离度的双重特点，可使用各种色谱填料（载体）。在色谱过程中，上样、洗脱、收集、监控全部自动化，只要根据被分离物质的特性来选择不同的色谱填料，设置操作程序，所有操作全部自动完成。目前已广泛应用于蛋白质、多肽及重组质粒等的分离纯化。

（三）蛋白质分离纯化的一般注意事项

在进行任何一种蛋白质的纯化时，都要时刻注意维持它的稳定性，保护它的活性，有一些注意事项需要牢记，具体如下：

① 操作时尽可能置于冰上或者在冷库进行。

② 不要太稀，蛋白质浓度维持在 μg/mL～mg/mL。

③ 合适的 pH，除非是进行聚焦色谱，所使用的缓冲液 pH 避免与 pI 相同。

④ 使用蛋白酶抑制剂，防止蛋白酶对目标蛋白的降解。

⑤ 避免样品反复冻融和剧烈搅动，以防止蛋白质的变性。

⑥ 缓冲溶液成分尽量模拟细胞内环境。

⑦ 在缓冲液中加入 0.1～1mmol/L DTT（或 β-巯基乙醇），防止蛋白质的氧化。

⑧ 加 1～10mmol/L EDTA 金属螯合剂，防止重金属对目标蛋白的破坏。

⑨ 使用灭菌剂，防止微生物生长。

三、蛋白质的鉴定

用各种方法将蛋白质分离、纯化后，要对该蛋白质进行鉴定。主要包括纯度鉴定、分子量测定、含量测定、等电点及生物活性的测定等。

蛋白质的鉴定与分析

1. 纯度鉴定

纯净的蛋白质样品通常不含其他杂蛋白和杂质。一般认为，当一种蛋白质被纯化到恒定的比活性以后或达到所谓的均一性以后，就认为是纯品了。然而，单凭恒定的比活性尚不够，还需要用其他方法加以验证。其他鉴定蛋白质纯度的方法如下。

（1）电泳法　如聚丙烯酰胺凝胶电泳、等电聚焦和毛细管电泳等，纯净的蛋白质电泳的结果应该是一条带。如果使用 SDS-聚丙烯酰胺凝胶电泳，则应特别小心，因为 SDS 能够破坏蛋白质的四级结构，如果一种蛋白质由不同的亚基组成，则会出现几条带。此外，电泳法检测蛋白质的纯度时，应取分布在蛋白质等电点两侧的两个不同的 pH 分别进行检测，这样得出的结论才可靠。

（2）化学法　N 端测定，C 端测定。纯品蛋白质应具有恒定的 N 端或 C 端组成。如果一种蛋白质只由一条链组成，则只会检测到一种 N 端或 C 端氨基酸。

（3）仪器法　HPLC 或质谱分析仪。如果一种蛋白质样品在 HPLC 上只表示单一的峰，则可以视为纯品；如果纯化的是一种已知的蛋白质，经质谱分析测定出来的分子量与实际值一致，那么则可认为是纯品。

一般检测蛋白质的纯度必须综合两种机制不同的分析方法才能作出准确的判断。例如，一个用凝胶过滤和 SDS-PAGE 证明是纯的蛋白质的样品，由于这两种方法的机制是一样的，都是根据蛋白质的分子大小，因而此判断是欠考虑的。

2. 分子量测定

（1）几个基本单位

① 分子量。用“M_r”表示，是该分子质量与 C_{12} 原子质量的 1/12 的比值，既然是个比值，故它没有单位。

② 分子质量。它是分子的质量，用“m”表示，用道尔顿（Da）作单位，1Da＝C_{12} 原子质量的 1/12，1kDa＝1×10^3Da，1MDa＝1million daltons＝1×10^6Da。

如一个分子的质量是水分子的 1000 倍，则可以说该分子：$M_r=18000$ 或 $m=18000$Da＝18kDa，但不能说：M_r＝18000Da。

另外还有一个是原子质量单位“u”，1u＝1.6606×10^{-24}g，这种单位多见于质谱图中。

（2）测定方法

① 化学法。根据化学组成测定最低分子量，用化学分析方法测出蛋白质中某一微量元素的含量，并假设分子中只有一个这种元素的原子，就可以计算出蛋白质的最低分子量。

例如，肌红蛋白含铁 0.335%，其最低分子量可依下式计算：

$$最低分子量＝铁的原子量÷铁的百分含量$$

计算结果为 16700，与其他方法测定结果极为接近，可见肌红蛋白中只含 1 个铁原子。

真实分子量是最低分子量的 n 倍，n 是蛋白质中铁原子的数目，肌红蛋白 $n=1$。血红蛋白铁含量也是 0.335%，最低分子量也是 16700，因为含 4 个铁原子，所以 $n=4$，因此其真实分子量为 66800。

有时蛋白质分子中某种氨基酸含量很少，也可用这种方法计算最低分子量。如牛血清白蛋白含色氨酸 0.58%，最低分子量为 35200，用其他方法测得分子量为 69000，所以其分子中含两个色氨酸。最低分子量只有与其他方法配合才能确定真实分子量。

② 凝胶过滤色谱法。物质分子的分子量大小与洗脱体积（V_e）有关，反过来可根据某物质的 V_e 或 V_e/V_o 推测出其分子量。

③ SDS-聚丙烯酰胺凝胶电泳法测定分子量。前面谈到，蛋白质分子在介质电泳时，它的迁移率取决于它所带的净电荷以及分子大小和形状等。1967 年 Shapiro 等发现，如果在聚丙烯酰胺凝胶中加入阴离子去污剂十二烷基硫酸钠（SDS）和少量的巯基乙醇，则蛋白质分子的电泳迁移率主要取决于它的分子量，而与原来所带的电荷和分子形状无关，利用此则可以测定蛋白质的分子量。

④ 质谱仪测定蛋白质分子量。质谱测定蛋白质分子量是近年来发展的一项新技术，其分辨率和精确度都较前几项技术高。尤其近几年发展起来的磁质谱可精确测定分子质量 2000Da 以下的多肽；而电喷雾（ESI）质谱可以测 50000Da 的蛋白质，而且只需要皮摩尔（pmol）量的蛋白质，精确度为 0.01%。

⑤ 沉降速度法。蛋白质溶液经高速离心分离时，由于密度关系，蛋白质分子趋于下沉，离心管底部的蛋白质浓度增高，这就是蛋白质的沉降作用（sedimentation）。每单位引力场沉降分子下沉的速率称为沉降常数，它表示沉降分子的大小特性。蛋白质分子量与沉降常数成正比，与扩散常数成反比，从蛋白质的沉降常数和扩散常数，即可求得蛋白质的分子量。

3. 蛋白质含量测定

（1）凯氏定氮法　蛋白质的平均含氮量为16%，这是蛋白质元素组成的一个特点，是凯氏定氮法测定蛋白质含量的计算基础。

$$蛋白质含量=蛋白氮\times 6.25$$

式中　6.25——即16%的倒数，为1g氮所代表的蛋白质质量，g。

（2）双缩脲法　用于需快速但不需十分精确地测定蛋白质含量。

（3）Folin-酚试剂法　蛋白质标准测定方法，基于Folin-酚试剂能与Cu^{+}定量反应，而Cu^{+}是由蛋白质的易氧化成分（如巯基、酚基）还原Cu^{2+}产生的。

（4）紫外吸收法（280nm）　精度不高，操作简便。

（5）考马斯亮蓝结合法（Bradford法）　灵敏度高，微克（μg）水平，重复性也好。G_{250}染料与蛋白质中的碱性氨基酸（Arg）和芳香族氨基酸结合，呈青色，A值与蛋白质含量呈线性关系。

对于特定蛋白组分的含量测定，通常采用特定的方法。比如，酶和激素等常采用酶活性或激素活性表示（比活性）。

第五节　肌红蛋白与血红蛋白

肌红蛋白和血红蛋白都含有血红素辅基，血红蛋白是四吡咯环。血红素中广泛存在的共轭双键网可以吸收可见光谱中的短波长区域的光线，因而呈深红色。四吡咯环是由4分子吡咯通过4个α亚甲基桥相连成环形平面。β位碳原子的取代方式决定了四吡咯环是血红素还是其他相关化合物。

肌红蛋白（Mb）在肌肉中用来贮存氧。大运动量造成缺氧时，肌红蛋白可以释放氧供线粒体进行有氧ATP合成。肌红蛋白是由153个氨基酸残基和一个血红素辅基组成的单链多肽，分子量为17000。它具有典型的球状蛋白的特点，8段α螺旋构成一个球状结构，亲水基团多在外层，即分子表面是极性的，而分子内部是非极性的，血红素辅基位于一个疏水洞穴中，这样可避免其亚铁离子被氧化。亚铁离子与卟啉形成4个配位键，第5个配位键与93位组氨酸结合，空余的一个配位键可与氧可逆结合。其结构示意图如图1-42所示。

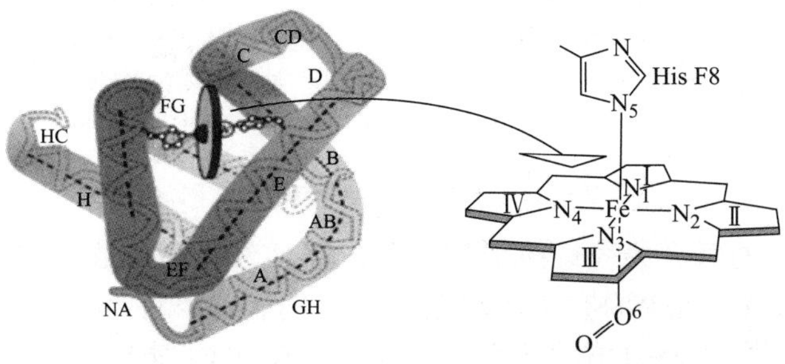

图1-42　肌红蛋白结构示意图

游离的血红素不仅能结合 CO，并且与 CO 的亲和力是与 O_2 亲和力的 25000 倍。肌红蛋白和血红蛋白分子上的血红素辅基也能结合 CO，但其与 CO 的亲和力仅是与 O_2 亲和力的 200 倍。导致肌红蛋白和血红蛋白分子上血红素辅基对 CO 的亲和力急剧下降的是 E 螺旋内的第 7 号位的 His 造成的空间位阻。

肌红蛋白结合氧的特征可以由曲线来描述，为双曲线形。从图 1-43 中可以看出，Mb 倾向于结合氧而不愿放出氧气，所以它的功能是贮存氧气，只有在氧分压极低的情况下（体内缺氧的情况）它才释放出氧气。

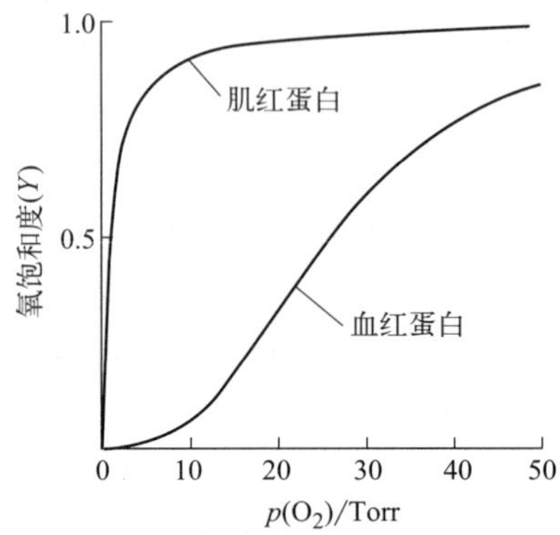

图 1-43　肌红蛋白和血红蛋白的氧合曲线（1Torr＝133.322Pa）

血红蛋白（Hb）是由一对两种不同多肽链（α、β、γ、δ、S 等）组成的具有四级结构的蛋白质。血红蛋白 A 的 α 链（141 个氨基酸残基）和 β 链（146 个氨基酸残基）长度相近，但由于不同的基因编码，有不同的一级结构。

血红蛋白由两个 α 亚基和两个 β 亚基构成，每个亚基上有一个血红素辅基，两个 β 亚基之间有一个 DPG（二磷酸甘油酸），它与 β 亚基形成 6 个盐键，对血红蛋白的四级结构起着稳定的作用。因为其结构稳定，所以不易与氧结合。当一个亚基与氧结合后，会引起四级结构的变化，使其他亚基对氧的亲和力增加，结合加快。反之，一个亚基与氧分离后，其他亚基也易于解离。所以血红蛋白是变构蛋白，其氧合曲线是 S 形曲线，只要氧分压有一个较小的变化即可引起氧饱和度的较大改变。这有利于运输氧，肺中的氧分压只需比组织中稍微高一些，血红蛋白就可以完成运氧工作。血红蛋白两种变化状态见图 1-44。

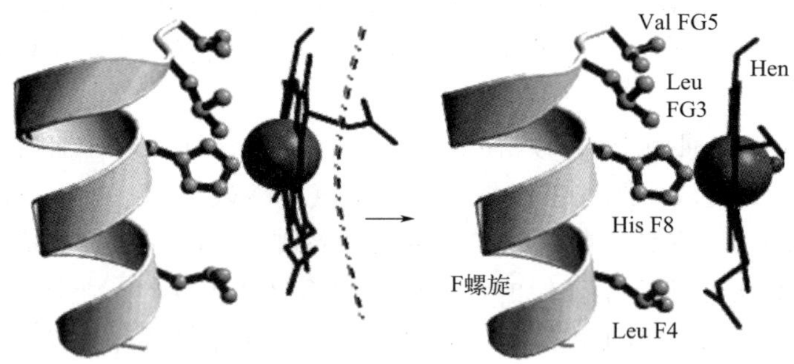

图 1-44　血红蛋白两种变化状态

血红蛋白（Hb）的氧合曲线见图 1-43，为 S 形曲线，只有在氧分压很高的情况下（在肺部），Hb 才结合氧气，而氧分压一旦降低（在外围血管中），它就释放 O_2，而此时的 Mb 却没有反应。就结合 O_2 的能力而言，4 价的 Hb 还不如 1 价的 Mb。Hb 的氧合曲线形状与 Mb 的不同是因为它与 O_2 的结合具有正协同效应。

肌红蛋白与血红蛋白是人体内重要的蛋白质，它们的结构变化将会给人类带来一些伤害性疾病。

(1) 肌红蛋白尿症 广泛挤压伤后，来自肌纤维的肌红蛋白可以出现在尿中，使尿呈红褐色。心肌梗死后，也能利用血清酶学实验在血浆中检测到肌红蛋白，为心肌损伤检测提供了更敏感的指标。

(2) 贫血 通常的贫血（红细胞的数量减少或血红蛋白含量降低）是由于血红蛋白的合成降低（如缺铁）或红细胞的生成减少（如叶酸或维生素 B_{12} 缺乏）。贫血的诊断可以从分光光度计测量血红蛋白含量开始。

(3) 血红蛋白病 血红蛋白分子中某些重要氨基酸（如组氨酸 E7 或 F8）的突变可导致严重后果，而许多远离血红素结合位点的突变可能并无临床表现。但有一个例外就是镰刀形红细胞贫血，其所有的危险症状（如镰刀形细胞危象、血栓）都是由于一个极性氨基酸突变成一个非极性氨基酸而引起。

(4) 糖基化血红蛋白（HbA_{1c}） 当血液葡萄糖进入红细胞时，血红蛋白发生非酶催化的糖基化，对赖氨酸残基的氨基和位于肽链的氨基末端的氨基反应生成异头羟基。利用离子交换色谱或电泳可以将 HbA_{1c} 和 HbA 分开。糖基化血红蛋白与血糖浓度成正比，通常约占 5%。因此 HbA_{1c} 浓度监测可为糖尿病病人的饮食控制提供依据。由于红细胞的平均半衰期为 60 天，所以 HbA_{1c} 的水平能反映出 6～8 周前的血糖水平。HbA_{1c} 水平的升高意味着血糖控制不理想，应及时选择合适的处理（如更严格的饮食控制和增加胰岛素的用量）。

润心驿站 首次人工合成结晶牛胰岛素

1965 年 9 月 17 日，我国科学工作者经过 6 年多的努力，获得了人工合成的牛胰岛素结晶。经鉴定，它的结构、生物活性、物理化学性质、结晶形状，都和天然的完全一样，是世界上第一个人工合成的蛋白质。结晶牛胰岛素的人工合成是中华人民共和国成立以后的第一个居世界领先水平的基础理论研究成果。

1956 年初，党中央发出了“向科学进军”的号召，随后，中华人民共和国成立以后的第一个中长期科技发展规划《1956—1967 年科学技术发展远景规划》正式出炉。1958 年 6 月，中国科学院上海生物化学研究所的会议室里，在所长王应睐的主持下，九位科学家一起讨论所里下一步要研究的重大课题，有人提出了一个大胆的设想——要“合成一个蛋白质”。胰岛素是当时唯一知道结构的蛋白质（1955 年英国科学家桑格测定了胰岛素结构），因此，该项目的首选就是胰岛素。1958 年底，人工合成胰岛素项目被列入 1959 年国家科研计划，并获得国家机密研究计划代号“601”，也就是“60 年代第一大任务”。然而，在此之前，除了制造味精之外，我国还从未制造过任何形式的氨基酸，而氨基酸正是牛胰岛素合成的基本原料（牛胰岛素是一种蛋白质激素，分子量为 5734，由 51 个氨基酸构成两条多肽链，即含 21 个氨基酸的 A 链和含 30 个氨基酸的 B 链），在如此困难的条件下，一切都要从零开始。年轻的科学家们在一座老的大楼屋顶上面搭起一个棚，自己戴着防毒面具去生产，在大兵团作战期间，研究人员每天除了睡眠时间，几乎都在实验室。在科研基础十分薄弱、设备极其简陋的年代，历经七年的不懈攻关，这项凝聚着中国科学院生化所、有机所和北京大学三家单位百名科研人员心血的项目，终于获得成功。1965 年 11 月，这一重要的科学研究成果首次在《科学通报》杂志上公开发表，被誉为“前沿研究的典范”。随后，瑞典皇家科学院诺贝尔奖评审委员会化学组主席蒂斯利尤斯专程到生化所访问，他说：你们没有这方面的专长和经验，但却成功合成了胰岛素，你们是世界第一！

从零开始，从无到有，首次人工合成结晶牛胰岛素是揭示生命本质的里程碑式新飞跃，推动了我国生命科学研究新的发展，而在这背后是第一批中国生化学科奠基人的创新胆略、严谨求实，值得铭记。

小思考

1. 人工合成牛胰岛素对我们有哪些启示？
2. 从老一辈科学家身上，我们汲取到哪些精神力量？

蛋白质化学知识框架

<table>
<tr><td rowspan="23">蛋白质化学</td><td rowspan="8">组成</td><td>元素组成</td><td colspan="2">N:16%;蛋白质含量=N 含量×6.25</td></tr>
<tr><td rowspan="4">氨基酸</td><td>特点</td><td>L-型(甘),α-AA(脯),两性分子</td></tr>
<tr><td rowspan="2">分类</td><td>带正电荷,带负电荷,芳香族,含硫、羟基</td></tr>
<tr><td>必需氨基酸:缬异亮苯蛋色苏赖(口诀:携一两本淡色书来)</td></tr>
<tr><td>性质</td><td>两性性质与等电点;紫外吸收;茚三酮反应</td></tr>
<tr><td rowspan="3">肽</td><td>肽键</td><td>部分双键性质,共价键,不能旋转</td></tr>
<tr><td>肽平面,肽单位</td><td>同一平面,6 个元素构成,反式</td></tr>
<tr><td>谷胱甘肽</td><td>组成,活性基团,功能</td></tr>
<tr><td rowspan="8">结构</td><td>一级结构</td><td colspan="2">定义,化学键(肽键、二硫键)</td></tr>
<tr><td rowspan="3">二级结构</td><td colspan="2">定义,化学键(氢键)</td></tr>
<tr><td colspan="2">主要形式:α 螺旋、β 折叠、β 转角、无规则卷曲</td></tr>
<tr><td colspan="2">α 螺旋的影响因素:多个酸性或碱性基团相邻;侧链基团过大;脯氨酸存在</td></tr>
<tr><td>超二级结构</td><td colspan="2">二级结构的组合体</td></tr>
<tr><td>结构域</td><td colspan="2">在空间上可区分的紧密稳定的区域</td></tr>
<tr><td>三级结构</td><td colspan="2">定义,化学键(次级键):疏水作用力、氢键、范德华力、离子键</td></tr>
<tr><td>四级结构</td><td colspan="2">定义:亚基间;化学键(次级键):疏水作用力、氢键、离子键</td></tr>
<tr><td rowspan="7">性质</td><td>两性性质</td><td colspan="2">等电点,在生理条件下大多数蛋白质 pI5.0 左右,带负电</td></tr>
<tr><td>胶体性质</td><td colspan="2">直径;表面水化膜;表面带电荷</td></tr>
<tr><td rowspan="3">变性、沉淀、凝固</td><td rowspan="3">变性不一定沉淀；
沉淀不一定变性；
变性不一定凝固；
凝固一定变性</td><td>变性:定义;因素;实质(空间结构破坏,一级结构不变);结果(生物活性丧失,理化性质改变,溶解度降低)</td></tr>
<tr><td>沉淀:肽链融汇相互缠绕而聚集沉淀析出</td></tr>
<tr><td>凝固:加热使变性蛋白质由絮状变为凝块状</td></tr>
<tr><td>紫外吸收</td><td colspan="2">含有三种芳香族氨基酸而具有紫外吸收特性</td></tr>
<tr><td>呈色反应</td><td colspan="2">双缩脲反应:进行蛋白质含量测定和检测蛋白质水解程度</td></tr>
</table>

续表

<table>
<tr><td rowspan="7">蛋白质化学</td><td rowspan="5">分离纯化</td><td>盐析</td><td>定义，盐溶与盐析，硫酸铵，氯化钠</td></tr>
<tr><td rowspan="2">电泳</td><td>泳动速度与带电多少、分子大小、形状有关</td></tr>
<tr><td>薄膜电泳，凝胶电泳（非变性，SDS 电泳）</td></tr>
<tr><td>色谱</td><td>离子交换色谱（阴离子，阳离子）；凝胶过滤色谱（分子筛）；亲和色谱（专一配体）</td></tr>
<tr><td>透析</td><td>半透性，分离大小不同的分子混合物</td></tr>
<tr><td rowspan="2">结构功能</td><td>肌红蛋白</td><td>结构，功能，氧结合曲线</td></tr>
<tr><td>血红蛋白</td><td>结构，功能，氧结合曲线；别构效应</td></tr>
</table>

本章思考题

一、名词解释

1. 必需氨基酸　　2. 氨基酸的等电点　　3. 蛋白质的变性

二、填空题

1. 大多数蛋白质中氮的含量比较恒定，平均为________%，如测得 1g 样品的含氮量为 10mg，则该样品的蛋白质含量为________%。

2. 组成蛋白质分子的酸性氨基酸有________、________。

3. 碱性氨基酸有________、________和组氨酸。

4. 通常可用紫外分光光度法测定蛋白质的含量，这是因为蛋白质分子中的________、________和 Trp 三种氨基酸的共轭双键有紫外吸收能力。

5. 维持蛋白质的一级结构的化学键主要是________；维持二级结构的化学键是________。

6. 蛋白质水溶液是一种比较稳定的亲水胶体，其稳定的主要因素有两个，分别是________和________。

7. 变性蛋白质的主要特征是________丧失，物理化学性质改变，________降低。

三、选择题

1. 构成蛋白质的氨基酸属于下列氨基酸中的（　　）。

A. L-α-氨基酸　　B. L-β-氨基酸

C. D-α-氨基酸　　D. D-β-氨基酸

2. 精氨酸的 $pK_1=2.17$、$pK_2=9.04$（α-NH_3^+）、$pK_3=12.48$（胍基），$pI=$（　　）。

A. 1/2（2.17+9.04）　　B. 1/2（2.17+12.48）

C. 1/2（9.04+12.48）　　D. 1/3（2.17+9.04+12.48）

3. 氨基酸不具有的化学反应是（　　）。

A. 亚硝酸盐反应　　B. 异硫氰酸苯酯反应

C. 茚三酮反应　　D. 双缩脲反应

4. 下列关于蛋白质中 L-氨基酸之间形成的肽键的叙述，正确的是（　　）：①具有部分双键的性质；②比通常的 C—N 单键短；③通常为反式构型；④能自由旋转。

A. ①②③　　B. ①③　　C. ②④　　D. ④

E. ①②③④

5. 在一个肽平面中含有的原子数为（　　）。

A. 3　　B. 4　　C. 5　　D. 6

6. 下列因素妨碍蛋白质形成稳定的 α-螺旋结构的是（　　）。

A. 脯氨酸的存在　　B. 侧链大的氨基酸连续存在

C. 碱性氨基酸的连续存在　　D. 以上各项都是

7. 有关蛋白质三级结构描述，错误的是（　　）。

A. 具有三级结构的多肽链都有生物学活性

B. 三级结构是单体蛋白质或亚基的空间结构

C. 三级结构的稳定性由次级键维持

D. 亲水基团多位于三级结构的表面

8. 蛋白质变性是由于（　　）：①氢键破坏；②肽键断裂；③亚基解聚；④破坏水化层和中和电荷。

A. ①②③　　B. ①③　　C. ②④　　D. ①②③④

9. 凝胶过滤法分离蛋白质时，从层析柱上先被洗脱下来的是（　　）。

A. 分子量大的　　B. 分子量小的

C. 电荷多的　　D. 电荷少的

四、问答题

1. 根据氨基酸的 pK 值，指出 Gly、Asp、Lys 和 His 在（1）pH2.77；（2）pH5.97；（3）pH7.33；（4）pH9.74 时可能带的静电荷（用一、0 或＋表示）。

2. 蛋白质的 α-螺旋结构有何特点？

3. 举例说明蛋白质的结构与功能之间的关系。

第二章

核酸化学

内容概要与学习指导——核酸化学

本章从核酸的功能、组成、结构、性质等方面较全面介绍了核酸化学的基础知识，对核酸的分离及应用也作了简单的介绍。重点讲述了核酸的组成及结构。

核酸分为核糖核酸（RNA）和脱氧核糖核酸（DNA）两大类。RNA 主要存在于细胞质中，多数以单链形式存在；DNA 主要存在于细胞核中，线粒体、叶绿体中也有少量 DNA。

单核苷酸是核酸的基本结构单位，它由碱基、戊糖、磷酸构成。组成 DNA 的是四种脱氧核糖核苷酸（dNTP，N 代表 A、T、G、C），组成 RNA 的是四种核糖核苷酸（NTP，N 代表 A、U、G、C）。单核苷酸分子通过 3′，5′-磷酸二酯键连接起来。

DNA 的二级结构是由两条反向平行的双链以碱基配对形式构成的双螺旋结构，碱基之间横向以氢键相连，纵向聚合而形成碱基堆积力，氢键和碱基堆积力是稳定 DNA 双螺旋的主要作用力。在二级结构的基础上，可以形成超螺旋结构。RNA 主要分为三类，二级结构常以茎环的形式出现，tRNA 的二级结构是典型的三叶草形结构，含有较多的稀有核苷酸。

核酸具有许多理化性质。RNA 溶于低浓度的盐而 DNA 溶于高浓度的盐，常用于分离 DNA 和 RNA，核酸的变性、复性已广泛应用于生产实践中。在 DNA 热变性过程中，其 A_{260nm} 的增加与解链程度成正比，其解链温度与碱基组成有关。不同来源的核酸之间可以通过同源的或部分同源的碱基之间互补配对进行分子杂交。

学习本章时应以功能—组成—结构—性质—分离为主线，并注意：

① 学习核苷酸结构时，应先掌握碱基和戊糖的结构，三种小分子的联结方式是重点；

② 学习嘌呤和嘧啶碱基的结构要结合有机化学中嘌呤环和嘧啶环的基本结构；

③ DNA 的二级结构特点要与蛋白质的 α 螺旋结构进行区别和对比；

④ 核酸的性质与功能要以碱基配对规律为基础；

⑤ 认识核酸在生物科学上的重要性及其实践意义。

核酸（nucleic acid）是由核苷酸为基本组成单位的具有复杂三维结构的生物信息大分子，是遗传的物质基础。核酸是动物、植物、微生物机体的重要组成成分，约占细胞干重的 5%～15%。

核酸的概念

核酸分为核糖核酸（ribonucleic acid，RNA）和脱氧核糖核酸（deoxyribonucleic acid，DNA）两类。绝大多数生物细胞中都含有这两类核酸，DNA 主要存在于细胞核中，线粒体、叶绿体、质粒中也有少量 DNA。RNA 主要存在于细胞质中，在细胞核中也有少量的 RNA，集中于核仁。病毒中核酸分布与其他生物有所不同，一种病毒只含有一种核酸，只含 DNA 的病毒称为 DNA 病毒，只含 RNA

的病毒称为 RNA 病毒。

核酸的生物学功能是多种多样的。它在生物的生长发育、遗传变异、细胞分化等生命活动过程中都占有极其重要的地位。DNA 是遗传物质，是遗传信息的载体，储存遗传信息并通过复制将遗传信息传给子代，DNA 决定细胞和个体的基因型。RNA 负责遗传信息的表达，它转录 DNA 的遗传信息，直接参与蛋白质的生物合成，将遗传信息翻译成各种蛋白质，这样就把 DNA 上的遗传信息经 RNA 传递到蛋白质结构上。由此可见，生物有机体具有的种类繁多、功能各异的蛋白质，其结构归根结底都是由 DNA 上所蕴藏的遗传信息控制的。因此核酸具有重要生物学意义。

第一节　核酸分子的化学组成

一、核酸的元素组成

核酸是一类主要由 C、H、O、N、P 组成的化合物。其中磷在各种核酸中含量比较恒定，元素分析表明，RNA 的平均含磷量为 9.4%，DNA 的平均含磷量为 9.9%。因此只要测出核酸样品的含磷量，就可以计算出该样品的核酸含量。

二、核酸分子的基本结构单位——核苷酸

（一）核苷酸的化学组成

核酸在核酸酶的水解下生成核苷酸（nucleotide），核苷酸进一步水解生成核苷（nucleoside）和磷酸，核苷再水解生成碱基和戊糖（图 2-1）。

核苷酸的结构

DNA 的基本结构单位是脱氧核苷酸，而 RNA 的基本组成单位是核苷酸。核苷酸是由碱基、戊糖和磷酸组成。

1. 碱基

碱基是构成核苷酸的基本组分之一。核酸中的碱基是含氮杂环化合物，分为两类：嘌呤碱（purine）和嘧啶碱（pyrimidine）。

（1）嘌呤碱　核酸中的嘌呤碱有腺嘌呤（adenine，A）和鸟嘌呤（guanine，G）（图 2-2）。

（2）嘧啶碱　核酸中的嘧啶碱有胞嘧啶（cytosine，C）、尿嘧啶（uracil，U）和胸腺嘧啶（thymine，T）（图 2-3）。

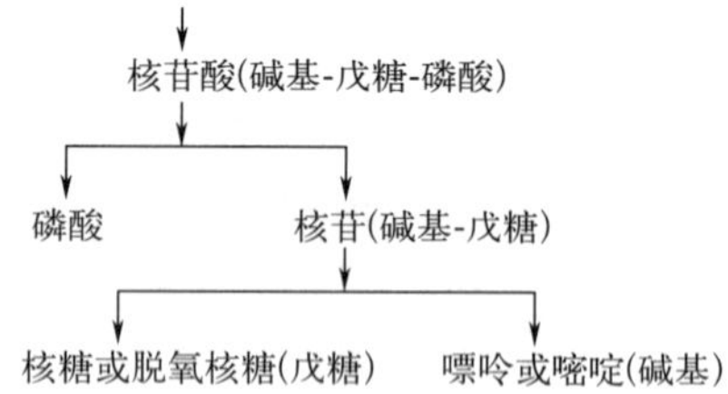

图 2-1　核苷酸的化学组成

构成 DNA 的碱基有 A、G、C 和 T，而构成 RNA 的碱基有 A、G、C 和 U。尿嘧啶是 RNA 中特有的碱基。

（3）稀有碱基　核酸中除上述 5 种主要碱基外，还有一些含量甚少的碱基，统称为稀有碱基。稀有碱基种类较多，大多为甲基化的碱基。如 1-甲基腺嘌呤（m^1A）、N^6-甲基腺嘌呤（m^6A）、次黄嘌呤（Ⅰ）、二氢尿嘧啶（DHU）等碱基。

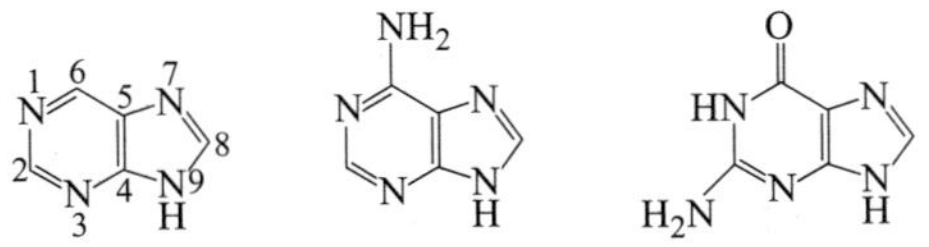

嘌呤　腺嘌呤　鸟嘌呤

图 2-2　构成核苷酸的嘌呤碱基的化学结构式

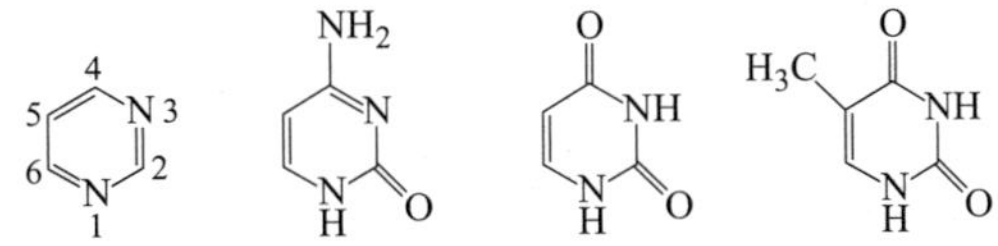

嘧啶　胞嘧啶　尿嘧啶　胸腺嘧啶

图 2-3　构成核苷酸的嘧啶碱基的化学结构式

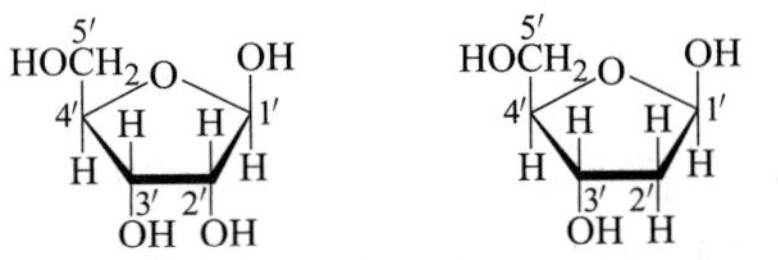

β-D-核糖　β-D-2′-脱氧核糖

图 2-4　构成核苷酸的核糖和脱氧核糖的化学结构式

2. 戊糖

戊糖是构成核苷酸的另一个基本组分。为避免与碱基原子序号混同，核苷中的戊糖的 C 原子编号均加上“′”（如 1′、2′、…）。核酸中的戊糖有两种，均为 β-呋喃糖，即 β-D-核糖、β-D-2′-脱氧核糖。两者的唯一区别在于 C2′原子所连接的基团是否含氧（图 2-4）。核糖存在于 RNA 分子中，而脱氧核糖存在于 DNA 分子中。戊糖化学结构的差异使得 DNA 在化学性质上比 RNA 更加稳定。

两种核酸中的化学组成成分列于表 2-1。

表 2-1　RNA 和 DNA 的化学组成

化学组成	RNA	DNA
碱基	A、G、C、U	A、G、C、T
戊糖	β-D-核糖	β-D-2′-脱氧核糖
磷酸	磷酸	磷酸

（二）核苷酸的分子结构

1. 核苷

核苷是碱基与戊糖之间以糖苷键相连构成的化合物。戊糖的第 1 位碳原子（C1′）与嘧啶碱的第 1 位氮原子（N1）或与嘌呤碱的第 9 位氮原子（N9）通过缩合后连接。连接的化学键是 N—C 键，一般称为 *N*-糖苷键，并且戊糖环的 C1′—OH 为 β 构型，所以碱基与戊糖的连接键为 β 糖苷键。

根据核苷中所含戊糖不同，可将核苷分成核糖核苷和脱氧核糖核苷两大类。对核苷进行命名时，必须先冠以碱基的名称，如腺嘌呤核苷、腺嘌呤脱氧核苷等（图 2-5）。

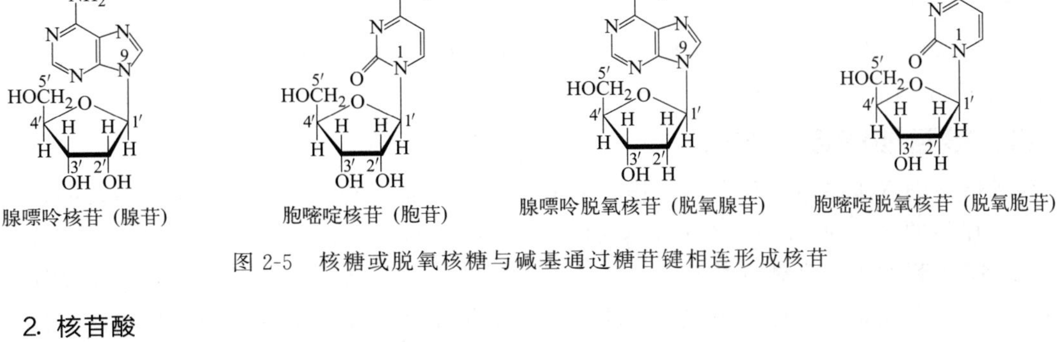

腺嘌呤核苷（腺苷）　胞嘧啶核苷（胞苷）　腺嘌呤脱氧核苷（脱氧腺苷）　胞嘧啶脱氧核苷（脱氧胞苷）

图 2-5　核糖或脱氧核糖与碱基通过糖苷键相连形成核苷

2. 核苷酸

核苷或脱氧核苷上的 C5′原子上的羟基与磷酸通过脱水缩合形成酯键相连构成核苷酸或

脱氧核苷酸（图 2-6）。

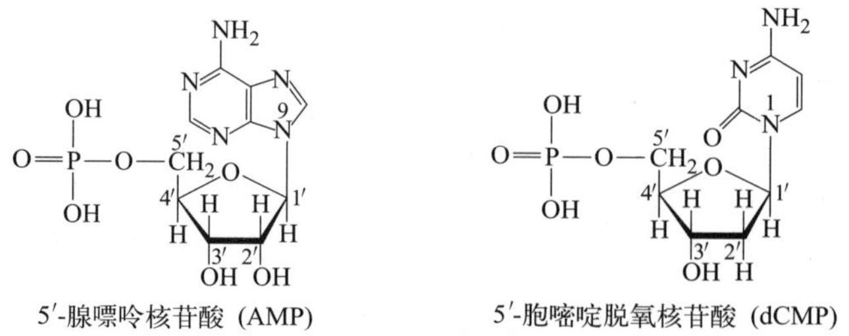

图 2-6　核苷或脱氧核苷与磷酸通过磷酸酯键相连形成核苷酸

核苷有 3 个游离羟基（2′、3′、5′），因此可形成三种核苷酸（2′-核苷酸、3′-核苷酸和 5′-核苷酸）。脱氧核苷只有两个游离羟基（3′、5′），只能形成两种脱氧核苷酸（3′-脱氧核苷酸、5′-脱氧核苷酸）。自然界中存在的游离核苷酸多为 5′-核苷酸（其代号可略去 5′），如 5′-腺嘌呤核苷酸，简称腺苷酸或腺苷一磷酸；5′-胞嘧啶脱氧核苷酸，简称脱氧胞苷酸或脱氧胞苷一磷酸；其他核苷酸的命名可照此类推。

三、核苷酸的衍生物

（一）多磷酸核苷

含有一个磷酸基团的核苷酸称为核苷一磷酸（nucleoside monophosphate，NMP），其中 5′-核苷一磷酸的磷酸基可进一步磷酸化，生成 5′-核苷二磷酸（nucleoside diphosphate，NDP）和 5′-核苷三磷酸（nucleoside triphosphate，NTP），后两者称为核苷多磷酸。如腺苷一磷酸磷酸化生成腺苷二磷酸，腺苷二磷酸再磷酸化生成腺苷三磷酸。根据磷原子与 C5′ 原子距离的远近，依次将各个磷原子标以 α、β 和 γ 以示区别（图 2-7）。

在生物体内核苷多磷酸具有重要的生物学功能。四种核苷三磷酸（ATP、GTP、CTP、UTP）是合成 RNA 的重要原料，四种脱氧核苷三磷酸（dATP、dGTP、dCTP、dTTP）是合成 DNA 的重要原料。ATP 是生物体内能量的直接来源和利用形式，在代谢中发挥重要的作用；UTP 参加糖的互相转化与合成；CTP 参加磷脂的合成；GTP 参加蛋白质和嘌呤的合成。

（二）环核苷酸

5′-核苷酸的磷酸基可与戊糖环的 3′-OH 脱水缩合形成 3′,5′-环核苷酸。重要的环核苷酸有 3′,5′-环腺苷酸（cAMP）和 3′,5′-环鸟苷酸（cGMP）（图 2-8）。cAMP 和 cGMP 虽然不是核酸的组成成分，但在组织细胞中起着传递信息的作用，因此称为“第二信使”。

（三）辅酶类核苷酸

一些辅酶属于核苷酸类衍生物。如腺苷酸是辅酶Ⅰ（NAD^+）和辅酶Ⅱ（$NADP^+$）、FAD、辅酶 A 等的组成成分。

四、核苷酸的连接方式

构成核酸的基本单位是核苷酸。很多实验证明核酸是没有分支的多聚核苷酸长链，链中前一个核苷酸的 3′-羟基和下一个核苷酸的 5′-磷酸以磷酸二酯键相连，称为 3′,5′-磷酸二酯键。由相间排列的戊糖和磷酸构成磷酸大分子的主链（图 2-9 中框内部分），而代表其特性的碱基则可以看成是有次序地连接在其主链上的侧链基团。主链上的磷酸基是酸性的，在细胞的生理 pH 条件下带负电荷；而嘌呤和嘧啶碱基因相对不溶于水而具有疏水性质。另外，

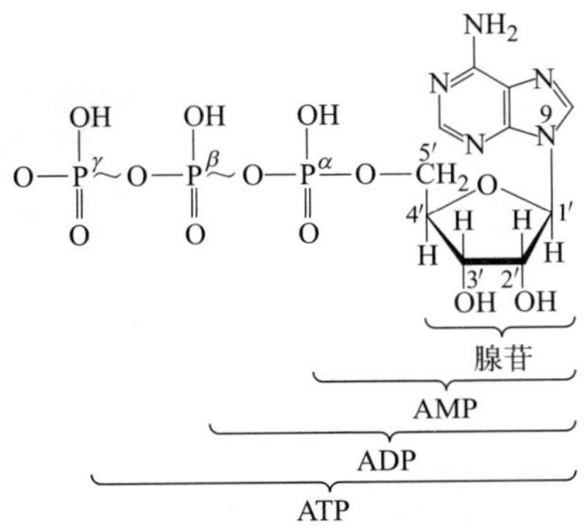

图 2-7　核苷多磷酸的化学结构式

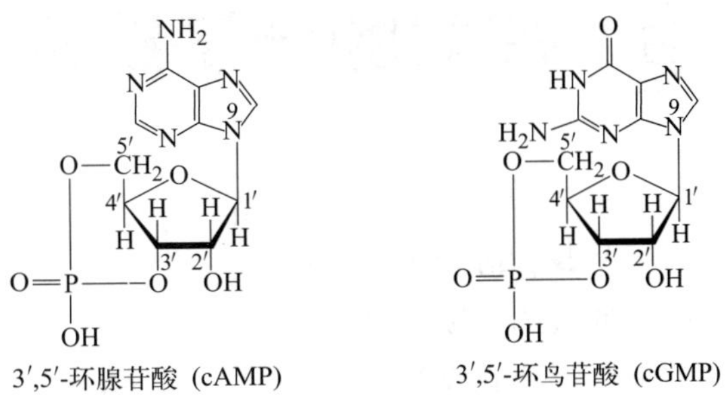

图 2-8　环核苷酸的化学结构式

由于所有核苷酸间的磷酸二酯键有相同的走向，RNA 和 DNA 链都有严格的方向性，而每条线性核酸链都有一个 5′-末端（游离磷酸基）和一个 3′-末端（游离羟基），通常以 5′→3′ 方向为正向，书写时将 5′-末端写在左侧（头），3′-末端写在右侧（尾）（图 2-10）。

各核苷酸残基沿多核苷酸链排列的顺序（序列）称为核酸的一级结构。核苷酸的种类虽不多，但可因核苷酸的数目、比例和序列的不同构成多种结构不同的核酸。由于核苷酸之间的差异在于碱基的不同，因此也可用碱基序列表示核酸的一级结构。

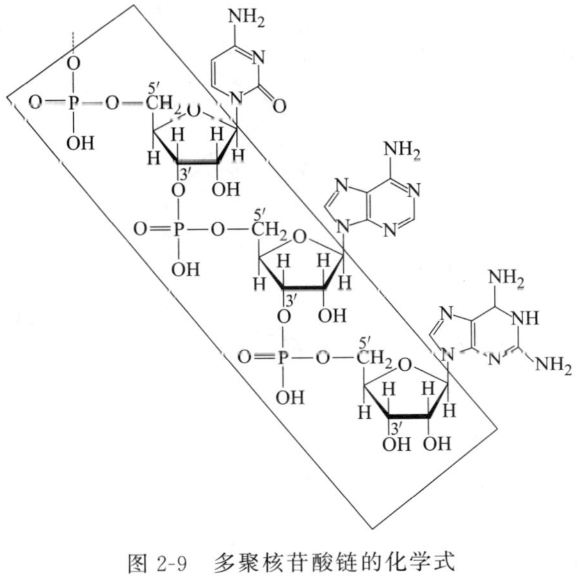

图 2-9　多聚核苷酸链的化学式

图中是 RNA 片段。在 DNA 中，戊糖的 2′-OH 为 2′-H，尿嘧啶为胸腺嘧啶

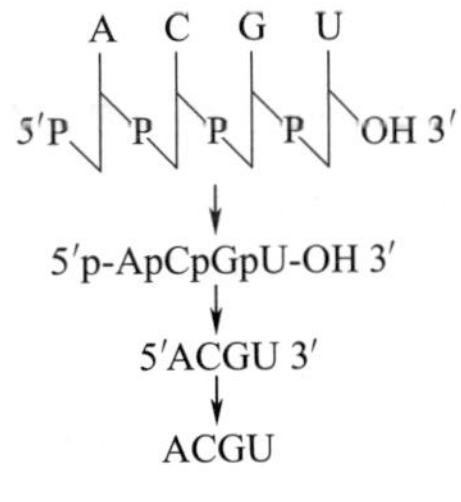

图 2-10　核酸的一级结构及其书写方式

第二节　核酸的分子结构

DNA的结构

一、 DNA 的分子结构

（一） DNA 的一级结构

DNA 是由 4 种脱氧核苷酸通过 3′,5′-磷酸二酯键相连接，聚合形成多聚脱氧核苷酸链。DNA 的一级结构就是指这些脱氧核苷酸在分子中的排列顺序，也就是碱基排列顺序。

核酸分子的大小常用碱基（base 或 kilobase）数目或碱基对（base pair，bp）数目来表示。原核生物 DNA 分子较小，最小的病毒 DNA 约为 5000bp；真核生物的 DNA 分子很大，一般在 10^6～10^{10} bp。由于各种生物的遗传信息均蕴藏于它们的碱基顺序中，因此，DNA 一级结构的分析对阐明 DNA 的结构和功能具有重要意义。于 1990 年启动的举世瞩目的人类基因组计划，目的就是要完成人类单倍体基因组 DNA 3×10^9 bp 全序列的测定，破译决定人类个体生长发育、生老病死的全部遗传信息。

（二） DNA 的二级结构

1952 年，E. Chargaff 等采用色谱和紫外分析等技术，深入研究了 DNA 分子的碱基组成成分。他们发现 DNA 分子组成中具有如下规律：①腺嘌呤和胸腺嘧啶的物质的量总是相等，鸟嘌呤与胞嘧啶的物质的量总是相等；②不同种属生物的 DNA 碱基组分不同；③同一生物体的不同器官、不同组织中的 DNA 具有相同的碱基组成。

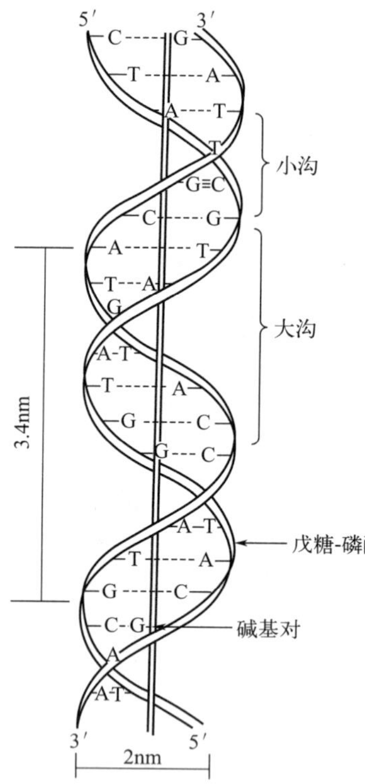

图 2-11　DNA 分子双螺旋结构模型图解

英国的 R. Franklin 和 M. Wilkins 于 1952 年获得了高质量的 DNA 分子 X 射线衍射图。他们分析认为 DNA 是螺旋性分子，且是以双链形式存在的。综合前人的研究成果，J. Watson 和 F. Crick 于 1953 年提出了 DNA 的双螺旋结构模型，阐明了 DNA 的二级结构。这一模型的提出为生物体内遗传物质的传代和表达等 DNA 的功能研究奠定了基础，推动了现代分子生物学与生命科学的发展。DNA 的双螺旋结构模型要点如下。

① DNA 分子由两条反向平行（即一条链由 3′→5′，另一条链由 5′→3′）的脱氧核苷酸链构成双螺旋结构。两条链围绕一中心轴形成右手螺旋。螺旋表面形成大沟（major groove）与小沟（minor groove）（图 2-11）。这些沟状结构与蛋白质、DNA 之间的相互识别有关。

② 在两条链中，亲水的磷酸与脱氧核糖通过 3′,5′-磷酸二酯键相连而成的亲水骨架位于螺旋的外侧，疏水的嘌呤和嘧啶碱基平面层叠于螺旋的内侧，碱基平面与戊糖环平面互相垂直。

③ 两条链通过碱基对之间形成的氢键而稳定地维系在一起，并且总是 A 和 T、G 和 C 之间配对，A-T 之间形成两个氢键，G-C 之间形成三个氢键（图 2-12）。这一规律称为“碱基配对规律”或“碱基互补规律”。碱基对之间的氢键维持 DNA 双螺旋结构横向的稳定性。碱基互补配对原则是双螺旋最重要的特性，其重要的生物学意义在于，它是 DNA 复制、转录以及逆转录的分子基础。

④ 双螺旋的直径为 2nm，在同一条链上相邻两个碱基平面之间的轴向距离为 0.34nm，其旋转的夹角为 36°；每隔 10 个碱基对，脱氧多核苷酸链就绕一圈，螺距为 3.4nm。轴向相邻的碱基对之间呈板状堆积，由此产生了具有疏水性的碱基堆积力，是维系 DNA 双螺旋结构纵向稳定的主要作用力。

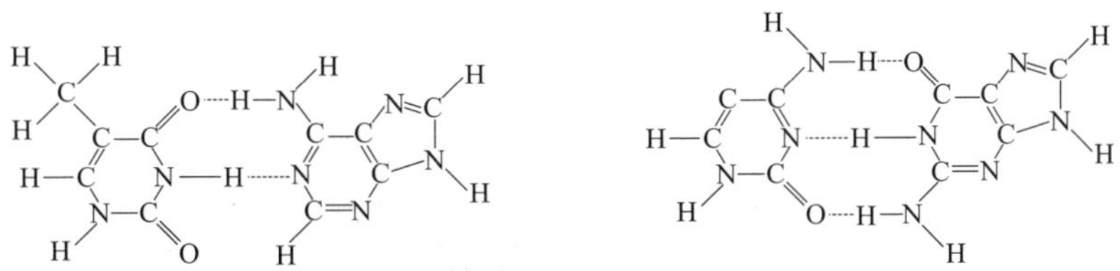

图 2-12　碱基对之间的氢键

（三） DNA 双螺旋结构的多样性

除了一些小分子噬菌体如 M13 噬菌体的 DNA，以及一些 DNA 病毒的 DNA 是单链结构外，大多数天然 DNA 分子都是双螺旋结构。前述 Watson-Crick 提出的双螺旋模型是在低离子强度的溶液（生理盐溶液）和染色体中存在的主要构象，称为 B 型 DNA。这种构型在水性环境和生理条件下最为稳定。自然界中还存在有 A 型 DNA，其含水量少于 B 型。两者在沟的深浅、螺距、旋转角度、碱基平面距离、每一螺旋的碱基数目等参数上存在一定差异。1979 年 A. Rich 等在研究人工合成的寡核苷酸 CGCGCG 的晶体结构时竟发现这种 DNA 为左手螺旋。后来证明这种结构在天然的 DNA 分子中同样存在，人们称之为 Z-DNA（图 2-13）。生物体内的这些不同类型的 DNA 在功能上可能有所差异，是与基因的表达调控相适应的。

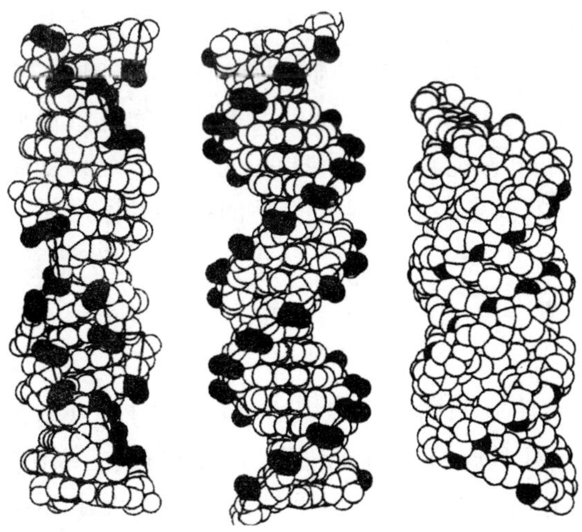

图 2-13　不同类型的 DNA 双螺旋结构

（四） DNA 的三级结构

DNA 双螺旋进一步扭曲或再次螺旋所形成的空间构象，就是 DNA 的三级结构。双链 DNA 多为线形分子，但某些病毒、真核生物的线粒体和叶绿体，以及某些细菌的染色体 DNA 为双链环状 DNA（dcDNA）。在生物体内，绝大多数双链环状 DNA 可进一步扭曲或盘绕成超螺旋（supercoil）（图 2-14）。当盘绕方向与 DNA 双螺旋方向相同时螺旋会变得更紧，这种超螺旋称为正超螺旋；反之则称为负超螺旋。正超螺旋 DNA 具有更为致密的结构，可以将很长的 DNA 分子压缩在一个较小的体积内，且由于密度较大，在离心场中和凝胶电泳中的移动速度亦较快。

真核细胞核染色质 DNA 为很长的线形双螺旋，DNA 通常是与组蛋白和非组蛋白（呈酸性，故又称酸性蛋白）相结合存在，DNA 双螺旋盘绕组蛋白形成核小体（nucleosome），核小体是染色质的基本结构单位。完整的核小体由两部分组成，即核小体核心颗粒和连接区。许多核小体核心颗粒之间由连接区相连，形成念珠状结构。组蛋白是一类富含赖氨酸和精氨酸的碱性蛋白，分为五种，分别用符号 H_1、H_{2A}、H_{2B}、H_3、H_4 表示。核小体的核心由 H_{2A}～H_4 四种组蛋白组成，形成八聚体结构，DNA 缠绕在它的表面，长度为 140～145 个碱基对。连接核小体核心颗粒的是核小体连接区，其 DNA 在不同种生物中长度不一，约为 25～100 个碱基对，H_1 组蛋白结合于该部位（图 2-15）。

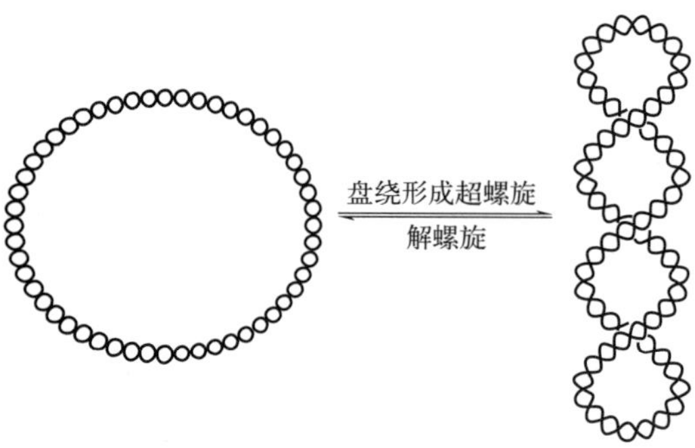

图 2-14 DNA 的三级结构

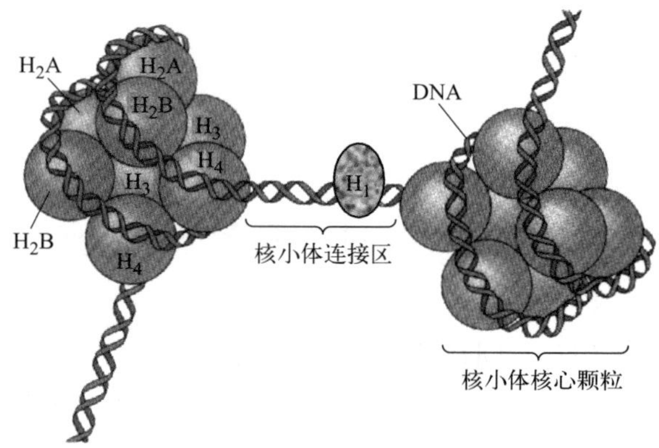

图 2-15 核小体的结构示意图

由核小体构成的念珠状结构进一步盘绕压缩成更高层次的结构。据估算，人的 DNA 分子在染色质中反复折叠盘绕共压缩 8000～10000 倍。

DNA 是生物遗传信息的载体，DNA 的遗传信息是以基因的形式存在的。基因是 DNA 分子中的功能片段，其中的核苷酸排列顺序决定了基因的功能。基因的表达产物是蛋白质和与之相关的各种 RNA。因此 DNA 的基本功能是作为生物遗传信息的携带者，作为复制的模板将遗传信息传递给子代；同时作为基因转录的模板，表达生命活动的执行者蛋白质，体现个体的生命现象。

二、 RNA 的分子结构

（一） RNA 的类型

RNA 在生命活动中的作用是与蛋白质共同负责基因的表达和表达过程的调控。RNA 通常以单链形式存在，但也可以通过链内的碱基配对形成局部的双螺旋二级结构或三级结构。RNA 分子量比 DNA 小得多，由数十个至数千个核苷酸组成。但是它的种类、大小和结构都远比 DNA 复杂，这是由它功能的多样性决定的。参与蛋白质合成的 RNA 有三类：信使核糖核酸（messenger RNA，mRNA）、转运核糖核酸（transfer RNA，tRNA）和核蛋白体核糖核酸（ribosomal RNA，rRNA）。此外，细胞内还有许多小分子非编码 RNA，它们主要参与基因表达过程中的调控（表 2-2）。

表 2-2 真核细胞内主要 RNA 的种类与功能

RNA 种类	细胞核与胞液	线粒体	功能
核蛋白体 RNA	rRNA	mt rRNA	核蛋白体的组成成分
转运 RNA	tRNA	mt tRNA	转运氨基酸
信使 RNA	mRNA	mt mRNA	蛋白质合成的模板
核不均一 RNA	hnRNA		成熟 mRNA 的前体
核内小 RNA	snRNA		参与 hnRNA 的剪接、转运
核仁小 RNA	snoRNA		rRNA 的加工和修饰
胞质小 RNA	scRNA		蛋白质在内质网定位合成的信号识别体的组成成分
微小 RNA	miRNA		参与基因表达翻译水平的负性调控
小干扰 RNA	siRNA		参与基因表达翻译水平的负性调控

1. mRNA

mRNA 占细胞中 RNA 总量的 2%～5%，是蛋白质合成的模板。mRNA 是在细胞核内以 DNA 为模板合成的。在细胞核内合成的 mRNA 前体比成熟的 mRNA 要大得多，而且这种初级的 RNA 分子大小不一，故称为核不均一 RNA（heterogeneous nuclear RNA，hnRNA）。hnRNA 在细胞核内存在的时间极短，经过剪接加工成为成熟 mRNA，并通过特殊的机制转移至细胞质中作为蛋白质合成的模板。成熟的 mRNA 由氨基酸编码区和非编码区组成。真核生物成熟 mRNA 的结构特点是在其 5′-端具有一个 7-甲基鸟苷三磷酸帽子结构和在其 3′-端含有一个多聚腺苷酸尾结构（图 2-16）。而原核生物 mRNA 没有这种结构。5′-端帽子结构是由鸟苷酸转移酶在转录后加工过程中添加上去的，与 mRNA 中其他核苷酸呈相反方向，形成了 5′-5′连接，使得 mRNA 不再具有 5′-末端的磷酸基团，同时与帽子结构相邻的第一个核苷酸中戊糖的 C2′通常也被甲基化（图 2-17）。成熟 mRNA 3′-端多聚腺苷酸尾也是在转录完成后由 poly（A）转移酶催化加上去的。5′-端帽子结构和 3′-端多聚腺苷酸尾结构对维系 mRNA 的稳定免受核酸酶的降解、从细胞核向细胞质转运、与核蛋白体结合参与翻译起始调控等均有重要作用。mRNA 是三类 RNA 中最不稳定的，它代谢活跃，更新速度快。原核生物（如大肠杆菌）mRNA 的半衰期只有几分钟，真核细胞中的 mRNA 寿命较长，可达几小时以上。

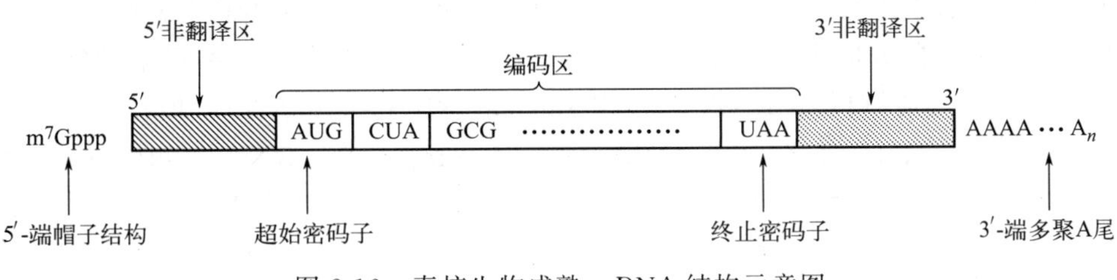

图 2-16 真核生物成熟 mRNA 结构示意图

mRNA 的功能是把储存在 DNA 中的遗传信息（即碱基序列）抄录下来并转移到细胞质，决定着每一种蛋白质肽链中氨基酸的排列顺序。在 mRNA 的编码区，从 5′-端第一个翻译起始密码 AUG 开始，每三个核苷酸为一组，决定肽链上某一种氨基酸，这些三个一组的核苷酸顺序称为三联体密码（triplet code）或密码子（codon）。

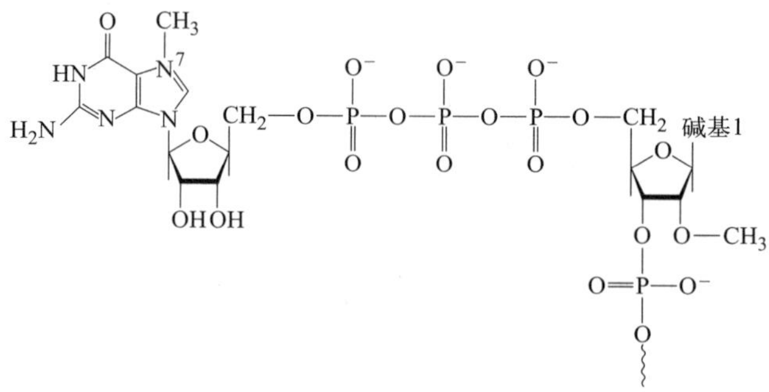

图 2-17 真核生物 mRNA 5′-端帽子结构

2. tRNA

tRNA 约占细胞 RNA 总量的 15%，通常以游离的状态存在于细胞质中。tRNA 是长度为 74～95 个核苷酸残基的小分子，分子量在 25000 左右，在三类 RNA 中它的分子量最小。细胞内 tRNA 种类很多，目前已完成一级结构测序的 tRNA 共有 100 多种。每一种氨基酸都有特异转运它的一种或几种 tRNA。

tRNA的结构

tRNA 的功能是在蛋白质生物合成中携带活化了的氨基酸，并将其转运到与核糖体结合的 mRNA 上用以合成蛋白质。

3. rRNA

rRNA 是细胞中含量最多的一类 RNA，约占细胞中 RNA 总量的 80%以上，是细胞中核蛋白体（ribosome）的组成成分，rRNA 与核蛋白体蛋白共同构成核蛋白体。核蛋白体或核糖体，是一种亚细胞结构，直径为 10～20nm 的微小颗粒。rRNA 约占核糖体的 60%，其余 40%为蛋白质。原核生物有三种 rRNA，按其大小依次为 23S rRNA、16S rRNA、5S rRNA（S 是大分子物质在超速离心沉降中的沉降系数）。它们分别与不同的核蛋白体蛋白结合形成了核蛋白体的大亚基和小亚基。构成真核生物核蛋白体大小亚基的是 28S rRNA、18S rRNA、5S rRNA 和 5.8S rRNA。

核蛋白体是细胞内蛋白质合成的场所，核蛋白体中的 rRNA 和核蛋白体蛋白共同为蛋白质生物合成所需要的 mRNA、tRNA 以及多种蛋白因子提供相互结合和相互作用的空间环境。

除了上述三种 RNA 外，细胞内还存在着许多其他种类的小分子非编码 RNA。有关小分子非编码 RNA 的研究成为近年来的研究热点，并由此产生了 RNA 组学的概念。小分子非编码 RNA 主要包括核内小 RNA（small nuclear RNA，snRNA）、核仁小 RNA（small nucleolar RNA，snoRNA）、胞质小 RNA（small cytoplasmic RNA，scRNA）、催化性小 RNA（small catalytic RNA）、小干扰 RNA（small interfering RNA，siRNA）、微小 RNA（microRNA，miRNA）等。这些小分子非编码 RNA 在 hnRNA 和 rRNA 的转录后加工、转运以及基因表达调控等方面具有重要的生理作用。许多 snRNA 参与了真核细胞 hnRNA 的剪接加工过程，它们的作用是识别 hnRNA 上外显子和内含子的接点，将内含子切除。snoRNA 主要参与 rRNA 中核糖 C2′的甲基化修饰。1982 年 T. Cech 和 S. Altman 等在研究四膜虫 rRNA 前体的加工中发现 rRNA 前体本身具有自我催化的作用。他们将这些催化性小 RNA 称之为核酶（ribozyme）。现已发现多种具有酶催化活性的催化性小 RNA。siRNA 是生物宿主对于外源入侵的基因所表达的双链 RNA 进行切割后所产生的具有特定长度

（21～23bp）和特定序列的小片段 RNA。这些 siRNA 可以与外源基因表达的 mRNA 相结合并诱发这些 mRNA 发生降解，或导致其翻译受到抑制。利用这一机制发展起来的 RNA 干扰（RNA interference，RNAi）技术正被广泛应用于研究基因功能、基因治疗等领域。miRNA 是一大类长度为 21～25nt 的小分子单链 RNA。广泛存在于真核生物中，由内源基因编码，通过转录和加工后合成。这些单链的 miRNA 通过与 siRNA 相似的作用机制对靶 mRNA 实现基因沉默。miRNA 在生物体的生长、发育、疾病发生中有着重要的调控作用。目前预测人类 10%～30%的基因都有 miRNA 参与调控。

（二） RNA 的一级结构

RNA 的一级结构是指多核苷酸链中核苷酸的排列顺序。RNA 分子除在某些病毒中为双链结构外，细胞 RNA 分子通常是单链结构。不同来源、不同种类 RNA 的核苷酸组成均不相同，碱基组成不像 DNA 那样有规律。在有些 RNA，特别是 tRNA 中，除四种基本碱基外，还有几十种稀有碱基，如双氢尿嘧啶（DHU）、假尿嘧啶（Ψ）和甲基化的嘌呤（^{m}G、^{m}A）等。这些稀有成分可能与 tRNA 的生物学功能有一定的关系。

（三） RNA 的二级结构

RNA 的多核苷酸链虽然为单链结构，但在有着碱基互补配对关系的某些局部区域可以发生弯曲折叠，形成局部的双螺旋区，此即 RNA 的二级结构（图 2-18）。

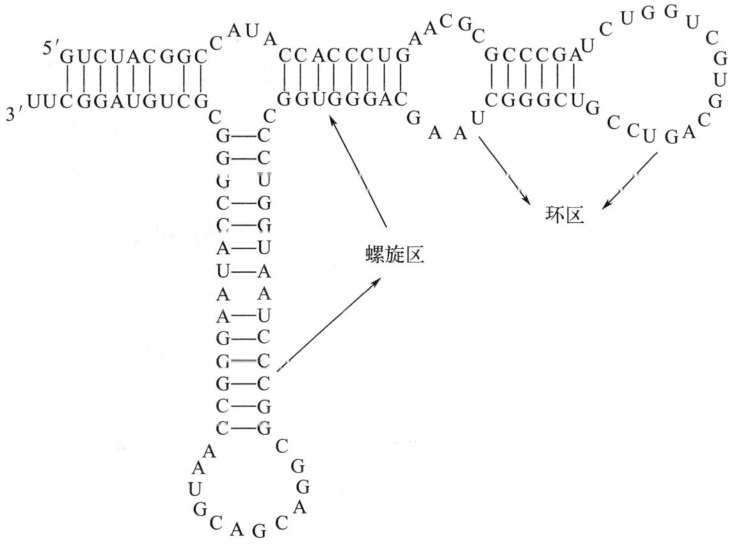

图 2-18　RNA 的二级结构

双螺旋区的碱基也按一定规律配对，A-U 之间形成氢键，G-C 之间形成氢键，每一双螺旋区至少有 4～6 对碱基对才能稳定。这些局部的螺旋区呈茎状，而不能配对的部分则形成环状结构，称为茎环（stem-loop）结构或发夹（hairpin）结构。不同种类 RNA 分子中的双螺旋区所占比例不同，rRNA 的双螺旋区约占 40%，tRNA 的双螺旋区约占 50%。

RNA 二级结构研究得比较清楚的是 tRNA。tRNA 的线性核糖核酸链有几个片段回折形成局部双螺旋区，而非互补区形成环状结构。绝大多数 tRNA 都有四个双螺旋区、四个环及一个氨基酸接纳臂，使其二级结构呈三叶草形（图 2-19）。

tRNA 分子左侧的环含有两个二氢尿嘧啶，称为二氢尿嘧啶环（DHU 环）。右侧的环含有核糖胸苷（T）—假尿苷（Ψ）—核糖胞苷（C）序列，称为 TΨC 环，此环可能与结合核蛋白体有关。最令人注意的是位于分子底部的环，称为反密码子环，其顶端的三个核苷酸残基组成三联反密码子，与 mRNA 分子上的三联密码子通过碱基互补的关系相互识别，不同的 tRNA 有不同的反密码子。在蛋白质生物合成中，tRNA 反密码子依靠碱基互补的方式辨认 mRNA 的密码子，将其所携带的氨基酸正确地运送到蛋白质合成的场所。此外，tRNA 分子中还有一个额外环，此环所含的碱基数目是可变的，导致不同的 tRNA 分子其分子大小不同。

（四） RNA 的三级结构

RNA 的三级结构是指多聚核苷酸链中所有原子在三维空间中伸展所形成的相对空间排布位置。RNA 三级结构研究得较清楚的也是 tRNA。tRNA 的二级结构在空间进一步伸展，形成倒“L”形的三维空间结构，即 tRNA 的三级结构（图 2-20）。在倒“L”形的一端为反密码子环，另一端为氨基酸接纳臂，拐角处则为 TΨC 环和 DHU 环。从这可看出，虽然 TΨC 环和 DHU 环在二级结构上各处一方，但在三级结构上相距很近。

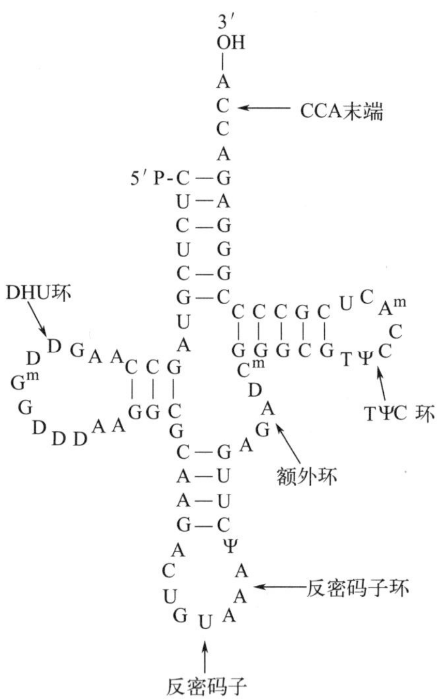

图 2-19　tRNA 的三叶草形二级结构

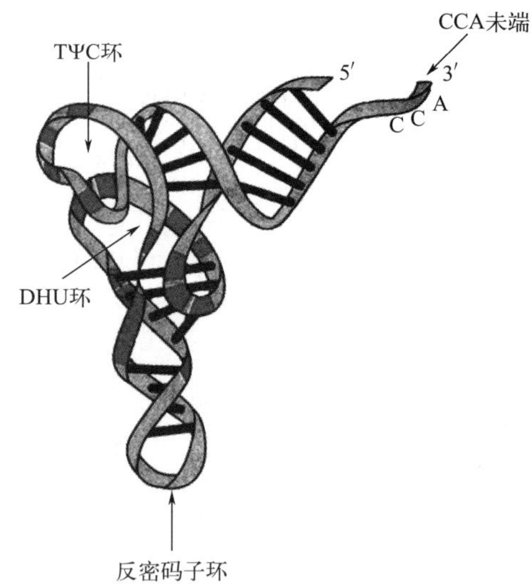

图 2-20　tRNA 的三级结构

第三节　核酸的理化性质及其应用

核酸的理化性质

一、核酸的一般性质

核酸及组成核酸的核苷酸既有碱性基团，又有磷酸基团，因此都是两性电解质，因磷酸的酸性强，通常表现为酸性。

提纯的 DNA 为白色纤维状固体，RNA 为白色粉末，两者都微溶于水，不溶于一般有机溶剂。在 70%乙醇中形成沉淀，故常用在核酸粗溶液中加入 2 倍体积乙醇使核酸沉淀的方法对其进行纯化。

DNA 分子是线型高分子，因此溶液黏度极高，RNA 分子黏度则小得多。当核酸溶液因受热或在其他因素作用下发生螺旋向线团过渡（变性）时，黏度降低，因此可用溶液黏度作为 DNA 变性的指标。

溶液中的核酸在引力场中可以下沉。在超速离心机形成的极大的引力场下，核酸分子下沉的速度大大加快。核酸的沉降速度与分子量和分子构象有关。应用超速离心技术，可以测定核酸的沉降系数和分子量。测定 DNA 分子量时，由于黏度很大，应用较稀的溶液。目前多用氯化铯密度梯度沉降平衡超速离心技术研究核酸分子的构象。

核酸分子在生理条件下，戊糖-磷酸骨架中的磷酸基团会发生解离呈离子化状态，因此整个多核苷酸链是一个多聚阴离子。把这些核酸分子置于电场中时，它们会向正极移动。在一定的电场强度下，核酸分子的迁移率取决于核酸分子本身的大小和构型。凝胶电泳就是应用这一原理把不同分子大小的核酸分子进行分离和鉴定的技术，凝胶电泳是当前核酸研究中最常用的方法。

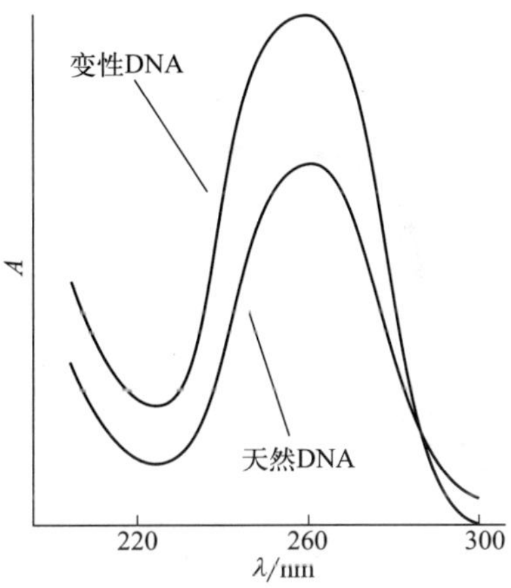

图 2-21 DNA 的紫外吸收光谱

二、核酸的紫外吸收性质

核酸分子中的嘌呤碱与嘧啶碱具有共轭双键，可强烈吸收 260～290nm 的紫外光，最大吸收峰波长大约在 260nm（图 2-21），蛋白质的最大吸收峰波长大约在 280nm，据此性质，可用紫外分光光度法对核酸进行定性和定量分析。

通过测定核酸 260nm 与 280nm 的吸光度（A）值，计算 A_{260}/A_{280} 的值即可判断待测核酸样品的纯度。纯 DNA 比值为 1.8，纯 RNA 比值为 2.0。如样品中含有蛋白质或其他杂质，则 A_{260}/A_{280} 的值明显下降。对于纯核酸，只要测出其 A_{260}/A_{280} 的值即可计算出含量。通常 1A 相当于 50μg/mL 的双链 DNA，或 40μg/mL 单链 DNA（或 RNA），或 30μg/mL 单链寡核苷酸。

三、核酸的变性、复性和分子杂交

（一）变性

核酸的变性、复性与分子杂交

核酸变性指在某些理化因素作用下，DNA 双螺旋区氢键断裂，空间结构破坏，形成单链无规则线团状态的过程。变性只涉及次级键的变化。而多核苷酸链上共价键（磷酸二酯键）的断裂称核酸降解。

凡可破坏氢键，妨碍碱基堆积力作用和增加磷酸基静电斥力的理化因素均可以促成变性作用的发生。由温度升高引起的变性称热变性；由酸碱度改变引起的变性称酸碱变性。甲酰胺、尿素和甲醛也是核酸变性剂，对单链 DNA 进行电泳时，常用上述变性剂。

当将 DNA 的稀盐溶液加热到 80～100℃时，双螺旋结构发生解体，两条链分开形成无规则线团（图 2-22），一系列理化性质也随之发生改变；变性后的 DNA 由于碱基对失去重叠，在 260nm 处的紫外吸收值明显升高（图 2-21），这种现象称为增色效应。变性后的 DNA 黏度降低，浮力密度升高，生物学活性部分或全部丧失。

DNA 加热变性过程是在一个狭窄的温度范围内迅速发生的，通常将紫外光吸收值达到最大值一半时所对应的温度称为解链温度（熔解温度），又称为熔点（T_m）（图 2-23）。在 T_m 时，DNA 分子内 50%的双螺旋结构被破坏。DNA 的 T_m 值一般在 70～85℃，DNA 的 T_m 值高低主要与 DNA 长短以及碱基组成有关。DNA 分子越长，T_m 值越高；G-C 对含量越高，T_m 值就越高；A-T 对含量越高，T_m 值就越低。此外，离子强度越高，T_m 值也越高。

（二）复性

DNA 的变性是可逆的，在适宜条件下，变性 DNA 分开的两条单链可重新形成链间氢键，恢复成双螺旋结构，这个过程称为复性。DNA 复性后，许多理化性质又得到恢复，如紫外吸收下降（称为减色效应），生物学活性也得到恢复或部分恢复。若将热变性的 DNA 骤然降温至 4℃以下时，DNA 两条单链则继续保持分开，称为淬火；若将此溶液缓慢冷却（称退火）到适当的低温，则两条互补链可重新配对而恢复到原来的双螺旋结构。

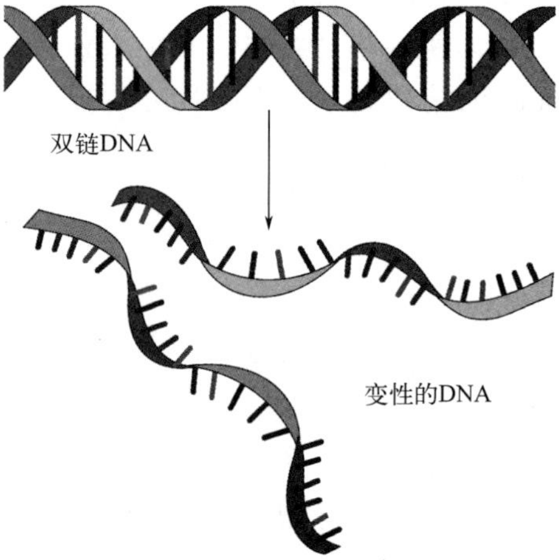

图 2-22 DNA 变性过程

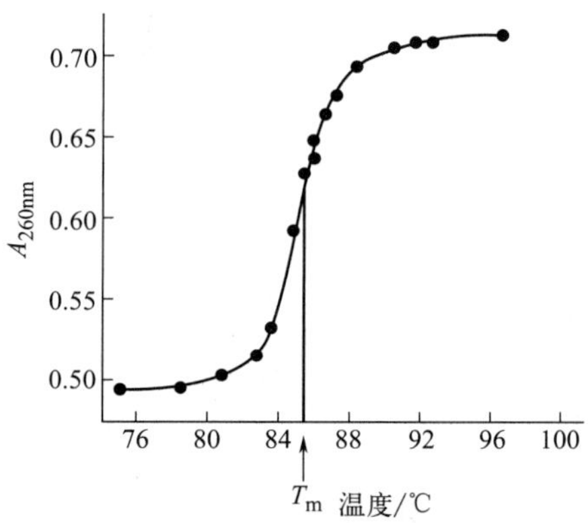

图 2-23 DNA 的熔点

（三）分子杂交

DNA 的变性和复性都是以碱基互补配对为基础的，如果将不同种类或来源的 DNA 单链或 RNA 放在同一溶液中，只要两种单链分子之间存在着一定的碱基互补配对关系，它们就有可能形成杂化双链。这种杂化双链可以在不同的 DNA 单链之间形成，也可以在 RNA 单链之间形成，甚至还可以在 DNA 单链和 RNA 单链之间形成 DNA-RNA 杂合体。这种现象称为核酸分子杂交（hybridization）。如果杂交的一条链是人工合成的特定（已知核苷酸顺序）DNA 或 RNA 序列，并经放射性同位素或其他方法标记，称为探针。利用杂交方法，使“探针”与特定未知的序列发生“退火”形成杂合体，即可达到寻找和鉴定特定序列的目的。用“探针”来寻找某些 DNA 或 RNA 片段，已成为目前基因克隆、基因定位、鉴定分析中十分重要的手段。近年发展起来的基因芯片技术的基本原理就是核酸分子杂交。

核酸分子杂交可以在固相或液相中进行。实验室应用最广的是以硝酸纤维素膜和尼龙膜作为固相支持物的 Southern 印迹杂交和 Northern 印迹杂交。Southern 印迹杂交是指将电泳分离的待测 DNA 片段转移结合到固相支持物上，然后与存在于液相中标记的核酸探针进行杂交的过程。英国爱丁堡大学的 E. M. Southern 于 1975 年首创了这一方法。利用 Southern 印迹杂交可进行克隆基因的酶切图谱分析、基因组基因的定性和定量及基因突变分析等。Northern 印迹杂交是指将 RNA 变性及电泳分离后，将其转移到固相支持物上，然后与存在于液相中标记的核酸探针进行杂交的过程。Northern 印迹杂交主要用于确定特异 mRNA 的分子大小、是否有不同剪接体，以及检测特异基因在某一组织或细胞中的 mRNA 表达水平等。

第四节 核酸的分离、纯化与鉴定

核酸结构与功能的分析，首先需要对核酸进行分离和纯化。核酸制备过程中需要注意的是要防止核酸降解和变性，同时要尽量使其维持在生物体内的天然状态。通常采用比较温和的条件进行分离，防止过酸、过碱和剧烈搅拌。由于核酸酶无处不在，因此还要特别防止核酸酶对核酸的降解。分离后需要对核酸进行鉴定，包括分子量、紫外吸收、沉降系数、电泳迁移率、黏度等。下面简单介绍实验室常用的核酸制备方法。

一、 DNA 的分离

真核生物 DNA 主要存在于细胞核中。细胞中的 DNA 和 RNA 分别与蛋白质相结合，形成脱氧核糖核蛋白（DNP）及核糖核蛋白（RNP）。在细胞破碎后，这两种核蛋白混杂在一起。因此，要制备 DNA 首先需要将这两种核蛋白分开。已知这两种核蛋白在不同浓度的盐溶液中具有不同的溶解度，如在 0.14mol/L NaCl（生理盐溶液）的稀盐溶液中 RNP 溶解度最大，DNP 溶解度则最小；而在 1mol/L NaCl 的浓盐溶液中，DNP 溶解度增大，RNP 溶解度则明显降低。根据这种特性，调整盐浓度即可把这两种核蛋白分开。因此，在细胞破碎后，用稀盐溶液反复清洗，所得沉淀即为 DNP 成分。

分离得到的 DNP 再溶解，用苯酚、十二烷基硫酸钠（SDS）等蛋白质变性剂使蛋白质变性，再用含有异戊醇的氯仿沉淀去除变性蛋白质。最后根据核酸只溶于水而不溶于有机溶剂的特点，在有盐的条件下加入 2 倍体积预冷的无水乙醇，即可把 DNA 沉淀出来。再用 75%的乙醇洗沉淀数次，即可获得纯的 DNA。

二、 RNA 的分离

真核生物 RNA 大部分存在于细胞质中，而 DNA 主要存在于细胞核中。因此可只破碎细胞质膜而不破坏核膜使细胞核保持完整，然后通过差速离心实现 RNA 和 DNA 的分离。此外，还可通过上述的核糖核蛋白（RNP）与脱氧核糖核蛋白（DNP）在不同盐溶液中溶解度的不同来达到分离的目的。

RNA 分子稳定性比 DNA 要差，同时 RNase 无处不在，因此分离 RNA 比 DNA 更为困难。为了避免环境中 RNase 对 RNA 的降解，在实验中需要对所使用的器械、玻璃器皿进行高温焙烤，塑料用具需用 0.1%焦碳酸二乙酯（DEPC）处理再高压灭菌，实验中使用的所有试剂和溶液都需用0.1%DEPC配制。对于细胞内存在的RNase，在抽提液中需使用强变性剂使RNase失活，一般采用胍盐（如异硫氰酸胍、盐酸胍）作为变性剂。

通过变性剂破碎细胞或者组织，然后经过苯酚/氯仿等有机溶剂抽提RNA，再经过异丙醇沉淀，75%乙醇洗涤，晾干，最后溶解即可得到RNA。

三、核酸的鉴定

（一）核酸纯度和浓度的鉴定

从核酸的紫外吸收特性可知，核酸的最大吸收波长为260nm，蛋白质为280nm。通过测定在260nm和280nm的A值的比值（A_{260}/A_{280}），估计核酸的纯度。纯净DNA的比值为1.8，RNA为2.0。若比值高于1.8说明DNA样品中的RNA尚未除尽，若样品中含有酚和蛋白质将导致比值降低。同时可通过测定其紫外吸收值来计算核酸样品的浓度。在波长260nm时，1A值相当于双链DNA浓度为50μg/mL，单链DNA（或RNA）浓度为40μg/mL，单链寡核苷酸的含量为30μg/mL。需要注意的是，紫外分光光度法只能用于测定浓度大于0.25μg/mL的核酸溶液，对浓度更小的样品，可采用荧光分光光度法。

（二）核酸分子量大小的鉴定

核酸分子量大小的鉴定最简单快速的方法通常采用凝胶电泳来完成。常见的核酸凝胶电泳有琼脂糖凝胶电泳和聚丙烯酰胺凝胶电泳。前者一般分离分子量较大的分子（一般大于100bp）并通过水平电泳槽进行潜水式电泳。后者则用于分离分子量较小的分子（一般小于1000bp）并通过垂直槽进行电泳，它的分辨灵敏度很高，甚至只有单个碱基差异的核酸都可分离开来。凝胶电泳兼有分子筛和电泳双重效果，不同长度的核酸由于受到凝胶介质的阻力不同，表现为不同的迁移率而被分开。迁移率与核酸分子大小、凝胶浓度、核酸的构象、电场强度等有关。电泳后核酸的相对位置可以通过溴乙锭染色进行测定，溴乙锭是一种扁平分子，很易插入核酸分子碱基之间，经紫外线照射可发射红橙色荧光。根据荧光强度，还可以大致判断DNA样品的浓度。一般情况下可观察到浓度低至纳克级的DNA条带。通过与一系列分子量大小已知的标准DNA（又称为DNA marker）进行比照，即可初步估计待测DNA分子量的大小。

（三）核酸一级结构的鉴定

1. DNA双脱氧链末端终止法

该法由英国科学家Sanger于1977年发明，又称酶法。这种方法经过改进至今仍然是众多实验室中最为常用的DNA序列分析方法。其基本原理是：根据DNA在细胞内复制的原理，使待测DNA解链成为单链模板，加入DNA引物、4种底物dNTP、DNA聚合酶在体外进行子链的聚合，同时在反应体系中再加入2,3-双脱氧核苷三磷酸（ddNTP）。这些ddNTP会随机地代替dNTP参加反应。一旦ddNTP加入新合成的DNA子链，由于其3位的羟基脱掉了氧变成了氢，所以不能继续延伸而使链延伸终止。如果不是ddNTP而是dNTP掺入子链中，则子链的延伸得以继续。这样，会合成一系列大小不等的DNA片段。再通过变性聚丙烯酰胺凝胶电泳分离这些片段，放射自显影即可得到测序图。

基本步骤如下：将待测DNA变性解链为单链DNA模板，然后与测序引物在适当的反应缓冲液中进行退火。样品分成4等份，分别进行四个反应。每个反应体系均含DNA聚合酶和4种dNTP底物，其中一种dATP为^{32}P标记物，以便能用放射自显影法读序（也可对测序引物进行标记，但其成本较高）。在每个反应中除上述成分外，分别加入一种ddNTP（即ddATP、ddCTP、ddGTP、ddTTP）。在第一个反应中，ddATP会随机地代替dATP参加反应。一旦 ddATP 加入新合成的 DNA 链，由于其 3 位的羟基脱掉了氧变成了氢，所以不能继续延伸而使链延伸终止。第一个反应中所产生的 DNA 链都是到 A 就终止了。同理，第二个反应产生的都是以 C 结尾的，第三个反应的都以 G 结尾，第四个反应的都以 T 结尾。将 4 管反应物分别加在高分辨凝胶上电泳，DNA 片段则因其长度不同被分离，短的走在前端，长的泳动在后面。每管所在的泳道则分别为以 A、G、C 或 T 结尾的不同长度 DNA 片段。

放射自显影后即可得到测序图谱，从下往上即可读出合成的子链 DNA 序列，而待测 DNA（模板链）序列则为它的互补序列（图 2-24）。

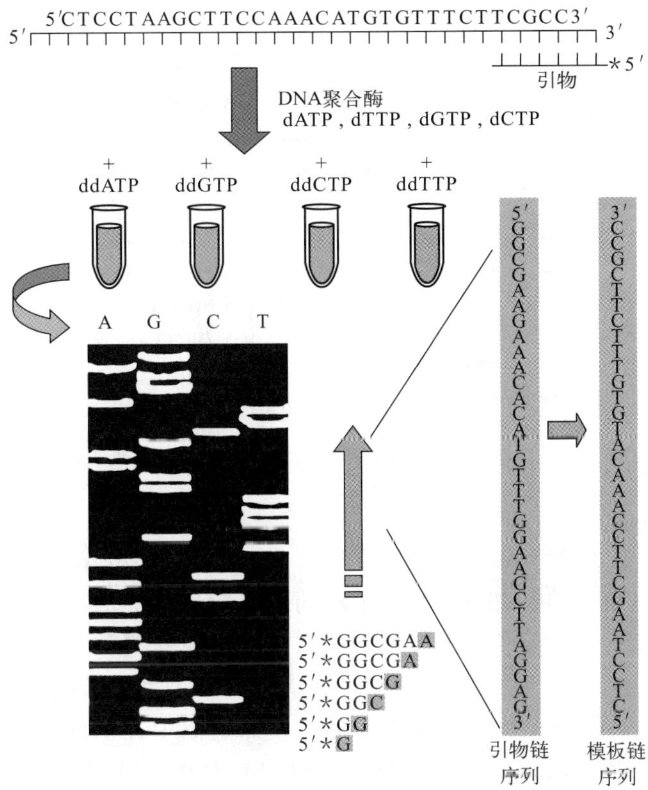

图 2-24 Sanger 测序法示意图

2. DNA 化学降解测序法

DNA 化学降解法由美国哈佛大学的 A. Maxam 和 W. Gilbert 于 1977 年发明。其基本原理是采用特异的化学试剂作用于 DNA 分子中不同碱基，然后用哌啶切断反应碱基所参与形成的磷酸二酯键。用 4 组不同的特异反应，就可以使末端标记的 DNA 分子切割成不同长度的片段，其末端都是该特异的碱基。经变性聚丙烯酰胺凝胶电泳和放射自显影即可得到测序图。基本步骤是：将单侧末端标记待测 DNA 样品分成 4 等份，分别进行下列 4 组特异反应。

（1）G 反应 用硫酸二甲酯使鸟嘌呤上的 N7 原子甲基化，然后经哌啶处理。哌啶能取代甲基化的鸟嘌呤，导致修饰碱基从脱氧核糖上脱落，进一步导致 3′,5′-磷酸二酯键断裂。

（2）G+A 反应 用甲酸处理 DNA，可使 A 和 G 嘌呤环上的 N 原子质子化，导致糖苷键不稳定，再用哌啶处理后使磷酸二酯键断裂。

（3）T+C 反应　用肼处理 DNA，可使 C 和 T 的嘧啶环断开，再用哌啶处理后使磷酸二酯键断裂。

（4）C 反应　如果肼处理 DNA 是在高盐浓度下进行，则只有 C 与肼反应，哌啶处理后使键断裂。

上述样品分别进行变性聚丙烯酰胺凝胶电泳，放射自显影得到测序图谱，从下往上即可读出待测 DNA 序列（图 2-25）。

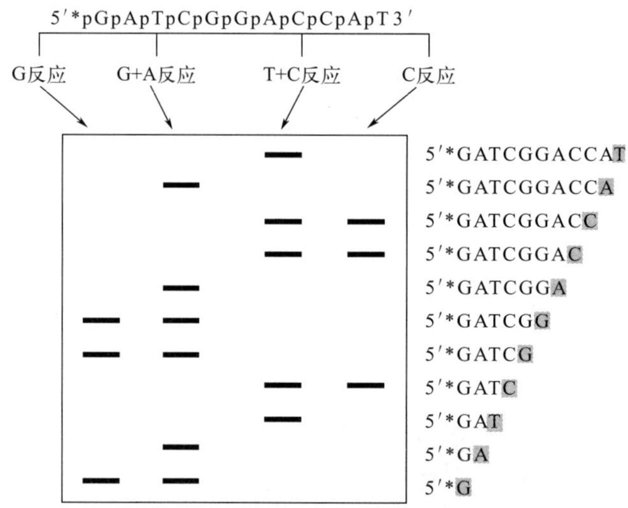

图 2-25　化学降解法测序示意图

3. RNA 的测序

RNA 的测序起源于 20 世纪 60 年代。最早由 Sanger 和 Bronlee 等建立了 RNA 序列测定技术。他们的方法是首先将待测 RNA 分子用同位素标记其一端，然后采用碱基特异的核酸内切酶对待测 RNA 分子进行特异性切割。如从胰脏提取的 RNaseA 能特异水解嘧啶核苷酸所形成的磷酸二酯键，所产生寡核苷酸的 3′-端均为嘧啶核苷酸；从米曲霉中提取的 RNase T_1 能特异水解鸟苷酸所形成的磷酸二酯键；黑粉菌中提取的 RNase U_2 在一定条件下能特异水解腺苷酸所形成的键；从多头黏菌中提取的 RNasePhyM 能特异水解 A、U 两种核苷酸。变性聚丙烯酰胺凝胶电泳分离酶切片段，通过放射自显影，从同位素标记端开始逐个确定小片段的顺序，分析各泳道间小片段的相互重叠情况，最后排出整个分子的核苷酸顺序。1965 年，Holley 用这种方法首次测定了酵母 $tRNA^{Ala}$ 的全序列。

对于真核 mRNA 分子的测序，由于在其 3′-末端都具有多聚 A 尾结构，因此可人工合成寡聚 T 引物与其退火，再在逆转录酶催化下逆转录成 cDNA，再用 DNA 测序法来测序。

润心驿站　　稻田里的“拾荒者”——袁隆平院士

袁隆平（1930—2021 年）江西省德安县人，杂交水稻育种专家，享誉海内外的著名农业科学家，中国工程院院士，中国杂交水稻事业的开创者和领导者，被海内外誉为“杂交水稻之父”。因小学参观园艺场时萌发“学农才美”的志向，袁隆平院士不顾父母反对（父亲期望其学理工或医学），于 1949 年坚持报考重庆相辉学院农艺系（现西南大学）。在校期间，主修遗传育种专业，课外自学孟德尔遗传学理论，为杂交水稻研究埋下学术根基。 1953 年毕业后，分配至湘西安江农校（现为怀化职业技术学院安江校区）任教，教授俄语及作物栽培。1956 年起开展农作物嫁接实验（如月光花 × 红薯），失败后反思并转向现代遗传学研究。

经过多年研究实践，袁隆平院士在水稻育种理论及实践方面均取得了突破性进步。1964 年发现水稻雄性不育株，打破“自花授粉作物无杂种优势”的学术定论，奠定杂交水稻理论基础。1973 年实现不育系、保持系、恢复系配套，育成首个强优势杂交稻“南优 2 号”，使中国成为全球首个应用水稻杂种优势的国家。1995 年简化育种流程，产量较三系法提升 5%~10%。2000 年起主导超级杂交稻攻关，实现亩产 700kg⟶800kg⟶900kg⟶1000kg 的“四连跳”，最高亩产达 1530.76kg（第三代杂交稻）。2020 年主导“海水稻”研发，在江苏如东盐碱地实现耐盐水稻规模化种植。

至今，杂交水稻累计推广超 93 亿亩，增产稻谷 9300 多亿公斤，占全国水稻总产量的近 60%，为我国粮食安全提供了保障。此外，杂交水稻在全球 40 余国推广，年种植 800 万公顷，海外累计增产粮食超 1 亿吨；2006 年起在非洲推广，仅马达加斯加便实现 2500 万人粮食自给。

袁隆平院士用一粒种子改变世界，其毕生践行“让所有人远离饥饿”的誓言，为人类粮食安全树立不朽丰碑。

小思考

袁隆平在艰苦的战争年代，在国内开展科学研究并取得令世界瞩目的成就，这体现了科学家的什么精神？

核酸化学知识框架

<table>
<tr><td rowspan="15">核酸化学</td><td rowspan="6">组成</td><td>元素组成</td><td colspan="2">P：9.5%；核酸含量＝P 含量×100/9.5</td></tr>
<tr><td rowspan="4">核苷酸</td><td>特点</td><td>三个小分子：碱基、戊糖、磷酸；
核苷：碱基＋戊糖；N-糖苷键；
核苷酸：核苷＋磷酸；磷酸酯键</td></tr>
<tr><td>分类</td><td>DNA：dAMP，dTMP，dCMP，dGMP；
RNA：AMP，UMP，CMP，GMP</td></tr>
<tr><td>游离核苷酸</td><td>ATP，cAMP，cGMP</td></tr>
<tr><td>性质</td><td>两性性质与等电点；紫外吸收</td></tr>
<tr><td>多核苷酸链</td><td colspan="2">化学键：3′，5′-磷酸二酯键，3′-端，5′-端</td></tr>
<tr><td rowspan="5">结构</td><td>一级结构</td><td colspan="2">定义，化学键（3′，5′-磷酸二酯键）</td></tr>
<tr><td rowspan="3">二级结构</td><td colspan="2">定义，化学键（氢键）</td></tr>
<tr><td colspan="2">主要形式：DNA 双螺旋、tRNA 三叶草形结构</td></tr>
<tr><td colspan="2">稳定 DNA 双螺旋作用力：横向，氢键；纵向，碱基堆积力</td></tr>
<tr><td>三级结构</td><td colspan="2">DNA 超螺旋结构，tRNA 倒 L 形结构</td></tr>
<tr><td rowspan="4">性质</td><td>两性性质</td><td colspan="2">磷酸的解离度大于碱基的解离，偏酸性</td></tr>
<tr><td rowspan="3">溶解性质</td><td colspan="2">溶于水，不溶于有机溶剂，用乙醇、氯仿沉淀</td></tr>
<tr><td colspan="2">DNP 在低浓度盐中不溶解（0.14mol/L），RNP 能溶解</td></tr>
<tr><td colspan="2">DNP 在高浓度盐中溶解（1mol/L）</td></tr>
</table>

续表

核酸化学	性质	紫外吸收	含有碱基而具有紫外吸收特性，260nm
		变性 复性 杂交	定义；变性因素； 增色效应：变性 DNA 紫外吸收值增加的现象； 减色效应：复性后紫外吸收值降低的现象； 熔解温度：紫外吸收值达最大吸收值一半时的温度； 影响熔解温度的因素：G-C 的含量，离子强度，pH 值，DNA 的组成
		DNA 印迹	Southern 印迹；Northern 印迹；Western 印迹
		核酸水解	碱水解：RNA，得到 2′，3′-核苷酸混合物
			酶水解：核酸酶（外切酶，内切酶，DNA 酶，RNA 酶）
			核酶：具有催化作用的 RNA
	功能	DNA	遗传信息的载体，通过复制把信息传给下一代
		RNA	tRNA：转运 RNA，运载氨基酸到 mRNA 指定位点合成蛋白质
			mRNA：信使 RNA，携带遗传信息，指导蛋白质合成
			rRNA：核糖体 RNA，与蛋白质一起构成核糖体，蛋白质合成场所

本章思考题

一、名词解释

1. DNA 的二级结构　　2. 核小体　　3. 核酸的变性

二、填空题

1. 核酸的基本结构单位是________。

2. 在 DNA 和 RNA 中，核苷酸残基以________互相连接，形成不分枝的链状分子。

3. 由于 DNA 和 RNA 中的含氮碱基具有________，所以核苷酸和核酸在________nm 处有最大紫外吸收值。

4. 维持 DNA 双螺旋结构的主要作用力是________、________。

5. tRNA 的二级结构呈________形，三级结构呈________形。

6. tRNA3′-末端有一共同碱基序列为________。

7. DNA 变性后，紫外吸收值________，生物活性________。

三、选择题

1. 真核生物染色体的最小结构单位是（　　）。

A. 质粒　　B. 核糖体　　C. 染色体　　D. 核小体

2. 双链 DNA 的 T_m 较高是由于下列（　　）组核苷酸含量较高所致。

A. A+G　　B. C+T　　C. A+T　　D. G+C

3. DNA 复性的重要标志是（　　）。

A. 溶解度降低　　B. 溶液黏度降低

C. 紫外吸收值增大　　D. 紫外吸收值降低

四、问答题

1. DNA 分子二级结构有哪些特点？

2. 简述 tRNA 二级结构的组成特点及其每一部分的功能。

3. 试说明影响 DNA 的变性和复性过程的主要因素。

第三章

糖类化学

内容概要与学习指导——糖类化学

本章概述了糖的概念、分类以及单糖、二糖、多糖的化学结构与性质。

糖类是指多羟基的醛、多羟基酮及其衍生物和缩聚物的总称。根据糖的结构与组成，糖类可分为单糖、寡糖、多糖以及糖复合物四类。

单糖是不能被水解的多羟基醛或多羟基酮，除具有旋光性、甜度和溶解度等物理性质外还能发生多种化学反应（还原、氧化、异构、成酯、成苷、成脎等），因此单糖能形成各种单糖衍生物。

寡糖也称为低聚糖，其中麦芽糖、乳糖、蔗糖是较重要的二糖。

多糖是通过糖苷键连接而成的高分子聚合物，包括同多糖和杂多糖两类。由同一种单糖或单糖衍生物聚合而成的多糖，称为同多糖，如糖原、淀粉、纤维素和壳多糖等；由不同种类的单糖或单糖衍生物聚合而成的多糖，称为杂多糖，如肝素、透明质酸及硫酸软骨素等。

糖类与蛋白质或脂类以共价键结合，形成糖复合物。糖蛋白或蛋白聚糖都是由糖和蛋白质以糖肽键结合而成的复合糖。糖肽键主要有 *N*-糖肽键和 *O*-糖肽键两种类型。

脂多糖是革兰阴性细菌细胞壁的特有成分；糖脂是生物膜的重要成分，它们参与免疫反应，与细胞识别、神经传导有关。学习本章时应注意：

① 学习单糖的结构与性质要联系有机化学中醛、酮、醇的化学结构与性质；

② 各类糖的结构的学习要以单糖的结构为基础，从组成与连接键方面理解寡糖与多糖的结构；

③ 以各类糖在生物体内的分布理解糖的生理功能。

第一节 概述

糖类是四大类生物大分子之一，是地球上数量最多的一类有机化合物。它广泛存在于生物界，特别是植物界。糖类物质按干重计占植物的85%～90%，占细菌的10%～30%，动物的小于2%。

一、糖的定义

从化学的角度，糖类是多羟基的醛类或酮类化合物，以及它们的衍生物或聚合物。糖类主要由碳、氢、氧三种元素组成，由于绝大多数的糖类物质都可以用实验式 $(CH_2O)_n$ 或 $C_n(H_2O)_m$ 表示，所以过去曾误认为糖类是碳的水化合物，称为碳水化合物。现在，这种称呼已不恰当，因沿用已久，“糖类”和“碳水化合物”仍在通用。

二、糖的命名与种类

多数糖的命名是根据糖的来源给予一个通俗名称，如葡萄糖、果糖、蔗糖、乳糖、棉籽糖和壳多糖等。

糖类物质根据它们的聚合度或与其他生物大分子的共价结合情况，可分为单糖、寡糖、多糖、复合糖。

1. 单糖

不能被水解成更小分子的糖，也称简单糖。根据分子中含醛基还是酮基，单糖可分为醛糖和酮糖；还可根据其碳原子数目，单糖分为丙糖、丁糖、戊糖、己糖等。有时碳原子数目和含碳基的类型结合起来命名，例如己醛糖、庚酮糖等。最简单的糖类是丙糖（甘油醛和二羟基丙酮）。

2. 寡糖

由 2～20 个单糖分子脱水缩合而成的糖，以双糖最为普遍，意义也较大。

3. 多糖

多糖是水解时产生 20 个以上单糖分子的糖类。

（1）同多糖　水解时只产生一种单糖或单糖衍生物的多糖，如淀粉、糖原、纤维素、壳多糖等。

（2）杂多糖　水解时产生一种以上的单糖或/和单糖衍生物的多糖，如糖胺聚糖类（透明质酸、硫酸软骨素、肝素）、半纤维素等。

4. 复合糖（glycoconjugate）

糖类与蛋白质、脂质等生物分子形成的共价结合物，如糖蛋白、蛋白聚糖和糖脂等。

三、糖类的生物学功能

糖类是细胞中非常重要的一类有机化合物。其生物学作用概括起来主要有以下几个方面。

① 作为生物体内的主要能源物质。糖在生物体内（或细胞内）通过生物氧化释放出能量，供生命活动的需要。生物体内作为能源贮存的糖类有淀粉、糖原等。

② 作为生物体的结构成分。植物的根、茎、叶含有大量的纤维素、半纤维素和果胶物质等，这些物质构成植物细胞壁的主要成分。属于杂多糖的肽聚糖是细菌细胞壁的结构多糖。壳多糖是昆虫和甲壳类的外骨骼成分。

③ 在生物体内转变为其他物质。有些糖是重要的中间代谢物，糖类物质通过这些中间物为合成其他生物分子如氨基酸、核苷酸、脂肪酸等提供碳骨架。

④ 作为细胞识别的信息分子。细胞识别包括黏着、接触抑制和归巢行为、免疫保护（抗原与抗体）、代谢调控（激素与受体）、受精机制、形态发生、发育、癌变、衰老、器官移植等，都与糖蛋白的糖链有关，并因此出现了一门新的学科，称糖生物学。

第二节　单糖的结构

一、有关旋光异构的几个概念

旋光异构现象在生物分子中普遍存在，并有重要的生物学意义。

1. 旋光异构

同分异构现象是指化合物具有相同的分子式，但具有不同结构的现象。主要有两种类型：结构异构和立体异构。

结构异构是由于分子中原子连接的次序不同而造成的异构现象。原子连接在一起的次序叫作化合物的构造，用结构式表示。结构异构体分为碳架异构体、位置异构体和功能异构体。立体异构具有相同的结构式，但原子在空间的分布不同。原子在空间的相对分布与排布称为分子的构型，用立体模型、透视式或投影式来区分立体异构体。

立体异构又可分为旋光异构（光学异构）和几何异构。旋光异构（光学异构）是由于分子中存在手性原子造成的，最常见的是分子内存在不对称碳原子。旋光异构体是一组至少存在一对不可叠合的镜像体的立体异构体，一般具有旋光性。几何异构，也称顺反异构，是由于分子中双键或环的存在或其他原因限制原子间的自由旋转引起的。几何异构体中不存在不可叠合的镜像对，因而不具有旋光性。

2. 旋光性与不对称碳原子

当平面偏振光通过旋光物质的溶液时，光的偏振面会向右（顺时针方向或正向，符号＋）旋转或向左（逆时针方向或负向，符号－）旋转。使偏振面向右旋转的，称为右旋物质，如(＋)-甘油醛；使偏振面向左旋转的，称为左旋物质，如（－)-甘油醛。旋光物质使平面偏振光的偏振面发生旋转的能力称为旋光性、光学活性或旋光度。

表示旋光物质旋光性的特征常数是比旋度或旋光度，用［α］表示，比旋度前面加＋或－，以指明旋光方向。某一物质的［α］值和旋光方向，与测定时的温度、光波波长、溶剂种类、溶质浓度以及 pH 等有关。因此测定比旋度时，必须标明这些因素。

不对称碳原子是指与 4 个不同的原子或原子团共价连接并因而失去对称性的四面体碳，也称不对称中心或手性中心，常用 C^* 表示。根据对称性原理，凡分子中存在对称面、对称中心或四重交替对称轴这些对称元素之一的，化合物都可以和它的镜像叠合，因而没有旋光性；凡分子中没有上述三种对称元素的，都不能与它的镜像叠合，因而具有旋光性。不能与自己镜像叠合的分子，称为手性分子。手性与旋光性为一对孪生子。

3. 构型的投影式表示

旋光异构体的构型，是指不对称碳原子的 4 个取代基在空间的相对取向。这种构型形成两种可能的四面体形式，即两种构型。具有不对称碳原子的甘油醛的构型如图 3-1 所示。

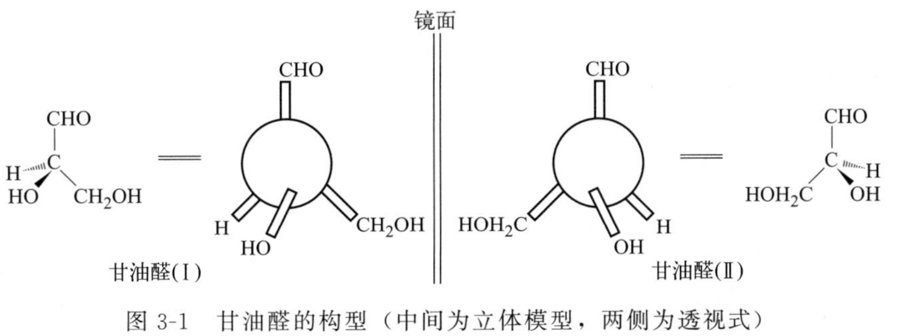

图 3-1　甘油醛的构型（中间为立体模型，两侧为透视式）

从图 3-1 可以看出一个不对称碳原子的取代基在空间里的两种取向是物体与镜像的关系，并且两者不能重叠。可见甘油醛（Ⅰ）和甘油醛（Ⅱ）是两种旋光异构体，被称为对映体。除具有程度相等而方向相反的旋光性和不同的生物活性外，它们其他物理和化学性质完全相同。由于人为规定的相对构型和实验确定的绝对构型是一致的，所以具有甘油醛（Ⅰ）构型的右旋甘油醛，称为D-型，标为D-(＋)-甘油醛，而甘油醛（Ⅱ）标为L-(－)-甘油醛，并选定甘油醛作为其他旋光化合物构型的参考标准。必须指出，在糖的构型中，D-和L-与旋光方向（＋，－）并无直接联系，旋光方向与程度是由整个分子的立体结构（包括各手性碳原子的构型）而不是某一个 C^* 的构型所决定的。

在立体化学中，甘油醛的立体异构体可用立体模型、透视式或投影式来区分（图 3-2）。图 3-2 中透视式（A）和（B），手性碳原子和实线键处于纸面内，虚线键伸向纸面背后，楔形键凸出纸面，伸向读者。投影式可看成是立体模型或透视结构在纸面上的投影，图 3-2 中投影式（C）称为 Fischer 投影式，其中水平方向的键伸向纸面前方，垂直方向的键伸向纸面后方。书写 Fischer 投影式时，通常规定碳链在垂直方向，羰基写在链的上端，羟甲基写在链的下端，氢原子和羟基位于链的两侧。

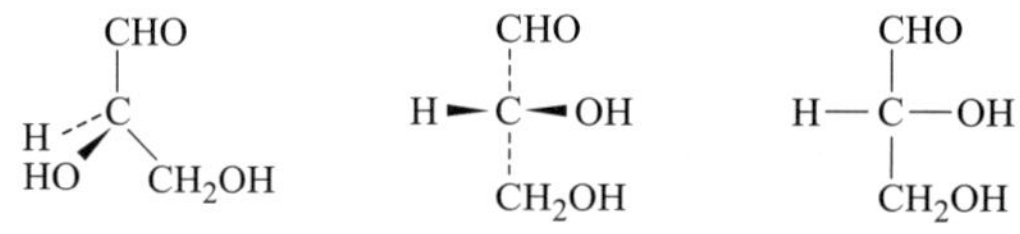

图 3-2　D-(＋)-甘油醛的立体结构

虽然 Fischer 投影式可以表示单糖分子的链式结构，但不能准确表示单糖的环状结构。所以，在表示单糖的环状结构时采用另一种透视式，称为 Haworth 投影式或 Haworth 式。以葡萄糖为例，Haworth 式中葡萄糖的六元环用一个垂直于纸平面的六角形环表示，粗线表示靠近读者的环边缘，细线（含氧桥）表示离开读者的环边缘（图 3-3）。

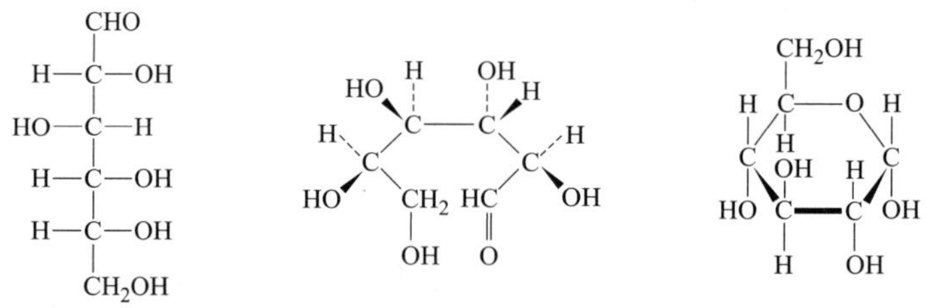

图 3-3　D-(＋)-葡萄糖的构型

二、单糖的链式结构

单糖从丙糖到庚糖，除二羟基丙酮外，都含有手性碳原子。甘油醛含一个 C^*，有两个旋光异构体，组成一对对映体。丁醛糖含 2 个 C^*，可有 4 个旋光异构体，组成两对对映体。依次类推，含 n 个 C^* 的化合物，旋光异构体的数目为 2^n，组成 $2^n/2$ 对对映体。

通常所谓的单糖构型是指分子中离羰基碳最远的那个手性碳原子的构型。如果在 Fischer 投影式中，此碳原子上的—OH 具有与 D-(＋)-甘油醛 C2—OH 相同的取向，则称 D-型糖，反之则为 L-型糖。

所有的醛糖都可以看成是由甘油醛的醛基碳下端逐个插入 C^* 延伸而成。由 D-甘油醛衍生而来的称 D-系醛糖，由 L-甘油醛衍生而来的称 L-系醛糖。同样，各种酮糖可被认为是由二羟基丙酮衍生而来。几种单糖的结构式如下：

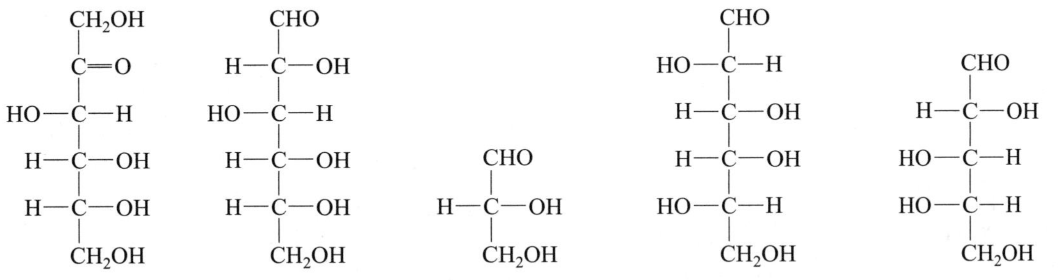

D-(+)-果糖　D-(−)-葡萄糖　D-(+)-甘油醛　L-(−)-岩藻糖　L-(+)-阿拉伯糖

L-系醛糖是相应D-系醛糖的对映体。任一旋光化合物都只有一个对映体，它的其他旋光异构体在化学与物理性质方面都与之不同，这些不是对映体的旋光异构体称为非对映异构体或非对映体。例如，D-(＋)-葡萄糖的对映体只有L-(－)-葡萄糖，其余的14个己醛糖旋光异构体是它的非对映体。

从下面几个结构可以看到，己醛糖的旋光异构体，葡萄糖和甘露糖或葡萄糖和半乳糖，两者之间除一个手性碳原子（对葡萄糖和甘露糖是C2*，对葡萄糖和半乳糖是C4*）的—OH位置不同外，其余结构完全相同。这种仅一个手性碳原子的构型不同的非对映异构体称为差向异构体。

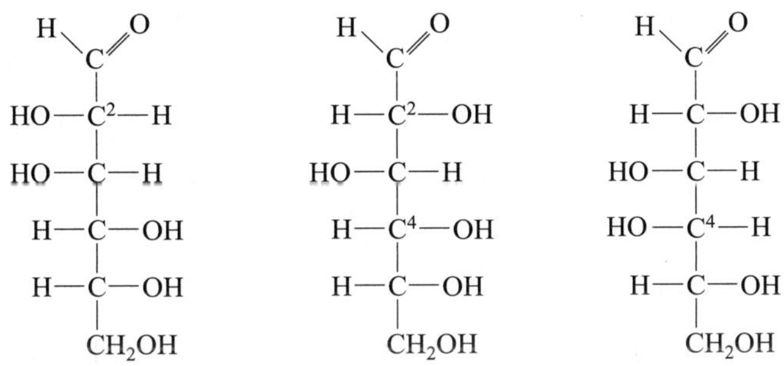

D-甘露糖　D-葡萄糖　D-半乳糖

三、单糖的环状结构

许多单糖，新配制的溶液会发生旋光度的改变，这种现象称为变旋。变旋是由于分子立体结构发生某种变化的结果。从羰基的性质可以了解到，醇与醛或酮可以发生快速而可逆的亲核加成，形成半缩醛。如果羟基和羰基处于同一分子内，可以发生分子内亲核加成，导致环状半缩醛的形成。

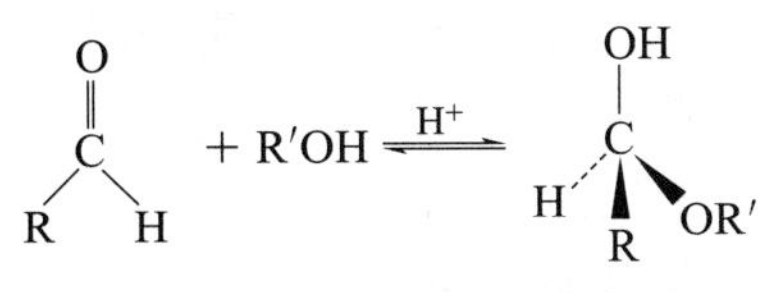

作为多羟基醛或酮的单糖分子完全可能形成这种环状结构。

1. α异头物与β异头物

单糖由直链结构变成环状结构后，羰基碳原子成为新的手性中心，导致C1差向异构化，产生两个非对映异构体。这种羰基碳上形成的差向异构体称异头物。在环状结构中，半缩醛碳原子也称异头碳原子或异头中心。

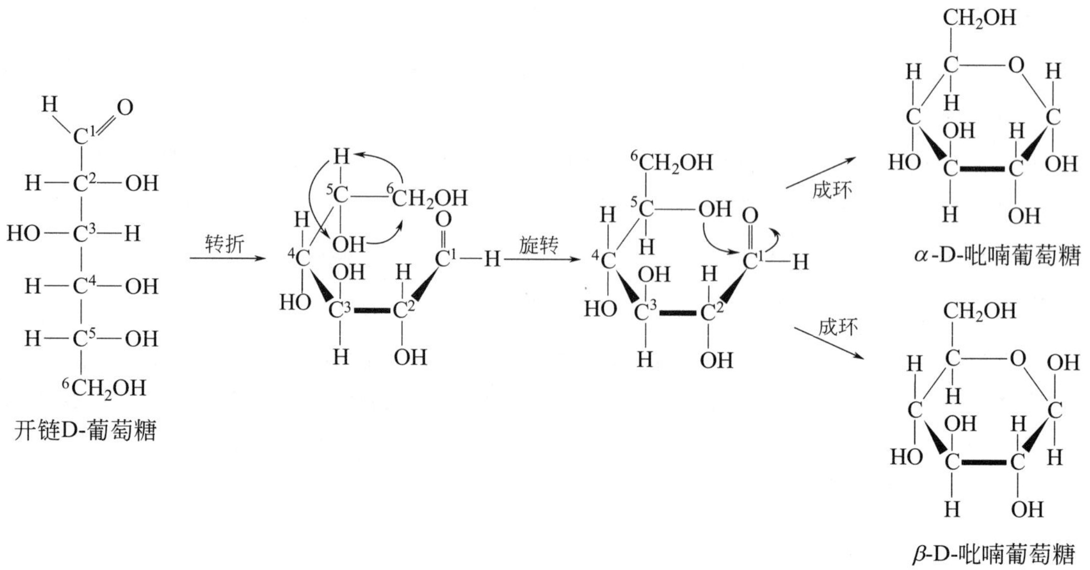

在链式结构表示法中，异头碳的羟基与最末的手性碳原子的羟基具有相同取向的异构体称 α 异头物，具有相反取向的称 β 异头物。

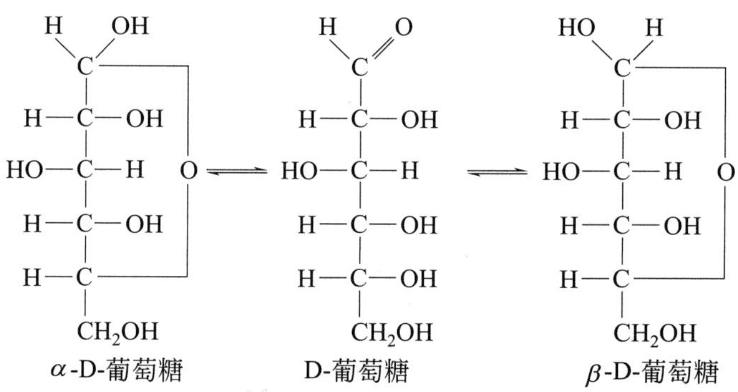

在单糖的环状结构表示法中，在标准定位（即含氧环上的碳原子按顺时针序数排列）的 Haworth 式中羟甲基在环平面上方的为 D-型糖，在环平面下方的为 L-型糖；不论是 D-型糖还是 L-型糖中，异头碳羟基与末端羟甲基是反式的为 α 异头物，顺式的为 β 异头物（图 3-4）。

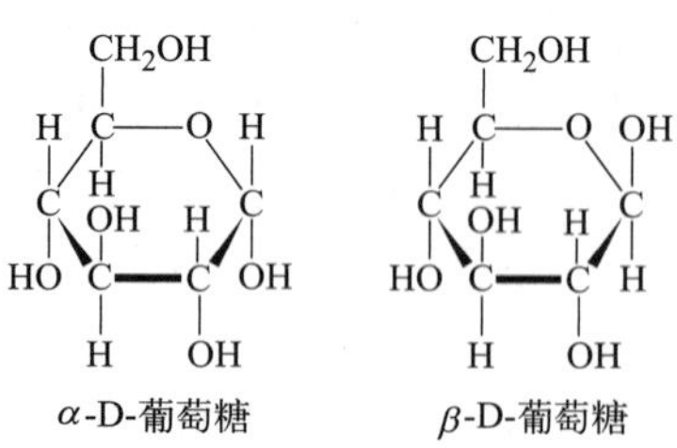

图 3-4　D-葡萄糖的两个异头物

标示异头碳的构型时，必须同时指出糖的构型（D-系或 L-系）。异头物在水溶液中通过直链（开链）形式可以互变（差向异构化），经一定时间后达到平衡，这就是产生变旋现象的原因。应该指出，α 异头物和 β 异头物不是对映体，平衡时两种成分不是一半一半。例如，D-葡萄糖，平衡后 α-D-葡萄糖约占 36%，β-D-葡萄糖占 64%，含游离醛基的开链葡萄糖不到 0.024%。

2. 吡喃糖和呋喃糖

开链的单糖形成环状半缩醛时，最容易出现五元环和六元环的结构。例如 D-葡萄糖 C5 上的羟基与 C1 的醛基加成生成六元环的吡喃葡萄糖，D-果糖 C5 上的羟基与 C2 上的酮基加成形成五元环的呋喃果糖。D-葡萄糖主要以吡喃糖存在，呋喃糖次之，其中吡喃型比呋喃型稳定；D-果糖也以这两种形式存在（图 3-5）。

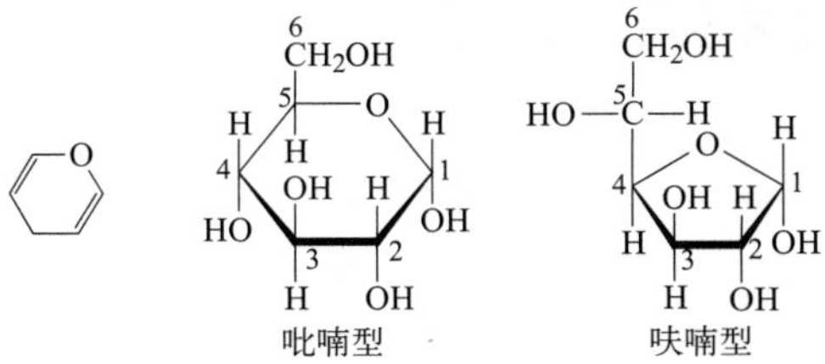

(a) 吡喃型和呋喃型的D-葡萄糖

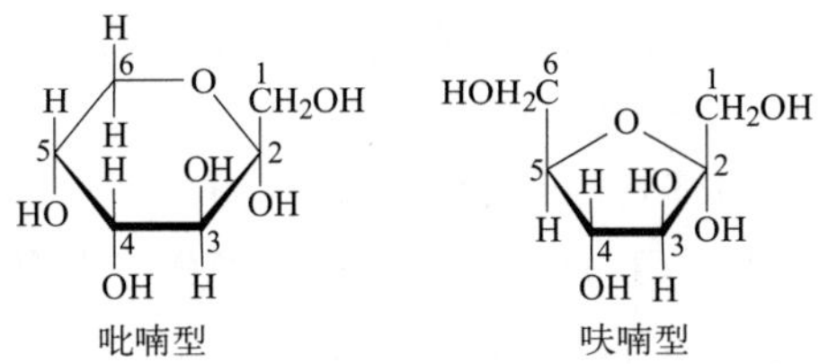

(b) 吡喃型和呋喃型的D-果糖

图 3-5　吡喃型和呋喃型的 D-葡萄糖与 D-果糖

四、单糖的构象

按 Haworth 式结构，葡萄糖的成环元素都在一个平面上。实际上并非如此，而是整个环的平面发生折叠形成近似椅形的构象。这是绕单键旋转引起的组成原子的不同排列导致的，这样的结构称为构象。一种特定的构象称构象体或构象异构体，常采用锯架式或纽曼投影式来表示。不像旋光异构体，不同的构象体通常不能分离出来，它们之间的互变太快。

构象分析表明环己烷环是一种无张力环，它的环不是平面结构，而是扭折成释放了全部角张力的三维构象，有椅式和船式两种构象（图 3-6）。

吡喃糖与环己烷在结构上有很多相似之处，因此环己烷的构象分析很多适用于吡喃糖。D-吡喃葡萄糖可以有两种椅式构象（图 3-7）和 6 种船式构象。椅式 D-葡萄糖远比船式 D 葡萄糖稳定。D-吡喃葡萄糖的两种椅式构象可能经过船式进行互相转换，这种互换常称为环转向。在葡萄糖分子的椅式构象中，醇羟基都在平伏键上，氢原子在直立键上。α-半缩醛羟基在直立键上，β-半缩醛羟基则在平伏键上。平伏键伸向分子外侧，热力学上稳定。所以，在水溶液中，β-D-葡萄糖所占比例最大。

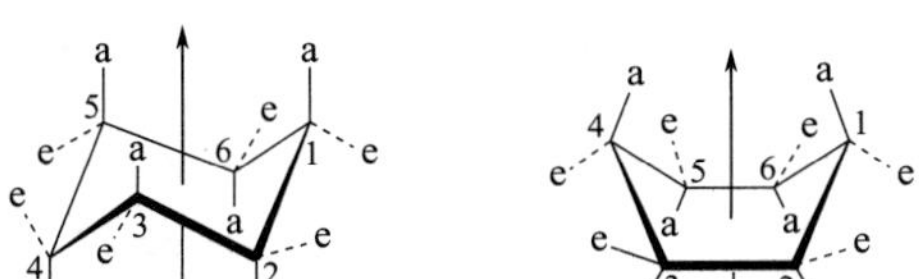

(a) 椅式构象　(b) 船式构象

图 3-6　环己烷的椅式和船式构象（锯架结构式）

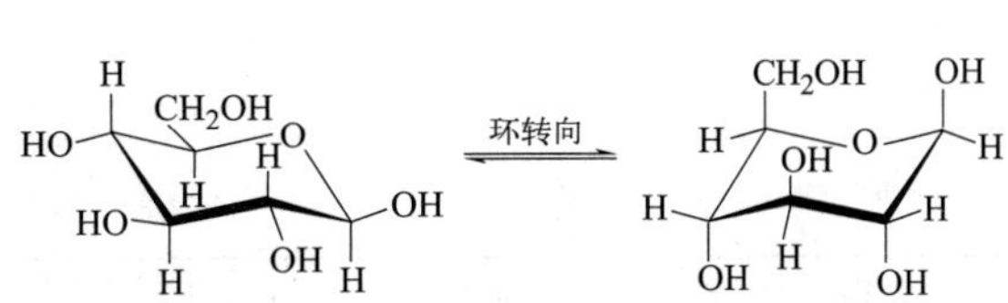

(a) 椅式构象(一)　(b) 椅式构象(二)

图 3-7　D-吡喃葡萄糖的两种椅式构象

第三节　单糖的性质

一、单糖的物理性质

1. 溶解度

单糖分子有多个羟基，除甘油醛微溶于水，其他单糖均易溶于水。特别是在热水中溶解度极大。单糖微溶于乙醇，不溶于乙醚、丙酮等非极性有机溶剂。

2. 甜度

各种糖的甜度不同，通常用感官品评的方法以蔗糖的甜度为100作参考，果糖几乎是蔗糖的2倍，其他天然糖的甜度均小于蔗糖。某些糖、糖醇及其他增甜剂的相对甜度见表3-1。

表3-1　某些糖、糖醇及其他增甜剂的相对甜度

名　称	甜　度	名　称	甜　度
乳糖	16	蔗糖	100
半乳糖	30	木糖醇	125
麦芽糖	35	转化糖	150
山梨糖	40	果糖	175
木糖	45	天冬苯丙二肽	15000
甘露糖	50	应乐果甜蛋白	20000
葡萄糖	70	蛇菊苷	30000
麦芽糖醇	90	糖精	50000

3. 旋光度

单糖分子中都有不对称碳原子，因此几乎所有的单糖及其衍生物的溶液都有旋光性，许多单糖在水溶液中发生变旋现象。在一定条件下，测定一定浓度糖溶液的旋光度，可以计算其比旋度。一些重要单糖的熔点和比旋度见表3-2。

表3-2　一些重要单糖的熔点和比旋度

名称	熔点/℃	$[\alpha]_D^{20}(H_2O)$	名称	熔点/℃	$[\alpha]_D^{20}(H_2O)$
D-甘油醛		+9.4°	β-D-吡喃葡萄糖	148～150	+18.7°～+52.6°
D-赤藓糖		−9.3°	α-D-吡喃甘露糖	133	+29.3°～+14.5°
D-赤藓酮糖		−11°	β-D-吡喃甘露糖	132	−17°～+14.5°
D-核糖	88～92	−19.7°	α-D-吡喃半乳糖	167	+150°～+80.2°
D-2-脱氧核糖	89～90	−59°	β-D-吡喃半乳糖	143～145	+52.8°～+80.2°
D-核酮糖		−16.3°	L-山梨糖	171～173	−43.1°
D-木糖		+18.8°	L-岩藻糖	150～153	−75°
D-木酮糖		−26°	L-鼠李糖	94($1H_2O$)	+8.2°
L-阿拉伯糖	160～163	+104.5°	D-景天庚酮糖	101(H_2O)	+2.5°
α-D-吡喃葡萄糖	146(无水) 83($1H_2O$)	+112.2°～+52.6°	D-甘露庚酮糖	151～152	+29.7°

注：除异头物外均指互变异构体平衡时的比旋度，异头物的比旋度列出起始值～平衡值。

二、单糖的化学性质

由于单糖分子的开链结构是多羟基醛或多羟基酮，因此具有醇和醛或酮的化学性质。具有环状结构的单糖，不仅表现环状结构的化学性质，同时也表现开链结构的化学性质。因为在水

溶液中参加反应时，一般是以开链结构进行的，环状结构可转化为开链结构，直至反应平衡。

1. 在弱碱作用下的异构反应

单糖对稀酸相当稳定，但在碱性溶液中能发生多种反应，产生不同的产物。异构化是其中的一种。单糖的异构化是室温下碱催化的烯醇化作用的结果（酮-烯醇互变异构）。例如D-葡萄糖在氢氧化钡溶液中放置数天，从形成的混合液中可分离出 63.5%D-葡萄糖、21%D-果糖、2.5%D-甘露糖以及 10%不能发酵的酮糖和 3%其他物质（图 3-8）。在强碱溶液中，单糖发生降解以及分子内的氧化和还原反应。

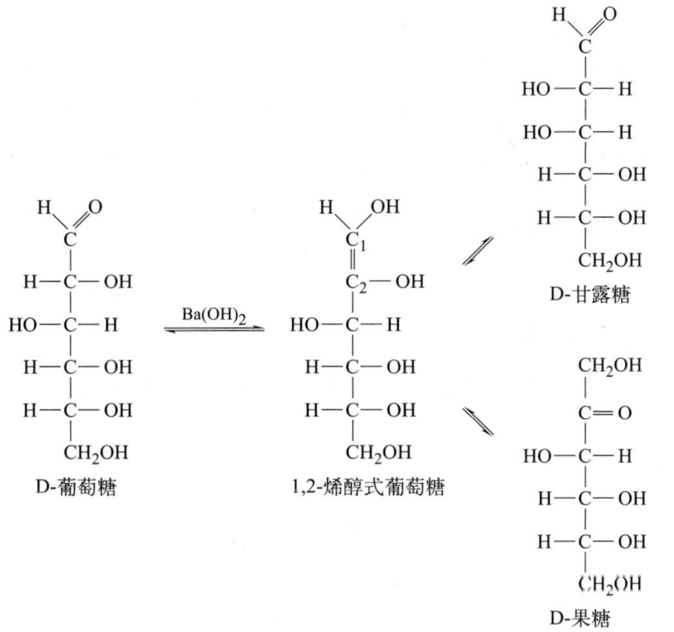

图 3-8　单糖在碱催化下酮-烯醇互变异构

2. 氧化反应

醛糖的醛基具有还原性。酮糖的酮基由于受相邻羟基的影响，也具有还原性。环状结构的半缩醛羟基具有与醛基或酮基等同的还原性。能使氧化剂还原的糖称为还原糖，所有的醛糖都是还原糖；许多酮糖也是还原糖，例如果糖。它们易被氧化成酸。

以葡萄糖为例，因反应条件不同，可有三种方式氧化，生成不同的酸。

① 在弱氧化剂（如溴水）作用下，醛基被氧化生成葡萄糖酸。

碱性溶液中重金属离子（Cu^{2+}、Ag^{+}、Hg^{2+}或 Bi^{3+}等），如 Fehling 试剂（酒石酸钾钠、氢氧化钠和硫酸铜）或 Benedict 试剂（柠檬酸、碳酸钠和硫酸铜）中的 Cu^{2+}是一种弱氧化剂，能使醛糖的醛基氧化成羧基，产物称醛糖酸。Fehling 试剂或 Benedict 试剂常用于检测还原糖。反应如下：

$$\underset{\text{醛糖}}{\mathrm{CHO{-}(CHOH)_n{-}CH_2OH}} + \underset{\text{(蓝色)}}{2Cu^{2+}} + 4OH^- \longrightarrow \underset{\text{醛糖酸}}{\mathrm{COOH{-}(CHOH)_n{-}CH_2OH}} + 2CuOH + H_2O$$

$$\underset{\text{(不稳定)}}{2CuOH} \longrightarrow \underset{\text{(黄色或红色)}}{Cu_2O\downarrow} + H_2O$$

Fehling 反应和 Benedict 反应虽然被用作还原糖的检验，但不能给出定量的醛糖酸产物，因为所用的碱性条件会引起糖碳架的断裂和分解。但缓冲的溴水溶液（pH6）能很好地氧化醛糖成为一羧酸——醛糖酸。此反应是醛糖专一的，酮糖则不能被溴氧化。据此，可鉴别酮糖与醛糖。

② 在较强氧化剂（如稀硝酸）作用下，醛基和伯醇基同时被氧化，生成葡萄糖二酸。如 β-D-葡萄糖被氧化成 D-葡萄糖二酸：

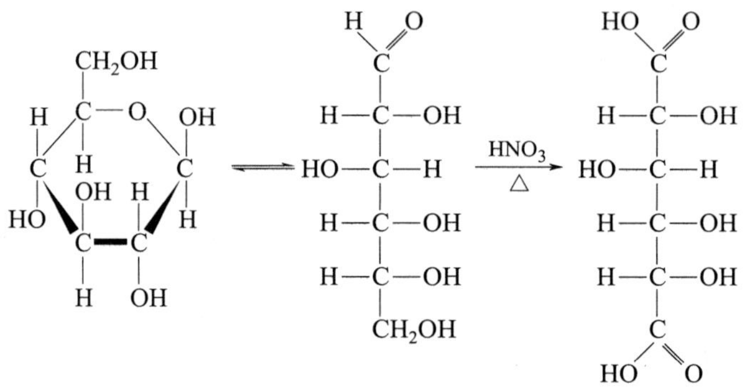

β-D-吡喃葡萄糖　　开链葡萄糖　　D-葡萄糖二酸

③ 生物体内，某些醛糖在特定的脱氢酶作用下其伯醇基被氧化，而保留醛基，生成葡糖醛酸。

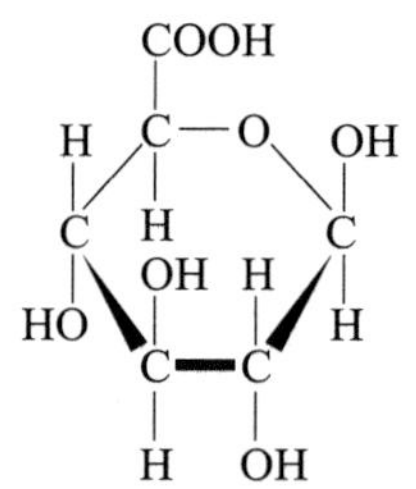

β-D-葡萄糖醛酸

3. 还原反应

单糖的羰基在适当的还原条件下，例如用硼氢化钠处理醛糖或酮糖，则被还原成多元醇，称糖醇。如 D-葡萄糖还原生成 D-葡萄醇，常称山梨醇。反应式如下：

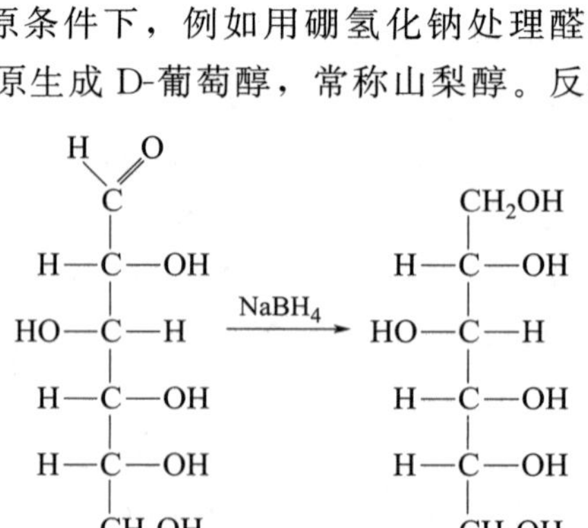

D-葡萄糖　　D-葡萄醇

酮糖被还原时产生一对差向异构体的糖醇，例如 D-果糖还原成 D-葡萄醇和 D-甘露醇，L-山梨糖还原成山梨醇和 L-艾杜糖醇。

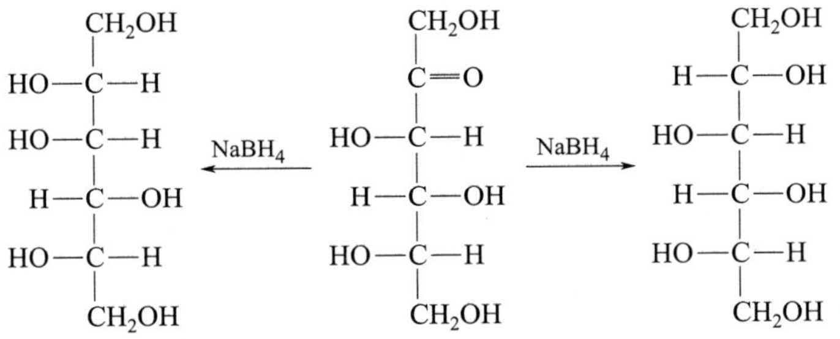

山梨醇　　　　L-山梨糖　　　　L-艾杜糖醇

4. 成酯反应

单糖的所有醇羟基及半缩醛羟基都可与酸成酯。生物体内常见的糖酯有磷酸酯和硫酸酯。糖的磷酸酯是糖分子进入代谢反应的活化形式，如1-磷酸葡萄糖、1,6-二磷酸果糖等，它们都是重要的代谢中间物。

5. 糖的成苷作用

单糖分子的半缩醛羟基易与醇或酚的羟基脱水缩合，生成缩醛。这类缩醛化合物在糖化学中称之为糖苷。糖苷分子中的非糖部分叫作苷元，提供半缩醛羟基的糖部分称糖基，糖基与苷元两者之间的连接键称糖苷键。糖苷的名称叫作××（苷元名称）基××糖苷。如甲醇与葡萄糖生成的糖苷，叫作甲基葡萄糖苷。糖苷键可以是通过氧、氮（或硫原子）起连接作用，也可以是碳碳直接相连，它们的糖苷分别简称为 *O*-苷、*N*-苷、*S*-苷或 *C*-苷，自然界中最常见的是 *O* 苷，其次是 *N* 苷（如核苷）。糖苷配基——苷元也可以是糖，这样缩合成的糖苷，即为寡糖（包括双糖）和多糖。

环状单糖的半缩醛羟基有 α-型与 β-型之分，生成的糖苷也有 α-型与 β-型之分。α-型半缩醛羟基所形成的糖苷键，叫作 α-糖苷键。β-型半缩醛羟基所形成的糖苷键，叫作 β-糖苷键。寡糖或多糖都是通过各种 α-或 β-氧桥糖苷键连接而成的糖链。

6. 单糖的强酸脱水作用

单糖在强酸作用下，受热脱水生成糠醛或糠醛衍生物。例如戊糖与强酸共热脱水生成糠醛；己糖则生成羟甲基糠醛，然后分解成乙酰丙酸、甲酸和暗色的不溶缩合物。

D-木糖的脱水：

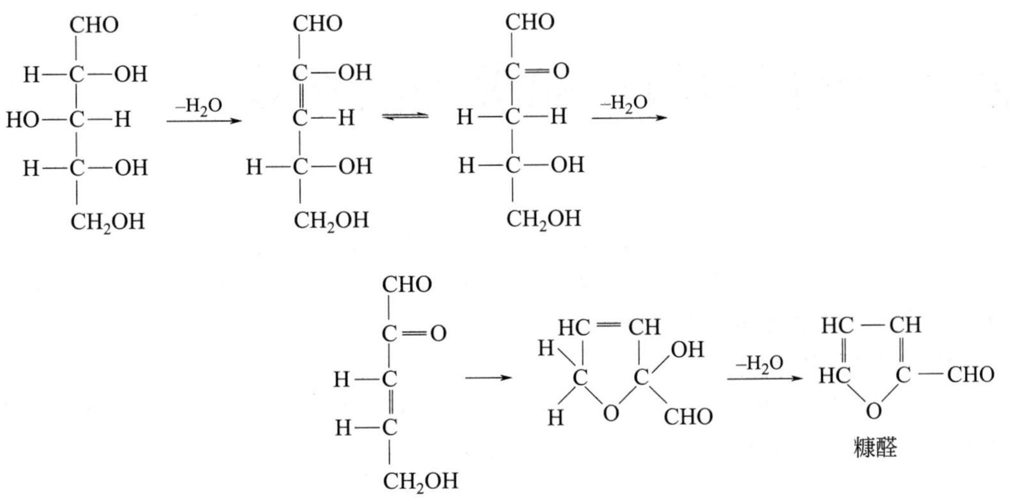

己糖的脱水：

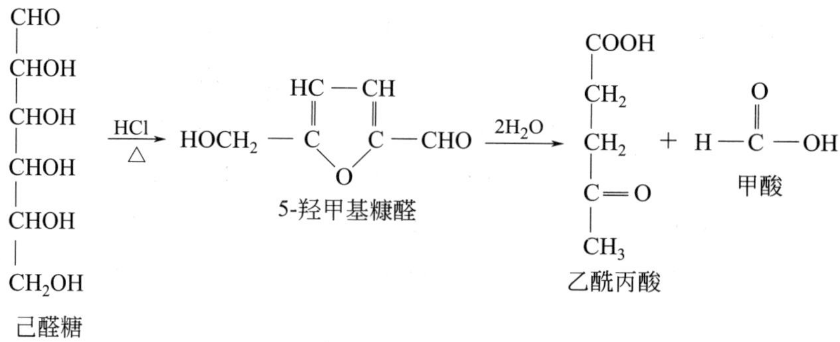

糠醛或羟甲基糠醛能与某些酚类作用生成有颜色的化合物，利用这一性质，可进行糖的定性、定量测定。糖类物质脱水并与蒽酮缩合生成蓝绿色复合物，称为蒽酮反应，常用于总糖量的测定。糠醛是多种化工合成所需的原料，可用于合成树脂（塑料）、药物、染料和溶剂，其水溶液可用于抑制小麦黑穗病。

7. 成脎反应

常温下，糖与一分子苯肼缩合生成苯腙，在过量的苯肼试剂中，加热则与三分子苯肼作用，生成含有两个苯腙基的衍生物，称为糖的苯脎或脎，即糖脎。成脎反应的总方程式为：

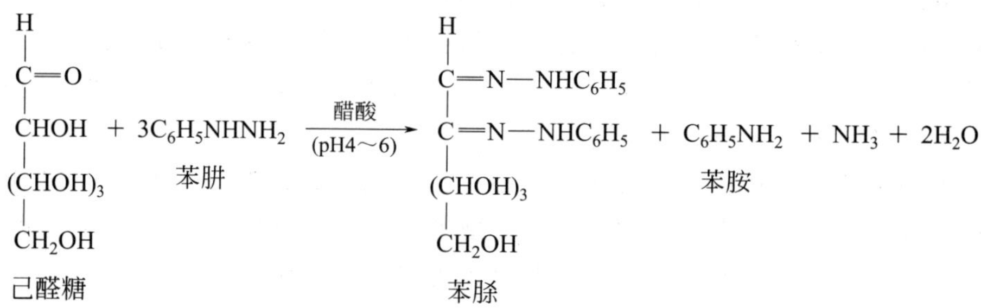

糖脎相当稳定，且不溶于水，从热水溶液中以黄色晶体析出。不同还原糖生成的脎，晶形与熔点各不相同，例如葡萄糖脎是黄色细针状，麦芽糖脎是长薄片形。因此成脎反应可用来鉴别多种还原糖。

第四节 重要的单糖和单糖衍生物

自然界中存在的单糖及其衍生物有数百多种，其中多数是作为聚糖（glycan）的单糖单位（构件分子）存在，水解聚糖可以得到相应的单糖或其衍生物，少数以游离状态存在。某些生物学上重要的单糖及其衍生物如下。

1. 常见的丙糖和丁糖

常见的丙糖有 D-甘油醛和二羟基丙酮。常见的丁糖有 D-赤藓糖和 D-赤藓酮糖。以上几种丙糖和丁糖的磷酸酯是糖代谢中重要的中间产物。

2. 自然界中存在的戊糖

戊醛糖主要有 D-核糖、D-2-脱氧核糖、D-木糖和 L-阿拉伯糖。

D-核糖和 D-2-脱氧核糖是核苷酸的组成成分，以 β-呋喃型结构存在于天然化合物中。L-阿拉伯糖和 D-木糖广泛分布于植物界，大都以多聚戊糖形式存在，是植物黏质、树胶、果胶质及半纤维素的组成成分。它们的分子结构如下：

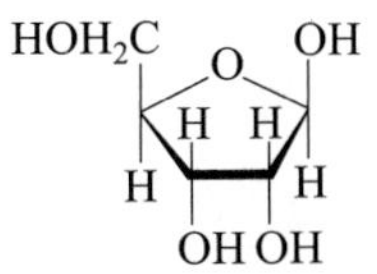
β-D-呋喃核糖

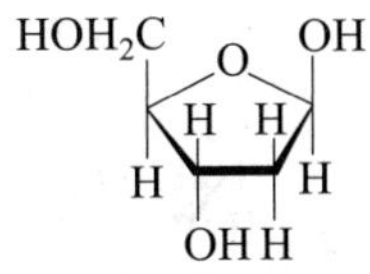
2-脱氧-β-D-呋喃核糖

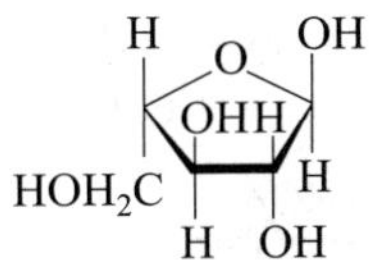
α-L-呋喃阿拉伯糖

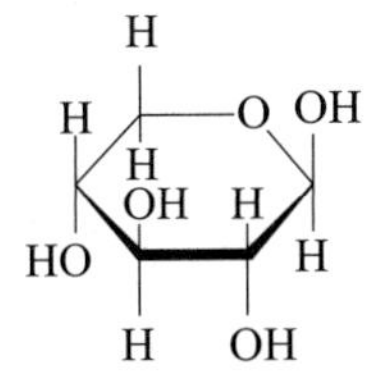
β-D-吡喃木糖

戊酮糖主要有 D-核酮糖和 D-木酮糖，均是糖代谢的中间产物。它们的分子结构如下：

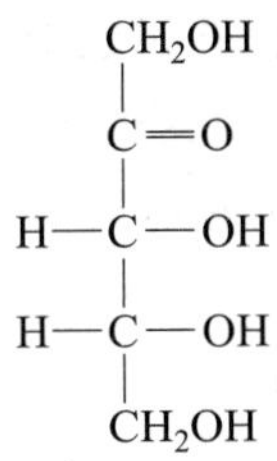
D-核酮糖

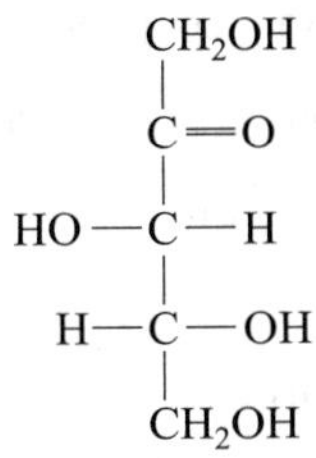
D-木酮糖

3. 自然界中存在的己糖

己醛糖有 D-葡萄糖、D-半乳糖和 D-甘露糖。重要的己酮糖有 D-果糖和 D-山梨糖。它们的分子结构如下：

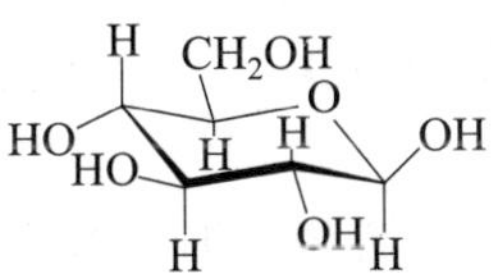
β-D-吡喃葡萄糖

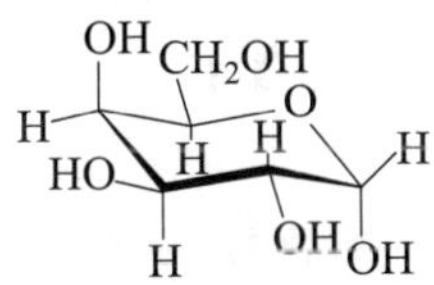
α-D-吡喃半乳糖

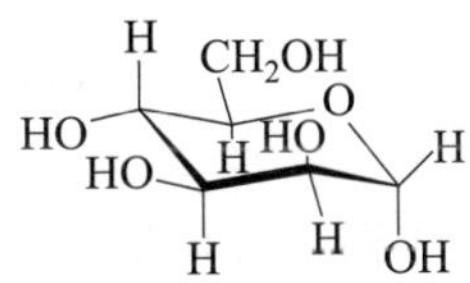
α-D-吡喃甘露糖

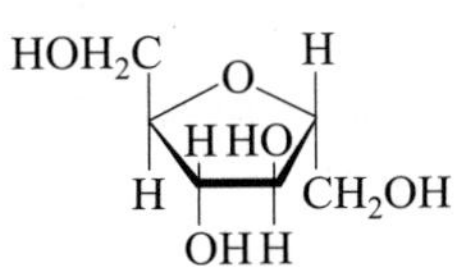
β-D-呋喃果糖

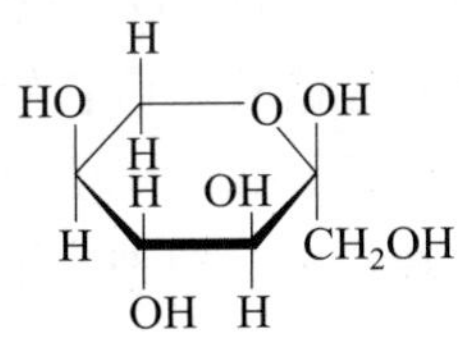
α-L-吡喃山梨糖

D-葡萄糖广泛分布于各种植物体中，是多种多糖的组成成分。D-半乳糖是乳糖、蜜二糖、棉籽糖、琼脂及半纤维素的组成成分。甘露糖是植物黏质及半纤维素的组成成分。果糖是糖类中甜度最大的糖，分布很广，与葡萄糖结合成蔗糖，在甘蔗和甜菜中含量最为丰富。D-山梨糖是生物合成抗坏血酸的前体物质。

4. 磷酸化单糖

磷酸化单糖广泛存在于各种细胞中，它们是很多代谢途径（糖酵解途径、戊糖磷酸途径和光合作用）中的主要参加者。生物学中最重要的几个磷酸化单糖的结构式如下：

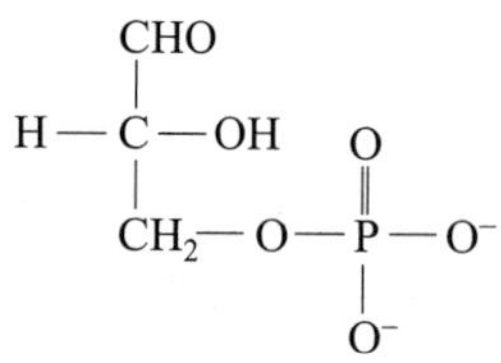

D-甘油醛-3-磷酸

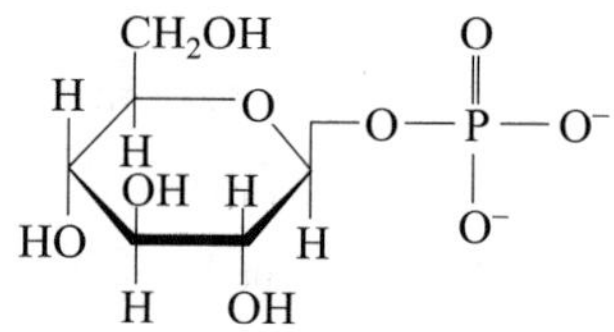

β-D-葡萄糖-1-磷酸

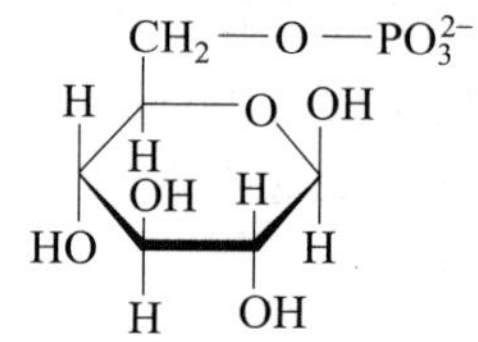

β-D-葡萄糖-6-磷酸

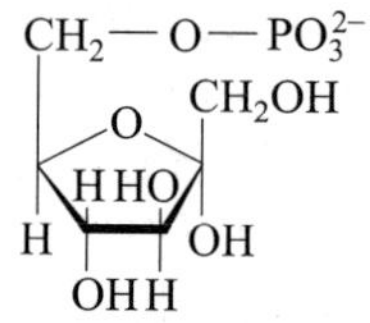

α-D-果糖-6-磷酸

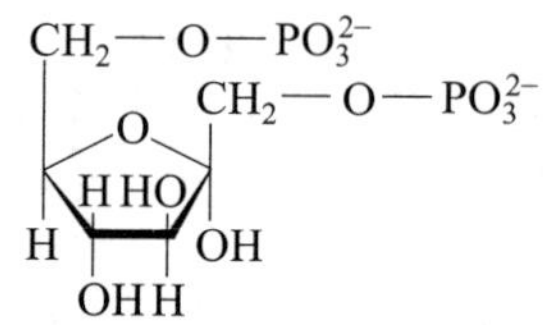

α-D-果糖-1, 6-二磷酸

5. 糖醇

单糖的羰基被还原则生成糖醇，自然界广泛存在的己糖醇有山梨醇（D-葡萄醇）、D-甘露醇、半乳糖醇和与之有关的一种环醇（即肌醇）；其他糖醇有丙三醇（甘油）、赤藓糖醇、木糖醇和核糖醇。糖醇是生物体的代谢产物，不少糖醇也是工业产品，并用于制药和食品工业。几种糖醇的结构式如下：

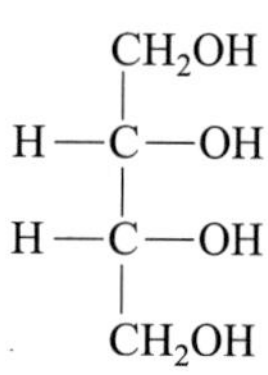

赤藓糖醇

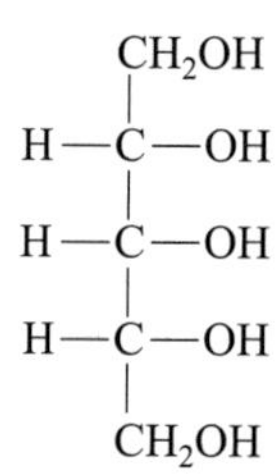

核糖醇

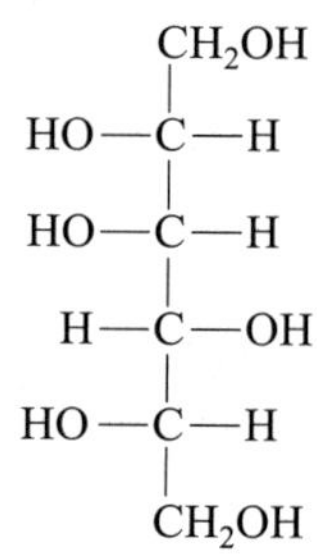

山梨醇

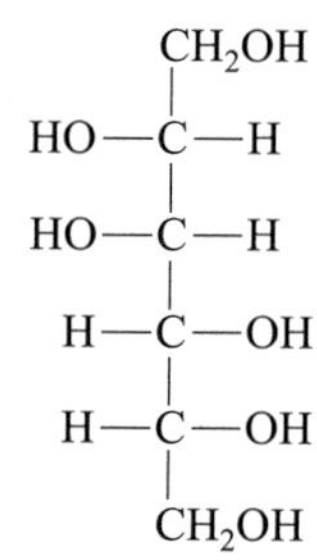

D-甘露醇

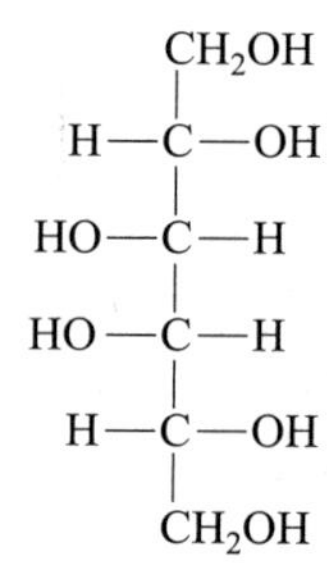

半乳糖醇

6. 糖酸

依氧化条件不同，醛糖被氧化成 3 类糖酸（糖羧酸）：醛糖酸、糖二酸和糖醛酸。醛糖酸和糖醛酸都可形成稳定的分子内的酯，称内酯。糖二酸在自然界极少见，植物界广泛存在的 L-(＋)-酒石酸可看成是 D-苏糖的糖二酸。

生物体内不存在游离的醛糖酸，但它们的某些衍生物，如 3-磷酸甘油酸是很多糖代谢途径的中间物。葡萄糖酸能与钙、铁等离子形成可溶性盐，葡萄糖酸钙常用于治疗缺钙症和过敏性疾病。D-葡萄糖酸及其 δ 和 γ 两种内酯的结构如下：

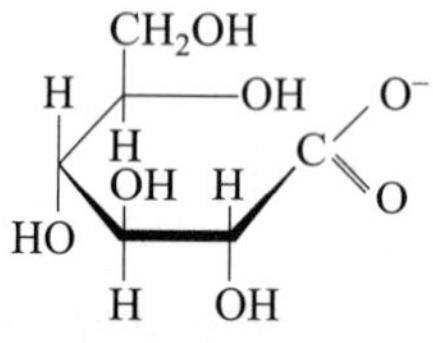

D-葡萄糖酸(开链式)

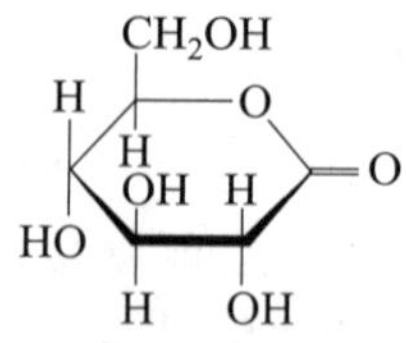

D-葡萄糖酸-δ-内酯

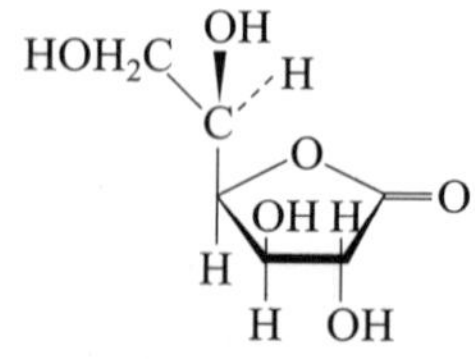

D-葡萄糖酸-γ-内酯

常见的糖醛酸有 D-葡糖醛酸、D-半乳糖醛酸和甘露糖醛酸。它们是很多杂多糖的构件分子或组成成分。D-葡糖醛酸还是糖醛酸途径中的重要中间物，D-葡糖醛酸及其内酯的结构如下：

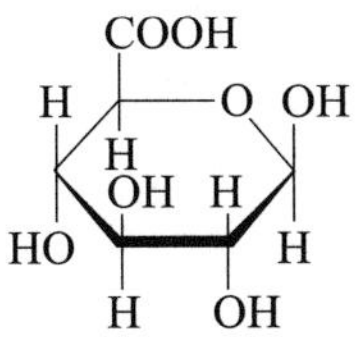

β-D-葡糖醛酸

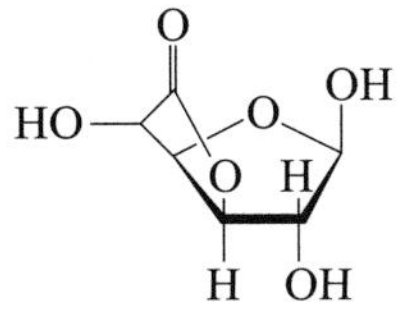

β-D-葡糖醛酸-3,6-内酯

7. 脱氧糖

脱氧糖是指分子的一个或多个羟基被氢原子取代的单糖。它们广泛分布在植物、细菌和动物中。重要的脱氧戊糖是 2-脱氧核糖，最常见的脱氧己糖为 L-鼠李糖、L-岩藻糖。几种脱氧己糖的结构式如下：

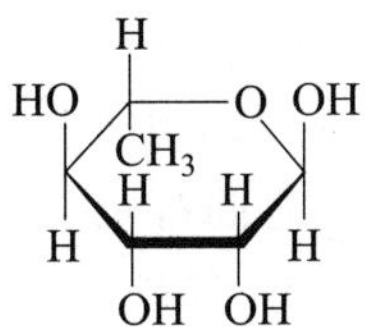

α-L-鼠李糖(6-脱氧-L-甘露糖)

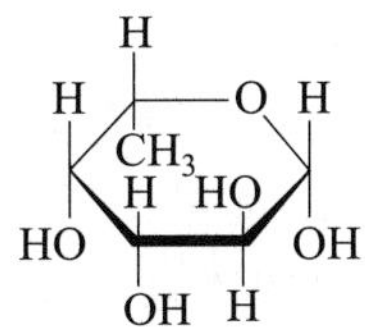

β-L-岩藻糖(6-脱氧-L-半乳糖)

8. 氨基糖

氨基糖是分子中一个羟基被氨基取代的单糖，自然界中最常见的是 C2 上的羟基被取代的 2-脱氧氨基糖。氨基糖的氨基有游离的，但多数是以乙酰氨基的形式存在。具有代表性的氨基糖及其衍生物是葡糖胺、*N*-乙酰葡糖胺、半乳糖胺、*N*-乙酰半乳糖胺，其结构式如下：

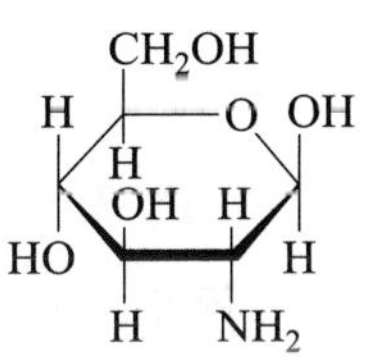

β-D-葡糖胺

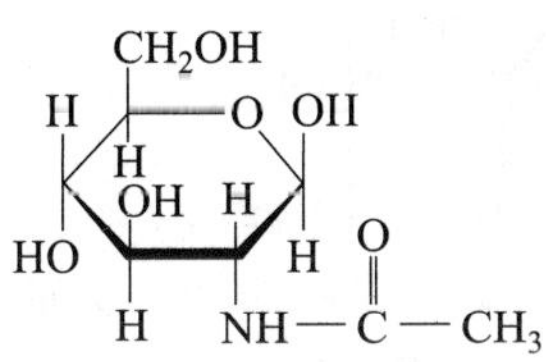

β-D-*N*-乙酰葡糖胺

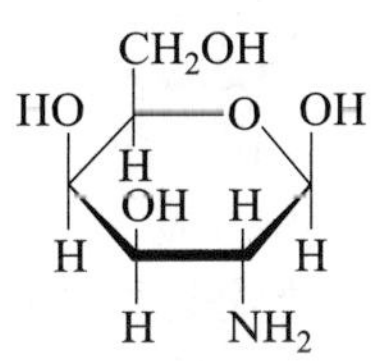

β-D-半乳糖胺

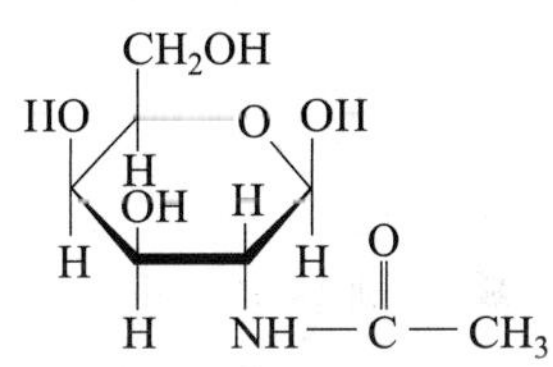

β-D-*N*-乙酰半乳糖胺

为方便书写复杂寡糖和多糖的结构，将使用缩写符号来代表构件单糖及其衍生物。一些最重要的单糖及其衍生物的缩写列于表 3-3。

表 3-3　某些常见单糖及其衍生物的缩写

单　糖	缩　写	单糖衍生物	缩　写
阿拉伯糖	Ara	葡萄糖酸	GlcA
果糖	Fru	葡糖醛酸	GlcUA
岩藻糖	Fuc	半乳糖胺	GalN
半乳糖	Gal	葡糖胺	GlcN
葡萄糖	Glc	*N*-乙酰半乳糖胺	GalNAc
来苏糖	Lyx	*N*-乙酰葡糖胺	GlcNAc
甘露糖	Man	胞壁酸	Mur
鼠李糖	Rha	*N*-乙酰胞壁酸	MurNAc
核糖	Rib	*N*-乙酰神经酰胺	NeuNAc
木糖	Xyl		

第五节　寡糖

寡糖是由 2～20 个单糖通过糖苷键连接而成的糖类物质。有人把寡糖分成初生寡糖和次生寡糖两类。初生寡糖在生物体内有相当的量，游离存在，如蔗糖、乳糖、海藻糖、棉籽糖等。次生寡糖的结构相当复杂，是高级寡糖，它们的功能主要是作为结构成分。

一、常见的二糖

二糖（双糖）是最简单的寡糖。二糖是由两个环状单糖分子以 α-或 β-糖苷键结合而成的。自然界中游离存在的重要二糖有蔗糖、麦芽糖和乳糖等。由两个葡萄糖分子构成的葡二糖有 11 个异构体（未包括游离异头碳的 α-型和 β-型），它们都已在自然界中找到。由两个不同的单糖构成的二糖，异构体就更多。已知的双糖有 140 多种。

1. 蔗糖

蔗糖俗称食糖，是由一分子 α-D-葡萄糖和一分子 β-D-呋喃果糖通过 α，β-1，2-糖苷键结合而成的。葡萄糖和果糖互为苷元。因此，蔗糖分子可以视为 α-D-葡萄糖苷，也可以视为 β-D-果糖苷，结构式如下：

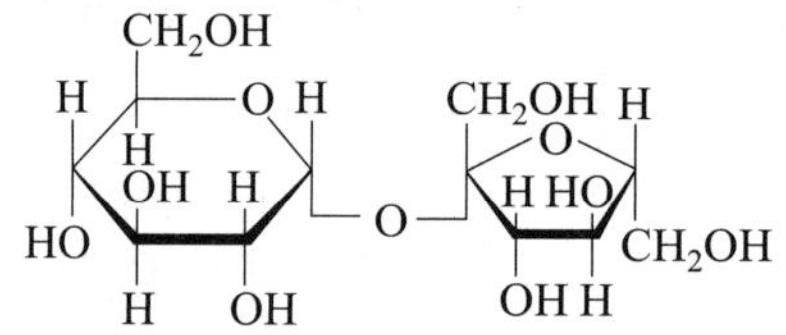

O-α-D-吡喃葡萄糖基-(1⟷2)-β-D-呋喃糖苷

蔗糖分子中葡萄糖残基和果糖残基是通过两个异头碳连接的。因此，蔗糖无还原性，不能成脎，也无变旋现象，具有右旋光性质。但是，蔗糖水解过程中比旋度由正值变为负值，水解液表现为左旋，旋光度的这一变化称转化，故称蔗糖水解产物（葡萄糖和果糖的等物质的量混合物）为转化糖。

蔗糖易结晶，易溶于水，较难溶于乙醇，熔点为 186℃。蔗糖加热到 200℃左右，则变成棕褐色的焦糖，它是一种无定形多孔性的固体物，有苦味，食品工业中用作酱油、饮料、糖果和面包等的着色剂。

蔗糖甜度大，是传统的食品甜味剂。植物界分布广泛，甘蔗、甜菜、胡萝卜以及有甜味的水果如香蕉、柑橘、苹果、菠萝等，都含有丰富的蔗糖。其中，甘蔗含量达 26%，甜菜含量达 20%，是主要的蔗糖生产原料。

2. 乳糖

乳糖由一分子 α-D-葡萄糖和一分子 β-半乳糖以 β-1，4-糖苷键缩合而成。结构式如下：

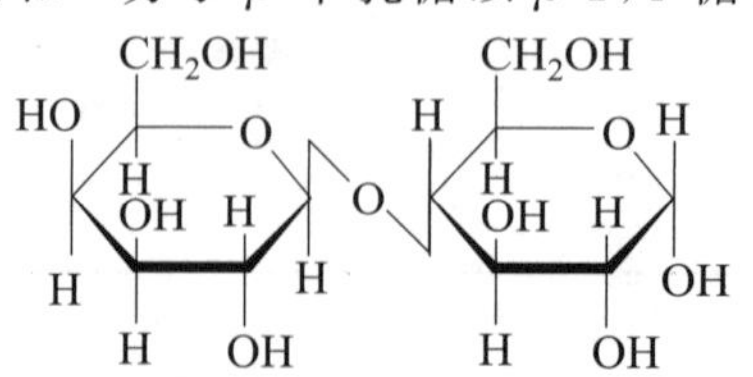

O-β-D-吡喃半乳糖基-(1→4)-α-D-吡喃葡萄糖

乳糖不易溶于水，甜度低，其分子中有游离半缩醛羟基存在，故为还原性二糖。具右旋光性，酵母不能发酵乳糖。乳糖是乳汁中的主要糖分，牛奶含 4%，人奶含 5%～7%，是婴幼儿食物中的唯一糖分。消化道内的 β-D-半乳糖苷酶将其水解为两分子单糖后，被吸收利用。缺少半乳糖苷酶的人不能分解乳糖，若过量食用乳品则消化不良。

3. 麦芽糖

麦芽糖由两分子 α-D-葡萄糖分子以 α-1,4-糖苷键缩合而成。结构式如下：

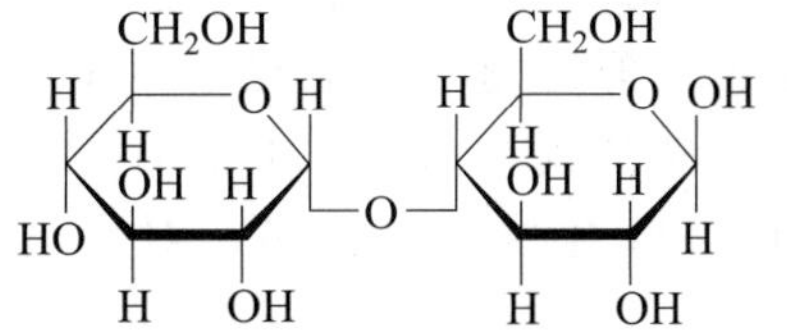

O-α-D-吡喃葡萄糖基-(1⟶4)-β-D-吡喃葡萄糖

麦芽糖主要作为淀粉和其他葡聚糖的酶促降解产物（次生寡糖）存在，但已证实在植物中有较少的从头合成的游离麦芽糖（初生寡糖）库。麦芽糖是饴糖的主要成分。

麦芽糖易溶于水，右旋光性。分子中有游离半缩醛羟基存在，属还原性二糖。易被酵母发酵。麦芽糖大量存在于发芽谷粒中，特别是麦芽中，是籽粒中淀粉被酶促水解的产物。工业上，通过酶促水解淀粉大量生产麦芽糖。

4. 纤维二糖

纤维二糖属次生寡糖，是纤维素的二糖结构单位。纤维二糖与麦芽糖的结构几乎相同，均为葡二糖，单糖单位间都是 1,4-糖苷键连接。不同的只是糖苷键的构型，纤维二糖是β-1,4-糖苷键，麦芽糖是 α-1,4-糖苷键。纤维二糖（β-型）结构式如下：

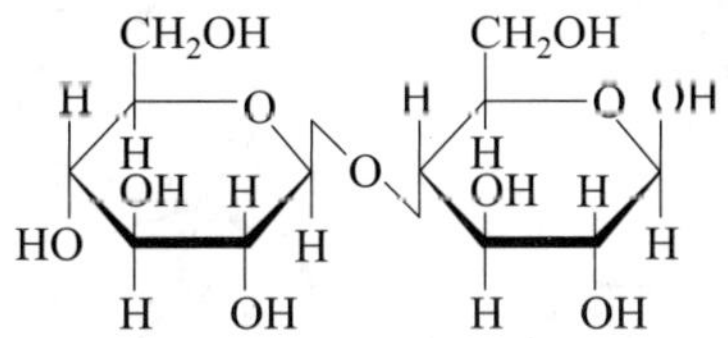

O-β-D-吡喃葡萄糖基-(1⟶4)-β-D-吡喃葡萄糖

纤维二糖不被人体消化（因缺乏 β-葡萄糖苷酶），也不被酵母发酵。

二、常见的三糖

常见的三糖有棉籽糖、龙胆三糖和松三糖等。其中棉籽糖在棉籽、桉树干分泌物（甘露蜜）以及甜菜中含量较多。其分子由 α-D-半乳糖、α-D-葡萄糖及 β-D-果糖各一分子组成。棉籽糖是非还原糖，因此推定所有的异头碳都参与糖苷键的形成。分子结构如下：

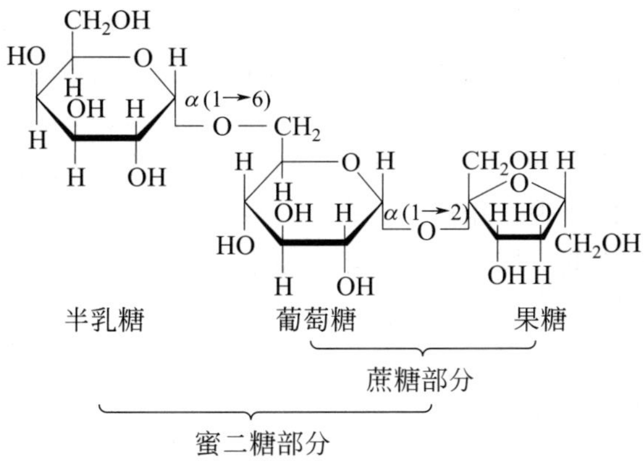

棉籽糖是所谓“棉籽糖家族”的同系物寡糖的基础，棉籽糖家族在植物体内是从头合成的，并以游离状态存在。用甜菜制糖的废糖蜜中含有大量棉籽糖。棉籽糖是酵母不可发酵糖，经蔗糖酶或 α-半乳糖苷酶催化水解后，则生成可发酵性糖。α-半乳糖苷酶可提高甜菜制糖的蔗糖产率。

三、环糊精

环糊精是芽孢杆菌属的某些种中的环糊精葡糖基转移酶作用于淀粉（以直链淀粉为佳）生成。环糊精一般以 6、7 或 8 个葡萄糖单位通过 α-1,4-糖苷键连接而成，分别称 α-环糊精、β-环糊精（图 3-9）和 γ-环糊精或环六、环七和环八直链淀粉。环糊精无游离的异头羟基，属非还原糖。这些环状寡糖对酸水解较慢，对 α-淀粉酶和 β-淀粉酶有较大的抗性。

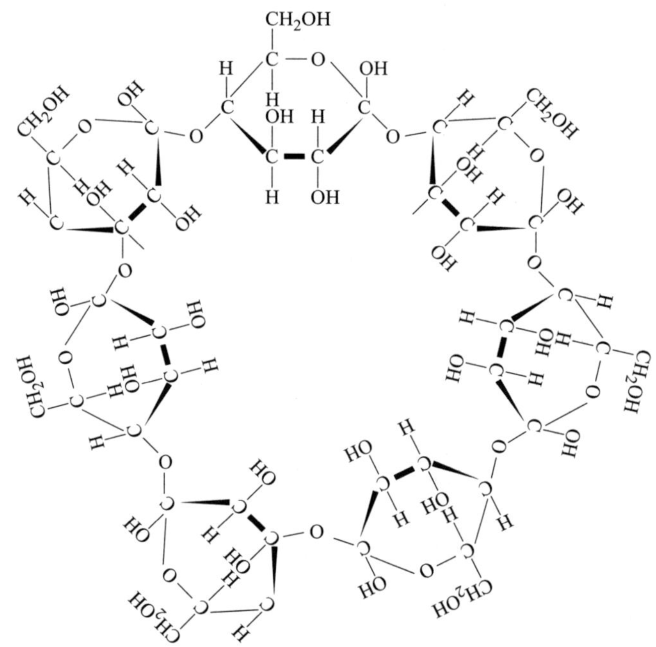

图 3-9　β-环糊精分子的结构

环糊精分子的结构像一个轮胎，所有葡萄糖残基的 C6 羟基都在大环一面的边缘，而 C2 和 C3 的羟基位于大环另一面的边缘。环糊精分子作为单体垛叠起来形成圆筒形的多聚体。环糊精分子及其多聚体，内部是疏水环境，外部是亲水的。它们既能很好地溶于水，又能从溶液中吸入疏水分子或分子的疏水部分到分子的空隙中，形成水溶性的包含配合物。通常被包含的物质对光、热和氧变得更加稳定，某些物理性质也发生改变，如溶解度和分散度增大。环糊精还能使食品的色、香、味得到保存和改善，因此在医药、食品、化妆品等工业中被广泛用作稳定剂、抗氧化剂、抗光解剂、乳化剂和增溶剂等。

第六节　多糖

多糖也称聚糖，是由很多个单糖单位构成的糖类物质，自然界中糖类主要以多糖形式存在。多糖是高分子化合物，分子量极大，从 30000 到 400000000。它们大多不溶于水，虽然酸或碱能使之转变为可溶性的，但分子会遭受降解，因此多糖的纯化是十分困难的。

多糖属于非还原糖（因为一个很大的多糖分子只有一个还原端），不呈现变旋现象，无甜味，一般不能结晶。根据生物来源的不同，有植物多糖、动物多糖和微生物多糖之分。多糖根据是由一种还是多种单糖单位组成可分为同多糖和杂多糖。还可以按多糖的生物功能分为贮存或贮能多糖和结构多糖。属于贮存多糖的有淀粉、糖原、右旋糖酐和菊粉等；纤维素、壳多糖、许多植物杂多糖、细菌杂多糖和动物杂多糖（糖胺聚糖）都属于结构多糖。还有一些多糖，如细胞表面多糖是细胞专一的识别信号，起传递信息作用，这类多糖大多与专一的糖蛋白共价结合。

一、同多糖

（一）淀粉

淀粉是植物生长期间以淀粉粒形式贮存于细胞中的贮存多糖，它在种子、块茎和块根等器官中含量特别丰富。淀粉粒为水不溶性的半晶质，在偏振光下呈双折射。淀粉粒的形状（有卵形、球形、不规则形）和大小（直径 1～175μm）因植物来源而异。

1. 淀粉的结构

根据分子结构的特点，淀粉分为直链淀粉和支链淀粉。

直链淀粉又叫胶性淀粉，是由 α-D-吡喃葡萄糖脱水缩合，通过 α-1,4-糖苷键连接而成的线形大分子，如图 3-10(a) 所示。分子的一端有游离半缩醛羟基，称为还原性末端，另一端为非还原性末端。支链淀粉中葡萄糖残基除了通过 α-1,4-糖苷键连接成的糖链之外，还有 α-1,6-糖苷键引出的分支。每个分子约有 50 个分支点，分支点间隔 8～9 个残基，支链的聚合度约为 24～30 个残基。分子结构如图 3-10(b)、(c) 所示。

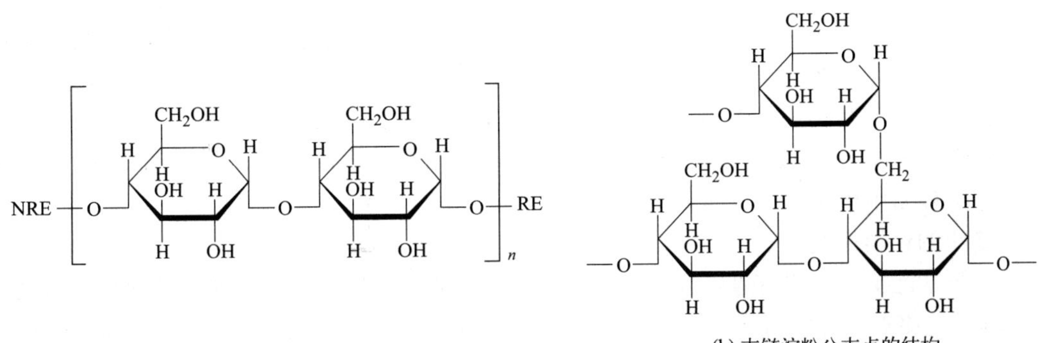

(a) 直链淀粉　　(b) 支链淀粉分支点的结构

图 3-10

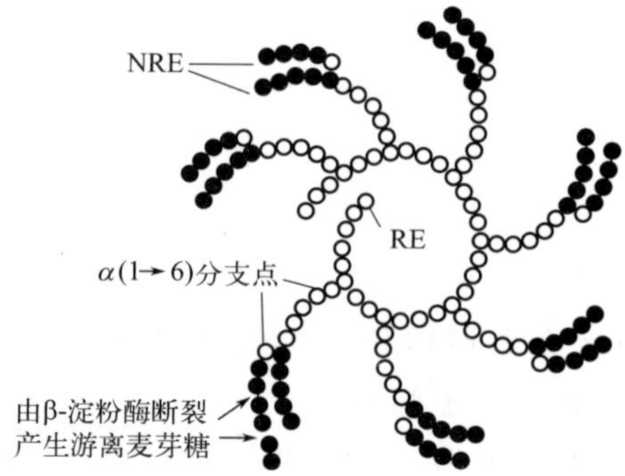

(c) 支链淀粉或糖原分子的示意图

图 3-10 淀粉分子的一级结构

RE 代表还原端，NRE 代表非还原端

直链淀粉分子在溶液中的构象呈左手螺旋。每个螺旋圈由 6 个椅式吡喃葡萄糖组成，螺旋圈的直径为 1.3nm，螺距 0.8nm。残基上的游离羟基大都处于螺旋圈内侧，如图 3-11 所示。

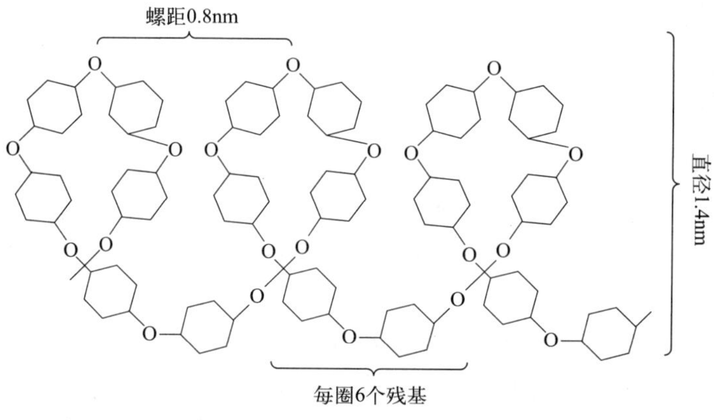

图 3-11 直链淀粉的螺旋结构

2. 淀粉的糊化和凝沉

当干淀粉悬于水中并加热时，淀粉粒吸水溶胀并发生破裂，淀粉分子进入水中形成半透明的胶悬液，同时失去晶态和双折射性质，这一过程称凝胶化或糊化。当凝胶化的淀粉液缓慢冷却并长期放置时，淀粉分子会自动聚集并借助分子间的氢键键合形成不溶性微晶束而重新沉淀，这种现象称为“凝沉”，又叫“回生”或“老化”。发生凝沉的淀粉不易再溶解，也不易被水解。欲使其再溶需加热至 140～150℃以上。因此，在淀粉水解工艺流程中，已经糊化的淀粉应避免使其发生“凝沉”。食品工业中为防止淀粉老化，可将淀粉食品速冻至－20℃，使食品中的水迅速结晶以阻碍淀粉分子聚结而沉淀。

3. 淀粉的化学性质

(1) 碘显色反应　淀粉遇碘液立即显蓝色，反应非常灵敏，常用作淀粉的定性鉴定或指示淀粉水解反应终点。在分析化学上，也常用淀粉作指示剂，指示碘量法氧化还原滴定的终点。

多糖链的螺旋构象是碘显色反应的必要条件。当碘分子落入螺旋圈内时，糖的游离羟基成为电子供体，碘分子成为电子受体，形成淀粉-碘配合物，呈现颜色。如果将显色的溶液加热至70℃以上，因为糖链螺旋构象破坏，伸展成直链，颜色随之消失；冷却后，颜色重现。碘显色反应的颜色与葡萄糖链的长度有关。糖链聚合度大于60个残基者，显蓝色；小于20个残基者显红色；低于6个残基的寡糖不显色。因此，直链淀粉显蓝色；纯支链淀粉显紫红色。一般天然淀粉大都是直链淀粉和支链淀粉的混合物，遇碘显蓝色。

（2）水解反应　淀粉分子中的葡萄糖苷键对碱比较稳定。在酸或酶的催化下加水水解，最终生成葡萄糖。因此，淀粉的水解又叫作糖化。淀粉的不完全水解产物有糊精、寡糖、麦芽糖等。糊精是淀粉从轻度水解直到变成寡糖之间各种不同分子量中间产物的总称。具有旋光性，能溶于水，不溶于酒精。

取淀粉水解液加到50%～70%的酒精中，若有糊精存在则有白色沉淀析出。不同分子量的糊精遇碘显不同颜色。随分子量逐渐变小，碘显色反应依次为：蓝色糊精→紫色糊精→红色糊精→浅红色糊精→无色寡糖→葡萄糖。生产上，常用酒精沉淀和碘反应了解淀粉水解进程。随着水解反应的进行，还原糖逐渐增加。测定还原糖量，计算葡萄糖值，可以代表淀粉水解（糖化）的程度。

（3）淀粉的化学改性　淀粉经适当化学处理，分子中引入相应的化学基团，分子结构发生变化，产生了一些符合特殊需要的理化性能，这种发生了结构和性状变化的淀粉衍生物称为改性淀粉。例如，用次氯酸盐处理淀粉，使部分糖苷键断裂，分子变小，羟基被氧化成羰基或羧基，这种产品为氧化淀粉。用磷酸将淀粉酯化，得到磷酸化淀粉，也称阴离子淀粉。在碱性条件下，用适当的试剂处理，引入叔胺或季铵基团，成为阳离子淀粉。用醋酸酐处理，得到羧甲基淀粉。改性淀粉改变了淀粉原来的糊化性能、黏性、胶凝性、凝沉性和亲水性，可分别作为增稠剂、胶凝剂、黏合剂、分散剂、淀粉膜等，广泛用于纺织、印染、造纸、纸箱、食品、包装以及生化分离分析和生物材料的固定化技术等领域。

（二）糖原

糖原是动物和细菌细胞内糖的一种贮存形式，其作用与淀粉在植物中的作用一样，故有“动物淀粉”之称。它在高等动物组织内分布很广，肝脏和骨骼肌中贮量最为丰富，分别占它们湿重的5%和1%。在肝脏中，有效葡萄糖过量时，即转化为肝糖原贮存；为维持血糖正常水平，肝糖原又可以降解为葡萄糖。肝糖原的合成和分解依据血糖水平的高低受激素调节，其他组织仅为自身功能利用糖原。细菌生成条件受限制时或处于静止状态下，细菌可发生糖原积累（假定培养基中碳源供应丰富），细菌糖原用于供能和供碳。

糖原的结构与支链淀粉相似（图3-10），主要是以α-D-葡萄糖，按α-1,4-糖苷键缩合、失水而成，另有一部分支链可通过α-1,6-糖苷键连接。所不同的只是糖原的分支程度更高，分支链更短，平均每8～12个残基发生一次分支。糖原和支链淀粉的高度分支一则可增加分子的溶解度，二则将有更多的非还原端同时受到降解酶（如β-淀粉酶、磷酸化酶都是非还原端外切酶）的作用，加速聚合物转化为单体，有利于即时动用葡萄糖贮库以供代谢的急需。直链淀粉则不能即时动用，主要用作葡萄糖的长期贮存。

糖原可通过热碱液水解、中和以及醇沉淀等步骤分离获得。干燥状态下，糖原呈无定形粉末状。糖原与碘作用呈红紫色至红褐色，在430～490nm下呈现最大光吸收。

（三）纤维素

纤维素是生物圈里最丰富的有机物质，占植物界碳素的50%以上。纤维素是植物（包括某些真菌和细菌）的结构多糖，是它们的细胞壁的主要成分。自然界的纤维素主要来源是棉花、麻、树木、野生植物等，此外还有很大一部分来源于各种作物的茎秆，如麦秆、稻草、高粱秆、甘蔗渣等，它是植物的支持组织。

纤维素（图 3-12）是由许多 β-D-葡萄糖分子以 β-1,4-糖苷键连接而成的直链。直链间彼此平行，链间葡萄糖的羟基之间极易形成氢键。纤维素的分子量介于 $5.0\times10^4\sim4.0\times10^9$，大致相当于 $8.0\times10^3\sim1.0\times10^4$ 个葡萄糖残基。纤维素不溶于水，它在酸的作用下发生水解，经过一系列中间产物，最后形成葡萄糖。

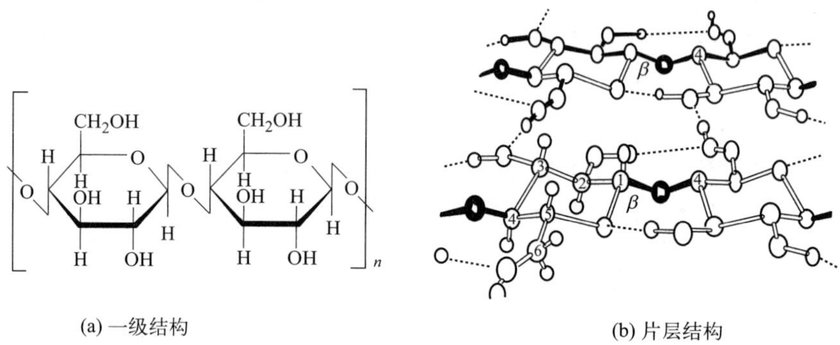

图 3-12　纤维素的结构

在植物组织中，纤维素分子平行排列，糖链与糖链之间有氢键连接，构成微纤维，每个微纤维由约 60 个纤维素分子组成。有的区域分子排列非常整齐，为结晶区；有的排列不整齐，是非结晶区。许多微纤维黏合在一起组成微纤维束。微纤维束紧密聚集成层并填充半纤维素、果胶质、木质素等多聚物，构成天然植物纤维。复杂的层次结构使纤维素具有很强的抗拉强度和化学稳定性以及水不溶性等特性。

（四）几丁质（壳多糖）

壳多糖也称几丁质，是 N-乙酰-β-D-葡糖胺以糖苷键缩合、失水形成的同聚物，分子量达数百万。壳多糖的结构与纤维素的结构极相似，只是每个残基的 C2 上羟基被乙酰化的氨基所取代。壳二糖的结构见图 3-13。

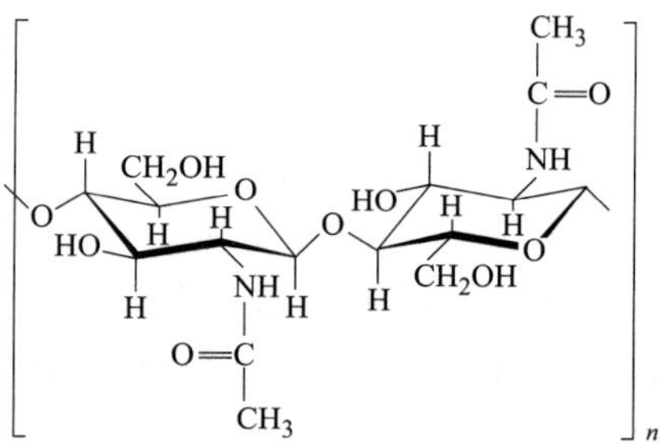

图 3-13　壳二糖的结构

壳多糖广泛分布于生物界，是自然界中第二个最丰富的多糖。壳多糖是大多数真菌和一些藻类的一种成分。壳多糖主要存在于无脊椎动物，如昆虫、蟹虾、螺蚌等。它是很多节肢动物和软体动物外骨骼的主要结构物质。

二、杂多糖

（一）半纤维素

半纤维素大量存在于植物的木质化部分，如木材中占干重的 15%～25%，农作物的秸秆中占 25%～45%。半纤维素被定义为碱溶性的植物细胞壁多糖，也即除去果胶物质后的残留物能被 15%NaOH 提取的多糖。这些多糖大多数都具有侧链，分子大小为 50～400 个残基，在细胞壁中与微纤维非共价结合成为细胞壁的另一类基质多糖。

半纤维素包括很多高分子的多糖，用稀酸水解则生成己糖和戊糖，所以它是多聚戊糖（如多聚阿拉伯糖、多聚木糖）和多聚己糖（如多聚半乳糖和多聚甘露糖）的混合物。

（二）糖胺聚糖

糖胺聚糖曾称为糖胺多糖、黏多糖、氨基多糖、酸性糖胺聚糖。这类物质存在于软骨、腱等结缔组织中，构成组织间质。各种腺体分泌的润滑黏液，多富有黏多糖。它在组织成长和再生过程中，在受精过程中以及机体与许多传染病原（细菌、病毒）的相互作用上都起着重要作用。其代表性物质有透明质酸（HA）、硫酸软骨素（CS）、硫酸皮肤素（DS）、硫酸角质素（KS）、肝素（Hp）及硫酸乙酰肝素（Hs）等。

糖胺聚糖为不分支的长链聚合物，由含己糖醛酸（角质素除外）和己糖胺成分的重复二糖单位构成，通式为：(己糖醛酸-己糖胺)$_n$，n 随种类而异，一般在 30～250。二糖单位中至少有一个单糖残基带有负电荷的羧基或硫酸基，因此糖胺聚糖是阴离子多糖链，呈酸性。但透明质酸不带有硫酸基。除透明质酸外，在体内糖胺聚糖通过共价键与蛋白质相连接构成蛋白聚糖，以蛋白聚糖形式存在。糖胺聚糖的组成特征见表 3-4。

表 3-4 糖胺聚糖的组成特征

糖胺聚糖	非硫酸化二糖重复单位		二糖间糖苷键方式	二糖单位间糖苷键方式	聚合度
	己糖醛酸或己糖	己糖胺			
透明质酸(HA)	D-葡糖醛酸	*N*-乙酰葡糖胺	β-1,3	β-1,4	250～25000
硫酸软骨素(CS)	D-葡糖醛酸	*N*-乙酰半乳糖胺	β-1,3	β-1,4	30～60
硫酸皮肤素(DS)	L-艾杜糖醛酸和 D-葡糖醛酸	*N*-乙酰半乳糖胺	α-1,3 和 β-1,3	β-1,4	30～100
硫酸角质素(KS)	半乳糖	*N*-乙酰葡糖胺	β-1,3	β-1,3	25
肝素(Hp)	L-艾杜糖醛酸	*N*-乙酰葡糖胺	α-1,4	α-1,4	15～50
硫酸乙酰肝素(Hs)	D-葡糖醛酸	*N*-乙酰葡糖胺	β-1,4	α-1,4	15～30

1. 透明质酸

透明质酸是糖胺聚糖中结构最简单的一种，它的重复二糖结构单位如下：

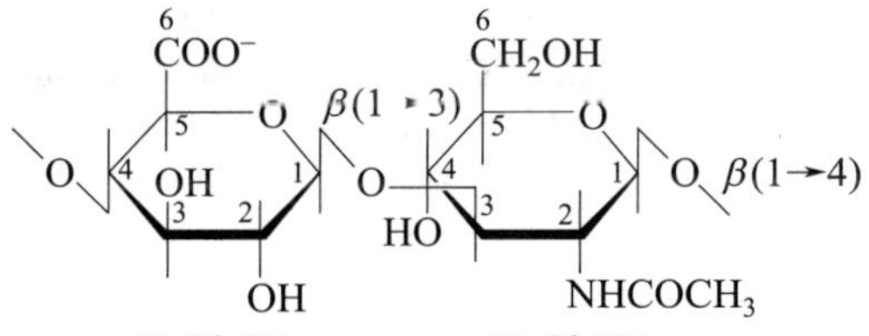

透明质酸(n=250～25000)

在高等动物组织中发现的黏多糖唯有透明质酸同时存在于某些细菌中，如 A 型链球菌。其主要功能是在组织中吸着水，具有润滑剂的作用。它广泛分布于哺乳动物体内，特别是滑液、玻璃样体液中，也存在于关节液、疏松结缔组织、脐带、皮肤、动脉管壁、心脏瓣膜、角膜以及雄鸡冠中。在具有强烈侵染性的细菌、恶性肿瘤以及蜂毒和蛇毒中含有透明质酸酶，能引起透明质酸分解。关于透明质酸的存在形式，长期以来都认为它是通过共价键与蛋白质相连接，以蛋白聚糖形式存在。最近有资料表明，透明质酸可能以蛋白聚糖形式在体内合成，再裂解释出，成为不含蛋白质的产物。

2. 硫酸软骨素

硫酸软骨素最常见的硫酸化部位是D-GalNAc残基上的C4或C6，分为软骨素-4-硫酸与软骨素-6-硫酸两类。两者间，除硫酸基位置不同，红外光谱差别较明显外，其他许多物理、化学性质都较接近。实际大多数硫酸软骨素都是4-硫酸和6-硫酸二糖单位的共聚物。其结构式如下：

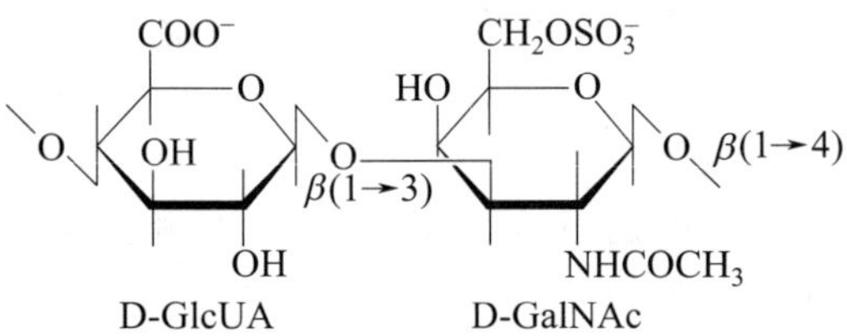

软骨素-6-硫酸(n=30～60)

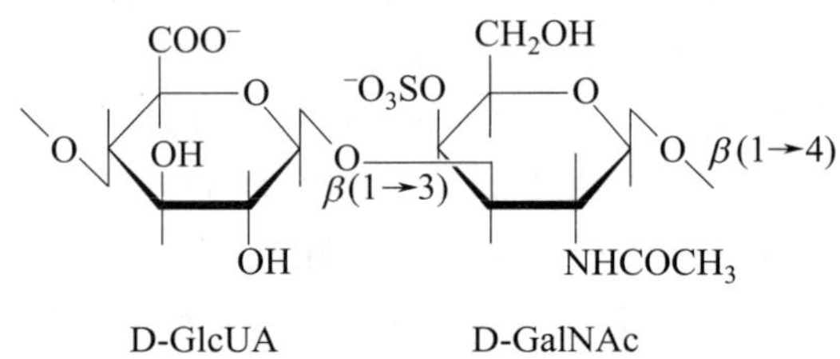

软骨素-4-硫酸(n=30～60)

硫酸软骨素分子一般含20～60个重复二糖，在体内以蛋白聚糖聚集体形式存在于软骨、腱、韧带和主动脉等组织的基质中。

3. 肝素

肝中肝素含量最为丰富，因此得名。实际上它广泛分布于哺乳动物组织和体液中。肺、脾、肌肉和动脉壁肥大细胞中肝素含量也很高。肝素除含二糖重复单位外还含有糖醛酸分子。肝素的生物意义在于它具有阻止血液凝固的特性。目前输血时，广泛以肝素为抗凝剂，临床上也常用于防止血栓形成。肝素的结构式如下：

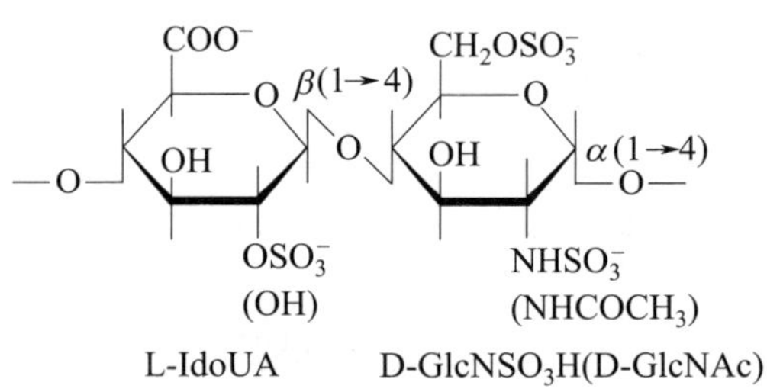

肝素(n=15～50)

第七节　糖复合物

糖复合物是糖类的还原端与非糖物质（如脂类或蛋白质）以共价键结合的产物，分别形成糖蛋白、蛋白聚糖和糖脂，总称为结合糖或复合糖。

一、糖蛋白及其糖链

糖与蛋白质之间，以蛋白质为主，其一定部位以共价键与若干糖分子链相连所构成的分子称为糖蛋白，其总体性质更接近蛋白质。其中糖含量变化很大，如免疫球蛋白G糖含量仅占4%以下，人红细胞膜糖蛋白和血型糖蛋白含糖60%，而人胃糖蛋白含糖量竟高达

82%。特别是这些糖链不呈现双糖系列重复。

糖蛋白中的多肽链常携带许多短的杂糖链。它们通常包括 *N*-乙酰己糖胺和己糖（常是半乳糖和/或甘露糖，而葡萄糖较少），该链末端成员常常是唾液酸或 L-岩藻糖。这种寡糖链常分支，一般含 2～10 个单体，很少含多于 15 个单体的，分子量相当于 540～3200。因为一个寡糖链中单糖种类、连接位置、糖苷键构型和糖环类型的可能排列组合数目很多，所以糖链数目也变化很大。

1. 糖肽键的类型

糖蛋白中寡糖链的还原端残基与多肽链的氨基酸残基以多种形式共价连接，形成的连接键称为糖肽键。糖肽键主要有两种类型：*N*-糖肽键和 *O*-糖肽键。

N-糖肽键是指 β-构型的 *N*-乙酰葡糖胺异头碳与天冬酰胺的 γ-酰胺 N 原子共价连接而成的 *N*-糖苷键（图 3-14）。这种键分布相当广泛，特别是在血浆蛋白和膜蛋白中。

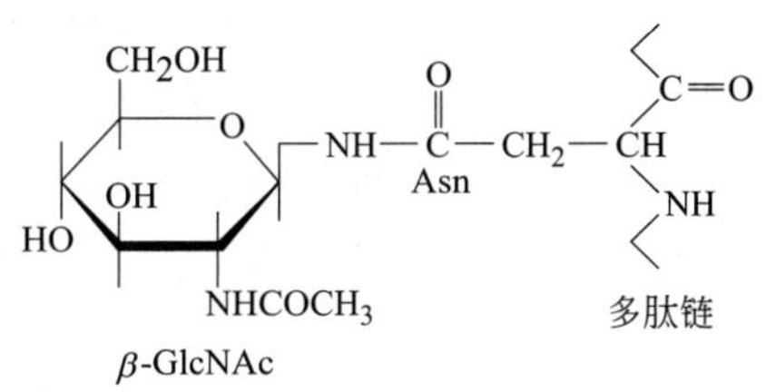

图 3-14　糖蛋白中的 *N*-糖苷键

O-糖肽键是指单糖的异头碳与羟基氨基酸的羟基氧原子共价结合而成的 *O*-糖苷键（图 3-15）。这类键包括：①*N*-乙酰半乳糖胺与丝氨酸或苏氨酸缩合形成的 *O*-糖肽键；②半乳糖与羟赖氨酸形成的 *O*-糖肽键；③L-呋喃阿拉伯糖与羟脯氨酸形成的 *O*-糖肽键。

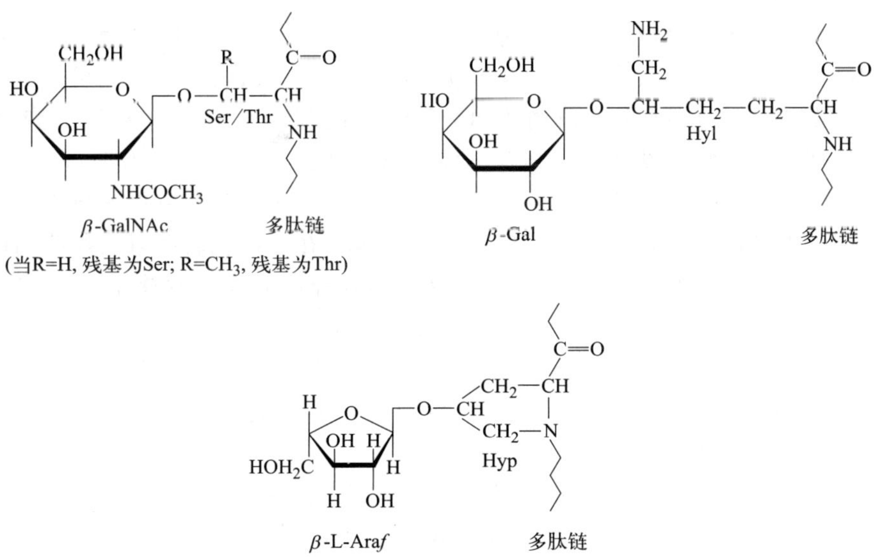

图 3-15　糖蛋白中的 *O*-糖苷键

2. 糖链的分类

糖蛋白中的糖链可根据糖肽键的类型分为两大类：*N*-连接的糖链和 *O*-连接的糖链，分别简称为 *N*-糖链和 *O*-糖链。这两类糖链可单独或同时出现在同一糖蛋白中，它们在结构上各有特点。此外，还有以酰胺键连接的。

3. 糖蛋白的作用

糖蛋白在植物和动物（微生物并不如此）中较为典型。这些糖蛋白可被分泌、进入体液或作为膜蛋白。它们包括许多酶、大分子蛋白质激素、血浆蛋白、全部抗体、补体因子血型物质和黏液组分以及许多膜蛋白。

由于糖蛋白的高黏度特性，机体用它作为润滑剂，防护蛋白水解酶的水解作用，以及防止细菌、病毒的侵袭。在组织培养时对细胞黏着和细胞接触抑制起作用。对外来组织的细胞识别也有作用。也与肿瘤特异性抗原活性的鉴定有关。如正常时仅在胎儿和新生儿肝中存在的一种糖蛋白，即甲胎蛋白（AFP），而在成年人体内，其含量水平极低。若在成年人血清中发现此种糖蛋白水平升高，即可基本上确诊为肝癌患者。糖蛋白也是病毒、植物凝集素（plant agglutinins）以及血型物质的基本组分。血红蛋白和甲状腺素转运蛋白也是糖蛋白。某些糖蛋白似乎是膜载体蛋白。促性腺激素的糖部分对它们的生物活性是必要的，选择性地移去许多末端唾液酸可使该激素失活，人们认为糖起受体识别标志作用。南极鱼的血中存在一种最不寻常的抗冷冻糖蛋白。

血浆糖蛋白的生理与临床意义很大，研究较多，其中某些糖蛋白研究得比较清楚。血浆电泳后，除清蛋白外，其他部分 α_1、α_2、β 和 γ 球蛋白以及纤维蛋白原都含有糖。糖分以唾液酸、葡糖胺、半乳糖和甘露糖为多，也有少量半乳糖胺和岩藻糖。它们全掺入高分子糖蛋白中，例如血浆中有 80％的葡糖胺全掺入糖蛋白分子中，而无游离形式存在。黏性糖蛋白也是一类糖蛋白，它存在于消化道分泌物（如唾液、胃液、肠液、胰液和胆汁）和呼吸道分泌物（如痰液）中。

二、蛋白聚糖

与糖蛋白相比，蛋白聚糖的糖是一种长而不分支的多糖链（即糖胺聚糖），其一定部位上与若干肽链连接，即由一条或多条糖胺聚糖和一个核心蛋白共价连接而成。糖部分主要是不分支的糖胺聚糖链，典型的每条约含 80 个单糖残基，通常无唾液酸。糖含量可超过 95％，多糖呈现系列重复双糖结构。其总体性质与多糖更相近。

蛋白聚糖除含糖胺聚糖链外，尚有一些 *N*-连接或（和）*O*-连接的寡糖链。蛋白聚糖和糖胺聚糖是细胞外基质的重要成分，另外蛋白聚糖也存在于细胞表面以及细胞内的分泌颗粒中。动物组织特别是结缔组织的胞外空间充盈着凝胶样的基质，它使组织的细胞维系在一起，并为营养物质和氧气扩散到各细胞提供了多孔通道。

1. 核心蛋白

与糖胺聚糖共价结合的多肽链，称核心蛋白。它的种类很多，分子量从 2 万～25 万。核心蛋白具有以下几个特点。

① 多数核心蛋白含有几个不同的结构域。

② 所有的核心蛋白都含有相应的糖胺聚糖结合结构域。

③ 某些蛋白聚糖可通过核心蛋白中的特定结构域，锚定在细胞表面或细胞外基质的大分子上。

④ 有些核心蛋白尚含有具特异相互作用的结构域。

2. 连接区（寡糖链）

除透明质酸外，所有糖胺聚糖链的延伸都是在一个与核心蛋白共价连接的所谓连接区（寡糖链）上进行的。连接区合成的起始和糖肽间连接键类型与糖蛋白中的相同，只是寡糖链形式有所不同。大多数蛋白聚糖的连接区是 *N*-寡糖链，有些是属 *O*-寡糖链。

3. 蛋白聚糖的种类

由于核心蛋白分子的大小和结构不同，以及糖胺聚糖链的成分、数目、链长、硫酸化部位和程度不同，形成的蛋白聚糖种类极多。目前从各种组织中分离到的蛋白聚糖已有数十种，但尚无统一、理想的命名和分类方法。早期根据其组织来源或（和）聚糖成分，有软骨蛋白聚糖、硫酸皮肤素蛋白聚糖、角膜硫酸角质素蛋白聚糖等名称。近期根据核心蛋白氨基酸序列的同源性，并综合各种分类的依据，包括按其在细胞内外的分布，把蛋白聚糖分成若干个家族，如大分子聚集型胞外基质蛋白聚糖、小分子富含亮氨酸胞外基质蛋白聚糖、跨膜胞内蛋白聚糖。

4. 蛋白聚糖聚集体

蛋白聚糖聚集体是以 HA 分子为主干形成的。每一可聚蛋白聚糖分子含 KS 链约 50 条、CS 链约 100 条以及若干条 *O*-连接寡糖链，它们分布在核心蛋白的不同区域，整个分子形如一个“试管刷”（图 3-16）。在 HA 主干上有规则地每间隔约 40nm 结合一个蛋白聚糖单体（即一个核心蛋白加结合的糖胺聚糖，称单体，是相对于聚集体而言）。

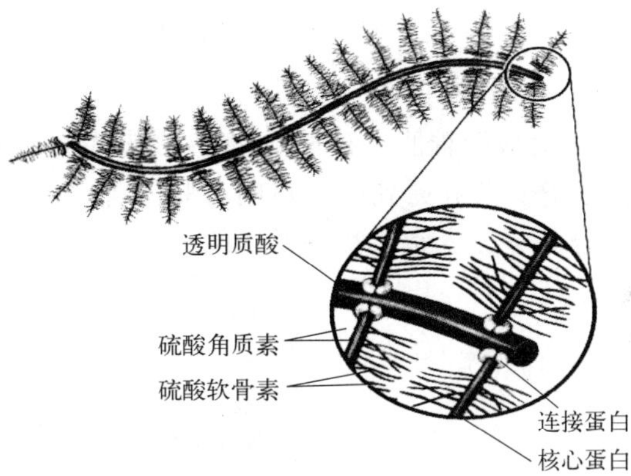

图 3 16　软骨可聚蛋白聚糖聚集体结构示意

每个核心蛋白的 HA 结合区与 HA 的十糖序列（5 个重复二糖）非共价结合，并由小分子连接蛋白使结合稳定化。连接蛋白也能通过自身的 HA 结合区与 HA 结合，同时通过连接蛋白和核心蛋白中各自的免疫球蛋白样折叠结构域之间的相互作用，使核心蛋白与 HA 的另一个十糖序列结合。这样形成的聚集体含 100 个或更多个蛋白聚糖单体，它是已知的最大分子之一，M_r 超过 2×10^8，分子长达 4μm，所占体积比一个细菌细胞还大，在电镜下可观察到分子的外形。

三、糖脂

糖脂是指糖通过其半缩醛羟基以糖苷键与脂质连接的化合物。因脂质部分的不同，糖脂可分为鞘糖脂、甘油糖脂以及由类固醇衍生的糖脂，前两类是膜脂主要成分。

1. 鞘糖脂

鞘糖脂是以神经酰胺为母体的化合物，是神经酰胺的 1-位羟基被糖基化形成的糖苷化合物。神经酰胺是脂肪酸通过酰胺键与鞘氨醇的—NH_2 相连而成，结构上与二酰甘油相似。神经酰胺中的鞘氨醇分子的 C1、C2 和 C3 携有 3 个功能基（—OH、—NH_2、—OH），很像甘油分子的 3 个羟基。神经酰胺是鞘脂类（鞘磷脂和鞘糖脂）共同的基本结构。神经酰胺的结构通式如下：

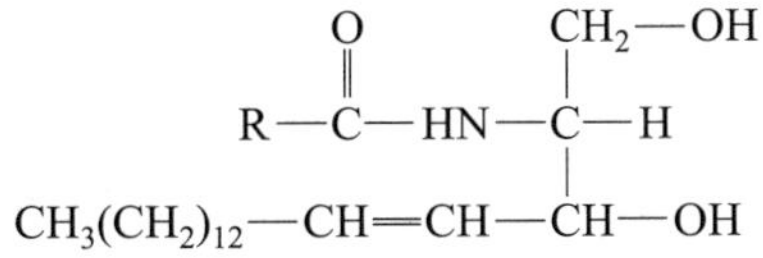

动物鞘糖脂中的单糖成分主要是 D-葡萄糖、D-半乳糖、*N*-乙酰葡糖胺、*N*-乙酰半乳糖胺、岩藻糖和唾液酸。脂肪酸成分以 16～24 碳的饱和脂肪酸与低不饱和脂肪酸居多，此外还有相当数量的 α-羟基脂肪酸。根据糖基是否含有唾液酸或硫酸基成分，鞘糖脂又可分为中性鞘糖脂和酸性鞘糖脂两类。

（1）中性鞘糖脂　中性鞘糖脂的糖基不含唾液酸成分。常见的糖基有半乳糖、葡萄糖等单糖，此外还有二糖、三糖等寡糖。第一个被发现的鞘糖脂是半乳糖基神经酰胺，因为最先是从人脑中获得，所以又称脑苷脂。脑苷脂一词现在被用来泛指半乳糖基神经酰胺和葡萄糖基神经酰胺。半乳糖基神经酰胺（*N*-神经酰脑苷脂）结构式如下：

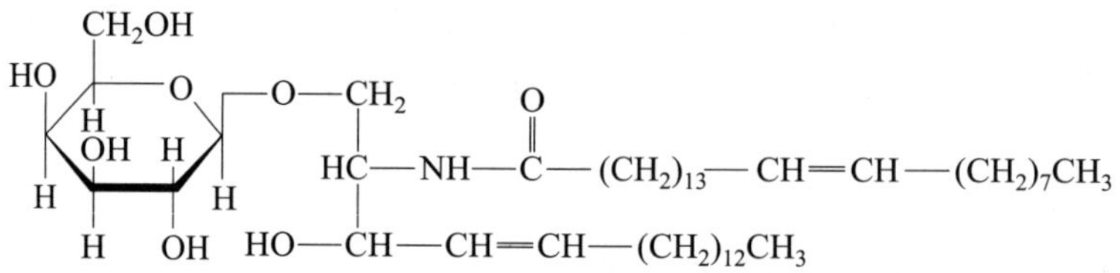

（2）酸性鞘糖脂

① 硫酸鞘糖脂　硫酸鞘糖脂的糖基部分被硫酸化，也称硫苷脂。最简单的硫苷脂是硫酸脑苷脂。已分离到的硫苷脂有几十种，它们广泛地分布于哺乳动物的各器官中，以脑中含量最为丰富。硫酸脑苷脂结构式如下：

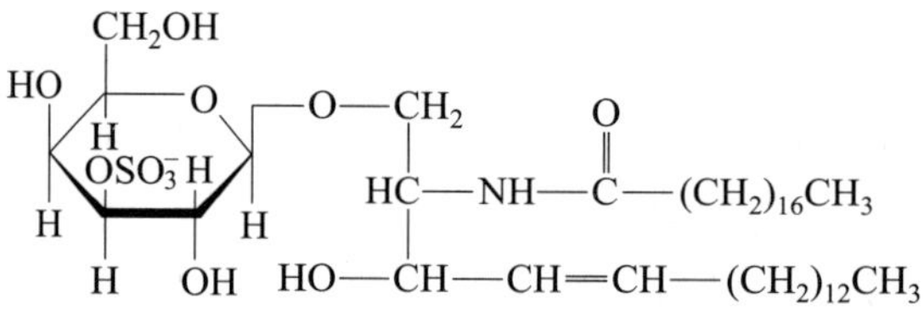

② 唾液酸鞘糖脂　常称神经节苷脂。神经节苷脂的糖基都是寡糖链，含一个或多个唾液酸。在人体内的神经节苷脂中神经酰胺几乎全部都是 *N*-乙酰神经氨酸，它们往往以 α-(2→3) 连接于寡糖链内部的或末端的半乳糖残基上，或以 α-(2→6) 连接在 *N*-乙酰半乳糖胺残基上，或以 α-(2→6) 连接在另一个唾液酸残基上。

神经节苷脂是最重要的鞘糖脂，在神经系统特别是神经末梢中含量丰富，种类很多。它们可能在神经冲动传递中起重要作用。

2. 甘油糖脂

甘油糖脂也称糖基甘油酯。它是二酰甘油分子上的一个羟基与糖基以糖苷键连接而成。最常见的甘油糖脂有单半乳糖基二酰基甘油和二半乳糖基二酰基甘油。其结构式如下：

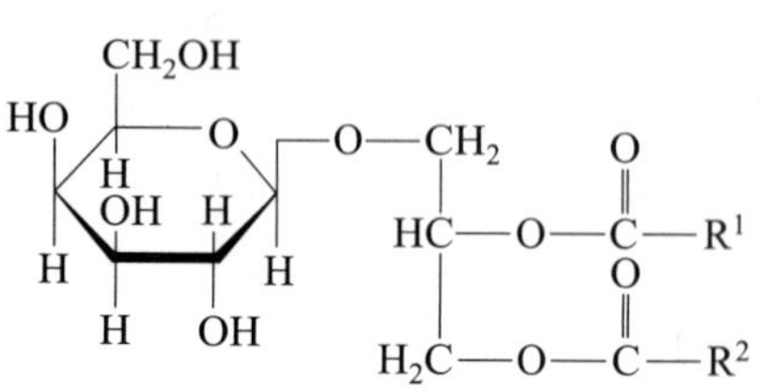

单半乳糖基二酰基甘油

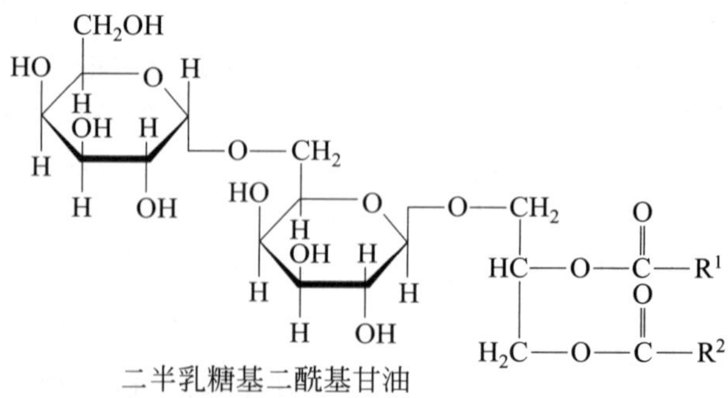

二半乳糖基二酰基甘油

甘油糖脂主要存在于植物界和微生物中。植物的叶绿体和微生物的质膜含有大量的甘油糖脂。哺乳类虽然含有甘油糖脂，但分布不普遍，主要存在于睾丸和精子的质膜以及中枢神经系统的髓磷脂中。

润心驿站 大国“粮”策——秸秆科学还田，提升耕地质量

2022年5月，农业农村部、国家发展改革委联合印发的《农业农村减排固碳实施方案》指出：“坚持农用优先、就地就近，以秸秆集约化、产业化、高值化为重点，推进秸秆综合利用。持续推进秸秆肥料化、饲料化和基料化利用，发挥好秸秆耕地保育和种养结合功能。推进秸秆能源化利用，因地制宜发展秸秆生物质能供气供热供电。拓宽秸秆原料化利用途径，支持秸秆浆替代木浆造纸，推动秸秆资源转化为环保板材、炭基产品等。健全秸秆收储运体系，完善秸秆资源台账。” 2023年7月，农业农村部《大力推动农业农村领域节能降碳，实现农业绿色发展》也明确指出：“全面实施秸秆综合利用行动，以肥料化、饲料化、能源化利用为主攻方向，建设一批秸秆综合利用重点县，以点带面提升全国秸秆综合利用水平，秸秆综合利用率达到88.1%。” 2024年2月，国务院办公厅《关于加快构建废弃物循环利用体系的意见》又一次提出：“到2025年，初步建成覆盖各领域、各环节的废弃物循环利用体系。尾矿、粉煤灰、煤矸石、冶炼渣、工业副产石膏、建筑垃圾、秸秆等大宗固体废弃物年利用量达到40亿吨，新增大宗固体废弃物综合利用率达到60%……到2030年，建成覆盖全面、运转高效、规范有序的废弃物循环利用体系，废弃物循环利用水平总体居于世界前列。”全国各地也纷纷出台相关政策，要以农作物秸秆综合利用为改善农村环境的着力点、提高农民收入的增长点、培育农业产业的支撑点。

我国作为农业生产大国，秸秆资源丰富，农作物秸秆产量每年近8亿吨，约占世界总产量的30%。秸秆闲置放荒焚烧，造成我国东北、华北等地秋冬季雾霾严重，对环境造成恶劣影响，同时也造成可再生资源的浪费。近年来，虽然已有研究表明我国秸秆的综合利用效率达85.45%，但秸秆作为一种有机养料还田利用的空间还很大，秸秆充分还田可以减少化肥的使用，对我国实现生态农业具有重要意义。秸秆的组成成分包括纤维素、半纤维素、木质素、蛋白质、矿物质等，其中，纤维素和半纤维素是秸秆的主要成分，占总质量的70%以上；除此之外，秸秆还富含作物生长发育所需的氮、磷、钾、钙、镁和有机质等养分，使其成为一种重要的多用途的可再生生物资源。秸秆还田不仅可以减少秸秆资源的浪费和焚烧秸秆带来的空气污染，还可以改善土壤物理性质，增加土壤有机质含量，提高土壤的蓄水保墒能力，促进作物根系的生长，有效提高作物对土壤中氮素的吸收和利用，提高作物产量，对维持作物可持续生产具有重要作用，对综合改善土壤水、肥、气、热等方面的生态效益具有显著影响。除此之外，大量秸秆进入土壤后，微生物生长发育有了足够的养分，对于提高土壤酶活性，提高土壤中养分的有效性和利用率有着重要的意义。

小思考

1. 除了秸秆还田之外，我们还可以怎样科学利用秸秆资源来保护生态环境？

2. 自2008年起，我国推行秸秆禁烧政策，力促秸秆还田或综合再利用，截至目前，该政策取得显著成效，空气质量改善明显，秸秆的综合利用也创造了一定的经济价值；同时，农户们的实际困扰也不容忽视，秸秆还田技术尚存短板，病菌、虫卵及杂草种子的残留等问题给农作物产量带来了隐患。作为农业院校学生，我们应如何科学看待这一问题？如何在大气环境治理与农业生产之间寻求平衡，以实现中国农业的可持续发展？

糖类化学知识框架

糖类化学				
单糖	结构	直链结构:D-型,L-型(对映异构体);差向异构体		
		环状结构:醛或酮能与分子中的羟基可逆反应形成半缩醛或半缩酮。α-型,β-型(异头物)		
		构象:船式和椅式		
	性质	物理性质	旋光性:不对称碳原子使偏振光旋转。+,-	
			$$[\alpha]^t_{\mathrm{D}}=\frac{\alpha^t_{\mathrm{D}}\times 100}{Lc}$$ 式中 L——管的长度,cm; c——浓度,即在100ml溶液中所含溶质的质量(g); α^t_{D}——在钠光灯为光源,温度为 t,管长为 L,浓度为 c 时所测得的旋光度	
		化学性质	脱水作用:强酸脱水,戊糖生成糠醛,己糖生成羟甲基糠醛	
			氧化作用:氧化剂不同得到不同的产物 弱氧化剂:糖酸(醛氧化成酸) 强氧化剂:糖二酸(醛与伯醇同时氧化) 氧化酶:糖醛酸(伯醇氧化)	
			还原作用:羰基还原为羟基	
			成酯作用:羟基与酸反应	
			成苷作用:半缩醛羟基的脱水反应,糖苷键	
	单糖衍生物	糖酯、糖苷、糖酸、糖醇、糖胺(氨基取代反应)		
寡糖	二糖	蔗糖(α,β-1,2)、麦芽糖(α-1,4)、乳糖(β-1,4)、纤维二糖(β-1,4)		
	三糖	棉籽糖:半乳糖(α-1,6)、葡萄糖(α-1,2)、果糖		
多糖	同多糖	淀粉:连接键、水解(α-淀粉酶,β-淀粉酶)、碘反应 糖原:连接键、水解(糖原磷酸化酶)、碘反应 纤维素:连接键、水解(纤维素酶)、碘反应 琼脂:D-半乳糖 β-1,3-糖苷键连接而成 果胶:D-半乳糖醛酸甲酯按 α,β-1,4-糖苷键连接而成 几丁质:2-乙酰氨基-D-葡萄糖按 β-1,4-糖苷键连接 葡聚糖:主链葡萄糖 α-1,6 构成,支链以 α-1,3、α-1,4-糖苷键构成,整个分子呈网状 菊糖:β-D-果糖按 β-1,4-糖苷键连接而成		
	杂多糖(糖胺聚糖)	透明质酸:葡糖醛酸和 N-乙酰葡糖胺构成;无硫酸 硫酸软骨素:葡糖醛酸和 N-乙酰半乳糖胺构成;硫酸 硫酸皮肤素:艾杜糖醛酸和 N-乙酰半乳糖胺构成;硫酸 肝素:艾杜糖醛酸和 N-乙酰葡糖胺构成;硫酸 硫酸角质素:半乳糖和 N-乙酰葡糖胺构成;硫酸 细菌多糖:肽聚糖(N-乙酰葡糖胺和 N-乙酰胞壁酸) 细胞表面多糖:抗原性,与人类 A、B、O 血型有关		
糖复合物	糖蛋白	糖与蛋白质构成,蛋白质含量高于糖;由单糖构成的寡糖链与蛋白质相连,连接键为 O-糖苷键和 N-糖苷键		
	蛋白聚糖	糖与蛋白质构成,蛋白质含量低于糖;由糖胺聚糖和蛋白质构成,连接键为 O-糖苷键和 N-糖苷键		
	糖脂	脂类与多糖构成		

本章思考题

一、填空题

1. α-D(+)-葡萄糖与β-D(+)-葡萄糖分子的头部结构不同，它们互称为____________。

2. 判断一个糖的D-型和L-型是以____________碳原子上羟基的位置作依据。

3. 蔗糖由一分子____________和一分子____________组成。

4. 糖原和支链淀粉结构上很相似，都由许多α-D-葡萄糖组成，它们之间通过____________和____________两种糖苷键相连。

5. 支链淀粉遇碘呈________色，糖原遇碘呈________色。

二、选择题

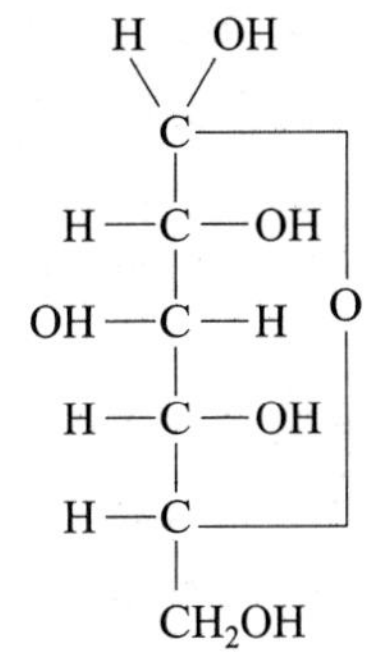

1. 右图的结构式代表的糖是（　　）。

A. α-D-吡喃葡萄糖

B. β-D-吡喃葡萄糖

C. α-D-呋喃葡萄糖

D. β-L-呋喃葡萄糖

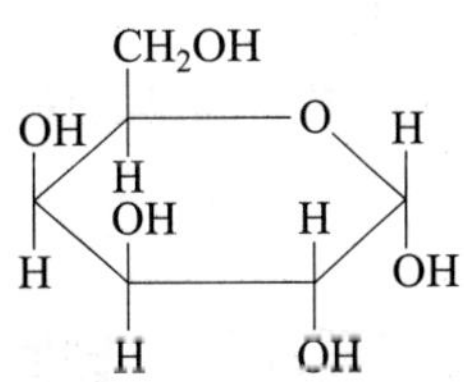

2. 右图的结构式代表的糖是（　　）。

A. α-D-葡萄糖

B. β-D-葡萄糖

C. α-D-半乳糖

D. β-D-半乳糖

3. 有关糖原结构的叙述正确的是（　　）。

① 有α-1,4糖苷键　　② 有α-1,6糖苷键

③ 糖原由α-D-葡萄糖组成　　④ 糖原是没有分支的分子

A. ①②③　　B. ①③　　C. ②④　　D. ④

4. 下列单糖中（　　）是酮糖。

①核糖　②核酮糖　③葡萄糖　④果糖

A. ①②③　　B. ①③　　C. ②④　　D. ④

三、问答题

1. 麦芽糖与蔗糖有何区别？如何用化学方法鉴别？

2. 以葡萄糖为例说明D、L、+、-、α、β的含义。

第四章

脂类化学

内容概要与学习指导——脂类化学

本章简单介绍了单脂和复脂及类脂的组分、结构和性质。对脂类的功能亦进行了扼要介绍。

单脂是脂肪酸和醇形成的酯类，分为脂、油和蜡三小类。脂也称脂肪，室温时一般为固态；油含有较多的不饱和脂肪酸，室温时为液态；蜡是高级脂肪酸与高级一元醇形成的酯。

复脂为脂肪酸和醇形成的酯，同时含有其他非脂性物质，如糖、磷酸和氮碱等，复脂分为磷脂和糖脂两大类。

类脂的物理性质及物态与脂肪类似。主要包括萜类和固醇类。固醇类是环戊多氢菲的羟基衍生物，是4个环组成的一元醇。学习本章时应注意：

① 以脂肪的结构为基础学习复脂的结构，并根据两者结构的差异理解脂类性质；

② 脂类虽然是按溶解性进行分类的一类物质，但其结构之间也有共同的特点，应进行对比的学习；

③ 学习脂肪的性质要先了解脂肪酸的结构与性质，区别皂化值、碘值和乙酰化值的含义。

第一节　概述

脂类是生物体内一大类重要的有机化合物，如动物的猪油、牛油、鱼肝油等；植物的棉籽油、花生油等。脂类是一组化学组成和化学结构上非均一的化合物，它们都有一个共同的特性，即不溶于水，而易溶于乙醚、氯仿、苯等非极性溶剂。所以，脂质是不溶于水而易溶于有机溶剂的一类化合物的总称。化学分析表明，脂质都含有碳、氢、氧元素，有些脂质也含有氮和磷。生物体内的脂类分子常与其他化合物结合在一起，如糖脂类含有糖分子和脂分子，脂蛋白含有脂类和蛋白质。这些混杂形式结合的生物分子兼有不同化合物的物理、化学性质，具有特殊的生物功能。

一、脂类的生物功能

脂类广泛存在于动植物体内，它是构成原生质的重要成分、贮能物质，脂质也广泛应用于食品、工业、医药等行业。脂质的生物功能主要有以下几个方面。

（1）氧化供能和贮存能量　脂肪和糖一样是能源物质，氧化1g脂肪所放出的能量比同质量的葡萄糖高2.3倍，而且脂肪不溶于水，在细胞内易于聚集、贮存，所以是细胞内的能量贮备物质。

（2）细胞膜的主要构成成分　磷脂和糖脂是构成生物膜脂质双层结构的基本物质，保证了细胞膜系统的完整性。磷脂、糖脂和胆固醇也是神经髓鞘的重要成分，有绝缘作用，对神经兴奋的定向传导有重要意义。

(3) 保护作用和御寒作用 分布在动物脏器和植物表面的脂肪具有防止内脏免受机械损伤的保护作用和防止热量散发的御寒作用。

(4) 提供生物活性物质 脂质可为动物机体提供溶解于其中的必需脂肪酸和脂溶性维生素；糖脂作为细胞膜的表面物质，与细胞识别、组织免疫等有密切关系；单脂是构成某些维生素与激素（维生素 A、维生素 D、维生素 E、维生素 K、性激素、前列腺素等）的成分，具有营养、代谢及调节功能。

(5) 协助脂溶性维生素的吸收 脂溶性维生素 A、维生素 D、维生素 E、维生素 K 和胡萝卜素可溶于食物的脂肪中，并随同脂肪一起被吸收。

二、脂类分类

根据脂类的化学组成及结构可分为三大类：单脂、复脂和类脂。

1. 单脂

单脂是脂肪酸与甘油或高级一元醇结合形成的脂，根据分子中醇基的不同又可分为油脂和蜡。

(1) 油脂 油脂是脂肪酸与甘油形成的酯，在室温时为液态的称为油，含有较多的不饱和脂肪酸和低分子脂肪酸；在室温下为固态的称为脂，含较多饱和脂肪酸。油脂中根据甘油成酯的个数又分为甘油一酯、甘油二酯和甘油三酯。甘油三酯是 1 分子甘油与 3 分子脂肪酸形成的酯，即脂肪。

(2) 蜡 高级脂肪酸与高级一元醇形成的酯，如虫蜡、蜂蜡等。

2. 复脂

复脂是指分子中除含有脂肪酸和醇组成的酯外，还含有其他非脂性成分，如糖、磷酸及氮碱等。按非脂性成分的不同，复脂又分为磷脂和糖脂。

(1) 磷脂 为含有磷酸及氮碱的脂质，分为甘油醇磷脂和鞘氨醇磷脂两类。

(2) 糖脂 为含糖分子的脂质，由甘油醇或鞘氨醇与脂肪酸和糖组成，如脑苷脂和神经节苷脂等。

3. 类脂

物理性质及物态与脂肪类似的物质。主要包括萜类和固醇类。

(1) 萜类 是异戊二烯的衍生物。

(2) 固醇类 是以环戊多氢菲为基本结构的环状高分子一元醇，又称为甾醇类。

第二节 单脂

一、脂肪

(一) 脂肪的组成与结构

脂肪是由一分子甘油与 1～3 分子脂肪酸所组成的酯。当甘油与 1 分子脂肪酸缩合时所生成的化合物为甘油一酯；当甘油与 2 分子脂肪酸缩合时生成的化合物为甘油二酯；甘油的

3 个羟基和 3 个脂肪酸分子缩合时称为甘油三酯。甘油一酯与甘油二酯在自然界中存在的量极少，而甘油三酯是植物和动物细胞贮脂的主要组分，是生物体内含量最为丰富的脂类物质。通常所称的脂肪就是指甘油三酯。

脂肪中的 3 个脂肪酸可以是相同的，也可以是不同的。前者称简单甘油三酯，后者称混合甘油三酯。自然界的脂肪多为混合甘油三酯的混合物，天然脂肪中脂肪酸的种类很多。甘油三酯的结构式如下：

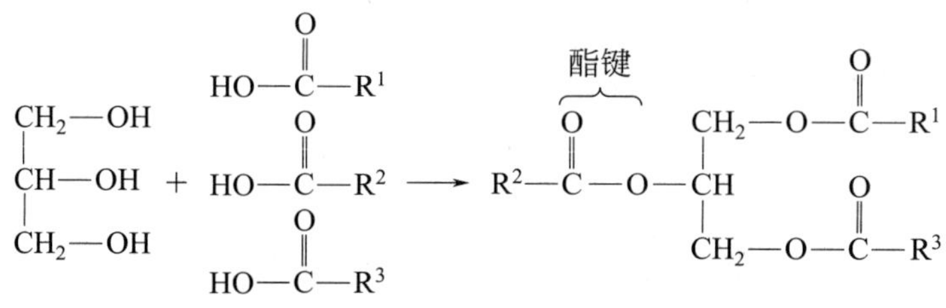

甘油　　脂肪酸　　甘油三酯

1. 脂肪酸

脂肪酸分子一端为长的以线性为主的碳氢链，一端为羧基。根据碳氢链是否饱和，将脂肪酸分为饱和脂肪酸和不饱和脂肪酸。高等动、植物脂肪酸有下列特性。

① 大多数脂肪酸的碳原子数在 10～20，且均为偶数，以 16 碳、18 碳最为常见，如软脂酸、硬脂酸。

② 分子中只有一个双键的不饱和脂肪酸，双键位置一般在 9、10 之间；若双键数目多于 1 个，则另一个双键在远离羧基端，且两个双键之间总是隔一个亚甲基（$—CH_2—$）。

③ 不饱和脂肪酸的双键大多为顺式结构。

④ 饱和脂肪酸的熔点高于同等链长的不饱和脂肪酸。

2. 脂肪酸的表示方法

先写出碳原子的数目，再写出双键的数目，最后表明双键的位置。例如，软脂酸 $C_{16:0}$，表明软脂酸含 16 个碳原子，无双键；油酸 $C_{18:1(9)}$ 或 $C_{18:1\Delta^9}$ 表明油酸为具有 18 个碳原子，在第 9～10 位之间有一个不饱和双键的脂肪酸。含两个或两个以上双键的脂肪酸称为多不饱和脂肪酸。多不饱和脂肪酸除了上面的表示方法外，还有一种 ω 命名法，即从甲基末端（ω 端）计数双键，用 ω 后加数字表示靠甲基最近的第一个双键的位置，如亚麻酸写作 ω-3，属 ω-3 系列；亚油酸写作 ω-6，属 ω-6 系列。

一些重要的饱和脂肪酸与不饱和脂肪酸见表 4-1 和表 4-2。

表 4-1　天然脂质中的饱和脂肪酸

名称	习惯名	分子式	熔点/℃	存在
丁酸	酪酸	C_3H_7COOH	−7.9	奶油
己酸	羊油酸	$C_5H_{11}COOH$	−3.4	奶油、羊脂、可可油等
辛酸	羊脂酸	$C_7H_{15}COOH$	16.7	奶油、羊脂、可可油等
癸酸	羊蜡酸	$C_9H_{19}COOH$	32	奶油、椰子油
十二酸	月桂酸	$C_{11}H_{23}COOH$	44	椰子油、鲸蜡
十四酸	豆蔻酸	$C_{13}H_{27}COOH$	54	肉豆蔻脂、椰子油
十六酸	软脂酸	$C_{15}H_{31}COOH$	63	动植物油
十八酸	硬脂酸	$C_{17}H_{35}COOH$	70	动植物油

续表

名称	习惯名	分子式	熔点/℃	存在
二十酸	花生酸	$C_{19}H_{39}COOH$	75	花生油
二十二酸	山萮酸	$C_{21}H_{43}COOH$	80	山萮、花生油
二十四酸	木蜡酸	$C_{23}H_{47}COOH$	84	花生油
二十六酸	蜡酸	$C_{25}H_{51}COOH$	87.7	羊毛脂、蜂蜡
二十八酸	褐煤酸	$C_{27}H_{55}COOH$	—	蜂蜡

表 4-2 天然脂质中的不饱和脂肪酸

名称	习惯名	分子式	表示法	存在
十六碳一烯酸	棕榈油酸	$CH_3(CH_2)_5CH{=}CH(CH_2)_7COOH$	$C_{16:1\Delta^9}$	海产油脂
十八碳一烯酸	油酸	$CH_3(CH_2)_7CH{=}CH(CH_2)_7COOH$	$C_{18:1\Delta^9}$	动植物油脂
十八碳二烯酸	亚油酸	$CH_3(CH_2)_4(CH{=}CHCH_2)_2(CH_2)_6COOH$	$C_{18:2\Delta^{9,12}}$	棉籽油，亚麻仁油
十八碳三烯酸	亚麻酸	$CH_3CH_2(CH{=}CHCH_2)_3(CH_2)_6COOH$	$C_{18:3\Delta^{9,12,15}}$	亚麻仁油
二十碳四烯酸	花生四烯酸	$CH_3(CH_2)_4(CH{=}CHCH_2)_4(CH_2)_2COOH$	$C_{20:4\Delta^{5,8,11,14}}$	卵磷脂，脑磷脂
二十碳五烯酸	EPA	$CH_3CH_2(CH{=}CHCH_2)_5(CH_2)_2COOH$	$C_{20:5\Delta^{5,8,11,14,17}}$	鱼油
二十二碳六烯酸	DHA	$CH_3CH_2(CH{=}CHCH_2)_6CH_2COOH$	$C_{22:6\Delta^{4,7,10,13,16,19}}$	鱼油

3. 必需脂肪酸

哺乳动物体内能够自身合成饱和脂肪酸及单不饱和脂肪酸，但由于缺少在C9以上再引入双键的酶，所以不能合成机体所需的亚油酸、亚麻酸和花生四烯酸等多不饱和脂肪酸。将机体生长必需的，自身不能合成的脂肪酸称为必需脂肪酸。

必需脂肪酸中的亚油酸和亚麻酸可直接从植物食物中获得，花生四烯酸可由亚油酸在体内转变而来。它们是前列腺素等生物活性物质的前体。

（二）脂肪的理化性质

1. 物理性质

脂肪一般无色、无嗅、无味，呈中性。天然脂肪因含杂质而常具有颜色和气味，脂肪的相对密度皆小于1。

（1）溶解度　甘油三酯不溶于水，也没有形成高度分散态的倾向。甘油二酯和甘油单酯因有游离羟基，故有形成高度分散态的倾向。

（2）熔点　甘油三酯的熔点是由其脂肪酸组成决定的，它一般随饱和脂肪酸的数目和链长的增加而升高。猪的脂肪中油酸占50%，猪油固化点30.5℃。植物油中含大量的不饱和脂肪酸，因此呈液态。

（3）光学活性　甘油本身虽无光学活性，但如果甘油的第1个碳原子和第3个碳原子上的脂肪酸不同时，第2个碳原子为不对称碳原子，因此具有旋光性。天然存在的具有一个不对称碳原子的甘油三酯，习惯上按照L-甘油醛衍生物的原则命名。

2. 化学性质

（1）水解与皂化　脂肪能被酸、碱、蒸汽及脂肪酶水解，产生甘油与脂肪酸。酸水解可逆，碱水解因生成脂肪酸盐而不可逆。如果用NaOH或KOH水解，生成的脂肪酸盐即为肥皂。因此，碱水解脂肪的作用称为皂化作用。

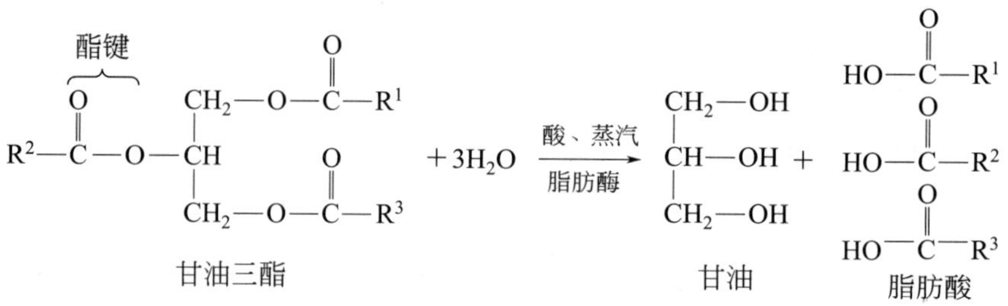

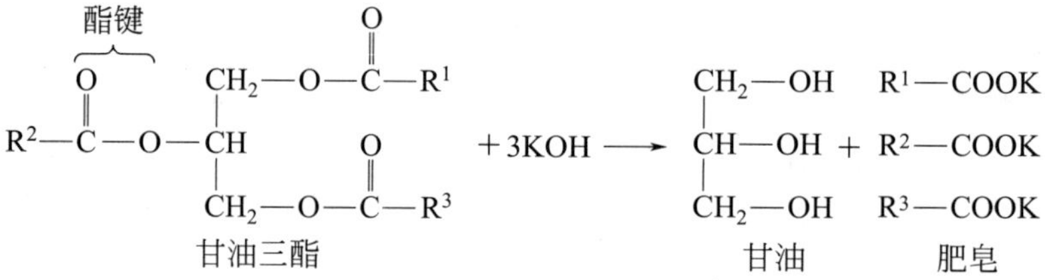

完全皂化 1g 脂肪所需 KOH 的质量（mg）称为该脂肪的皂化值，通常从皂化值可知油脂的平均分子量。

$$油脂的平均分子量=\frac{3\times56\times1000}{皂化值}$$

（2）氢化和卤化　对于脂酰基具有不饱和双键的脂肪而言，其不饱和双键在催化剂如 Ni 的作用下可与氢起加成反应，这个作用称为氢化作用。

利用这种原理可将液体植物油部分氢化，制成半固体脂肪；由棉籽油氢化可制成“人造猪油”。

卤素中的溴和碘也可加到不饱和脂肪中的双键上产生饱和的卤化脂，这种作用称为卤化作用。碘值（价）可以表示脂肪中所含脂肪酸的不饱和程度。碘值（价）就是 100g 脂肪吸收碘的质量（g）。

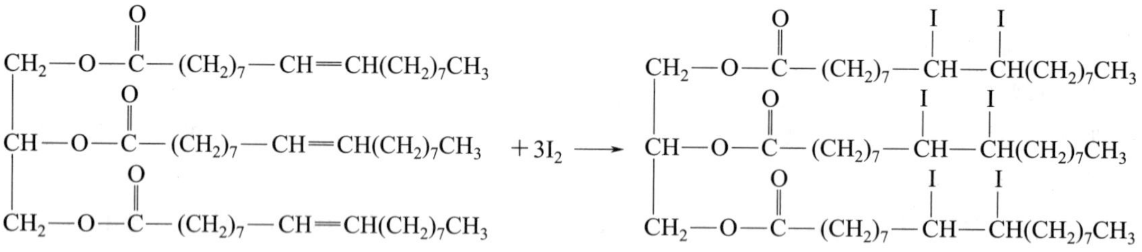

3. 氧化与酸败

脂肪在空气中暴露过久，通过光、热和微生物等作用水解释放出脂肪酸，脂肪酸可与分子氧作用产生脂肪酸过氧化物，并进一步分解成醛、酮等小分子物质，产生难闻的臭味，这种现象称为酸败作用。酸败作用的大小可用酸值（价）表示。酸值（价）就是中和 1g 脂肪中游离脂肪酸所需 KOH 的质量（mg）。

4. 酰化作用

脂质中含羟基的脂肪酸可与乙酸酐或其他酰化剂作用生成相应的酰化酯。脂肪酸羟基化程度用乙酰化值来表示。乙酰化值是指 1g 乙酰化的脂质分解出的乙酸用 KOH 中和时，所需 KOH 的质量（mg）。

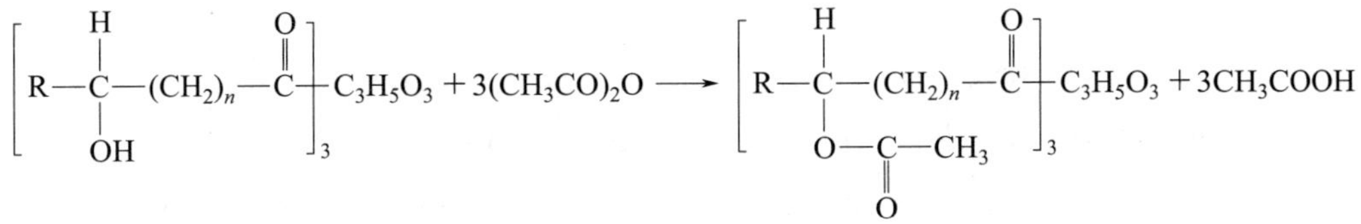

5. 干化

某些油在空气中放置，表面能形成一层干燥而有韧性的薄膜，这种现象称为干化。具有这种性质的油称为干性油。一般认为，如果组成油脂中的脂肪酸含有较多的共轭体系的碳碳双键，比较容易干化。如桐油中含油酸达 79%，是最好的干性油，它不但干化快，而且形成的薄膜韧性好，并能耐冷、热和潮湿，在工业上有重要价值。

二、蜡

蜡是由高级一元醇与高级脂肪酸所构成的酯，是不溶于水的固体。蜡的化学性质比较稳定，在空气中不易变质，难以皂化。蜡大多存在于动植物体的表面，起保护作用。我国出产的蜡主要为蜂蜡、虫蜡和羊毛蜡，是经济价值较高的农业副产品，可用于涂料、润滑剂、绝缘材料及化妆品原料。

蜂蜡主要成分是三十醇的棕榈酸酯，是工蜂腹部的蜡腺分泌出来的蜡，是建造蜂巢的主要物质。

虫蜡主要成分是二十六酸二十六酯，也称为白蜡，是寄生于女贞树上的白蜡虫的分泌物，为我国特产。

羊毛蜡主要成分是三羟蜡酸环醇酯，由于其较易吸收水分，并有乳化作用，故多用于高级化妆品及医药上制造的软膏。

第三节　复脂

复脂是指脂肪酸和醇合成的酯，同时含有其他非脂性物质，如糖、磷酸及氮碱等。根据复脂中所含的磷和糖，把复脂分为磷脂和糖脂两类。

一、磷脂

磷脂是含磷的简单脂类衍生物。根据磷脂中醇的来源不同，分为甘油醇磷脂和鞘氨醇磷脂两类。

（一）甘油醇磷脂

甘油醇磷脂（甘油磷脂）由甘油、脂肪酸、磷酸和其他基团（乙醇胺、胆碱、丝氨酸、肌醇等）所组成，是磷脂酸的衍生物。

1. 甘油醇磷脂的结构

甘油醇磷脂中所含甘油的两个醇羟基与脂肪酸成酯，第三个醇羟基与磷酸成酯，这个化合物称为磷脂酸，磷脂酸中的磷酸再与氨基醇（如胆碱、乙醇胺或丝氨酸）或肌醇结合成酯即为甘油醇磷脂。磷脂酸与甘油醇磷脂的结构通式如下（其中 X 代表氨基醇或肌醇）。常见甘油醇磷脂的组成成分见表 4-3。

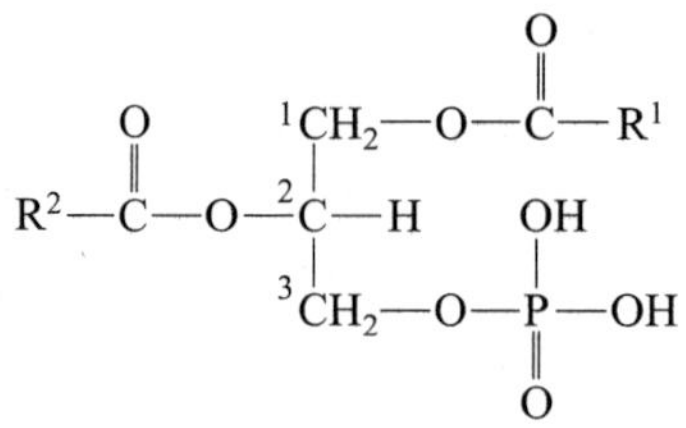

磷脂酸

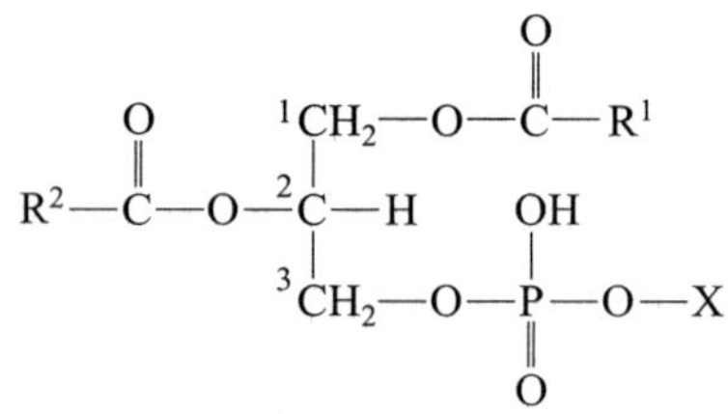

甘油醇磷脂的通式

表 4-3　甘油醇磷脂的组成成分

名　　称	组成成分			
	甘油	脂肪酸	磷酸	X
磷脂酸	+	+	+	—
磷脂酰胆碱	+	+	+	胆碱
磷脂酰乙醇胺	+	+	+	乙醇胺
磷脂酰丝氨酸	+	+	+	丝氨酸
磷脂酰肌醇	+	+	+	肌醇
二磷脂酰甘油	+	+	+	磷脂酸

2. 重要的甘油醇磷脂

（1）磷脂酰胆碱　也称为卵磷脂，易吸水变成棕黑色胶状。不溶于丙酮，但溶于乙醇及乙醚。经酸、碱和酶水解后可得到脂肪酸、磷酸甘油和胆碱，磷酸分子和胆碱上的羟基可以解离成两性离子型。结构如下：

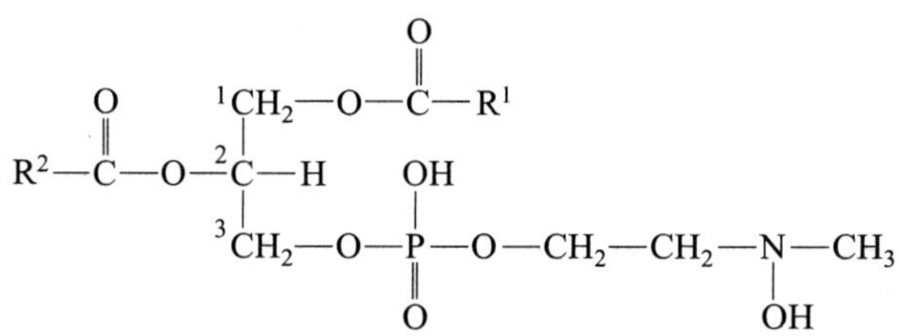

磷脂酰胆碱(分子型)

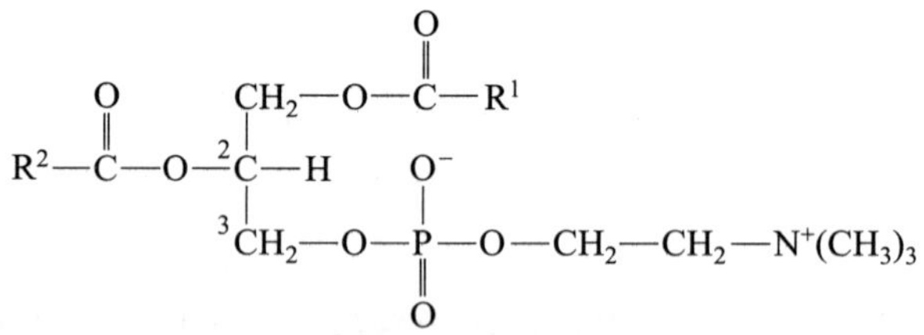

磷脂酰胆碱(两性离子型)

（2）磷脂酰乙醇胺　也称为脑磷脂，性质与卵磷脂相似，不同之处在于其不溶于乙醇和丙酮，而溶于乙醚。结构如下：

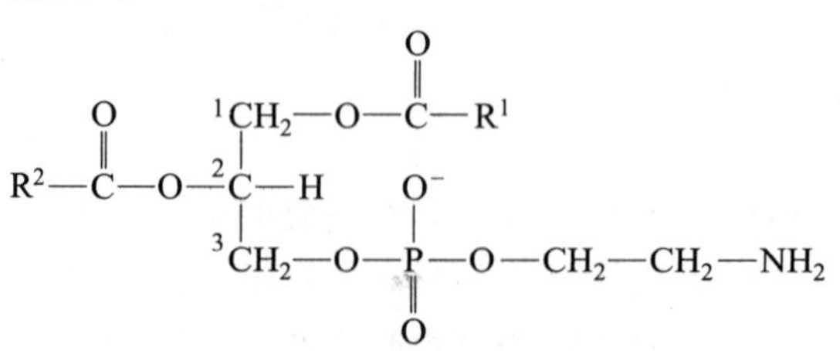

磷脂酰乙醇胺

（3）磷脂酰丝氨酸　性质与脑磷脂相似，结构如下：

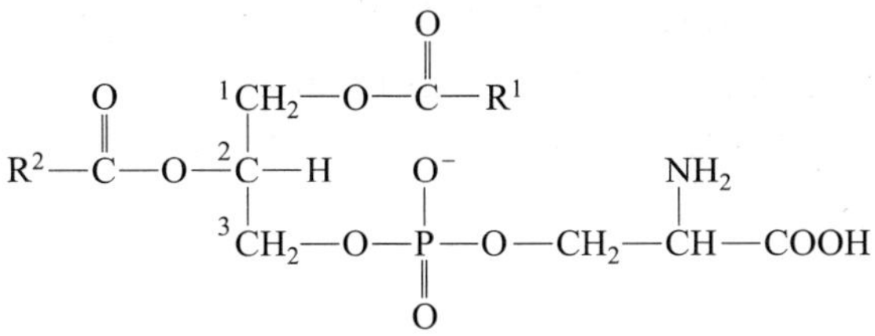

磷脂酰丝氨酸

（4）磷脂酰肌醇　是由磷脂酸和肌醇结合的脂质，有磷脂酰肌醇、磷脂酰肌醇磷酸、磷脂酰肌醇二磷酸等几种。磷脂酰肌醇的结构如下：

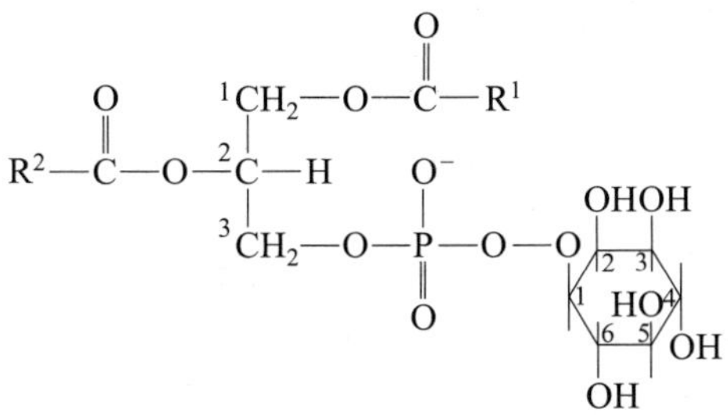

磷脂酰肌醇

（5）二磷脂酰甘油　因大量存在于心肌细胞也称为心磷脂，是唯一具有抗原性的脂质，结构如下：

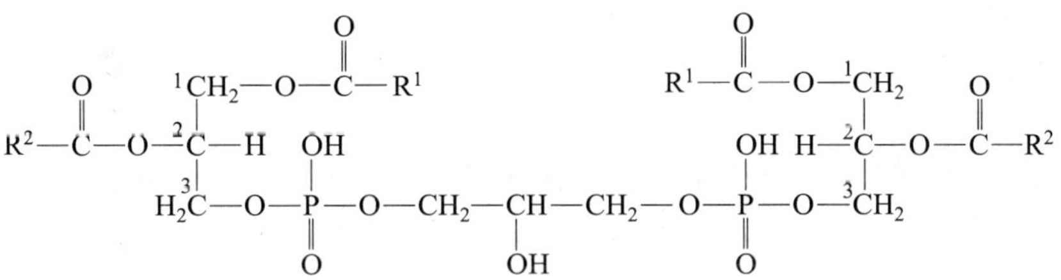

二磷脂酰甘油(心磷脂)

3. 甘油醇磷脂的理化性质

（1）物理性质　甘油醇磷脂都是白色蜡状固体。由于甘油醇磷脂分子中含有 2 条疏水的脂酰基长链（尾部）及亲水的磷酸或其极性取代基团（头部），所以甘油醇磷脂是两性分子，在水溶液中可以形成微团或自动排成双分子层。

（2）化学性质

① 水解作用。用弱碱水解甘油醇磷脂生成脂肪酸的金属盐，剩余部分不被水解。如用强碱水解则生成脂肪酸、氮碱和磷酸甘油。

② 氧化作用。暴露在空气中的甘油醇磷脂，由于其中所含不饱和脂肪酸被氧化，形成过氧化物，最终形成黑色过氧化物的聚合物。

③ 酶解作用。甘油醇磷脂可被磷脂酶 A_1、磷脂酶 A_2、磷脂酶 C 和磷脂酶 D 水解生成不同的化合物，但完全水解后的产物则为甘油、脂肪酸、磷酸和氮碱。各种磷脂酶的作用位点如图 4-1 中箭头所示。

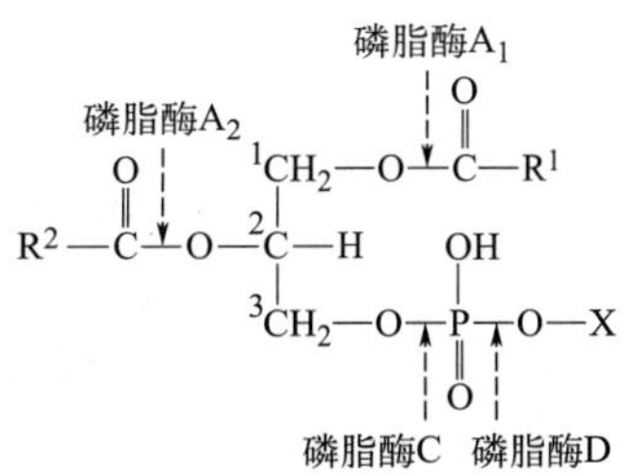

图 4-1　甘油醇磷脂酶解的作用位点

（二）鞘氨醇磷脂

鞘氨醇磷脂（鞘磷脂）的组成与甘油醇磷脂基本一致，只是其中的醇是鞘氨醇。鞘氨醇的氨基与长链脂肪酸的羧基脱去一分子水以酰胺键相连构成神经酰胺，是鞘氨醇磷脂的母体；鞘氨醇的羟基与磷酸氮碱相连。由鞘氨醇、脂肪酸、磷酸、氮碱连接而成的化合物为鞘氨醇磷脂。鞘氨醇、神经酰胺及鞘氨醇磷脂通式结构式如下：

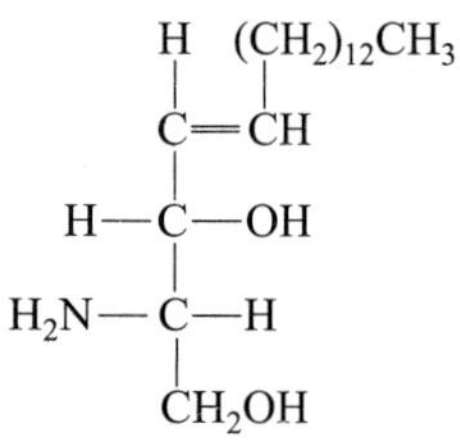

鞘氨醇

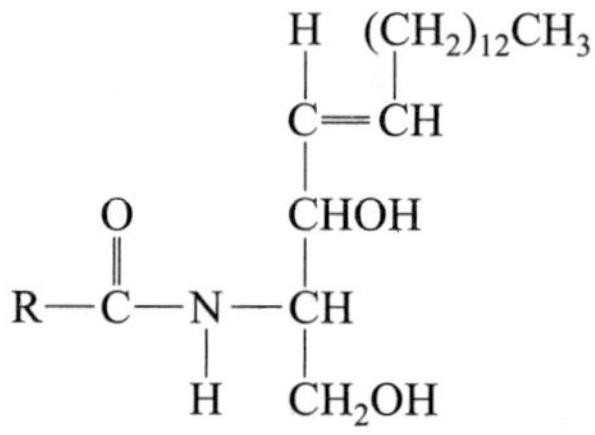

神经酰胺

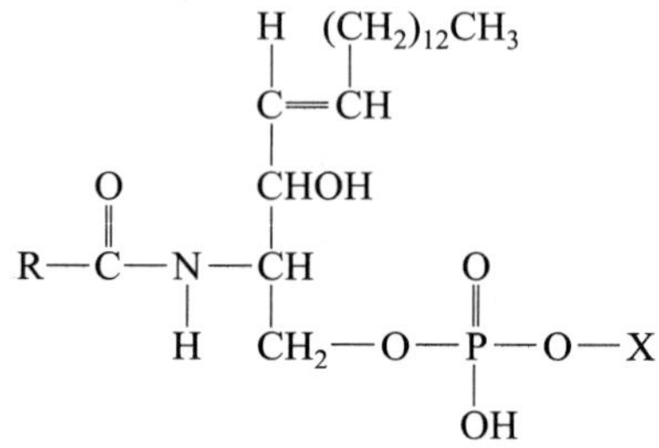

鞘氨醇磷脂通式

鞘磷脂为白色晶体，不溶于乙醚、丙酮，而溶于热乙醇；鞘磷脂也有两个非极性尾部和一个极性头部，其中一个尾部是鞘氨醇的不饱和烃链，另一个是脂肪酸的碳氢链，构成具有两性解离的性质，在水中呈乳状液。

二、糖脂

一个或多个单糖残基与脂酰甘油或神经酰胺以糖苷键连接所形成的化合物，称为糖脂。根据糖残基连接的化合物不同，可分为神经酰胺糖脂和甘油醇糖脂。糖脂和磷脂都是细胞膜脂质双层的组分。

（一）神经酰胺糖脂

由神经酰胺中C1的OH与糖分子以β-糖苷键连接而成。其中，单糖为半乳糖残基的叫脑苷脂；以寡糖链（含有唾液酸）与神经酰胺相连的叫神经节苷脂。

（二）甘油醇糖脂

由脂酰甘油与已糖或脱氧葡萄糖以糖苷键连接而成的化合物。存在于绿色植物中，又称为植物糖脂。脑苷脂和半乳糖二酰甘油的结构如下：

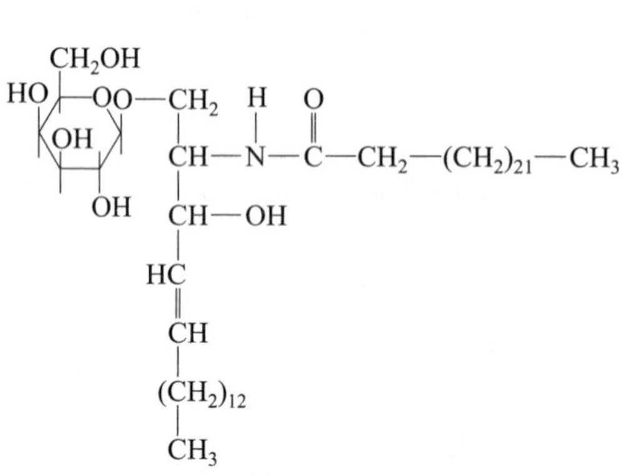

脑苷脂

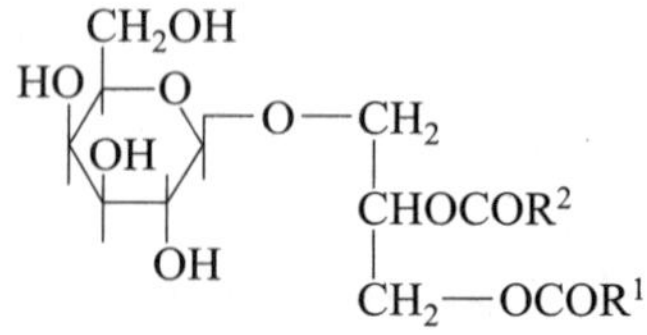

半乳糖二酰甘油

第四节 类脂

这类化合物都不含脂肪酸（胆固醇酯除外），不能进行皂化作用，也称为非皂化脂。它主要包括萜类和固醇类化合物。

一、萜类

萜类是由不同数目的异戊二烯聚合而成的聚合物及其饱和度不同的含氧衍生物。萜的分类主要根据异戊二烯的数目。由两个异戊二烯构成的萜称为单萜，由三个异戊二烯构成的萜称为倍半萜，由四个异戊二烯构成的萜称为二萜，同理还有三萜、四萜等。萜类有的是线状，有的是环状，有的二者兼有。相连的异戊二烯有的是头尾相连，也有的是尾尾相连。

植物中，多数萜类都具有特殊臭味，而且是各类植物特有油类的主要成分。例如柠檬苦素、薄荷醇、樟脑等依次是柠檬油、薄荷油、樟脑油的主要成分。

萜类在生命活动中具有重要的功能，如维生素 A、维生素 E、维生素 K 是重要的脂溶性维生素；赤霉素、脱落酸等是重要的植物激素；类胡萝卜素和叶绿素是重要的光合色素；泛醌、质体醌为重要的电子载体等。叶绿素、柠檬苦素的结构如下：

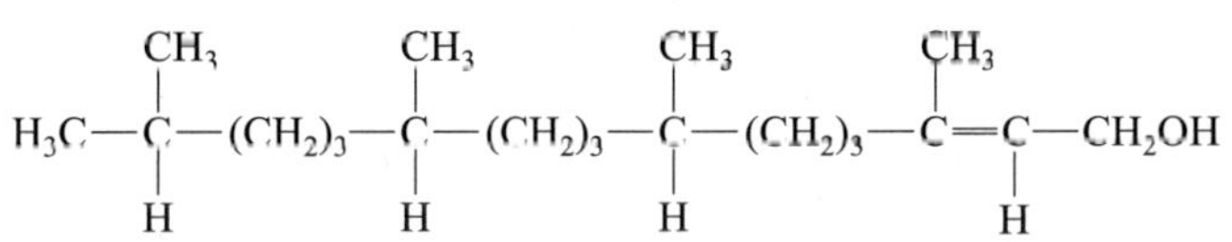

叶绿素

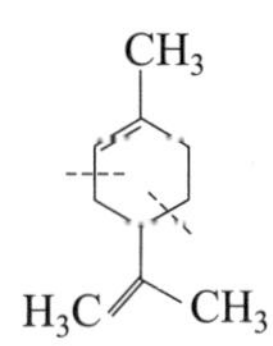

柠檬苦素

二、固醇类

固醇类是环戊多氢菲的羟基衍生物。根据羟基数量及位置不同可分为固醇和固醇衍生物两类。

（一）固醇

固醇是高分子环状一元醇，其结构特点是甾核的 3 位上有一羟基和 17 位上有一分支的碳氢链，在生物体内以游离态或与脂肪酸成酯的形式存在。动物固醇以胆固醇为代表，植物固醇以麦角固醇为代表。

1. 胆固醇

胆固醇以游离及酯的形式存在于一切动物组织中，在神经组织和肾上腺中含量特别丰富，胆固醇主要在肝脏中合成。胆固醇的结构如下：

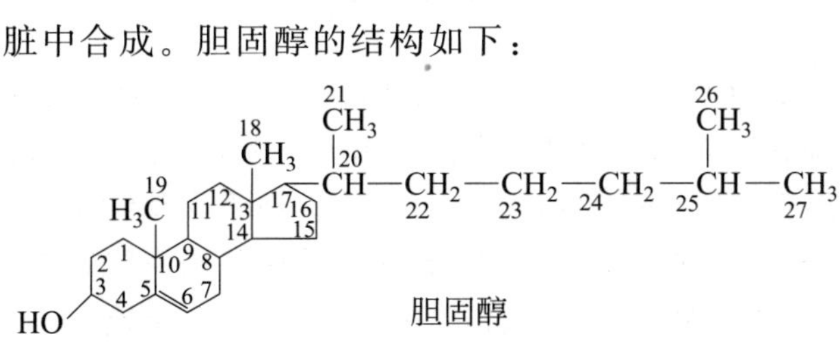

胆固醇

胆固醇不溶于水、酸或碱，易溶于胆汁酸盐溶液，溶于乙醚、氯仿、苯、热乙醇等溶剂。

7-脱氢胆固醇存在于皮肤和毛发中，经阳光或紫外线照射可变成维生素 D_3。在动物机体中，胆固醇可转变为多种固醇类激素，也可转变成胆汁酸盐促进脂肪的消化吸收。

2. 麦角固醇

麦角固醇的结构与胆固醇很相似，在 C5 至 C8 间有一共轭双键，C17 位上的侧链是分支的九碳烯基，其结构如下：

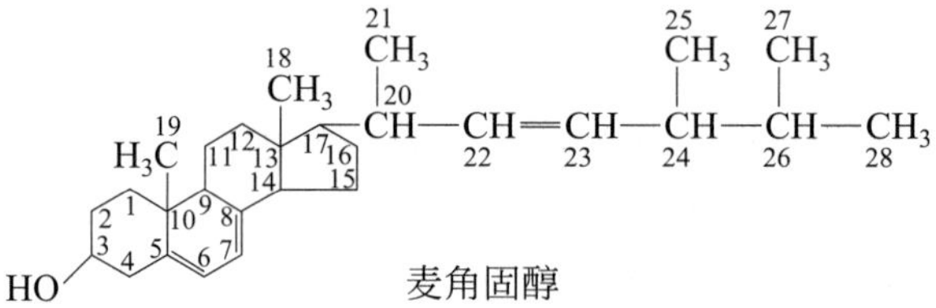

麦角固醇

麦角固醇的性质与胆固醇相似，经紫外线照射后可变成维生素 D_2。维生素 D_2 和维生素 D_3 的差异只在于与 C17 相连的侧链有所不同。维生素 D_2 和维生素 D_3 的结构如下：

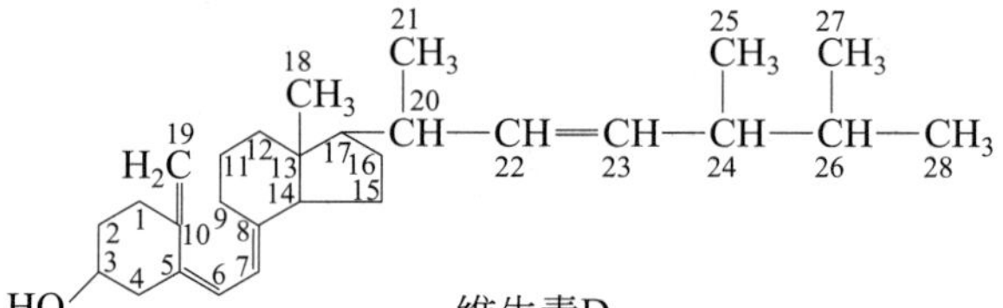

维生素D_2

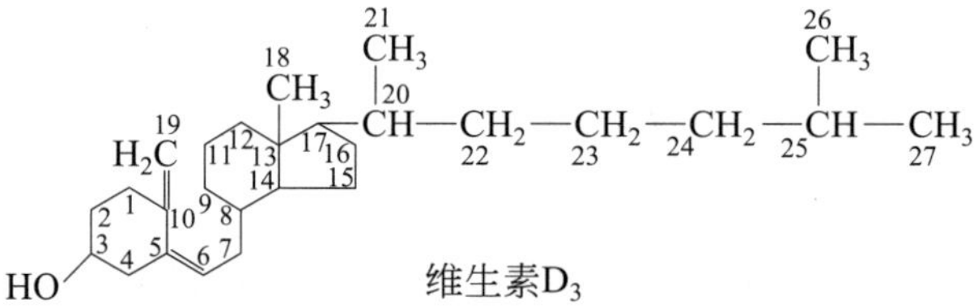

维生素D_3

（二）固醇衍生物

其典型代表是胆汁酸。胆汁酸可与脂肪酸或其他脂类形成盐。它们是乳化剂，能降低水和油脂的表面张力，使肠腔中的油脂乳化成微粒，以增加油脂与消化液中脂肪酶的接触面积，便于油脂的消化。

润心驿站　　青蒿素往事——矢志青蒿的诺贝尔奖获得者

疟疾是危害人类最大的疾病之一，每年感染数亿人，并导致数百万人死亡，为此各国科学家都致力于治疗疟疾的研究。1967 年 5 月 23 日，我国在北京饭店召开会议，确定了全国大协作的抗疟疾任务，即“523 任务”，前前后后加起来来自 100 多家单位的 500 多人参与了这个研究项目，屠呦呦就是其中一员。1969 年初，屠呦呦所在的中医研究院响应“523 任务”的号召，成立中药研究小组，当年 39 岁的屠呦呦担任组长，在北大医学院比她小一届的学弟余亚纲担任组员，他们挖掘中医药典籍，累计翻出了大概 640 多个“方子”，集成了一本《疟疾单秘验方集》，并列出了八种草药候选，青蒿就在其中，排名第五。1970 年 2 月到 9 月，屠呦呦和余亚纲前后共测试了 100 多种中药提取物，再和此前通过典籍梳理出来排名靠前的药物进行交叉比对，得到了有潜力的候选药物：青蒿的乙醇提取物抑制率可以达到 68%。虽然抗疟药物的研发有了一些曙光，但因为“523 任务”时限到期，屠呦呦等人也被安排去了别处和其他工作。1971 年 5 月，中断一年的“523 任务”重启，屠呦呦时隔一年又组建团队，重启抗疟疾药物的研究工作。这一次，屠呦呦带领团队从已经验证过的青蒿开始，但无论是用水还是乙醇，青蒿的提取液都难以达到预期的效果，总是只有 12% ~ 40% 的抗疟效果。正当团队因此愁眉苦脸的时候，屠呦呦在中医药典籍中找到了破局的办法。东晋葛洪的《肘后备急方》中记载：青蒿一握，以水一升渍，绞取汁，尽服之。屠呦呦敏锐地意识到葛洪的描述中，青蒿并非像传统中药材一样被烹煮，而只是挤出汁水，或许温度是决定青蒿提取效率和效果的关键因素。于是，屠呦呦改用了沸点更低的乙醚进行实验，经过 190 次失败之后不放弃，在第 191 次的实验中终于发现了抗疟效果近乎完美的青蒿提取物，开创了疟疾治疗新方法，全球数亿人因这种“中国神药”而受益。这个成就并未让屠呦呦止步，1992 年，针对青蒿素对疟疾难以根治的缺点，屠呦呦团队又发明双氢青蒿素这一抗疟疗效为前者 10 倍的“升级版”。

2015 年 10 月 5 日，斯德哥尔摩的瑞典卡罗林斯卡医学院宣布，来自中国的女性药学家屠呦呦，以及爱尔兰科学家威廉 · 坎贝尔和日本科学家大村智，被授予诺贝尔生理学或医学奖，以表彰他们在寄生虫疾病治疗研究方面取得的成就。屠呦呦在瑞典发表获奖感言“青蒿素的发现是集体发掘中药的成功范例，没有大家无私合作的团队精神，我不可能在短期内将青蒿素贡献给世界”，回忆起当时接受青蒿素研发任务时，屠呦呦表示“体会到了国家对我的信任，深感责任重大，任务艰巨。我决心不辱使命，努力拼搏，尽全力完成任务！”“中国医药学是一个伟大宝库，青蒿素正是从这一宝库中发掘出来的。且我深感中西医药各有所长，二者有机结合，优势互补，具有更大的开发潜力和良好的发展前景。”

> 青蒿素是从植物黄花蒿茎叶中提取的有过氧基团的倍半萜内酯药物，其对鼠疟原虫红内期超微结构的影响，主要是引起疟原虫膜系结构的改变，该药首先作用于食物胞膜、表膜、线粒体、内质网，此外对核内染色质也有一定的影响。在疟疾重灾区非洲，青蒿素已经拯救了上百万生命。

小思考

1. 屠呦呦的获奖感言对我们实现人生价值有什么启示？
2. 作为新时代中国青年，如何进一步传承和创新中国医药学？

脂类化学知识框架

<table>
<tr><td rowspan="3">脂类化学</td><td rowspan="3">单脂</td><td rowspan="3">脂肪酸</td><td>结构</td><td>软脂酸、硬脂酸、油酸、亚油酸、亚麻酸、花生四烯酸</td></tr>
<tr><td>特点</td><td>偶数碳；一个双键的位置在 C9 与 C10 之间；两个以上双键之间隔一个亚甲基；双键顺式</td></tr>
<tr><td>必需脂肪酸</td><td>亚油酸、亚麻酸为人体不能合成，必须由食物供给</td></tr>
</table>

<table>
<tr><td rowspan="11">脂类化学</td><td rowspan="3">单脂</td><td rowspan="3">脂肪</td><td>结构</td><td colspan="2">1 分子甘油和 3 分子脂肪酸脱水缩合而成</td></tr>
<tr><td>化学性质</td><td colspan="2">碱水解:生成脂肪酸盐——肥皂和甘油
皂化值:皂化 1g 油脂所需 KOH 的质量(mg),可以衡量油脂的平均分子量的大小
酸价:中和 1g 天然油脂中的游离脂肪酸所需的 KOH 的质量(mg)
氢化和卤化:含不饱和脂肪酸的油脂中,其不饱和双键与氢气和卤素起加成反应,称为氢化和卤化
碘值:100g 油脂吸收碘的质量(g),用于测定油脂的不饱和程度
氧化与酸败:油脂在空气中暴露过久而被氧化,产生难闻的臭味,称为油脂的酸败</td></tr>
<tr><td>功能</td><td colspan="2">贮能物质,氧化供能</td></tr>
<tr><td rowspan="6">复脂</td><td rowspan="4">磷脂</td><td rowspan="3">甘油磷脂</td><td colspan="2">结构:1 分子甘油+2 分子脂肪酸+1 分子磷酸+含羟基化合物</td></tr>
<tr><td colspan="2">重要的甘油磷脂:卵磷脂、脑磷脂、磷脂酰丝氨酸</td></tr>
<tr><td>性质</td><td>1. 两性化合物:极性头与疏水尾
2. 酶解作用:磷脂酶 A_1、磷脂酶 A_2、磷脂酶 C、磷脂酶 D 的作用</td></tr>
<tr><td>鞘磷脂</td><td colspan="2">结构:鞘氨醇的衍生物;鞘氨醇的氨基与脂肪酸以酰胺键相连,羟基与磷酸氮碱相连形成的为鞘磷脂</td></tr>
<tr><td rowspan="2">糖脂</td><td rowspan="2">神经酰胺糖脂</td><td colspan="2">脑苷脂:神经酰胺与一分子单糖以糖苷键结合而成</td></tr>
<tr><td colspan="2">神经节苷脂:神经酰胺与寡糖结合而成</td></tr>
<tr><td rowspan="2">类酯</td><td rowspan="2">固醇类</td><td rowspan="2">胆固醇</td><td colspan="2">结构:是环戊多氢菲的羟基衍生物</td></tr>
<tr><td colspan="2">转化:1. 转化为胆汁酸盐
2. 转化为固醇类激素(肾上腺皮质激素、性激素)
3. 转化为 7-脱氢胆固醇,再转变成维生素 D_3</td></tr>
</table>

本章思考题

一、名词解释

1. 皂化值　　2. 必需脂肪酸

二、填空题

1. 单脂是由__________和__________形成的酯类。

2. 不饱和脂肪酸有________式和__________式两种构型。

3. 磷脂酰胆碱（卵磷脂）是由脂肪酸、磷酸、__________和__________组成。

4. 固醇类化合物的核心结构是__________。

三、选择题

1. 脂肪的碱水解称为（　　）。

A. 酯化　　B. 还原　　C. 皂化　　D. 氧化

2. 下列脂类化合物中含有胆碱基的是（　　）。

A. 磷脂酸　　B. 神经节苷脂　　C. 胆固醇　　D. 神经鞘磷脂

3. 神经节苷脂是一种（　　）。

A. 脂蛋白　　B. 糖蛋白　　C. 糖脂　　D. 脂多糖

4. 下列物质中由 18 个碳原子组成的不饱和脂肪酸的是（　　）：①油酸；②亚油酸；③亚麻酸；④花生四烯酸。

A. ①②③　　B. ①③　　C. ②④　　D. ④

5. 卵磷脂和脑磷脂分子中共有的基团是（　　）：①甘油基；②脂酰基；③磷酰基；④胆碱基。

A. ①②③　　B. ①③　　C. ②④　　D. ④

6. 下列不属于必需脂肪酸的是（　　）。

A. 亚油酸　　B. 油酸　　C. 亚麻酸　　D. 花生四烯酸

四、问答题

1. 试述卵磷脂和脑磷脂在组成结构上的异同。

2. 天然脂肪酸有哪些共性？

第五章
酶与维生素

内容概要与学习指导——酶与维生素

本章重点介绍了酶的结构、特性、酶反应动力学特点及各种 B 族维生素与辅酶和辅基的关系。概述了酶的分类及酶原、同工酶、调节酶、多酶复合体等术语的含义及酶的应用。

酶分为蛋白酶和核酶。核酶是 1982 年发现的一种具有催化作用的 RNA。在蛋白酶中，根据所催化反应的性质分为六大类；根据化学组成分为结合酶与单纯酶；根据结构分为单体酶、寡聚酶、多酶体系；根据存在状态分为酶原、同工酶、调节酶等。维生素作为绝大多数的结合蛋白酶的辅助因子发挥了重要作用。

酶分子中一些必需基团构成了酶的活性中心，分为结合部位和催化部位。酶通过与底物的相互作用发挥其高效催化能力。中间产物学说及诱导契合学说是大家公认的研究酶的催化作用的两种学说。

学习本章时应以酶的特性为基础，围绕酶催化的高效性、专一性、可变性和受调控性四大特点学习酶的催化机理、影响因素及酶的存在形式。注意以下各点：

① 蛋白酶的本质是蛋白质，联系蛋白质的结构学习酶的结构；
② 以酶的高效性为基础，理解酶的催化机理；
③ 以酶的专一性为基础，理解酶的结构组成，酶与辅助因子的关系；
④ 以酶的作用条件为基础，理解影响酶促反应速率的因素；
⑤ 以酶的可调节性为基础，理解同工酶、调节酶、多酶体系的作用。

第一节 概述

生物体的基本特征之一是新陈代谢，而新陈代谢是由千千万万种化学反应组成。在这些化学反应中，包含着复杂而有规律的物质变化和能量变化。比较生物体内与实验室非生物条件下进行的同种反应，就会发现，在实验室中需要高温、高压、强酸、强碱等剧烈条件下才能进行的反应，在生物体内则在一个较温和条件下就能顺利和迅速地进行。其中的奥秘就在于生物体内含有一类特殊的催化剂——酶（enzyme，E）。辅酶是酶分子的重要组成部分。没有辅酶，结合酶分子的结构就不完整，不具催化活性。而维生素（特别是 B 族维生素）是许多酶的辅酶的组成成分。

酶的概念

一、酶的概念及化学本质

酶是由生物细胞产生的具有催化能力的生物催化剂。自从 1926

年 Summer 首次证明脲酶具有蛋白质性质以来，人们一直认为，所有的酶都是蛋白质。20 世纪 80 年代，T. Cech 和 S. Altman 先后发现 RNA 具有催化功能。这说明有催化作用的生物催化剂不一定是蛋白质，人们将这类具有催化作用的 RNA 称为 ribozyme，通常译为核酶，研究 ribozyme 具有重大的理论意义和应用前景。

1986 美国 R. A. Lerner 和 P. G. Schultz 等得到了具有酶催化活性的抗体，这类酶称抗体酶（abzyme）。

二、酶催化作用的特点

酶是生物催化剂，和一般催化剂一样，酶只能催化热力学上允许进行的反应；酶在反应中自身不被消耗，因此仅需微量存在就可以大大加速化学反应的进行；酶可以缩短平衡所需要的时间，但不能改变反应的平衡点。但和一般催化剂相比，酶还有下列特点。

1. 高度特异性

酶对所作用的底物具有严格的选择性，一种酶只能对一种物质，或一类分子结构相似的物质发生催化作用，按其专一的程度可分为三类。

（1）绝对特异性　这类酶只对一种底物起催化作用。如脲酶只能催化尿素的分解反应，过氧化氢酶只能催化过氧化氢的分解。

（2）相对特异性　属于这类特异性的酶，有的只对作用物的某一化学键发生作用，而对此化学键两端所连接的原子基团无多大的选择，例如酯酶能水解不同酸与醇所合成的酯键；二肽酶可水解由不同氨基酸所组成的二肽的肽键。另有一些相对特异性的酶类，不但要求作用物具有一定化学键，而且对此键两端连接的基团也有一定的要求，例如肠麦芽糖酶可水解麦芽糖及葡萄糖苷，它作用的对象，不仅是糖苷键而且必须是 α-葡萄糖所形成的糖苷键。

（3）立体异构特异性　几乎所有的酶都具有立体异构特异性。这类酶只能催化一种立体异构体发生反应，而对另一种异构体无作用。例如 L-氨基酸氧化酶只催化 L-氨基酸氧化脱氨，而对 D-氨基酸无作用。

2. 高度催化效率

酶有极高的催化效率，一般酶的催化效率要比化学催化剂高 $10^6 \sim 10^{13}$ 倍，因此，在生物细胞内虽然各种酶含量很少，但仍可催化大量的底物发生反应。

3. 高度不稳定性

因绝大多数酶的主要成分是蛋白质，对环境条件极为敏感，凡能使蛋白质变性的因素，如高温、强酸、强碱、重金属等都会使酶丧失活性。所以酶作用一般都要求较温和的条件，如常温、常压、接近中性的酸碱度等。

4. 酶活性可调性

这是酶区别于化学催化剂的一个重要特征。酶的调控方式很多，包括反馈调节、别构调节、共价修饰调节、抑制调节及激素控制等。生物体内酶的调节是错综复杂而又十分重要的，是生物体维持正常生命活力必不可少的，一旦失去了调控，就会导致新陈代谢紊乱，表现病态甚至死亡。

三、酶的分类和命名

（一）酶的分类

国际酶学委员会（EC）根据酶催化的反应类型，将酶分为六大类。

酶的分类和命名

（1）氧化还原酶类（oxidoreductases） 催化底物发生氧化还原反应的酶类，如脱氢酶、氧化酶等。

反应通式： $AH_2 + B \longleftrightarrow A + BH_2$

（2）转移酶类（transferases） 催化不同底物分子间某种基团的交换或转移的酶类，如转氨酶、转甲基酶等。

反应通式： $AR + B \longleftrightarrow A + BR$

（3）水解酶类（hydrolases） 催化底物水解的酶类，如淀粉酶、蛋白酶类等。

反应通式： $AB + H_2O \longleftrightarrow AOH + BH$

（4）裂合酶类（lyases，裂解酶类） 催化一种化合物直接分解为两种化合物，或两种化合物直接合成一种化合物的酶类，如醛缩酶、碳酸酐酶类等。

反应通式： $AB \longleftrightarrow A + B$

（5）异构酶类（isomerases） 催化同分异构体相互转变的酶类，如磷酸己糖异构酶、磷酸丙糖异构酶等。

反应通式： $A \longleftrightarrow B$

（6）合成酶类（Ligases） 催化两个分子合成一个分子的酶类，合成过程中伴有腺苷三磷酸高能磷酸基团的分解。如谷胱甘肽合成酶、谷氨酰胺合成酶等。

反应通式： $A + B + ATP \longrightarrow AB + ADP + Pi$

在每一大类酶中，又可根据不同的原则，分为几个亚类。每一个亚类再分为几个亚亚类。最后，再把属于每一个亚亚类的各种酶按照顺序排好，分别给每一种酶一个编号。例如乳酸脱氢酶在酶谱中的表示如下：

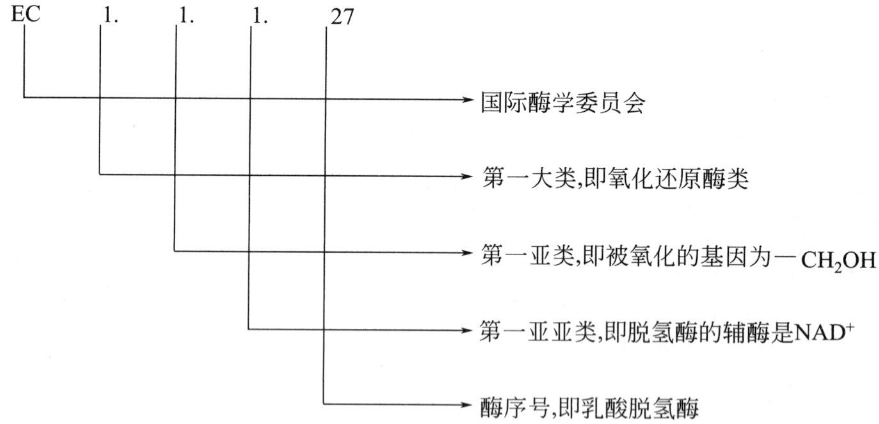

（二）酶的命名

根据国际酶学委员会的建议，对每一种酶，不仅要有一个编号，而且，还要有 2 个名称。其中，一个是系统名称；另一个是惯用名称（通俗名称）。

系统名称包括两部分：底物名称和反应类型。若酶反应中有两种底物起反应，这两种底物均需表明，当中用“:”分开。例如，催化乳酸脱氢反应的酶：

$$乳酸 + NAD^+ \longleftrightarrow 丙酮酸 + NADH + H^+$$

它的系统名称应该是：乳酸：NAD^+脱氢酶。

虽然系统名称系统严谨，但名称一般都很长，使用起来很不方便，因此，一般叙述时，往往采用惯用名称。

惯用名称要求简短、使用方便，通常根据底物名称和反应类型来命名，但不要求十分精确。例如，上述催化乳酸脱氢反应的酶，可以称为乳酸脱氢酶。

对于催化底物水解反应的酶，一般在酶的名称上省去了反应类型（水解）。例如，催化蛋白质水解的酶，称为蛋白酶，在名称上省去水解二字。有时为了区别同一类酶，还可以在酶的名称前面标上来源或酶的特性，例如，胰蛋白酶、胃蛋白酶、木瓜蛋白酶、中性蛋白酶、酸性蛋白酶、碱性蛋白酶。

四、酶活力的测定

酶活力的测定：实际上是酶定量测定的方法，酶制剂因含杂质多、易失活等原因，故不能用称重或测量体积来定量。

1. 酶活力的概念

指酶催化特定化学反应的能力。其大小通常用在一定条件下酶催化某一特定化学反应的速率来表示。所以，酶活力的测定，实际上就是测定酶所催化的化学反应的速率。反应速率可用单位时间内底物的减少量或产物的生成量来表示。在一般的酶促反应体系中，底物的量往往是过量，在测定的初速度范围内，底物减少量仅为底物总量的很小一部分，不容易测定，而产物从无到有，易测定。故一般用单位时间内产物的生成量来表示酶催化的反应速率。

2. 酶的活力单位

酶活性的大小可用酶活力单位来表示。酶活力单位是指在特定的条件下，酶促反应在单位时间内生成一定量的产物或消耗一定量的底物所需的酶量。在实际工作中，酶活力单位往往与所用的测定方法、反应条件有关。为了便于比较，酶活力单位已标准化，1961 年国际生化协会酶学委员会统一规定，1 个酶活力国际单位（IU）是指：在最适反应条件（温度 25℃）下，每分钟内催化减少 $1\mu mol/L$ 底物或生成 $1\mu mol/L$ 产物所需的酶量。

1972 年国际生化协会酶学委员会为了使酶活力单位与国际单位制中的反应速率表达方式相一致，推荐使用一种新单位，即“催量”（Katal），简称 Kat，来表示酶活力单位。1Kat 定义为：在最适温度下，每秒钟能催化 1mol/L 底物转化为产物所需要的酶量。催量和国际单位之间的关系是：$1Kat=6\times10^7 IU$。

3. 酶的比活力

酶的比活性（specific activity）也称为比活力，是指每毫克酶蛋白所含的活力单位数。有时也用每克酶制剂或每毫升酶制剂所含有的活力单位数表示。比活力是表示酶制剂纯度的一个重要指标。对同一种酶来说，酶的比活力越高，纯度越高。

4. 酶活力的测定方法

测定酶活力的方式有两种：一是测定完成一定反应所需的时间；二是测定单位时间内酶催化的化学反应量。常用的方法有如下几种。

（1）分光光度法　是利用底物或产物光吸收性质不同选择适当波长来测定。该方法简便、节省时间和样品，可检测到 nmol/L 水平的变化。该方法可以连续读出反应过程中光吸收的变化，是酶活力测定的一种最重要的方法。

（2）荧光法　是利用底物或产物荧光性质的差别来测定。该方法的灵敏度比分光光度法高，在酶学研究中常用于快速反应的测定。

（3）同位素测定方法　是利用放射性同位素标记的底物经酶作用得到相应产物，经适当分离，测定产物脉冲数即可。

（4）电化学法　包括 pH 测定法、离子选择电极法等。前者跟踪反应过程中 H^+ 的变化，后者用氧电极测定一些耗氧的酶反应。

第二节　酶的化学结构

酶的化学本质和结构

一、酶的化学组成

酶和其他蛋白质一样，根据其化学组成可分为单纯酶和结合酶两类。

1. 单纯酶（simple enzyme）

是基本组成成分仅为氨基酸的一类酶。如淀粉酶、消化道蛋白酶、酯酶、核糖核酸酶等水解酶属于此类。这些酶只由氨基酸组成，不含其他成分，其催化活性仅仅取决于它的蛋白质结构。

2. 结合酶（conjugated enzyme）

有些酶的组成中除了蛋白质部分外，还有对热稳定的非蛋白质的有机小分子以及金属离子。蛋白质部分称为酶蛋白（apoenzyme）；有机小分子和金属离子部分称为辅助因子（cofactors）。酶蛋白与辅助因子单独存在时均无催化活性，只有两者结合在一起形成完整的分子时，才具催化活性。这种完整的酶分子称作全酶（holoenzyme），即：全酶＝酶蛋白＋辅助因子。

二、酶的辅助因子

酶的辅助因子可以是金属离子，也可以是小分子有机化合物。常见酶含有的金属离子有 K^+、Na^+、Mg^{2+}、Cu^{2+}（或 Cu^+）、Zn^{2+} 和 Fe^{2+}（或 Fe^{3+}）等。它们或者是酶活性的组成部分，或者是连接底物和酶分子的桥梁，或者在稳定酶蛋白分子构象方面所必需。

小分子有机化合物的主要作用是在反应中传递电子、氢原子或一些基团，常可按其与酶蛋白结合的紧密程度不同分成辅酶和辅基两大类。辅酶（coenzyme）与酶蛋白结合疏松，可以用透析或超滤方法除去；辅基（prosthetic group）与酶蛋白结合紧密，不易用透析或超滤方法除去。辅酶和辅基的差别仅仅是它们与酶蛋白结合的牢固程度不同，而无严格的界限。

酶的种类很多，但辅酶或辅基的种类不多。通常一种酶蛋白只与一种辅酶或辅基结合成为一种有特异性的全酶；但同一种辅酶或辅基却常能与多种不同的酶蛋白结合，构成多种特异性很强的全酶。所以酶的特异性是酶蛋白所决定的，而辅基或辅酶只是在酶催化的反应中起电子、原子或基团的传递作用，或在代谢过程中充当代谢物的载体。金属离子在全酶中所起的作用可能是作为酶活性中心的组成成分，或维持酶分子发挥催化作用所必需的构象。大多数维生素（特别是 B 族维生素）是组成许多酶的辅酶或辅基的成分。

第三节　维生素与辅酶

维生素与辅酶

维生素（vitamin）是维持正常生命活动不可缺少的一类小分子有机化合物。尽管机体对这类物质的需要量很少，但由于这类物质在体内不能合成或合成量不能满足机体的需要，故必须从食物中摄取。它们既不是构成组织的原料，也不是能源，它们的生理功能主要是对物质代谢过程起着非常重要的调节作用。机体缺少某种维生素时，可使物质代谢过程发生障碍，因而使生物不能正常生长，以致发生不同的维生素缺乏症。但是维生素摄入量过多时，也会引起中毒现象。

维生素的种类很多，化学结构不同，因此通常按其溶解性分为脂溶性和水溶性两大类。水溶性维生素包括 B 族维生素和维生素 C。B 族维生素常作为酶的辅助因子参与生物体的代谢过程（表 5-1）。

表 5-1　B 族维生素及其辅酶形式

B 族维生素	辅酶形式	酶促反应中的主要作用
硫胺素（维生素 B_1）	焦磷酸硫胺素（TPP）	α-酮酸氧化脱羧，酮基转移作用
核黄素（维生素 B_2）	黄素单核苷酸（FMN），黄素腺嘌呤二核苷酸（FAD）	氢原子转移
泛酸（维生素 B_3）	辅酶 A（HSCoA）	酰基转移
烟酸，烟酰胺（维生素 PP）	烟酰胺腺嘌呤二核苷酸（NAD^+），烟酰胺腺嘌呤二核苷酸磷酸（$NADP^+$）	氢原子转移
吡哆醇，吡哆醛，吡哆胺（维生素 B_6）	磷酸吡哆醛（PLP），磷酸吡哆胺	氨基转移
生物素（维生素 B_7）	生物素	羧化作用
叶酸（维生素 B_{11}）	四氢叶酸	“一碳基团”转移
钴胺素（维生素 B_{12}）	甲钴胺素，5′-脱氧腺苷钴胺素	甲基转移

一、维生素 B_1 和羧化辅酶

维生素 B_1 又称硫胺素（thiamine），从其功能上又称抗脚气病维生素。酵母中的维生素 B_1 含量最多。它在植物中分布也广泛，主要存在于种子的外皮和胚芽中。例如在米糠和麦麸中维生素 B_1 的含量很丰富。此外，瘦肉（特别是猪肉）、核果和蛋类及蔬菜中的白菜、芹菜中含量亦较丰富。

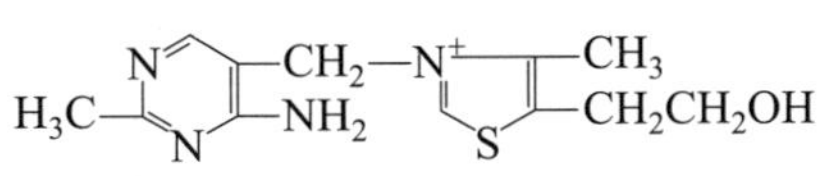

硫胺素（维生素B_1）

1. 化学结构及性质

维生素 B_1 的化学结构包含嘧啶环和噻唑环，在酸性环境中稳定，中性或碱性环境中易

破坏。一般烹饪温度下破坏较少。一般使用的维生素 B_1 都是化学合成的硫胺素盐酸盐。

维生素 B_1 在氧化剂存在时易被氧化生成脱氢硫胺素（硫色素），在紫外光下脱氢硫胺素呈蓝色荧光，可利用这一性质进行定性和定量分析。维生素 B_1 在体内经硫胺素激酶催化，可与 ATP 作用转变成焦磷酸硫胺素（thiamine pyrophosphate，TPP）。

$$\text{硫胺素} + \text{ATP} \xrightarrow[\text{硫胺素激酶}]{Mg^{2+}} \text{焦磷酸硫胺素} + \text{AMP}$$

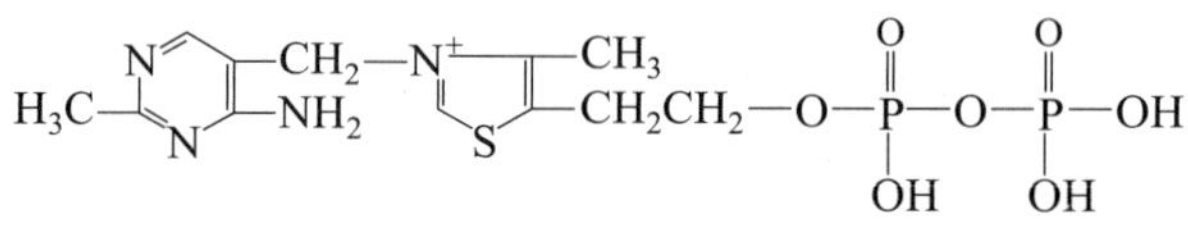

焦磷酸硫胺素(TPP)

2. 生理功能

（1）作为α-酮酸脱氢酶系的辅酶参加糖代谢　硫胺素在细胞内以 TPP 的形式参与糖代谢过程中α-酮酸（如丙酮酸、α-酮戊二酸）氧化脱羧反应。当维生素 B_1 缺乏，糖代谢受阻，糖代谢的中间产物丙酮酸和乳酸在组织中积累，使机体尤其是神经组织的能量来源发生障碍，从而影响神经组织的正常功能，动物出现多发性神经炎，人多出现脚气病。

（2）抑制胆碱酯酶的活性　乙酰胆碱有增加胃肠蠕动，促进消化液分泌的作用。当维生素 B_1 缺乏时，胆碱酯酶的活性增强，乙酰胆碱分解加快，使乙酰胆碱含量下降，因而影响神经传导功能，引起胃肠蠕动减慢，消化液分泌减少，出现食欲不振、消化不良等症状。

二、维生素 B_2 和黄素辅酶

维生素 B_2 是一种含有核糖醇基的黄色物质，故又称核黄素（riboflavin）。维生素 B_2 分布较广，动物的肝、肾、心含量最多；其次是奶类、蛋类和酵母；绿叶蔬菜、水果含量也很丰富；粮食籽粒也含有少量。某些细菌和霉菌能合成核黄素，但在动物体内不能合成，必须由食物供给。

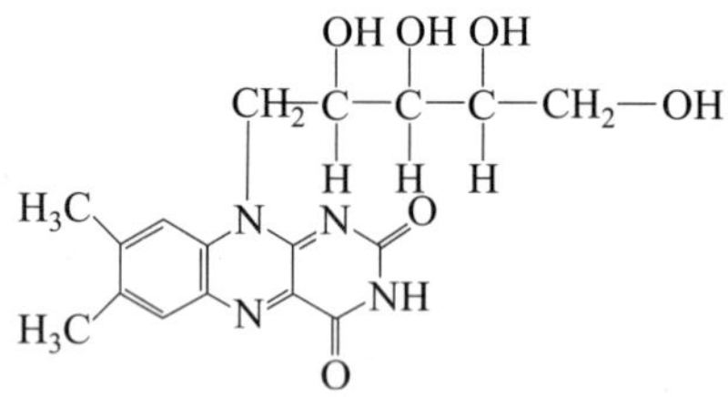

核黄素(维生素B_2)

1. 化学结构及性质

维生素 B_2 是核糖醇与 6,7-二甲基异咯嗪的缩合物。它在酸性溶液中稳定，在碱性溶液中易被热和光破坏。核黄素的水溶液呈绿色荧光，荧光的强弱与核黄素的含量成正比，可用于定量测定。

在生物体内维生素 B_2 以黄素单核苷酸（flavin mononucleotide，FMN）和黄素腺嘌呤二核苷酸（flavin ademine dinucleotide，FAD）的形式存在。

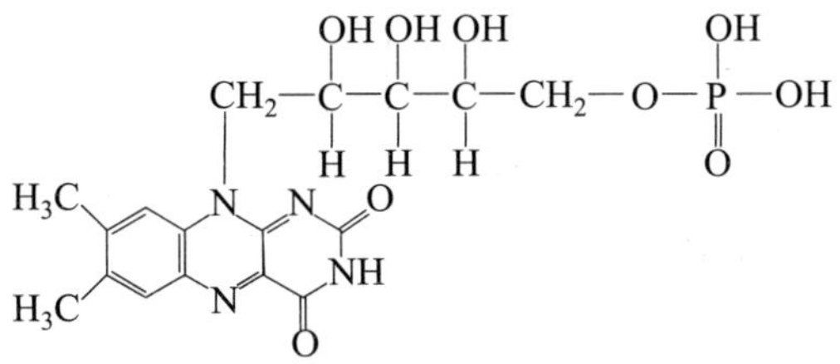

黄素单核苷酸(FMN)

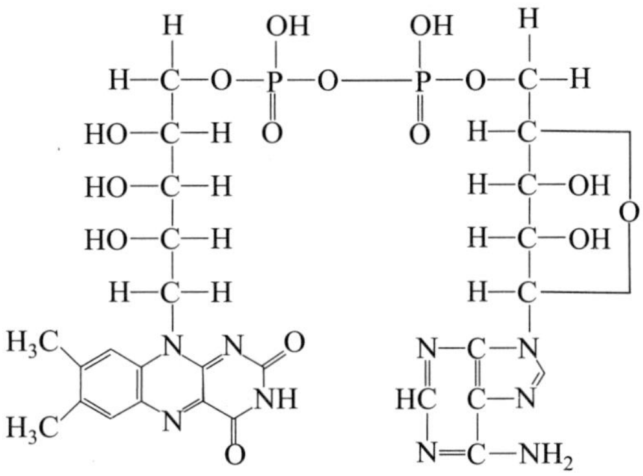

黄素腺嘌呤二核苷酸(FAD)

2. 生理功能

FMN 和 FAD 是黄素酶的辅基，参与体内多种氧化还原反应。在生物氧化过程中，FMN 和 FAD 分子中异咯嗪环的 1 位和 5 位氮原子上可加氢或脱氢，故在生物氧化过程中有递氢作用。

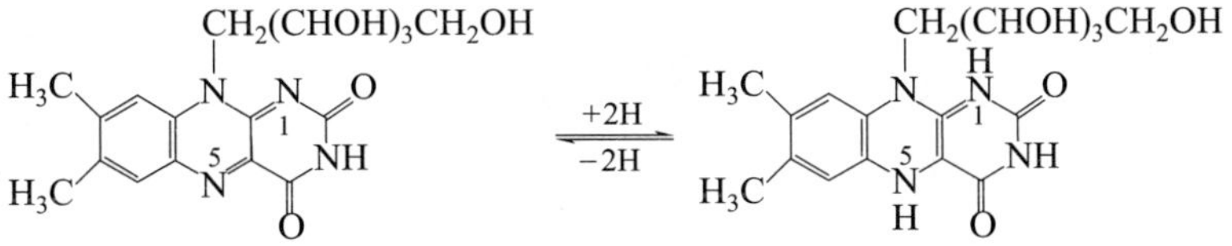

氧化型核黄素　　还原型核黄素

缺乏维生素 B_2 时，细胞呼吸减弱，代谢强度降低，主要症状为唇炎、舌炎、口角炎、眼角膜炎等。

三、维生素 PP 和辅酶Ⅰ、辅酶Ⅱ

维生素 PP 又称抗癞皮病维生素，包括烟酸（nicotinic acid）和烟酰胺（nicotinamide）。它们在自然界广泛分布，在酵母、肉类、谷物及豆类中含量丰富，此外，人、动物和细菌能利用色氨酸合成维生素 PP。

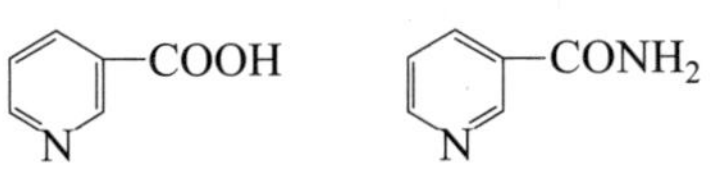

烟酸　　烟酰胺

1. 化学结构及性质

烟酸和烟酰胺为吡啶衍生物，体内主要以烟酰胺的形式存在，烟酸是烟酰胺的前体。

维生素 PP 为无色晶体，性质稳定，不易受酸、碱、热的破坏，在 260nm 处有一吸收峰，它与溴化氢作用生成黄绿色化合物，此反应可用于定量测定。

烟酰胺在体内的活性形式有两种：烟酰胺腺嘌呤二核苷酸（nicotinamide adenine dinucleotide，NAD^+），即辅酶Ⅰ；烟酰胺腺嘌呤二核苷酸磷酸（nicotinamide adenine dinucleotide phosphate，$NADP^+$），即辅酶Ⅱ。下述结构为 $NADP^+$ 的结构，如果虚线内磷酸基换为 H，即为 NAD^+。

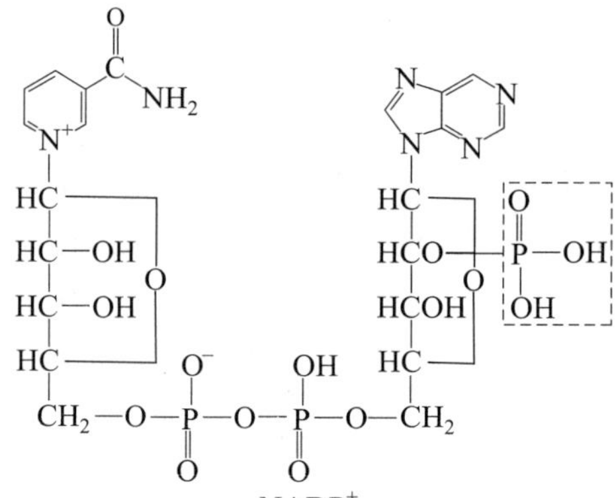

$NADP^+$

2. 生理功能

维生素 PP 的活性形式 NAD^+ 和 $NADP^+$ 是多数不需氧脱氢酶的辅酶，其分子中的烟酰胺环是参与催化作用的基团，具有可逆地加氢或脱氢的特性，在生物氧化过程中起递氢体的作用。

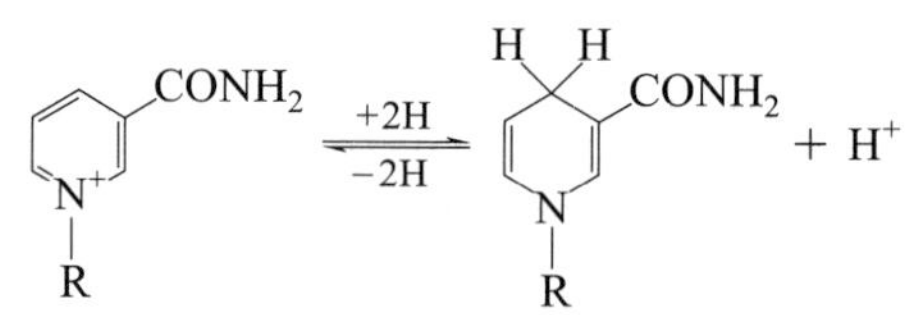

由于生物体可利用色氨酸合成维生素 PP，故一般不致缺乏。但玉米中缺乏色氨酸和烟酸，故长期单一喂玉米的猪可发生糙皮症，即口炎、皮肤皲裂、覆盖一层黑色痂皮。

四、维生素 B_6

维生素 B_6 在自然界中分布很广，酵母、肝、蛋黄、肉、鱼、谷类和豆类中含量都很丰富。动物和人肠道细菌也可以合成维生素 B_6，所以动物和人很少发生维生素 B_6 缺乏症。

1. 化学结构及性质

维生素 B_6 包括吡哆醇（pyridoxin）、吡哆醛（pyridoxal）、吡哆胺（pyridoxarnine）三种化合物。在体内这三种物质可以互相转化。

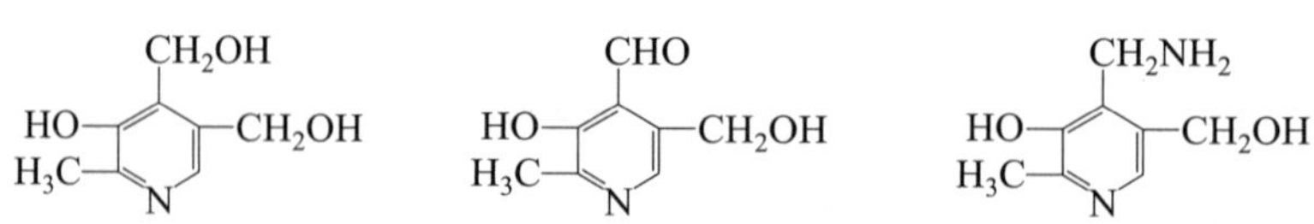

吡哆醇　　吡哆醛　　吡哆胺

维生素 B_6 是无色晶体，对酸较稳定，在碱溶液中易被破坏；对光敏感；与三氯化铁作用呈红色，与对氨基苯磺酸作用生成橘红色产物，这些呈色反应可用于维生素 B_6 的定量测定。

维生素 B_6 在体内经磷酸化作用转变为相应的磷酸酯，它们之间也可相互转变。参加代谢作用的主要是磷酸吡哆醛（pyridoxal-5-phosphate，PLP）和磷酸吡哆胺（pyridoxamine-5-phosphate，PMP）。

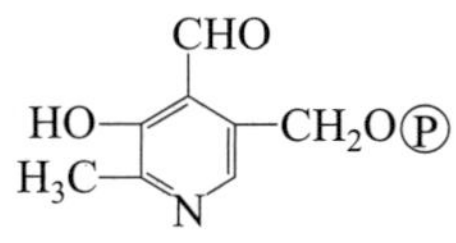

磷酸吡哆醛

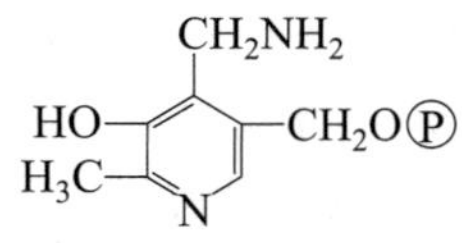

磷酸吡哆胺

2. 生理功能

维生素 B_6 在体内主要以辅酶的形式参与氨基酸代谢，磷酸吡哆醛和磷酸吡哆胺是氨基酸转氨酶的辅酶，二者之间相互转变，起传递氨基的作用。

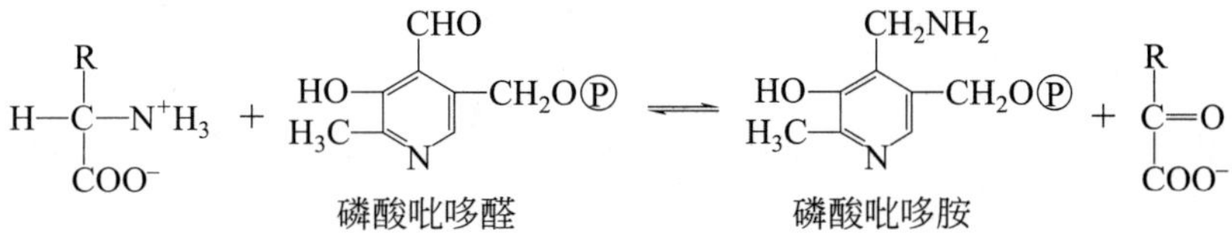

磷酸吡哆醛还是氨基酸脱羧酶的辅酶。它可促进谷氨酸、酪氨酸、精氨酸等氨基酸的脱羧反应。

动物很少有单纯缺乏症出现，缺乏时动物可见皮肤炎症、神经系统障碍、生长停滞、贫血等症状。

五、泛酸和辅酶 A

泛酸（pantothenic acid）是自然界中分布十分广泛的维生素，故又名遍多酸。它广泛分布于动植物组织中，肠细菌及植物能合成泛酸。

1. 化学结构及性质

泛酸是由 α,γ-二羟-β,β-二甲基丁酸与 β-丙氨酸通过酰胺键结合而成的酸性化合物。

泛酸为浅黄色油状物，易溶于水及乙醇，在中性溶液中耐热，对氧化、还原剂皆稳定，在酸、碱性溶液中易被热所破坏发生水解。

泛酸在体内参与辅酶 A 的合成，辅酶 A(coenzymeA，Co-SH）是泛酸的主要活性形式，是含泛酸的复合核苷酸。辅酶 A 的结构式如下：

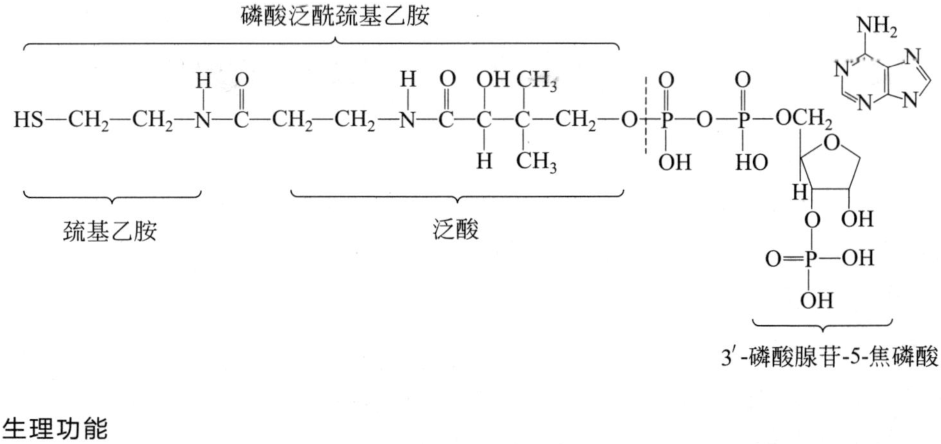

2. 生理功能

泛酸是辅酶 A 的合成原料，并以辅酶 A 的形式行使功能。辅酶 A 是酰基转移酶的辅酶，其—SH 基可与酰基形成硫酯，在代谢中起传递酰基的作用。酰基载体蛋白与脂肪酸合成关系密切。

泛酸的另一种活性形式是酰基载体蛋白质（acyl carrier protein，ACP），辅基 4-磷酸泛酰巯基乙胺以共价键与蛋白质分子上的丝氨酸羟基相连。

由于泛酸广泛存在于动植物组织中，故动物和人很少出现缺乏症。但在饲料加工时经热、酸、碱处理等很易破坏，长期饲喂玉米，可引起泛酸缺乏症。禽类不像反刍动物可在瘤胃中合成泛酸，较易引起泛酸缺乏。小鸡泛酸缺乏时，特征性表现是羽毛生长阻滞和松乱。猪缺乏泛酸时，出现后腿呈“鹅步”姿势。

六、叶酸和四氢叶酸

叶酸（folic acid）是一种在自然界广泛存在的维生素，因为在绿叶中含量丰富，故称叶酸。叶酸在肝、肾、菜花、酵母中含量较多。

1. 化学结构及性质

叶酸分子由 2-氨基-4-羟基-6-甲基蝶呤啶、对氨基苯甲酸与 L-谷氨酸连接而成，其结构如下：

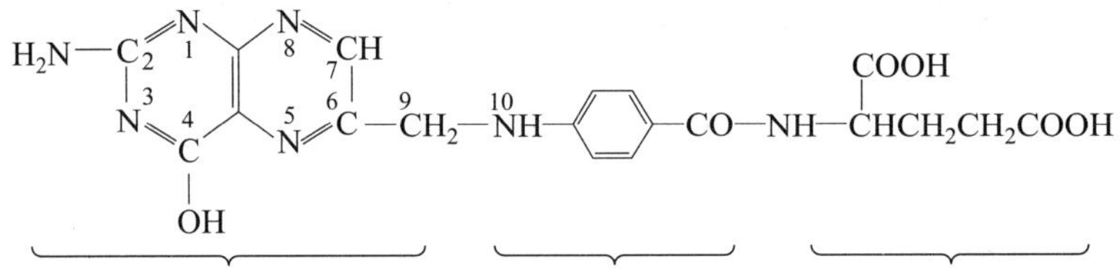

2-氨基-4-羟基-6-甲基蝶呤啶　　对氨基苯甲酸　　L-谷氨酸

叶酸为黄色结晶，微溶于水，易溶于稀乙醇，在醇溶液中不稳定，易被光破坏。

2. 生理功能

叶酸在体内的活性形式是四氢叶酸（tetrahydrofolic acid，THF），四氢叶酸是叶酸分子的 5、6、7、8 位加氢形成的，它是一碳基团转移酶的辅酶，它是一碳基团（如甲基、亚甲基、甲酰基、次甲基等）的传递体，参与体内许多重要物质（如嘌呤、嘧啶、胆碱等）的合成，在核酸和蛋白质代谢中具有重要作用。

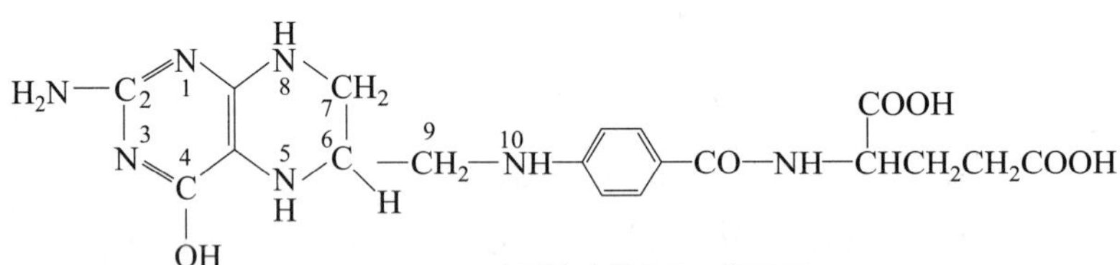

5,6,7,8-四氢叶酸(FH_4或THF)

叶酸在绿叶中大量存在，肠道细菌又能合成叶酸，故一般动物和人不易发生叶酸缺乏症。叶酸缺乏时，红细胞的发育和成熟受影响，可导致巨幼红细胞贫血。

七、维生素 B_{12} 和辅酶 B_{12}

维生素 B_{12} 分子中含有金属元素钴，故又称钴胺素（cobalamine）。在肝、肉、鱼、蛋等中都含量丰富，植物不含维生素 B_{12}。动物消化道细菌也可以合成维生素 B_{12}。

1. 化学结构及性质

维生素 B_{12} 分子中含有氰、钴和咕啉环等。金属元素钴位于咕啉环中央，并与咕啉环上的氮以配位键相连，在钴原子上再结合不同的 R 基团，形成多种形式的维生素 B_{12}，如羟钴胺素和甲基钴胺素等。

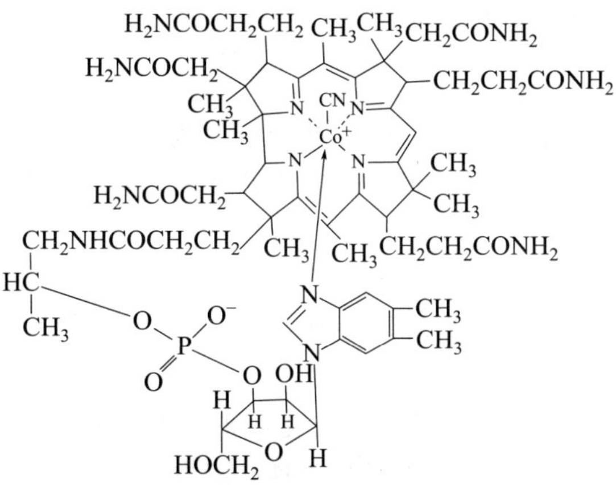

维生素B_{12}的分子结构

维生素 B_{12} 是红色结晶，在中性溶液中耐热，日光和氧化剂可将其破坏，在强酸、强碱作用下易分解。

2. 生理功能

维生素 B_{12} 在体内主要有两种活性形式：辅酶 B_{12}（CoB_{12}），是钴原子与 5′-脱氧腺苷相连而成的 5′-脱氧腺苷钴胺素；甲钴胺素（甲基 B_{12}），其钴原子与甲基相连。它们参与体内甲基转移作用。维生素 B_{12} 参与体内一碳基团的代谢，辅酶 B_{12} 接受四氢叶酸传递来的甲基，生成甲基 B_{12}，后者再将甲基转移给甲基受体。因此维生素 B_{12} 与叶酸的作用常常互相关联。维生素 B_{12} 可通过增加叶酸的利用率来影响蛋白质的生物合成，从而促进红细胞的发育和成熟。当缺乏维生素 B_{12} 时，表现为恶性贫血及其他疾病。

八、生物素

生物素（biotin）广泛存在于动植物体中，以大豆、豌豆和乳、蛋黄中含量较多。许多生物都能自身合成生物素，牛、羊的合成能力最强，人体肠道中的细菌也能合成部分生物素。

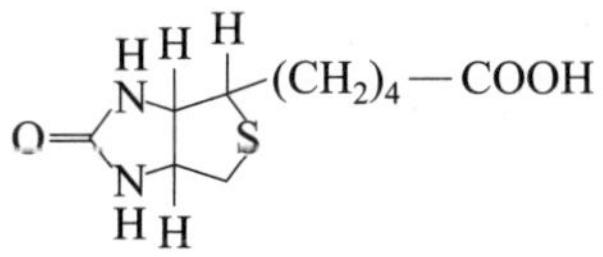

生物素

1. 化学结构及性质

生物素是由带有戊酸侧链的噻吩与尿素所结合的并环。

生物素为无色针状晶体，对热和酸、碱均稳定，易被氧化剂破坏。

2. 生理功能

生物素是羧化酶的辅酶。生物素分子中的羧基与酶蛋白的赖氨酸残基的氨基结合，—COO 先与生物素环上的 N 原子结合，然后再将—COO 转给适当的受体。因此，生物素在代谢过程中是—COO 的载体。

生物素对某些微生物如酵母菌、细菌等的生长有强烈的促进作用，所以在微生物制药工业，如用发酵法生产抗生素，培养基中常需加入生物素。

在动植物组织中生物素分布广泛，肠道细菌也能合成，故动物和人一般不易发生生物素缺乏症。但生鸡蛋清中含有一种抗生物素蛋白，可与生物素结合而失活，因此长期食用生鸡蛋可导致生物素缺乏症，引起毛发脱落和皮炎。

九、 硫辛酸

硫辛酸在自然界广泛分布，肝和酵母中其含量尤为丰富。在食物中硫辛酸常和维生素 B_1 同时存在。生物体可以自行合成，但生化合成路径尚未研究清楚。

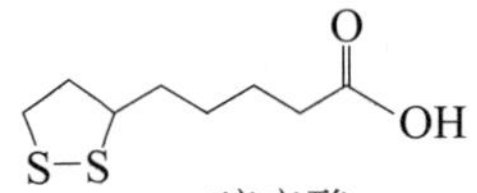

硫辛酸

1. 化学结构及性质

硫辛酸是一种含硫的脂肪酸，以闭环二硫化物形式和开链还原形式两种结构混合存在，这两种形式通过氧化-还原相互转变。硫辛酸兼具脂溶性与水溶性的特性。

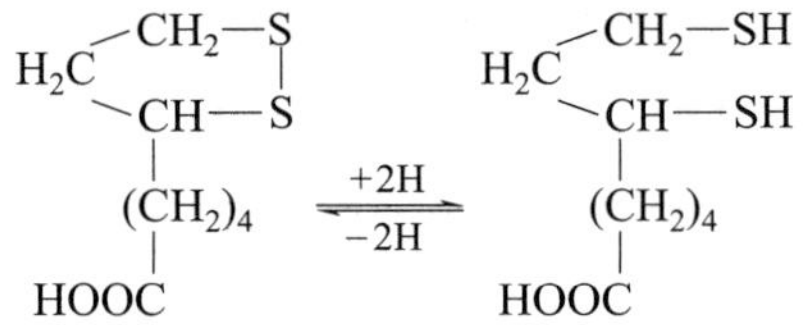

硫辛酸　　二氢硫辛酸

2. 生理功能

硫辛酸是 α-酮酸氧化脱羧酶系的辅酶，在两个关键性的氧化脱羧反应中起作用，即在丙酮酸脱氢酶复合体和 α-酮戊二酸脱氢酶复合体中，在氧化脱羧过程中起着传递酰基和氢的作用。

十、维生素 C

维生素 C 又称抗坏血酸。广泛分布于动植物界，仅有几种脊椎动物——人类、其他灵长类、豚鼠、一些鸟类和某些鱼类体内不能合成。

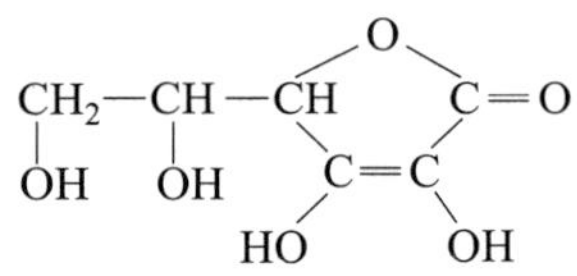

维生素C

1. 化学结构及性质

维生素 C 是一种含有 6 个碳原子的酸性多羟基化合物，分子中 C2 和 C3 位上的两个相邻的烯醇式羟基易解离而释放 H^+。天然存在的抗坏血酸有 L 型和 D 型两种，后者无生物活性。维生素 C 易溶于水，不溶于有机溶剂。在酸性环境中稳定，遇空气中氧、热、光、碱性物质，特别是有氧化酶及铜、铁等金属离子存在时，可促进其氧化破坏。

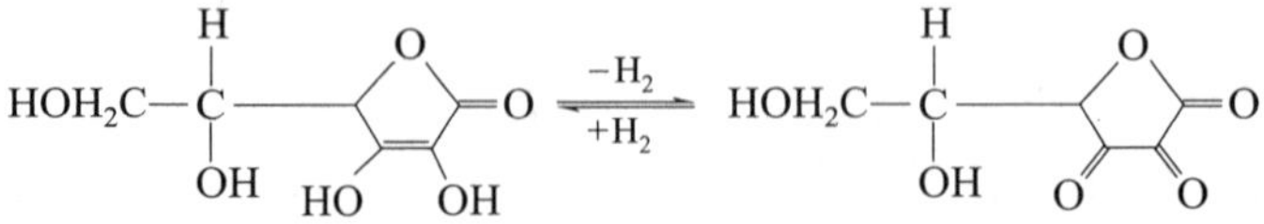

L-抗坏血酸　　L-脱氢抗坏血酸

2. 生理功能

(1) 参与羟化反应　羟化反应是体内许多重要物质合成或分解的必要步骤，在羟化过程中维生素 C 起着必不可少的辅助因子的作用。包括促进胶原合成。维生素 C 缺乏时，胶原合成障碍，从而导致坏血病；参与芳香族氨基酸的代谢，促进神经递质（5-羟色胺及去甲肾上腺素）合成。促进胆固醇羟化，进而转变为胆酸。

（2）参与氧化还原反应　维生素 C 可以是氧化型，也可以是还原型存在于体内，所以既可作为供氢体，又可作为受氢体，在体内氧化还原过程中发挥重要作用。包括维持巯基酶的活性和谷胱甘肽的还原状态；促进抗体形成。高浓度的维生素 C 有助于食物蛋白质中的胱氨酸还原为半胱氨酸，进而合成抗体；促进铁的吸收，维生素 C 能使难以吸收的三价铁还原为易于吸收的二价铁，从而促进了铁的吸收；促进四氢叶酸形成。

第四节　酶结构与功能的关系

酶的结构与功能

一、酶活性中心和必需基团

酶是生物大分子，其分子体积比大多数底物分子大很多。酶分子与底物分子结合成酶-底物复合物时，底物分子只是结合在酶分子表面的一个很小的部位上。酶分子中能直接与底物分子结合，并催化底物化学反应的部位称为酶的活性中心。活性中心是酶分子中的微小区域，它通常位于酶分子表面，呈裂隙状（见图 5-1）。对于单纯酶来讲，活性中心是由一些极性氨基酸残基的侧链基团（如 His 的咪唑基、Ser 的羟基、Cys 的巯基、Lys 的 ε-NH_2、Asp 和 Glu 的羧基等）组成的。有些酶还包括主链骨架的亚氨基和羰基。对于结合酶来讲，除了上述基团外，金属离子或辅酶、辅基也参与酶活性中心的组成。

酶分子中与其活性密切相关的基团称为酶的必需基团。酶活性中心的必需基团有两种，其中能与底物结合的称为结合基团，决定酶的专一性；能促进底物发生化学变化的称催化基团，决定酶的催化能力。有的基团兼有结合基团和催化基团的功能。这些必需基团在一级结构上可能相距很远，或分散在不同肽链上，必须彼此靠近集中形成具有一定的空间构象的区域才能成为活性中心。

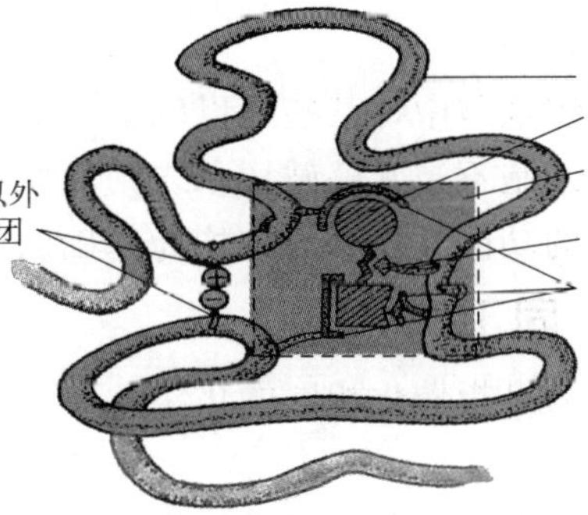

图 5-1　酶的活性中心示意图

另有一类必需基团位于酶活性中心以外，不直接参与结合或催化过程，却是维持酶的空间构象所必需的，或者是可与其他分子结合引起酶构象变化的调控基团，称为活性中心以外的必需基团。如某些酶分子中的巯基。

活性中心的空间结构是由酶分子构象决定的。如果酶分子构象遭到破坏，则活性中心的空间结构也随之被破坏，酶也就失去了活性。

二、酶原的激活

有些酶合成后即有活性；有些酶（如消化系酶和凝血酶）在细胞内初合成或分泌时是无活性的，这些无活性酶的前身称为酶原。在某些物质作用下，无活性酶原转变为有活性酶的过程称为酶原的激活。使酶原激活的物质称为酶原的激活剂。

酶原激活的实质是活性中心的形成和暴露的过程。首先是酶蛋白的一部分肽段被水解，去掉其对必需基团的掩盖和空间阻隔作用，然后三维构象发生改变，必需基团相对集中形成活性中心。

例如胰蛋白酶刚从胰脏细胞分泌出来时，是没有催化活性的胰蛋白酶原，当它随胰液进入小肠时，可被肠液中的肠激酶激活（也可被胰蛋白酶本身激活）。在肠激酶的作用下自 N 端水解下一个六肽，因而促使酶的构象发生某些变化，使组氨酸、丝氨酸、缬氨酸、异亮氨酸等残基互相靠近，构成了活性中心，于是无活性的酶原就变成了有催化活性的胰蛋白酶（图 5-2）。

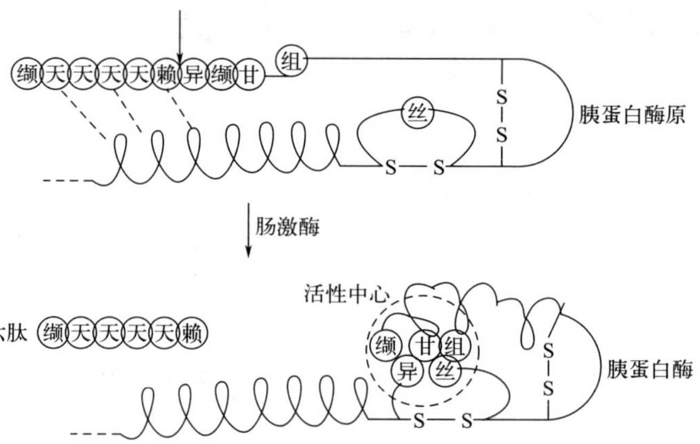

图 5-2 酶原激活过程

胃蛋白酶原由胃黏膜细胞分泌。在胃液中的盐酸或已有活性的胃蛋白酶作用下，转变成活性的胃蛋白酶。

在组织细胞中，某些酶以酶原的形式存在，具有重要的生物学意义：一则可保护分泌酶原的组织细胞不被水解破坏；二则酶原激活是有机体调控酶活的一种形式。酶原激活进一步说明了酶的功能是以酶的结构为基础的。

三、同工酶

同工酶是指催化相同的化学反应，而蛋白质的分子结构、理化性质以及免疫学性质不同的一组酶。

近年来随着酶分离技术的进步，已陆续发现的同工酶有数百种，其中研究得最多的是乳酸脱氢酶（LDH）。哺乳动物中有 5 种乳酸脱氢酶同工酶，它们催化同样的反应：

丙酮酸　　　　乳酸

用电泳法分离 LDH 可得到五种同工酶区带，即 LDH_1、LDH_2、LDH_3、LDH_4、LDH_5，它们都是由 H 和 M 两种不同类型的亚基组成的四聚体。五种 LDH 的亚基组成见图 5-3。

同工酶在哺乳动物体内不同组织或不同细胞器中的分布是不同的。例如，LDH 同工酶

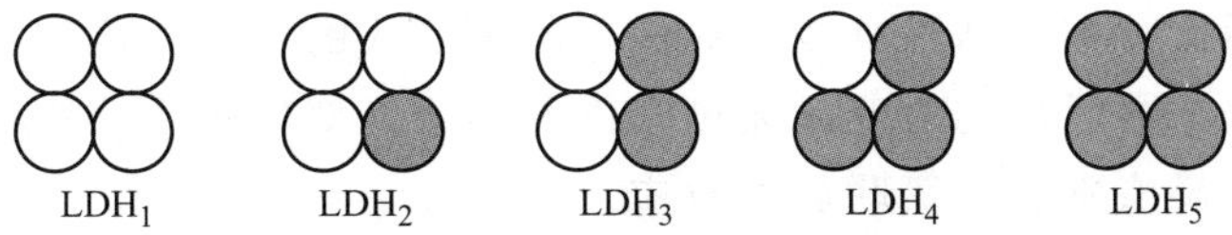

图 5-3　LDH 的亚基组成

在心、肝、肾、骨骼以及血清中的分布是不同的。同工酶适应于不同组织或不同细胞器在代谢上的不同需要，对代谢起调节作用。同工酶的不同亚基是由不同结构基因编码的。结构基因的变异会导致同工酶的变化。

同工酶的研究不仅是研究代谢调节、个体发育、细胞分化、分子遗传等方面的有力工具，也是研究蛋白质结构和功能的好材料，而且在临床上、农业上都有应用价值。

四、调节酶

生物体内对代谢途径的反应速率起调节作用的酶称为调节酶。调节酶包括变构酶与修饰酶。调节酶通常在一连串的反应中催化单向反应，或催化反应速率最慢的反应步骤。其活性的改变可以决定全部反应的总速率，甚至可以改变代谢的方向，故又称为限速酶（或关键酶）。

（一）变构酶

有些酶分子除了具有活性中心（结合部位和催化部位）外，还存在一个特殊的调控部位，即变构中心。变构中心虽然不是酶活性中心的组成部分，但它可以与某些化合物（称为变构剂）发生非共价结合，引起酶分子构象的改变，对酶起到激活或抑制的作用，这类酶通常称为变构酶。由于变构剂与变构中心的结合而引起酶活性改变的现象则称为变构调节作用。酶的变构调节属酶活性的快速调节。变构酶主要有以下几方面特点：①变构酶一般为寡聚酶，含两个或两个以上的亚基，活性中心和调控部位可以在同一亚基的不同部位，也可以位于不同亚基上。②存在协同效应。由变构酶催化的反应不遵守米氏方程，反应速率和底物浓度之间的关系不呈矩形曲线，而是“S”形曲线，即在某一狭窄的底物浓度范围内，酶促反应速率对底物的变化特别敏感（图 5-4）。基于变构酶的这一特性，使它在代谢途径的序列反应中处于关键酶的地位，在代谢调控中起着重要作用。

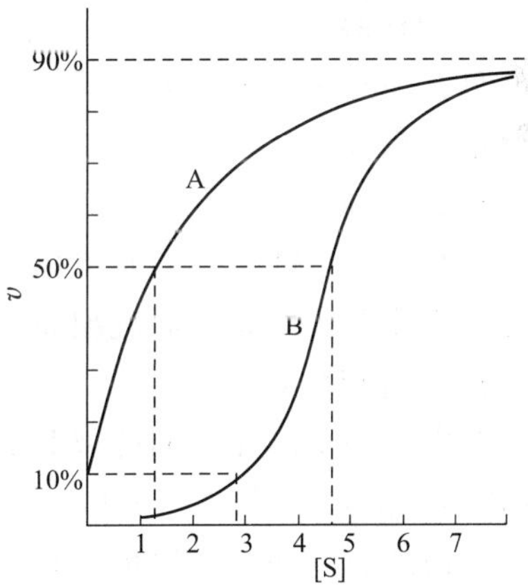

图 5-4　反应速率与底物浓度关系图

A—服从米氏方程的酶；B—变构酶

变构调节具有重要的生理意义。在许多酶促反应中，底物或反应产物本身就是变构剂，因此，通过反应过程中底物或产物的浓度变化，可以自动调控酶促反应的进程。通过变构调节可以使细胞内的代谢反应速率与细胞的生理活动统一起来，使细胞内发生的各种合成反应、分解反应、能量转换过程等协同一致地进行。

（二）共价修饰酶

有些酶，在细胞内另一种酶的催化下，通过共价键可逆结合某种化学基团，从而改变酶的活性，以调节代谢途径，这一过程称为酶的共价修饰或化学修饰调节。在这一过程中，酶发生无活性（或低活性）与有活性（或高活性）两种形式的互变，这类酶称为共价修饰酶或化学修饰酶。共价修饰酶活性的改变是通过共价键结合，变构酶活性的改变是通过非共价键结合。共价修饰酶促反应常表现级联放大效应。

酶的共价修饰包括磷酸化与脱磷酸化、乙酰化与脱乙酰化、甲基化与脱甲基化、腺苷化与脱腺苷化，以及氧化型巯基（—S—S—）与还原型巯基（—SH）互变等。其中以磷酸化修饰最为常见，这种修饰是通过酶促反应完成的，需要消耗 ATP，作用快、效率高，是快速调节的重要方式。

共价修饰酶有许多种，例如催化糖原降解的磷酸化酶，未经磷酸化修饰之前为无活性的二聚体磷酸化酶 b，经相应的激酶催化后成为高活性的四聚体磷酸化酶 a，能迅速催化糖原降解；而某些磷酸酶可催化其脱去磷酸基团，又恢复到磷酸化酶 b，从而抑制糖原的降解。糖原磷酸化酶 a 和糖原磷酸化酶 b 的互变过程见图 5-5。

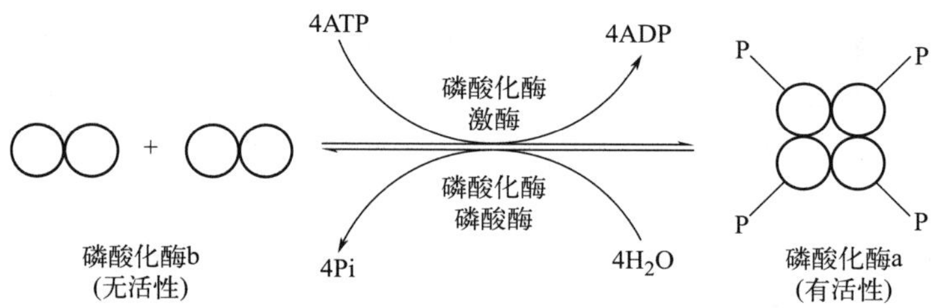

图 5-5　磷酸化酶 a 和磷酸化酶 b 的互变过程

五、单体酶、寡聚酶、多酶复合体

根据酶分子的结构特点可以将酶分为以下三类。

1. 单体酶

只有一条多肽链，分子量在 13000～35000，一般多属于水解酶。如胰蛋白酶、溶菌酶和胃蛋白酶等。

2. 寡聚酶

由几个甚至几十个亚基组成，分子量在 35000 到几百万，亚基可以相同，也可不同，亚基之间为非共价结合。如乳酸脱氢酶、磷酸果糖激酶、己糖激酶等。这类酶多属于调节酶。

3. 多酶复合体

是由几种功能相关的酶彼此嵌合而形成的复合体，分子量一般在几百万以上。如丙酮酸脱氢酶复合体、α-酮戊二酸脱氢酶复合体、脂肪酸合成酶复合体等。它可以促进某阶段的代谢反应高效、定向、有序地进行。

第五节　酶的作用机理

一、酶催化作用与分子活化能

在化学反应体系中，每种反应物的各个分子所含的能量并不相同，因此并不是每种反应物的全部分子都能参加反应。只有那些所含能量已达到或超过某一限度（称为能阈）的分子，才能参加反应。这些分子称为活化分子。显然，活化分子越多，反应速率越快。分子由一般状态转变为活化状态（过渡态）所需要的能量称为活化能。酶和化学催化剂都能降低化学反应所需的活化能，但酶的催化效率极高，能极大降低活化能（图 5-6）。

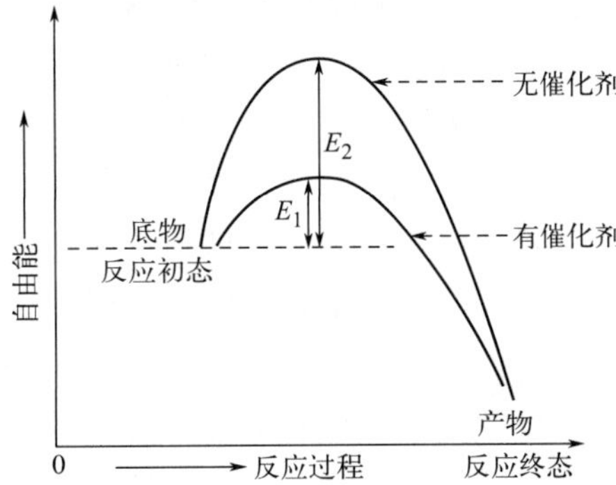

图 5-6　催化剂对化学反应的影响（E_1、E_2 表示活化能）

二、中间产物学说

酶极大降低活化能的原因是在酶促反应时，酶（E）首先与底物（S）结合生成不稳定的酶-底物复合物（ES），然后此酶-底物复合物再分解成最终产物（P）和原来的酶。

$$E+S \rightleftharpoons E \longrightarrow E+P$$

由于酶与底物形成中间产物，把原来能阈较高的一步反应（S ⟶ P），变成能阈较低的两步反应，所以反应速率加快。

目前，已有实验证据证明，中间产物是客观存在的。例如，用电子显微镜能直接观察到核酸聚合酶与核酸结合而成的复合物。有些酶反应的中间产物已被分离得到。如 D-氨基酸氧化酶与 D-氨基酸结合而成的复合物已被分离、结晶出来。

三、诱导契合学说

诱导契合学说

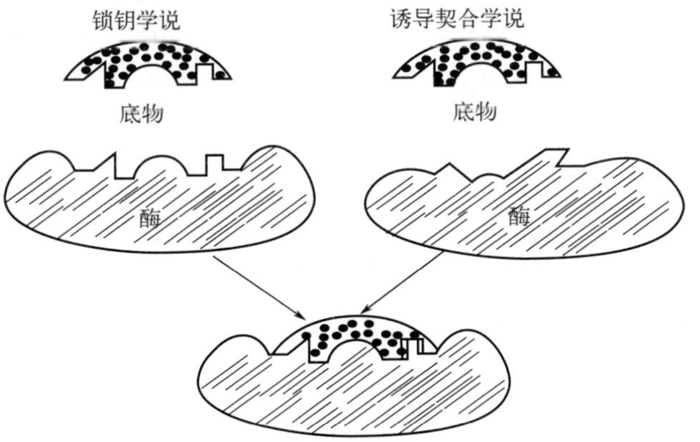

图 5-7　酶和底物结合示意图

为了解释酶同底物结合方式，Emil Fischer 于 1890 年提出了“锁钥学说”，认为底物结构必须和酶活性中心的结构非常互补，就像锁和钥匙一样，才能紧密结合，形成酶-底物复合物。此学说很好地解释了酶的绝对专一性，但不能解释酶的相对专一性和酶常能催化正逆反应的事实。

1958 年，D. E. Koshland 提出“诱导契合学说”，认为酶分子活性中心的结构原来并非和底物的结构互相吻合，但酶的活性中心是具有一定的柔性而非刚性的。当底物与酶相遇时，可诱导酶活性中心的构象发生相应的变化，使有关的各个基团达到正确的排列和定向，因而使酶和底物契合而结合成中间产物，并引起底物发生反应（图 5-7）。反应结束后，产物从酶上脱落下来后，酶的活性中心又恢复了原来的构象。近年来 X 射线晶体衍射法分析的实验结果支持这一假说，证明了酶与底物结合时，确有显著的构象变化。

四、酶具有高催化效率的因素

随着酶学发展，对于酶作用原理的研究也正在逐步深入。现已证实，至少有以下几种效应包含在酶的催化机理中。

酶的高效性机制

1. 邻近效应和定向效应

邻近效应是指酶由于具有与底物较高的亲和力，从而使游离的底物集中于酶分子表面的活性中心区域，使活性中心区域的底物浓度得以极大提高，并同时使反应基团之间互相靠近，增加自由碰撞概率，从而提高了反应速率。

定向效应是指底物的反应基团与酶催化基团之间，或底物的反应基团之间正确取向所产生的效应。因为邻近的反应基团之间如能正确地取向或定向，有利于这些基团的分子轨道交盖重叠，分子间的反应趋向于分子内反应，增加底物的激活，从而加速反应。

2. 底物分子的“张力”和“形变”效应

底物结合可以诱导酶分子构象的变化，而变化的酶分子又使底物分子的敏感键产生“张力”甚至“形变”，从而促进酶-底物中间产物进入过渡态。这实际上是酶与底物诱导契合的动态过程。

3. 酸碱催化

酶是两性电解质，同时具有酸和碱的催化特性。酶活性中心上的某些基团可以作为良好的质子供体或受体对底物进行酸碱催化。

酶分子中的各种极性氨基酸侧链基团，如羧基、氨基、胍基、巯基、酚羟基、咪唑基等，在酶促反应中有效地进行酸碱催化。特别是 His 的咪唑基 $pK_a=6.0$，在生理条件下以酸碱各半形式存在，随时可以授受 H^+，速度极快，是活泼而有效的酸碱催化功能基团。

4. 共价催化

共价催化又分为亲核催化和亲电催化。在催化时，酶分子中的亲核催化剂或亲电子催化剂能分别释放电子或吸取电子，作用于底物的缺电子中心或负电子中心，迅速生成不稳定的共价中间复合物，降低反应活化能，使反应加速。其中亲核催化最重要。通常酶分子活性中心内都含有亲核基团，如 Ser 的羟基、His 的咪唑基、Lys 的 ε-氨基、Cys 的巯基，这些基团都有剩余的电子对，可以对底物缺电子基团进行亲核攻击。

5. 活性中心的低介电性

酶活性中心内部是一个疏水的非极性环境，其催化基团被低介电环境所包围。某些反应在低介电常数的介质中的反应速率比在高介电常数的水中的速率要快得多。这可能是由于在低介电环境中有利于电荷相互作用，而极性的水对电荷往往有屏蔽作用。

以上这些因素确实使酶具有高催化效率，但是，它们并不是在所有的酶中同时都一样起作用，更可能的情况是对不同的酶起主要作用的因素不完全相同。

第六节　影响酶促反应速率的因素

一切有关酶活性研究，均以测定酶反应的速率为依据。酶反应的速率受很多因素的影响。这些因素主要有底物浓度、酶浓度、温度、pH、激活剂和抑制剂等。当研究某一因素对酶反应速率的影响时，必须使酶反应体系中的其他因素维持不变，而单独变动所要研究的因素。酶反应速率是指酶促反应开始时的速率，简称初速。因为只有初速才与酶浓度成正比，而且反应产物及其他因素对酶促反应速率的影响也最小。研究影响酶促反应速率的各种因素，对阐明酶作用的机理和建立酶的定量方法都是重要的。

一、底物浓度对酶作用的影响

（一）底物浓度对酶反应速率的影响

酶促反应动力学
底物浓度

在酶促反应中，在其他因素如酶浓度、温度、pH等不变的情况下，底物浓度的变化与酶促反应速率之间成矩形双曲线关系（图 5-8）。该曲线表明，当底物浓度较低时，反应速率随底物浓度的增加而急剧上升，两者成正比关系；随着底物浓度的进一步增高，反应速率不再成正比增加，反应速率的增加逐步减慢；当底物浓度增加到一定程度以后，反应速率则达到最大值，此时虽再增加底物浓度，反应速率也几乎不再改变。

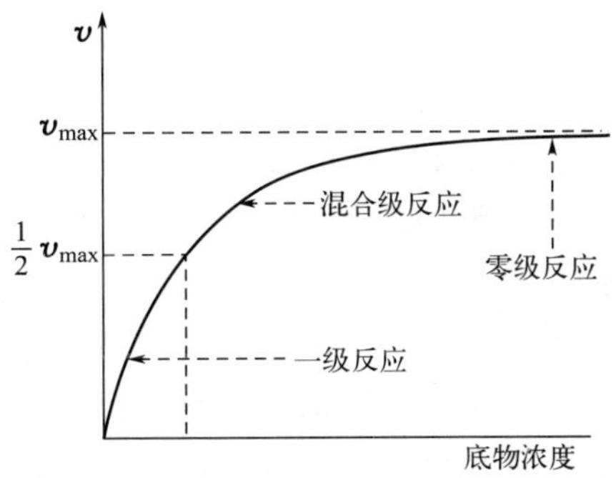

图 5-8　底物浓度对酶促反应速率的影响

反应速率与底物浓度［S］之间的这种关系，可利用中间产物学说加以说明，即酶作用时，酶先与底物结合成中间产物 ES，然后再分解为产物并游离出酶。

$$E+S \underset{k_2}{\overset{k_1}{\rightleftharpoons}} ES \xrightarrow{k_3} P+E$$

在底物浓度低时，每一瞬时，只有一部分酶与底物形成中间产物 ES，此时若增加底物浓度，则有更多的 ES 生成，因而反应速率亦随之增加。但当底物浓度很大时，每一瞬时，反应体系中的酶分子都已与底物结合生成 ES，此时底物浓度虽再增加，但已无游离的酶与之结合，故无更多的 ES 生成，因而反应速率几乎不变。

（二）米氏方程

1913 年，Michaelis 和 Menten 根据中间产物学说推导了能够表示整个反应中底物浓度和反应速率关系的公式，即著名的米-曼氏方程，简称米氏方程。

$$v=\frac{v_{max}[S]}{K_m+[S]}$$

式中　v——反应速率；

$[S]$——底物浓度；

v_{max}——反应的最大速率；

K_m——米氏常数。

（三）米氏常数

1. 米氏常数的概念

当酶促反应处于 $v=\frac{1}{2}v_{max}$ 时，代入米氏方程：

$$\frac{v_{max}}{2}=\frac{v_{max}[S]}{K_m+[S]}$$

化简得：

$$K_m=[S]$$

由此可知，米氏常数 K_m 就是酶促反应速率为最大反应速率一半时的底物浓度，它的单位与底物浓度一样，是 mol/L。K_m 值的范围一般是 $10^{-5} \sim 10^{-3}$ mol/L。K_m 值与酶的性质、底物的种类和酶作用时的温度、pH 有关。

2. 米氏常数的意义

① 米氏常数是酶的特征性常数之一，每一种酶在一定条件下，对某一底物都有一定的 K_m 值，故通过测定 K_m 值可以鉴别酶。K_m 值只与酶的结构和酶所催化的底物有关，与酶的浓度无关。

② K_m 值可用来表示酶对底物的亲和力的大小。K_m 值越小，酶与底物的亲和力越大；反之，则越小。当某个专一性较低的酶可催化几种底物时，可得到不同的 K_m 值，其中 K_m 值最小的底物一般认为是该酶的天然底物或最适底物。当一系列不同酶催化一个代谢过程的连锁反应时，如能确定各种酶催化反应底物的 K_m 及其相应底物浓度时，可推断出其中 K_m 最大的一步反应为连续反应中的限速反应，该酶为限速酶。

3. v_{max} 和 k_{cat} 的意义

在一定酶浓度下，酶对特定底物的 v_{max} 也是一个常数。v_{max} 与 K_m 相似，同一种酶对不同底物的 v_{max} 也不同，pH、温度和离子强度等因素也影响 v_{max} 的数值。v_{max} 是酶完全被底物饱和时的反应速率，与酶浓度成正比。$v_{max}=k_3$ [E]。k_3 即酶被底物饱和时，一个酶（或一个酶活性部位）在单位时间（常为每秒钟）内转换底物的摩尔数。这个常数又叫转换数、催化常数（catalytic constant，k_{cat}），k_{cat} 值越大，表示酶的催化效率越高。

4. k_{cat}/K_m 的意义

k_{cat}/K_m 是比较酶催化效率的最有意义的参数，因为在生理条件下，大多数酶并不被底物所饱和，所以 k_{cat} 不能准确地反映中间产物转变为产物的速率。

（四） K_m 和 v_{max} 的求法

酶促反应的底物浓度曲线呈矩形双曲线特征，很难从米氏方程直接求出。为此常将米氏方程转变成直线作图，求得 K_m 和 v_{max}。最常用的方法是双倒数作图，即将米氏方程两边取倒数，可转化为下列形式：

$$\frac{1}{v}=\frac{K_m}{v_{max}}\frac{1}{[S]}+\frac{1}{v_{max}}$$

从图 5-9 可知，$1/v$ 对 $1/[S]$ 作图是一条直线，其斜率是 K_m/v_{max}，在纵轴上的截距为 $1/v_{max}$，横轴上的截距为 $-1/K_m$。此作图除用来求 K_m 和 v_{max} 值外，在研究酶的抑制作用方面，还具有重要价值。

二、酶浓度对酶作用的影响

在底物足够过量而其他条件固定的情况下，并且反应系统中不含有抑制酶活性的物质及其他不利于酶发挥作用的因素时，酶促反应的速率和酶浓度成正比（图 5-10）。

酶促反应动力学酶浓度、温度、pH对酶反应速率的影响

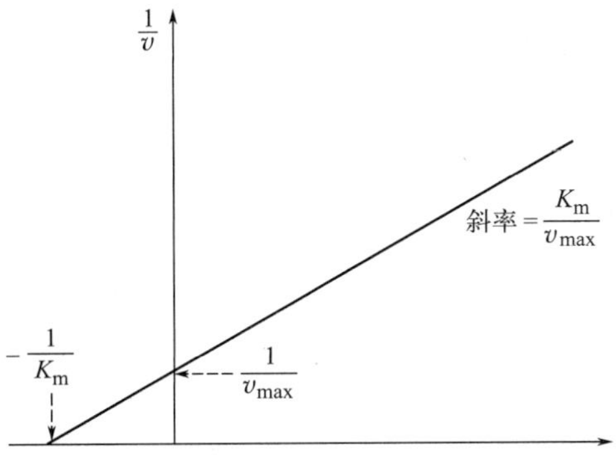

图 5-9 双倒数作图法

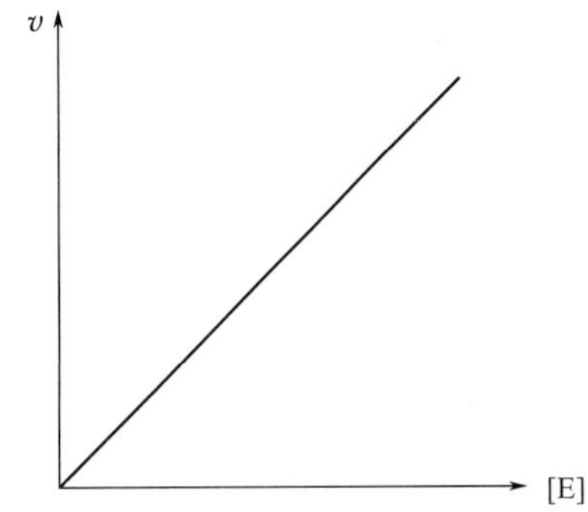

图 5-10 酶浓度对反应速率的影响

三、温度对酶作用的影响

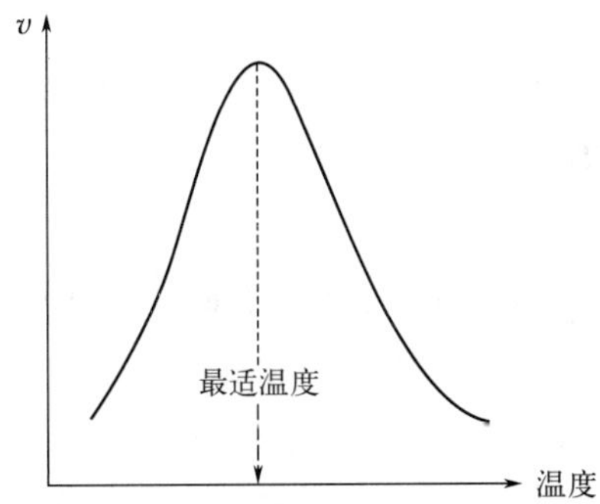

图 5-11 温度对反应速率的影响

酶是生物催化剂，温度对酶促反应速率具有双重影响。一方面，当温度升高时，反应速率加快；另一方面，随着温度的升高，酶也会逐步变性，因此，有活性的酶的数量减少，酶促反应速率降低。温度升高到 60℃以上时，大多数酶开始变性；温度升高到 80℃时，多数酶的变性已不可逆。综合这两种因素，当温度既不过高以引起酶的损害，也不过低以延缓反应的进行时，酶活性最大，反应进行的速率最快，此时的温度即为酶的最适温度（图 5-11）。各种酶在一定条件下都有一定的最适温度。通常动物体内酶的最适温度在 37～50℃。而植物体内酶的最适温度在 50～60℃。极少数酶能耐受较高温度，如牛胰核糖核酸酶加热到 100℃后再恢复至室温，仍有活性。分子生物学研究中，常用的 *Taq*DNA 聚合酶在 95℃仍有活性。

最适温度不是酶的特征性物理常数，它与底物浓度、溶液 pH、离子浓度、保温时间等许多因素有关。

酶在低温下活性微弱但不易变性，当温度回升后，酶又可以恢复活性。临床上，低温麻醉便是利用酶的这一性质以减慢组织细胞代谢速度，提高机体对氧和营养物质缺乏的耐受性。低温保存菌种也是基于此原理。酶在干燥状态下，对温度的耐受力高，这一点已用于指导酶的贮藏。有些酶的干粉制剂可在室温下放置一段时间，而其水溶液则必须保存于冰箱中；制成冻干粉的酶制剂可于冰箱中放置几个月甚至更长时间，未制成干粉的酶溶液在冰箱中只能保存几周，甚至几天就会失活。

四、pH 对酶作用的影响

溶液的 pH 对酶活性影响很大。在一定的 pH 范围内酶表现催化活性。在某一 pH 时酶的催化活性最大，此 pH 称为酶的最适 pH（图 5-12）。偏离酶的最适 pH 愈远，酶的活性愈小，过酸或过碱则可使酶完全失去活性。各种酶的最适 pH 各不相同。一般酶的最适 pH 在 4～8。植物和微生物体内的酶，其最适 pH 多为 4.5～6.5；而动物体内的酶，其最适 pH 多在 6.5～8。但也有例外，如胃蛋白酶最适 pH 为 1.8，胰蛋白酶的最适 pH 为 8.1，肝精氨酸酶的最适 pH 为 9.8。

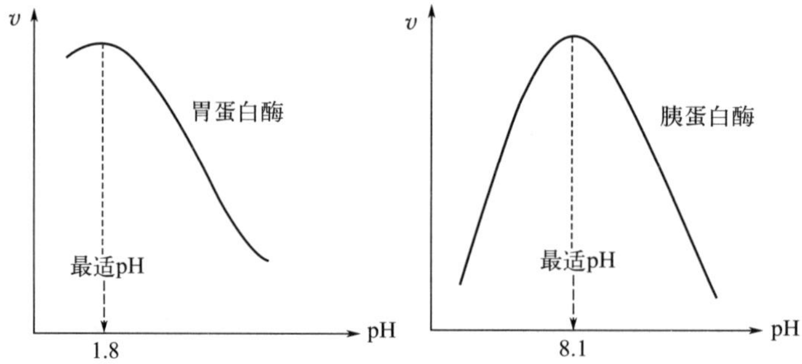

图 5-12 pH 对酶促反应速率的影响

各种酶在一定条件下都有其特定的最适 pH，因此最适 pH 是酶的特性之一。但酶的最适 pH 不是固定的常数，其数值受酶的纯度、底物的种类和浓度、缓冲液的种类和浓度等的影响。

pH 影响酶的催化活性的机理，主要是因为 pH 能影响酶分子，特别是酶活性中心内某些化学基团的电离状态。若底物也是电解质，pH 也可影响底物的电离状态。在最适 pH 时，恰能使酶分子和底物分子处于最合适电离状态，有利于二者结合和催化反应的进行。

五、激活剂对酶作用的影响

凡能增强酶活性的物质，统称为激活剂。往往一种激活剂对某种酶来说具有提高活性的作用，而对另一种酶可能起抑制作用。如氰化物是细胞色素氧化酶的抑制剂，却是木瓜蛋白酶的激活剂。大部分激活剂是无机离子或简单的有机小分子。

1. 作为激活剂的无机离子分类

① 金属离子，K^+、Na^+、Mg^{2+}、Zn^{2+}、Fe^{2+}、Mn^{2+}、Co^{2+} 等，其中 Mg^{2+} 是多种激酶及合成酶的激活剂。

② 阴离子，如动物唾液 α-淀粉酶受 Cl^- 激活。

③ 氢离子。

在制备需上述无机离子作为激活剂的酶时，极易失去这些无机离子，因此必须注意及时补充。

2. 作为激活剂的有机分子分类

① 一些以巯基为活性基团的酶，在分离提纯过程中，其分子中的巯基常被氧化而降低活力，因此需要加入抗坏血酸、半胱氨酸或谷胱甘肽等还原剂，使氧化了的巯基还原以恢复活力。

② EDTA 等金属螯合剂，能除去酶中的重金属杂质，从而解除重金属离子对酶的抑制作用。

六、抑制剂对酶作用的影响

凡是能降低或抑制酶活性但不引起酶变性的物质称为酶的抑制剂。抑制剂多与酶活性中心内、外的必需基团相结合，直接或间接地影响酶的活性中心，从而抑制酶的催化活性。抑制作用分为不可逆抑制作用与可逆抑制作用两类。

（一）不可逆抑制作用

不可逆抑制作用是指抑制剂与酶共价结合，不能用透析、超滤等简单物理方法解除抑制来恢复酶的活性，因此是不可逆的，必须用特殊的化学方法才能解除抑制作用。不可逆抑制剂的种类很多。常见的有：有机磷杀虫剂、有机汞化合物、有机砷化合物、一氧化碳、氰化物等剧毒物质。如农药敌百虫、乐果、杀螟松、对硫磷、内吸磷（1059）等有机磷化合物能特异地与胆碱酯酶活性中心的丝氨酸羟基结合，使酶失活，导致乙酰胆碱不能被胆碱酯酶水解因而积蓄，从而引起一系列的神经中毒症状。临床上用解磷定来治疗有机磷化合物中毒，解磷定能夺取已经和胆碱酯酶结合的磷酰基，解除有机磷对酶的抑制作用，使酶复活。

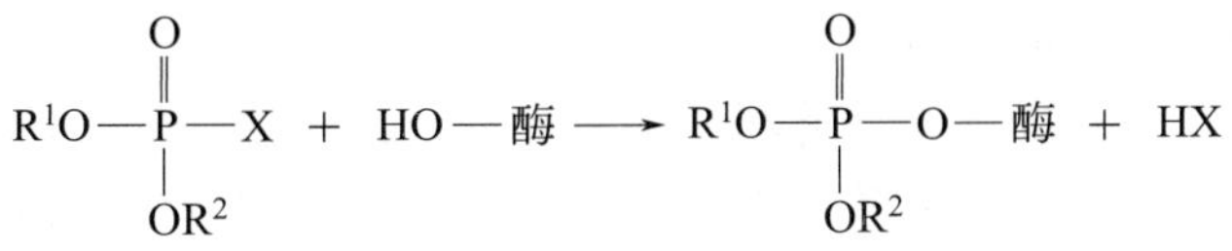

有机磷化合物　活性胆碱酯酶　失活胆碱酯酶

又如，低浓度的重金属离子（如 Hg^{2+}、Ag^{+} 等）及 As^{3+} 可与酶分子的巯基结合而使酶失活。第二次世界大战时期日本对中国使用的毒气之一路易士气，是一种砷化合物，它可与酶的巯基结合使人畜中毒。重金属盐引起的巯基酶中毒，可用二巯基丙醇（BAL）解毒。BAL 含有多个巯基，在体内达到一定浓度后，可与毒剂结合，使酶恢复活性。

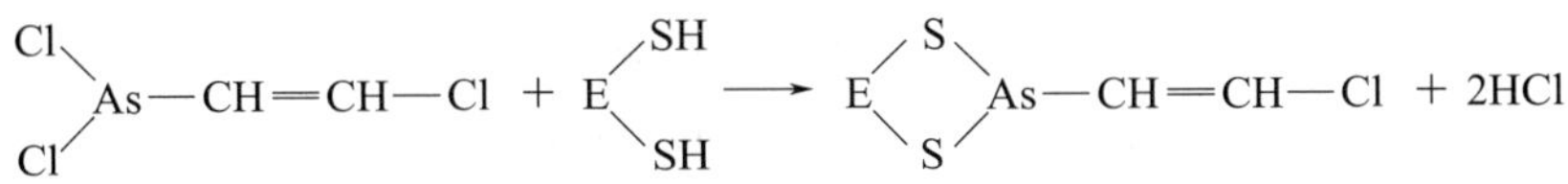

路易士气　活性巯基酶　失活巯基酶

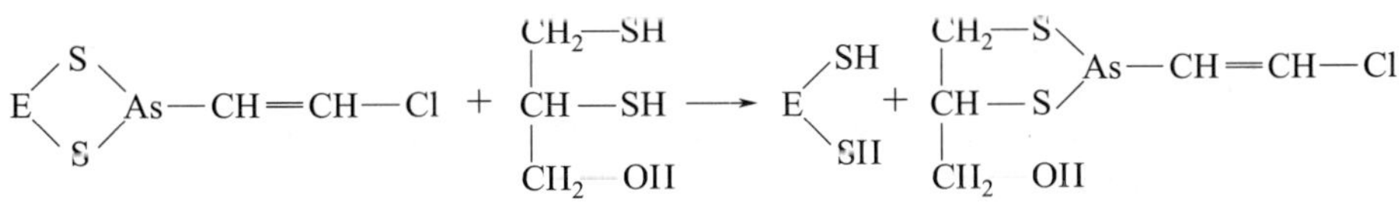

（二）可逆抑制作用

可逆抑制作用是指抑制剂与酶非共价结合，可以用透析、超滤等简单物理方法除去抑制剂来恢复酶的活性，因此是可逆的。根据抑制剂在酶分子上结合位置的不同及方式不同，又分为竞争性抑制作用、非竞争性抑制作用和反竞争性抑制作用。

1. 竞争性抑制作用

有些抑制剂与底物的化学结构相似，在酶促反应中，抑制剂与底物竞争与酶的活性中心结合，当抑制剂与酶结合后，酶不能再与底物结合，从而抑制了酶的活性，这种抑制称为竞争性抑制，如图 5-13 所示。

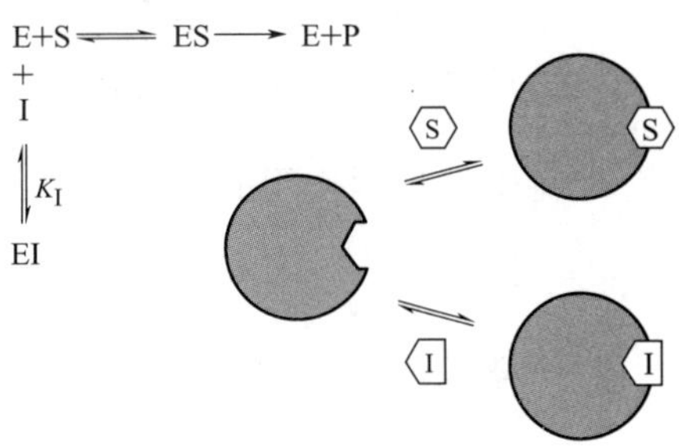

图 5-13　竞争性抑制作用

由此可见，由于一部分酶与抑制剂（I）结合成酶-抑制剂复合物（EI），可以与底物（S）结合成中间产物（ES）的酶就相对地减少了，酶活性也就因此降低了。另一方面，由于竞争性抑制与酶的结合是可逆的，抑制作用的强度与抑制剂和底物的浓度有关。因而，可以通过加入大量的底物来消除竞争性抑制剂对酶活性的抑制作用，这是竞争性抑制的一个重要特征。

竞争性抑制作用的米氏方程：$v=\dfrac{v_{max}[S]}{K_m\left(1+\dfrac{[I]}{K_I}\right)+[S]}$

双倒数式：
$$\frac{1}{v}=\frac{K_m}{v_{max}}\left(1+\frac{[I]}{K_I}\right)+\frac{1}{[S]}+\frac{1}{v_{max}}$$

对于竞争性抑制作用，催化反应的最大反应速率值没有变，但是需要更高的底物浓度，反映在表观 K_m 值的增加。

有些药物属酶的竞争性抑制剂，磺胺药物是典型例子。磺胺药的结构与对氨基苯甲酸十分相似，而对氨基苯甲酸是叶酸（图 5-14）的一部分。叶酸和二氢叶酸则是嘌呤核苷酸合成中的重要辅酶——四氢叶酸的前身，如果缺少四氢叶酸，细菌生长繁殖便会受到影响。人体能直接利用食物中的叶酸。细菌则不能利用外源叶酸，只能在二氢叶酸合成酶的作用下，利用对氨基苯甲酸合成二氢叶酸，磺胺药作为二氢叶酸合成酶的竞争性抑制剂，影响二氢叶酸的合成，抑制了细菌的生长，从而达到治病的效果。

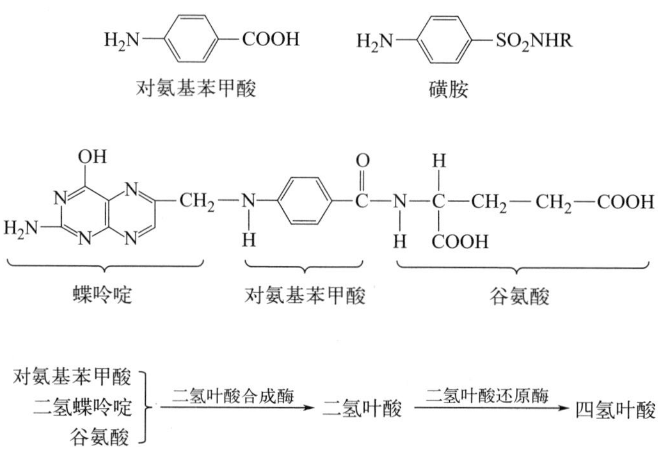

图 5-14　磺胺药物抑菌原理

酶促反应动力学
竞争性抑制作用

许多抗代谢物和抗癌药物也都是利用竞争性抑制的原理发挥其药理作用的。

2. 非竞争性抑制作用

有些抑制剂和底物可同时结合在酶的不同部位上，即抑制剂与酶活性中心外的必需基团结合，不妨碍酶与底物的结合，但所形成的酶-底物-抑制剂三元复合物（ESI）不能发生反应，这种抑制称为非竞争性抑制。

非竞争性抑制作用的米氏方程：$v=\dfrac{v_{max}[S]}{(K_m+[S])\left(1+\dfrac{[I]}{K_I}\right)}$

双倒数式：
$$\frac{1}{v}=\frac{K_m}{v_{max}}\left(1+\frac{[I]}{K_I}\right)\frac{1}{[S]}+\frac{1}{v_{max}}\left(1+\frac{[I]}{K_I}\right)$$

与竞争性抑制作用相比，非竞争性抑制作用不能通过提高底物浓度来达到所需反应速率，即表观最大反应速率 v_{max} 值变小；而同时，由于抑制剂不影响底物与酶的结合，因此 K_m 值保持不变。非竞争性抑制作用见图 5-15。

某些重金属离子如 Ag^+、Ca^{2+}、Hg^{2+}、Pb^{2+} 等对酶的抑制作用是非竞争性抑制。

3. 反竞争性抑制作用

抑制剂不能与处于自由状态下的酶结合，而只能和酶-底物复合物（ES）结合，形成无

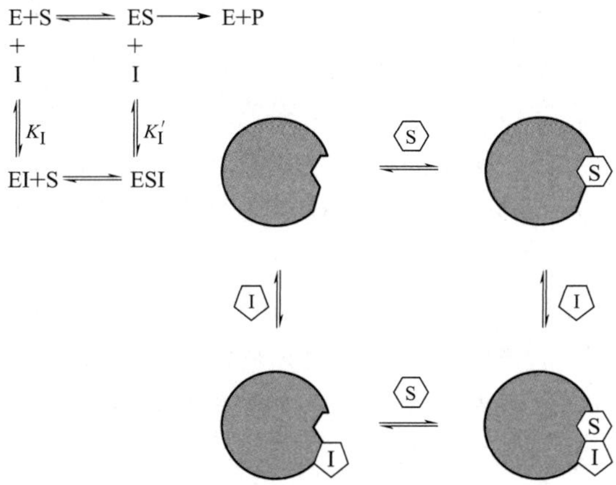

图 5-15　非竞争性抑制作用

活性的 ESI（见图 5-16）。因为 S 与 E 结合致使酶构象改变而显现出抑制剂的结合部位。当反应体系中加入抑制剂时，反而促进 ES 的形成，此情况与竞争性抑制作用相反，故称其为反竞争性抑制作用。这种抑制作用常见于多底物反应中，在单底物反应中较少见。

反竞争性抑制作用的米氏方程：$v=\dfrac{v_{max}[S]}{K_m+[S]\left(1+\dfrac{[I]}{K_I}\right)}$

双倒数式：$$\frac{1}{v}=\frac{K_m}{v_{max}}\times\frac{1}{[S]}+\frac{1}{v_{max}}\left(1+\frac{[I]}{K_I}\right)$$

在酶促动力学上表现为 v_{max} 和 K_m 都变小。反竞争性抑制作用见图 5-16。

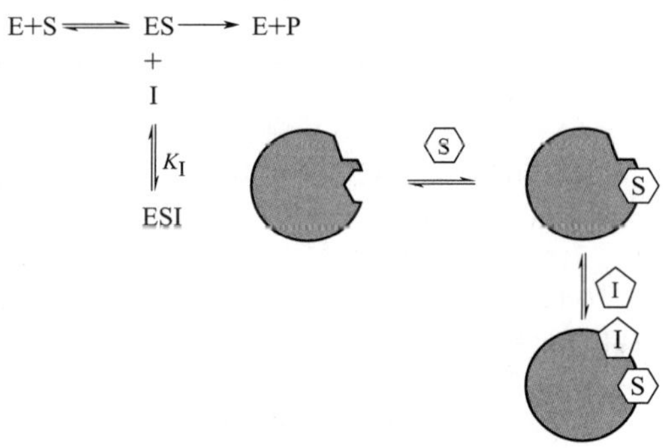

图 5-16　反竞争性抑制作用

润心驿站　　孙思邈巧治脚气病——传统中医智慧的现代启示

孙思邈（？～682 年），唐代著名医药学家，被誉为“药王”。他精通医学、道家学说，一生致力于医药研究，编撰了《千金要方》（又称《备急千金要方》）等重要医书，对中医临床学有着重大贡献，其医术和医德均受到后世的高度赞誉。

在唐代，脚气病是一种困扰着许多富贵之人的奇怪疾病。患者常常感到疲乏软弱、小腿沉重、肌肉酸痛，并伴有脚踝浮肿、头痛失眠、食欲不振等症状，足部还会有过敏、烧灼、针刺和蚁爬感，肌肉麻木。当时，长安城内的几位富翁都患上了这种疾病，他们遍访名医却未能治愈。许多医者面对这种疾病都束手无策，后来，他们请来了孙思邈。孙思邈在观察到脚气病多发于富贵之家后，开始思考饮食习惯与疾病之间的关系。通过对比患者与仆役的饮食差异，他初步判断脚气病与精粮摄入过多、粗粮摄入不足有关。孙思邈认为，精粮加工过程中可能破坏了某些对人体有益的营养成分，导致人体缺乏这些成分而引发脚气病。为了验证这一假设，他建议患者改食粗粮糙米，并辅以富含 B 族维生素的食物，如细谷糠、麦麸皮等。这一疗法不仅有效缓解了患者的症状，还开创了食疗治疗脚气病的先河。孙思邈凭借其深厚的中医理论基础和敏锐的观察力，成功找到了治疗脚气病的方法，将其记载在著作《千金要方》中。而欧洲在孙思邈之后很久才开始认识到维生素 B_1 对于治疗脚气病的重要性。因此，孙思邈在治疗脚气病方面的贡献是开创性的，比欧洲早了一千年。

孙思邈提出了“常服谷皮煎汤可以防治脚气病”的观点，体现了中医“天人合一”“药食同源”的理念，让我们深刻感受到传统中医的智慧和魅力。这有助于我们树立文化自信，弘扬中华优秀传统文化，推动中医药事业的传承与发展。孙思邈在治疗中勇于探索，敢于创新，同时心系患者，体现了医者仁心与科学精神的完美结合。他高尚的医德医风，更是我们学习的楷模。

小思考

1. 孙思邈用谷皮煎汤防治脚气病对我们有哪些启示？
2. 我们应该如何更好地传承和发展中医文化，使其在现代社会中发挥更大的作用？

酶与维生素知识框架

<table>
<tr><td rowspan="7">酶化学</td><td rowspan="2">组成</td><td>单纯酶</td><td colspan="2">只由氨基酸构成的酶</td></tr>
<tr><td>结合酶</td><td colspan="2">组成：氨基酸构成的蛋白质部分＋辅助因子
全酶＝酶蛋白＋辅助因子
辅助因子：辅酶与辅基
维生素与辅酶：大多数维生素（特别是 B 族维生素）是组成许多酶的辅酶或辅基的成分，参与体内的代谢过程（详见表 5-1）</td></tr>
<tr><td rowspan="2">结构</td><td rowspan="2">活性中心</td><td colspan="2">定义：由必需基团组成具有特定空间结构的区域，能与底物特异结合并将底物转化为产物</td></tr>
<tr><td colspan="2">必需基团：与酶活性密切相关的基团
包括{活性中心内的必需基团：结合基团＋催化基团
活性中心外的必需基团：维持酶的空间构象</td></tr>
<tr><td rowspan="3">酶促反应的特点与机制</td><td>特点</td><td colspan="2">与一般催化剂相比的共性
特殊性：高效性、专一性、温和性、受调控性</td></tr>
<tr><td rowspan="2">机制</td><td>诱导契合学说</td><td>定义：酶和底物相互靠近时，其结构相互诱导、相互靠近、相互适应，进而相互结合</td></tr>
<tr><td>机制</td><td>邻近效应、定向效应、过渡态形成、酸碱催化、共价催化、微环境效应</td></tr>
</table>

续表

<table>
<tr><td rowspan="21">酶化学</td><td rowspan="13">酶促反应动力学</td><td rowspan="5">底物浓度</td><td>底物浓度对反应速率作图是矩形双曲线，用米氏方程表示</td></tr>
<tr><td>K_m 的含义：反应速率达最大反应速率一半时的底物浓度。K_m 是酶的特征常数，可以近似表示酶与底物的亲和力；可以判断最适底物，限速反应；可以计算</td></tr>
<tr><td>v_{max}：酶完全被底物饱和时的反应速率</td></tr>
<tr><td>k_{cat}：转换数</td></tr>
<tr><td>k_{cat}/K_m：比较酶催化效率的参数</td></tr>
<tr><td>酶浓度</td><td>[S]≫[E]时，反应速率随酶浓度的增加而增加；直线</td></tr>
<tr><td rowspan="2">温度</td><td>钟形曲线</td></tr>
<tr><td>最适温度：反应速率达最大反应速率时的温度；低温抑制酶的活性，高温使酶失活</td></tr>
<tr><td rowspan="3">pH</td><td>钟形曲线</td></tr>
<tr><td>最适 pH：反应速率达最大反应速率时的 pH</td></tr>
<tr><td>高于或低于最适 pH 时影响酶、底物的解离，反应速率降低</td></tr>
<tr><td>激活剂</td><td>使酶活性提高的物质</td></tr>
<tr><td>抑制剂</td><td>使酶活性降低的物质。抑制剂对酶促反应的影响称抑制作用
分为 { 不可逆抑制作用：酶与抑制剂共价结合，如有机磷中毒、重金属离子作用
　　　 可逆抑制作用：酶与抑制剂非共价结合
可逆抑制作用包括 { 竞争性抑制作用：K_m 增大，v_{max} 不变
　　　　　　　　　 非竞争性抑制作用：K_m 不变，v_{max} 降低
　　　　　　　　　 反竞争性抑制作用：K_m，v_{max} 都降低</td></tr>
<tr><td rowspan="2">酶活力单位</td><td>酶活力单位</td><td>定义：IU，Kat</td></tr>
<tr><td>比活力</td><td>每毫克酶蛋白具有的活力单位数，表示酶的纯度</td></tr>
<tr><td rowspan="6">酶的调节</td><td>酶原</td><td>酶原与酶原的激活</td></tr>
<tr><td>同工酶</td><td>乳酸脱氢酶同工酶（LDH）</td></tr>
<tr><td rowspan="2">变构酶</td><td>定义：某些小分子物质与酶的调节中心结合，改变酶的构象而使酶的活性发生改变，这种调节酶活性的方式称变构调节，具有变构调节的酶称变构酶</td></tr>
<tr><td>特点：寡聚酶；有 T 态和 R 态两种构象；具有协同效应；不符合米氏方程，为“S”形曲线</td></tr>
<tr><td rowspan="2">共价调节酶</td><td>定义：酶蛋白肽链上的某些基团与某些小分子物质共价结合而改变酶的活性</td></tr>
<tr><td>特点：酶有低活性（无活性）或高活性（有活性）两种存在形式；两种形式的转变需在另外酶作用下完成，受激素调控，具有级联放大效应，快速调节</td></tr>
</table>

续表

	名称	别名	辅酶	生理功能	来源	缺乏症
维生素与辅酶	维生素 B_1	硫胺素，抗脚气病维生素	TPP（焦磷酸硫胺素）	脱羧酶和转酮酶的辅酶，参与 α-酮酸的氧化脱羧	酵母、谷类种子的外皮和胚芽	脚气病（多发性神经炎）
	维生素 B_2	核黄素	FAD、FMN	脱氢酶的辅酶，氢载体	小麦、青菜、黄豆、蛋黄、肝等	口角炎、唇炎、舌炎等
	维生素 B_3	泛酸	HSCoA	转酰基酶的辅酶，酰基载体	动植物细胞中均含有	无
	维生素 PP	烟酸，烟酰胺，抗癞皮病维生素	NAD^+、$NADP^+$	脱氢酶的辅酶，氢载体	肉类、谷类、花生等；色氨酸转变	癞皮病
	维生素 B_6	吡哆醇，吡哆醛，吡哆胺	磷酸吡哆醛，磷酸吡哆胺	参与氨基酸脱氨、脱羧、消旋作用	酵母、蛋黄、肝、谷类中，肠道细菌可合成	无
	维生素 B_7	生物素	—	羧化酶的辅酶，参与体内 CO_2 的固定	动植物组织均含有	无
	维生素 B_{11}	叶酸	FH_4	一碳基团的载体	青菜、肝、酵母等	恶性贫血
	维生素 B_{12}	钴胺素	辅酶 B_{12}	变位酶和甲基转移酶的辅酶，参与甲基转移	肝、肉、鱼等	恶性贫血

本章思考题

一、名词解释

1. 酶的比活力　2. 酶的活性中心　3. 酶原激活　4. 竞争性抑制作用　5. 非竞争性抑制作用

二、填空题

1. 酶是________产生的。

2. 酶是具有催化活性的________或________。

3. 酶具有高效性、专一性、________和________等催化特点。

4. 脲酶只作用于尿素，而不作用于其他任何底物，因此它具有________专一性；甘油激酶可以催化甘油磷酸化，仅生成甘油-1-磷酸一种底物，因此它具有________专一性。

5. 根据国际系统分类法，酶按所催化的化学反应的性质可以分为六大类：转移酶类、裂合酶类、水解酶类、________、________和合成酶类。

6. 全酶由________和________组成。

7. 在催化反应时，全酶的两个组成部分所起的作用不同，其中______________决定酶的专一性和高效率，______________起传递电子、原子或化学基团的作用。

8. 酶的活性中心包括______________和______________两个功能部位。

9. 酶的活性中心中____________直接与底物结合，决定酶的专一性，____________是发生化学变化的部位，决定催化反应的性质。

10. 酶活力的调节包括酶______________的调节和酶______________的调节。

11. 与酶催化高效率有关的因素有：______________、______________、诱导形变、酸碱催化、共价催化和活性中心的低介电性。

三、选择题

1. 下列关于辅基的叙述正确的是（　　）。

A. 是一种结合蛋白质

B. 只决定酶的专一性，不参与化学基因的传递

C. 与酶蛋白的结合比较疏松

D. 一般不能用透析和超滤法与酶蛋白分开

2. 含 B 族维生素的辅酶在酶促反应中的作用是（　　）。

A. 传递电子、质子和化学基团　　B. 稳定酶蛋白的构象

C. 提高酶的催化效率性质　　D. 决定酶的专一性

3. 酶原激活的实质是（　　）。

A. 激活剂与酶结合

B. 酶蛋白的别构效应

C. 酶原分子空间构象发生了变化而一级结构不变

D. 酶原分子一级结构发生改变从而形成或暴露出活性中心

4. 目前公认的酶与底物结合的学说是（　　）。

A. 活性中心学说　　B. 诱导契合学说

C. 锁匙学说　　D. 中间产物学说

5. 米氏常数（　　）。

A. 随酶浓度的增加而增加　　B. 随酶浓度的增加而减小

C. 随底物浓度的增加而增大　　D. 是酶的特征常数

6. 某酶有 4 种底物（S），其 K_m 值如下，该酶的最适底物为（　　）。

A. S1：$K_m=5\times10^{-5}$ mol/L　　B. S2：$K_m=1\times10^{-5}$ mol/L

C. S3：$K_m=10\times10^{-5}$ mol/L　　D. S4：$K_m=0.1\times10^{-5}$ mol/L

7. 下列常见抑制剂中，除（　　）外都是不可逆抑制剂。

A. 有机磷化合物　　B. 有机汞化合物

C. 有机砷化合物　　D. 磺胺类药物

8. 竞争性抑制剂作用特点是（　　）。

A. 与酶的底物竞争激活剂　　B. 与酶的底物竞争酶的活性中心

C. 与酶的底物竞争酶的辅基　　D. 与酶的底物竞争酶的必需基团

9. 下列图中属于非竞争性抑制作用动力学曲线的是（　　）。

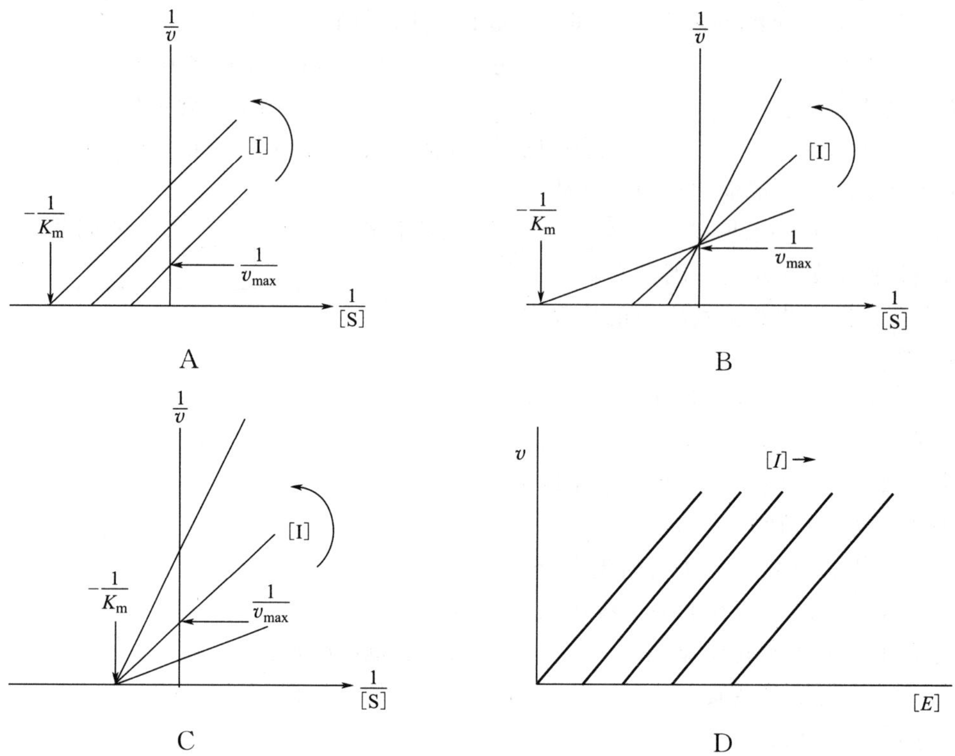

10. 缺乏维生素 B_1 可能引起（ ）。

A. 不育症　　B. 坏血病

C. 恶性贫血　　D. 脚气病

四、问答题

1. 将下列化学名称与B族维生素及其辅酶形式相匹配：

（A）泛酸 （B）烟酸 （C）叶酸 （D）硫胺素 （E）核黄素 （F）吡哆素 （G）生物素

（1）维生素 B_1 （2）维生素 B_2 （3）维生素 B_3 （4）维生素 B_5 （5）维生素 B_6 （6）维生素 B_7 （7）维生素 B_{11} （8）维生素 B_{12}

（Ⅰ）FMN （Ⅱ）FAD （Ⅲ）NAD （Ⅳ）NADP （Ⅴ）CoA （Ⅵ）PLP （Ⅶ）PMP （Ⅷ）FH_2，FH_4 （Ⅸ）TPP

2. 什么是同工酶？LDH同工酶有几种？研究LDH同工酶有什么实际意义？

3. 磺胺类药物的抑菌机理是什么？

4. 比较三种可逆性抑制作用的特点。

第二篇　动态生物化学

第六章 生物氧化

内容概要与学习指导——生物氧化

本章介绍了生物氧化的概念、特点、方式。重点阐述了生物氧化过程中 CO_2、H_2O 及 ATP 的生成方式，扼要介绍了高能化合物的类型及能量的转移、贮存及利用。

生物氧化是营养物质在体内氧化分解产生能量的共同代谢过程。生物氧化同一般的氧化反应相比具有其特殊性：反应过程是在细胞内酶的催化下进行；反应条件要温和；反应过程中的能量是逐步释放的，并且可以转化为可以利用的化学能。

CO_2 的生成是有机物转化成含有羧基的化合物，在脱羧酶或脱氢酶的作用下脱羧产生的。

H_2O 的生成主要是在脱氢酶的作用下脱下氢，由 FAD、NAD^+ 的携带，经过一系列的递氢体和电子传递体的顺次传递，最终与被氧化酶激活的氧结合而生成的。这种传递体系称为呼吸链。有些物质能够在不同位置阻断呼吸链的传递，这些物质称为电子传递抑制剂。

ATP 的生成方式有两种：底物水平磷酸化和氧化磷酸化。底物水平磷酸化是指底物经过脱氢、脱羧、烯醇化或分子重排等反应时，分子内的能量重新分布和集中形成高能化合物，高能化合物中的高能键水解释放能量转移给 ADP 生成 ATP。氧化磷酸化是指底物脱氢经呼吸链生成水的过程中所释放的能量与 ADP 磷酸化相偶联生成 ATP 的过程。氧化磷酸化偶联的次数可用 P/O 值来测定，以 NAD^+ 为受氢体的呼吸链的 P/O 为 2.5，以 FAD 为受氢体的呼吸链的 P/O 为 1.5。目前被人们普遍接受的 ATP 的生成机制是“化学渗透学说”，解偶联剂、氧化磷酸化抑制剂和离子载体抑制剂可以阻碍 ATP 的生成。

胞液中的 $NADH+H^+$ 不能直接透过线粒体内膜进入线粒体内，但可以通过 3-磷酸甘油或苹果酸穿梭的方式进入线粒体参与呼吸链的传递，最终与氧结合生成水。

总之，生物体以脱氢、失电子或与氧结合的方式把有机物氧化分解的同时释放出能量转移到 ATP 中暂时贮存，在生命活动中 ATP 又把能量释放出来，并最终以磷酸肌酸的形式贮存起来。学习本章时应注意：

① 本章对 CO_2、H_2O 及 ATP 三方面的问题进行了讲解，学习时应以这三种物质的生成方式为基础，学习相关内容；

② 生物氧化的目的是产生能量，而能量的最主要来源是氧化磷酸化，因此要结合呼吸链的组成及作用掌握两条典型的呼吸链传递顺序；

③ 结合呼吸链的能量偶联部位，了解电子传递抑制剂的作用部位；结合化学渗透学说，了解解偶联剂、氧化磷酸化抑制剂、离子载体抑制剂的作用机制。

生物的一切活动都需要能量。绿色植物和光合细菌等自养生物通过光合作用，利用太阳能将 CO_2 和 H_2O 同化为糖类等有机化合物，使太阳能转变成化学能贮存于其中；动物和某些微生物等异养生物不能直接利用太阳能，只能利用植物光合作用积累的有机化合物在生物体内分解释放的能量。生物主要通过生物氧化作用获取生命活动所需的能量。

第一节　生物氧化概述

一、生物氧化的概念

有机物质在生物体活细胞内氧化分解，同时释放能量的过程称为生物氧化。高等动物通过肺部的呼吸作用吸入氧，呼出二氧化碳；微生物则以细胞直接进行呼吸，所以生物氧化也称为细胞呼吸。

二、生物氧化的特点

生物氧化与有机物质在体外燃烧（或非生物氧化）的化学本质是相同的，都是加氧、脱氢、失去电子，最终的产物都是 CO_2 和 H_2O，并且有机物质在生物体内彻底氧化伴随的能量释放与在体外完全燃烧释放的能量总量相等。但二者进行的方式却大不相同，生物氧化有如下的特点。

生物氧化的特点

① 生物氧化是在活细胞内进行的。在真核生物中，生物氧化主要在线粒体中进行；在原核生物中，生物氧化则在细胞膜上进行。

② 生物氧化反应是在酶的催化下，在体温、常压、近于中性 pH 及有水环境介质中进行的。

③ 生物氧化是一系列连续的、逐步的氧化还原反应，并逐步释放能量，这样不会因为氧化过程中能量骤然释放而损害机体，同时使释放的能量得到有效的利用。

④ 生物氧化过程产生的能量，通常先贮存在一些高能化合物中（主要是 ATP），然后再通过能量转换作用，以满足机体对能量的需要，因此 ATP 相当于生物体内的能量“转运站”，是能量的“流通货币”。

三、生物氧化反应的基本类型

生物氧化的本质是电子转移，失电子者为还原剂，得电子者为氧化剂，所以根据电子转移的方式，生物氧化反应的基本类型有三种。

1. 加氧反应

在氧化酶的作用下，有机物质直接加氧。因为加氧时，常伴随氧接受质子和电子而被还原成水，其本质也是电子转移。

$$RH+O_2+2H^++2e^- \longrightarrow ROH+H_2O$$

2. 脱氢反应

在脱氢酶的作用下，有机物分子直接脱氢或加水脱氢。因为 H 原子可以分解为 H^+ 和电子，因此其本质也是电子转移。

$$CH_3CHOHCOOH \longrightarrow CH_3COCOOH+2H$$

$$CH_3CHO \xrightarrow{+H_2O} \left[CH_3CH\begin{matrix} OH \\ OH \end{matrix} \right] \longrightarrow CH_3COOH+2H^++2e^-$$

3. 电子转移反应

$$Fe^{2+}+Cu^{2+} \rightleftharpoons Fe^{3+}+Cu^+$$

在氧化还原反应中被氧化的物质是还原剂，是电子或氢的供体；被还原的物质则是氧化剂，是电子或氢的受体。在生物氧化中，既能接受氢（或电子）、又能供给氢（或电子）的物质，起传递氢（或电子）的作用，称为传递氢载体（或传递电子载体）。

四、生物体内能量代谢的基本规律

（一）氧化还原电位

生物氧化的功能是将有机物中贮存的化学能释放出来为生命活动提供能量。化学能主要以键能的形式贮存在化合物的原子间的化学键上，原子间的化学键靠电子以一定的轨道绕核运转来维持。电子占据的轨道不同，其具有的电子势能就不同。当电子从一较高能级的轨道跃迁到一较低能级的轨道时，就有一定的能量释放，反之，则要吸收一定的能量。在生物氧化过程中，由于被氧化的底物的电子势能发生了跃降而有能量释放。

通常用氧化还原电位相对地表示各种化合物对电子亲和力的大小。因为氧化还原电位较高的体系，其氧化能力较强；反之，氧化还原电位较低的体系，其还原能力较强。因此，根据氧化还原电位大小，可以预测任何两个氧化还原体系如果发生反应时其氧化还原反应向哪个方向进行。生物体内某些重要氧化还原体系的氧化还原电位已经测出，其数据见表 6-1。

表 6-1 生物体中某些重要氧化还原体系的标准氧化还原电位 $E^{\ominus\prime}$（pH=7.0，25～30℃）

氧化还原体系	$E^{\ominus\prime}$/V
乙酸$+2H^++2e^- \rightleftharpoons$乙醛$+H_2O$	−0.58
$2H^++2e^- \rightleftharpoons H_2$	−0.421
α-酮戊二酸$+CO_2+2H^++2e^- \rightleftharpoons$异柠檬酸	−0.38
乙酰乙酸$+2H^++2e^- \rightleftharpoons$β-羟丁酸	−0.346
$NAD^++2H^++2e^- \rightleftharpoons NADH+H^+$	−0.320
$NADP^++2H^++2e^- \rightleftharpoons NADPH+H^+$	−0.324
乙醛$+2H^++2e^- \rightleftharpoons$乙醇	−0.197
丙酮酸$+2H^++2e^- \rightleftharpoons$乳酸	−0.185
$FAD+2H^++2e^- \rightleftharpoons FADH_2$	−0.180
$FMN+2H^++2e^- \rightleftharpoons FMNH_2$	−0.180

续表

氧化还原体系	$E^{\ominus\prime}$/V
草酰乙酸$+2H^{+}+2e^{-}\rightleftharpoons$苹果酸	-0.166
延胡索酸$+2H^{+}+2e^{-}\rightleftharpoons$琥珀酸	-0.031
2 细胞色素 b(Fe^{3+})$+2e^{-}\rightleftharpoons$2 细胞色素 b($Fe^{2+}$)	$+0.030$
氧化型辅酶 Q$+2H^{+}+2e^{-}\rightleftharpoons$还原型辅酶 QH_2	$+0.10$
2 细胞色素 c_1(Fe^{3+})$+2e^{-}\rightleftharpoons$2 细胞色素 c_1(Fe^{2+})	$+0.22$
2 细胞色素 c(Fe^{3+})$+2e^{-}\rightleftharpoons$2 细胞色素 c($Fe^{2+}$)	$+0.25$
2 细胞色素 a(Fe^{3+})$+2e^{-}\rightleftharpoons$2 细胞色素 a($Fe^{2+}$)	$+0.29$
2 细胞色素 a_3(Fe^{3+})$+2e^{-}\rightleftharpoons$2 细胞色素 a_3(Fe^{2+})	$+0.385$
$\frac{1}{2}O_2+2H^{+}+2e^{-}\rightleftharpoons H_2O$	$+0.816$

注：细胞色素类和辅酶 Q 的电势因它们所处的线粒体膜中状态或分离提纯不同而有所不同。

从表 6-1 中可看出 O_2/H_2O 体系有可能氧化所有在它以上的各个体系，反过来说，这些体系也有可能使 O_2/H_2O 体系还原。

氧化还原体系对生物体之所以重要，不只是因为生物体内许多重要反应都属于氧化还原反应，更重要的是生物体的大部分能量来源于体内所进行的氧化还原反应。要了解氧化还原体系和能量之间的关系必须弄清有关能量的一些基本概念。

（二）自由能

在能量概念中，自由能的概念对研究生物化学的过程有重要意义。因为机体用以做功的能量正是体内有机物在化学反应中所释放出的自由能。自由能的概念在物理化学中是指体系在恒温、恒压下所做的最大有用功的那部分能量；在生物化学中，凡是能够用于做功的能量就称为自由能。生物氧化反应近似于在恒温、恒压状态下进行，生物氧化过程中发生的能量变化可以用自由能变化 ΔG 表示。ΔG 表示从某个反应可以得到多少可利用的能量，也是衡量化学反应自发性的标准。例如，物质 A 转变为物质 B 的反应：

$$A \rightleftharpoons B$$

$$\Delta G = G_B - G_A$$

当 ΔG 为正值时，反应是吸能的，不能自发进行，必须从外界获得能量才能被动进行，但其逆反应则是自发的；当 ΔG 是负值时，反应是放能的，能自发进行，自发反应进行的推动力与自由能的降低成正比。一个物质所含的自由能越少就越稳定。由此可见 ΔG 值的正负表达了反应发生的方向，而 ΔG 的数值则表达了自由能变化量的大小。当 $\Delta G=0$ 时，表明反应体系处于平衡状态，此时反应向任一方向进行都缺乏推动力。

应该说明的是：通过实验测得的有自由能降低的化学反应并不等于这个反应实际上已经自发地进行，还必须供给反应分子的活化能或用催化剂来降低活化能，反应才能进行。生物催化剂——酶就起着这种催化作用。例如，葡萄糖可被 O_2 氧化成 CO_2 和 H_2O，其反应方程式如下：

$$C_6H_{12}O_6 + 6O_2 \rightleftharpoons 6CO_2 + 6H_2O$$

此反应的 ΔG 是一个很大的负值（约为 -2870.2kJ/mol），但这一相当大的 ΔG 只能说明反应是释放能量，却与反应速率没有关系。当葡萄糖在弹式量热计中有催化剂存在时，它可在几秒内发生氧化；在大多数生物体中，上述反应可在数分钟到数小时内完成。但是把葡萄糖放在玻璃瓶中，即使有空气它也可以存放数年而不发生氧化反应。

（三）氧化还原电位与自由能变化

一个化学反应的自由能变化与该反应的平衡常数和质量作用定律密切相关。当一个反应处于平衡态时：

$$A+B \rightleftharpoons C+D$$

$\frac{[C][D]}{[A][B]}=K_{eq}$，这里［C］、［D］、［A］、［B］代表物质的浓度，K_{eq} 是平衡常数。当产物浓度乘积与底物浓度乘积的比值等于 K_{eq} 时，反应处于平衡状态；当产物浓度乘积与底物浓度乘积的比值大于 K_{eq} 时，反应趋向左方进行；当产物浓度乘积与底物浓度乘积的比值小于 K_{eq} 时，反应趋向右方进行。相应的自由能改变是 $\Delta G=0$、$\Delta G>0$、$\Delta G<0$。

可以看出，ΔG 不但取决于底物（反应物）和产物的化学结构，还取决于它们的浓度，因为浓度决定反应的方向。

化学反应的自由能随环境温度和物质浓度而改变，在比较自由能变化时，必须在标准状态下进行测定，即 25℃，溶液中溶质的标准状态为单位物质的量浓度，若为气体，则为 101.325kPa，所测得的值称为标准自由能变化，用 $\Delta G^{\ominus}$ 表示。

在化学反应中，自由能和化学反应平衡常数 K_{eq} 之间有如下的关系：$\Delta G^{\ominus}=-RT\ln K_{eq}$。在生物体内参与反应的物质浓度都很低，往往不是在标准状态，所测得的自由能变化并不是标准自由能变化，用 ΔG 表示。ΔG 与标准自由能变化 $\Delta G^{\ominus}$ 之间有一定的关系，可用公式表示：$\Delta G=\Delta G^{\ominus}+RT\ln K_{eq}$。

在许多生物化学反应中，还往往包括 H^+ 的变化，自由能随 pH 的变化也会有较大的改变，因此所测得的自由能变化应注明 H^+ 浓度。当 pH=7.0 时，反应的标准自由能变化用 $\Delta G^{\ominus\prime}$ 表示，因为在生物化学能量学中，通常把 pH7.0 作为标准状态，而不是以物理化学中应用的 pH=0.0（即氢离子浓度为 1.0mol/L）作为标准。因此该 $\Delta G^{\ominus\prime}$ 称生化标准自由能变化。

应该指出的是，无论在试管中或在细胞中要维持单位物质的量浓度的环境是很困难的，而且生物体内许多代谢作用发生在非均相系统中。尽管如此，标准自由能变化的概念在中间代谢研究中仍然很有用。

自由能的变化可以从平衡常数计算，也可以由反应物与产物的氧化还原电位计算。

在实验的基础上，总结出反应的自由能变化与氧化还原体系的氧化还原电位差有如下关系：

$$\Delta G=-nF\Delta E$$

式中 n——迁移的电子数；

F——法拉第常数［23.063kcal/(V·mol) 或 96.487kJ/(V·mol)］；

ΔE——发生反应的氧化还原电位差。

若为标准状态，则表示为：

$$\Delta G^{\ominus\prime}=-nF\Delta E^{\ominus\prime}$$

利用上式对于任何一对氧化还原反应都可由 ΔE 方便地计算出 ΔG。例如，NADH 传递链中 NAD^+/($NADH+H^+$) 的氧化还原标准电位为 −0.32V，而 O_2/H_2O 的氧化还原标准电位为 +0.816V，因此一对电子自 $NADH+H^+$ 传递到氧原子的反应中，标准自由能变化可按上式计算求得：

$$\Delta E^{\ominus\prime}=0.816-(-0.32)=1.136\ (V)$$

$$\Delta G^{\ominus\prime}=-nF\Delta E^{\ominus\prime}=-2\times96.487\times1.136=-219.22\ (\text{kJ/mol})$$

然而在生物体内，并不是有电位差的任何两体系间都能发生反应，如上述的 NAD^+/($NADH+H^+$) 和 O_2/H_2O 两体系之间的电位差很大，它们之间直接反应的趋势很强烈。但是这种直接反应通常不能发生，因为生物体是高度组织的，氢（电子）通过组织化的各中间传递体按顺序传递，能量的释放才能逐步进行。

五、高能化合物与 ATP

（一）高能化合物的概念

在生物体内，随水解反应或基团转移反应可放出大量自由能的化合物称高能化合物，其中最多最常见的是高能磷酸化合物，如 ATP。在高能化合物或高能磷酸化合物中，水解断裂时能释放出大量自由能的活泼共价键，称高能键或高能磷酸键，常以符号“～”表示。

（二）高能化合物的类型

在生物体内高能化合物种类很多，依据其是否含有高能磷酸键分为高能磷酸化合物和非高能磷酸化合物；根据其键型的特点，又分为磷氧键型、磷氮键型、硫酯键型和甲硫键型等几种类型。

1. 高能磷酸化合物

（1）磷氧键型高能磷酸化合物　磷氧键型高能磷酸化合物主要包括酰基磷酸化合物、烯醇式磷酸化合物和焦磷酸化合物三种类型。

① 酰基磷酸化合物。酰基磷酸化合物的代表是 1,3-二磷酸甘油酸和氨甲酰磷酸。结构式如下：

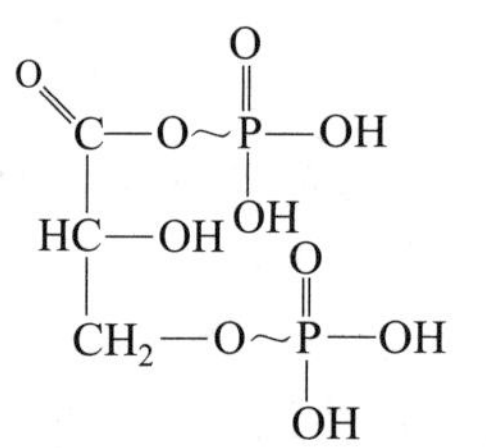

1,3-二磷酸甘油酸
$\Delta G^{\ominus\prime}=-49.3$kJ/mol

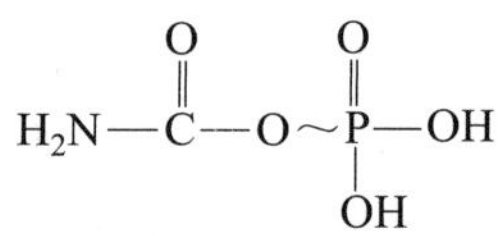

氨甲酰磷酸
$\Delta G^{\ominus\prime}=-50.5$kJ/mol

② 烯醇式磷酸化合物。烯醇式磷酸化合物的代表是磷酸烯醇式丙酮酸。结构式如下：

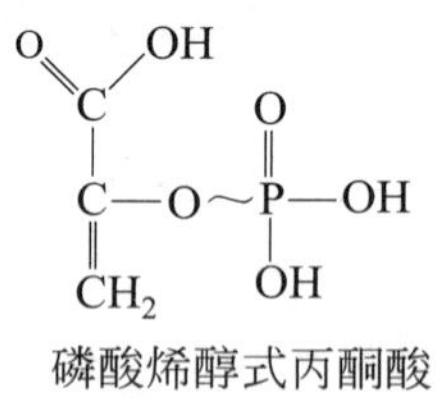

磷酸烯醇式丙酮酸
$\Delta G^{\ominus\prime}=-61.9$kJ/mol

③ 焦磷酸化合物。无机焦磷酸和核苷三磷酸都是焦磷酸化合物。结构式如下：

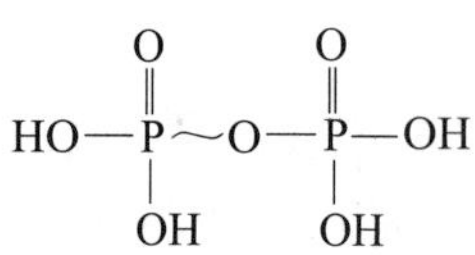

焦磷酸化合物
$\Delta G^{\ominus\prime}=-33.4$kJ/mol

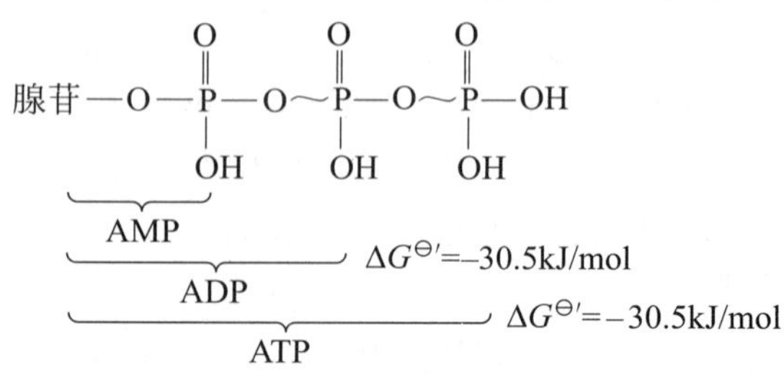

（2）磷氮键型高能磷酸化合物　磷酸肌酸和磷酸精氨酸属于磷氮键型高能磷酸化合物，也是能量在生物体内的最终贮存形式。结构式如下：

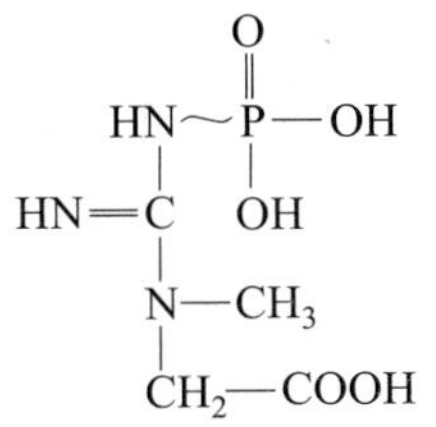

磷酸肌酸

$\Delta G^{\ominus\prime}=-43.1kJ/mol$

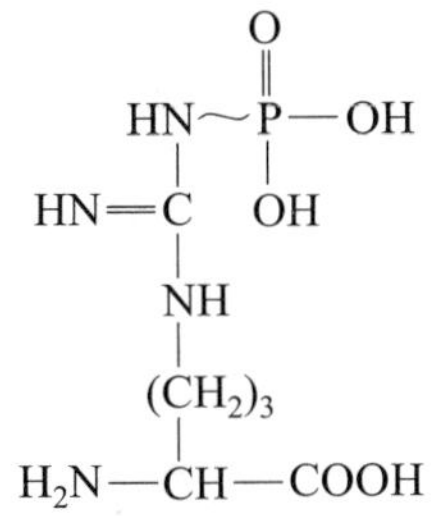

磷酸精氨酸

$\Delta G^{\ominus\prime}=-32.2kJ/mol$

2. 非高能磷酸化合物

非高能磷酸化合物主要包括硫酯键型高能化合物和甲硫键型高能化合物。

（1）硫酯键型高能化合物　乙酰辅敏 A 和琥珀酰辅敏 A，其结构式如下：

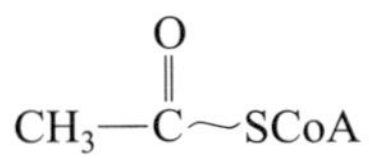

乙酰辅酶A

$\Delta G^{\ominus\prime}=-31.4kJ/mol$

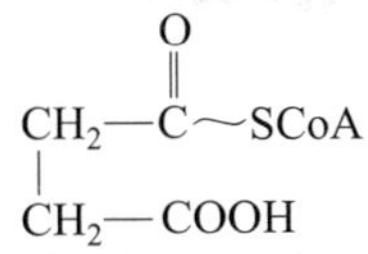

琥珀酰辅酶A

$\Delta G^{\ominus\prime}=-30.2kJ/mol$

（2）甲硫键型高能化合物　*S*-腺苷甲硫氨酸，其结构式如下：

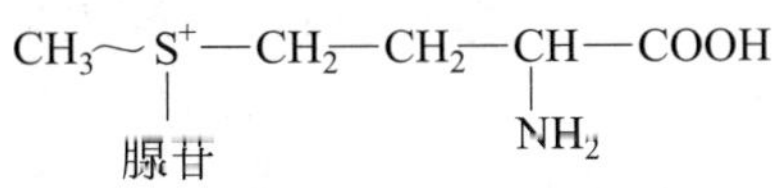

S-腺苷甲硫氨酸

$\Delta G^{\ominus\prime}=-41.8kJ/mol$

（三） ATP 在能量转换中的作用

ATP 是高能磷酸化合物中的典型代表。从低等的单细胞生物到高等的人类，能量的释放、贮存和利用都是以 ATP 为中心的。ATP 作为能量的即时供体，在传递能量方面起着转运站的作用。它既可接受代谢反应释放的能量，又可供给代谢反应所需要的能量。它是能量的携带者或传递者，但严格地说不是能量贮存者。在脊椎动物中能量的贮存形式是磷酸肌酸，在无脊椎动物中能量的贮存形式是磷酸精氨酸。磷酸肌酸可以与 ATP 相互转化。但磷酸肌酸含有的能量不能直接为生物利用，而必须把能量传给 ADP 生成 ATP 后再利用。

ATP 的水解放能反应可以和细胞内吸能的反应偶联起来，从而推动吸能的反应进行，以完成合成代谢、肌肉收缩及物质的吸收、分泌、运输等生理生化过程，使 ATP 又转化为 ADP 及磷酸。生物体内能量的转移、贮存和利用见图 6-1。

生物体内有些合成反应不一定都直接利用 ATP 供能，而可以用其他核苷三磷酸。如 UTP 用于多糖合成、CTP 用于磷脂合成、GTP 用于蛋白质合成等。但物质氧化时释放的能量通常是必须先合成 ATP，然后 ATP 可使 UDP、CDP 或 GDP 生成相应的 UTP、CTP 或 GTP，而 ATP 又转化为 ADP。

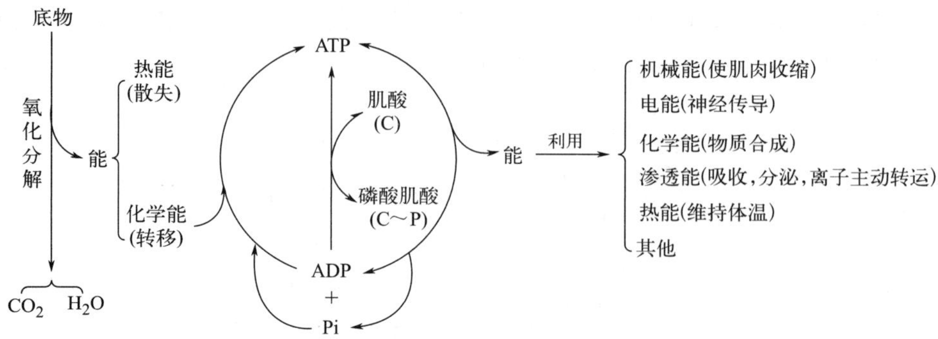

图 6-1　生物体内能量的转移、贮存和利用

第二节　生物氧化体系——呼吸链

生物氧化体系——呼吸链

生物氧化作用主要是通过脱氢反应来实现的。糖、蛋白质、脂肪的代谢物所含的氢，在一般情况下是不活泼的，必须通过相应的脱氢酶将之激活后才能脱落。进入体内的氧也必须经过氧化酶激活后才能变为活性很高的氧化剂。但激活的氧在一般情况下，尚不能直接氧化由脱氢酶激活而脱落的氢，两者之间尚需传递才能结合生成水。生物体主要是以脱氢酶、传递体及氧化酶组成的生物氧化体系，以促进水的生成（图 6-2）。由于生物氧化体系和细胞呼吸相偶联，也称为呼吸链。

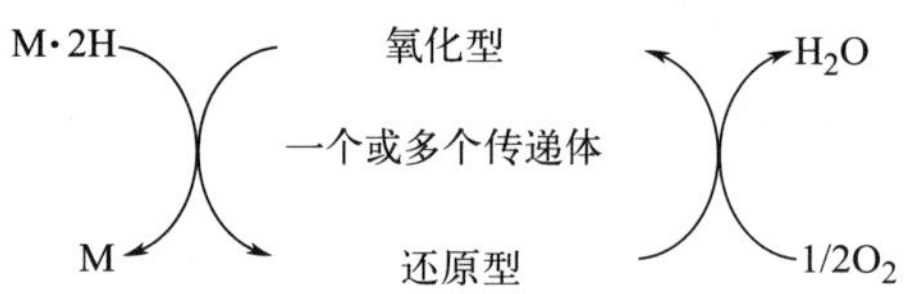

图 6-2　生物氧化体系

一、呼吸链

代谢物上的氢原子被脱氢酶激活脱落后，经过一系列的传递体，最后传递给被激活的氧分子而生成水的全部体系称呼吸链。此体系又称为电子传递体系或电子传递链。在具有线粒体的生物中，典型的呼吸链有两种，即 NADH 呼吸链与 $FADH_2$ 呼吸链（图 6-3）。这是根据接受代谢物上脱下的氢的初始受体不同区分的。

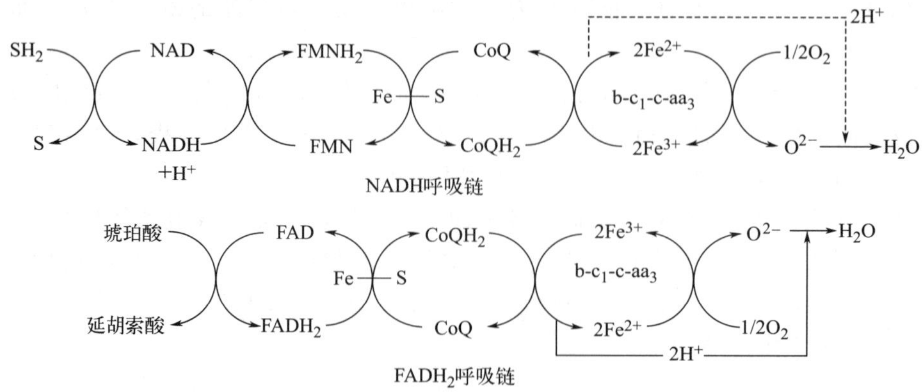

图 6-3　呼吸链的类型

NADH 呼吸链应用最广，糖类、脂肪、蛋白质三大物质分解代谢中的脱氢氧化反应，绝大部分是通过 NADH 呼吸链来完成的。$FADH_2$ 呼吸链只能催化某些代谢物脱氢，不能催化 NADH 或 NADPH 脱氢。

二、呼吸链的组成

呼吸链由多个组分组成，典型呼吸链由烟酰胺脱氢酶类、黄素脱氢酶类、铁硫蛋白类、细胞色素类及辅酶 Q（又称泛醌）组成。

（一）烟酰胺脱氢酶类

烟酰胺脱氢酶类以 NAD^+ 和 $NADP^+$ 为辅酶，现已知在代谢中这类酶有 200 多种。这类酶催化脱氢时，其辅酶 NAD^+ 或 $NADP^+$ 先和酶的活性中心结合，然后再脱下来。它与代谢物脱下的氢结合而还原成 $NADH+H^+$ 或 $NADPH+H^+$。当有受氢体存在时，$NADH+H^+$ 或 $NADPH+H^+$ 上的氢可被脱下而氧化为 NAD^+ 或 $NADP^+$。

$$NAD^+ + 2H(2H^+ + 2e^-) \rightleftharpoons NADH + H^+$$

$$NADP^+ + 2H(2H^+ + 2e^-) \rightleftharpoons NADPH + H^+$$

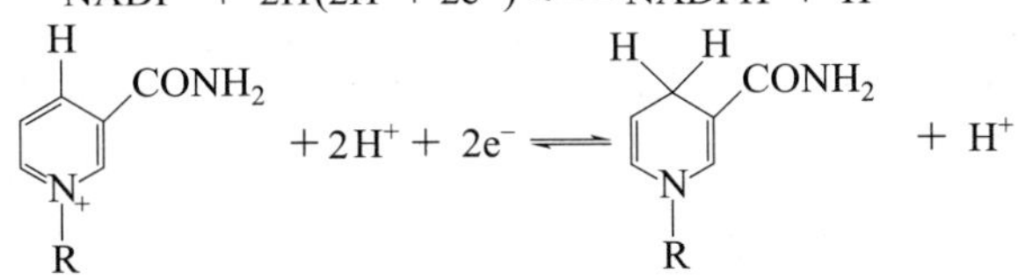

NAD⁺　　　　　　NADH

（二）黄素脱氢酶类

黄素脱氢酶类是以 FMN 或 FAD 作为辅基。FMN 或 FAD 与酶蛋白结合是较牢固的。这些酶所催化的反应是将底物脱下的一对氢原子直接传递给 FMN 或 FAD 的异咯嗪环基而形成 $FMNH_2$ 或 $FADH_2$。

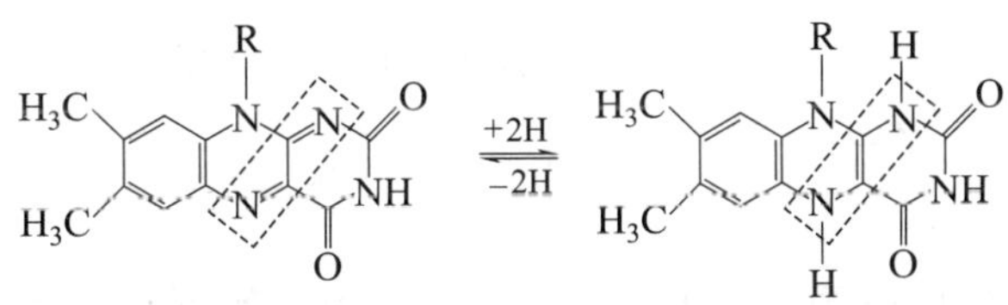

氧化型（黄色）　　　　还原型（无色）

$$FMN(FAD) + 2H^+ + 2e^- \rightleftharpoons FMNH_2(FADH_2)$$

（三）铁硫蛋白类

铁硫蛋白类的分子中含非卟啉铁与对酸不稳定的硫。其作用是借铁的化合价互变进行电子传递。

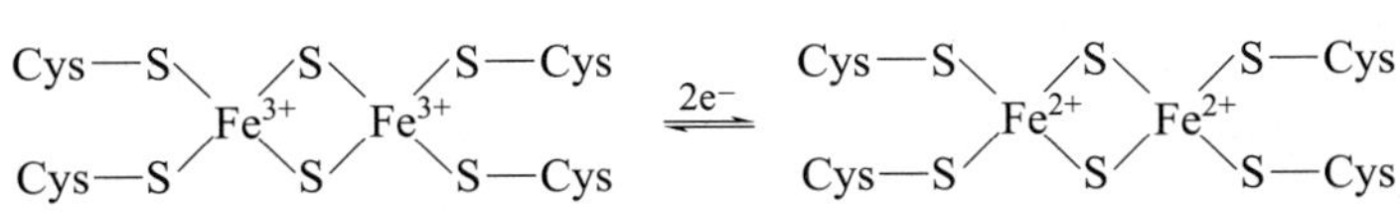

因其活性部分含有两个活泼的硫和两个铁原子，故称为铁硫中心。

已知铁硫蛋白有多种，概括为 3 类，最简单的是单个铁四面与蛋白质中的半胱氨酸的硫络合；第二类是 Fe_2S_2 含有 2 个铁原子与 2 个无机硫原子及 4 个半胱氨酸［图 6-4(a)］；第三类为 Fe_4S_4 含有 4 个铁原子与 4 个无机硫原子及 4 个半胱氨酸［图 6-4(b)］。铁硫蛋白的结构见图 6-4。

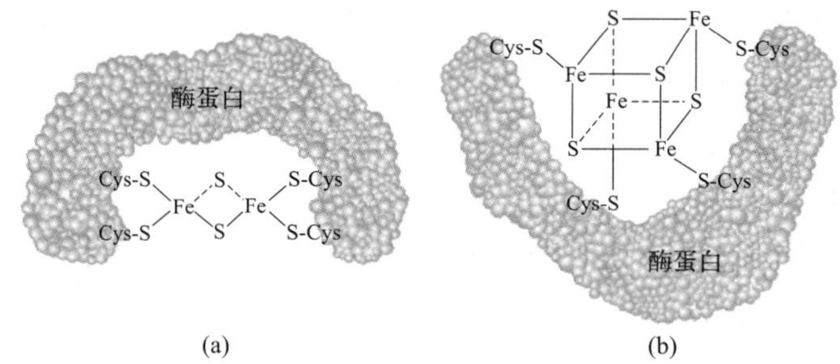

图 6-4　铁硫蛋白的结构

（四）辅酶 Q 类

辅酶 Q（CoQ）是一类脂溶性的醌类化合物，因广泛存在于生物界，故又名泛醌。其分子中的苯醌结构能可逆地加氢和脱氢，故 CoQ 属于递氢体。CoQ 不能从底物上接受氢，故属于中间传递体。

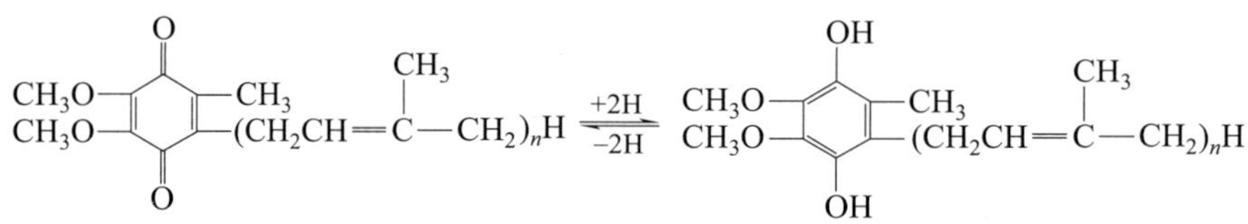

$$Q + 2H^{+} + 2e^{-} \rightleftharpoons Q\cdot H_2$$

不同来源的辅酶 Q 的侧链长度是不同的。某些微生物线粒体中的辅酶 Q 含有 6 个异戊二烯单位（CoQ_6）；动物细胞线粒体中的辅酶 Q 含有 10 个异戊二烯单位（CoQ_{10}）。另外，植物细胞中的质体醌在光合作用的电子传递中起着类似的作用。泛醌的结构式如下：

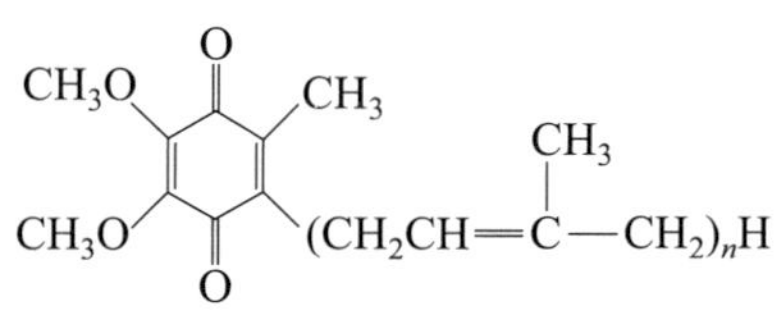

n=6～10

（五）细胞色素类

细胞色素是一类以铁卟啉为辅基的结合蛋白质，因有颜色，所以称为细胞色素。在呼吸链中也依靠铁化合价的变化而传递电子。

$$Fe^{3+} + e^{-} \rightleftharpoons Fe^{2+}$$

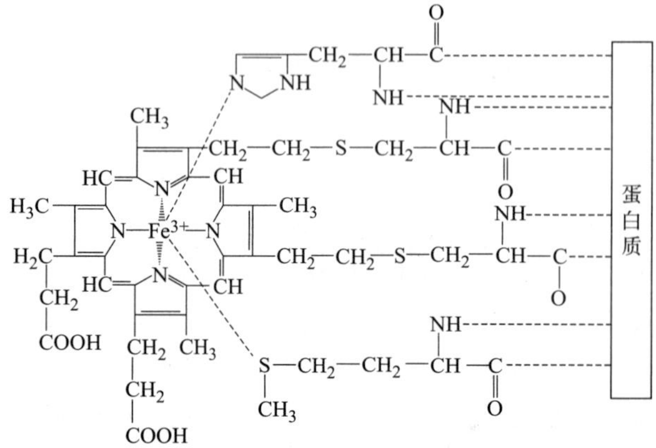

图 6-5　细胞色素 c 的结构

细胞色素的种类较多，已经发现的种类有 a、a_3、b、c、c_1 等。其中细胞色素 c 为线粒体内膜外侧的外周蛋白，其余的均为内膜的整合蛋白。细胞色素 c 容易从线粒体内膜上溶解出来。不同种类的细胞色素的辅基结构与蛋白质的连接方式是不同的。细胞色素中的辅基与酶蛋白的关系以细胞色素 c 研究得最清楚，如图 6-5 所示。

在典型的线粒体呼吸链中，细胞色素的排列顺序依次是：b→c_1→c→aa_3→

O_2，其中仅最后一个 a_3 可被分子氧直接氧化，但现在还不能把 a 和 a_3 分开，故把 a 和 a_3 合称为细胞色素氧化酶，由于它是有氧条件下电子传递链中最末端的载体，故又称末端氧化酶。在 aa_3 分子中除铁卟啉外，尚含有 2 个铜原子，依靠其化合价的变化，把电子从 a_3 传到氧，故在细胞色素体系中也呈复合体的形式排列在线粒体内膜上。

除 aa_3 外，其余的细胞色素中的铁原子均与卟啉环和蛋白质形成 6 个共价键或配位键，除卟啉环 4 个配位键外，另外 2 个是蛋白质上的组氨酸与甲硫氨酸支链，因此不能与 CO、CN^-、H_2S 等结合；唯有 aa_3 的铁原子形成 5 个配位键，还保留 1 个配位键，可以与 O_2、CO、CN^-、N_3^-、H_2S 等结合形成复合物，其正常功能是与氧结合，但当有 CO、CN^- 和 N_3^- 存在时，它们就和 O_2 竞争而与细胞色素 aa_3 结合，所以这些物质是有毒的。其中 CN^- 与氧化态的细胞色素 aa_3 有高度的亲和力，因此对需氧生物的毒性极高。细胞色素的电子传递过程见图 6-6。

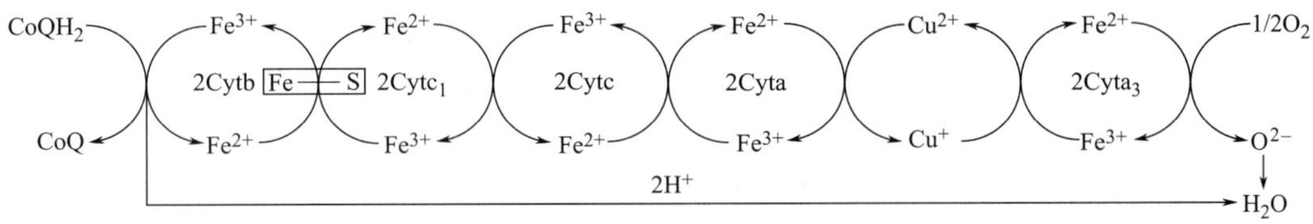

图 6-6 细胞色素的电子传递过程

三、具有电子传递活性的内膜复合物

构成电子传递链的组分除泛醌和细胞色素 c 外，其余组分在线粒体内膜形成 4 个具有电子传递活性的内膜复合物，见图 6-7。

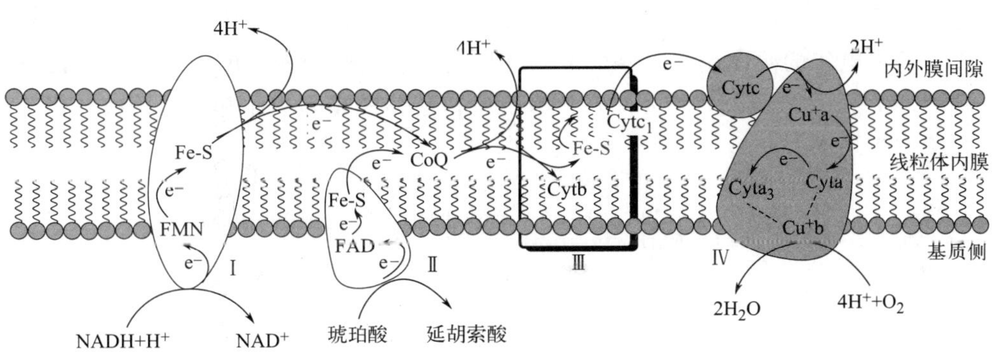

图 6-7 线粒体内膜的电子传递复合物

1. 复合物 Ⅰ

从 NADH 到辅酶 Q 一段的电子传递体组成的复合物，也称 NADH 脱氢酶复合物或 NADH-CoQ 还原酶复合物。具有如下功能：

① 在复合物 Ⅰ 中电子从 NADH 经 FMN、铁硫蛋白传递到 CoQ，使 CoQ 还原为 $CoQH_2$。

② 在复合物 Ⅰ 电子传递的过程中，有 $4H^+$ 从线粒体基质转移到内外膜间隙。

③ 电子经复合物 Ⅰ 传递时放出 69.5kJ 的能量。

2. 复合物 Ⅱ

从琥珀酸到辅酶 Q 一段的电子传递体组成的复合物，也称琥珀酸脱氢酶复合物或琥珀酸-CoQ 还原酶复合物。具有如下功能：

① 复合物Ⅱ催化电子从琥珀酸经 FAD、铁硫中心转移到 CoQ，使 CoQ 还原为 $CoQH_2$。

② 电子经复合物Ⅱ传递时无 H^+ 从线粒体基质转移到内外膜间隙。

③ 电子经复合物Ⅱ流动时放出 4.6kJ 的能量。

3. 复合物Ⅲ

从辅酶 Q 到细胞色素 c 的复合物，也称细胞色素还原酶。

① 复合物Ⅲ催化电子从 $CoQH_2$ 向细胞色素 c 传递，并将 $CoQH_2$ 氧化成 CoQ。

② 电子经复合物Ⅲ传递时有 $4H^+$ 从线粒体基质转移到内外膜间隙。

③ 电子经复合物Ⅲ流动时放出 36.7kJ 的能量。

4. 复合物Ⅳ

从细胞色素 c 到氧的一段复合物，也称细胞色素氧化酶复合物。

① 复合物Ⅳ催化电子从细胞色素 aa_3 流到氧。

② 电子经复合物Ⅳ传递时 $2H^+$ 从线粒体基质转移到内外膜间隙，氧的还原用去 4 个 H^+。

③ 电子经复合物Ⅲ流动时放出 112kJ 的能量。

四、呼吸链中传递体的排列顺序

呼吸链中氢和电子的传递有着严格的顺序和方向。这些顺序和方向，是根据各种电子传递体标准氧化还原电位（$E^{\ominus\prime}$）的数值测定的，并利用某种特异的抑制剂切断其中的电子流后，再测定电子传递链中各组分的氧化还原状态，以及在体外将电子传递体重新组成呼吸链等实验而得到的结论。

呼吸链各组分在链中的位置、排列次序与其得失电子趋势的大小有关。电子总是从对电子亲和力小的低氧化还原电位流向对电子亲和力大的高氧化还原电位。氧化还原电位 $E^{\ominus\prime}$的数值越低，即失电子的倾向越大，越易成为还原剂，处在呼吸链的前面（标准氧化还原电位 $E^{\ominus}$在 pH7.0 时是用 $E^{\ominus\prime}$表示）。因此，呼吸链中传递体的排列顺序和方向是按各组分的 $E^{\ominus\prime}$由小到大依次排列的。

$$\begin{array}{cccccccc} \text{NADH} & \longrightarrow \text{FMN} & \longrightarrow \text{CoQ} & \longrightarrow \text{b} & \longrightarrow \text{c}_1 & \longrightarrow \text{c} & \longrightarrow \text{aa}_3 & \longrightarrow \text{O}_2 \\ -0.32 & -0.30 & +0.1 & +0.07 & +0.22 & +0.25 & +0.29 & +0.816 \\ & \text{FAD} & & & & & & \\ & -0.18 & & & & & & \end{array}$$

电子迁移反向　→

$E^{\ominus\prime}$　低 → 高

应该说明的是，氧化还原电位值与电子传递链组分排列顺序有时不完全一致。如上所述，按 $E^{\ominus\prime}$数值，Cytb 应在 CoQ 之前，但实验测定结果证明 Cytb 在 CoQ 之后。两条呼吸链总结见图 6-8。

五、呼吸链中电子传递抑制剂

能够阻断电子传递链中某一部位电子传递的物质称为电子传递抑制剂。利用某种特异的抑制剂选择性地阻断电子传递链中某个部位的电子传递，是研究电子传递链中电子传递体顺序以及氧化磷酸化部位的一种重要方法。已知的抑制剂有以下几种。

1. 鱼藤酮

鱼藤酮是一种极毒的植物物质，可用作杀虫剂，其作用是阻断电子从 NADH 向 CoQ 的传递，从而抑制 NADH 脱氢酶。与鱼藤酮抑制部位相同的抑制剂还有安密妥、杀粉蝶菌素 A 等。

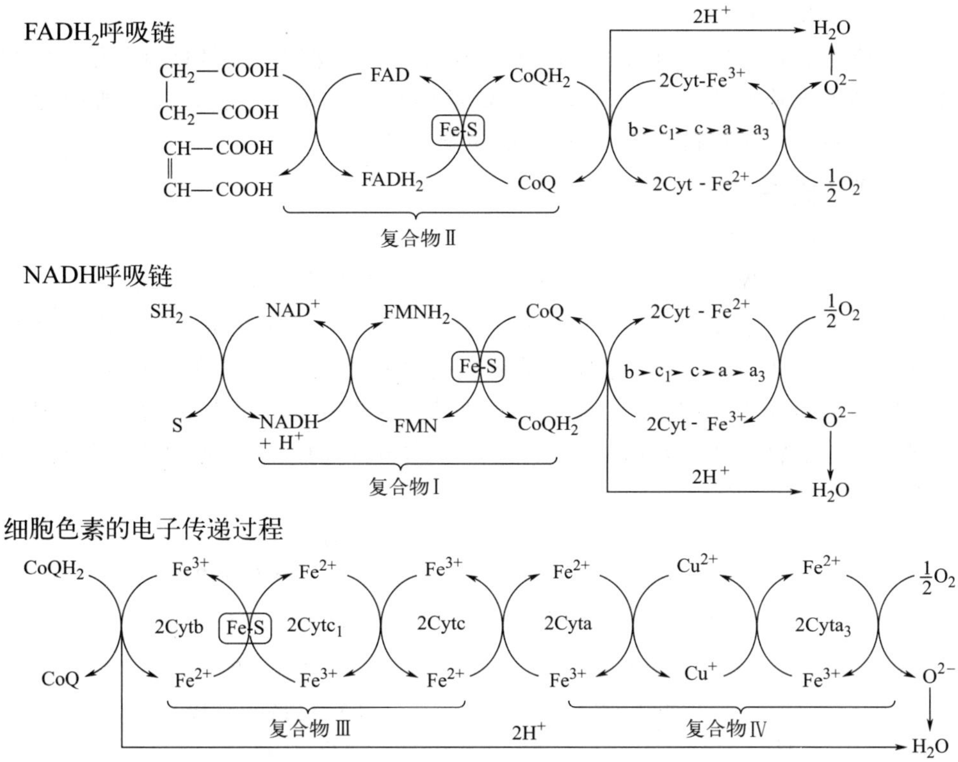

图 6-8　$FADH_2$ 和 NADH 呼吸链

2. 抗霉素 A

抗霉素 A 是由淡灰色链霉菌分离出的抗生素，有抑制电子从细胞色素 b 到细胞色素 c_1 传递的作用。

3. 氰化物、硫化氢、一氧化碳和叠氮化物等

这类化合物能与细胞色素 aa_3 卟啉铁保留的一个配位键结合形成复合物，抑制细胞色素氧化酶的活力，阻断电子由细胞色素 aa_3 向分子氧的传递，这就是氰化物等中毒的原理。电子传递抑制剂阻断电子传递链的部位如下：

鱼藤酮，阿的平，异戊巴比妥

NADH ⊗⇢ Q → Cytb → $Cytc_1$ → Cytc → $Cytaa_3$ → O_2

抗霉素A

NADH → Q → Cytb ⊗⇢ $Cytc_1$ → Cytc → $Cytaa_3$ → O_2

CN^-，CO，H_2S

NADH → Q → Cytb → $Cytc_1$ → Cytc → $Cytaa_3$ ⊗⇢ O_2

第三节　氧化磷酸化作用

ATP的生成方式

生物体通过生物氧化所产生的能量，除部分用于维持体温外，都通过磷酸化作用转移给

ADP 生成 ATP 贮存起来。

伴随着放能的氧化作用而进行的磷酸化称为氧化磷酸化作用。氧化磷酸化主要有两种方式：一种为底物水平磷酸化；另一种是电子传递体系磷酸化，也就是通常所说的氧化磷酸化，电子传递体系磷酸化是机体产生 ATP 的主要方式。

一、 ATP 的生成方式

（一）底物水平磷酸化

底物在分解代谢过程中，伴随脱氢或脱水反应，引起底物分子化学键能重新分布和排列，形成高能化合物；这些高能化合物中的高能键水解释放的能量，与 ADP 磷酸化生成 ATP 的过程相偶联而生成 ATP，这种在被氧化的底物上发生的磷酸化作用而产生 ATP 的方式称为底物水平磷酸化。例如，在糖分解代谢中，由糖酵解途径生成的 3-磷酸甘油醛脱氢氧化时生成高能化合物 1,3-二磷酸甘油酸，1,3-二磷酸甘油酸水解释放出能量可使 ADP 磷酸化为 ATP。反应式如下：

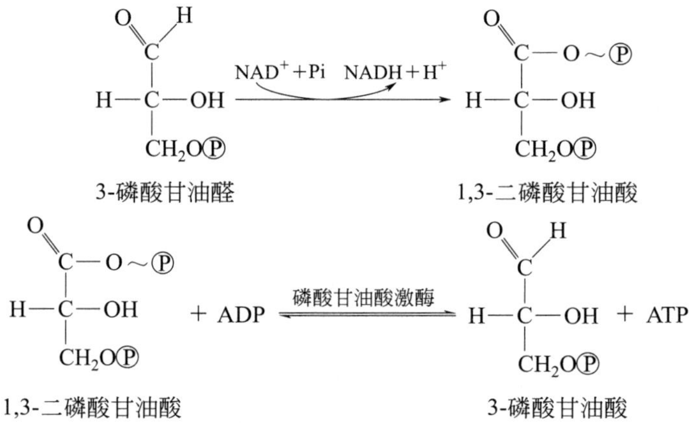

底物水平磷酸化是生物体捕获能量的一种方式，是生物体在无氧或缺氧条件下获得能量的唯一方式。底物水平磷酸化和氧的存在与否无关，在 ATP 生成中没有氧分子参与，也不经过电子传递链传递电子。

（二）电子传递体系磷酸化

电子传递体系磷酸化是指底物脱下的 2H（$NADH+H^+$ 或 $FADH_2$）经过电子传递链（呼吸链）传递到分子氧形成水的过程中所释放出的能量与 ADP 磷酸化生成 ATP 的过程相偶联生成 ATP 的方式。

实验证明，呼吸链中有 3 个部位有较大的自由能变化：NADH 和 CoQ 之间、细胞色素 b 和细胞色素 c 之间、细胞色素 aa_3 和氧之间。这 3 个部位所释放出的自由能足以保证 ADP 磷酸化生成 ATP。如图 6-9 所示。

虽然上述 3 个部位释放的能量都足以产生 ATP，但电子传递体系磷酸化产生的 ATP 数尚有争议，新的测定结果显示 NADH 被氧化的 P/O 值为 2.5，$FADH_2$ 被氧化的 P/O 值是 1.5。P/O 是指每消耗 1mol 氧原子所产生的 ATP 的物质的量。

NADH 呼吸链中一对电子流经复合物Ⅰ时形成 1 个 ATP 分子，流经复合物Ⅲ时产生 0.5 个 ATP 分子，流经复合物Ⅳ时产生 1 个 ATP 分子，共计 2.5 个 ATP 分子；$FADH_2$ 呼吸链中一对电子流经复合物Ⅲ时产生 0.5 个 ATP 分子，流经复合物Ⅳ时产生 1 个 ATP 分子，共计 1.5 个 ATP 分子。

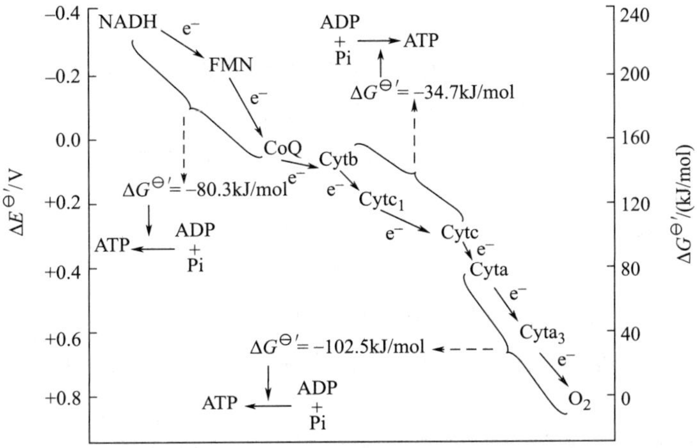

图 6-9　电子传递与氧化磷酸化偶联部位

二、氧化磷酸化的作用机理

在 NADH 和 $FADH_2$ 的氧化过程中，电子传递是如何偶联磷酸化的尚不够清楚，目前主要有三个学说，即化学偶联学说、构象变化偶联学说、化学渗透偶联学说。其中得到较多支持的是化学渗透偶联学说。现将这三种学说的主要内容分述如下。

（一）化学偶联学说

化学偶联学说认为电子传递过程中所释放的化学能直接转到某种高能中间物中，然后由这个高能中间物提供能量使 ADP 和无机磷酸形成 ATP。其大致过程可用下列反应式表示：

$$AH_2 + B + X \rightleftharpoons A \sim X + BH_2$$

$$A \sim X + Pi \rightleftharpoons X \sim P + A$$

$$X \sim P + ADP \rightleftharpoons ATP + X$$

总反应为

$$AH_2 + B + Pi + ADP \rightleftharpoons A + BH_2 + ATP$$

A 和 B 分别代表呼吸链上两个相邻的电子传递体，X 为假定的偶联因子，～代表高能键，氧化还原反应释放的能量贮于高能中间物 A～X 中，然后传给无机磷酸（Pi）生成 X～P，最后 X～P 将～P 转给 ADP 生成 ATP。

由于至今未在线粒体中发现假定的高能中间产物，且未能分离到偶联因子 X，并且此学说也不能解释氧化磷酸化依赖于线粒体内膜的完整性，因而没有得到大家的公认。

（二）构象变化偶联学说

构象变化偶联学说认为电子在传递过程中，释放的能量使线粒体内膜发生构象变化，成为收缩态，即高能构象态，当这种收缩态变成膨胀态时，即低能构象态，就把能量传给 ADP 生成 ATP。总之，构象变化偶联学说认为能量变化引起维持蛋白质三维构象的一些次级键（如氢键、疏水基团等）的数目和位置的变化，当高能结构中的能量提供给 ADP 和无机磷酸生成 ATP 后，它就可逆地回到原来的低能状态。也有人认为构象变化偶联学说是化学偶联学说的另一种提法，其过程的反应式与化学偶联学说相似，到目前为止，还没有发现更多的支持这种学说的证据。

（三）化学渗透偶联学说

化学渗透偶联学说是由英国生物化学工作者 P. Mitchell 于 1961 年最先提出的，并已得到较多支持与公认，因此 P. Mitchell 于 1978 年获得诺贝尔化学奖。其主要论点是认为呼吸链存在于线粒体内膜之上，当氧化进行时，呼吸链起质子泵作用，质子被泵出线粒体内膜的外侧，造成了膜内外两侧间跨膜的质子电化学梯度（即质子浓度梯度和电位梯度，合称为质子移动力），这种跨膜梯度具有的势能被膜上 ATP 合成酶所利用，使 ADP 与 Pi 合成 ATP。其要点分述如下：

化学渗透假说

① 呼吸链中递氢体和电子传递体在线粒体内膜中是间隔交替排列的，并且都有特定的位置，催化反应是定向的。

② 递氢体有氢泵的作用，当递氢体从线粒体内膜内侧接受从 NADH＋H^+ 传来的氢后，可将其中的电子（$2e^-$）传给位于其后的电子传递体，而将两个 H^+ 质子从内膜泵出到内外膜间隙（见图 6-7）。

③ H^+ 不能自由通过内膜，泵出内膜外侧 H^+ 不能自由返回内膜基质侧，因而使线粒体内膜外侧的 H^+ 质子浓度高于内侧，造成 H^+ 质子浓度的跨膜梯度，此 H^+ 浓度差使外侧的 pH 较内侧的 pH 低 1.0 单位左右，并使原有的外正内负的跨膜电位增高，此电位差中就包含着电子传递过程中所释放的能量，好像电池两极的离子浓度差造成电位差含有电能一样。这种 H^+ 质子梯度和电位梯度就是质子返回内膜的一种动力。

④ 利用线粒体内膜上的 ATP 合成酶，将膜外侧的 $2H^+$ 转化成膜内侧的 $2H^+$，与氧生成水，即 H^+ 通过 ATP 合成酶的特殊途径，返回到基质，使质子发生逆向回流。由于 H^+ 浓度梯度所释放的自由能，偶联 ADP 与无机磷酸合成 ATP，质子的电化学梯度也随之消失。化学渗透偶联学说模式图如图 6-10 所示。

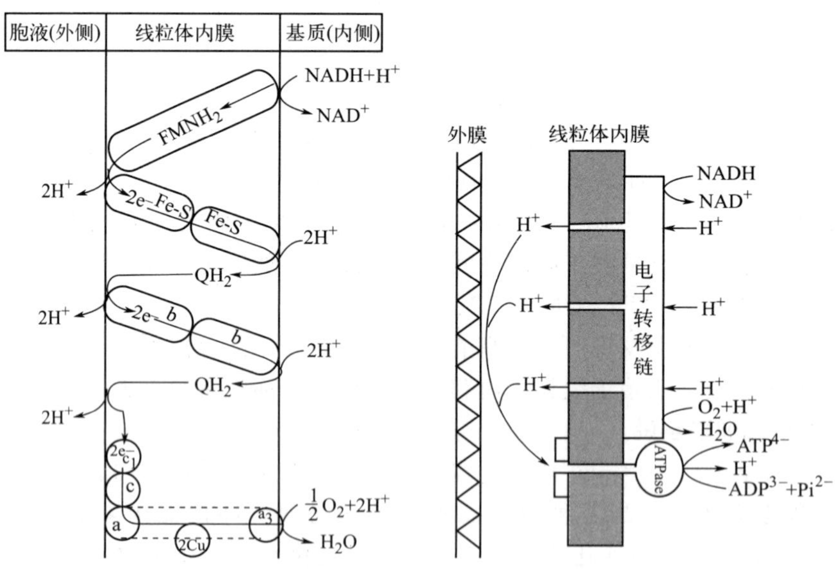

(a) 化学渗透偶联学说中呼吸链上氧化还原环节可能构型图　　(b) 质子移动的氧化磷酸化机理

图 6-10　化学渗透偶联学说模式图

（四） ATP 合成酶

线粒体内膜表面有许多球状颗粒，这些球状颗粒就是 ATP 合成酶。ATP 合成酶是一个复合物，也称为复合物Ⅴ，主要由两部分构成——F_0与F_1，又称为F_0F_1-ATP酶，如图6-11所示。

F_1有5个亚基，有ATP合酶的活性；F_0有4个亚基，镶嵌在线粒体的内膜上，作为质子通道。F_0与F_1之间有柄相连，柄部有一个寡霉素敏感蛋白（OSCP），是一种碱性蛋白质，本身无催化活性，但对寡霉素敏感。寡霉素是一种抗生素，与F_0F_1-ATP酶结合后，干扰了质子梯度的利用，从而抑制了ATP的合成。

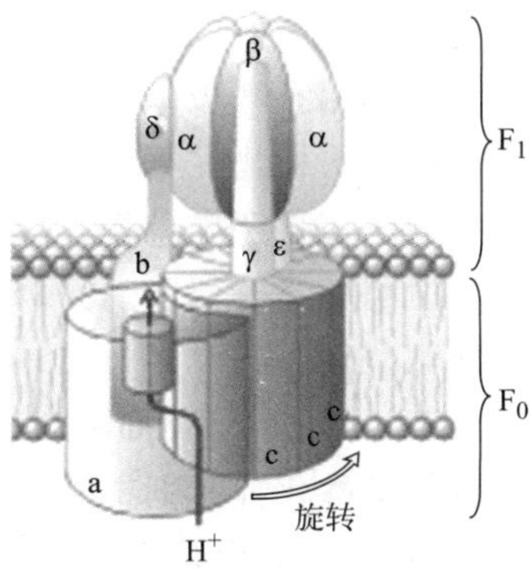

图6-11　F_0F_1-ATP酶

三、氧化磷酸化的解偶联与抑制

氧化磷酸化过程可受到许多化学因素的作用。不同化学因素对氧化磷酸化过程的影响方式不同，根据它们的作用方式可分为解偶联剂和氧化磷酸化抑制剂。

（一）解偶联剂

某些化合物能够消除跨膜的质子浓度梯度或电位梯度，使ATP不能合成，这种既不直接作用于电子传递体也不直接作用于ATP合酶复合体，只解除电子传递与ADP磷酸化偶联的作用称为解偶联作用，其实质是只有氧化过程（电子照样传递）而没有磷酸化作用。这类化合物被称为解偶联剂。人工的或天然的解偶联剂主要有下列三种类型。

1. 化学解偶联剂

2,4-二硝基苯酚（2,4-dinitrophenol，DNP）是最早发现的也是最典型的化学解偶联剂，其特点是呈弱酸性和脂溶性，在不同的pH环境中可释放H^+和结合H^+。在pH7.0的环境中，DNP以解离形式存在，不能透过线粒体膜，在酸性环境中，解离的DNP质子化，变为脂溶性的非解离形式，能透过膜的磷脂双分子层，同时把一个质子从膜外侧带入膜内侧，因而破坏电子传递形成的跨膜质子电化学梯度，起着消除质子浓度梯度的作用，抑制ATP的形成。

2. 离子载体

有一类脂溶性物质能与某些阳离子结合，插入线粒体内膜脂双层，作为阳离子的载体，使这些阳离子能穿过线粒体内膜。它和化学解偶联剂的区别在于它是作为H^+以外的其他一价阳离子的载体。例如，由链霉菌产生的抗生素缬氨霉素能与K^+配位结合形成脂溶性复合物，穿过线粒体内膜，从而将膜外的K^+转运到膜内。又如，短杆菌肽可使K^+、Na^+及其他一些一价阳离子穿过内膜。这类离子载体由于增加了线粒体内膜对一价阳离子的通透性，消除跨膜的电位梯度，消耗了电子传递过程中产生的自由能，从而破坏了ADP的磷酸化过程。

3. 解偶联蛋白

解偶联蛋白是存在于某些生物细胞线粒体内膜上的蛋白质，为天然的解偶联剂。如动物的褐色脂肪组织的线粒体内膜上分布有解偶联蛋白，这种蛋白质构成质子通道，让膜外质子经其通道返回膜内而消除跨膜的质子浓度梯度，抑制ATP合成而产生热量以增加体温。

解偶联剂不抑制呼吸链的电子传递，甚至还加速电子传递，促进燃料分子（糖、脂肪、蛋白质）的消耗和刺激线粒体对分子氧的需要，但不形成ATP，电子传递过程中释放的自由能以热量的形式散失。如患病毒性感冒时，体温升高，就是因为病毒毒素使氧化磷酸化解偶联，氧化产生的能量全部变为热使体温升高。又如，在某些环境条件或生长发育阶段，生物体内也发生解偶联作用：冬眠动物、耐寒的哺乳动物和新出生的温血动物通过氧化磷酸化的解偶联作用，呼吸作用照常进行，但磷酸化受阻，不产生 ATP，也不需 ATP，产生的热以维持体温；植物在干旱、寒害或缺钾等不良条件下，可能发生解偶联而不能合成 ATP，呼吸底物的氧化照样进行，成为“徒劳”呼吸。

要说明的是解偶联剂只抑制电子传递链中氧化磷酸化作用的 ATP 生成，不影响底物水平磷酸化。

（二）氧化磷酸化抑制剂

氧化磷酸化抑制剂主要是指直接作用于线粒体 F_0F_1-ATP 酶复合体中的 F_1 组分而抑制 ATP 合成的一类化合物。寡霉素是这类抑制剂的一个重要例子，它与 F_0 的一个亚基结合而抑制 F_1；另一个例子是双环己基碳二亚胺（DCCD），它阻断 F_0 的质子通道。这类抑制剂直接抑制了 ATP 的生成过程，使膜外质子不能通过 F_0F_1-ATP 酶返回膜内，膜内质子继续泵出膜外显然越来越困难，最后不得不停止，所以这类抑制剂间接抑制电子传递和分子氧的消耗。

总之，氧化磷酸化抑制剂不同于解偶联剂，也不同于电子传递抑制剂。氧化磷酸化抑制剂抑制电子传递，进而抑制 ATP 的形成，同时也抑制氧的吸收利用；解偶联剂不抑制电子传递，只抑制 ADP 磷酸化，因而抑制能量 ATP 的生成，氧消耗量非但不减少而且还增加；电子传递抑制剂是直接抑制了电子传递链上载体的电子传递和分子氧的消耗，因为代谢物的氧化受阻，偶联磷酸化就无法进行，ATP 的生成随之减少。例如当具有极毒的氰化物进入体内过多时，可以因 CN^- 与细胞色素氧化酶的三价铁结合成氰化高铁细胞色素氧化酶，使细胞色素失去传递电子的能力，结果呼吸链中断，磷酸化过程也随之中断，细胞死亡。

四、线粒体的穿梭系统

呼吸链、生物氧化与氧化磷酸化都是在线粒体内进行的。线粒体的主要功能是氧化供能，相当于细胞的发电厂。线粒体具有双层膜的结构，外膜的通透性较大，内膜却有着较严格的通透选择性，通常通过外膜与细胞液进行物质交换。

糖酵解作用是在胞液中进行的，在真核生物胞液中产生的 NADH 不能通过正常的线粒体内膜，要使糖酵解所产生的 NADH 进入呼吸链氧化生成 ATP，必须通过较为复杂的过程。据现在了解，线粒体外的 NADH 可将其所带的氢转交给某种能透过线粒体内膜的化合物，进入线粒体内后再氧化。即 NADH 上的氢与电子可以通过一个所谓穿梭系统的间接途径进入电子传递链。能完成这种穿梭任务的化合物有 α-磷酸甘油和苹果酸等。在真核生物细胞内使胞液中 NADH 进入线粒体氧化有两个穿梭系统，一是 α-磷酸甘油穿梭系统，二是苹果酸-天冬氨酸穿梭系统。

（一）α-磷酸甘油穿梭系统

胞液中的 NADH 在两种不同的 α-磷酸甘油脱氢酶的催化下，以 α-磷酸甘油为载体穿梭往返于胞液和线粒体之间，间接转变为线粒体内膜上的 $FADH_2$ 而进入呼吸链，这种过程称为 α-磷酸甘油穿梭。

线粒体的穿梭系统

在胞液中，糖酵解产生的磷酸二羟基丙酮和 $NADH+H^+$，在以 NAD^+ 为辅酶的 α-磷酸甘油脱氢酶的催化下，生成 α-磷酸甘油，α-磷酸甘油可扩散到线粒体内，再由线粒体内膜上的以 FAD 为辅基的 α-磷酸甘油脱氢酶（一种黄素脱氢酶）催化，重新生成磷酸二羟基丙酮和 $FADH_2$，前者穿出线粒体返回胞液，后者 $FADH_2$ 将 2H 传递给 CoQ，进入呼吸链，最后传递给分子氧生成水并形成 ATP（图 6-12）。

由于此呼吸链和琥珀酸的氧化相似，越过了第一个偶联部位，因此胞液中 NADH＋H^+ 中的两个氢被呼吸链氧化时就只形成 1.5 分子 ATP，比线粒体中 NADH＋H^+ 的氧化少产生 1 分子 ATP。这种穿梭作用存在于某些肌肉组织和神经细胞，因此这种组织中每分子葡萄糖氧化只产生 30 分子 ATP。

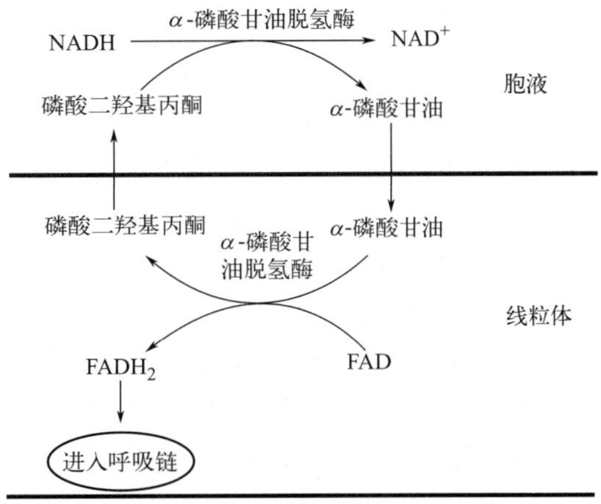

图 6-12　α-磷酸甘油穿梭系统

（二）苹果酸-天冬氨酸穿梭系统

苹果酸-天冬氨酸穿梭系统需要两种谷草转氨酶、两种苹果酸脱氢酶和一系列专一的转运因子共同作用。首先，NADH 在胞液苹果酸脱氢酶（辅酶为 NAD^+）催化下将草酰乙酸还原成苹果酸，然后苹果酸穿过线粒体内膜到达内膜基质，经基质中苹果酸脱氢酶（辅酶也为 NAD^+）催化脱氢，重新生成草酰乙酸和 NADH＋H^+；NADH＋H^+ 随即进入呼吸链进行氧化磷酸化，草酰乙酸经基质中谷草转氨酶催化形成天冬氨酸，同时将谷氨酸变为 α-酮戊二酸，天冬氨酸和 α-酮戊二酸通过线粒体内膜返回胞液，再由胞液谷草转氨酶催化变成草酰乙酸，参与下一轮穿梭作用，同时由 α-酮戊二酸生成的谷氨酸又回到基质。上述代谢物均需经专一的膜载体通过线粒体内膜。线粒体外的 NADH＋H^+ 通过这种穿梭作用而进入呼吸链被氧化，仍能产生 2.5 分子 ATP，此时每分子葡萄糖氧化共产生 32 分子 ATP（图 6-13）。

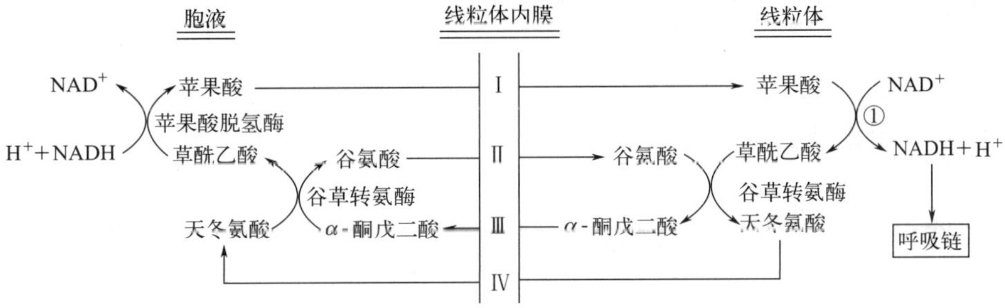

图 6-13　苹果酸-天冬氨酸穿梭作用

Ⅰ、Ⅱ、Ⅲ、Ⅳ—线粒体内膜上不同的转运因子

在原核生物中，胞液中的 NADH 能直接与质膜上的电子传递链及其偶联装配体作用，不存在穿梭作用，因而当每分子葡萄糖完全氧化成 CO_2 和 H_2O 时，总共能生成 32 分子 ATP。

润心驿站　　DNP 减肥——美丽背后的健康陷阱

1933 年，斯坦福大学的 Winston Cutting 和 Maurice Tainter 的研究揭示了 2,4- 二硝基苯酚（DNP）对人体代谢的作用，并证明了其减肥效果，研究发表后， DNP 很快被当作非处方减肥药推向了市场。由于 DNP 的减肥效果立竿见影，它很快获得了“减肥药之王”的名声，并受到了消费者的热烈追捧。DNP 作为解偶联剂通过抑制 ATP 的合成，迫使细胞更多地依赖脂肪氧化来产生能量。这种看似“高效”的减肥方式，实则隐藏着巨大的风险。

DNP 没有解毒剂，长期服用 DNP 的人会出现重要脏器受损和白内障等严重健康问题。在 2007—2020 年，英国国立毒物信息服务中心（National Poisons Information Service）记录了 138 起因服用 DNP 导致的中毒事件和 26 起死亡事件。此外，DNP 还是一种致癌物和环境污染物，对人体和环境都造成极大的危害。因此，DNP 作为合法减肥药的生命很快终止了。尽管 DNP 已被禁止作为减肥药使用，一些不法商家在利益的驱使下往往通过隐蔽的方式宣传和销售 DNP，部分消费者对 DNP 的危害性缺乏了解，盲目追求快速瘦身效果，从而成为 DNP 非法交易的受害者。尤其是青少年，对自己的外表十分敏感，更容易受到诱惑和误导。

因此，真正的美丽与健康，不应以牺牲身体健康为代价去追求短暂的外观改变。美，应当是内在与外在的和谐统一。健康的体态、自信的笑容、积极的生活态度，远比单纯的瘦削更加迷人。我们应当摒弃那些极端、片面的审美观，学会欣赏并珍惜自己身体的独特之处。健康是生命之本，是追求一切美好事物的前提。减肥，应当是一种基于科学、合理、可持续的生活方式调整，而非盲目追求体重秤上的数字。通过均衡饮食、适量运动、充足睡眠等健康习惯的培养，不仅能够帮助我们塑造理想的体形，更能提升我们的生活质量，让我们拥有更加健康、活力四射的人生。

小思考

1. 如何培养一种既尊重个人特色又强调健康为美的审美观，避免盲目追求不切实际的瘦身形象？

2. 如何在追求美丽的同时，坚守健康底线，摒弃极端审美观，实现内在美与外在健康的和谐统一？

生物氧化知识框架

<table>
<tr><td rowspan="8">生物氧化</td><td rowspan="3">概述</td><td>定义</td><td>有机物在细胞内氧化分解并释放能量的过程</td></tr>
<tr><td>特点</td><td>1. 在细胞内酶的作用下逐步完成
2. 能量逐步释放，并以 ATP 的形式暂时贮存
3. 反应条件温和</td></tr>
<tr><td>形式</td><td>脱氢、加氧、电子转移</td></tr>
<tr><td rowspan="5">呼吸链</td><td>定义</td><td>代谢物上的氢经脱氢酶脱下后经一系列传递体传递给被氧化酶激活的氧而生成水的全部体系</td></tr>
<tr><td>组成</td><td>烟酰胺脱氢酶类、黄素蛋白类、铁硫蛋白、细胞色素类、辅酶 Q</td></tr>
<tr><td>类型</td><td>按脱氢酶的辅酶分为 NADH 呼吸链和 $FADH_2$ 呼吸链</td></tr>
<tr><td>排序</td><td>依氧化还原电位从高到低的顺序排列：
$SH_2 \rightarrow NAD \rightarrow FMN \rightarrow CoQ \rightarrow Cytb \rightarrow Cytc_1 \rightarrow Cytc \rightarrow Cytaa_3 \rightarrow O_2$
$SH_2 \rightarrow FAD \rightarrow CoQ \rightarrow Cytb \rightarrow Cytc_1 \rightarrow Cytc \rightarrow Cytaa_3 \rightarrow O_2$</td></tr>
<tr><td>复合体</td><td>复合体Ⅰ、复合体Ⅱ、复合体Ⅲ、复合体Ⅳ</td></tr>
</table>

续表

生物氧化	ATP的生成	底物水平磷酸化	定义	底物在脱氢、脱水的过程中使分子内化学能重新分布和排列生成高能化合物，高能化合物与ADP磷酸化相偶联生成ATP的方式
			反应	3-磷酸甘油醛→3-磷酸甘油酸；2-磷酸甘油酸→丙酮酸；α-酮戊二酸→琥珀酸
		氧化磷酸化	定义	底物脱氢经呼吸链生成水的过程中释放的能量与ADP磷酸化生成ATP的过程相偶联生成ATP的方式
			偶联部位	NADH-CoQ；Cytb-Cytc；$Cytaa_3$-O_2
			偶联机制	化学渗透偶联学说：电子经呼吸链传递时，可将氢质子从内膜基质侧泵到内膜外侧，产生内膜内外质子电化学梯度，以此贮存能量，当质子顺浓度梯度回流时驱动ADP磷酸化为ATP
				ATP合成酶：由F_0和F_1两部分组成，也称复合物Ⅴ
			P/O	NADH呼吸链生成2.5个ATP；$FADH_2$呼吸链生成1.5个ATP
			电子传递抑制剂：阻断电子传递，不耗氧，不产能。如CN^-	
			解偶联剂：破坏内膜两侧的电化学梯度，耗氧，能量以热能释放，不产生ATP。如DNP	
			氧化磷酸化抑制剂：对电子传递及氧化磷酸化均有抑制作用，如寡霉素	
			离子载体：与氢离子以外的一价阳离子结合，破坏膜两侧的电化学梯度。如缬氨霉素	
	能量贮存和利用		高能化合物	水解可释放大量自由能的化合物称为高能化合物
				类型：高能磷酸化合物、非高能磷酸化合物
			贮存	ATP生成过多时能量以磷酸肌酸的形式贮存起来
			利用	ATP不足时，磷酸肌酸将能量转移给ADP生成ATP后，ATP水解释放出能量供生命活动所需
	胞液中NADH的氧化		α-磷酸甘油穿梭：主要存在于脑和骨骼肌中，释放1.5分子ATP 苹果酸-天冬氨酸穿梭：主要存在于肝和心肌中，释放2.5分子ATP	

本章思考题

一、名词解释

1. 生物氧化　2. 呼吸链　3. 电子传递体系磷酸化　4. 底物水平磷酸化　5. 电子传递抑制剂

二、填空题

1. 两条呼吸链在复合体________处汇合，琥珀酸氧化呼吸链独有的复合体是________。

2. 生物体内ATP的生成方式为____________和____________。

3. 动物线粒体中，外源NADH可经过穿梭系统转移到呼吸链上，这种系统有两种，分别为____________________和____________________。

4. 当电子从NADH经呼吸链传递给氧时，呼吸链的复合体可将________对H^+从内膜外侧泵到________________，从而形成H^+的________梯度。

5. 当NADH呼吸链的复合体将H^+经____________复合体泵到线粒体内侧时，可产生________个ATP。

三、选择题

1. 下列化合物中除了（　　）以外都含有高能磷酸键。

A. NAD^+　　B. $NADP^+$

C. ADP　　D. 葡萄糖-6-磷酸

2. 呼吸链的电子传递体中，不是蛋白质而是脂质的组分是（　　）。

A. 烟酰胺脱氢酶类　　B. 黄素脱氢酶类

C. 铁硫蛋白类　　D. 辅酶 A 类

3. 呼吸链的各种细胞色素在电子传递中的排列顺序是（　　）。

A. $c_1 \rightarrow b \rightarrow c \rightarrow aa_3 \rightarrow O_2$　　B. $c \rightarrow c_1 \rightarrow b \rightarrow aa_3 \rightarrow O_2$

C. $c_1 \rightarrow c \rightarrow b \rightarrow aa_3 \rightarrow O_2$　　D. $b \rightarrow c_1 \rightarrow c \rightarrow aa_3 \rightarrow O_2$

4. ATP 的合成部位是（　　）。

A. OSCP　　B. F_1 因子　　C. F_0 因子　　D. 任意部位

5. 目前公认的氧化磷酸化的作用机理是（　　）。

A. 化学偶联学说　　B. 构象偶联学说

C. 化学渗透学说　　D. 中间产物学说

6. 能使线粒体电子传递与氧化磷酸化解偶联的化合物是（　　）。

A. 2,4-二硝基苯酚　　B. 寡霉素

C. 一氧化碳　　D. 氰化物

7. 胞浆中形成 $NADH+H^+$ 经苹果酸穿梭后，每摩尔产生 ATP 的摩尔数是（　　）。

A. 1.5　　B. 2　　C. 2.5　　D. 3

四、问答题

1. 生物氧化的特点和方式是什么？

2. 请绘图表示电子传递链的过程。

3. 常见呼吸链中电子传递抑制剂有哪些？它们的作用机理是什么？

第七章
糖代谢

内容概要与学习指导——糖代谢

本章主要介绍了糖的分解与合成途径。对糖代谢的调节及糖代谢与生物的关系也作了必要的介绍。

糖代谢是指摄入的糖类物质以及由非糖物质在体内生成的糖类物质所参与的全部生物化学过程和能量转化过程，它是各种物质代谢的核心。

糖代谢包括分解代谢与合成代谢两个方面。分解代谢的主要途径有糖原降解、糖的无氧酵解、糖的有氧氧化、磷酸戊糖途径；合成代谢途径有糖原合成、糖异生作用等。

在无氧情况下，葡萄糖在胞液中生成丙酮酸的一系列反应称为糖酵解途径，生成的丙酮酸还原为乳酸的称为乳酸发酵，还原生成乙醇的称为乙醇发酵。糖酵解只产生少量的能量，因此是生物体缺氧、无氧或无线粒体组织获得能量的主要方式。在有氧条件下，葡萄糖在线粒体内彻底氧化为二氧化碳和水，同时释放出大量能量，其彻底氧化需进入三羧酸循环。三羧酸循环不仅是糖彻底氧化的途径，也是脂肪、蛋白质的彻底氧化途径。此外，在生物体内葡萄糖也可经磷酸戊糖氧化分解，这一途径称为磷酸戊糖途径，也是在胞液中进行。磷酸戊糖途径不产生能量，但其代谢产物 NADPH 和核糖-5-磷酸是合成脂肪酸、胆固醇等物质的重要原料。

糖原是动物体内糖的贮存形式，有肝糖原和肌糖原。糖原在糖原磷酸化酶作用下，可以降解生成 1-磷酸葡萄糖，经变位后进入糖的分解代谢途径；糖原在体内可由糖原合成酶以UDPG为葡萄糖的活性供体、以小分子糖原作为引物合成。由非糖物质合成糖的过程称为糖的异生作用，肝脏是糖异生的主要器官。

糖的各种代谢途径相互联系、相互制约，调节糖代谢的实质是调节各种代谢途径的关键酶的活性。在每一个代谢途径中都有几步不可逆反应控制糖代谢的方向和速度，这些反应称为限速反应，催化限速反应的酶称为限速酶。它们受可逆的共价修饰、变构调控、能荷的调控以及底物和产物的影响。

学习本章时应注意：

① 糖的各条代谢途径的起始物、终产物，在细胞中进行的部位；

② 糖的各条代谢途径的不可逆反应、脱氢、脱羧及 ATP 参与的反应；

③ 糖的各条代谢途径的特点及生理意义；

④ 糖的各条代谢途径的调节控制。

糖代谢包括糖的分解代谢和糖的合成代谢。糖的分解代谢能把多糖、寡糖降解为葡萄糖，葡萄糖再经糖的无氧酵解、有氧氧化和磷酸戊糖途径分解为小分子化合物、二氧化碳和水等，释放出能量；糖的合成代谢能利用小分子非糖物质合成葡萄糖并进而生成糖原和淀粉等多糖贮存起来。

第一节　多糖的酶促降解

多糖的酶促磷酸解

糖类中多糖和低聚糖，由于分子大，不能透过细胞膜，所以在被生物体利用之前必须水解成单糖，其降解均依靠酶的催化。

一、淀粉的酶促水解

在植物的种子、块根内存在水解淀粉的 α-淀粉酶与 β-淀粉酶，二者只能水解淀粉中的 α-1,4-糖苷键，水解产物为麦芽糖。α-淀粉酶可以水解淀粉中任何部位的 α-1,4-糖苷键，β-淀粉酶只能从非还原端开始水解。α-淀粉酶及 β-淀粉酶都不能水解 α-1,6-糖苷键。水解淀粉中的 α-1,6-糖苷键的酶是 α-1,6-糖苷键酶，例如植物中的 R-酶和小肠黏膜的 α-糊精酶等。淀粉酶水解的产物为糊精和麦芽糖的混合物。淀粉酶水解支链淀粉的部位如图 7-1 所示。

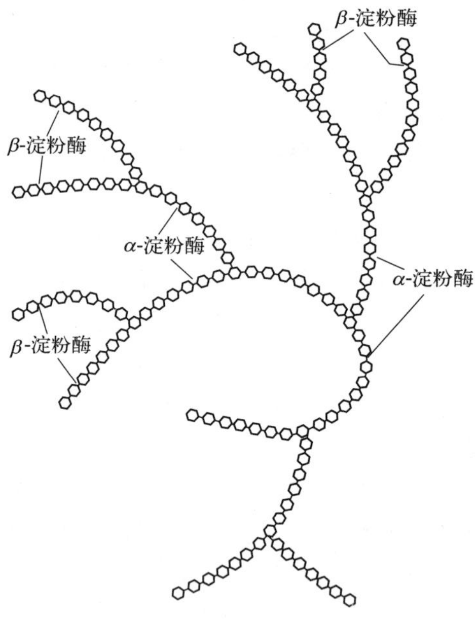

图 7-1　淀粉酶水解支链淀粉的部位

淀粉酶促水解产生的麦芽糖可在麦芽糖酶催化下水解生成葡萄糖。麦芽糖酶催化的反应如下：

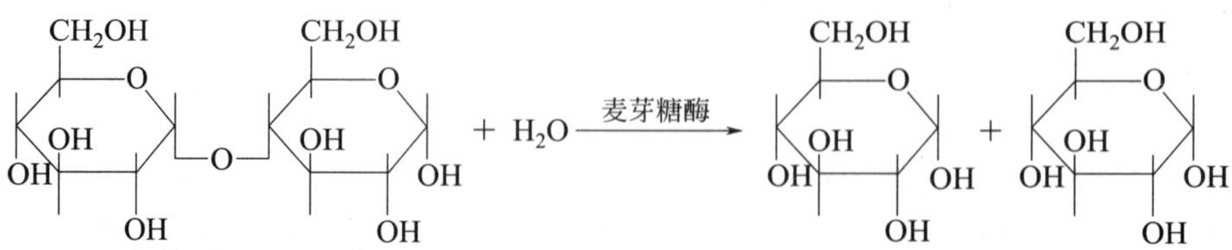

二、糖原的酶促磷酸解

在肝和肌肉细胞内的糖原的分解主要是在糖原磷酸化酶的作用下生成 1-磷酸葡萄糖后，

经磷酸葡萄糖变位酶生成6-磷酸葡萄糖，后者经6-磷酸葡萄糖酯酶水解为葡萄糖。从糖原到葡萄糖的反应过程见图7-2。

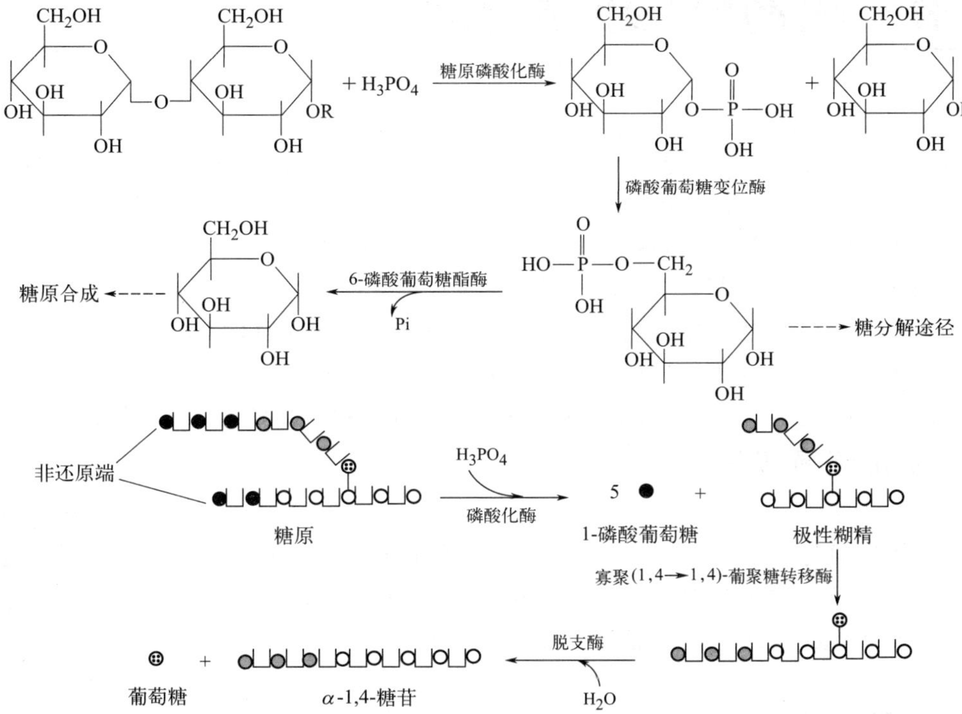

图7-2　糖原分解为葡萄糖途径

肌肉和大脑组织不含6-磷酸葡萄糖酯酶，不能将6-磷酸葡萄糖水解，6-磷酸葡萄糖直接进入葡萄糖的分解代谢途径氧化产生ATP。

由于磷酸化酶也只磷酸解α-1,4-糖苷键而不作用于α-1,6-糖苷键，故全部分解必须在寡聚（1,4→1,4)-葡聚糖转移酶和脱支酶等的协同作用下才能完成。

糖原磷酸化酶是从糖原的非还原端开始加磷酸逐个水解α-1,4-糖苷键，生成1-磷酸葡萄糖，直到距分支点约4个葡萄糖残基时，糖原磷酸化酶不能进一步磷酸解，此时由寡聚(1,4→1,4)-葡聚糖转移酶将其中4个葡萄糖残基转移到邻近的主链上以α-1,4-糖苷键连接；露出的以α-1,6-糖苷键连接的葡萄糖残基在脱支酶的作用下水解生成游离葡萄糖，脱去分支的葡萄糖链继续在糖原磷酸化酶作用下磷酸解。糖原降解过程见图7-2。

三、血糖的来源和去路

食物中的糖类经酶促水解为葡萄糖、果糖、半乳糖等单糖，单糖可被吸收入血。血液中的葡萄糖称为血糖。正常人空腹血糖浓度为3.9～6.1mmol/L。消化后吸收的单糖经门静脉入肝，一部分合成肝糖原贮存和代谢；另一部分经肝静脉进入血液循环，输送给全身各组织，在组织中分别进行合成与分解代谢。见图7-3。

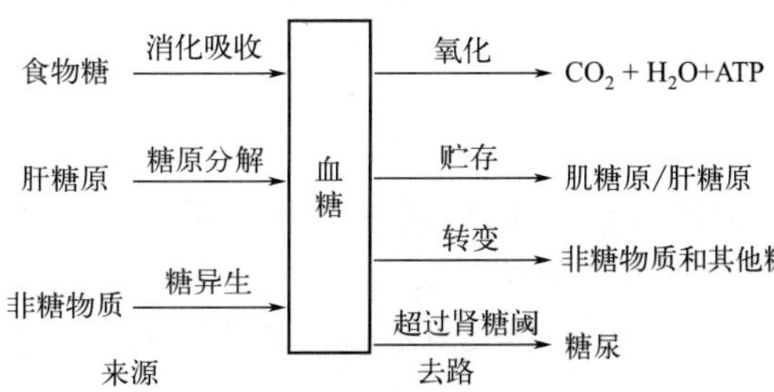

图7-3　血糖的来源和去路

第二节　葡萄糖的分解代谢

葡萄糖的分解代谢是生物体取能的主要方式，为了尽量地利用糖分子中蕴藏的化学能，生物体所采用的取能方式是复杂的、微妙的，也是高效率的。糖的分解代谢实质上就是它的氧化作用。生物体内葡萄糖（或糖原）的分解主要有 3 条途径。

① 在无氧情况下，葡萄糖（糖原）经酵解生成丙酮酸；

② 在有氧情况下，葡萄糖（糖原）最后经三羧酸循环彻底氧化为水和二氧化碳；

③ 葡萄糖（糖原）经磷酸戊糖途径被氧化为水和二氧化碳。

植物体的分解代谢，除上述动物体的 3 条途径外，还有生醇发酵及乙醛酸循环途径。

一、糖的无氧酵解

1. 糖酵解的含义

在生物体内葡萄糖经一系列反应生成丙酮酸的过程称为糖酵解。糖酵解一般在无氧条件下进行，又称为糖的无氧分解。其实，在有氧情况下，糖酵解也能进行。糖酵解主要在细胞胞质溶胶（也称为胞液）中进行。

糖酵解

2. 糖酵解的过程

糖酵解全部过程从葡萄糖或糖原开始，包括 10 个或 11 个步骤，为了叙述方便，划分为 3 个阶段。

第 1 阶段：己糖二磷酸酯的生成。

葡萄糖或糖原经磷酸化转变成 1,6-二磷酸果糖，为分解成两分子丙糖做好准备。这阶段如从葡萄糖开始，可由三步反应组成，即葡萄糖的磷酸化、异构化以及果糖磷酸的磷酸化作用。如果从糖原开始的酵解则经过糖原磷酸化酶作用，生成 1-磷酸葡萄糖，然后再转变成 6-磷酸葡萄糖。

① 葡萄糖在己糖激酶或葡萄糖激酶的催化下，利用 ATP 提供能量及磷酸根磷酸化，生成 6-磷酸葡萄糖。这是一步不可逆反应，也是糖酵解中的一个调控点。

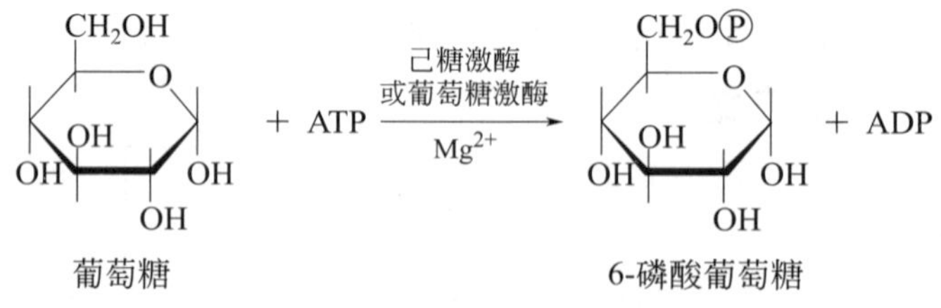

催化 ATP 上的磷酰基转移到其他化合物上的酶称为激酶，反应需 Mg^{2+}，以 Mg^{2+}-ATP 的形式参与酶促反应。由于 Mg^{2+} 的作用，吸引了 ATP 磷酸基团上的 2 个氧的负电荷，使 γ-磷原子更易接受氧孤对电子的攻击，并与葡萄糖分子结合成 6-磷酸葡萄糖。Mg^{2+}-ATP 的形式如下：

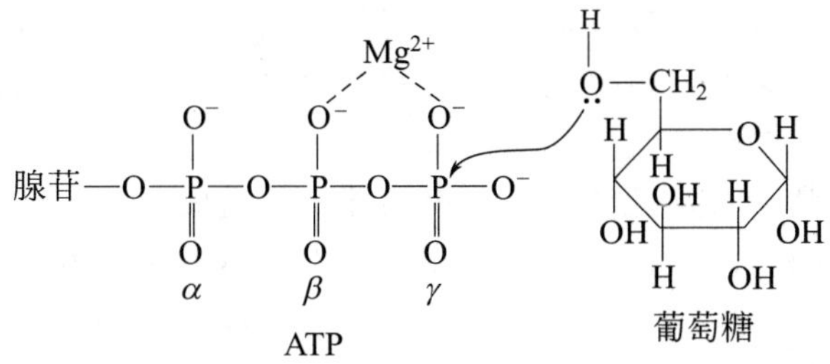

② 6-磷酸葡萄糖在磷酸葡萄糖异构酶的催化下，转化为6-磷酸果糖。

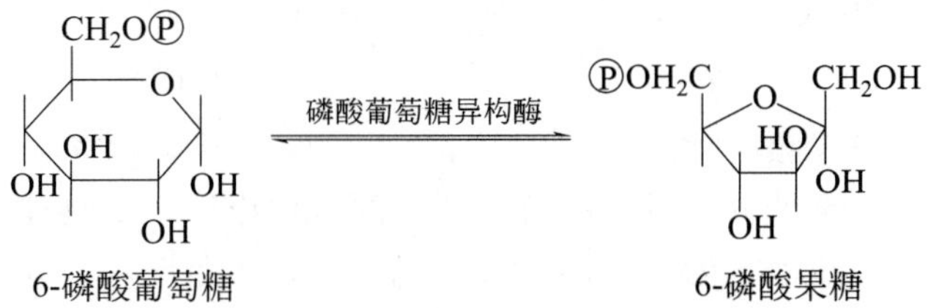

③ 6-磷酸果糖在磷酸果糖激酶的催化下，用ATP磷酸化，生成1,6-二磷酸果糖。这步反应与第一步反应相似，由ATP提供磷酸基，反应需要Mg^{2+}。磷酸果糖激酶是一别构酶，是整个糖酵解中最关键的调节酶，受多种效应剂的调节，反应不可逆。

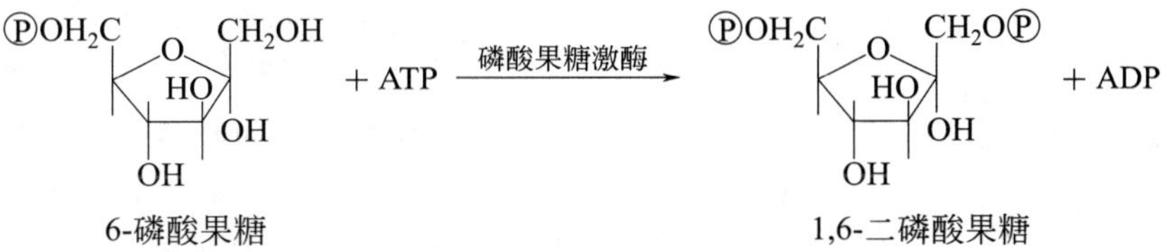

第2阶段：磷酸丙糖的生成。

④ 在醛缩酶的催化下，1,6-二磷酸果糖分子在第3碳原子与第4碳原子之间断裂生成两个三碳化合物，即磷酸二羟基丙酮与3-磷酸甘油醛。

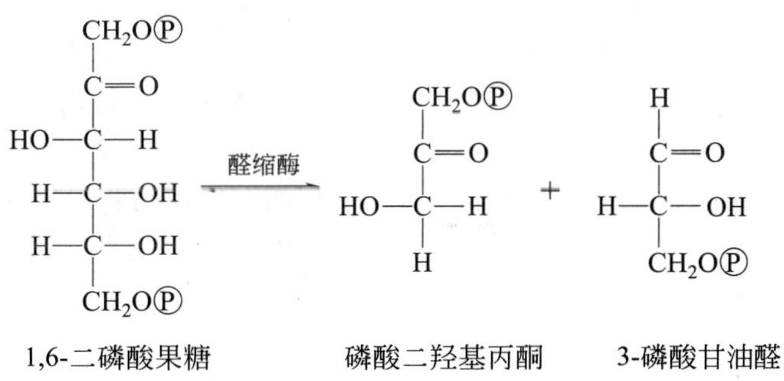

醛缩酶催化的是可逆反应，标准状况下，平衡倾向于醇醛缩合成1,6-二磷酸果糖一侧，在细胞内，由于正反应产物被移走，平衡可向正反应迅速进行。

⑤ 在磷酸丙糖异构酶的催化作用下，两个三碳糖之间异构化。

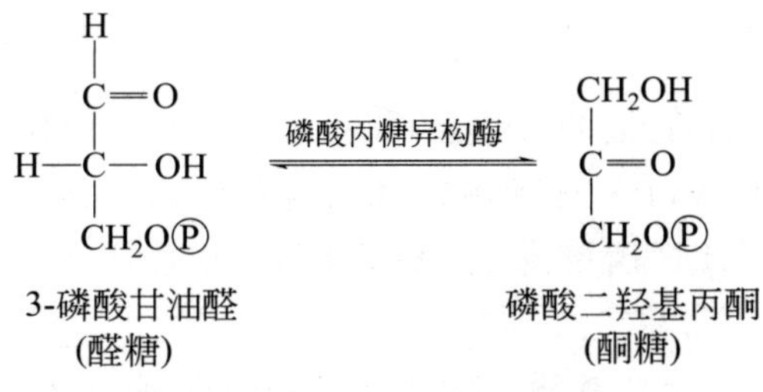

在正常进行着的酶系统里，反应向磷酸二羟基丙酮方向转化，由于下一步以3-磷酸甘油醛为底物，反应向生成3-磷酸甘油醛的方向转移，故可认为一分子葡萄糖经过上述转变生成2分子3-磷酸甘油醛。

第3阶段：丙酮酸的生成，此阶段由5个酶促反应组成。

⑥ 在3-磷酸甘油醛脱氢酶的催化下，3-磷酸甘油醛脱氢氧化生成1,3-二磷酸甘油酸。

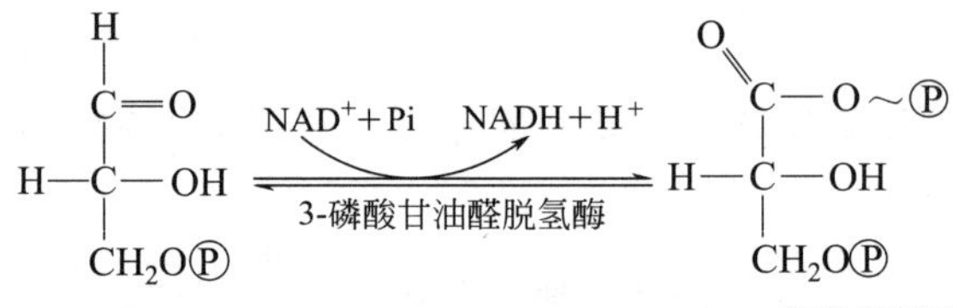

3-磷酸甘油醛的氧化是糖分解过程中首次遇到的氧化作用，生物体通过此反应可以获得能量。3-磷酸甘油醛脱氢酶催化的反应同时进行脱氢和磷酸化反应，并引起分子内部能量重新分配，生成高能磷酸化合物——1,3-二磷酸甘油酸，反应中脱下的氢为 NAD^+ 接受生成 $NADH+H^+$。

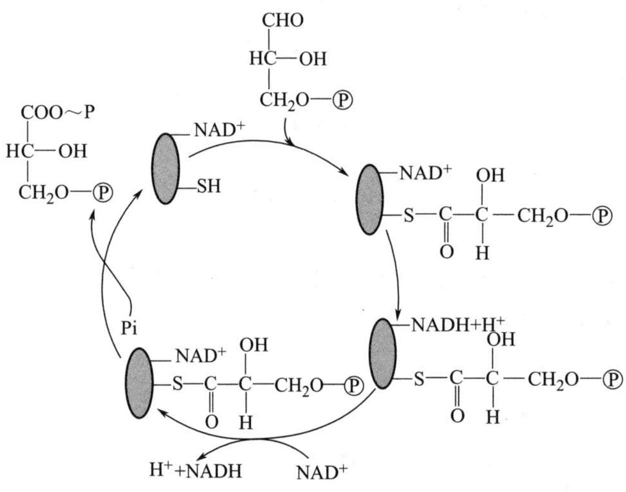

图7-4　3-磷酸甘油醛脱氢酶的作用机理

3-磷酸甘油醛脱氢酶分子量140000，由4个相同亚基组成，每个亚基牢固地结合一分子 NAD^+，并能独立参与催化作用。已证明亚基第149位的半胱氨酸残基的—SH是活性基团，能特异地结合3-磷酸甘油醛。NAD^+ 的嘧啶环与活性—SH很近，共同组成酶的活性部位。3-磷酸甘油醛脱氢酶的作用机理见图7-4。

⑦ 1,3-二磷酸甘油酸生成3-磷酸甘油酸。在氧化中所产生的高能磷酸化合物1,3-二磷酸甘油酸经磷酸甘油酸激酶（一种可逆性的磷酸激酶，需 Mg^{2+}）作用后将高能磷酸键转移给ADP生成ATP，同时生成了3-磷酸甘油酸。

这是糖酵解中第一次产生能量的反应，因为1分子葡萄糖代谢后生成2分子的磷酸丙糖，所以相当于生成2分子ATP。这种由于底物脱氢脱水而使分子内能量重新分布和排列产生高能化合物并进而与ADP磷酸化为ATP相偶联生成ATP的方式称为底物水平磷酸化。

3-磷酸甘油醛脱氢酶是一个巯基酶，碘乙酸可强烈抑制该酶的活性。砷酸盐在结构上与无机磷酸相似，能竞争与酶结合产生 1-砷酸-3-磷酸甘油酸，此化合物不稳定，进一步水解生成 3-磷酸甘油酸。在砷酸盐存在下，酵解可以正常进行，但没有高能化合物的生成，不产生 ATP。所以砷酸盐解除了氧化与磷酸化的偶联作用。

⑧ 3-磷酸甘油酸变为 2-磷酸甘油酸。磷酸甘油酸变位酶催化磷酰基从 3-磷酸甘油酸的 C3 移至 C2。凡是催化分子内化学功能基团的位置移动的酶都称为变位酶。Mg^{2+} 在催化反应中是必需的。反应式如下：

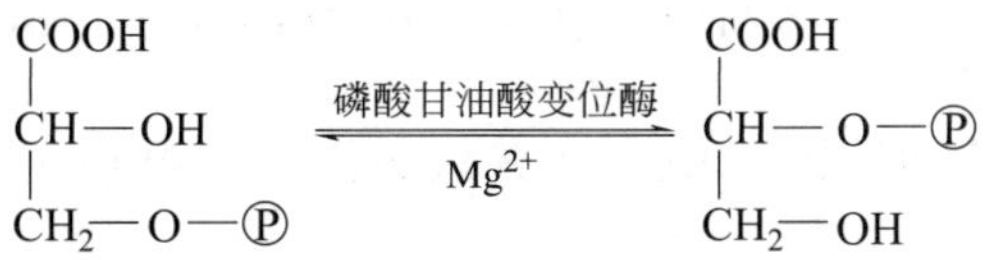

⑨ 2-磷酸甘油酸在烯醇化酶的催化下生成磷酸烯醇式丙酮酸。2-磷酸甘油酸经烯醇化酶催化在第 2、第 3 碳原子上脱下一分子水，在脱水的化学反应中，2-磷酸甘油酸分子内部的能量重新分配，产生高能磷酸化合物——磷酸烯醇式丙酮酸。反应需 Mg^{2+} 作激活剂。反应式如下：

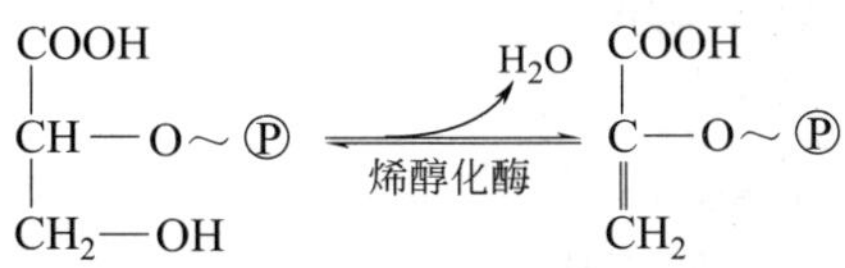

氟化物能与 Mg^{2+} 及磷酸生成氟磷酸镁复合物而强烈抑制烯醇化酶的活性。

⑩ 丙酮酸的生成。在丙酮酸激酶的催化下，将磷酸烯醇式丙酮酸的第 2 个碳原子上的磷酰基团转移到 ADP 上形成 ATP（这和反应⑦相似，也属于底物水平磷酸化生成 ATP），这是糖酵解中第二次产能反应，反应不可逆。因烯醇式丙酮酸极不稳定，很容易自动变为比较稳定的丙酮酸。反应式如下：

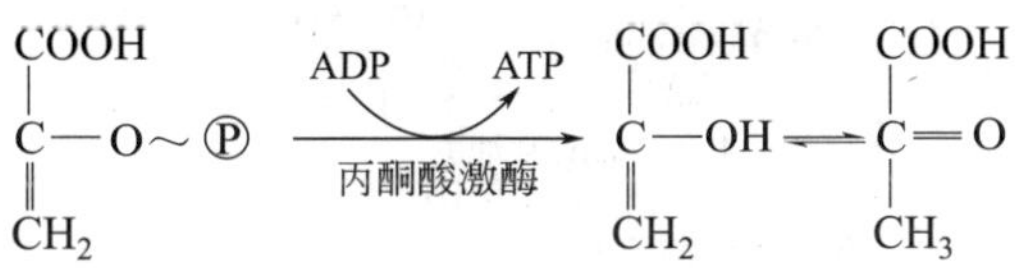

丙酮酸激酶催化的反应是调节糖酵解过程的另一重要限速反应。丙酮酸激酶也是变构酶，受到许多效应剂的调节。

到此为止，1 分子葡萄糖生成 2 分子丙酮酸，总反应如下：

$$C_6H_{12}O_6+2H_3PO_4+2ADP+2NAD^+ \longrightarrow 2CH_3COCOOH+2ATP+2NADH+H^+$$

3. 丙酮酸的去路

（1）丙酮酸还原成乳酸　丙酮酸在乳酸脱氢酶的催化下，还原为乳酸。3-磷酸甘油醛脱氢时，NAD^+ 被还原成 $NADH+H^+$，在此步反应中 $NADH+H^+$ 被氧化成 NAD^+，以保证辅酶的周转。

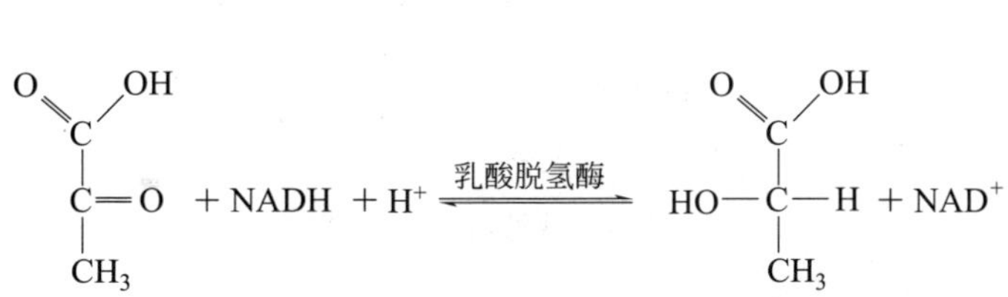

丙酮酸　　乳酸

（2）丙酮酸脱羧还原生成乙醇　在生醇发酵中，丙酮酸在脱羧酶（α-直接脱羧）催化下失去 CO_2 而生成乙醛。乙醛接受 3-磷酸甘油醛脱下的氢被还原而生成乙醇。催化乙醛还原的是乙醇脱氢酶。

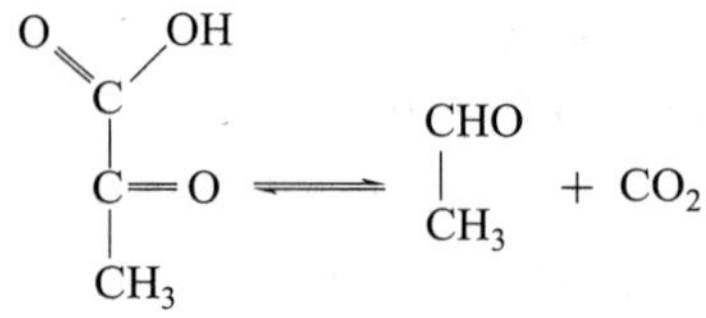

$$\begin{matrix}CHO\\|\\CH_3\end{matrix} + NADH + H^+ \rightleftharpoons CH_3CH_2OH + NAD^+$$

(3) 丙酮酸氧化脱羧生成乙酰 CoA　在有氧条件下，丙酮酸氧化脱羧生成乙酰 CoA 进入三羧酸循环。

糖酵解的全过程见图 7-5。

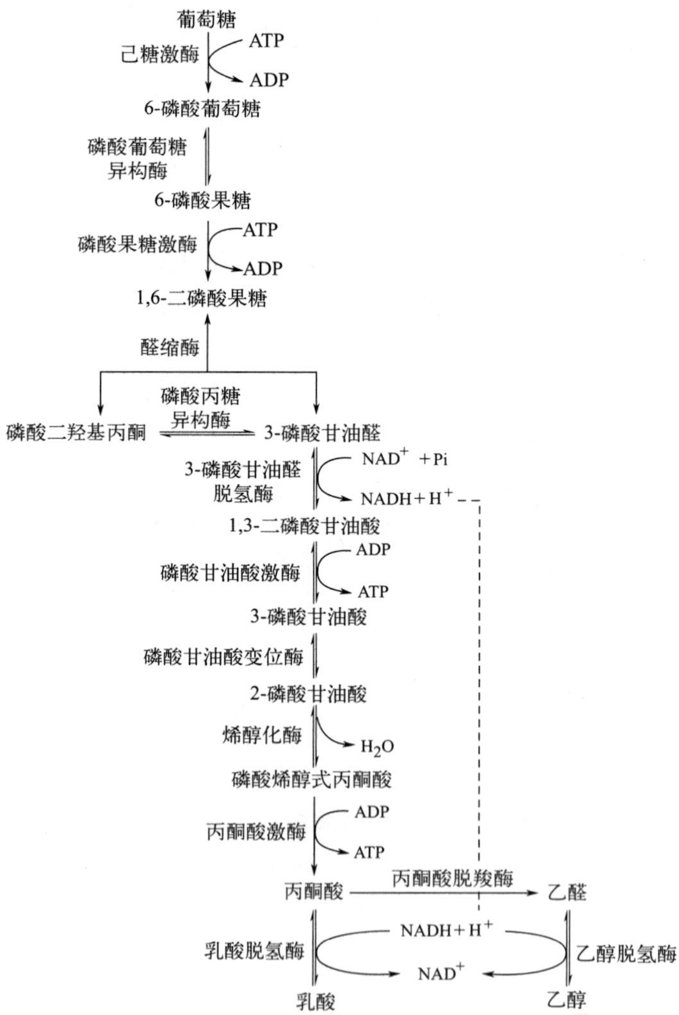

图 7-5　糖酵解的全过程

4. 糖酵解途径的特点

① 从葡萄糖到丙酮酸之间的中间产物，全部是磷酸化合物。磷酰基在这些化合物中，不论是以酯的形式或以酸酐的形式，都可以提供负电荷基团，保证中间产物不能透过细胞膜

(细胞膜一般不让高极性分子通过)，使酵解反应全部在胞液中进行。此外，磷酰基的提供，对贮存能量也起着重要作用。

② 糖酵解仅产生少量能量，能量的生成方式为底物水平磷酸化。

③ 糖酵解中有三步不可逆反应，分别由己糖激酶、磷酸果糖激酶和丙酮酸激酶催化。

④ 糖酵解产生的 $NADH+H^+$ 不进入呼吸链，而是用于丙酮酸还原。

⑤ 糖酵解在胞液中进行，不需氧。

5. 糖酵解的 ATP 计算

糖酵解途径是一个放能过程。糖酵解从葡萄糖开始，1 分子葡萄糖净生成 2 分子 ATP；如果从糖原开始，一个葡萄糖残基则只消耗 1 分子 ATP，相当于 1 分子葡萄糖的糖原可净得 3 分子 ATP（表 7-1）。

表 7-1　1 分子葡萄糖酵解所产生的 ATP

反应	ATP	反应	ATP
葡萄糖⟶6-磷酸葡萄糖	−1	磷酸烯醇式丙酮酸⟶丙酮酸	+(1×2)
6-磷酸果糖⟶1,6-二磷酸果糖	−1	1 分子葡萄糖净增加 ATP 分子数	+2
1,3-二磷酸甘油酸⟶3-磷酸甘油酸	+(1×2)		

6. 糖酵解的调控

从单细胞生物到高等动植物都存在糖酵解过程。糖酵解反应速率主要受以下 3 种酶活性的调控。

(1) 磷酸果糖激酶是最关键的限速酶　ATP/AMP 值对该酶活性的调节有重要的生理意义。当 ATP 浓度较高时，该酶几乎无活性，酵解作用减弱；当 AMP 积累，ATP 较少时，酶活性恢复，酵解作用增强。H^+ 可抑制磷酸果糖激酶活性，它可防止肌肉中形成过量乳酸而使血液酸中毒。柠檬酸可增加 ATP 对酶的抑制作用；β-D-2,6-二磷酸果糖可消除 ATP 对酶的抑制效应，使酶活化。

(2) 己糖激酶活性的调控　6-磷酸葡萄糖（G-6-P）是该酶的别构抑制剂。二磷酸果糖激酶活性被抑制时，可使 G-6-P 积累，酵解作用减弱。因 G-6-P 可转化为糖原及磷酸戊糖，因此己糖激酶不是酵解过程关键的限速酶。

(3) 丙酮酸激酶活性的调节　1,6-二磷酸果糖是该酶的激活剂，加速酵解速度。丙氨酸是该酶的别构抑制剂。酵解产物丙酮酸为丙氨酸的生成提供了碳骨架。丙氨酸抑制丙酮酸激酶的活性，可避免丙酮酸过剩。此外，ATP、乙酰 CoA 等也可抑制该酶活性，减弱酵解作用。

7. 糖酵解的生理意义

① 糖酵解是放能反应，它能供给生物体部分能量，尤其是在生理或病理条件下提供生命活动所需的能量。如红细胞无线粒体，不能进行有氧氧化，其生理活动所需能量全部来自糖酵解途径；另外，在氧供给不足情况下，如激烈运动，糖酵解可使生物体获得能量，维持生命活动，但酵解过度会引起乳酸积累过多而引起酸中毒。

② 提供生物合成的碳骨架。糖酵解过程中产生了许多中间物，可作为合成脂肪、蛋白质等物质的碳骨架。

③ 糖酵解不仅是葡萄糖的分解途径，也是其他单糖如果糖、甘露糖等的基本代谢途径。

二、糖的有氧分解

在氧供应充足时，大部分葡萄糖被彻底氧化成二氧化碳和水，同时释放出大量能量，这一过程称为糖的有氧分解。糖的有氧分解代谢实际上是糖的无氧分解代谢的继续，从丙酮酸生成以后，无氧酵解与有氧氧化才开始有了分歧，因此糖的有氧氧化，实质上是丙酮酸如何被氧化的问题，但丙酮酸以后的氧化都是在线粒体上进行的。如下所示：

糖有氧氧化

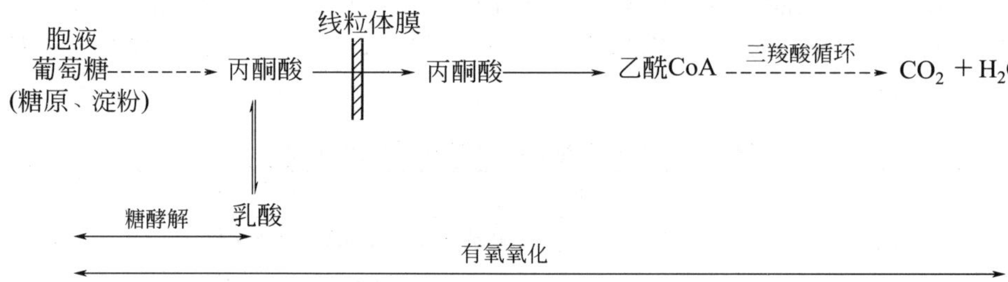

（一）葡萄糖有氧分解的代谢途径

葡萄糖的有氧分解是一条完整的代谢途径，为了叙述方便分为三个阶段。

1. 葡萄糖分解生成丙酮酸

这一阶段的反应历程与糖酵解基本一致，不同的是由于 3-磷酸甘油醛脱氢生成的 $NADH+H^+$ 的去路不同，产生的能量不同。糖的无氧酵解与有氧氧化中能量生成的区别见表 7-2。

表 7-2 糖的无氧酵解与有氧氧化中能量变化

糖分解途径	糖的无氧酵解	有氧氧化
$NADH+H^+$ 的去路	用于丙酮酸还原	进入呼吸链
ATP 生成方式	底物水平磷酸化	底物水平磷酸化，氧化磷酸化
生成 ATP 数	2	5 或 7

2. 丙酮酸氧化脱羧生成乙酰 CoA

（1）丙酮酸脱氢酶系　丙酮酸脱氢酶系是由三种酶、六种辅助因子组成。三种酶是丙酮酸脱氢酶、二氢硫辛酸转乙酰基酶、二氢硫辛酸脱氢酶；辅助因子包括 TPP、硫辛酸、HSCoA、FAD、NAD^+ 和 Mg^{2+}。在丙酮酸脱氢酶系催化的反应中，不同酶需要不同辅助因子，完成不同的催化功能。

① 丙酮酸脱氢酶。辅基为 TPP，它的功能是催化丙酮酸脱羧和硫辛酸还原。

② 二氢硫辛酸转乙酰基酶。辅基为硫辛酸，其功能是将乙酰基转移给 HSCoA。

③ 二氢硫辛酸脱氢酶。其辅基是 FAD，功能是使二氢硫辛酸氧化为硫辛酸。

（2）丙酮酸脱氢酶系的催化作用　线粒体膜上有丙酮酸脱氢酶系（多酶复合物）催化丙酮酸进行不可逆的氧化与脱羧反应，并与 HSCoA 结合形成乙酰 CoA。总反应式如下：

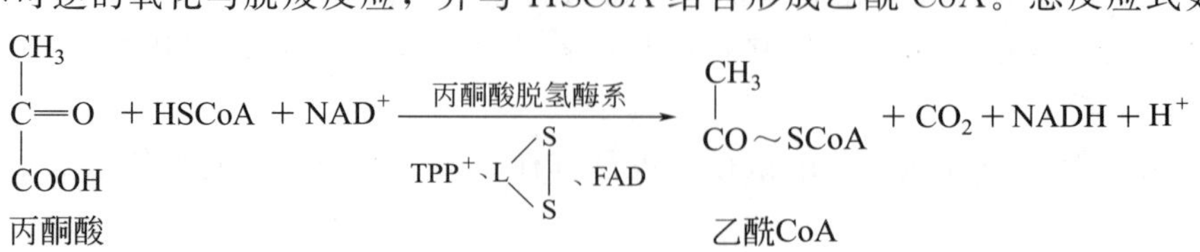

① 丙酮酸脱羧。在丙酮酸脱氢酶作用下，丙酮酸脱羧产生羟乙基-TPP 中间物，并在同一种酶的作用下，将羟乙基转移到硫辛酸上。

② 乙酰 CoA 生成。在二氢硫辛酸转乙酰基酶的作用下，将乙酰二氢硫辛酸中的乙酰基转移给 HSCoA 生成乙酰 CoA。

③ 二氢硫辛酸氧化。在二氢硫辛酸脱氢酶作用下，二氢硫辛酸脱氢氧化重新生成硫辛酸，脱下的氢交给 NAD^+ 生成 $NADH+H^+$。

丙酮酸脱氢酶系催化的反应见图 7-6。

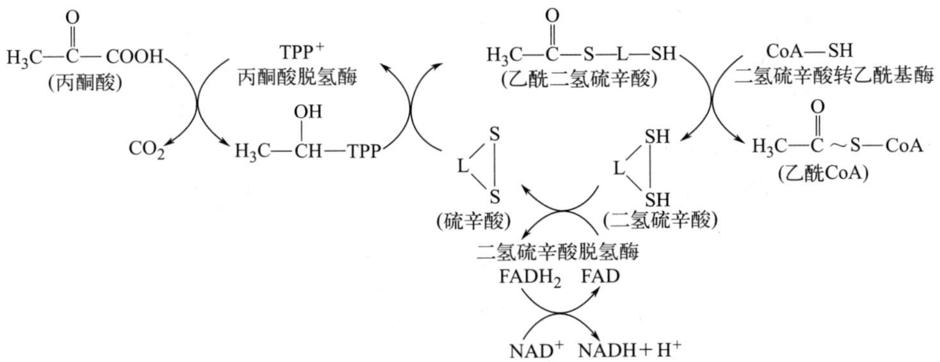

图 7-6 丙酮酸脱氢酶系的催化反应

（3）丙酮酸脱氢酶系的调节 丙酮酸脱氢酶系存在别构调节和共价修饰调节两种调控机制。乙酰 CoA 和 NADH 是该酶的别构抑制剂，当乙酰 CoA 浓度高时抑制二氢硫辛酸转乙酰基酶活性，NADH 浓度高时抑制二氢硫辛酸脱氢酶的活性。NAD^+ 和 HSCoA 则是该酶的别构激活剂。另外该酶也受共价修饰调节：丙酮酸脱氢酶磷酸化后失活，而丙酮酸脱氢酶脱磷酸后使丙酮酸脱氢酶系激活。

3. 乙酰 CoA 通过三羧酸循环彻底氧化为二氧化碳和水

（1）三羧酸循环（TCA）含义 1936 年 Krebs 在前人工作的基础上，通过自己的实验于 1937 年正式提出三羧酸循环的代谢理论。三羧酸循环是乙酰 CoA 与草酰乙酸缩合生成柠檬酸，经一系列酶促反应再形成草酰乙酸的过程，也称为柠檬酸循环。

三羧酸循环

（2）三羧酸循环的化学途径 见图 7-7。

① 乙酰辅酶 A 与草酰乙酸缩合成柠檬酸。乙酰辅酶 A 在柠檬酸合成酶催化下与草酰乙酸缩合成柠檬酸，此反应为三羧酸循环中第一步不可逆反应，柠檬酸合成酶是限速酶，其活性受 ATP 浓度的调节。

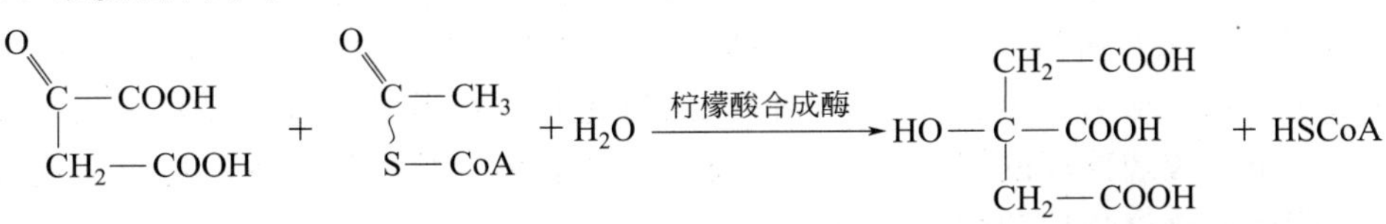

草酰乙酸　乙酰CoA　柠檬酸

② 柠檬酸异构成异柠檬酸。柠檬酸在顺乌头酸酶作用下脱水生成顺乌头酸，并在同一酶催化下加水生成异柠檬酸。

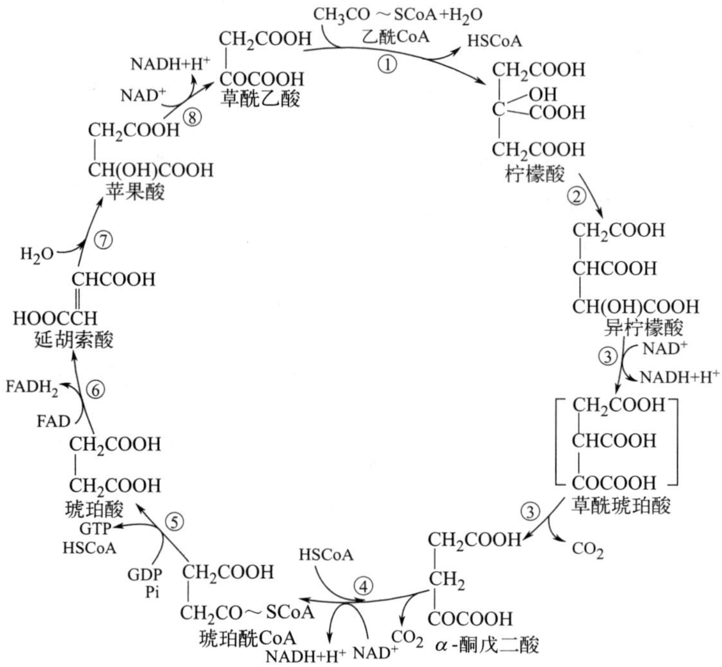

图 7-7 三羧酸循环的化学途径

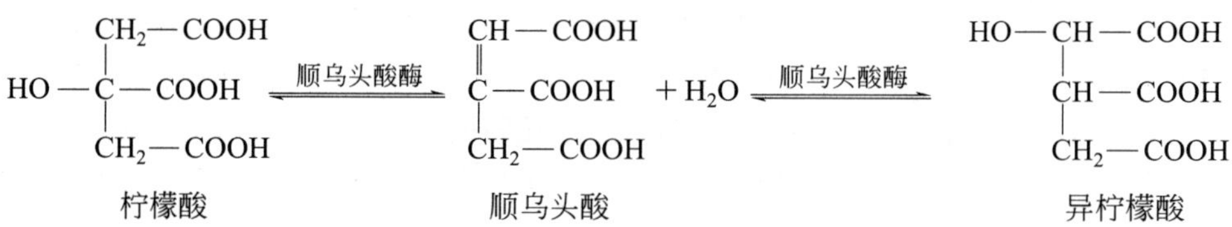

③ 异柠檬酸氧化脱羧生成 α-酮戊二酸。在异柠檬酸脱氢酶的催化下，异柠檬酸脱氢生成草酰琥珀酸并迅速脱羧生成 α-酮戊二酸。

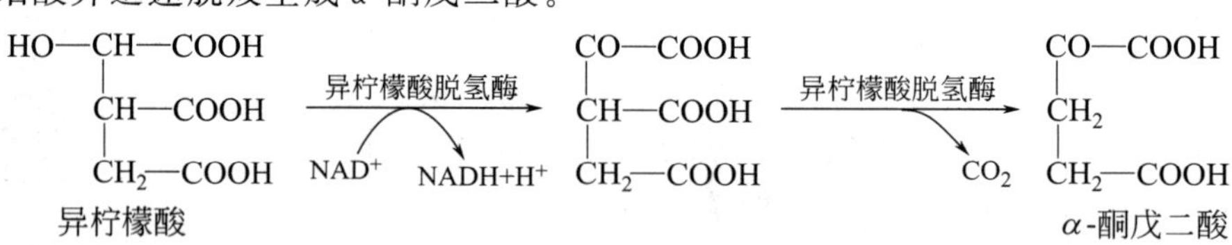

异柠檬酸脱氢酶具有脱氢、脱羧两种催化功能。现已发现异柠檬酸脱氢酶有两种，一种需 NAD^+ 及 Mg^{2+} 为辅酶，另一种需 $NADP^+$ 及 Mg^{2+} 为辅酶。前者仅存在于线粒体，其主要功能是参与三羧酸循环。后者存在于线粒体，也存在于细胞质，其主要功能是作为还原剂 NADPH 的一种来源。此步反应是三羧酸循环的第二步不可逆反应。

④ α-酮戊二酸氧化脱羧生成琥珀酰 CoA。α-酮戊二酸在 α-酮戊二酸脱氢酶系作用下氧化脱羧后形成琥珀酰辅酶 A。这步反应与丙酮酸氧化脱羧相类似，需要 3 种酶和 6 种辅助因子参与反应，是三羧酸循环的第三步不可逆反应。在氧化脱羧过程中使底物能量重新分布和排列生成高能硫酯化合物琥珀酰辅酶 A。

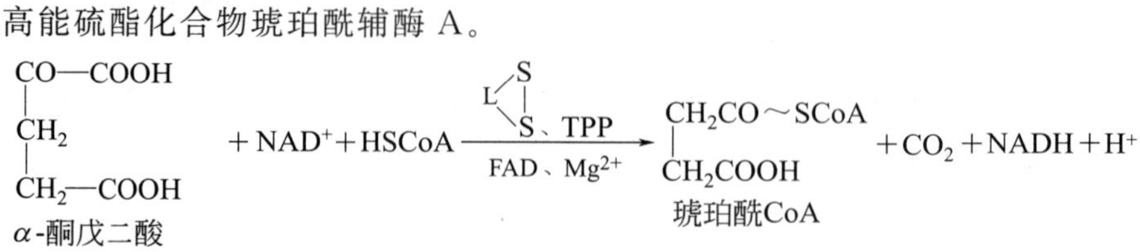

⑤ 琥珀酰 CoA 生成琥珀酸。琥珀酰辅酶 A 在琥珀酸硫激酶催化下，转移其硫酯键至鸟苷二磷酸（GDP）上生成鸟苷三磷酸（GTP），同时生成琥珀酸。然后 GTP 再与 ADP 生成一个 ATP。此反应为三羧酸循环中唯一一步底物水平磷酸化产生 ATP 的反应。

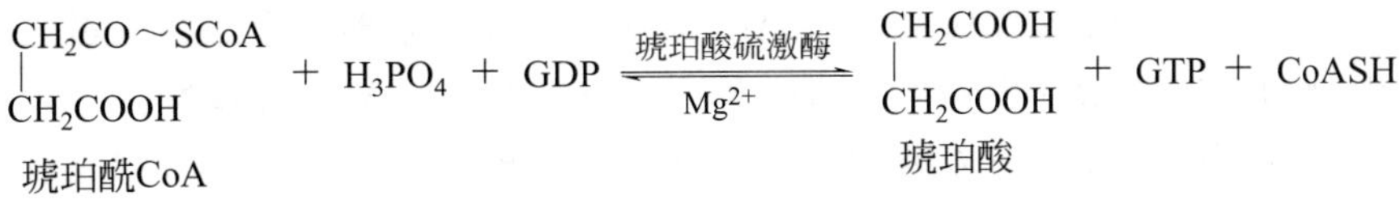

$$GTP + ADP \rightleftharpoons ATP + GDP$$

⑥ 琥珀酸脱氢氧化成延胡索酸。在琥珀酸脱氢酶催化下琥珀酸脱氢生成延胡索酸，脱下的氢由辅酶 FAD 接受生成 $FADH_2$ 并进入 $FADH_2$ 呼吸链氧化为水。

⑦ 延胡索酸加水生成苹果酸。此反应由延胡索酸酶催化完成。

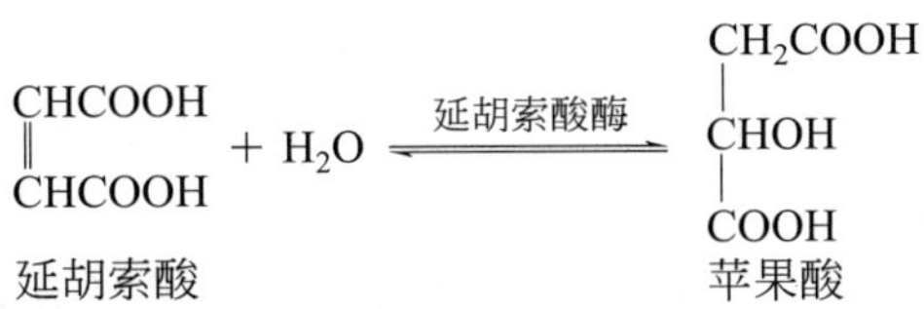

⑧ 苹果酸被氧化成草酰乙酸。苹果酸在 NAD^+ 存在下，由苹果酸脱氢酶催化脱氢生成草酰乙酸。

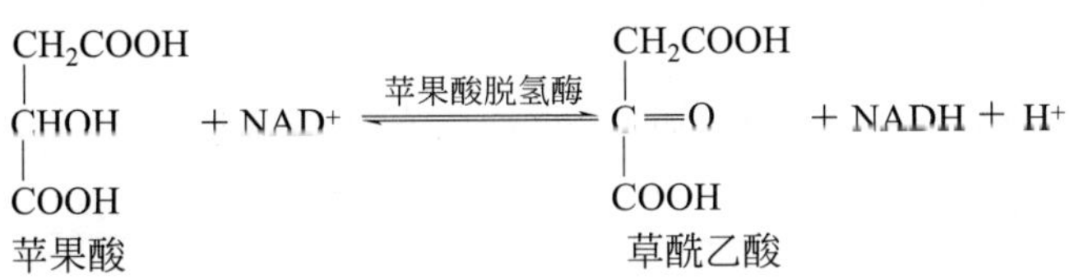

至此草酰乙酸又重新形成，又可和另一分子乙酰辅酶 A 缩合成柠檬酸进入下一轮三羧酸循环。三羧酸循环总反应式如下：

$$乙酰CoA + 3NAD^+ + FAD + GDP + Pi + 2H_2O \longrightarrow 2CO_2 + HSCoA + 3NADH + 3H^+ + FADH_2 + GTP$$

（3）三羧酸循环的特点

① 三羧酸循环一周，消耗一分子乙酰辅酶 A（二碳化合物）。循环中的三羧酸、二羧酸并不因参加此循环而有所增减。因此，在理论上，这些羧酸只需微量，就可不断地循环，促使乙酰辅酶 A 氧化。

② 三羧酸循环一周包括两次脱羧反应，分别是在 α-酮戊二酸的两侧。

③ 三羧酸循环一周包括三步不可逆反应，分别由柠檬酸合成酶、异柠檬酸脱氢酶和 α-酮戊二酸脱氢酶系催化，使整个循环不可逆。

④ 三羧酸循环包括四步脱氢反应，有三步以 NDA^+ 为辅助因子，有一步以 FAD 为辅助因子，生成的 $NADH+H^+$ 和 $FADH_2$ 分别进入呼吸链氧化成水并释放能量。

⑤ 三羧酸循环只有一步底物水平磷酸化，直接产物是 GTP。

⑥ 三羧酸循环在线粒体中进行。

（4）三羧酸循环的意义

① 三羧酸循环是高效率的产能过程，一次循环可生成 10 分子 ATP。

② 三羧酸循环是糖、脂、蛋白质三大物质转化的枢纽，也是三大物质彻底氧化的共同

途径。

③ 三羧酸循环所产生的中间产物对其他化合物的生物合成有重要意义。

在细胞迅速生长期间，三羧酸循环可供应多种化合物的碳骨架，以供细胞生物合成之用；植物体内的某些有机酸如柠檬酸、苹果酸等也是三羧酸循环中形成和积累的；发酵工业上也利用微生物的三羧酸循环途径生产有关的有机酸，如谷氨酸、柠檬酸等。

（5）三羧酸循环的调节　三羧酸循环的速度受到精确调节以适应细胞对能量的需要，满足某些生物合成对底物的需要。

① 三种限速酶的调节。柠檬酸合成酶、异柠檬酸脱氢酶和 α-酮戊二酸脱氢酶系这三种酶的活性主要受底物浓度和产物浓度的调节。高浓度的底物刺激酶的活性，高的产物浓度抑制酶的活性，其中，乙酰 CoA、草酰乙酸和 NADH 是最关键的调节物。

② ATP、ADP、Ca^{2+} 的调节。ATP 作为最终产物也抑制柠檬酸合成酶及异柠檬酸脱氢酶的活性。ADP 可解除 ATP 的抑制作用，别构激活相关酶的活性。Ca^{2+} 是启动肌肉收缩的信号，同时引起对 ATP 需要的增加，它能激活异柠檬酸脱氢酶、α-酮戊二酸脱氢酶系以及丙酮酸脱氢酶系。

总之，在三羧酸循环中，所有的底物和中间产物都能根据机体对能量的需要保证这个循环的运转和提供最适量的 ATP。

（6）三羧酸循环的回补反应　三羧酸循环既是需氧生物的主要分解代谢途径，也为许多生物合成提供前体物质，因此它具有分解代谢与合成代谢的双重作用。为保证三羧酸循环的正常运转，失去的中间产物必须及时予以补充。对三羧酸循环的中间产物有补充作用的反应称为回补反应。

① 丙酮酸羧化反应。这是最重要的回补反应，在线粒体内丙酮酸羧化酶催化丙酮酸羧化成草酰乙酸。

② 磷酸烯醇式丙酮酸羧化反应。在脑和心肌中磷酸烯醇式丙酮酸在磷酸烯醇式丙酮酸羧化酶的催化下生成草酰乙酸。

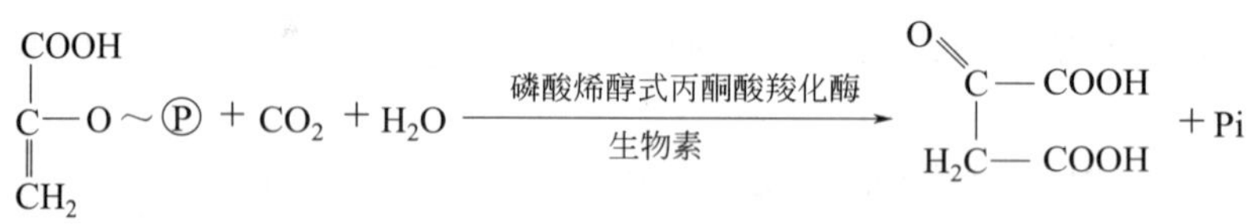

③ 氨基酸脱氨基反应。α-酮戊二酸和天冬氨酸经转氨基作用可生成草酰乙酸和谷氨酸。

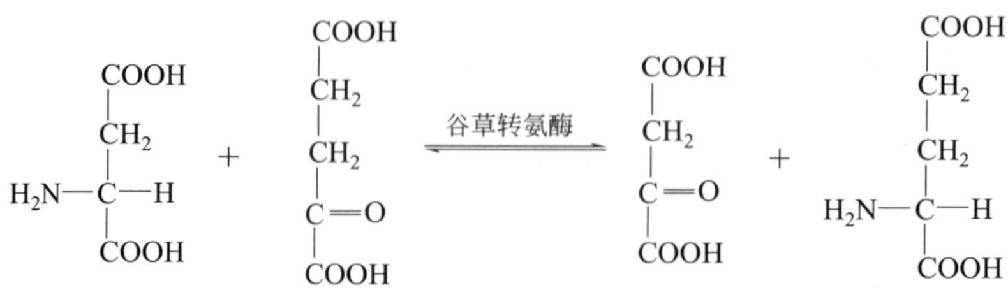

（二）糖有氧分解的总反应及能量变化

糖的有氧分解代谢产生的能量最多，是机体利用糖或其他物质氧化而获得能量的最有效方式。糖有氧分解的反应简式如下：

$$C_6H_{12}O_6 \longrightarrow 2CH_3COCOOH + 4H + 2ATP$$

$$2CH_3COCOOH + 2HSCoA \longrightarrow 2CH_3COSCoA + 4H + 2CO_2$$

$$2CH_3COSCoA + 6H_2O \longrightarrow 4CO_2 + 2HSCoA + 16H + 2ATP$$

上述三式相加得：

$$C_6H_{12}O_6 + 6H_2O \longrightarrow 6CO_2 + 24H + 4ATP$$

24 个氢通过呼吸链氧化生成 12 分子 H_2O、28 个 ATP。

葡萄糖有氧分解的总反应可表示如下：

$$C_6H_{12}O_6 + 6O_2 + 32ADP + 32H_3PO_4 \longrightarrow 6CO_2 + 6H_2O + 32ATP$$

1mol 葡萄糖有氧分解时所产生的 ATP 的物质的量，归纳见表 7-3。

糖有氧氧化的能量计算

表 7-3　1mol 葡萄糖在有氧分解时所产生的 ATP 的物质的量　　单位：mol

反应阶段	反应	ATP 的消耗与合成			
		消耗	合成		净得
			底物水平磷酸化	氧化磷酸化	
糖酵解	葡萄糖⟶6-磷酸葡萄糖	1			−1
	6-磷酸果糖⟶1,6-二磷酸果糖	1			−1
	3-磷酸甘油醛⟶1,3-二磷酸甘油酸			2.5×2 或 1.5×2	5/3
	1,3-二磷酸甘油酸⟶3-磷酸甘油酸		1×2		2
	磷酸烯醇式丙酮酸⟶丙酮酸		1×2		2
丙酮酸氧化脱羧	丙酮酸⟶乙酰 CoA			2.5×2	5
三羧酸(TCA)循环	异柠檬酸⟶草酰琥珀酸			2.5×2	5
	α-酮戊二酸⟶琥珀酰 CoA			2.5×2	5
	琥珀酰 CoA⟶琥珀酸		1×2		2
	琥珀酸⟶延胡索酸			1.5×2	3
	苹果酸⟶草酰乙酸			2.5×2	5
总　计		32 或 30			

三、磷酸戊糖途径

糖的无氧酵解及有氧氧化过程是生物体内糖分解代谢的主要途径，但非唯一途径。实验证明，加碘乙酸能抑制 3-磷酸甘油醛脱氢酶，此酶被抑制后，酵解及有氧氧化途径均停止，但许多微生物以及很多动物组织中仍有一定量的糖被彻底氧化成 CO_2 和水，说明糖还有另外的分解途径。1954 年 Horecker 等提出了磷酸戊糖途径的设想。磷酸戊糖途径是由 6-磷酸葡萄糖开始氧化脱羧生成磷酸戊糖经过戊糖分子的重排重新生成 6-磷酸葡萄糖的过程。由于磷酸戊糖在代谢中占重要位置，故名磷酸戊糖途径，又因此途径是从 6-磷酸葡萄糖开始，故又称为磷酸己糖支路。磷酸戊糖途径主要是在细胞的胞液中进行的一种需氧过程。

磷酸戊糖途径

（一）磷酸戊糖途径的化学过程

6-磷酸葡萄糖经磷酸戊糖途径氧化分解的过程可分为三个阶段：第一阶段是6-磷酸葡萄糖脱氢脱羧生成5-磷酸核酮糖的过程，也称氧化阶段；第二阶段是磷酸戊糖的相互转化，也称异构化阶段；第三阶段是碳链降解与重新生成六碳糖的阶段，也称非氧化阶段。

1. 氧化阶段

（1）6-磷酸葡萄糖的脱氢反应 6-磷酸葡萄糖在6-磷酸葡萄糖脱氢酶的作用下，以 $NADP^+$ 作为氢受体，脱氢生成6-磷酸葡萄糖酸内酯。反应式如下：

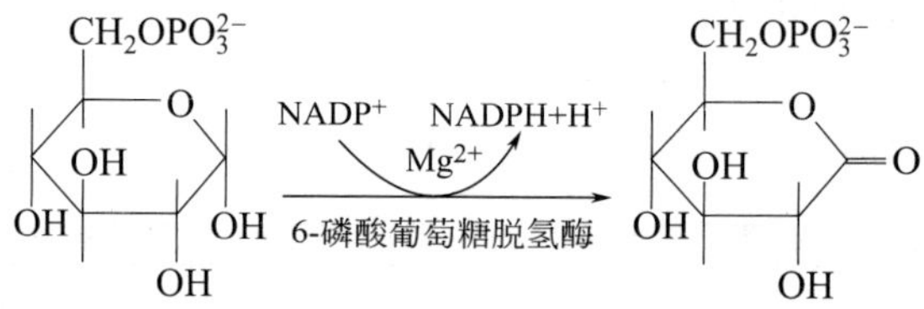

（2）6-磷酸葡萄糖酸内酯的水解反应 在内酯酶的催化下，6-磷酸葡萄糖酸内酯与水反应，水解为6-磷酸葡萄糖酸。反应式如下：

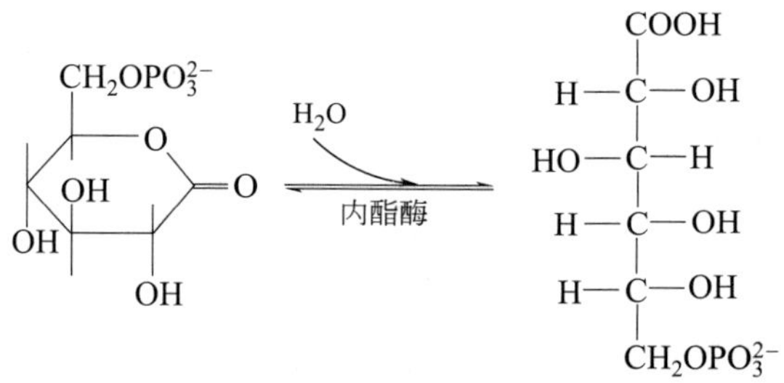

（3）6-磷酸葡萄糖酸脱氢反应 6-磷酸葡萄糖酸在6-磷酸葡萄糖酸脱氢酶作用下脱氢、脱羧氧化生成5-磷酸核酮糖，氢受体为 $NADP^+$。反应式如下：

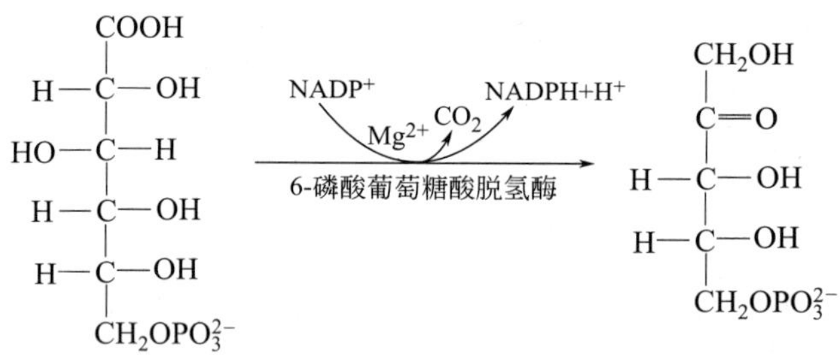

2. 异构化阶段

5-磷酸核酮糖可以在异构酶或差向异构酶的作用下，生成5-磷酸核糖或5-磷酸木酮糖。反应式如下：

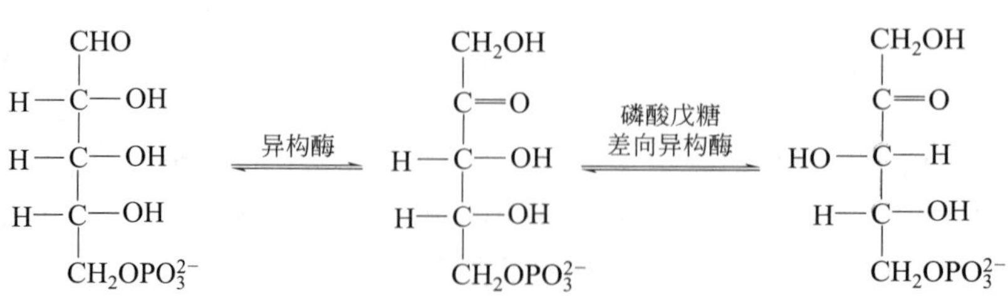

3. 非氧化阶段

在异构化阶段生成的5-磷酸核糖和5-磷酸木酮糖经酶催化进行分子重排，形成六碳糖与三碳糖。

（1）转酮醇酶催化的反应　5-磷酸木酮糖在转酮醇酶的作用下，转移羟乙醛基至5-磷酸核糖生成3-磷酸甘油醛和7-磷酸景天庚酮糖。反应式如下：

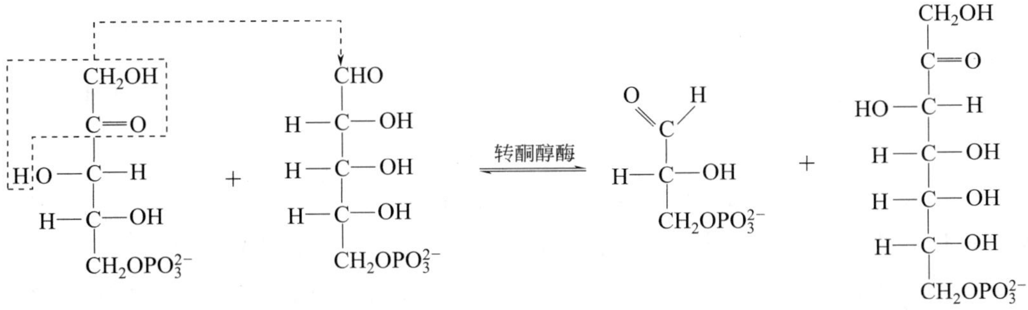

5-磷酸木酮糖　5-磷酸核糖　3-磷酸甘油醛　7-磷酸景天庚酮糖

（2）转醛醇酶催化的反应　7-磷酸景天庚酮糖在转醛醇酶的作用下，转移二羟基丙酮至3-磷酸甘油醛，生成4-磷酸赤藓糖和6-磷酸果糖。反应式如下：

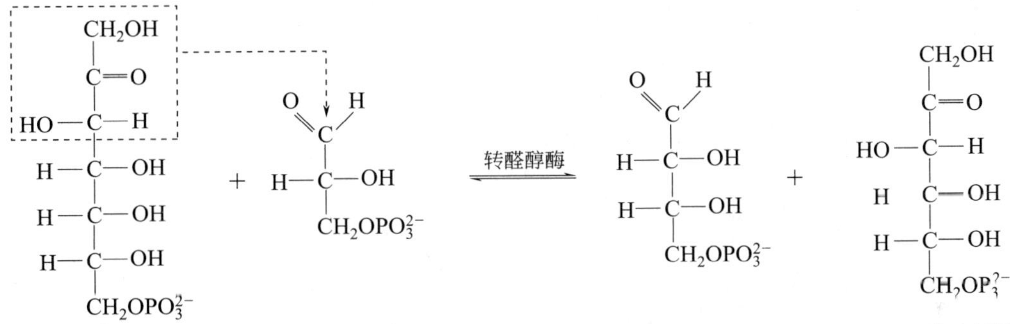

7-磷酸景天庚酮糖　3-磷酸甘油醛　4-磷酸赤藓糖　6-磷酸果糖

（3）四碳糖的转变　生成的4-磷酸赤藓糖和另一分子5-磷酸木酮糖在转酮醇酶的作用下，把5-磷酸木酮糖的羟乙醛基转给4-磷酸赤藓糖，又生成1分子的6-磷酸果糖和1分子3-磷酸甘油醛。

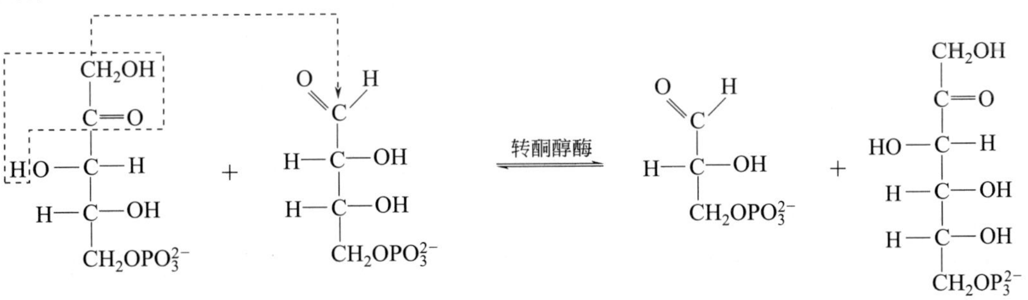

5-磷酸木酮糖　4-磷酸赤藓糖　3-磷酸甘油醛　6-磷酸果糖

总结上面反应，3分子6-磷酸葡萄糖生成2分子6-磷酸果糖、1分子3-磷酸甘油醛、3分子CO_2。如果是6分子同时反应，则生成4分子6-磷酸葡萄糖、2分子3-磷酸甘油醛和6分子CO_2。

（4）三碳糖转化为六碳糖　2分子3-磷酸甘油醛中一个异构化为磷酸二羟基丙酮，在醛缩酶的作用下生成1,6-二磷酸果糖，后者在果糖二磷酸酯酶作用下水解掉一个磷酸分子生成6-磷酸果糖。反应式如下：

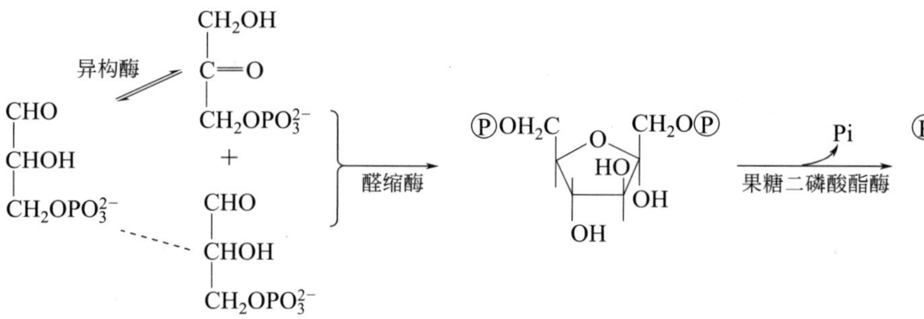

由于生成的6-磷酸果糖很容易转化为6-磷酸葡萄糖，因此可以明显地看出这个代谢途径具有循环机制的性质，即一个葡萄糖分子每循环一次脱去一个羧基，放出一个CO_2。也即1个葡萄糖分子彻底氧化生成6个CO_2需要6分子葡萄糖同时参加反应，经过一次循环又生成5分子6-磷酸葡萄糖，其反应如下：

$$6(6\text{-磷酸葡萄糖})+6O_2 \longrightarrow 5(6\text{-磷酸葡萄糖})+6CO_2+5H_2O+H_3PO_4$$

磷酸戊糖途径的主要特点是葡萄糖直接脱氢和脱羧，不必经过酵解途径，也不必经过三羧酸循环。在整个反应过程中，脱氢酶的辅酶为$NADP^+$而不是NAD^+。磷酸戊糖途径的反应过程见图7-8。

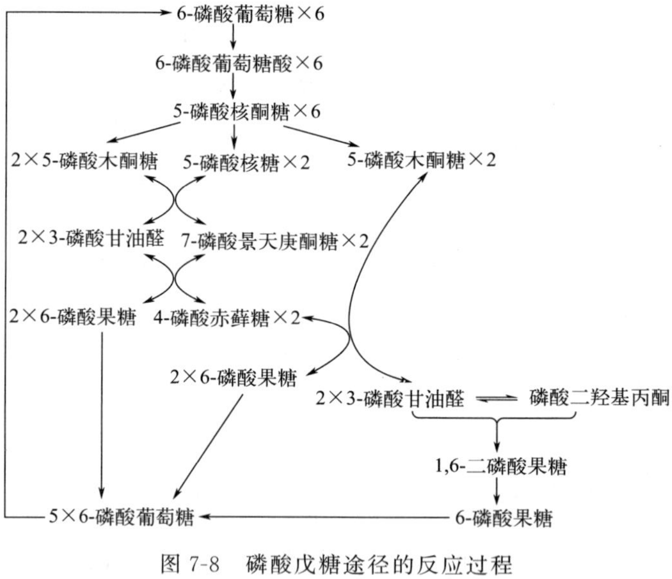

图7-8 磷酸戊糖途径的反应过程

（二）磷酸戊糖途径的生物学意义

磷酸戊糖途径的酶类已在许多动植物材料中发现。说明磷酸戊糖途径也是普遍存在的糖代谢的一种方式。

① 磷酸戊糖途径中产生的5-磷酸核糖是生成核酸的原料，核酸分解产生的戊糖也要进入这个途径转化。4-磷酸赤藓糖可生成芳香族氨基酸，与蛋白质代谢相联系。

② 磷酸戊糖途径中产生的还原型辅酶Ⅱ（NADPH）是脂肪、胆固醇等多种物质合成的还原剂，为这些物质的合成提供氢。

③ 磷酸戊糖途径可与糖酵解、有氧分解相互联系，3-磷酸甘油醛是三种途径的交叉点。如果某一途径因某种因素受影响而不能进行时，则可通过3-磷酸甘油醛进入另一分解途径，以保证糖分解代谢的继续进行。

④ 磷酸戊糖途径与光合作用密切相关。磷酸戊糖途径产生的三碳糖、五碳糖、七碳糖都是光合作用的中间产物，通过磷酸戊糖途径也可实现单糖之间的相互转化。

⑤ 在特殊生理条件下，NADPH 可经呼吸链氧化，产生能量。

（三）磷酸戊糖途径的调节

在磷酸戊糖途径中，6-磷酸葡萄糖脱氢酶催化的反应不可逆，是该途径的限速反应。$[NADP^+]/[NADPH]$ 的浓度比直接影响该酶的活性以及该途径的反应速率。机体中 $[NAD^+]/[NADH]$ 比 $[NADP^+]/[NADPH]$ 高几个数量级，一般前者是 700，后者为 0.04，这使 NADPH 可以进行反馈调节，只有 NADPH 在脂肪等合成代谢中被消耗时，才能解除抑制，再通过磷酸戊糖途径产生 NADPH。

第三节　糖的合成代谢

自然界中糖合成的基本来源是绿色植物及光能细菌进行光合作用，从无机物 CO_2 及 H_2O 合成糖，异养生物不能从无机物合成糖，但可以利用非糖的小分子物质合成葡萄糖，然后由葡萄糖合成二糖、寡糖及多糖；也可以通过食物获得糖类物质。

一、葡萄糖的合成——糖异生作用

1. 糖异生作用的含义

非糖物质如甘油、丙酮酸、乳酸以及某些氨基酸等在肝脏中转变为葡萄糖的过程称为糖异生作用。

糖异生

2. 糖异生作用的过程

各类非糖物质转变为葡萄糖的过程基本上按糖酵解逆行过程进行。但从丙酮酸转变为糖原的过程中，并非完全是糖酵解的逆转反应。前已述及糖酵解过程中有 3 个激酶的催化反应是不可逆的，必须使这三步反应变成可逆反应才能保证糖异生途径的正常进行。

① 丙酮酸转变为磷酸烯醇式丙酮酸反应是糖异生途径的第一步不可逆反应。磷酸烯醇式丙酮酸到丙酮酸是由丙酮酸激酶催化完成的，而由丙酮酸逆向生成磷酸烯醇式丙酮酸没有相应的酶催化，必须由另一支路来完成，即丙酮酸在丙酮酸羧化酶的催化下，固定 CO_2，由 ATP 供应能量，生成草酰乙酸，后者在磷酸烯醇式丙酮酸羧激酶的催化下由 GTP 提供磷酸基，脱羧生成磷酸烯醇式丙酮酸。具体反应步骤如下：

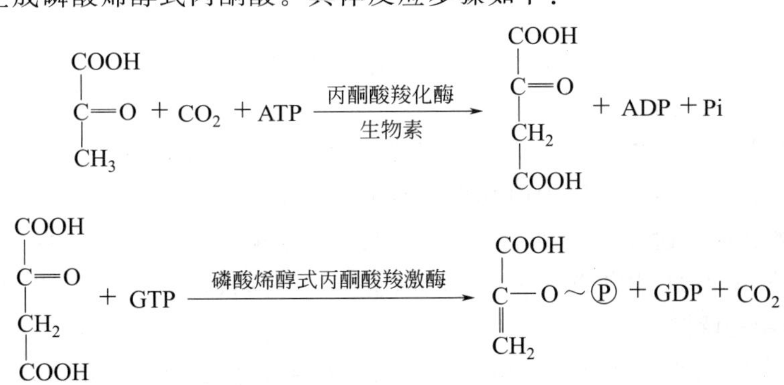

这两个反应称为丙酮酸羧化支路，见图 7-9。

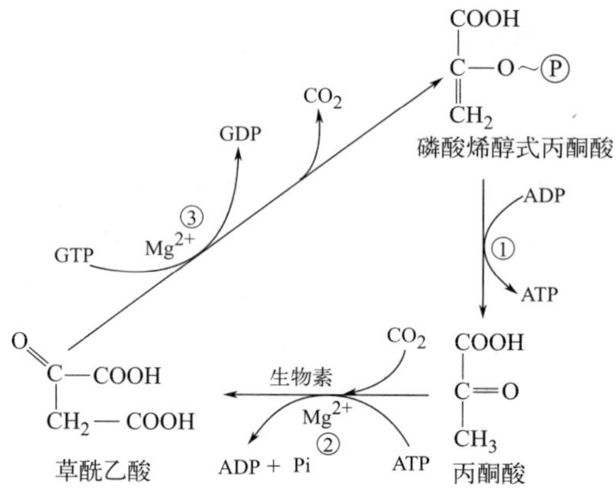

图 7-9　丙酸酸羧化支路

① 丙酮酸激酶；②丙酮酸羧化酶；③磷酸烯醇式丙酮酸羧激酶

② 1,6-二磷酸果糖转变为 6-磷酸果糖是糖异生途径的第二步不可逆反应。在酸磷烯醇式丙酮酸沿逆酵解途径合成糖原的过程中，由于 6-磷酸果糖转变成 1,6-二磷酸果糖的磷酸果糖激酶的作用也是不可逆的，需借果糖二磷酸酯酶的催化水解，脱去一个磷酸分子生成 6-磷酸果糖。反应式如下：

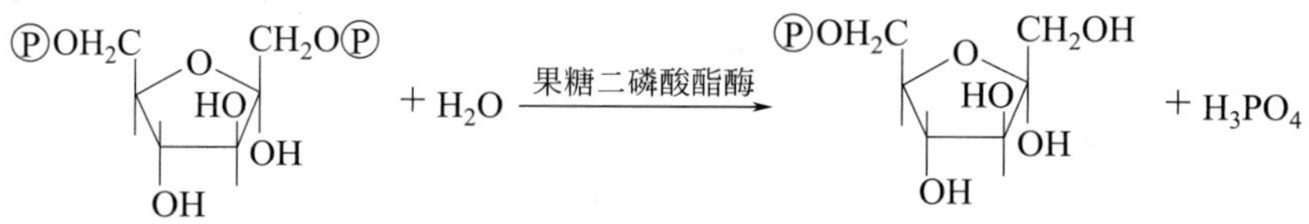

③ 6-磷酸葡萄糖转变为葡萄糖是糖异生途径的第三步不可逆反应。6-磷酸葡萄糖在 6-磷酸葡萄糖酯酶作用下水解生成葡萄糖。反应式如下：

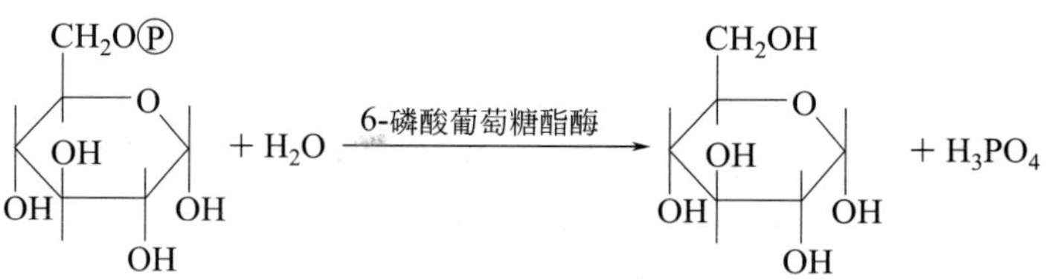

由丙酮酸异生为葡萄糖的过程见图 7-10。

3. 糖异生作用的前体物质

① 凡是能生成丙酮酸的物质均可以转变成葡萄糖。例如乳酸、三羧酸循环的中间物（柠檬酸、α-酮戊二酸、苹果酸）等。

② 凡是能转变成丙酮酸、α-酮戊二酸、草酰乙酸的氨基酸（如丙氨酸、谷氨酸、天冬氨酸等）均可转变成葡萄糖。

③ 脂肪水解产生的甘油转变为磷酸二羟基丙酮后转变为葡萄糖，但动物体中脂肪酸氧化分解产生的乙酰 CoA 不能逆转为丙酮酸，因而不能异生成葡萄糖。

④ 反刍动物糖异生途径十分旺盛，牛胃细菌可将纤维素分解为乙酸、丙酸、丁酸等，奇数碳脂肪酸可转变为琥珀酰 CoA（见第八章脂类物质的代谢），然后异生成葡萄糖。

4. 糖异生作用的调控

糖异生途径中丙酮酸羧化酶、磷酸烯醇式丙酮酸羧激酶、果糖二磷酸酯酶、6-磷酸葡萄

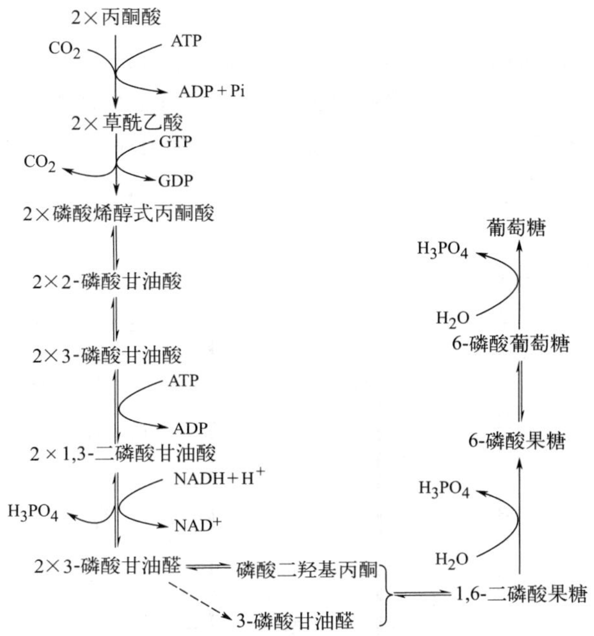

图 7-10 丙酮酸异生为葡萄糖

糖酯酶是糖异生作用的关键酶。糖异生途径主要是通过调节这 4 种酶来调节糖异生的过程。

① 高浓度的 6-磷酸葡萄糖可抑制己糖激酶，活化 6 磷酸葡萄糖酯酶从而抑制酵解，促进了糖异生。

② 果糖二磷酸酯酶是糖异生的关键酶，磷酸果糖激酶是糖酵解的关键调控酶。ATP 激活果糖二磷酸酯酶活性，抑制磷酸果糖激酶活性。2,6-二磷酸果糖是调节两酶活性的强效应物。当葡萄糖含量丰富时，激素调节使 2,6-二磷酸果糖增加，从而激活磷酸果糖激酶活性，并强烈抑制果糖二磷酸酯酶活性，从而加速酵解，减弱糖异生。AMP 是果糖二磷酸酯酶的抑制剂，可抑制糖异生过程。

③ 丙酮酸羧化酶是一个生物素蛋白，其活性受乙酰辅酶 A 和 ATP 激活，受 ADP 抑制。胰高血糖素和肾上腺素都可促进丙酮酸羧化酶的活性，促进糖异生作用。该酶定位于线粒体，丙酮酸需经运载系统进入线粒体后才能羧化为草酰乙酸。

④ 代谢性酸中毒及 GTP 可促进磷酸烯醇式丙酮酸羧激酶活性，促进糖异生作用。磷酸烯醇式丙酮酸羧激酶定位于胞液，在线粒体内生成的草酰乙酸在苹果酸脱氢酶作用下生成苹果酸后进入胞液，在胞液中经苹果酸脱氢酶催化重新生成草酰乙酸。

5. 糖异生作用的生理意义

① 在饥饿状态下维持血糖浓度的相对恒定。人体血糖在生理条件下能维持在一特定范围内以保证组织对能量的需求是糖异生作用的结果。

② 防止酸中毒，更新肝糖原。剧烈运动时，肌糖原酵解产生大量乳酸，不能从尿中排出，也不能持续积累于血液中，而必须在肝脏中经糖异生途径合成葡萄糖，进而合成肝糖原贮存。

③ 协助氨基酸代谢。实验证明。进食蛋白质后，肝糖原含量增加；禁食后期，组织蛋白质分解，血浆氨基酸增加，糖异生作用加强。在这种条件下，氨基酸转变成糖是氨基酸的主要代谢途径。

6. 乳酸循环

① 乳酸循环的含义：肌肉在缺氧情况下，糖酵解加强，产生大量乳酸，通过细胞膜弥散进入血液并运至肝脏；在肝脏中乳酸通过糖异生作用重新生成葡萄糖，葡萄糖释放进入血液，经血液循环被肌肉利用，如此构成一个循环，称为乳酸循环，也称为Cori循环。

② 乳酸循环的意义：有利于乳酸的利用，防止酸中毒；同时更新了肝糖原，调节能量代谢平衡。

③ 乳酸循环的过程见图7-11。

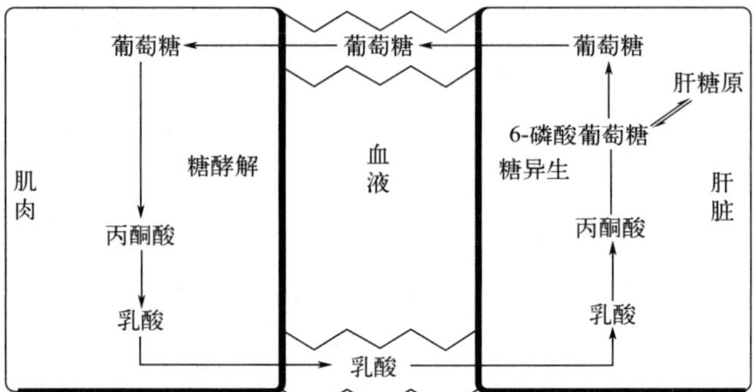

图7-11　乳酸循环

二、蔗糖的合成

蔗糖在植物界分布最广，特别是在甘蔗、甜菜、菠萝的汁液中很多。蔗糖不仅是重要的光合作用产物和高等植物的主要成分，而且是糖类在植物体中运输的主要形式。蔗糖在高等植物中的合成途径主要有两种。

寡糖和多糖的合成

1. 蔗糖合成酶催化途径

在蔗糖合成酶催化下利用尿苷二磷酸葡糖（UDPG）作为葡萄糖给体与果糖合成蔗糖。而尿苷二磷酸葡糖是1-磷酸葡萄糖与尿苷三磷酸（UTP）在UDPG焦磷酸化酶催化下生成的。反应式如下：

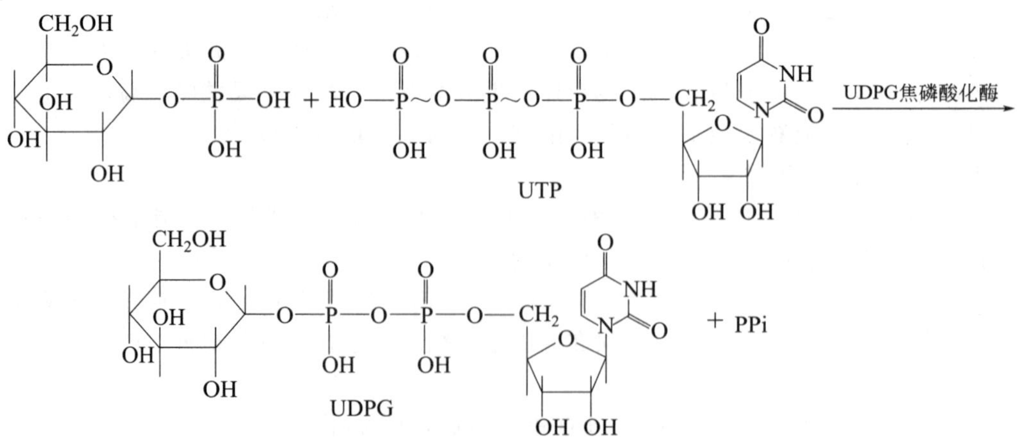

$$\text{UDPG} + \text{果糖} \xrightarrow{\text{蔗糖合成酶}} \text{蔗糖} + \text{UDP}$$

UDPG是葡萄糖的活化形式，葡萄糖只有转变为活化形式才能作为葡萄糖的供体参与寡糖和多糖的合成，ADPG、GDPG也可在ADPG（GDPG）焦磷酸化酶的作用下发生类似的反应。焦磷酸化酶催化的反应可逆，但由于焦磷酸极易水解释放出大量能量而使反应向正反应方向进行。

2. 磷酸蔗糖合成酶催化途径

在磷酸蔗糖合成酶催化下利用UDPG作为葡萄糖给体，但果糖部分不是游离果糖，而是6-磷酸果糖，合成产物是磷酸蔗糖，再经专一的磷酸酯酶作用脱去磷酸形成蔗糖。

$$\text{UDPG}+6\text{-磷酸果糖}\xrightarrow{\text{磷酸蔗糖合成酶}}\text{磷酸蔗糖}+\text{UDP}$$

$$\text{磷酸蔗糖}+H_2O\xrightarrow{\text{磷酸酯酶}}\text{蔗糖}+H_3PO_4$$

根据磷酸蔗糖合成酶的活性较高，且平衡常数有利，以及磷酸蔗糖的磷酸酯酶存在量大，一般认为第二条途径是植物合成蔗糖的主要途径。由于发现蔗糖合成酶有两个同工酶，人们认为一个是催化蔗糖合成的，另一个是催化蔗糖分解的。因此有人认为蔗糖合成酶催化的途径主要是分解蔗糖的作用，特别是在贮藏淀粉的组织器官里把蔗糖转变成淀粉的时候。

三、多糖的合成

（一）淀粉的合成

光合作用所合成的糖，大部分转化为淀粉，很多高等植物尤其是谷类、豆类、薯类作物的籽粒及其贮藏组织中都贮存有丰富的淀粉。淀粉的合成与分解是通过两个不同的催化系统。

1. 直链淀粉的合成

与淀粉合成有关的酶类主要是尿苷二磷酸葡萄糖（UDPG）转葡萄糖苷酶和腺苷二磷酸葡萄糖（ADPG）转葡萄糖苷酶。在有“引物”存在的条件下，UDPG可转移葡萄糖至引物上，引物的功能是作为α-葡萄糖的受体。引物的分子可以是麦芽糖、麦芽三糖、麦芽四糖，甚至是一个淀粉分子。

$$n\,\text{UDPG}\xrightarrow{\text{UDPG 转葡萄糖苷酶}}n\,\text{UDP}+(\alpha\text{-}1,4\text{-葡萄糖})_n$$

$$n\,\text{ADPG}\xrightarrow{\text{ADPG 转葡萄糖苷酶}}n\,\text{ADP}+(\alpha\text{-}1,4\text{-葡萄糖})_n$$

近年来认为高等植物合成淀粉的主要途径是通过ADPG转葡萄糖苷酶催化的途径。ADPG（UDPG）转葡萄糖苷酶也称为淀粉合成酶。ADPG转葡萄糖苷酶催化葡萄糖供体转移到引物的非还原性末端并与引物之间以α-1,4-糖苷键相连，形成直链淀粉。

2. 支链淀粉的合成

支链淀粉中既有α-1,4-糖苷键，又有α-1,6-糖苷键。ADPG转葡萄糖苷酶催化α-1,4-糖苷键的生成，但α-1,6-糖苷键的生成需要另外的酶来完成。在植物中有Q酶，能催化α-1,4-糖苷键转换为α-1,6-糖苷键，使直链的淀粉转化为支链的淀粉。Q酶可从直链淀粉的非还原端转移一个低聚糖片段并将片段转移到直链淀粉的非末端葡萄糖残基的C6上，以α-1,6-糖苷键与之相连，形成一个分支。上述过程重复进行可形成多分支的化合物。支链淀粉的合成见图7-12。

（二）糖原的合成

葡萄糖可以在肝脏和肌肉中合成糖原。由葡萄糖合成糖原的过程称糖原合成作用。糖原

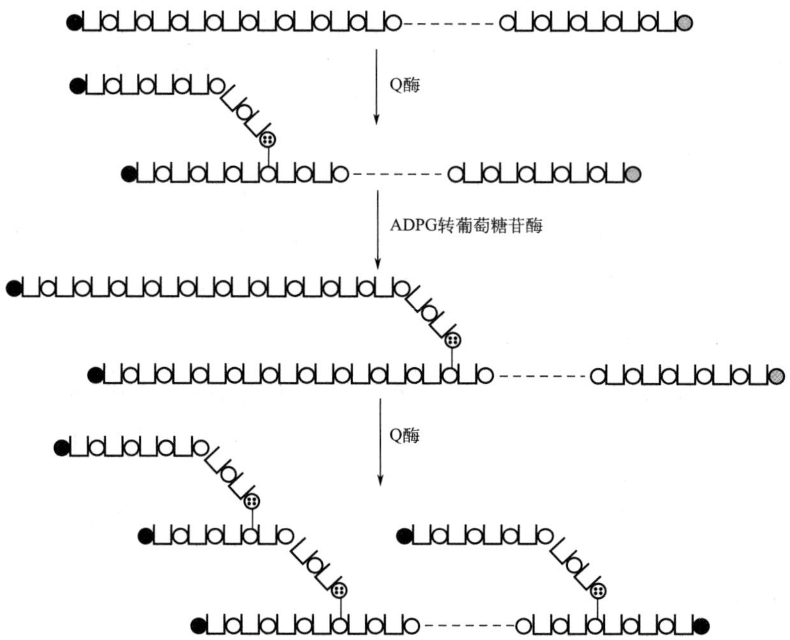

图 7-12　支链淀粉的合成

●非还原性末端的糖；○还原性末端的糖；⊕分支点的糖

合成过程可概括如下。

① 葡萄糖在己糖激酶的催化下磷酸化生成 6-磷酸葡萄糖。

② 6-磷酸葡萄糖在磷酸葡萄糖变位酶的催化下生成 1-磷酸葡萄糖。

③ 1-磷酸葡萄糖在 UDPG 焦磷酸化酶催化下生成 UDPG。

④ 在糖原合成酶催化下，UDPG 将葡萄糖残基加到糖原引物非还原端形成 α-1，4-糖苷键。

⑤ 由分支酶催化，将 α-1，4-糖苷键转换为 α-1，6-糖苷键，形成有分支的糖原。

淀粉与糖原的合成过程及区别见图 7-13。

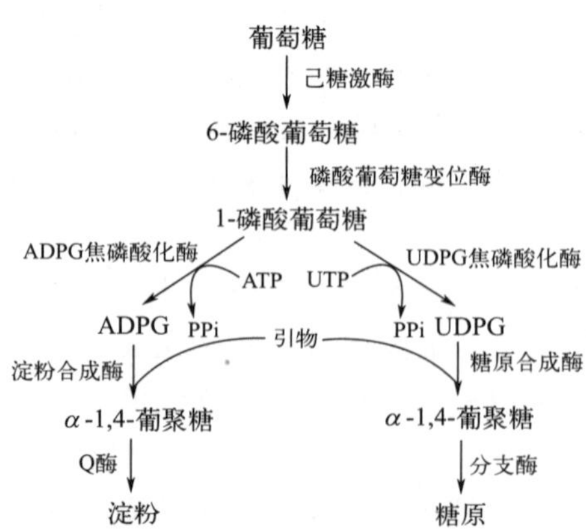

图 7-13　淀粉与糖原的合成

四、糖原合成与分解的调节

糖原是葡萄糖的贮存形式。当人和动物体肝脏及肌肉组织细胞内能量充足时，进行糖原合成以贮存能量。当能量供应不足时，进行糖原分解以释放能量。糖原合成与分解的协调控制对维持血糖水平的恒定有重要意义。

糖原合成与分解的关键酶是糖原合成酶及糖原磷酸化酶。两种酶的活性均受磷酸化或脱磷酸化的共价修饰调节、别构调节及激素调节。

（一）糖原合成酶与糖原磷酸化酶的共价修饰调节

（1）糖原合成酶的共价修饰调节　糖原合成酶有两种形式：去磷酸化的有活性的糖原合成酶 a 和磷酸化的无活性的糖原合成酶 b。见图 7-14(a)。

（2）糖原磷酸化酶的共价修饰调节　糖原磷酸化酶也有两种形式：磷酸化的有活性的糖原磷酸化酶 a（四聚体）和去磷酸化的无活性的糖原磷酸化酶 b（二聚体）。2 分子的糖原磷酸化酶 b 在糖原磷酸化酶激酶的作用下，其亚基的丝氨酸残基上的羟基磷酸化为有活性的四聚体的糖原磷酸化酶 a。见图 7-14(b)。

糖原合成酶和糖原磷酸化酶共价修饰后的活性正好相反，磷酸化的糖原磷酸化酶有活性，而磷酸化的糖原合成酶则失去活性；去磷酸化的糖原磷酸化酶失去活性，而去磷酸化的糖原合成酶则增强活性。糖原合成与分解酶的两种形式在蛋白激酶和蛋白磷酸酶的作用下相互转化。

共价修饰作用对糖原合成酶和糖原磷酸化酶的调节见图 7-14。

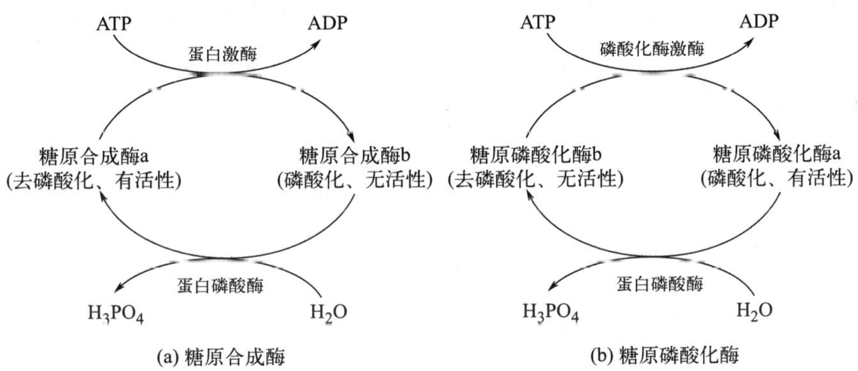

图 7-14　共价修饰调节对糖原合成酶和糖原磷酸化酶的活性调节

（二）糖原合成酶与糖原磷酸化酶的别构调节

（1）糖原合成酶的别构调节　糖原合成酶有两种构象状态存在，即低活性的 T 态和高活性的 R 态。ATP、6-磷酸葡萄糖是该酶的别构激活剂，AMP 是其别构抑制剂。当细胞能量水平低时，即高［AMP］及低［ATP］和［6-磷酸葡萄糖］，糖原合成酶被别构抑制，由 R 态向 T 态转化，糖原合成停止。反之，细胞能量水平高时，糖原合成酶被别构激活，由 T 态向 R 态转化，糖原合成加强。

（2）糖原磷酸化酶的别构调节　糖原磷酸化酶也有两种构象状态，有活性的 R 态和无活性（低活性）的 T 态。AMP 是其别构激活剂，促进糖原磷酸化酶由 T 态转化为 R 态；ATP、6-磷酸葡萄糖是其别构抑制剂，促进糖原磷酸化酶由 R 态转化为 T 态。

当 ATP 和 6-磷酸葡萄糖的浓度很低而 AMP 的浓度很高时，糖原磷酸化酶 b 由于与

AMP 结合，其构象由 T 态转化为 R 态，致使糖原磷酸化酶 b 处于活化状态；R 态的糖原磷酸化酶 b 进一步磷酸化为糖原磷酸化酶 a，使糖原磷酸化酶完全处于活化状态。糖原磷酸化酶 a 和糖原磷酸化酶 b 所处的 T 态、R 态的构象关系见图 7-15。

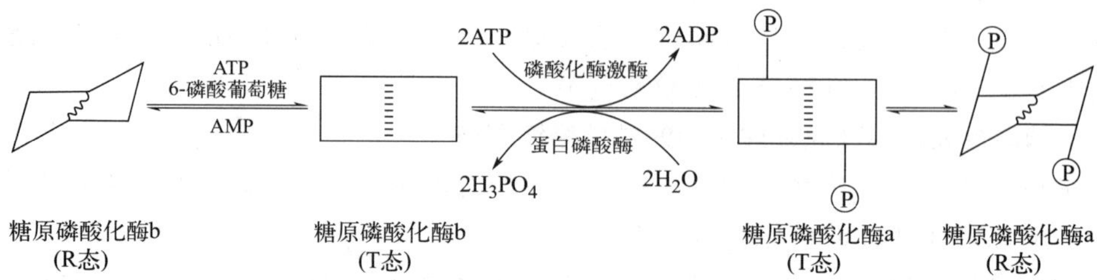

图 7-15 糖原磷酸化酶 a、糖原磷酸化酶 b 两种活性状态及两种构象状态的相互转化

（三）糖原合成酶与糖原磷酸化酶的激素调节

糖原合成与分解的速率受激素的调节。例如胰岛素可促进糖原的合成，肾上腺素、胰高血糖素、肾上腺皮质激素则促进糖原降解。激素对糖代谢的调节是通过 cAMP 和 cGMP 来完成的。激素对糖原合成与降解的调节具有级联放大效应。

（1）胰岛素调节糖原的分解与合成 胰岛素能激活肌肉细胞内的一种胰岛素促进的蛋白激酶的活性，蛋白激酶进一步激活蛋白磷酸酶的活性。蛋白磷酸酶使糖原合成酶和糖原磷酸化酶去磷酸化。去磷酸化的糖原合成酶有活性，促进糖原的合成；去磷酸化的糖原磷酸化酶无活性，糖原分解减弱，血糖浓度降低。胰岛素对糖原合成的促进作用见图 7-16。

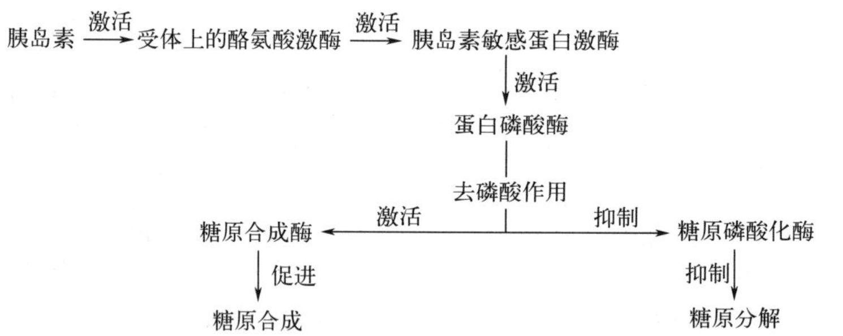

图 7-16 胰岛素对糖原合成的促进作用

（2）肾上腺素等通过 cAMP 调节糖原的分解与合成 肾上腺素等与靶细胞膜上的受体结合后，活化了细胞膜上的 G 蛋白，G 蛋白激活腺苷酸环化酶并使 ATP 环化为 cAMP，从而使依赖于 cAMP 的蛋白激酶活化。活化的蛋白激酶激活了磷酸化酶激酶，磷酸化酶激酶催化无活性的二聚体的糖原磷酸化酶磷酸化生成有活性的四聚体的糖原磷酸化酶，促进了糖原的磷酸解；活化的蛋白激酶使糖原合成酶磷酸化后失去活性，抑制了糖原的合成，血糖浓度升高。肾上腺素对糖原代谢的调节见图 7-17。

（3）cGMP 的调节作用 cGMP 广泛存在于各种组织中，但浓度很低，仅为 cAMP 的 2%～10%。目前普遍认为激素对糖代谢的调节作用是通过 cAMP/cGMP 来实现的。cAMP/cGMP 增加，糖原降解作用增强；cAMP/cGMP 降低，糖原合成作用增强。通过 cAMP 和 cGMP 的相互制约，保证糖代谢的正常运行。

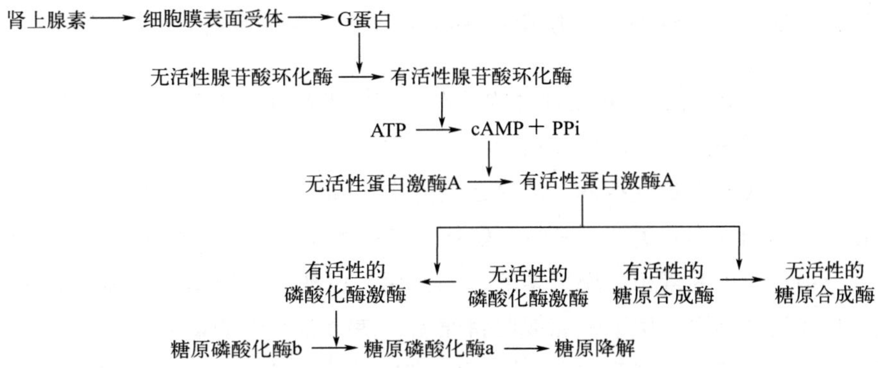

图 7-17　肾上腺素引起的糖原降解过程

综上所述，糖代谢的主要途径概括见图 7-18。

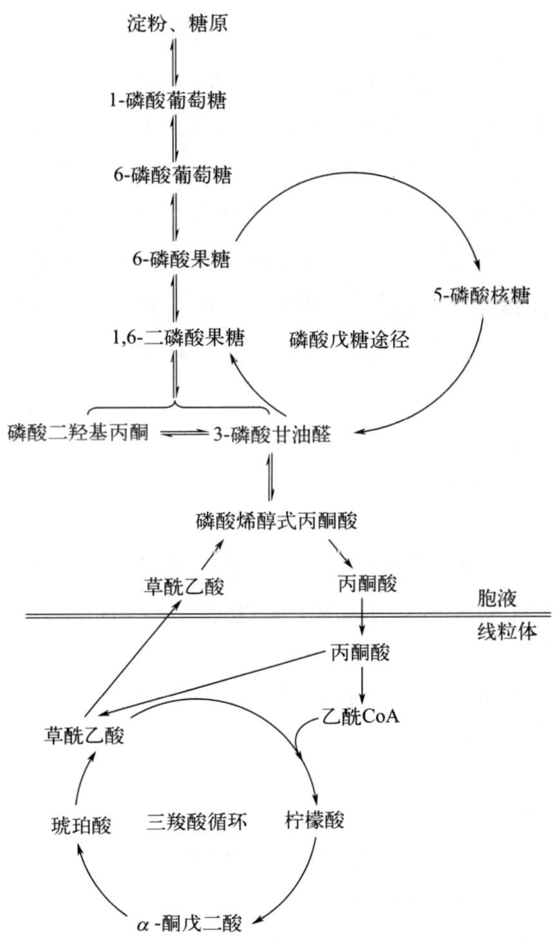

图 7-18　糖代谢的主要途径

润心驿站　糖尿病与饮食——科学膳食，稳糖生活

在 21 世纪，糖尿病已作为一种全球性的慢性疾病，其发病率逐年上升，严重影响着患者的健康与生活质量。糖尿病是一组因胰岛素绝对或相对分泌不足和（或）胰岛素利用障碍引起的糖类、蛋白质、脂类代谢紊乱性疾病，以高血糖为主要标志。该疾病主要分为 1 型、 2 型、孕期糖尿病、特殊类型糖尿病四类型，其中 2 型糖尿病最为常见，在我国占糖尿病患者的 95% 以上，病因主要归结为遗传因素和环境因素的共同作用，包括胰岛细胞功能障碍导致的胰岛素分泌下降，或者机体对胰岛素作用不敏感或两者兼备，使得血液中的葡萄糖不能被有效利用和储存。糖尿病的典型临床表现为“三多一少”，即多饮、多尿、多食和体重下降，以及血糖高、尿液中含有葡萄糖等，病程久可引起多系统损害，导致眼、肾、神经、心脏、血管等组织器官的慢性进行性病变、功能减退及衰竭，病情严重或应激时可引起急性严重代谢紊乱。

根据国际糖尿病联合会（IDF）的预测， 2045 年，全球糖尿病患者数量将达到 7.83 亿。通过科学的血糖控制，不仅可以显著降低糖尿病并发症的风险，还能改善患者的生活质量，实现“拥抱幸福”的生活愿景。糖尿病管理有“五驾马车”，即饮食、运动、药物、监控、教育，其中饮食控制是糖尿病管理的核心。糖尿病患者首先应遵循均衡膳食的原则，确保食物种类多样，营养均衡，主食应以全谷物、杂粮为主，减少精制米面的摄入；适量增加蔬菜、水果的比例，注意选择低糖、高纤维的水果；同时，保证优质蛋白质（如鱼、禽、蛋、奶及豆制品）的摄入，减少饱和脂肪和胆固醇的摄入。其次要保持规律的进餐时间和进食量，并注意餐后的适度活动，促进食物消化和血糖稳定。通过科学膳食、均衡营养、定时定量等原则的实践，可以有效控制血糖水平，减少并发症的发生风险，同时，培养健康的生活方式也是维护糖尿病患者身心健康的重要途径。

小思考

1. 伴随着我国经济的飞跃发展和人们生活水平的飞速提高，糖尿病正在逐渐走近我们，我国已成为全球糖尿病患病人数最多的国家，且患病年龄日趋年轻化，作为年轻人，我们应该如何正确预防糖尿病的发生？

2. 糖尿病健康教育至关重要，作为新时代青年，我们可以做些什么？

糖代谢知识框架

<table>
<tr><td rowspan="5">糖代谢</td><td rowspan="5">糖的氧化与分解</td><td rowspan="5">糖酵解</td><td rowspan="5">特点</td><td>条件</td><td>无氧</td></tr>
<tr><td>部位</td><td>胞液</td></tr>
<tr><td>底物、产物</td><td>葡萄糖——乳酸</td></tr>
<tr><td>能量
2ATP</td><td>3-磷酸甘油醛——3-磷酸甘油酸
2-磷酸甘油酸——烯醇式丙酮酸 } 底物水平磷酸化</td></tr>
<tr><td>脱氢反应</td><td>3-磷酸甘油醛脱氢——NADH——丙酮酸还原</td></tr>
</table>

续表

糖代谢	糖的氧化与分解	糖酵解	关键酶	3个	己糖激酶、磷酸果糖激酶、丙酮酸激酶
			意义		1. 无氧、缺氧条件下能量来源 2. 某些组织、器官的能量来源
		磷酸戊糖途径	特点	条件	有氧、无氧均可
				部位	胞液
				底物、产物	6-磷酸葡萄糖——5-磷酸核糖;NADPH
				能量	不产能,不耗能
				脱氢反应	6-磷酸葡萄糖脱氢 6-磷酸葡萄糖酸脱氢 ——NADP
			关键酶	1个	6-磷酸葡萄糖脱氢酶
			意义		1. 5-磷酸核糖是核苷酸的合成原料 2. NADPH是生物体内多种合成代谢途径的还原剂 3. 单糖之间相互转化
		有氧氧化	特点	条件	有氧
				部位	胞液、线粒体
				底物、产物	葡萄糖——CO_2+H_2O
				能量 30(32)ATP	底物水平磷酸化:2ATP+1GTP α-酮戊二酸——琥珀酸 氧化磷酸化:5NADH+$FADH_2$——呼吸链
				脱氢反应	3-磷酸甘油醛脱氢——$NADH+H^+$ 丙酮酸脱氢——$NADH+H^+$ 异柠檬酸脱氢——$NADH+H^+$ α-酮戊二酸脱氢——$NADH+H^+$ 琥珀酸脱氢——$FADH_2$ 苹果酸脱氢——$NADH+H^+$
			关键酶	7个	己糖激酶、磷酸果糖激酶、丙酮酸激酶、丙酮酸脱氢酶系、柠檬酸合成酶、异柠檬酸脱氢酶、α-酮戊二酸脱氢酶系
			意义		机体主要供能形式
			TCA循环	特点	1. 一次底物水平磷酸化 2. 二次脱羧反应——生成2个CO_2分子 3. 三步不可逆反应 4. 四次脱氢反应 5. 一次循环生成10个ATP
				意义	1. 是机体获得能量的主要方式 2. 是糖、脂、蛋白质彻底氧化的共同途径 3. 是三大物质相互转化的枢纽 4. 是合成与分解的两用途径

续表

<table>
<tr><td rowspan="18">糖代谢</td><td rowspan="11">糖原合成与分解</td><td rowspan="2">糖原合成</td><td>特点</td><td colspan="2">1. 主要在肝脏和肌肉中进行
2. 需小分子糖原作引物
3. UDPG 是活性葡萄糖供体
4. 每增加一个葡萄糖残基需消耗 2ATP</td></tr>
<tr><td>关键酶</td><td colspan="2">糖原合成酶(形成 α-1,4-糖苷键)</td></tr>
<tr><td rowspan="2">糖原分解</td><td>特点</td><td colspan="2">1. 肝糖原分解为葡萄糖,用于补充血糖
2. 肌糖原分解为 6-磷酸葡萄糖,用于供能
3. 肌肉中缺乏 6-磷酸葡萄糖酶</td></tr>
<tr><td>关键酶</td><td colspan="2">糖原磷酸化酶(水解 α-1,4-糖苷键,产物 1-磷酸葡萄糖)</td></tr>
<tr><td rowspan="7">糖原代谢调节</td><td rowspan="3">别构调节</td><td>糖原磷酸化酶</td><td>AMP 使其由 T 态转为 R 态,活性↑
ATP、6-磷酸葡萄糖使其由 R 态转为 T 态,活性↓</td></tr>
<tr><td>糖原合成酶</td><td>ATP、6-磷酸葡萄糖使其由 T 态转为 R 态,活性↑
AMP 使其由 R 态转为 T 态,活性↓</td></tr>
<tr><td>特点</td><td>1. 存在两种状态,低活性的 T 态和高活性的 R 态
2. 两种状态在效应物的作用下转变
3. 别构调节酶一般是寡聚酶
4. 不涉及共价键的变化</td></tr>
<tr><td rowspan="3">共价修饰调节</td><td>糖原磷酸化酶</td><td>磷酸化酶由磷酸化酶激酶催化磷酸化时,由无活性的 b 形式转变为有活性的 a 形式;磷酸化酶在蛋白磷酸酶催化水解去掉磷酸根后,由有活性的 a 形式转变为无活性的 b 形式</td></tr>
<tr><td>糖原合成酶</td><td>合成酶在酶的催化下磷酸化时,由有活性的去磷酸化的 a 形式转变为无活性的磷酸化的 b 形式;合成酶在酶的催化下去磷酸化时,由无活性磷酸化的 b 形式转变为有活性去磷酸化的 a 形式</td></tr>
<tr><td>特点</td><td>1. 存在两种形式:有活性和无活性
2. 两种形式的转化需在其他酶的催化下完成
3. 受共价修饰调节的酶的转化涉及共价键的变化</td></tr>
<tr><td>酶促级联调节</td><td colspan="2">依赖于 cAMP 的蛋白激酶系统:激素刺激腺苷酸环化酶的活性,催化 ATP 生成 cAMP,cAMP 作为第二信使激活蛋白激酶,并进而使糖原磷酸化酶和糖原合成酶磷酸化而调节糖代谢。这种连续激活反应能使激素传导的信号扩大 10^6 倍以上</td></tr>
<tr><td colspan="2" rowspan="3">糖异生作用</td><td>特点</td><td colspan="2">1. 主要在肝脏进行,长期饥饿时在肾脏进行
2. 基本是糖酵解的逆过程,绕过三步不可逆反应
3. 耗能过程:由丙酮酸合成葡萄糖消耗 6ATP</td></tr>
<tr><td>关键酶</td><td colspan="2">丙酮酸羧化酶、磷酸烯醇式丙酮酸羧激酶、果糖二磷酸酯酶、6-磷酸葡萄糖酸酶</td></tr>
<tr><td>意义</td><td colspan="2">调节血糖浓度,补充肝糖原,调节酸碱平衡</td></tr>
<tr><td colspan="2" rowspan="4">血糖调节</td><td rowspan="2">血糖的来源与去路</td><td colspan="2">来源:食物、肝糖原分解、糖异生</td></tr>
<tr><td colspan="2">去路:氧化分解、合成糖原贮存、转变为非糖物质和其他的糖、尿糖</td></tr>
<tr><td>降血糖</td><td colspan="2">胰岛素</td></tr>
<tr><td>升血糖</td><td colspan="2">胰高血糖素、肾上腺素、糖皮质激素</td></tr>
</table>

本章思考题

一、名词解释

1. EMP 途径　　2. HMP 途径　　3. TCA 循环　　4. 有氧氧化　　5. 糖异生作用

二、填空题

1. 在 EMP 途径中一个葡萄糖分子裂解成________和________两个磷酸三糖。

2. 磷酸戊糖途径是________代谢的另一条主要途径广泛存在于动物、植物和微生物体内，在细胞的________内进行。

3. 葡萄糖的无氧分解只能产生________分子 ATP，而有氧分解可以产生________分子 ATP。

4. 丙酮酸脱氢酶系位于________上，它所催化的丙酮酸氧化脱羧是葡萄糖代谢中第一个产生________的反应。

5. 磷酸戊糖途径中________和________两种脱氢酶的辅酶是 $NADP^+$。

6. TCA 循环的第一个产物是________。

7. 由葡萄糖合成蔗糖和淀粉时，葡萄糖要转变成活化形式，其主要活化形式是________和________。

三、选择题

1. 下列激酶中参与了 EMP 途径，分别催化途径中三个不可逆反应的是（　　）。

A. 葡萄糖激酶、己糖激酶、果糖磷酸激酶

B. 葡萄糖激酶、果糖磷酸激酶、丙酮酸激酶

C. 葡萄糖激酶、己糖激酶、丙酮酸激酶

D. 己糖激酶、果糖磷酸激酶、丙酮酸激酶

2. 1 分子乙酰 CoA 经三羧酸循环彻底氧化后的产物是（　　）。

A. 草酰乙酸　　B. 草酰乙酸和 CO_2

C. CO_2+H_2O　　D. CO_2、NADH 和 $FADH_2$

3. 1 分子丙酮酸完全氧化分解产生（　　）。

A. 3 分子 CO_2 和 12.5 分子 ATP

B. 2 分子 CO_2 和 10 分子 ATP

C. 3 分子 CO_2 和 11.5 分子 ATP

D. 3 分子 CO_2 和 12 分子 ATP

4. 丙酮酸脱氢酶系催化的反应不需要下列物质的是（　　）。

A. 乙酰 CoA　　B. 硫辛酸

C. TPP　　D. 生物素

5. 下列物质中不是糖异生的原料的是（　　）。

A. 乳酸　　B. 丙酮酸

C. 乙酰 CoA　　D. 生糖氨基酸

6. 丙酮酸羧化酶是（　　）途径的关键酶。

A. 糖异生　　B. 磷酸戊糖途径

C. 胆固醇合成　　D. 血红素合成

7. 用于糖原合成的葡萄糖-1-磷酸首先要经（　　）化合物的活化。

A. ATP　　B. CTP

C. GTP　　D. UTP

四、问答题

1. 简述糖酵解作用的生理意义。
2. 用生物化学原理解释人体剧烈运动时肌肉有酸痛感的原因，请用代谢图表示其过程。
3. 简述三羧酸循环的特点及生理意义。
4. 为什么说三羧酸循环是糖、脂和蛋白质三大营养物质代谢的共同途径？
5. 简述磷酸戊糖途径的生理意义。
6. 简述糖异生作用的生理意义及其关键酶。

第八章

脂类物质的代谢

内容概要与学习指导——脂类物质的代谢

本章重点讲述了脂肪的分解与合成代谢，对磷脂的代谢和胆固醇的代谢转变也进行了介绍。

脂肪在脂肪酶的作用下可被水解为甘油与脂肪酸。脂肪酶普遍存在于生物体内，在动物体内脂肪酶受激素调节控制，称为激素敏感性脂肪酶。脂肪酸在胞液中激活经肉碱穿梭作用进入线粒体后经脂肪酸 β-氧化作用生成乙酰 CoA。脂肪酸 β-氧化作用是一个循环过程，每次循环包括脱氢、加水、再脱氢、硫解四步反应，一次循环生成一分子的乙酰 CoA 和少两个碳的脂酰 CoA。脂肪降解产生的甘油可激活为 α-磷酸甘油，经脱氢生成磷酸二羟基丙酮后进入糖代谢。

脂肪酸在肝脏中氧化不彻底生成乙酰乙酸、β-羟丁酸和丙酮，统称为酮体。肝中有生成酮体的酶但无利用酮体的酶，所以酮体经血液循环运至肝外氧化，这是生物体输送能量的一种方式。

脂肪的合成是在胞液中进行，合成的原料是 α-磷酸甘油和脂酰 CoA。α-磷酸甘油来源于糖代谢的中间产物磷酸二羟基丙酮或脂肪降解产生的甘油；脂酰 CoA 由乙酰 CoA 合成。乙酰 CoA 在柠檬酸的携带下进入胞液后由脂肪酸合成酶系催化合成软脂酸。脂肪酸合成酶系催化软脂酸合成过程也是一个循环反应，包括酰基转移、缩合、还原、脱水、还原，还原剂是 NADPH，每次增加一个二碳单位，二碳单位的活性供体是丙二酸单酰 CoA。超过十六碳脂肪酸的合成是由软脂酸在线粒体或微粒体中进一步生成。

卵磷脂和脑磷脂是生物体内重要的磷脂，它们由 1 分子甘油、2 分子脂肪酸、1 分子磷酸和 1 分子乙醇胺或胆碱脱水缩合生成。在生物体内磷脂酶 A_1、磷脂酶 A_2、磷脂酶 C 和磷脂酶 D 可水解磷脂的不同酯键生成不同的化合物。磷脂的合成有甘油一酯途径和甘油二酯途径，不同生物的合成途径不同，但都需要 CDP 作为载体。

胆固醇是以乙酰 CoA 为原料，以 NADPH 为还原剂在肝脏中经复杂的过程生成。胆固醇可转化为胆汁酸、胆固醇激素、7-脱氢胆固醇等活性成分。

学习本章应注意：

① 比较脂肪酸分解与合成的酶、底物、产物、辅助因子、供体、穿梭载体等，掌握两条途径；

② 脂肪酸氧化分解的能量变化要与三羧酸循环和氧化磷酸化结合；

③ 磷脂代谢要以磷脂的结构为基础，重点掌握 CDP 在磷脂代谢中的作用；

④ 胆固醇、酮体、脂肪酸的合成原料都是乙酰 CoA，要掌握每一途径的关键步骤。

第一节 脂类的贮存、动员和运输

机体所有组织都能贮存脂肪，但主要的贮存场所是脂肪组织，因此脂肪组织也称为脂库。脂肪从脂库中释放出来，被分解为甘油和脂肪酸的过程称为脂肪的动员。正常情况下，脂肪的贮存与动员处于动态平衡状态并受激素的调节控制。

血浆中所含的脂类统称为“血脂”，它包括脂肪、磷脂、胆固醇及其酯和游离脂肪酸。血脂的来源有外源性的，即从食物中摄取并经消化道吸收入血的；还有内源性的，即由肝、脂肪组织或其他组织合成后入血的。血脂的含量受膳食、年龄、性别、职业及代谢等的影响，波动范围较大。

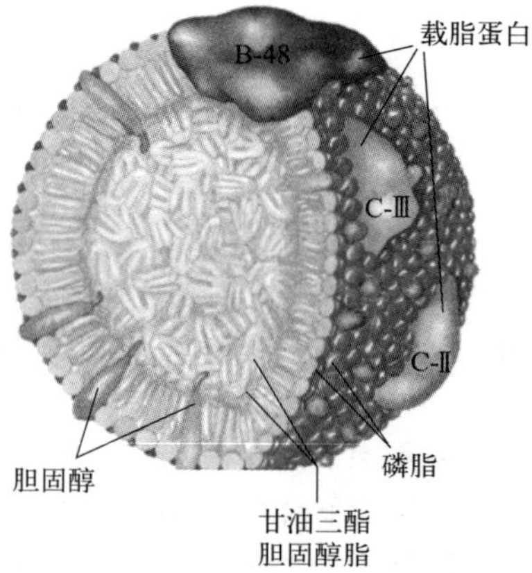

图 8-1　脂蛋白的结构

脂类不溶于水，血浆中除了游离脂肪酸与清蛋白结合成复合物运输外，其他的脂类都以脂蛋白的形式被运输。脂蛋白呈球状，核心由疏水的甘油三酯和胆固醇酯构成；外层由兼有极性和非极性基团的载脂蛋白、磷脂和胆固醇包裹，其非极性基团朝向疏水的内核、极性基团朝外形成可溶性的颗粒在血液中运输。血浆脂蛋白的结构见图 8-1。

血浆脂蛋白种类很多，通常采用电泳和密度梯度超速离心方法进行分类。采用电泳法可将脂蛋白分为乳糜微粒、β-脂蛋白、前 β-脂蛋白和 α-脂蛋白四个区带；利用密度梯度超速离心法可将脂蛋白按密度由小到大分为乳糜微粒、极低密度脂蛋白、低密度脂蛋白和高密度脂蛋白四类。四类脂蛋白的组成、性质及功能见表 8-1。

表 8-1　血浆脂蛋白的分类、组成、性质及功能

电泳分类	密度分类	脂类/蛋白质	密度/(g/cm^3)	合成部位	主要功能
乳糜微粒	乳糜微粒(CM)	98/2	<0.95	小肠黏膜细胞	转运外源性脂肪
β-脂蛋白	极低密度脂蛋白(VLDL)	90/10	0.95～1.006	肝细胞	转运内源性脂肪
前 β-脂蛋白	低密度脂蛋白(LDL)	79/21	1.006～1.063	血浆	转运内源性胆固醇
α-脂蛋白	高密度脂蛋白(HDL)	50/50	1.063～1.210	肝、肠、血浆	转运胆固醇至肝脏

第二节　脂肪的分解代谢

脂肪的分解代谢

一、脂肪的酶促水解

脂肪是各种营养物质中含能量最高的物质。在动植物组织中都含有水解脂肪的酶，脂肪在脂肪酶的作用下逐步水解生成 1 分子甘油和 3 分子脂肪酸。反应式如下：

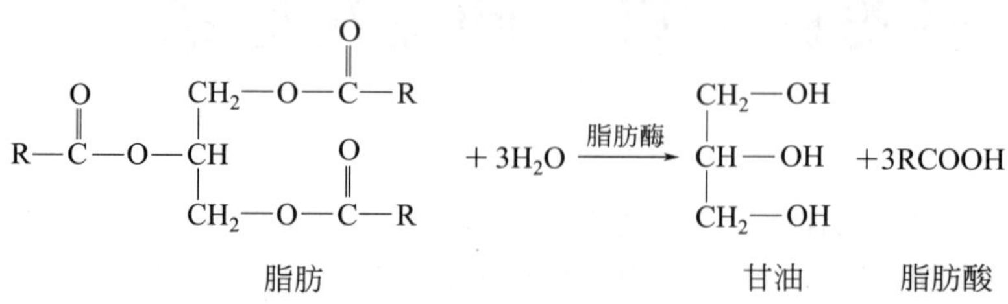

脂肪水解产生的甘油和脂肪酸分别在组织内进行氧化，生成二氧化碳和水并释放能量。

贮存在脂肪细胞中的脂肪，被脂肪酶逐步水解为游离脂肪酸和甘油，并释放入血以供其他组织细胞氧化利用，该过程称为脂肪动员。在脂肪动员中，脂肪细胞内的甘油三酯脂肪酶是限速酶，它受多种激素的调控，因此称为激素敏感性脂肪酶（HSL）。其中，胰高血糖素、肾上腺素、去甲肾上腺素、肾上腺皮质激素和甲状腺素称脂解激素，可促进脂肪的降解；胰岛素称抗脂解激素，可抑制脂肪的降解。

二、甘油的分解

甘油在甘油激酶的催化下，消耗 1 分子 ATP，生成 α-磷酸甘油和 ADP（此反应不可逆，其逆反应由磷酸酯酶催化）。α-磷酸甘油在 α-磷酸甘油脱氢酶催化下，脱氢生成磷酸二羟基丙酮，脱氢酶的辅酶是 NAD^+。磷酸二羟基丙酮是糖代谢的中间产物，可沿糖分解代谢途径经丙酮酸进入 TCA 循环彻底氧化为 CO_2 和 H_2O，同时释放能量，也可经糖异生作用生成糖。甘油代谢途径见图 8-2。

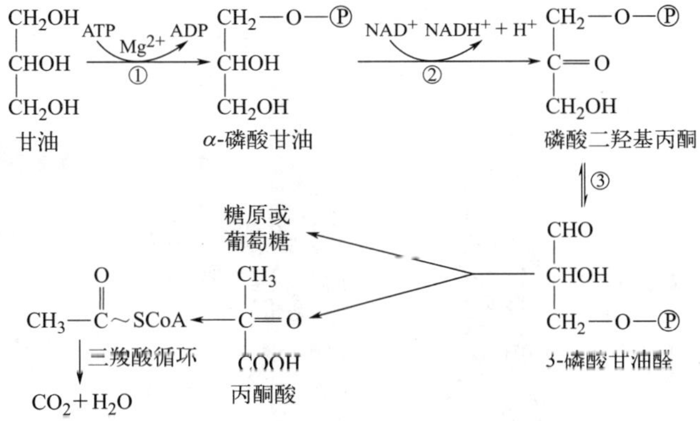

图 8-2　甘油的代谢

①甘油激酶；②2-磷酸甘油脱氢酶；③磷酸丙糖异构酶

三、脂肪酸的分解

脂肪酸的氧化分解有 α-氧化、β-氧化和 ω-氧化等不同的代谢途径，其中最重要也是最普遍的途径是脂肪酸 β-氧化作用。

（一）脂肪酸的 β-氧化作用

1. 定义

脂肪酸的 β-氧化作用是指脂肪酸在一系列酶的作用下，β-碳原子被氧化，并在 α-碳原子和 β-碳原子之间发生断裂，生成乙酰 CoA 和比原来少两个碳原子的脂酰 CoA 的过程。重复进行 β-氧化便可将含偶数碳原子的长链饱和脂肪酸分解成多个乙酰 CoA。这一过程早在 1904 年 F. Knoop 以苯环标记脂肪酸并追踪其在狗体内的转变过程，发现脂肪酸的降解是将碳原子一对一对地从脂肪酸的 β-位切下而得到证实。但胞液中的脂肪酸进行 β-氧化之前必须先激活，经转运至线粒体进行分解，所以脂肪酸的 β-氧化主要在线粒体内进行。

脂肪酸氧化

2. 过程

（1）脂肪酸激活　脂肪酸激活是指脂肪酸在脂酰 CoA 合成酶催化下由 ATP 供能和 HSCoA 生成脂酰 CoA 的过程。反应式如下：

$$\underset{\text{脂肪酸}}{RCOOH} + ATP + HSCoA \xrightarrow[Mg^{2+}]{\text{脂酰CoA合成酶}} \underset{\text{脂酰辅酶A}}{RCO\sim SCoA} + AMP + \underset{\text{焦磷酸}}{PPi}$$

整个反应过程消耗 ATP 分子中的 2 个高能磷酸键，生成一个高能硫酯键，在体内生成的焦磷酸很快被细胞内的焦磷酸酶水解，阻止了逆向反应的进行。脂肪酸激活后不仅含有高能硫酯键，而且水溶性增加，从而提高了脂肪酸的代谢活性。

（2）脂酰 CoA 进入线粒体　脂肪酸的激活在胞液中进行，但进一步分解脂酰 CoA 的酶类却分布在线粒体内膜内侧和基质中，而胞液中形成的脂酰 CoA 不能透过线粒体内膜，需依靠内膜上的载体携带进入线粒体基质开始 β-氧化作用。携带脂酰基的载体是肉碱。线粒体膜内外脂肪酸的转运机制见图 8-3。

催化该反应的肉碱脂酰基转移酶Ⅰ和肉碱脂酰基转移酶Ⅱ是一组同工酶，肉碱脂酰基转移酶Ⅰ催化胞液中脂酰 CoA 与线粒体外膜上的肉碱反应生成脂酰肉碱并运至线粒体内膜内侧。肉碱脂酰基转移酶Ⅰ是限速酶，脂酰 CoA 进入线粒体是脂肪酸 β-氧化的主要限速步骤。肉碱脂酰基转移酶Ⅱ催化将运至线粒体膜内侧的脂酰基重新转移至 HSCoA 生成脂酰 CoA 和肉碱，脂酰 CoA 进入 β-氧化途径，肉碱被运回内膜外侧接受另一分子脂酰 CoA。

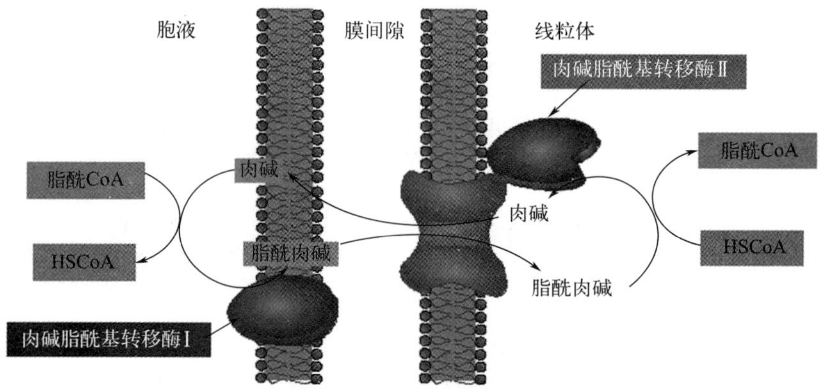

图 8-3　线粒体膜内外脂肪酸的转运机制

（3）脂酰 CoA 在线粒体内进行 β-氧化作用　进入线粒体的脂酰 CoA 在一系列酶的催化下经脱氢、加水、再脱氢、硫解四步反应完成一次 β-氧化，生成一分子乙酰 CoA 和比原来少两个碳原子的脂酰 CoA。

① 脱氢。脂酰 CoA 在脂酰 CoA 脱氢酶催化下，在 α-和 β-碳原子之间发生脱氢反应，生成 α,β-烯脂酰 CoA，脱氢酶的辅酶是 FAD，在反应过程中被还原为 $FADH_2$。反应式如下：

$$RCH_2CH_2CO\sim SCoA + FAD \xrightarrow{\text{脂酰CoA脱氢酶}} RCH{=}CHCO\sim SCoA + FADH_2$$

② 加水。α,β-烯脂酰 CoA 经 α,β-烯脂酰 CoA 水化酶催化，加水生成 β-羟脂酰 CoA。反应式如下：

$$RCH{=}CHCO\sim SCoA + H_2O \xrightarrow{\text{水化酶}} \underset{\displaystyle OH}{\underset{|}{RCH}}{-}CH_2{-}CO\sim SCoA$$

③ 再脱氢。β-羟脂酰 CoA 经 β-羟脂酰 CoA 脱氢酶催化，脱去 β-碳上的两个氢原子，变成 β-酮脂酰 CoA。脱氢酶的辅酶是 NAD^+，在反应过程中被还原为 $NADH + H^+$。反应式如下：

$$\mathrm{R\overset{\displaystyle OH}{\overset{|}{C}}H-CH_2-CO\sim SCoA+NAD^+\xrightarrow{\text{脱氢酶}}R\overset{\displaystyle O}{\overset{\|}{C}}-CH_2-CO\sim SCoA+NADH+H^+}$$

④ 硫解。β-酮脂酰 CoA 在 β-酮脂酰 CoA 硫解酶作用下，在 α-和 β-碳原子之间发生断裂生成乙酰 CoA 和比原来少两个碳原子的脂酰 CoA。反应式如下：

$$\mathrm{R\overset{\displaystyle O}{\overset{\|}{C}}-CH_2-COSCoA+HSCoA\xrightarrow{\text{硫解酶}}RCO\sim SCoA+CH_3CO\sim SCoA}$$

生成的脂酰 CoA 重复上述脱氢、加水、再脱氢、硫解四步反应，直至将整个脂肪酸降解为多个乙酰 CoA。脂肪酸的 β-氧化过程见图 8-4。

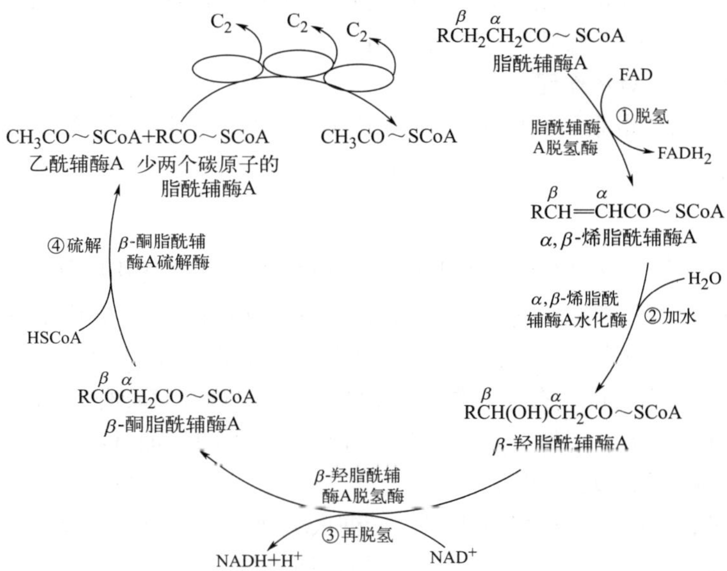

图 8-4　脂肪酸的 β-氧化过程

如果被氧化的是十六碳脂肪酸，需经 7 次循环反应，生成 8 分子乙酰 CoA。总反应式如下：

$$\mathrm{C_{15}H_{31}COOH+8HSCoA+ATP+7FAD+7NAD^++8H_2O\longrightarrow}$$
$$\mathrm{8CH_3COSCoA+AMP+PPi+7FADH_2+7NADH+H^+}$$

3. 脂肪酸 β-氧化产物的去向

脂肪酸 β-氧化产物乙酰 CoA 大部分进入三羧酸循环彻底氧化分解成二氧化碳和水，并释放能量；乙酰 CoA 也可参加合成代谢，生成酮体、长链脂肪酸和胆固醇等。脂肪酸 β-氧化产生的还原型辅助因子 $FADH_2$、$NADH+H^+$ 分别进 $FADH_2$ 呼吸链和 NADH 呼吸链氧化为水。

4. 脂肪酸氧化过程中的能量变化

脂肪酸 β-氧化的产物经三羧酸循环及呼吸链彻底氧化为 CO_2 和 H_2O 时，将能量释放出来并转入 ATP 中暂时贮存。如果被氧化的脂肪酸是 16 碳饱和脂肪酸，则 1 分子软脂酸需经 7 次 β-氧化生成 8 分子乙酰 CoA 和 7 分子 $FADH_2$、7 分子 $NADH+H^+$。8 分子乙酰 CoA 经过三羧酸循环和呼吸链氧化共生成 80 分子 ATP，7 分子 $FADH_2$、7 分子

脂肪酸氧化的能量计算

NADH＋H$^+$进入呼吸链经氧化磷酸化分别生成10.5分子ATP和17.5分子ATP，考虑到活化反应中消耗两个高能键，相当于消耗2分子ATP，故1分子16碳饱和脂肪酸彻底氧化净生成106分子ATP。

（二）脂肪酸的 α-氧化作用

脂肪酸的α-氧化作用是指长链脂肪酸α-碳在加单氧酶作用下氧化成羟基，生成α-羟脂酸，再经氧化脱羧放出二氧化碳，生成少一个碳原子的脂肪酸的过程。

$$RCH_2CH_2CH_2COO^- \longrightarrow RCH_2CH_2CH(OH)COO^- \longrightarrow RCH_2CH_2COCOO^- \longrightarrow RCH_2CH_2COOH+CO_2$$

α-氧化的底物为游离脂肪酸，主要发生在植物的发芽种子和叶片组织，在动物的脑细胞和肝细胞中也发现有α-氧化作用。α-氧化作用对于植物体中奇数碳脂肪酸的形成以及降解含有甲基的支链脂肪酸或过长脂肪酸有重要作用。

（三）脂肪酸的 ω-氧化作用

脂肪酸的ω-氧化是指脂肪酸的末端碳原子（ω-碳原子）被氧化成ω-羟脂酸，继而进一步氧化成为羧基生成α,ω-二羧酸的过程。最后生成的α,ω-二羧酸可以从两端进行β-氧化作用。

$$CH_3(CH_2)_nCOO^- \longrightarrow HOCH_2(CH_2)_nCOO^- \longrightarrow {}^-OOC(CH_2)_nCOO^-$$

研究证明，动物体肝细胞微粒体能将12碳以下的脂肪酸的ω-碳原子氧化成α,ω-二羧酸后进行降解。植物体内也存在ω-氧化作用，主要是在植物表皮的角质中，其产物一般停留在ω-羟基上，而不继续氧化。有些好氧性细菌经ω-代谢途径可以把烃或脂肪酸迅速降解为水溶性产物，这对于降解溢于海面上的浮油、油浸土壤中的浮油具有重要的环保效应。

（四）肝脏中脂肪酸的氧化作用

脂肪酸在心肌、肾脏、骨骼肌等组织中能彻底氧化成二氧化碳和水，但在肝脏中氧化很不完全，经常生成一些脂肪酸氧化的中间产物，即乙酰乙酸、β-羟丁酸和丙酮，三者统称为酮体。

酮体的生成与利用

1. 酮体的生成

酮体主要在肝脏细胞线粒体内由乙酰CoA缩合而成，合成过程如图8-5所示。

2. 酮体的利用

生成的酮体，随血液送到肝外组织进行氧化分解。其中，β-羟丁酸由β-羟丁酸脱氢酶催化，生成乙酰乙酸；乙酰乙酸再在乙酰乙酸-琥珀酰CoA转移酶的作用下生成乙酰乙酰CoA，乙酰乙酰CoA在硫解酶的作用下生成2分子乙酰CoA；然后进入三羧酸循环，彻底氧化为二氧化碳和水，并释放能量。其过程见图8-6。

3. 酮体生成的生理意义

脂肪酸在肝脏中氧化生成酮体并运至肝外组织氧化利用是机体输出和利用能量的一种重要形式。

（1）酮体是某些器官的主要能源分子　正常情况下，大脑的主要能源是葡萄糖，但在饥饿和患糖尿病时，可有效利用酮体。长期饥饿时，脑所需能量75%来自乙酰乙酸。即使在正常情况下，心肌和肾上腺皮质优先利用乙酰乙酸作为能源。乙酰乙酸经过一定反应生成两分子乙酰CoA，再进入三羧酸循环。

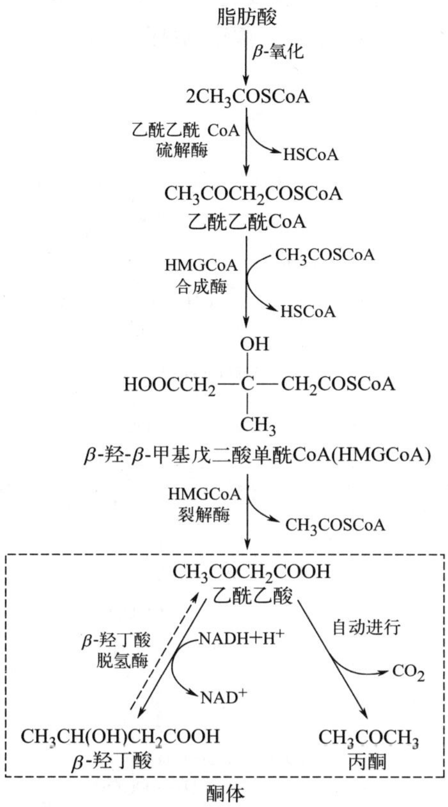

图 8-5　酮体的生成

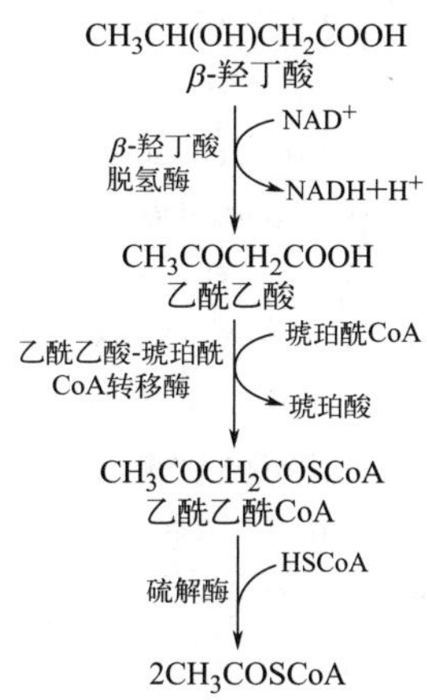

图 8-6　酮体的分解

（2）酮体是脂肪酸的有效转运形式　脂肪酸的溶解度较差，不易运输。脂肪酸在肝脏中转化成小分子可溶性的乙酰乙酸和 β-羟丁酸可经血液循环运送至其他外周器官组织，有利于机体对脂肪酸的利用。

（3）酮体具有调节作用　血液中乙酰乙酸水平高时会抑制脂肪动员过程。

四、不饱和脂肪酸的分解

不饱和脂肪酸的分解途径与饱和脂肪酸的分解途径基本一致，只是遇到双键需通过异构酶将其转化为烯脂酰 CoA 水化酶的正常底物，β-氧化作用即可正常进行，直至完全氧化成乙酰 CoA。油酸的氧化过程见图 8-7。

油酸是单不饱和脂肪酸，在 C9 和 C10 之间有一个双键，氧化时它与饱和脂肪酸一样被活化并运入线粒体，然后油酰 CoA 进行 3 次 β-氧化，并形成 Δ^3-顺-十四烯脂酰 CoA，在烯脂酰 CoA 异构酶参与下，Δ^3-顺-十四烯脂酰 CoA 异构为 Δ^2-反-十四烯脂酰 CoA，再继续 β-氧化过程。

对于多烯脂肪酸来讲，除需要异构酶之外，还需差向异构酶参加，将氧化过程中产生的 D-β-羟脂酰 CoA 转变成 L-型异构体，再继续 β-氧化。

五、奇数碳脂肪酸的分解（丙酸的代谢）

奇数碳原子脂肪的代谢对于反刍动物很重要，糖类在瘤胃中发酵产生挥发性低级脂肪酸丙酸。此外，许多氨基酸脱氨后也生成奇数碳原子脂肪酸。长链奇数碳原子脂肪酸经 β-氧化作用后，可产生乙酰 CoA 和丙酰 CoA。丙酰 CoA 可通过羧化等步骤生成琥珀酰 CoA 进入三羧酸循环，也可以通过脱羧等反应生成乙酰 CoA 进入三羧酸循环或用于合成反应。由丙酰 CoA 转化成琥珀酰 CoA 的过程见图 8-8。

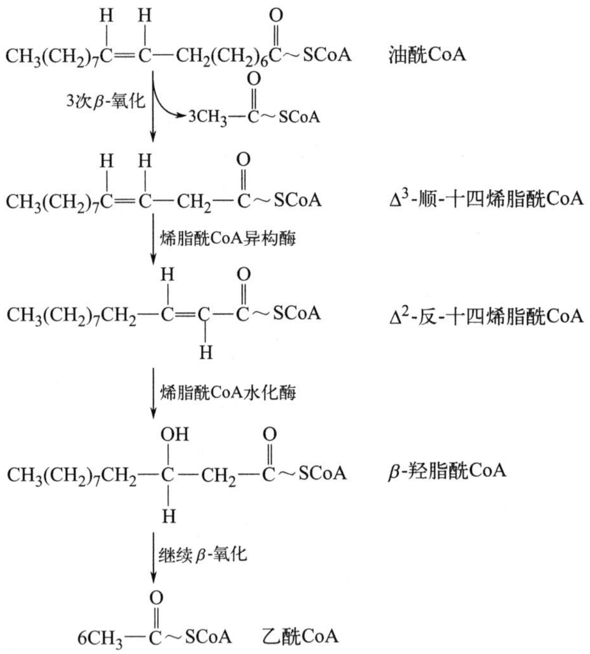

图 8-7　油酸的氧化途径

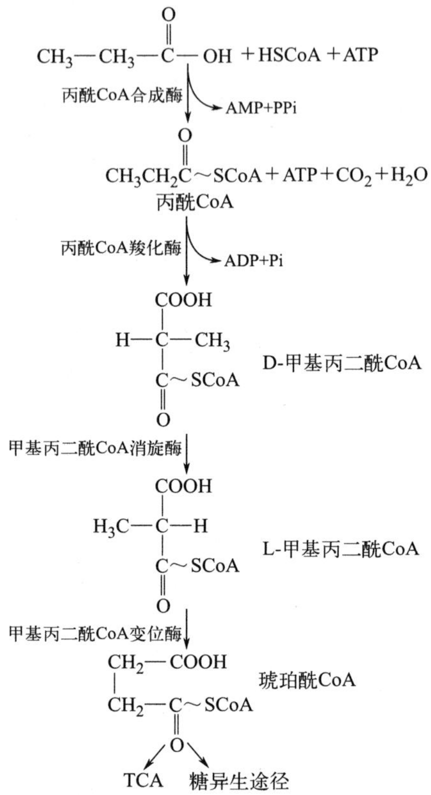

图 8-8　丙酰 CoA 的转化途径

反刍动物体内的葡萄糖，约有 50%来自丙酸的异生作用，其余大部分来自氨基酸。

六、乙醛酸循环

在某些细菌、藻类和高等植物萌发的种子中，存在另一种乙酰 CoA 的代谢途径——乙醛酸循环。催化乙醛酸循环的酶存在于乙醛酸体或线粒体中。该循环中的大多数反应与三羧酸循环相同，与三羧酸循环不同的是乙醛酸循环中存在两种关键酶：异柠檬酸裂解酶和苹果酸合成酶。它们可使三羧酸循环中由乙酰 CoA 和草酰乙酸在柠檬酸合成酶和顺乌头酸酶作用下产生的异柠檬酸不发生氧化脱羧，而直接裂解成琥珀酸和乙醛酸，后者再与一分子乙酰 CoA 缩合形成苹果酸。苹果酸需穿过乙醛酸循环体膜进入细胞液，再由苹果酸脱氢酶催化重新生成草酰乙酸。细胞液中的草酰乙酸可经葡萄糖异生途径转变为葡萄糖。而由异柠檬酸裂解产生的琥珀酸穿过乙醛酸循环体膜后将进入线粒体，并通过三羧酸循环转变为草酰乙酸。由于线粒体中的草酰乙酸不能透过线粒体膜，所以必须在谷草转氨酶作用下形成天冬氨酸，然后跨线粒体膜重新进入乙醛酸循环体。其过程见图 8-9。

乙醛酸循环中生成的四碳二羧酸如苹果酸、琥珀酸仍可返回三羧酸循环，所以乙醛酸循环可以看作是三羧酸循环的支路。乙醛酸循环与三羧酸循环的关系见图 8-10。

乙醛酸循环

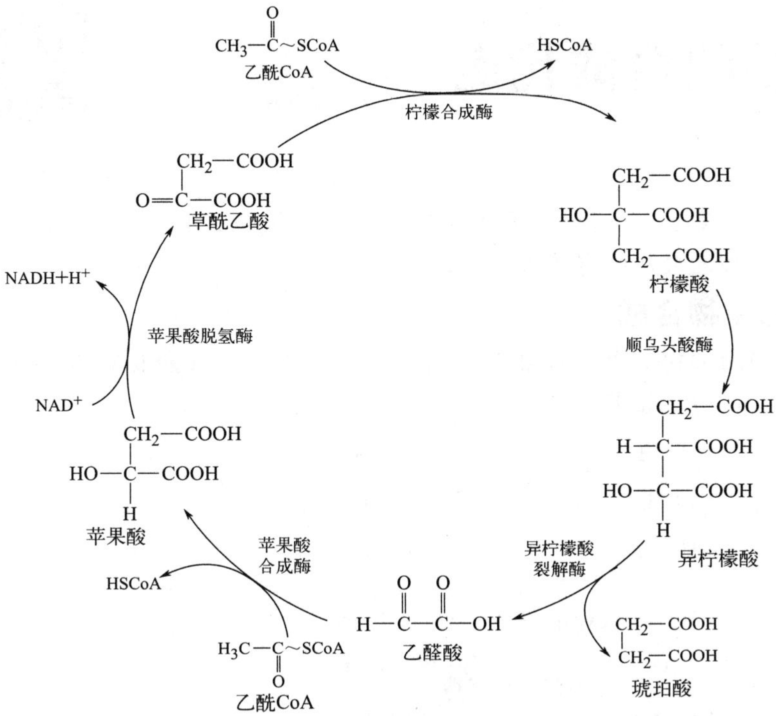

图 8-9　乙醛酸循环

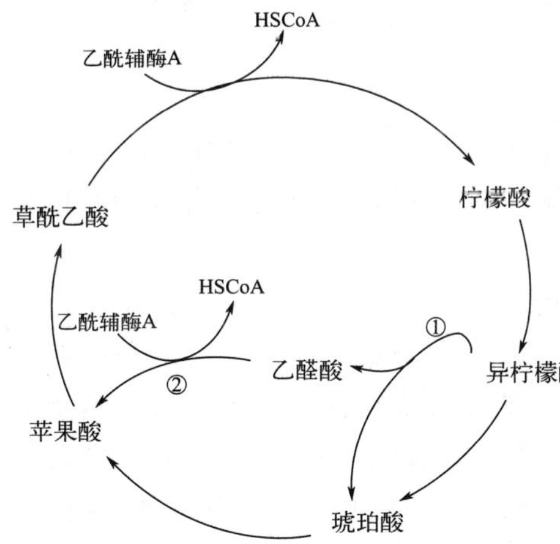

图 8-10　乙醛酸循环与三羧酸循环的关系

①异柠檬酸裂解酶；②苹果酸合成酶

动物及高等植物的营养器官不存在异柠檬酸裂解酶和苹果酸合成酶，所以不存在乙醛酸循环途径。乙醛酸循环不仅可利用二碳化合物合成四碳化合物，可以作为三羧酸循环上化合物的补充；还对正在萌发的油料作物种子具有特别重要意义，因为油料作物可以利用乙醛酸循环途径合成苹果酸后经糖异生途径转化为葡萄糖为幼苗生长提供能量，直至幼苗可进行光合作用为止。

第三节　脂肪的合成代谢

脂肪的合成代谢

生物体的脂肪是由脂酰 CoA 和磷酸甘油酶促合成的。脂酰 CoA 由乙酰 CoA 合成，磷酸甘油主要由糖代谢的磷酸二羟基丙酮转化而来。

一、磷酸甘油的生物合成

磷酸甘油可在甘油激酶催化下由甘油和 ATP 生成，也可在磷酸甘油脱氢酶作用下由磷酸二羟基丙酮还原生成。反应式如下：

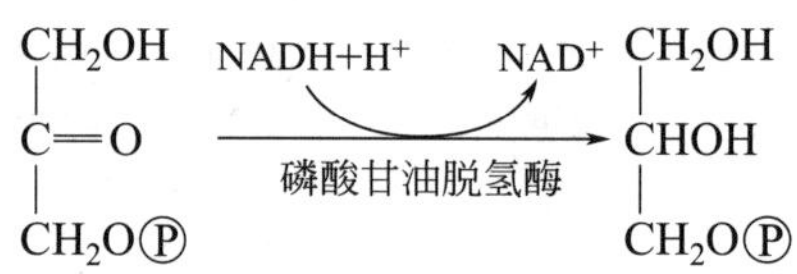

二、脂肪酸的生物合成

脂肪酸的生物合成包括饱和脂肪酸的从头合成、饱和脂肪酸链的延长和不饱和脂肪酸的合成。

（一）饱和脂肪酸的从头合成

脂肪酸的合成主要在胞液中进行，由乙酰 CoA 提供碳链骨架，NADPH＋H^+ 提供氢原子，经过中间产物丙二酸单酰 CoA 阶段，在脂肪酸合成酶系的作用下，合成十六碳原子以下的饱和脂肪酸。

1. 乙酰 CoA 的来源与运转

合成脂肪酸的原料乙酰 CoA 主要来自线粒体内丙酮酸脱羧、脂肪酸的 β-氧化或氨基酸氧化等过程。由于乙酰 CoA 不能穿过线粒体膜进入胞液，所以必须与草酰乙酸合成柠檬酸后通过柠檬酸载体透过线粒体膜，在细胞液中柠檬酸又裂解成草酰乙酸和乙酰 CoA，乙酰 CoA 在胞液中参与脂肪酸的合成，这一过程称为柠檬酸-丙酮酸穿梭作用。乙酰 CoA 的转运机制见图 8-11。

2. 丙二酸单酰 CoA 的合成

进入胞液的乙酰 CoA 在乙酰 CoA 羧化酶的催化下，以生物素为辅基，消耗 1 个 ATP，与 CO_2 羧化生成丙二酸单酰 CoA。反应式为：

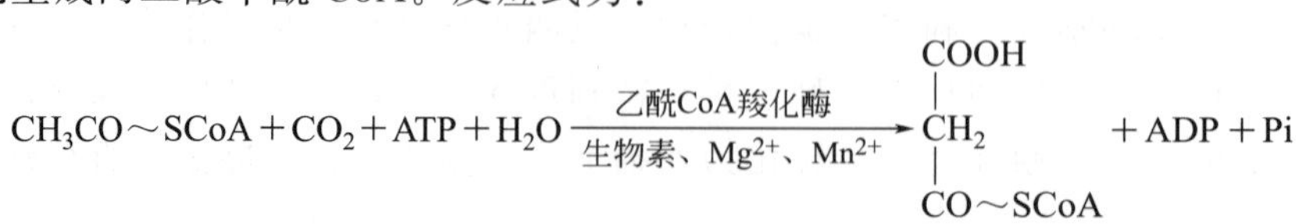

乙酰辅酶A　　丙二酸单酰辅酶A

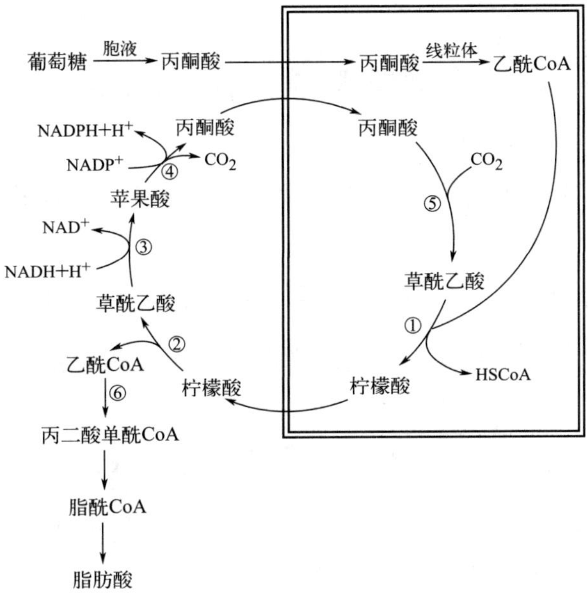

图 8-11　乙酰 CoA 的转运机制

①柠檬酸合成酶；②柠檬酸裂解酶；③苹果酸脱氢酶；④苹果酸酶（以 $NADP^+$ 为辅酶的苹果酸脱氢酶）；⑤丙酮酸羧化酶；⑥乙酰 CoA 羧化酶

乙酰 CoA 羧化酶是一种别构酶，亦是脂肪酸合成的限速酶，柠檬酸是其别构激活剂，软脂酰 CoA 是其别构抑制剂，该酶调节脂肪酸合成的方向和速度。

3. 脂肪酸合成酶

在大肠杆菌中参与脂肪酸合成的 6 种酶和酰基载体蛋白（ACP）结合在一起构成脂肪酸多酶复合体，催化完成脂肪酸的合成。其中，ACP 处于此复合体的中心位置，6 种酶有序地排列其周围，把脂肪酸合成的中间产物逐次转至各酶的活性中心，使其发生反应，ACP 的功能类似一个“转动臂”。脂肪酸合成酶系的模式图见图 8-12。

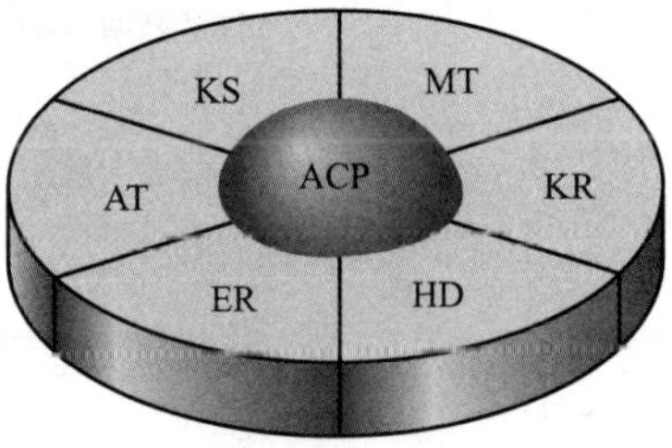

图 8-12　脂肪酸合成酶系的模式图

AT—乙酰 CoA-ACP 转酰基酶；
MT—丙二酸单酰 CoA-ACP 转酰基酶；
KS—β-酮脂酰 ACP 合成酶；
KR—β-酮脂酰 ACP 还原酶；
HD—β-羟脂酰 ACP 脱水酶；
ER—α,β-烯脂酰 ACP 还原酶

4. 脂肪酸的合成过程

十六碳以下的脂肪酸的合成经酰基转移、缩合、还原、脱水、再还原的循环反应，最多可以生成十六碳的软脂酸。

（1）酰基转移反应　在乙酰 CoA-ACP 转酰基酶催化下乙酰 CoA 的乙酰基先与 ACP 巯基相连，接着乙酰基很快又转移到 β-酮脂酰 ACP 合成酶（简称缩合酶）的活性中心的半胱氨酸巯基上，生成乙酰-S-缩合酶；丙二酸单酰 CoA 在丙二酸单酰 CoA-ACP 转酰基酶作用下，将丙二酸单酰基转移至 ACP 上，生成丙二酸单酰 ACP。

（2）缩合反应　在 β-酮脂酰 ACP 合成酶催化下，乙酰-S-缩合酶上连接的乙酰基转移至丙二酸单酰 ACP 上所连的丙二酸单酰基的第二个碳原子上，生成乙酰乙酰 ACP，同时使丙二酸单酰 ACP 中的自由羧基脱羧放出 1 分子 CO_2。

$$CH_3COSACP+\underset{\substack{|\\ COSACP}}{\overset{\substack{COO^-\\ |}}{CH_2}}\xrightarrow{\beta\text{-酮脂酰ACP合成酶}}CH_3COCH_2COSACP+CO_2+ACPSH$$

（3）第一次还原反应　在 β-酮脂酰 ACP 还原酶催化下，乙酰乙酰 ACP 被 NADPH＋H^+还原，生成 β-羟丁酰 ACP。

$$CH_3COCH_2COSACP+NADPH+H^+\xrightarrow{\beta\text{-酮脂酰ACP还原酶}}CH_3CH(OH)CH_2COSACP+NADP^+$$

（4）脱水反应　在 β-羟丁酰 ACP 脱水酶作用下，在 α-碳原子和 β-碳原子之间脱水生成 α,β-烯丁酰 ACP。

$$CH_3CH(OH)CH_2COSACP\xrightarrow{\beta\text{-羟丁酰ACP脱水酶}}CH_3CH{=}CHCOSACP+H_2O$$

（5）第二次还原反应　α,β-烯丁酰 ACP 在 α,β-烯丁酰 ACP 还原酶催化下，仍以 NADPH＋H^+为还原剂，还原生成丁酰 ACP。

$$CH_3CH{=}CHCOSACP+NADPH+H^+\xrightarrow{\alpha,\beta\text{-烯丁酰ACP还原酶}}CH_3CH_2CH_2COSACP+NADP^+$$

生成的丁酰 ACP 再与另一分子丙二酸单酰 ACP 反应，重复上述反应过程，每循环一次增加 2 个碳原子，直至生成十六碳的软脂酰 ACP 为止。合成过程见图 8-13。

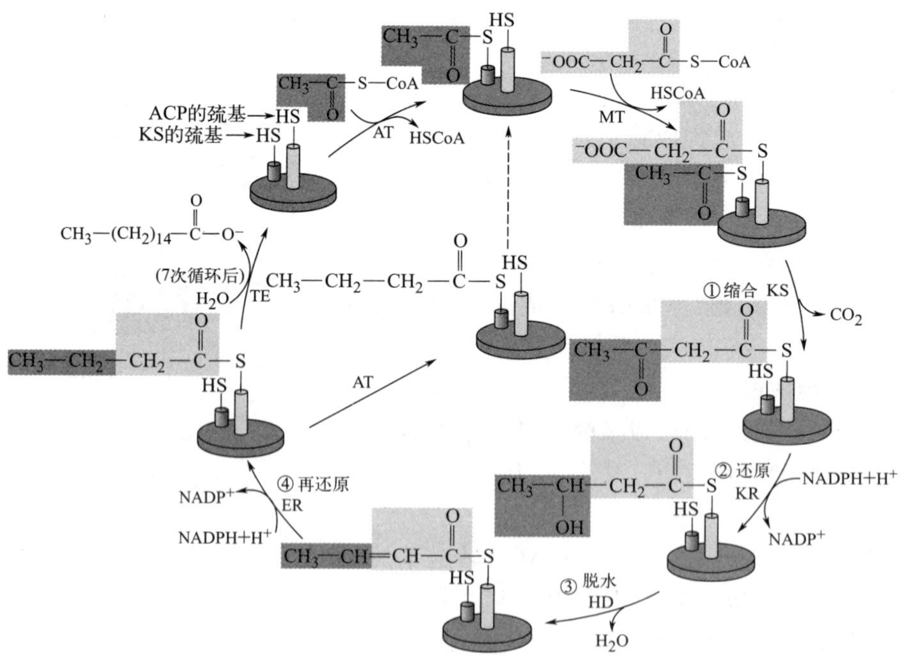

图 8-13　软脂酰 ACP 的合成

以上合成的软脂酰 ACP 经硫酯酶（TE）水解，生成脂肪酸并释放 ACP。

从乙酰 CoA 合成软脂酸的总反应式如下：

$$8CH_3CO\sim SCoA+14NADPH+H^++7ATP+H_2O \xrightarrow{\text{脂肪酸合成酶系}} CH_3(CH_2)_{14}COOH+8HSCoA+14NADP^++7ADP+7Pi$$

（二）饱和脂肪酸链的延长

脂肪酸合成酶系的β-酮脂酰 ACP 合成酶对软脂酰 ACP 无活性，故只能合成 16 碳原子以下的脂肪酸。生物体内碳链延长在微粒体、线粒体等细胞器中，在软脂酸的羧基端连续增加二碳单位形成。不同的细胞器脂肪酸链的延长方式不同。脂肪酸碳链的延长方式见表 8-2。

表 8-2　脂肪酸碳链延长方式

细胞内进行的部位	线粒体	内质网
长链脂肪酸的前体	软脂酰 CoA	软脂酰 CoA
二碳单位的供体	乙酰 CoA	丙二酸单酰 CoA
酰基载体	HSCoA	HSCoA
终产物	$C_{18}\sim C_{26}$	$C_{18}\sim C_{24}$

（三）不饱和脂肪酸的合成

生物体存在的不饱和脂肪酸主要是棕榈油酸（$C_{16:1\Delta^9}$）、油酸（$C_{18:1\Delta^9}$）、亚油酸（$C_{18:2\Delta^{9,12}}$）、亚麻酸（$C_{18:3\Delta^{9,12,15}}$）和花生四烯酸（$C_{20:4\Delta^{5,8,11,13}}$）等，它们由相应的饱和脂肪酸经去饱和作用形成。但由于人和哺乳动物缺乏在 Δ^9 碳链以上的位置再引入双键的去饱和酶，所以亚油酸和亚麻酸不能在人和哺乳动物体内合成，必须由食物供给，称为必需脂肪酸。它们的合成途径有如下两条。

1. 氧化脱氢途径

在所有真核生物中，不饱和脂肪酸的合成是通过氧化脱氢进行的。催化这个反应的酶称为去饱和酶。它在 O_2 和 $NADPH+H^+$ 参与下，将长链饱和脂肪酸转化为相应的不饱和脂肪酸。例如由硬脂酰 CoA 转变为油酰 CoA 的反应如下：

$$\text{软脂酰 CoA}+NADPH+H^++O_2\longrightarrow\text{软脂烯酰 CoA}+NADP^++2H_2O$$

$$\text{硬脂酰 CoA}+NADPH+H^++O_2\longrightarrow\text{硬脂烯酰 CoA}+NADP^++2H_2O$$

以上反应生成的单烯脂肪酸，可进一步脱饱和生成二烯和三烯脂肪酸。

2. 厌氧途径

许多微生物在厌氧条件下，通过厌氧途径生成含一个双键的不饱和脂肪酸。先由脂肪酸合成酶催化形成含 C_{10} 的β-羟癸酰 ACP，然后在不同的脱水酶作用下，发生不同的脱水反应，如果在β-碳与γ-碳之间脱水，则生成 3,4-癸烯酰 ACP，以后碳链继续延长，生成不同长度的单烯酰 ACP。

动物从食物中获取亚油酸后，可以通过自身酶系统进一步合成花生四烯酸。大多数生物在低温环境下会加速饱和脂肪酸向不饱和脂肪酸的转变，因为不饱和脂肪酸的熔点低于饱和脂肪酸。增加不饱和脂肪酸含量有利于生物膜的流动性，这对保护生物体的正常生理功能是非常必要的。

三、脂肪的合成

脂肪是由α-磷酸甘油和脂酰 CoA 缩合而成，合成过程如下：

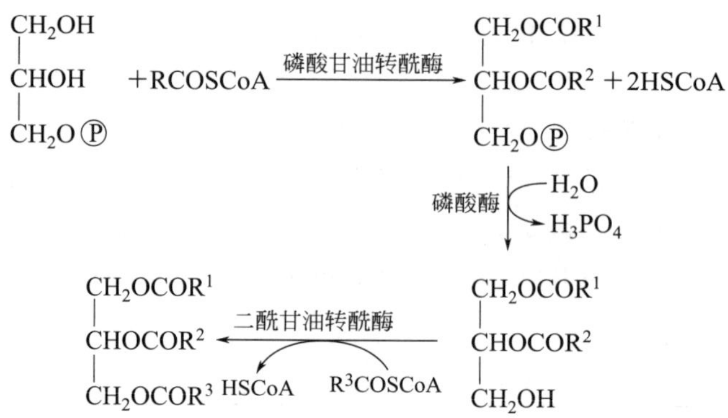

第四节 磷脂、胆固醇的代谢

一、甘油磷脂的降解与合成

（一）甘油磷脂的降解

磷脂能被不同的磷脂酶降解成不同的产物，但完全水解后的产物为甘油、脂肪酸、磷酸和各种氨基醇（如胆碱、胆胺和丝氨酸等）。各种磷脂酶的降解产物参见第四章脂类化学。

（二）甘油磷脂的合成

生物细胞中有多种甘油磷脂，在此只介绍卵磷脂和脑磷脂的生物合成过程。

生物体以磷脂酸为前体合成甘油磷脂的途径有两条：一条是先合成CDP-胆碱或CDP-乙醇胺后，再将氨基醇转移给甘油二酯生成甘油磷脂，称为甘油二酯途径，在高等动植物尤其是哺乳动物体内比较常见；另一条称为CDP-甘油二酯合成途径，先形成CDP-甘油二酯，然后将甘油二酯转移给丝氨酸生成甘油磷脂，在植物、微生物及动物肝脏中很常见。

1. 甘油二酯途径

① 乙醇胺或胆碱与ATP在激酶作用下，生成磷酸乙醇胺或磷酸胆碱。

② 磷酸乙醇胺或磷酸胆碱与胞苷三磷酸（CTP）在转胞苷酶的作用下，生成中间产物胞苷二磷酸乙醇胺或胞苷二磷酸胆碱。

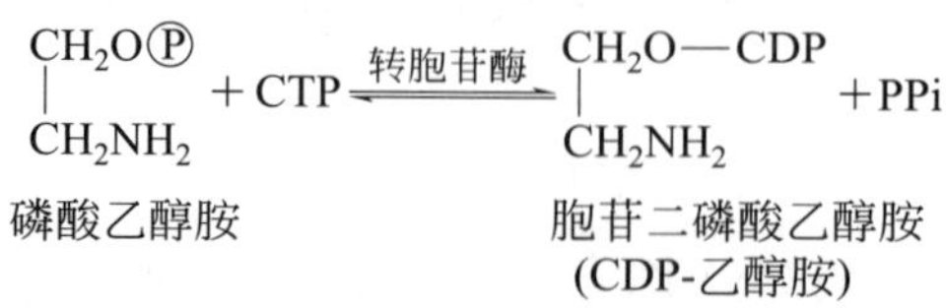

磷酸胆碱　　　　胞苷二磷酸胆碱（CDP-胆碱）

③ CDP-乙醇胺或 CDP-胆碱与二酰甘油作用生成磷脂酰乙醇胺或磷脂酰胆碱。

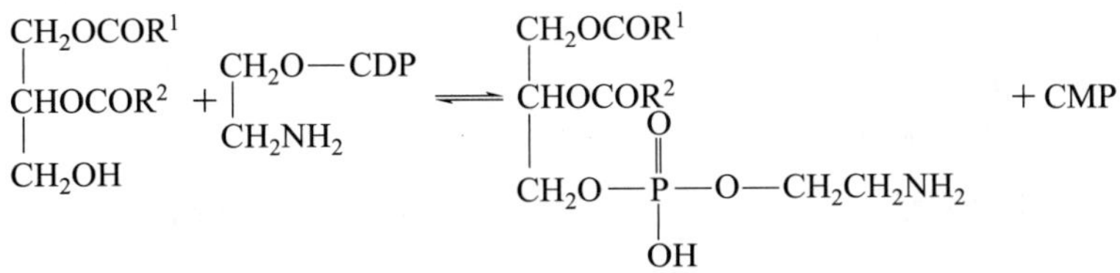

二酰甘油　　　　磷脂酰乙醇胺

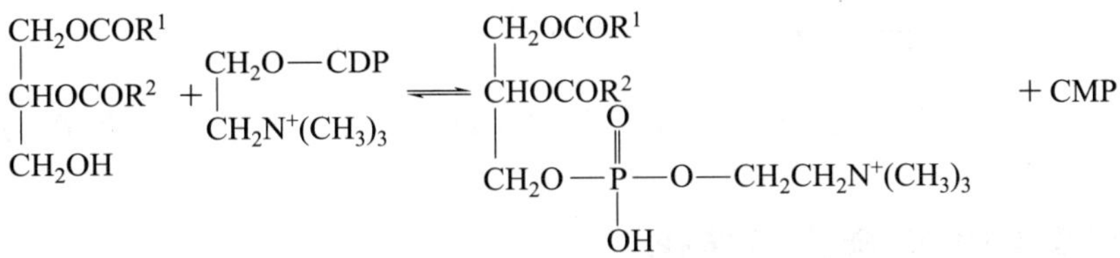

二酰甘油　　　　磷脂酰胆碱

2. CDP-甘油二酯合成途径

① 磷脂酸与胞苷三磷酸（CTP）作用生成 CDP-甘油二酯。反应式如下：

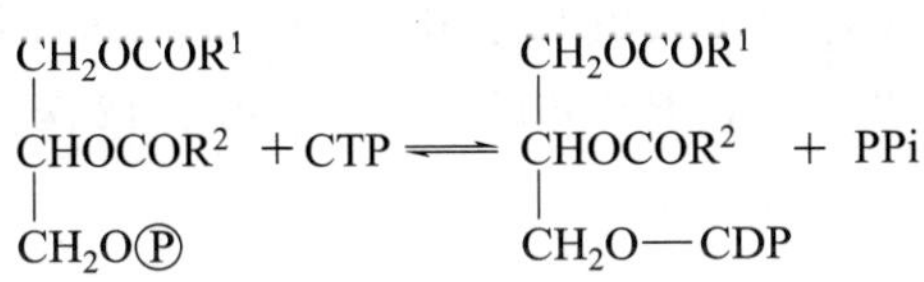

磷脂酸　　　　CDP-甘油二酯

② CDP-甘油二酯与丝氨酸作用生成磷脂酰丝氨酸，然后脱羧生成磷脂酰乙醇胺。反应式如下：

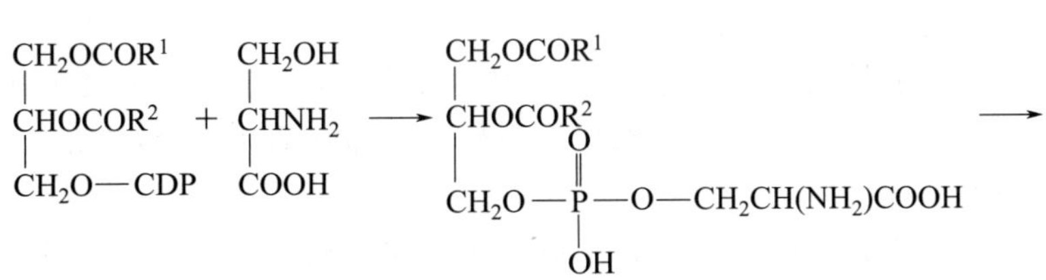

CDP-甘油二酯　丝氨酸　　　　磷脂酰丝氨酸

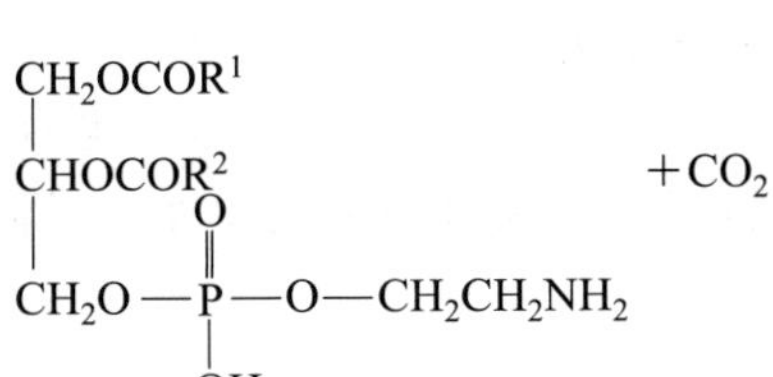

磷脂酰乙醇胺

③ 磷脂酰乙醇胺接受 *S*-腺苷甲硫氨酸上的甲基，生成磷脂酰胆碱。反应式如下：

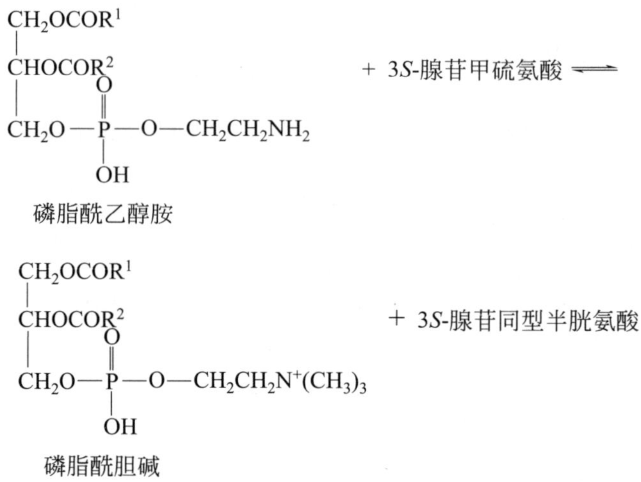

甘油磷脂的两条合成途径均需 CTP，并以 CDP 形式在两条途径中作为基团转移的载体。

二、胆固醇的生物合成及转化

胆固醇不仅是某些细胞膜系统和细胞脂蛋白的重要组成成分，而且是性激素、肾上腺皮质激素、胆汁酸等固醇类物质的前体。

1. 胆固醇的生物合成

同位素示踪表明，胆固醇合成主要在肝脏中进行，合成胆固醇的原料是乙酰 CoA，它为胆固醇合成提供碳原子骨架，$NADPH+H^+$ 为胆固醇合成提供氢原子，ATP 提供能量，合成的基本过程见图 8-14。

2. 胆固醇的转化

胆固醇在生物体内不能被彻底分解为二氧化碳和水，但可经转化生成各种衍生物。

（1）转化为胆汁酸　体内大部分胆固醇可在肝内转变成胆酸，胆酸再与甘氨酸或牛磺酸结合成胆汁酸。胆汁酸以钠盐或钾盐的形式存在，称为胆汁酸盐或胆盐，它们对脂类的消化吸收起重要作用。

（2）转变为 7-脱氢胆固醇　在肠黏膜细胞内，胆固醇可转变为 7-脱氢胆固醇，后者经血液循环送到皮肤，在皮下经紫外线照射后，可转变为维生素 D_3。维生素 D_3 能促进钙、磷吸收，有利于骨骼的形成。

（3）转变成类固醇激素　胆固醇在肾上腺皮质细胞内转变为肾上腺皮质激素；在卵巢转变为雌二醇、孕酮等雌性激素；在睾丸转变为睾酮等雄激素。

体内大部分胆固醇在肝脏转变为胆汁酸，随胆汁经胆道系统排入小肠，其中大部分又被肠黏膜重吸收，经门静脉返回肝脏，再排泄至肠道；也有一部分胆固醇直接随胆汁排入肠道，大部分被重吸收，部分胆固醇被肠道细菌还原变成类固醇，随粪便排出体外。

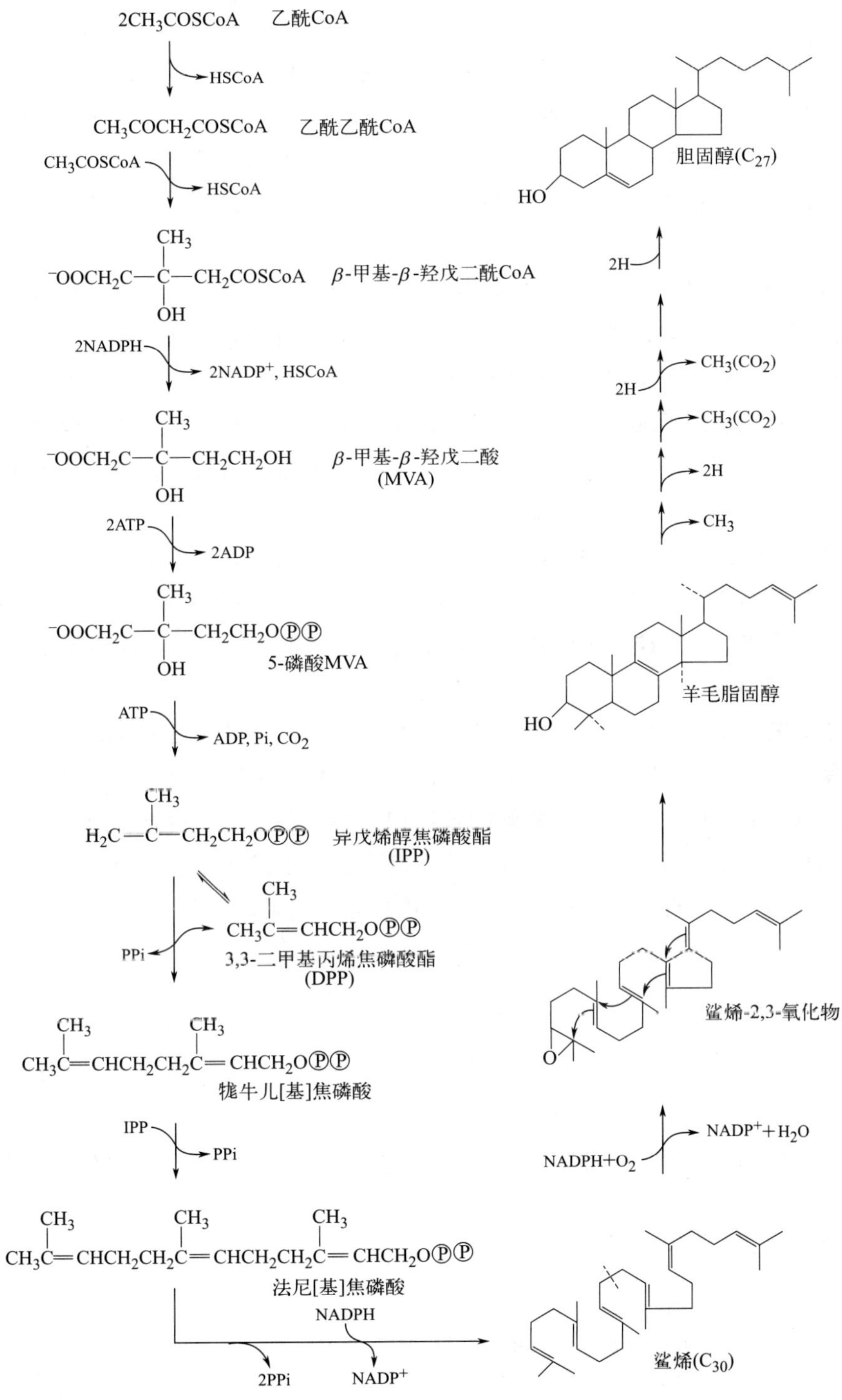

图 8-14　胆固醇的生物合成

润心驿站　　生酮饮食——利弊需权衡

生酮饮食是一种低糖、高脂肪与适量蛋白质的特殊饮食结构，传统的生酮饮食三大营养素的比例是：高脂肪（占总热量的 70% ~ 80%）、适量蛋白质、极低糖（每日的糖摄入要小于 50g，甚至有时会小于 20g）。由于减少了葡萄糖的供应，机体为了维持能量平衡，会加速脂肪动员和酮体生成，以满足能量需求。当血糖水平低时，机体胰岛素水平下降，而胰高血糖素、肾上腺素水平上升，脂肪动员加强，酮体生成增多。

生酮饮食起源于 20 世纪 20 年代，最初被用于治疗难治性癫痫。由于生酮饮食在短期内可能有助于快速减重，近几年，越来越成为受关注的一种膳食减肥方法，在年轻人中流行起来，被一些明星采用，甚至在社交媒体上备受追捧。

生酮饮食虽然短期内可能带来体重下降的效果，但长期坚持却可能对身体造成严重危害。生酮饮食可能导致血糖水平异常，增加低血糖和酮症酸中毒的风险。人体可能会出现一系列不舒服的感受，如头痛、疲劳、恶心、头晕、胃肠道不适、乏力、心跳异常等，这些情况大多是血糖偏低造成的。研究显示，长期使用生酮饮食模式或增加罹患心绞痛、中风等心脑血管疾病的风险。由于极端限制碳水化合物会影响饮食质量，通常也会减少果蔬、全谷物和豆类的摄入，从而缺乏维生素、矿物质、膳食纤维等，可能会出现营养缺乏症，同时低膳食纤维含量不利于肠道健康，容易便秘。

众多科学研究显示，长期生酮饮食对于大多数人而言，会带来诸多健康风险。我们不能仅仅因为有明星的追捧和媒体的报道就轻易接纳，认为这种极端的饮食方式是有益的。我们需要深入了解生酮饮食的原理、生酮饮食减肥的效果和危害。在选择饮食方式时，我们必须基于充分的科学证据和个人健康状况，审慎权衡利弊。盲目跟风不仅无益于健康，反而可能带来长远的负面影响。坚持科学、理性的饮食观念，才是维护健康的明智之举。

小思考

1. 面对网络热议和个别明星推崇的生酮饮食，你如何运用生化原理对其进行理性评价，避免盲目跟风减肥？

2. 生酮饮食快速减重虽短期有效，但长期危害大，如何树立科学健康的减肥观念？

脂类物质的代谢知识框架

<table>
<tr><td rowspan="4">脂类物质的代谢</td><td rowspan="4">脂类的运输</td><td rowspan="4">血脂</td><td rowspan="2">来源</td><td>内源性：由肝、脂肪细胞及其他组织合成后释放入血</td></tr>
<tr><td>外源性：食物中的脂类消化吸收进入血液</td></tr>
<tr><td>去路</td><td>氧化分解、进入脂库贮存、构成生物膜、转化为其他物质</td></tr>
<tr><td>定义</td><td>血浆所含脂类的总称，包括脂肪、磷脂、胆固醇等</td></tr>
</table>

续表

<table>
<tr><td rowspan="25">脂类物质的代谢</td><td rowspan="4">脂类的运输</td><td rowspan="4">血浆脂蛋白</td><td rowspan="2">分类</td><td>电泳法</td><td>乳糜微粒、β-脂蛋白、前β-脂蛋白和α-脂蛋白</td></tr>
<tr><td>密度梯度超速离心</td><td>CM、VLDL、LDL、HDL</td></tr>
<tr><td>组成</td><td colspan="2">核心：疏水的甘油三酯和胆固醇酯
外层：两性载脂蛋白、磷脂和胆固醇</td></tr>
<tr><td>载脂蛋白</td><td colspan="2">血浆中一类特殊的运载蛋白，有 apoA、B、C、D、E 五大类</td></tr>
<tr><td rowspan="21">脂肪的代谢</td><td rowspan="2">脂肪动员</td><td>定义</td><td colspan="2">脂肪在脂肪酶的作用下被分解成甘油与脂肪酸的过程</td></tr>
<tr><td>限速酶</td><td colspan="2">激素敏感性脂肪酶{脂解激素：肾上腺素、胰高血糖素等
抗脂解激素：胰岛素、前列腺素、烟酸等</td></tr>
<tr><td rowspan="8">β-氧化</td><td>部位</td><td colspan="2">除大脑外，都能进行脂肪酸的氧化</td></tr>
<tr><td rowspan="5">过程</td><td colspan="2">脂肪酸的活化：脂肪酸在脂酰 CoA 合成酶的催化下，在胞液中生成脂酰 CoA，消耗两个高能磷酸键</td></tr>
<tr><td colspan="2">肉碱的穿梭：脂酰 CoA 在肉碱的携带下进入线粒体</td></tr>
<tr><td colspan="2">β-氧化：脂酰 CoA 经脱氢、加水、再脱氢、硫解四步循环，生成乙酰 CoA 和 $FADH_2$、NADH</td></tr>
<tr><td colspan="2">乙酰 CoA 的氧化：大部分进入三羧酸循环；肝中生成酮体</td></tr>
<tr><td colspan="2">$FADH_2$、NADH 氧化：进入呼吸链</td></tr>
<tr><td>关键酶</td><td colspan="2">肉碱脂酰基转移酶Ⅰ</td></tr>
<tr><td>能量计算</td><td colspan="2">N 个碳（偶数饱和）$=\left(\frac{N}{2}-1\right)\times(2.5+1.5)+N/2\times10-2$</td></tr>
<tr><td rowspan="6">酮体</td><td rowspan="3">酮体生成</td><td colspan="2">酮体：乙酰乙酸、β-羟丁酸、丙酮统称为酮体</td></tr>
<tr><td>部位</td><td>肝脏具有生成酮体的酶：HMGCoA 合成酶</td></tr>
<tr><td>原料</td><td>脂肪酸降解产生的乙酰 CoA 转化而成</td></tr>
<tr><td rowspan="2">酮体分解</td><td>部位</td><td>肝外组织具有利用酮体的酶：乙酰乙酰硫激酶，琥珀酰 CoA 转硫酶</td></tr>
<tr><td>产物</td><td>重新生成乙酰 CoA 进入 TCA 循环</td></tr>
<tr><td>意义</td><td colspan="2">1. 酮体是某些器官的主要能源分子，是能量的输出形式
2. 酮体是脂肪酸的有效转运形式
3. 酮体具有调节作用</td></tr>
<tr><td rowspan="5">脂肪的合成</td><td>部位</td><td colspan="2">肝、肾、肠、脂肪组织的胞液中</td></tr>
<tr><td>原料</td><td colspan="2">乙酰 CoA，NADPH</td></tr>
<tr><td>酶</td><td colspan="2">1. 乙酰 CoA 羧化酶：催化乙酰 CoA 合成丙二酸单酰 CoA，该酶是脂肪酸合成的限速酶、别构酶，生物素为辅基
2. 脂肪酸合成酶系：大肠杆菌由 6 种酶和 ACP 结合成脂肪酸合成酶系，共同完成软脂酸的合成，ACP 是酰基载体</td></tr>
<tr><td>柠檬酸穿梭</td><td colspan="2">乙酰 CoA 在柠檬酸的携带下进入胞液</td></tr>
<tr><td>过程</td><td colspan="2">乙酰 CoA 和丙二酸单酰 CoA 经酰基转移、缩合、还原、脱水、还原循环过程，每次增加两个碳原子</td></tr>
</table>

续表

<table>
<tr><td rowspan="11">脂类物质的代谢</td><td rowspan="5">磷脂的代谢</td><td rowspan="4">甘油磷脂的合成</td><td>部位</td><td>各组织细胞的内质网</td></tr>
<tr><td>原料</td><td>脂肪酸、磷酸盐、ATP、CTP等</td></tr>
<tr><td rowspan="2">过程</td><td>甘油二酯途径:先合成CDP-胆碱或CDP-乙醇胺后,再将氨基醇转移给甘油二酯生成甘油磷脂</td></tr>
<tr><td>CDP-甘油二酯合成途径:先形成CDP-甘油二酯,然后将甘油二酯转移给丝氨酸生成甘油磷脂
磷脂酰乙醇胺接受S-腺苷甲硫氨酸上的甲基,生成磷脂酰胆碱</td></tr>
<tr><td colspan="3">磷脂的降解:磷脂酶 A_1、磷脂酶 A_2、磷脂酶C和磷脂酶D</td></tr>
<tr><td rowspan="6">胆固醇的代谢</td><td rowspan="3">合成</td><td>部位</td><td>主要在肝细胞的胞液中进行</td></tr>
<tr><td>原料</td><td>乙酰CoA、NADPH、ATP等</td></tr>
<tr><td>关键酶</td><td>HMGCoA还原酶</td></tr>
<tr><td rowspan="3">转化</td><td colspan="2">1. 转化为胆汁酸——是体内代谢的主要去路</td></tr>
<tr><td colspan="2">2. 转化为类固醇激素</td></tr>
<tr><td colspan="2">3. 转化为7-脱氢胆固醇</td></tr>
</table>

本章思考题

一、名词解释

1. 脂肪动员　　2. 脂肪酸的β-氧化

二、填空题

1. 脂肪是动物和许多植物的主要能量贮存形式，是由________与3分子________酯化而成的。

2. 脂肪酸β-氧化是在________中进行的。

3. 脂肪酸β-氧化时第一次脱氢的受氢体是________，第二次脱氢的受氢体是________。

4. 一个碳原子数为N（N为偶数）的脂肪酸在β-氧化中需经________次β-氧化循环，生成________个乙酰CoA。

5. 乙醛酸循环中的两个关键酶是________和________。

6. 脂肪酸的合成，需原料________、________和ATP等。

7. 脂肪酸合成过程中，乙酰-CoA来源于________或________。

8. 脂肪酸合成过程中所需的NADPH主要来源于________。

三、选择题

1. 下列（　　）是脂肪分解的限速酶。

A. 蛋白激酶　　B. 甘油一酯脂肪酶

C. 甘油二酯脂肪酶　　D. 激素敏感性甘油三酯脂肪酶

2. 能促进脂肪动员的激素是（　　）。

A. 肾上腺素　　B. 胰高血糖素

C. 促甲状腺素　　D. 以上都是

3. 脂肪酸的活化形式是（　　）。

A. 脂肪酸-清蛋白复合物　　B. 脂肪

C. 脂酰 CoA　　D. 磷脂酰胆碱

4. 脂酰 CoA 在肝脏中进行 β-氧化的酶促反应顺序为（　　）。

A. 脱水、加氢、再脱水、硫解　　B. 脱氢、加水、再脱氢、硫解

C. 脱氢、加水、加氢、硫解　　D. 加氢、脱水、脱氢、硫解

5. 1 分子甘油在肝组织彻底氧化生成 CO_2 和 H_2O，净生成 ATP 的分子数为（　　）。

A. 17.5　　B. 18.5

C. 20.5　　D. 22

6. 1 分子十八碳硬脂酸经过 β-氧化，其产物通过三羧酸循环和氧化磷酸化生成 ATP 的分子数为（　　）。

A. 131　　B. 129

C. 120　　D. 122

7. 脂肪酸生物合成的限速酶是（　　）。

A. 肉碱脂酰转移酶Ⅰ　　B. 乙酰 CoA 羧化酶

C. 脂酰 CoA 合成酶　　D. 水化酶

8. 酰基载体蛋白（ACP）的功能是（　　）。

A. 转运胆固醇　　B. 激活脂蛋白脂肪酶

C. 脂肪酸合成酶系的核心　　D. 转运脂肪酸

9. 脂肪酸 β-氧化、酮体生成和胆固醇合成过程中共同的中间产物是（　　）。

A. 丙二酸单酰 CoA　　B. 乙酰 CoA

C. 乙酰乙酰 CoA　　D. HMG-CoA

10. 合成胆固醇的原料是（　　）。

A. 草酰乙酸　　B. 柠檬酸

C. 乙酰 CoA　　D. 苹果酸

四、问答题

1. 什么是酮体？酮体对于动物有什么生理意义？

2. 脂肪酸的从头生物合成和脂肪酸的 β-氧化是否互为逆过程？它们之间有什么主要的差别？

第九章

蛋白质的酶促降解与氨基酸代谢

内容概要与学习指导——蛋白质的酶促降解与氨基酸代谢

本章重点介绍了氨基酸的共同分解代谢途径，尤其是氨基酸的脱氨基作用，扼要介绍了氨基酸的脱羧基作用，对蛋白质的酶促降解与个别氨基酸代谢作了简要概述。

氨基酸的脱氨基作用包括氧化脱氨基作用、转氨基作用、联合脱氨基作用和嘌呤核苷酸循环。谷氨酸经氧化脱氨基作用在 L-谷氨酸脱氢酶作用下脱氨生成 α-酮戊二酸；转氨基作用是在转氨酶的作用下一种氨基酸与一种酮酸进行氨基移换反应生成另一种氨基酸和另一种酮酸的过程，谷丙转氨酶和谷草转氨酶是两种重要的转氨酶，可以进行医学诊断；联合脱氨基作用是指转氨基作用与氧化脱氨基作用联合进行的一种脱氨方式，是生物体内主要的脱氨方式。嘌呤核苷酸循环是在骨骼肌和心肌中存在的一种联合脱氨方式，接收氨基酸上的氨的化合物是次黄苷酸，经腺苷酸代琥珀酸裂解生成腺苷酸后脱氨。

在哺乳动物体内生成的氨以丙氨酸、谷氨酰胺形式运至肝脏进入鸟氨酸循环生成尿素。氨也可直接排出或通过转变生成尿酸。生成的 α-酮酸是氨基酸合成的碳骨架，用于再合成氨基酸。依据碳骨架的来源氨基酸的合成分为六大类：α-酮戊二酸衍生型、草酰乙酸衍生型、丙酮酸衍生型、3-磷酸甘油酸衍生型、磷酸烯醇式丙酮酸衍生型和 5-磷酸核糖衍生型。α-酮酸也可经不同的代谢途径，转变成糖或者脂类，或者继续氧化，最终生成 CO_2、H_2O 及能量。

氨基酸脱羧后生成胺，部分氨基酸脱羧后生成的胺是生物活性物质，具有一定的生理功能。

由于氨基酸的侧链基团不同，在体内的代谢途径也不一样。生物体内许多重要的生物活性物质都是由氨基酸衍生而来。芳香族氨基酸可转化为黑色素、多巴胺、肾上腺素和甲状腺素等；含硫氨基酸可转化为牛磺酸、胱氨酸、S-腺苷甲硫氨酸等。氨基酸也是一碳单位的直接提供者。一碳单位是指含有一个碳原子的基团，载体是四氢叶酸，来源于甘氨酸、丝氨酸、组氨酸、色氨酸的分解，主要用于嘌呤和嘧啶的合成。

学习本章时应注意：

① 依据氨基酸的结构通式，掌握氨基酸的共同代谢途径——脱氨基作用和脱羧基作用；

② 对共同代谢途径的产物氨、酮酸、胺依据去路进行学习；

③ 结合脱氨后生成的酮酸类型学习氨基酸合成代谢；

④ 以芳香族氨基酸、含硫氨基酸、一碳单位来源的氨基酸为重点掌握个别氨基酸代谢产生的生物活性物质、酶缺乏症引起的代谢异常。

生物体内的蛋白质不断地进行分解代谢，也不断地进行合成代谢，二者处于动态平衡之中。动物从体外摄入的蛋白质，在消化道内由胃、胰和小肠分泌的各种蛋白质水解酶消化分解为氨基酸，然后被吸收利用；植物和微生物的营养类型与动物不同，一般不直接利用蛋白质作为营养物质，但其细胞内的蛋白质在代谢时仍然需要先水解为氨基酸才能被利用。不同生物合成蛋白质的能力也不相同，所摄取的氮源也不同，但要合成蛋白质，必须先合成氨基酸。因此本章着重讨论蛋白质的酶促降解、氨基酸的分解与转化以及氨基酸的生物合成过程。

第一节　蛋白质的酶促降解

一、食物蛋白质的酶促水解

蛋白质的酶促水解是指在各种蛋白水解酶的作用下，食物蛋白质被水解生成氨基酸的过程。

因唾液中没有消化蛋白质的酶，所以蛋白质的消化从胃中开始。在胃里受胃蛋白酶的作用，蛋白质分解成分子量较小的肽，这些小肽进入小肠后，受来自胰脏的胰蛋白酶和胰凝乳蛋白酶的作用，进一步分解成更小的肽。小肽又被胰腺分泌的羧肽酶和肠黏膜里的氨肽酶、二肽酶作用，分解成氨基酸。胃蛋白酶、胰蛋白酶和胰凝乳蛋白酶是从肽链内水解肽键，因此称为肽链内切酶；羧肽酶和氨肽酶从肽链的一端水解肽键，因此称为肽链外切酶；二肽酶水解二肽。蛋白质水解酶的类型、酶切位点及产物见表 9-1。

表 9-1　蛋白质水解酶的类型、酶切位点及产物

类型	名称	作用点	产物
肽链内切酶	胃蛋白酶	芳香族氨基酸、蛋氨酸、亮氨酸等残基形成的肽键	小肽
	胰蛋白酶	碱性氨基酸(K、R)羧基形成的肽键	
	胰凝乳蛋白酶	芳香族氨基酸(F、Y、W)羧基形成的肽键	
肽链外切酶	氨肽酶	从 N 端逐个水解肽键	氨基酸和肽
	羧肽酶	从 C 端逐个水解肽键	
二肽酶	二肽酶	二肽的肽键	氨基酸

植物体也含蛋白水解酶，根据来源不同可分为种子的蛋白酶、叶和芽的蛋白酶、果实的蛋白酶等。

微生物也含蛋白酶，可分为细胞内蛋白酶和细胞外蛋白酶。

由于这些酶对不同氨基酸形成的肽键具有专一性，因此这些蛋白水解酶常用于测定肽和蛋白质的一级结构。

二、细胞内蛋白质的酶促降解

组织蛋白质在生理状态下处于不断降解与合成的动态平衡。不同蛋白质的存活时间差异很大，短则几分钟，长则几周或几个月，蛋白质的寿命通常用半衰期 $t_{1/2}$ 表示，即蛋白质降解至其浓度一半时的时间。组织蛋白质降解途径有多种，目前了解较清楚的有以下两种。

1. 溶酶体的蛋白质降解途径

溶酶体是由单层膜包裹的一种细胞器，它含有约 50 种水解酶，其中包括降解蛋白质的多种蛋白水解酶。利用溶酶体中的各种蛋白水解酶催化蛋白质的降解，这是细胞内蛋白质的主要降解途径。一般半寿期长的蛋白质可经此途径降解。

2. 泛素介导的蛋白质降解途径

泛素是含有76个氨基酸残基、分子量约为8.5×10^3的小分子碱性蛋白质，其广泛存在于真核生物中，且具有高度保守性，人类和酵母的泛素有90%的相似性。大多数短半寿期的蛋白质都经此途径降解，其降解过程包括两个步骤。

（1）蛋白质的泛素化——降解蛋白质的标记　蛋白质通过与泛素依赖ATP水解释放的能量在泛素化酶的作用下以共价键相连而给被选定降解的蛋白质加以标记，生成靶蛋白-泛素复合物。通常情况下，是若干个泛素分子与靶蛋白形成一个多泛肽链。

（2）泛素化蛋白质的降解　蛋白酶体含有多种酶，能够识别泛素化的蛋白质，从而将靶蛋白降解为小分子肽，同时释放出泛素。

第二节　氨基酸的分解代谢

氨基酸的一般代谢

由于天然氨基酸分子都含有α-氨基和α-羧基，所以氨基酸都有共同的分解代谢途径——脱氨基作用和脱羧基作用。此外，由于不同氨基酸的侧链不同，个别氨基酸还有特殊的代谢途径。

一、脱氨基作用

脱氨基作用是氨基酸的主要代谢途径，即氨基酸通过氧化脱氨基、转氨基、联合脱氨基和非氧化脱氨基等作用脱掉氨基的过程。

1. 氧化脱氨基作用

α-氨基酸在酶的催化下氧化生成α-酮酸，消耗氧并产生氨的过程。

催化氨基酸氧化脱氨基作用的酶主要有两类：一类是氨基酸氧化酶，有L-氨基酸氧化酶、D-氨基酸氧化酶；另一类是氨基酸脱氢酶，主要有L-谷氨酸脱氢酶。

L-氨基酸氧化酶、D-氨基酸氧化酶都是黄素蛋白酶，辅酶为FAD或FMN，它催化氨基酸脱氢，脱下的氢由黄素蛋白携带并转交到分子氧形成过氧化氢，再由细胞内过氧化氢酶分解为H_2O和O_2；氨基酸脱氢生成不稳定的中间产物亚氨基酸，亚氨基酸在水溶液中水解为α-酮酸和氨。反应过程如下：

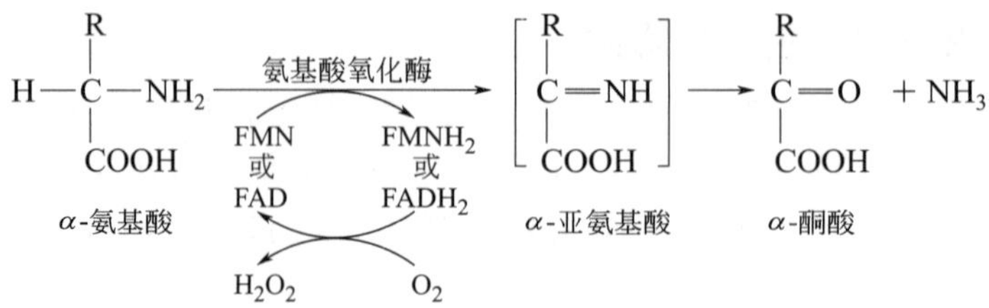

由于L-氨基酸氧化酶在体内分布少，最适pH为10，在正常条件下该酶的活性很低；D-氨基酸氧化酶在体内分布广、活性强，但其最适底物D-氨基酸在体内含量少，所以这两种酶在氨基酸氧化脱氨基反应中作用不大。

L-谷氨酸脱氢酶的最适底物为L-Glu，辅酶为NAD^+或$NADP^+$，能催化L-Glu氧化脱氨基生成α-酮戊二酸和氨，脱氢后氢原子经呼吸链传递给氧生成水。其催化的反应如下：

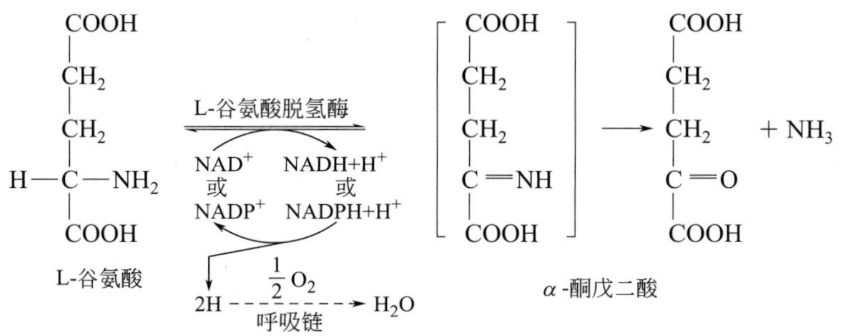

上述反应是可逆的，L-谷氨酸脱氢酶也可催化 α-酮戊二酸和氨生成谷氨酸。目前味精生产就是根据这一反应的原理，利用微生物体所产生的谷氨酸脱氢酶生产谷氨酸。

L-谷氨酸脱氢酶也是一种别构酶，ATP、GTP、NADH 是其别构抑制剂，ADP、GDP 是其别构激活剂。当 ATP、GTP 不足时，谷氨酸氧化脱氨基作用加速，从而调节氨基酸氧化分解供给机体所需能量。

2. 转氨基作用

转氨基作用是生物体内普遍存在的一种脱氨基方式，参与转氨基作用的酶是转氨酶。转氨基作用就是在转氨酶的催化下，一种氨基酸的氨基转移到一个 α-酮酸上，生成一个新的酮酸和一个新的氨基酸的过程。转氨酶的辅酶是磷酸吡哆醛，其是维生素 B_6 的磷酸酯。磷酸吡哆醛能接受氨基酸分子中的 α-氨基而变成磷酸吡哆胺，同时氨基酸变成 α-酮酸。磷酸吡哆胺再将其氨基转移给另一分子的 α-酮酸，生成另一分子的氨基酸。反应如下：

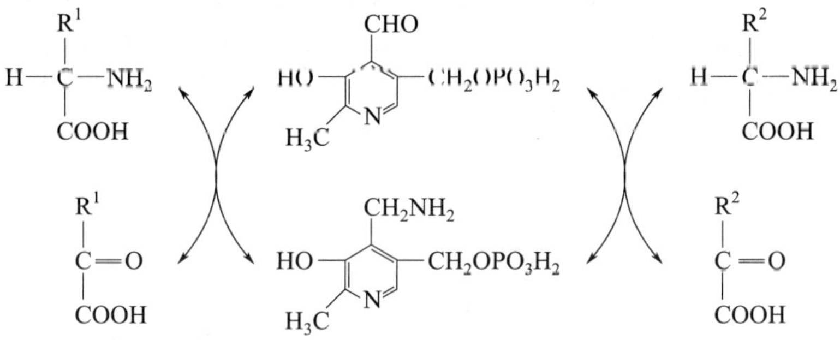

上述反应的平衡常数接近 1.0，因此转氨基反应几乎都是可逆反应。其中，α-氨基酸可以看作是氨基的供体，α-酮酸是氨基的受体，磷酸吡哆醛则是氨基酸分解代谢中的一种氨基传递体。由于 α-氨基酸和 α-酮酸在生物体内可以相互转化，因此，转氨基作用既是氨基酸降解的开始，也是非必需氨基酸合成的重要步骤。人体和动物之所以在营养上需要某些氨基酸，就是因为不能合成这些氨基酸相对应的 α-酮酸。

实践证明，除甘氨酸、苏氨酸、赖氨酸、脯氨酸和羟脯氨酸外，其余氨基酸都可以通过其特异的转氨酶而参加转氨基作用。在生物体内，接受氨基最主要的 α-酮酸是 α-酮戊二酸。因此，氨基酸可以在不同转氨酶的作用下，将它们的氨基转到一个共同的氨基受体——α-酮戊二酸上，生成统一的代谢中间物——谷氨酸，谷氨酸再经 L-谷氨酸脱氢酶的催化导致氨基酸的氧化分解。

转氨酶的种类很多，但其中以谷草转氨酶（GOT）和谷丙转氨酶（GPT）最为重要。谷草转氨酶催化谷氨酸与草酰乙酸之间的转氨基作用，其在心脏中活力最大，其次为肝脏；谷丙转氨酶催化谷氨酸与丙氨酸之间的转氨基作用，其在肝脏中活力最大。当肝细胞损伤时，酶释放到血液内，导致血清中谷丙转氨酶活性增加。临床上，常测定谷丙转氨酶活力作为肝功能诊断的指标之一。反应如下：

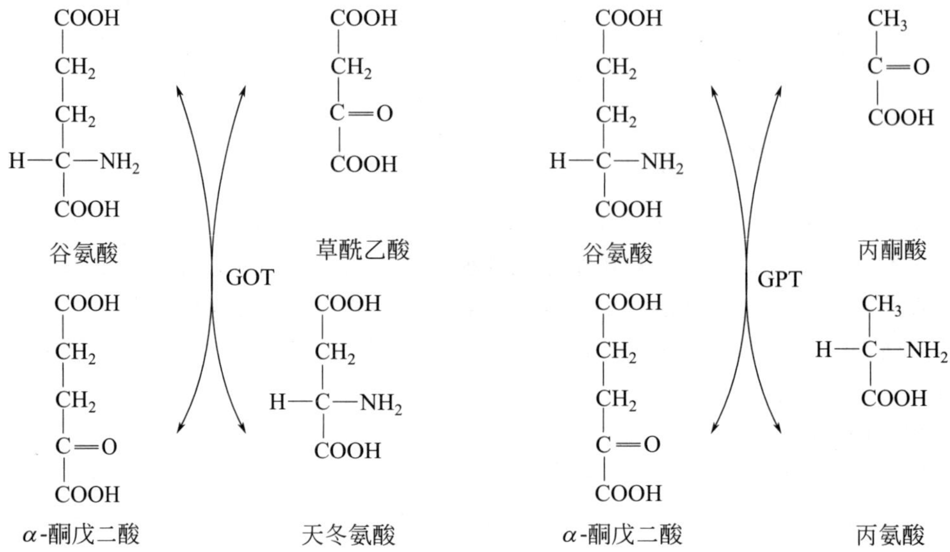

3. 联合脱氨基作用

转氨基作用虽然普遍，但不能使氨基酸最后脱去氨基，只是把氨基从一种氨基酸上转移到另一种氨基酸上；氧化脱氨基作用也仅把谷氨酸的氨基脱掉。因而，动物体内大部分氨基酸都是先将氨基转移到 α-酮戊二酸上，生成谷氨酸，然后，谷氨酸在谷氨酸脱氢酶作用下，重新生成 α-酮戊二酸，同时放出氨。像这种脱氨基作用的方式是转氨基作用和氧化脱氨基作用联合进行的，称为联合脱氨基作用。反应式如下：

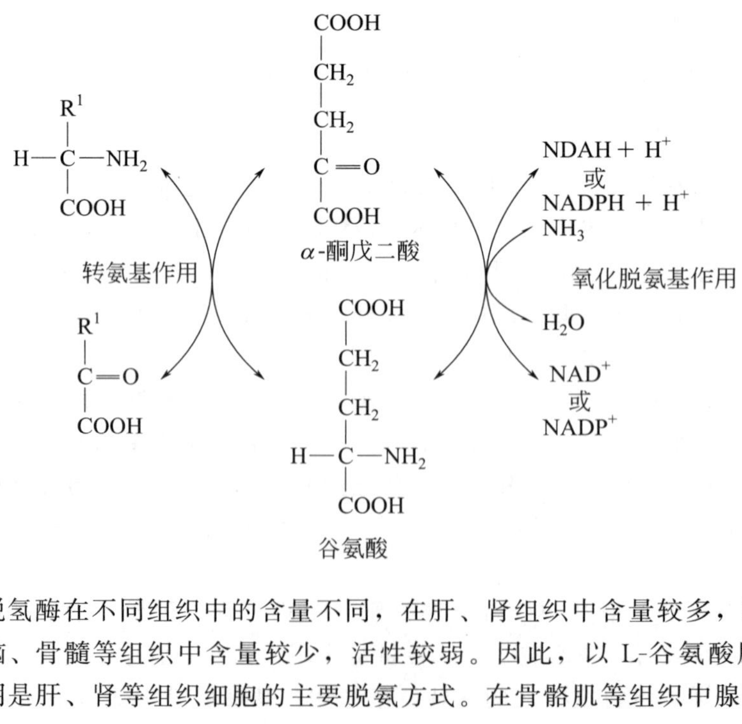

L-谷氨酸脱氢酶在不同组织中的含量不同，在肝、肾组织中含量较多，活力较强；在骨骼肌、心肌、脑、骨髓等组织中含量较少，活性较弱。因此，以 L-谷氨酸脱氢酶为中心的联合脱氨基作用是肝、肾等组织细胞的主要脱氨方式。在骨骼肌等组织中腺苷酸脱氨酶、腺苷酸代琥珀酸合成酶、腺苷酸代琥珀酸裂解酶含量高、活性大，所以在这些组织中存在另一种联合脱氨方式——嘌呤核苷酸循环。

在动物骨骼肌、心肌、脑组织中，氨基酸氧化脱氨基是通过嘌呤核苷酸循环进行的，反应过程见图 9-1。

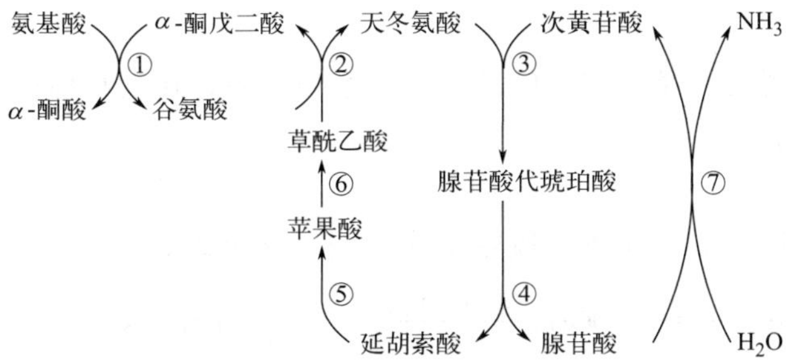

图 9-1　嘌呤核苷酸循环

①转氨酶；②谷草转氨酶；③腺苷酸代琥珀酸合成酶；④腺苷酸代琥珀酸裂解酶；⑤延胡索酸酶；⑥苹果酸脱氢酶；⑦腺苷酸脱氨酶

在此过程中，氨基酸首先通过连续的转氨基作用将氨基转移给草酰乙酸，生成天冬氨酸，天冬氨酸与次黄嘌呤核苷酸（IMP）反应生成腺苷酸代琥珀酸，后者在腺苷酸代琥珀酸裂解酶的作用下裂解，释放出延胡索酸并生成腺嘌呤核苷酸（AMP）。AMP 在腺苷酸脱氨酶催化下脱去氨基，最终完成了氨基酸的脱氨基作用，IMP 可以再参加循环。实验证明，氨有 50%是经此循环产生的。

4. 非氧化脱氨基作用

生物体内上某些氨基酸还可以通过非氧化脱氨基作用将氨基脱掉。这种脱氨基方式大多在微生物体内进行，包括脱水脱氨基、脱硫化氢脱氨基、直接脱氨基和水解脱氨基 4 种方式。

而在动植物体内，还可通过谷氨酰胺酶和天冬酰胺酶进行谷氨酰胺和天冬酰胺的脱氨基作用，生成相应的谷氨酸和天冬氨酸。因此，谷氨酰胺和天冬酰胺也是动植物体内氨的储运形式。

二、脱羧基作用

氨基酸脱羧基作用是氨基酸分解代谢的另一种共同途径。氨基酸在脱羧酶作用下脱去羧基生成伯胺和二氧化碳。这个反应除组氨酸脱羧酶外，都以磷酸吡哆醛作为辅酶，反应通式为：

$$\mathrm{H}-\underset{\mathrm{COOH}}{\overset{\mathrm{R}}{\underset{|}{\overset{|}{\mathrm{C}}}}}-\mathrm{NH_2}\xrightarrow{\text{氨基酸脱羧酶}}\underset{}{\overset{\mathrm{R}}{\overset{|}{\mathrm{CH_2}}}}-\mathrm{NH_2}+\mathrm{CO_2}$$

微生物、高等动植物的组织中普遍存在氨基酸脱羧酶，氨基酸脱羧酶具有很高的专一性，除个别情况，一种氨基酸脱羧酶只能对一种氨基酸起作用。在正常生理状态下，氨基酸脱羧基作用不是氨基酸分解代谢的主要途径，但部分脱羧作用的产物胺类是重要的生物活性物质。

1. 谷氨酸脱羧

谷氨酸在谷氨酸脱羧酶作用下，直接脱羧生成 γ-氨基丁酸。反应式如下：

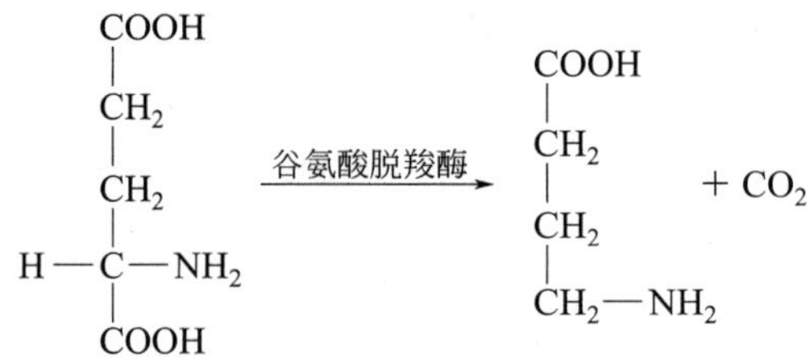

γ-氨基丁酸是抑制性神经递质，广泛存在于生物体内，在动物体内具有抑制突触传导的作用，常用作镇静剂。

2. 组氨酸脱羧

组氨酸在组氨酸脱羧酶作用下，脱羧生成组胺。反应式如下：

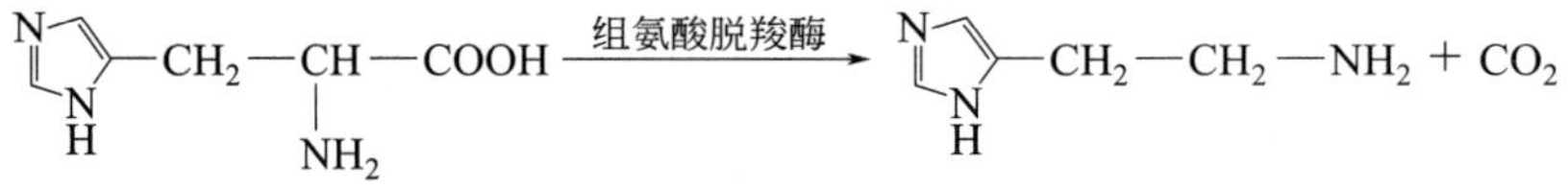

组胺是一种强烈的血管舒张剂，广泛分布于动物的乳腺、肺、肝、肌肉等组织，有降低血压的作用。

3. 色氨酸脱羧

色氨酸在脱羧酶的作用下，脱羧产生色胺。色胺在植物体内可转化为植物生长素即吲哚乙酸，在动物体内经羟化后脱羧生成 5-羟色胺。5-羟色胺在脑中作为抑制性神经递质，在外周组织中具有收缩血管的作用。反应式如下：

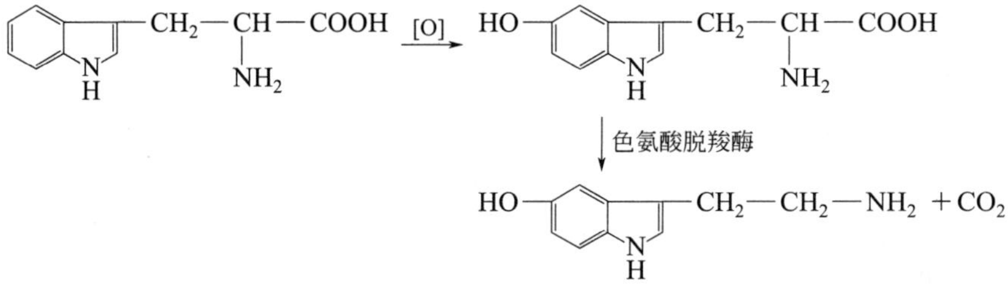

4. 丝氨酸脱羧

丝氨酸在丝氨酸脱羧酶催化下脱羧生成乙醇胺，后者经甲基化转变成胆碱，乙醇胺和胆碱是合成脑磷脂和卵磷脂的成分。反应式如下：

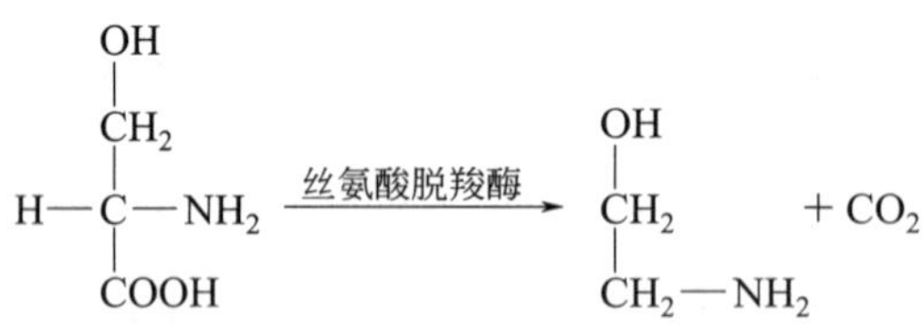

5. 赖氨酸、精氨酸、鸟氨酸脱羧

赖氨酸脱羧生成尸胺，鸟氨酸脱羧生成腐胺，精氨酸脱羧生成精胺可转化为腐胺。它们一方面是细菌分解蛋白质的产物；另一方面，腐胺有促进动物和细菌细胞生长的效应，对 RNA 合成也有刺激作用，在植物体内可能起着维持细胞内 pH 值恒定的作用。

三、氨基酸分解产物的转化

氨基酸分解代谢的产物 NH_3、α-酮酸、胺和 CO_2，除 CO_2 随呼吸呼出体外，NH_3、α-酮酸、胺必须转化才能变成可被排出体外的物质或合成体内有用的物质。

（一）胺的转化

绝大多数胺类对动物有毒。如果体内生成大量胺类，能引起神经和心血管系统功能紊乱。但体内有胺氧化酶，能将胺氧化为醛和氨，醛可以进一步氧化为脂肪酸，再分解为二氧化碳和水。反应式如下：

$$RCH_2NH_2 + O_2 + H_2O \xrightarrow{\text{胺氧化酶}} RCHO + H_2O_2 + NH_3 \dashrightarrow \text{乌氨酸循环}$$

$$RCHO \xrightarrow{[O]} RCOOH \dashrightarrow \text{脂肪酸分解代谢}$$

（二）氨的转化

高等动植物体内都具有保留并重新利用氨的能力，但氨是有毒物质，在体内积累超过一定量时会引起中毒（高等动物血液中含 1% 氨便会引起中枢神经系统中毒），严重时更会引起死亡（兔血液中氨含量达 5mg/100mL，即死亡）。但在正常情况下，生物体很少出现氨过多的现象，其原因是在植物体内，氨可转变为酰胺暂时贮存起来；在动物体内，根据动物生存环境不同，氨或者直接排出体外，或者转变成尿酸或尿素再排出体外。

1. 氨的排泄

在动物进化过程中，由于外界环境的改变，各种动物排氨的方式不同。

① 原生动物、鱼类和水生两栖类主要是排氨的。由于其体内及体外水的供应充足，其脱氨基作用脱下的氨可以由大量的水稀释而随水直接排出体外。

② 陆生爬虫类和鸟类主要是排尿酸的。鸟类及生活在比较干燥环境中的爬虫类，由于水的供应困难，所产生的氨以溶解度较小的尿酸排出体外。

③ 陆生高等动物和人类主要是排尿素的。由于其体内水的供应不缺乏，故脱氨基作用产生的氨以溶解度较大的尿素排出体外。

2. 尿素的生成

（1）乌氨酸循环　乌氨酸循环是德国科学家 H. Krebs 和他的学生 K. Henseleit 根据一系列实验结果于 1932 年提出的第一个环状代谢途径。

在动物肝脏中，氨基酸分解代谢产生的氨经过一个由乌氨酸和 NH_3 生成瓜氨酸开始，又回到乌氨酸并生成一分子尿素的循环过程，这一过程称为乌氨酸循环，又称尿素循环，见图 9-2。

乌氨酸循环

乌氨酸循环共包括五步连续的化学变化。

① 氨甲酰磷酸的生成。在氨甲酰磷酸合成酶催化下，在线粒体内由脱氨基作用产生的 NH_3（NH_4^+）和 CO_2（HCO_3^-）、ATP 生成氨甲酰磷酸。反应式如下：

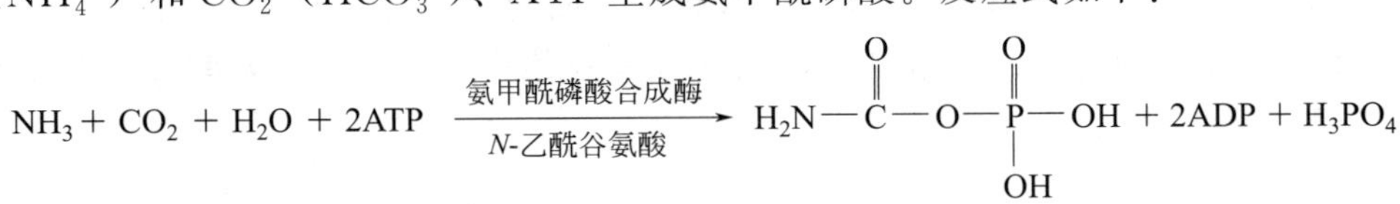

真核生物的氨甲酰磷酸合成酶有氨甲酰磷酸合成酶Ⅰ（CPS-Ⅰ）和氨甲酰磷酸合成酶Ⅱ（CPS-Ⅱ）两类，氨甲酰磷酸合成酶Ⅰ存在于线粒体中，是乌氨酸循环中的酶，以氨为氮源，以 *N*-乙酰谷氨酸作为辅助因子，生成的氨甲酰磷酸用来合成尿素；氨甲酰磷酸合成酶Ⅱ存在于胞液中，是嘧啶合成代谢中的酶，以谷氨酰胺为氮源，合成的氨甲酰磷酸用于合成嘧啶。

反应需要 ATP 供能，消耗 2 分子的 ATP。

② 瓜氨酸的生成。在线粒体内乌氨酸氨甲酰转移酶的催化下，将氨甲酰磷酸中的氨甲酰基转移到乌氨酸上，形成瓜氨酸。反应式如下：

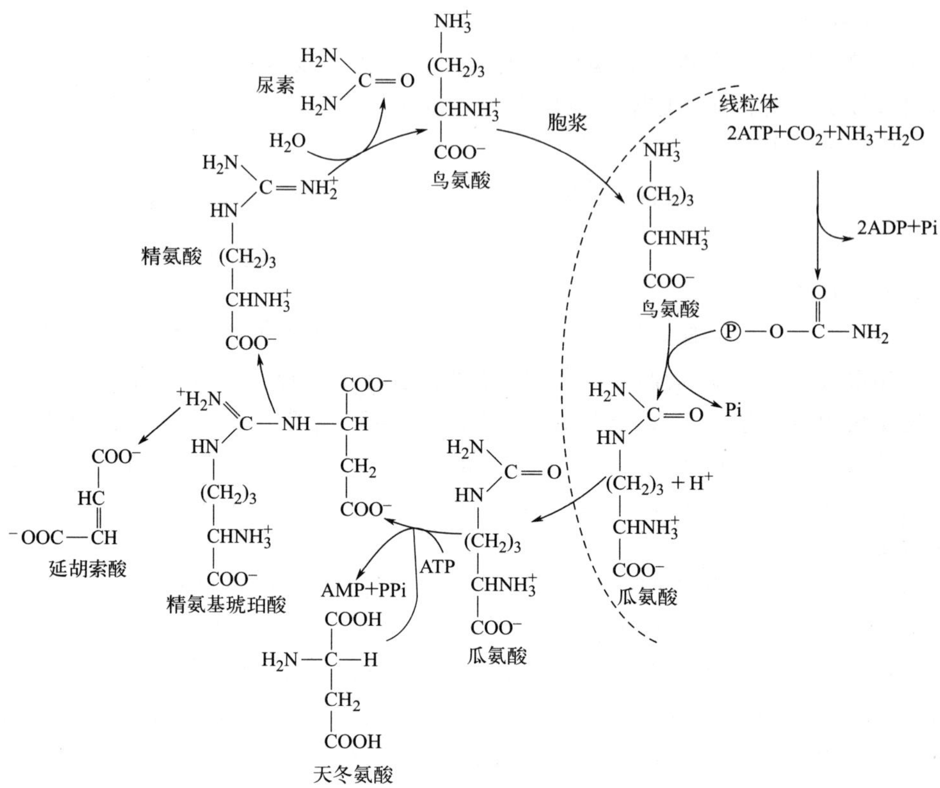

图 9-2　鸟氨酸循环

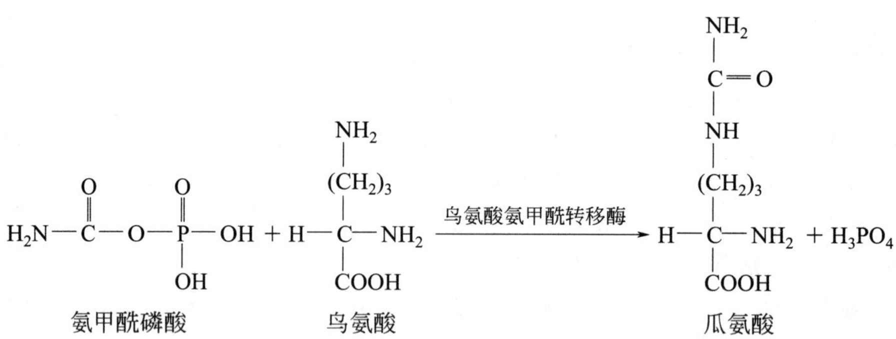

鸟氨酸循环中的①②步反应在线粒体中进行，下面的③④⑤在胞液中进行。

③ 精氨基琥珀酸的生成。在精氨基琥珀酸合成酶的作用下，由瓜氨酸和天冬氨酸合成精氨基琥珀酸。反应式如下：

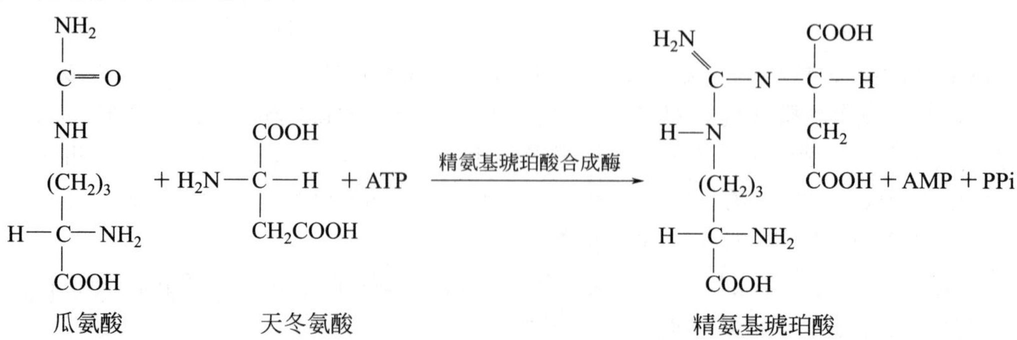

反应需 ATP 供能，消耗了 2 个高能磷酸键。

④ 精氨酸的生成。在精氨基琥珀酸裂解酶的催化下，精氨基琥珀酸裂解为精氨酸和延胡索酸。反应式如下：

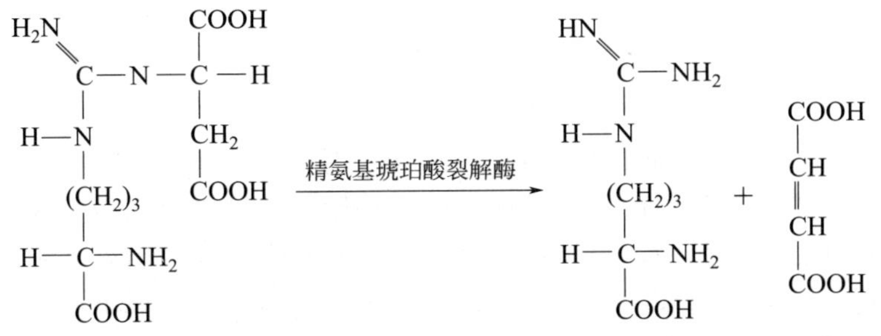

精氨基琥珀酸　　　　精氨酸　　延胡索酸

⑤ 尿素的生成。精氨酸在精氨酸酶的作用下，水解形成尿素和鸟氨酸，完成一次循环。鸟氨酸又可与氨甲酰磷酸结合生成瓜氨酸，重复循环。反应式如下：

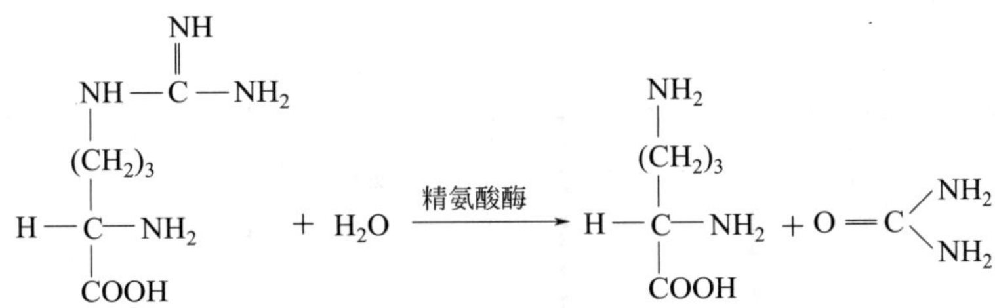

精氨酸　　　　鸟氨酸　　尿素

鸟氨酸循环所产生的延胡索酸可以进入三羧酸循环转变为草酰乙酸，草酰乙酸可用于柠檬酸的生成、天冬氨酸的生成或经糖异生途径生成葡萄糖。延胡索酸连接了鸟氨酸循环与三羧酸循环。

所有哺乳动物都能通过上述反应合成精氨酸，但只有哺乳动物的肝中具有精氨酸酶，所以尿素的形成主要在肝细胞中进行。

尿素循环总反应式如下：

$$2NH_2 + CO_2 + 3ATP + 3H_2O \longrightarrow O{=}C\begin{matrix} NH_2 \\ NH_2 \end{matrix} + 2ADP + AMP + 4Pi$$

（2）鸟氨酸循环的特点

① 合成 1 分子尿素共消耗 2 分子氨，其中一个来自联合脱氨基作用中产生的氨，另一个来自天冬氨酸上的氨。

② 合成 1 分子尿素，消耗 3 分子 ATP，消耗 4 个高能磷酸键的能量。

③ 通过延胡索酸把鸟氨酸循环与柠檬酸循环联系起来，故又称“尿素-柠檬酸双循环”。

④ 鸟氨酸循环中氨甲酰磷酸、瓜氨酸合成在线粒体内进行，其余三步在胞液中进行。

⑤ 尿素是哺乳动物蛋白质代谢的最终产物，尿素中氮占尿中排出的总氮量的 90%。

（3）尿素循环的调节

① 氨甲酰磷酸合成酶的别构调节。氨甲酰磷酸合成酶Ⅰ是一种别构调节酶，*N*-乙酰谷氨酸（AGA）是该酶的别构激活剂，它催化的反应是不可逆的，是鸟氨酸循环中的限速反应。当氨基酸降解速率增加时，谷氨酸的浓度增加，刺激 *N*-乙酰谷氨酶合成酶催化谷氨酸

与乙酰 CoA 合成 N-乙酰谷氨酸，随之激活了氨甲酰磷酸合成酶，促进尿素的生成。

② 精氨基琥珀酸合成酶的调节。尿素合成酶系中共有 5 种酶，各种酶的活性相差很大，其中精氨基琥珀酸合成酶的活性最低，是尿素合成的限速酶，可调节尿素合成速度。

3. 氨的转运

有毒的氨除少量以游离状态存在外，主要以无毒的丙氨酸和谷氨酰胺的形式在血液中运输。

(1) 丙氨酸-葡萄糖循环　肌肉组织中产生的氨主要以丙氨酸形式运输。

在肌肉组织中，脱氨基作用产生的氨通过转氨基作用转移给丙酮酸生成丙氨酸，丙氨酸随血液循环运送到肝脏。在肝中，丙氨酸通过联合脱氨基作用释放出氨，用于合成尿素或合成其他含氮化合物，生成的丙酮酸经糖异生途径生成葡萄糖，葡萄糖由血液运输到肌肉。在肌肉中，葡萄糖沿糖酵解途径重新生成丙酮酸，后者再接受氨基生成丙氨酸，完成一次循环。通过这一循环，使肌肉中的氨以无毒的丙氨酸作为载体运送到肝，同时肝又为肌肉提供了生成丙酮酸的葡萄糖。丙酮酸和葡萄糖反复在肌肉和肝之间进行氨的转运，故将这一途径称为丙氨酸-葡萄糖循环，见图 9-3。

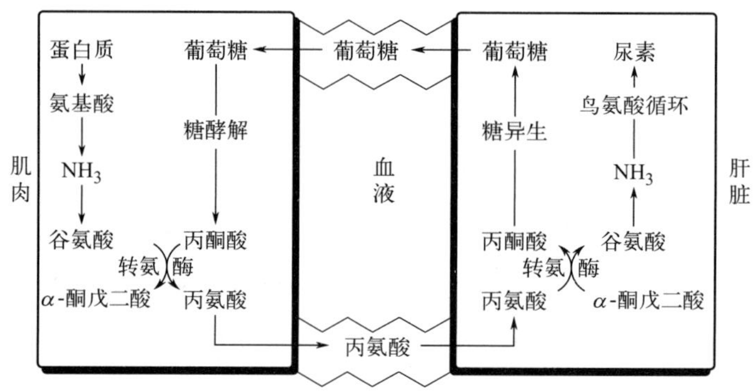

图 9-3　丙氨酸-葡萄糖循环

氨的转运

(2) 谷氨酰胺的合成与分解　谷氨酰胺不仅是氨的另一种运输形式，而且是氨的解毒形式和贮存形式。

在动物脑、肌肉组织中存在谷氨酰胺合成酶，催化谷氨酸和氨结合生成谷氨酰胺，并由血液运送到肝或肾，再经谷氨酰胺酶水解生成谷氨酸和氨。氨在肝脏内生成尿素，在肾脏则以铵盐形式排出体外，是尿氨的主要来源。

谷氨酰胺的合成与分解是由不同酶催化的不可逆反应，其合成反应需要 ATP 参与。反应过程如下：

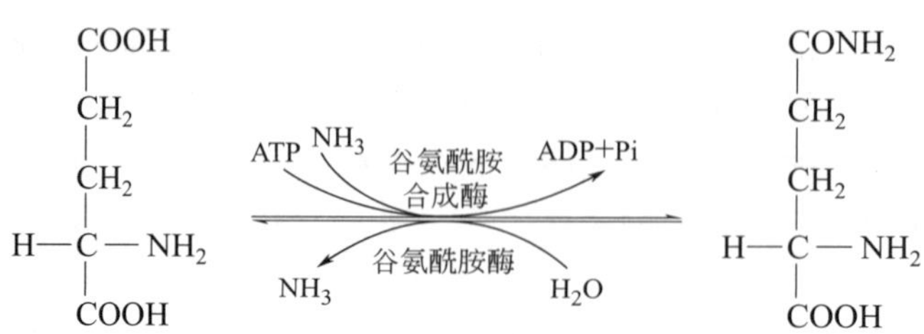

谷氨酸　　　谷氨酰胺

（三）α-酮酸的转变

氨基酸脱氨后生成的 α-酮酸可以再合成为氨基酸，可以转变为糖或脂肪，也可氧化为二氧化碳和水。

1. 合成非必需氨基酸

转氨酶催化的转氨基作用是可逆反应。α-酮酸可经转氨基作用形成相应的非必需氨基酸。由于和必需氨基酸相对应的 α-酮酸不能在体内合成，所以必需氨基酸依赖于食物供应。

2. 转变成糖或脂肪

20 种氨基酸脱氨后生成的 α-酮酸在机体内可转化成丙酮酸、乙酰 CoA、乙酰乙酰 CoA、α-酮戊二酸、琥珀酰 CoA、延胡索酸和草酰乙酸 7 种中间代谢物。凡是氨基酸脱氨后产生的酮酸在代谢中能生成乙酰 CoA 和乙酰乙酰 CoA 的氨基酸称为生酮氨基酸，包括赖氨酸和亮氨酸，乙酰 CoA 可生成脂肪酸和酮体；氨基酸脱氨基后生成的酮酸在代谢中能生成 α-酮戊二酸、琥珀酰 CoA、延胡索酸、草酰乙酸和丙酮酸的氨基酸称为生糖氨基酸，因为这些中间代谢物可通过糖异生途径转变成葡萄糖；氨基酸脱氨后生成的酮酸代谢后既可生成酮体又可生成糖的氨基酸称为生糖兼生酮氨基酸，主要是异亮氨酸、酪氨酸、苯丙氨酸、色氨酸。

3. 直接氧化生成二氧化碳和水

α-酮酸在体内可通过三羧酸循环彻底氧化成二氧化碳和水，释放能量供机体利用。氨基酸分解途径归纳见图 9-4。

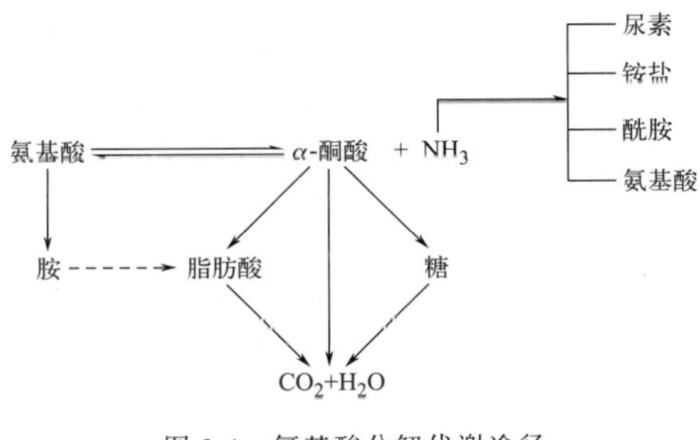

图 9-4　氨基酸分解代谢途径

个别氨基酸的分解代谢

四、个别氨基酸的分解代谢

氨基酸的脱氨基作用与脱羧基作用是氨基酸分解的共同代谢途径，由于不同氨基酸的侧链基团不同，每个氨基酸的分解途径也不一样。

（一）一碳单位与氨基酸的分解代谢

1. 一碳单位的含义

在氨基酸分解代谢过程中产生的含有一个碳原子的基团。常见的一碳单位有：甲基（—CH_3）、亚甲基或称甲烯基（—CH_2—）、次甲基或称甲炔基（—CH═）、甲酰基（—CHO）及亚氨甲基（—CH═NH）等。

2. 一碳单位的载体

一碳单位不能游离存在，常结合于四氢叶酸（FH_4）分子的 N5、N10 位上而转运，故四氢叶酸可看作是一碳单位的载体，有时 S-腺苷同型半胱氨酸也可作为一碳单位的载体，常见的一碳单位的四氢叶酸衍生物有：N^5-甲基四氢叶酸、N^5,N^{10}-亚甲基四氢叶酸、N^5,N^{10}-次甲基四氢叶酸、N^{10}-甲酰基四氢叶酸、N^5-亚氨甲基四氢叶酸等。其化学结构简式如下：

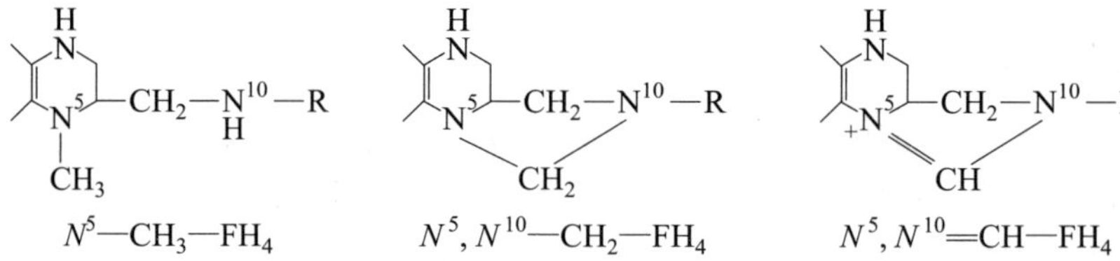

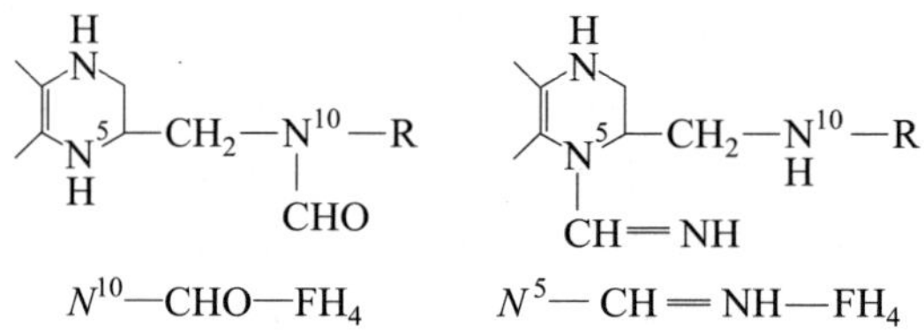

3. 一碳单位的来源

一碳单位来源于丝氨酸、甘氨酸、组氨酸、色氨酸、苏氨酸及甲硫氨酸的分解代谢，丝氨酸是一碳单位的主要来源。各种氨基酸与一碳单位的相互转化见图 9-5。

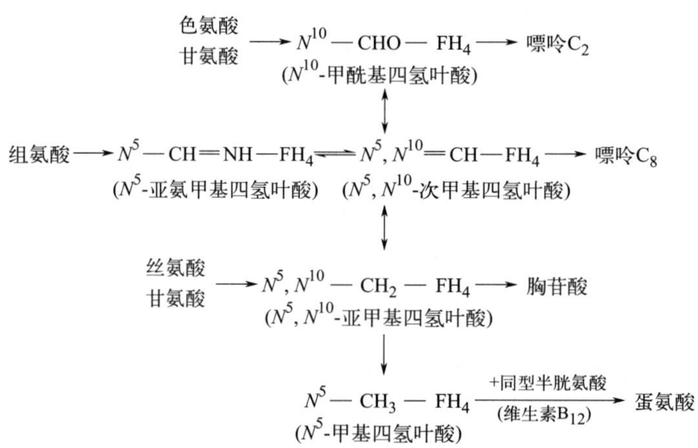

图 9-5　各种氨基酸与一碳单位的相互转化

4. 一碳单位的功能

一碳单位的主要生理功能是作为合成嘌呤与嘧啶的原料而参与核酸的生物合成。

（二）芳香族氨基酸的分解代谢

1. 苯丙氨酸与酪氨酸分解代谢

苯丙氨酸与酪氨酸的分解代谢有许多共同之处，苯丙氨酸的分解基本是通过酪氨酸完成的，两者都可脱氨生成相应的酮酸，其代谢过程见图 9-6。

芳香族氨基酸的代谢

（1）苯丙氨酸的羟化作用　苯丙氨酸在苯丙氨酸羟化酶作用下，转变成酪氨酸。当先天性苯丙氨酸羟化酶遗传性缺陷时，苯丙氨酸不能合成酪氨酸而经脱氨转变成苯丙酮酸。体内苯丙酮酸积累导致尿中苯丙酮酸及其进一步代谢物苯乙酸、苯乳酸等增多，称为苯丙酮酸尿症，此类婴幼儿患者可发生智力迟钝、发育不良等症状。

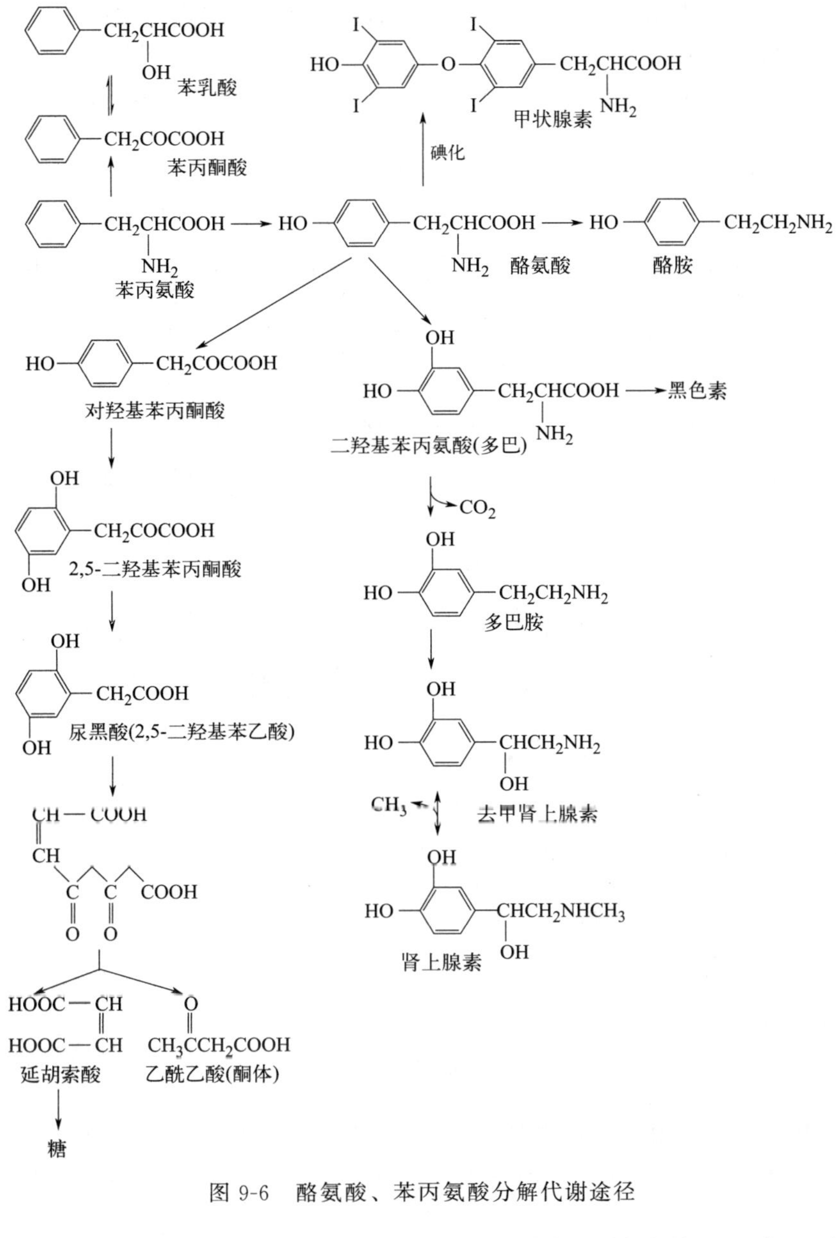

图 9-6　酪氨酸、苯丙氨酸分解代谢途径

（2）酪氨酸脱氨基作用　酪氨酸在转氨酶作用下将氨基转移给 α-酮戊二酸，本身则转变成对羟基苯丙酮酸，后者在脱羧酶作用下脱羧生成尿黑酸，尿黑酸在尿黑酸氧化酶催化下，打开苯环生成顺丁烯二酰乙酰乙酸，异构化后水解生成延胡索酸和乙酰乙酸。因先天性尿黑酸氧化酶遗传性缺陷，而引起大量尿黑酸从尿中排出，称为尿黑酸尿症，此类患者尿液加碱放置可迅速变黑，患者的骨及组织有大量的黑色物沉淀。

（3）酪氨酸氧化作用　酪氨酸在酪氨酸酶的催化下，转变为 3,4-二羟基苯丙氨酸，即多巴。多巴在人类黑色素细胞中进一步氧化、脱羧，生成吲哚醌，黑色素是吲哚醌的聚合物。当人体遗传性缺乏酪氨酸酶时，会导致黑色素合成障碍，皮肤、毛发变白，称为白化病。多巴通过多巴脱羧酶作用转变成多巴胺，多巴胺是一种神经递质，多巴胺合成减少会导致帕金森病。在肾上腺髓质中，多巴胺侧链β-碳原子可再被羟化，生成去甲肾上腺素，后者经N-甲基转移酶催化，由S-腺苷甲硫氨酸提供甲基，转变为肾上腺素。多巴胺、肾上腺素、去甲肾上腺素统称为儿茶酚胺类。

（4）酪氨酸的碘化作用　酪氨酸加碘生成3,5-二碘酪氨酸后可转化为甲状腺素。

2. 色氨酸的分解代谢

色氨酸分解代谢途径见图9-7。

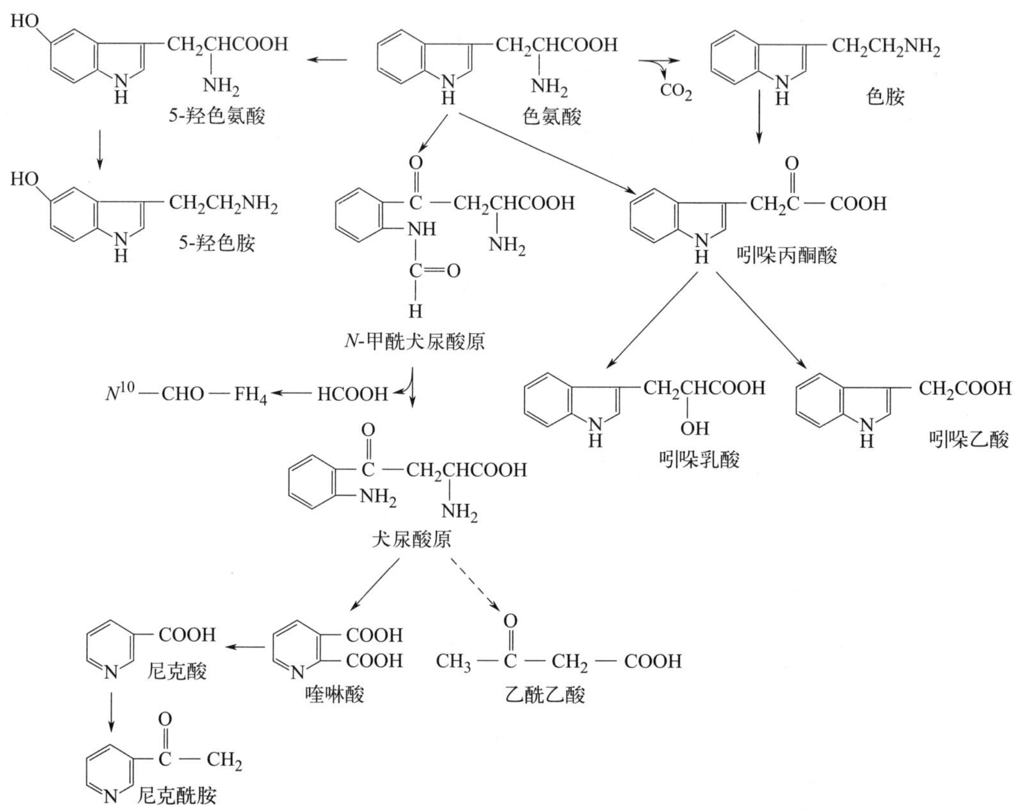

图9-7　色氨酸分解代谢途径

（1）色氨酸的羟化作用　色氨酸在色氨酸羟化酶作用下生成5-羟色氨酸，后者经脱羧生成5-羟色胺（5-HT）。5-HT在脑内可作为一种神经递质，具抑制作用；在外周组织5-HT有收缩血管作用。

（2）色氨酸降解作用　色氨酸可在加氧酶作用下生成N-甲酰犬尿酸原，后者可裂解生成甲酸和犬尿酸原。甲酸与四氢叶酸作用可生成N^{10}-甲酰基四氢叶酸；犬尿酸原可进一步转化为烟酸、乙酰乙酸等。

（3）色氨酸脱氨基作用　色氨酸与α-酮戊二酸在转氨酶作用可脱氨生成吲哚丙酮酸，吲哚丙酮酸脱羧生成吲哚乙酸。吲哚乙酸是一种植物激素，促进植物生长发育。

（三）含硫氨基酸的分解代谢

1. 半胱氨酸的分解代谢

（1）半胱氨酸的脱氨基作用　半胱氨酸在转氨酶的作用下生成β-巯基丙酮酸，然后通过转硫酶作用将硫原子转移到受硫体而生成丙酮酸，丙酮酸沿糖代谢途径进行代谢，氨进入氨的代谢去路。

（2）半胱氨酸的氧化作用　两个半胱氨酸分子脱氢氧化生成胱氨酸，胱氨酸对稳定蛋白质的结构起重要作用。半胱氨酸也可在加氧酶作用下氧化为磺酸丙氨酸，再脱去羧基生成牛磺酸，牛磺酸是结合胆汁酸的组成成分，脑组织含有较多的牛磺酸。

（3）半胱氨酸的合成作用　半胱氨酸可与谷氨酸、甘氨酸经过 γ-谷氨酰胺循环合成谷胱甘肽。谷胱甘肽通过其氧化型与还原型的转化保持红细胞膜的完整性，消除氧化物和自由基对细胞的损害，起到保护机体的作用。γ-谷氨酰胺循环见图 9-8。

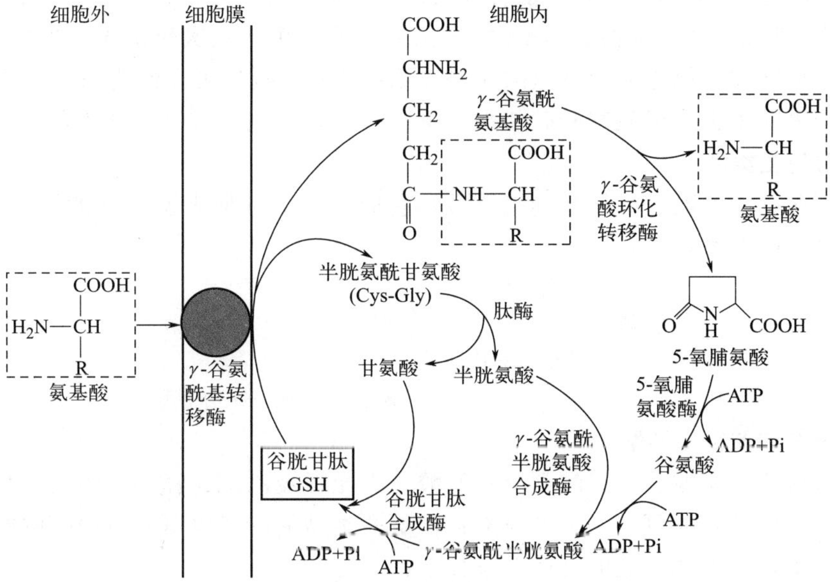

图 9-8　γ-谷氨酰胺循环

2. 甲硫氨酸的分解代谢

（1）提供活性甲基　甲硫氨酸与 ATP 在腺苷转移酶催化下可生成 *S*-腺苷甲硫氨酸（SAM），由于此化合物中的甲基特别活跃，能作为甲基供体，被称为活性甲基。*S*-腺苷甲硫氨酸在胆碱、磷脂、肾上腺素、肌酸、肉碱以及核苷酸的合成中提供活性甲基。

SAM 在甲基转移酶的作用下，可将甲基转移给另一种物质，使其甲基化，SAM 即生成 *S*-腺苷同型半胱氨酸，后者进一步脱去腺苷，生成同型半胱氨酸。同型半胱氨酸可以接受 N^5-甲基四氢叶酸上提供的甲基，在 N^5-甲基四氢叶酸转甲基酶的作用下，以维生素 B_{12} 为辅酶，重新合成甲硫氨酸，形成一个循环过程，称为甲硫氨酸循环，见图 9-9。

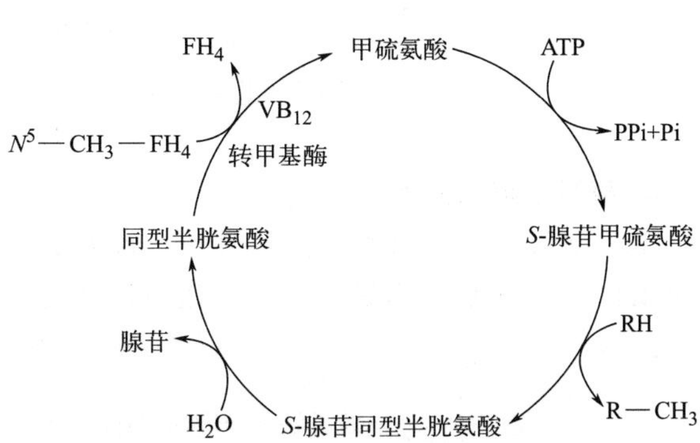

图 9-9　甲硫氨酸循环

（2）降解生成琥珀酰 CoA　甲硫氨酸可经过脱氢、羧化、变位等生成琥珀酰 CoA，后者可转化为糖或生成酮体。

第三节　氨基酸合成代谢

氨基酸的合成代谢

各种生物合成氨基酸的能力不同，植物和微生物能合成自己所需的全部氨基酸，人和动物只能合成部分氨基酸。把凡是机体不能合成的、必须由食物供给的氨基酸称为必需氨基酸，包括赖氨酸、苯丙氨酸、甲硫氨酸、苏氨酸、色氨酸、缬氨酸、亮氨酸和异亮氨酸八种。

合成氨基酸所需的氨主要由谷氨酸脱氨作用提供；α-酮酸可由糖代谢、脂代谢产生的中间产物转化而来。根据合成氨基酸碳架来源不同，将氨基酸合成过程分为六大类型。

1. 丙酮酸衍生类型

这一类型包括丙氨酸、缬氨酸和亮氨酸，它们共同的碳架来源是糖酵解产生的丙酮酸。几种氨基酸合成的关系如下：

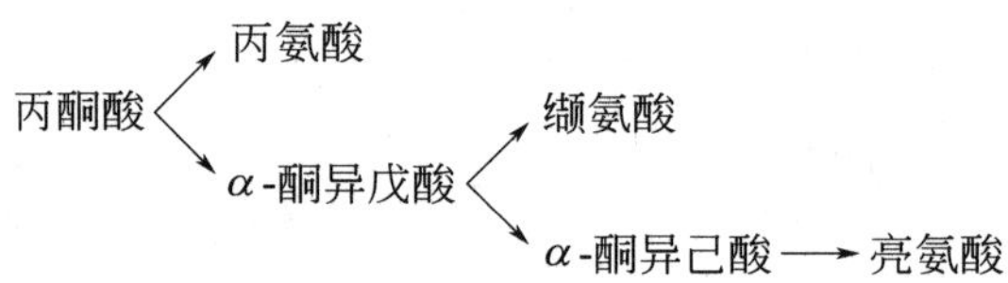

2. 3-磷酸甘油酸衍生类型

这一类型包括丝氨酸、甘氨酸和半胱氨酸。由光呼吸乙醇途径形成的乙醛酸经转氨作用可生成甘氨酸，由甘氨酸可转变为丝氨酸；丝氨酸类型的碳架也可来自糖酵解的中间产物3-磷酸甘油酸。上述三种氨基酸的合成关系如下：

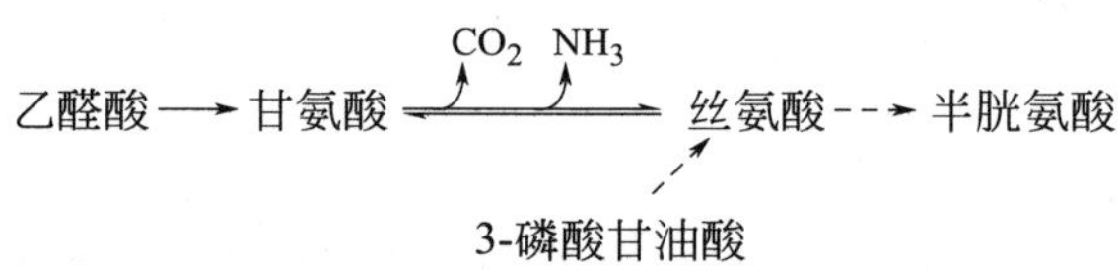

3. α-酮戊二酸衍生类型

这一类型包括谷氨酸、谷氨酰胺、脯氨酸、羟脯氨酸和精氨酸。它们的共同碳架来自三羧酸循环中间产物α-酮戊二酸。上述几种氨基酸的合成过程关系如下：

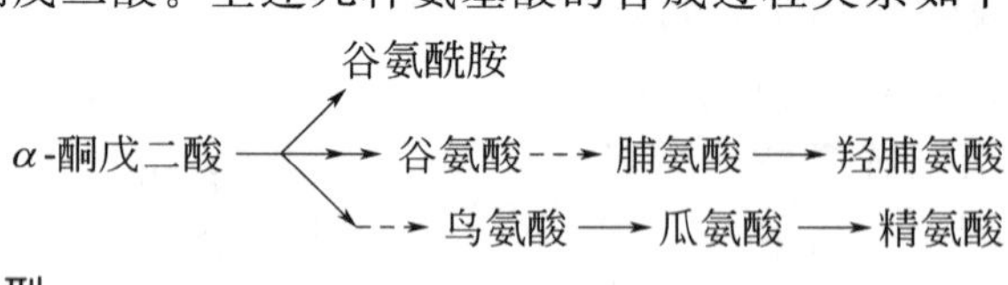

4. 草酰乙酸衍生类型

本类型包括天冬氨酸、天冬酰胺、赖氨酸、苏氨酸、甲硫氨酸和异亮氨酸，它们的共同碳架来自三羧酸循环的草酰乙酸。几种氨基酸合成的关系如下：

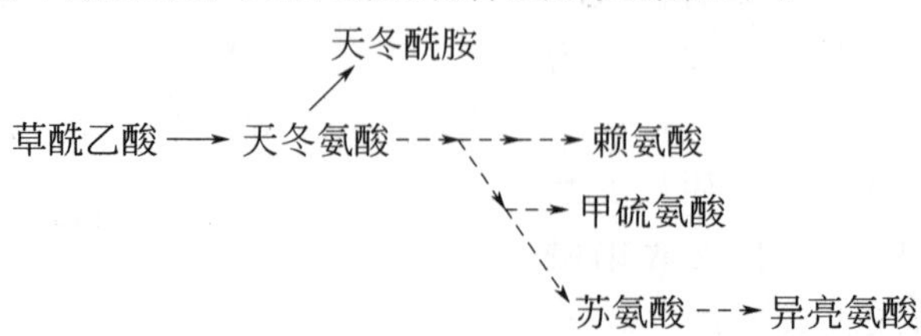

5. 4-磷酸赤藓糖和磷酸烯醇式丙酮酸衍生类型

这一类型包括色氨酸、酪氨酸和苯丙氨酸三种芳香族氨基酸，它们的碳架来自磷酸戊糖途径的中间产物4-磷酸赤藓糖和糖酵解中间产物磷酸烯醇式丙酮酸。三种氨基酸的合成关系如下：

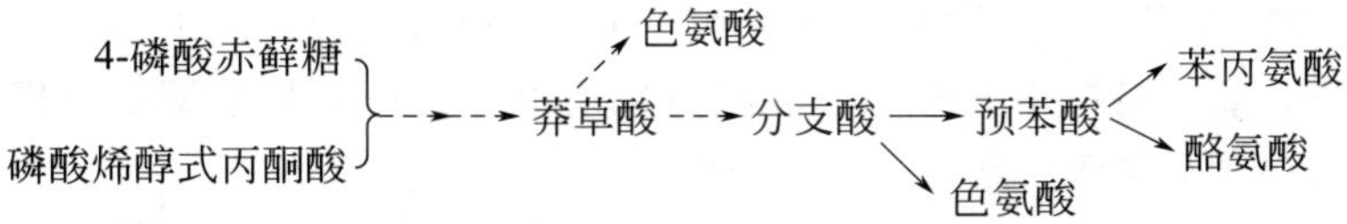

6. 组氨酸的生物合成

组氨酸的合成过程复杂，它的碳架主要来自磷酸戊糖途径的中间产物磷酸核糖，此外还有ATP、谷氨酸和谷氨酰胺的参与，它的分子中的各个原子的来源如图9-10所示。

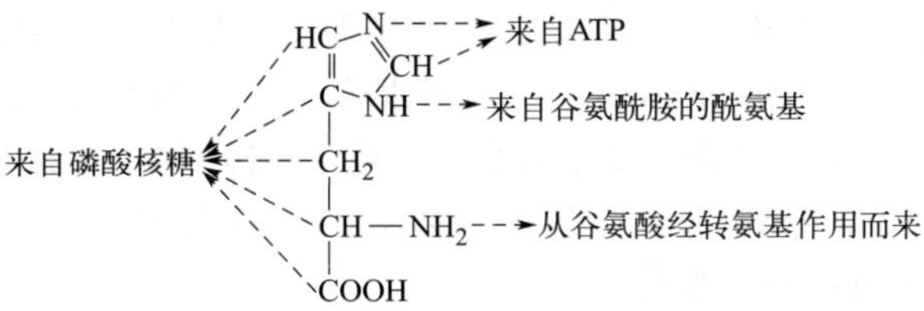

图9-10　组氨酸的生物合成

上面简单介绍了各种氨基酸的合成过程。它们的碳架均来自呼吸作用或光呼吸作用的中间产物，经一系列不同的反应，生成相应的酮酸，最后经转氨基作用而形成相应的氨基酸。各种氨基酸合成途径及其相互关系见图9-11。

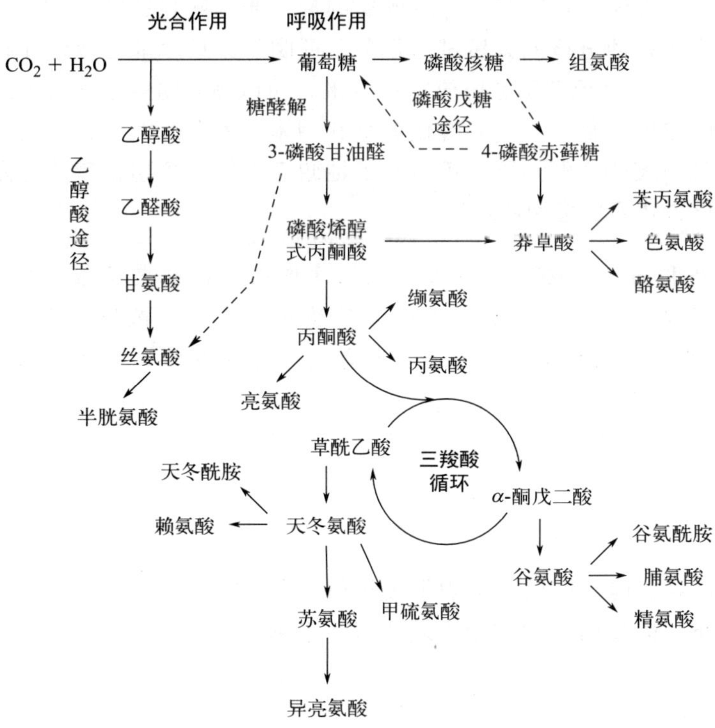

图9-11　各种氨基酸合成途径及其相互关系

润心驿站　　促进氨减排，为农业绿色发展加油助力

2022 年，党的二十大报告对“推动绿色发展，促进人与自然和谐共生”作出重要部署；2023 年，中央一号文件提出，要推进农业绿色发展，加快农业投入品减量增效技术推广应用；农业农村部也提出，要多措并举推进农业农村绿色发展……一系列政策措施相继出台，把农业绿色发展的重要性体现得淋漓尽致。

化肥是重要的农业生产资料，在农业生产中起着不可替代的作用。但是，由于农业现代化程度不高，农业生产中化肥包括氮肥的过量、盲目施用问题日益加重，氮肥的不合理利用，造成水体富营养化、温室气体排放等环境问题；而且，伴随氮肥施用导致的氨气排放，还是雾霾形成的重要污染源。因此，农业氨减排逐渐被政府和科学工作者所重视。

据统计，我国每年氨排放 1000 万吨左右，排放强度是欧盟和美国的 4~ 5 倍，其中，近 90%的氨排放来自农业源，农业生产中不合理施肥导致的氨排放强度大是制约农业绿色、高质量发展的瓶颈。早在 2017 年，周卫健院士就提出，治理雾霾“除了燃煤、机动车排放和生物质燃烧，控制华北平原氮肥的使用也非常重要”。 2018 年，国务院印发的《打赢蓝天保卫战三年行动计划》首次把农业氨减排提上议程。

推动农业绿色发展，氨减排至关重要。华北平原耕地面积约占全国耕地面积的 23%，是小麦、玉米等粮食作物的主产区。据清华大学开发的中国多尺度排放清单模型分析，华北平原 2017 年的氨排放量约占全国的 23.7%，氨浓度高于其他地区。为切实解决这一问题，2019 年，中国农业大学携手心连心集团，在华北平原曲周县小麦、玉米种植区建设 16000 亩新型氮肥（含脲酶抑制剂型尿素、复合肥）研究示范展示区，通过开展氨减排关键技术与模式筛选、技术培训指导、氮释放跟踪监测等工作，验证了“含脲酶抑制剂”新型肥料的使用效果。随后，通过在北京、河北、河南、山东等地进行的大量试验示范，证明了该技术能在保证作物稳产的基础上，提高氮肥利用效率 30%，降低农田氨排放损失 50%，可以有效助推空气质量的改善。

氨挥发是农田氮素损失的重要途径，不仅会降低氮肥利用率，挥发的氨气还会造成环境污染问题。在国家高度重视绿色发展的大背景下，不管是各地政府部门、企事业单位还是科研院校，都应该行动起来，为我国绿水青山增色添彩！

> 1 体积水能溶解 700 体积的氨，这意味着当大气湿度增高时，氨更容易与水进行反应，水又吸收了二氧化硫和二氧化氮，变成液相的亚硫酸和亚硝酸。在合适的氧化反应条件下，亚硫酸、亚硝酸就会转化成硫酸、硝酸，与氨发生中和反应，生成颗粒态的硫酸铵、硝酸铵，成了 PM2.5。

小思考

1. 作为农业院校学生，我们能为新时代的农业发展做点什么？
2. 结合自己的专业，谈一谈我们要如何助推农业绿色发展。

蛋白质的酶促降解与氨基酸代谢知识框架

蛋白质的酶促降解与氨基酸代谢	蛋白质的酶促降解	食物蛋白的降解	肽链内切酶	胃蛋白酶		芳香族氨基酸、蛋氨酸、亮氨酸等残基形成的肽键
				胰蛋白酶		碱性氨基酸(K、R)羧基形成的肽键
				胰凝乳蛋白酶		芳香族氨基酸(F、Y、W)羧基形成的肽键
			肽链外切酶	氨肽酶		从N端逐个水解肽键
				羧肽酶		从C端逐个水解肽键
			二肽酶	水解二肽		
		细胞内蛋白质降解	1. 溶酶体的蛋白质降解途径：溶酶体中的水解酶降解蛋白质 2. 泛素介导的蛋白质降解途径：泛素标记蛋白质被蛋白酶体降解			
	氨基酸的分解代谢	脱氨基作用	氧化脱氨基作用	定义		氨基酸在脱氨的同时伴随脱氢氧化反应
				特点		广泛存在L-谷氨酸脱氢酶，辅酶 $NAD^+/NADP^+$，具有立体异构专一性，是一种别构酶，ATP、GTP是此酶的别构抑制剂
			转氨基作用	定义		一种氨基酸和一种酮酸在转氨酶作用下生成另一种氨基酸和另一种酮酸的过程
				特点		1. 可逆反应 2. 不可能真正脱掉氨，只改变了氨基酸种类，不改变氨基酸含量 3. 可生成非必需氨基酸
				应用		GOT(AST)：心肌炎、心肌梗死等患者血中含量升高 GPT(ALT)：肝炎患者血中含量升高
				辅酶		磷酸吡哆醛，传递氨基
			联合脱氨基作用	转氨酶和L-谷氨酸脱氢酶联合催化	定义	转氨基作用与L-谷氨酸氧化脱氨基作用联合进行的脱氨方式
					特点	肝、肾、脑组织中的主要脱氨方式； 体内合成非必需氨基酸的主要途径
				嘌呤核苷酸循环		一种特殊的联合脱氨方式，主要在骨骼肌和心肌中进行
			非氧化脱氨基作用	主要在微生物体内进行，包括脱水脱氨基、脱硫化氢脱氨基、直接脱氨基、水解脱氨基		
		氨基酸分解产物的转化	α-酮酸的转移	1. 经氨基化生成非必需氨基酸 2. 转化为糖或脂肪（生糖、生酮、生糖兼生酮氨基酸） 3. 氧化供能		
			尿素的生成	部位		肝细胞线粒体和胞液中
				过程		鸟氨酸循环： 氨甲酰磷酸的生成：消耗2ATP；瓜氨酸的生成——上述两步在线粒体中 精氨基琥珀酸的生成；精氨酸的生成；尿素的生成——后三步在胞液中
				调节		CPS-Ⅰ：主要调节酶，*N*-乙酰谷氨酸是其别构激活剂精氨酸代琥珀酸合成酶是限速酶，受底物、产物浓度影响 CPS-Ⅰ与CPS-Ⅱ：分别调节尿素和嘧啶的合成
			氨的转运	形式		谷氨酰胺（也是氨的贮存形式和解毒形式）
				功能		丙氨酸-葡萄糖循环 从脑、肌肉组织向肝、肾运氨

续表

蛋白质的酶促降解与氨基酸代谢	氨基酸的分解代谢	脱羧基作用		γ-氨基丁酸	谷氨酸脱羧产生，一种抑制性神经递质
				牛磺酸	半胱氨酸脱羧产生，是结合胆汁酸的成分
				组胺	组氨酸脱羧产生，是强烈的血管扩增剂
				多胺	鸟氨酸、精氨酸等脱羧产生，调节细胞生长，促进细胞增殖
				5-羟色胺	色氨酸脱羧产生，在外周组织中有收缩血管作用
		个别氨基酸的分解代谢	一碳单位	定义：某些氨基酸分解产生含一个碳原子的基团	
				来源：丝氨酸、组氨酸、色氨酸、甘氨酸等的分解	
				载体：四氢叶酸、S-腺苷同型半胱氨酸	
				形式：$—CH_3$；$—CH_2—$；$—CH=$；$—CHO$；$—CH=NH$	
				功能：联系核酸与氨基酸代谢，为物质合成提供甲基	
			芳香族氨基酸	苯丙氨酸和酪氨酸的代谢： 1. 苯丙氨酸羟化生成酪氨酸。先天缺少苯丙氨酸羟化酶时，导致苯丙酮酸在体内堆积产生苯丙酮酸尿症 2. 酪氨酸脱氨、脱羧生成尿黑酸后氧化开环生成延胡索酸和乙酰乙酸。先天缺少尿黑酸氧化酶会导致尿黑酸尿症 3. 酪氨酸氧化生成多巴，多巴在黑色素细胞进一步生成黑色素。先天性缺少酪氨酸酶会导致白化病。多巴也可进一步转化成儿茶酚胺 4. 酪氨酸碘化生成甲状腺素	
				色氨酸的代谢： 1. 色氨酸脱羧羟化生成5-羟色胺 2. 色氨酸降解生成烟酸和乙酰乙酸 3. 色氨酸转氨脱羧生成吲哚乙酸	
			含硫氨基酸	半胱氨酸代谢：氧化；谷胱甘肽的生成	
				甲硫氨酸代谢：S-腺苷甲硫氨酸，活性甲基的供体	
	氨基酸合成代谢	丙酮酸衍生类型、3-磷酸甘油酸衍生类型、草酰乙酸衍生类型、α-酮戊二酸衍生类型、4-磷酸赤藓糖和磷酸烯醇式丙酮酸衍生类型、组氨酸的生物合成			

本章思考题

一、名词解释

1. 联合脱氨基作用　　2. 转氨基作用　　3. 鸟氨酸循环　　4. 一碳单位（基团）

二、填空题

1. 氨基酸共有的代谢途径有________和________。

2. 在线粒体内谷氨酸脱氢酶的辅酶多为________；同时谷氨酸经L-谷氨酸氢酶作用生成的酮酸为________，这一产物可进入三羧酸循环最终氧化为 CO_2 和 H_2O。

3. 氨基酸氧化脱氨产生的 α-酮酸代谢主要去向是________、________或直接氧化生成二氧化碳和水。

4. 氨在血液中主要以________和________形式运输。

5. 体内转运一碳单位的载体是________。

三、选择题

1. 以下氨基酸不能进行转氨基反应的是（　　）。

A. Thr　　B. Glu　　C. Ala　　D. Asp

2. 机体中（　　）反应能将所有氨基酸的氨基脱掉。

A. 氧化脱氨基　　B. 脱羧基作用

C. 转氨基作用　　D. 联合脱氨基作用

E. 联合脱羧基作用

3. 经脱羧酶催化脱羧后可生成 γ-氨基丁酸的是（　　）。

A. 赖氨酸　　B. 谷氨酸　　C. 天冬氨酸　　D. 精氨酸

4. 脑中氨的主要去路是（　　）。

A. 合成尿素　　B. 合成氨基酸

C. 扩散入血　　D. 合成谷氨酰胺

5. 哺乳动物体内氨的主要去路是（　　）。

A. 渗入肠道　　B. 在肝脏合成尿素

C. 经肾脏泌氨随尿排出　　D. 生成谷氨酰胺

6. 下列氨基酸与尿素循环无关的是（　　）。

A. Lys　　B. Asp

C. 鸟氨酸　　D. 瓜氨酸

7. 尿素分子中的两个 N 原子分别来自（　　）。

A. NH_3 和谷氨酰胺　　B. NH_3 和谷氨酸

C. NH_3 和天冬氨酸　　D. NH_3 和天冬酰胺

8. 缺乏（　　）可导致 PKU（苯丙酮酸尿症）。

A. 苯丙氨酸羟化酶　　B. 苯丙氨酸 α-酮戊二酸转氨酶

C. 尿黑酸氧化酶　　D. 多巴脱羧酶

9. 血氨增高导致脑功能障碍的生化机理是 NH_3 增高可以（　　）。

A. 抑制脑中酶活性　　B. 升高脑中 pH

C. 大量消耗脑中 α-酮戊二酸　　D. 抑制呼吸链的电子传递

四、问答题

1. 氨基酸通过哪些途径脱氨基可直接生成游离氨？各有何特点？

2. 简明叙述尿素形成的机理和意义。

3. 鸟氨酸循环有什么特点？

第十章

核酸的酶促降解与核苷酸代谢

内容概要与学习指导——核酸的酶促降解与核苷酸代谢

本章重点介绍了核苷酸的从头合成途径和补救合成途径，对核酸的酶解及核苷酸的分解代谢也作了扼要介绍。

核苷酸是核酸合成的原料，参与能量代谢、代谢调节等过程。生物体内的核苷酸主要是由机体细胞自身合成的。核苷酸合成有从头合成途径和补救合成途径两条途径。

嘌呤核苷酸的从头合成是以磷酸戊糖、氨基酸、一碳单位和 CO_2 为原料，在 PRPP 基础上经过一系列酶促反应，首先形成 IMP，再由 IMP 生成 AMP 和 GMP。补救合成是利用机体现成的嘌呤或嘌呤核苷合成核苷酸。嘌呤核苷酸的从头合成途径受反馈调节和交叉调节的控制，缺少补救合成途径的酶会导致嘌呤核苷酸代谢异常。

机体也可从头合成嘧啶核苷酸，但不同的是先合成嘧啶环，再与磷酸核糖生成嘧啶核苷酸，嘧啶核苷酸的从头合成受反馈调控。

体内的脱氧核糖核苷酸是由各自相应的核糖核苷酸在二磷酸水平上还原而成的。脱氨胸苷酸是由甲基四氢叶酸提供甲基在脱氧尿苷一磷酸基础上甲基化而成。

核酸降解产生的嘌呤在不同动物中分解代谢的终产物不同，哺乳动物嘌呤经脱氨氧化生成尿酸。嘧啶经脱氨还原开环产生的β-氨基酸可随尿排出或进一步代谢。

学习本章时应注意：

① 嘌呤核苷酸和嘧啶核苷酸的从头合成途径都是由小分子物质合成嘌呤环或嘧啶环，但两者的过程不同，应对比学习；

② IMP 是合成腺苷酸和鸟苷酸的前体，UMP 是合成胞苷酸和胸苷酸的前体，所以核苷酸的合成与调节要以这两种核苷酸为基础；

③ 核酸的酶解是指核酸分解为核苷，核苷分解为碱基和戊糖，戊糖联系磷酸戊糖途径，碱基的进一步降解对于嘌呤和嘧啶不同，但都是有氨的脱氨，然后氧化还原，降解成终产物。

核酸的酶促降解产物——核苷酸是一类十分重要的活性物质，它们几乎参与了所有的生物化学过程。

① 核苷酸是 DNA 和 RNA 合成的前体物质。

② ATP 是生物体系中共同的能量载体。

③ 核苷酸的衍生物 CDP-胆碱、UDPG、ADPG 等是淀粉、糖原、磷脂许多生物活性物质的前体。

④ 腺苷酸是 NAD^+、$NADP^+$、FAD 以及 HSCoA 等辅助因子的组成成分。

⑤ 某些核苷酸如 cAMP、cGMP 等是重要的代谢调节物质。

总之，核苷酸对生命过程具有十分重要的作用，它们在生物体细胞内处于不断分解与合成的动态平衡之中。

第一节 核酸的酶促降解与核苷酸的水解

一、核酸的酶促降解

在所有细胞中均含有降解核酸的酶类，它们通过不同的作用位点水解 3′,5′-磷酸二酯键，把核酸降解成寡核苷酸和单核苷酸。作用于磷酸二酯键的酶称核酸酶，根据核酸酶对底物的专一性将其分为核糖核酸酶、脱氧核糖核酸酶和非特异性核酸酶。

① 核糖核酸酶：只能水解 RNA 分子中的磷酸二酯键的酶。

② 脱氧核糖核酸酶：只能水解 DNA 分子中磷酸二酯键的酶。

③ 非特异性核酸酶：既可水解 RNA 又可水解 DNA 分子中的磷酸二酯键的酶。

上述各种酶如果能从核酸链一端水解掉单核苷酸的酶，叫核酸外切酶；能从分子内水解核酸的酶叫核酸内切酶；如果能认识外源 DNA 双螺旋中 4～6 个碱基对所组成的特异序列，并在此序列的某位点水解 DNA 双螺旋，这类酶称作限制性内切酶，其作用点称靶位点，它作用的特异序列都具有回文结构。目前，一些限制性内切酶已制成成品酶，可随时选购，应用于生物工程。

二、核苷酸的水解

核酸降解产物核苷酸在核苷酸酶的作用下水解为核苷和磷酸，核苷在核苷酶催化下，进一步水解。

核苷酶分为两类：一类是核苷水解酶，主要存在于植物和微生物体内，催化核苷水解成嘌呤、嘧啶和戊糖，反应不可逆；另一类酶是核苷磷酸化酶，广泛存在于动、植物体内，催化核苷磷酸解成碱基和磷酸戊糖，反应是可逆的。其反应如下：

$$\text{核苷} + H_2O \xrightarrow{\text{核苷水解酶}} \text{碱基} + \text{戊糖}$$

$$\text{核苷} + H_3PO_4 \xrightleftharpoons{\text{核苷磷酸化酶}} \text{碱基} + \text{磷酸戊糖}$$

戊糖和 1-磷酸核糖可转化为 5-磷酸核糖，进入磷酸戊糖途径。

第二节 嘌呤和嘧啶的分解代谢

一、嘌呤的分解代谢

嘌呤的分解首先是在各种脱氨酶的作用下，水解脱去氨基。在动物组织中，由于腺苷脱氨酶和腺苷酸脱氨酶的活性远远高于腺嘌呤脱氨酶，因此腺嘌呤脱氨是在核苷或核苷酸水平发生，水解产生次黄嘌呤；而鸟嘌呤脱氨酶的活性较高，分布广，鸟嘌呤脱氨主要

嘌呤的分解代谢

在碱基水平发生，水解生成黄嘌呤。嘌呤碱基在核苷酸、核苷和碱基三个水平上的降解见图 10-1。

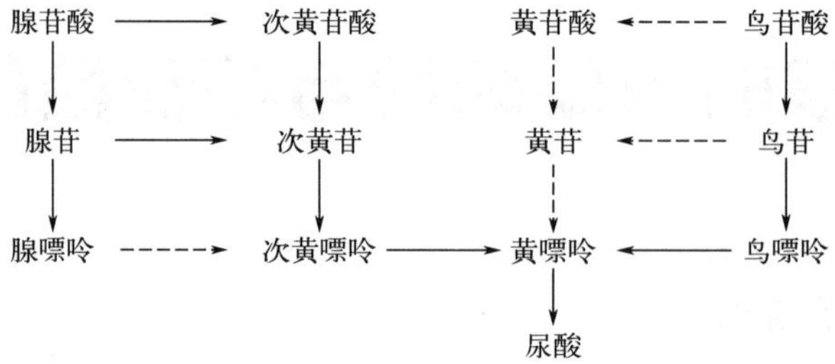

图 10-1 嘌呤碱基在核苷酸、核苷和碱基三个水平上的降解

其次，由腺嘌呤脱氨生成的次黄嘌呤可在黄嘌呤氧化酶的作用下生成黄嘌呤，并进一步在该酶的作用下氧化成尿酸。嘌呤核苷酸分解代谢途径见图 10-2。

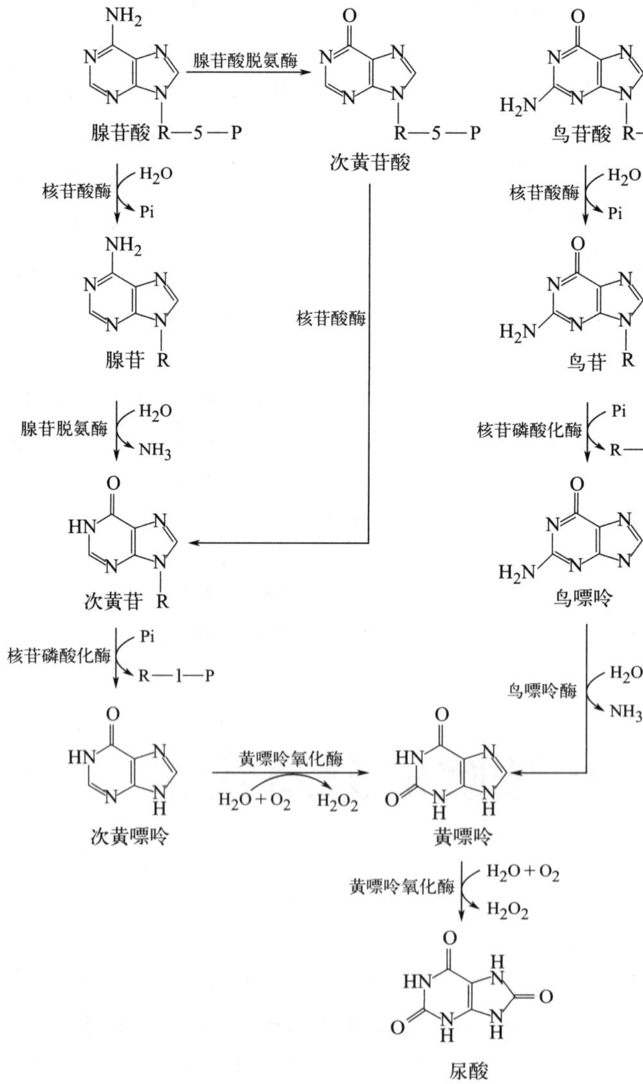

图 10-2 嘌呤核苷酸分解代谢途径

不同种类的生物分解嘌呤的能力不一样，因而代谢产物也各不相同，人类、灵长类、鸟类、某些爬行类和昆虫以尿酸作为嘌呤代谢的终产物。尿酸可在多种生物中进一步分解，尿酸在尿酸氧化酶的作用下生成尿囊素，后者经尿囊素酶作用生成尿囊酸，尿囊酸又经尿囊酸酶作用水解生成尿素和乙醛酸；某些低等动物还可把尿素进一步分解为氨和二氧化碳。各种生物嘌呤代谢的最终产物见表 10-1。

表 10-1 不同生物嘌呤代谢的最终产物

排出动物	最终产物
灵长类 鸟类 排尿酸爬虫类 昆虫	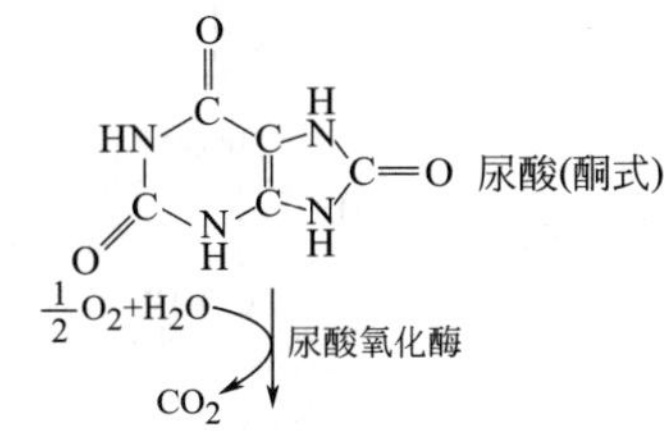
哺乳动物(灵长类除外) 腹足类	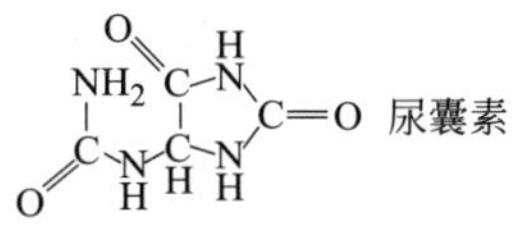
硬骨鱼	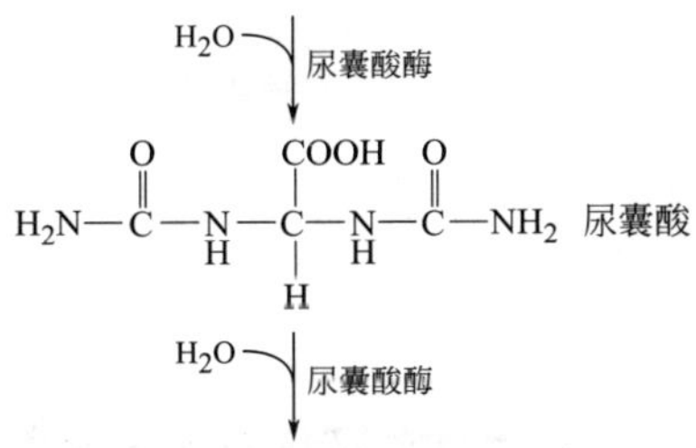
大多数鱼类 两栖类 淡水瓣鳃类	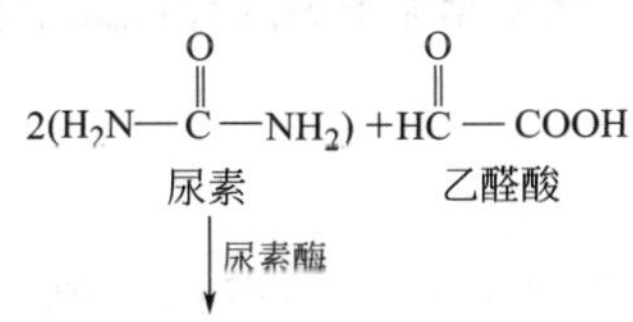
甲壳类 咸水瓣鳃类	$2NH_3 + 2CO_2$

二、嘧啶的分解代谢

与嘌呤的分解相似，嘧啶分解时，胞嘧啶首先水解脱氨基转化为尿嘧啶，其次尿嘧啶与胸腺嘧啶经还原生成二氢尿嘧啶和二氢胸腺嘧啶，最后，上述产物水解开环并进一步水解成 CO_2、NH_3、β-丙氨酸和 β-氨基异丁酸。其过程见图 10-3。

嘧啶的分解代谢

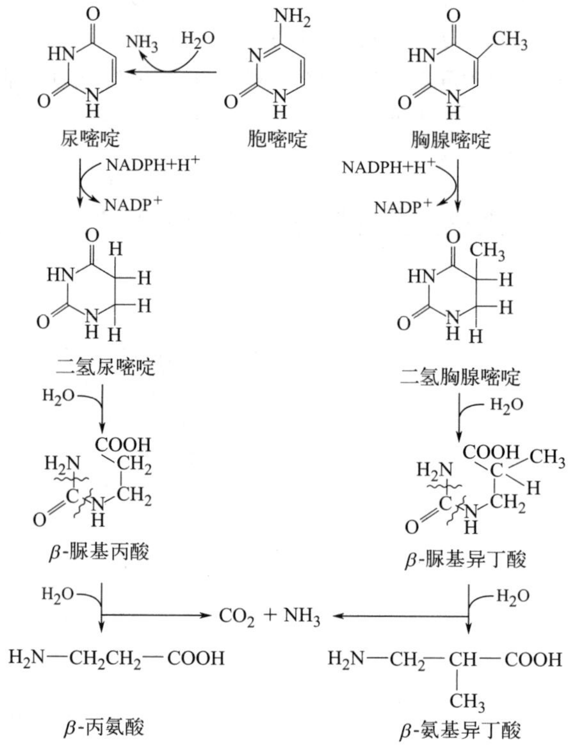

图 10-3　嘧啶的分解代谢

第三节　核苷酸的生物合成

核苷酸的合成代谢

各种生物都以两条相似的途径合成嘌呤和嘧啶核苷酸：一条是利用简单的原料如氨基酸、甲酸盐和 CO_2 等合成各种嘌呤和嘧啶核苷酸，这样的合成过程并不经过碱基、核苷的中间阶段，通常把这样的合成途径称为"从头合成"途径或"从无到有"途径；另一条是利用核酸降解的中间产物或外源的核苷、嘌呤碱或嘧啶碱合成新的核苷酸，此途径称补救合成途径。一般认为疾病、遗传、药物甚至生理紧张等原因所造成的从头合成途径中某种酶缺乏，导致合成核苷酸速度不能满足细胞生长需要，生物体采取补救合成途径弥补核苷酸从头合成的不足，而正常生长的细胞也会通过补救合成途径简便经济地合成新的核苷酸。核苷酸合成代谢途径概括见图 10-4。

一、嘌呤核苷酸的合成代谢

（一）嘌呤核苷酸的从头合成

嘌呤核苷酸的从头合成

嘌呤核苷酸的从头合成是以 5′-磷酸核糖-1′-焦磷酸（PRPP）为起始物，在此基础上进行嘌呤环的组装，首先合成次黄嘌呤核苷酸（IMP），然后再由 IMP 转变为 AMP 和 GMP。

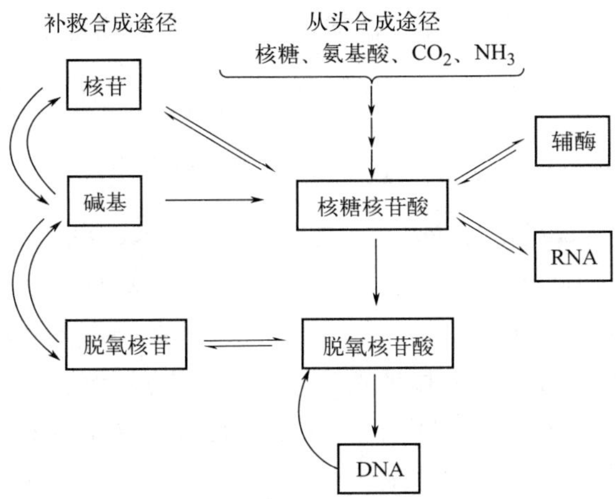

图 10-4　核苷酸合成代谢途径

1. 嘌呤环上各原子的来源

用同位素示踪实验证明，甘氨酸是嘌呤环 C4、C5 和 N7 的来源，甲酸是 C2 和 C8 的来源，碳酸氢盐或 CO_2 是 C6 的来源，N1 来自天冬氨酸的氨基，N3 和 N9 来自谷氨酰胺的酰胺基，见图 10-5。

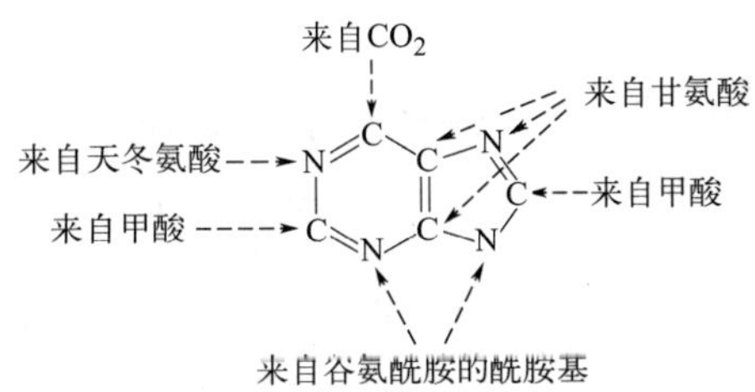

图 10-5　嘌呤环上各原子的来源

2. IMP 的合成

合成 IMP 的起始是磷酸戊糖途径产生的 5′-磷酸核糖在磷酸核糖焦磷酸激酶的催化下与 ATP 作用生成 5′-磷酸核糖-1′-焦磷酸（PRPP），然后，PRPP 经由 11 步反应生成 IMP，如图 10-6 所示。

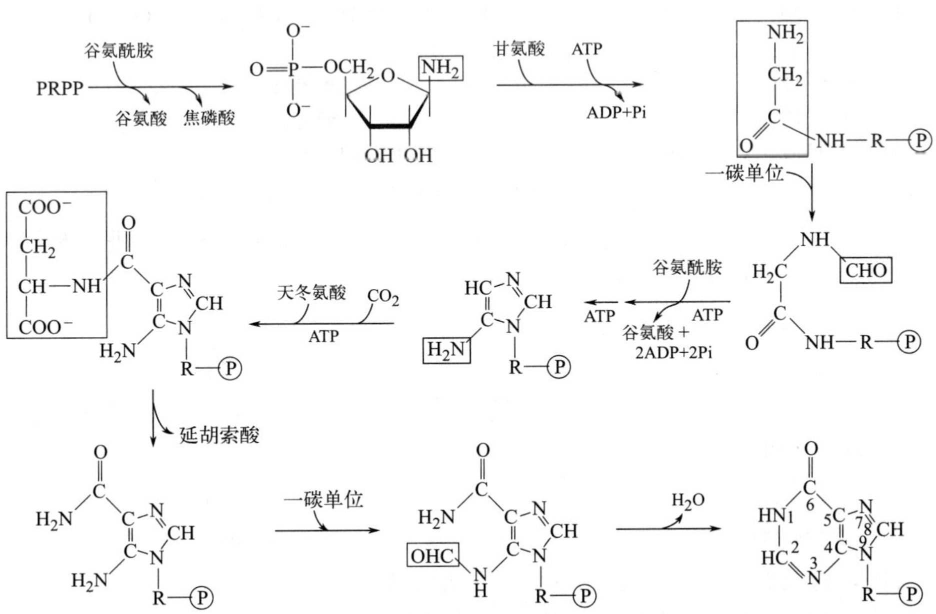

图 10-6　次黄嘌呤核苷酸的合成途径

（1）PRPP 的生成　在磷酸核糖焦磷酸合成酶（PRPP 合成酶）的催化下，ATP 分子中的焦磷酸基作为一个单位转移到5-磷酸核糖的第一位碳的羟基上生成5-磷酸核糖焦磷酸。反应式如下：

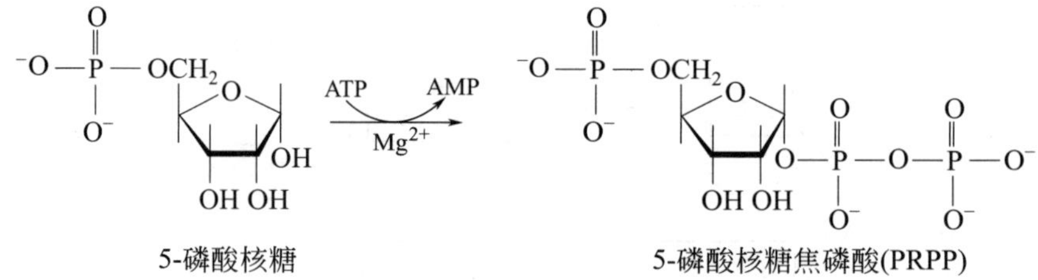

（2）嘌呤环N9的引入与5-磷酸核糖胺的生成 谷氨酰胺的酰胺基作为嘌呤环N9的来源在磷酸核糖焦磷酸酰胺转移酶的催化下，谷氨酰胺与5-磷酸核糖焦磷酸反应生成5-磷酸核糖胺、谷氨酸和焦磷酸。反应式如下：

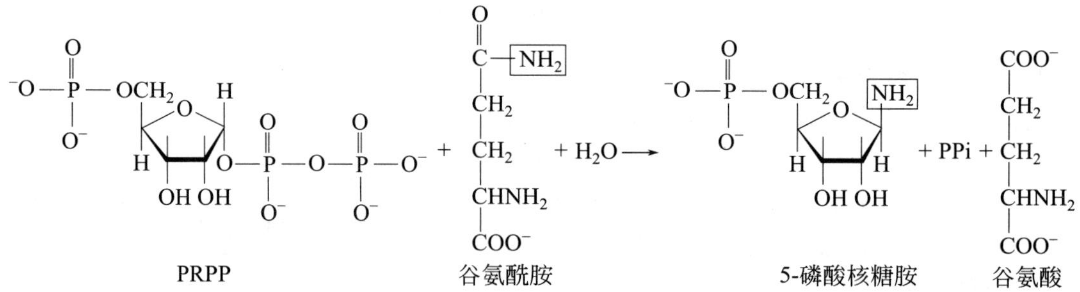

（3）嘌呤环C4、C5、N7的引入与甘氨酰胺核苷酸的生成 甘氨酸作为嘌呤环C4、C5、N7的来源在甘氨酰胺核苷酸合成酶的催化下，由ATP提供能量，甘氨酸与5-磷酸核糖胺生成甘氨酰胺核苷酸。反应式如下：

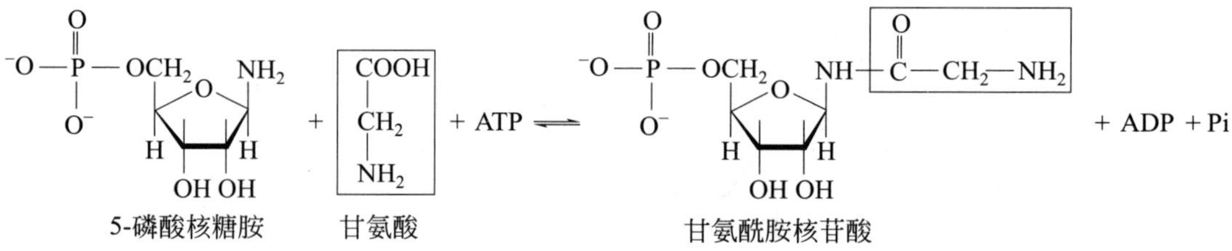

（4）嘌呤环C8的引入与甲酰甘氨酰胺核苷酸的生成 N^{10}—CHO—FH_4 作为嘌呤环C8的来源，在甘氨酰胺核苷酸甲酰基转移酶的作用下，甘氨酰胺核苷酸进一步甲酰化生成甲酰甘氨酰胺核苷酸。反应式如下：

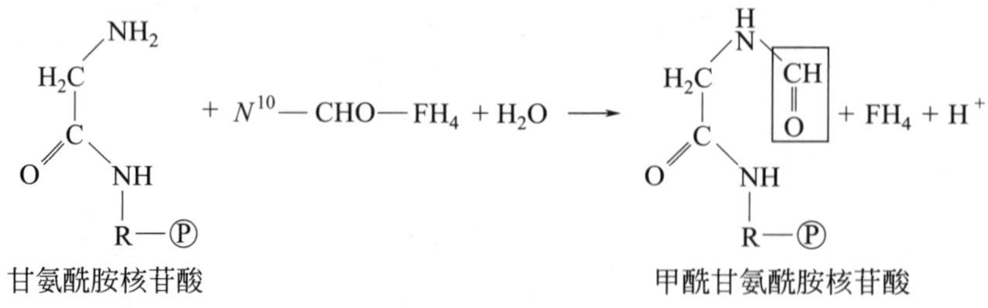

经过上述反应，构成嘌呤环4、5、7、8、9位元素已经形成。

（5）嘌呤环N3的引入与甲酰甘氨咪唑核苷酸的生成 谷氨酰胺作为嘌呤环N3的来源在甲酰甘氨咪唑核苷酸合成酶的催化下，由ATP供能与甲酰甘氨酰胺核苷酸反应生成甲酰甘氨咪唑核苷酸。反应式如下：

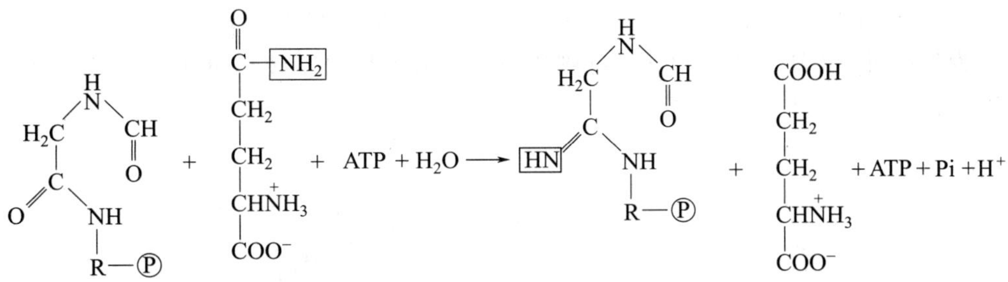

甲酰甘氨酰胺核苷酸　谷氨酰胺　　　　甲酰甘氨咪唑核苷酸　谷氨酸

（6）五元环闭环　在氨基咪唑核苷酸合成酶的催化下，ATP 加水分解供能，同时甲酰甘氨咪唑核苷酸脱水闭环生成 5-氨基咪唑核苷酸。反应式如下：

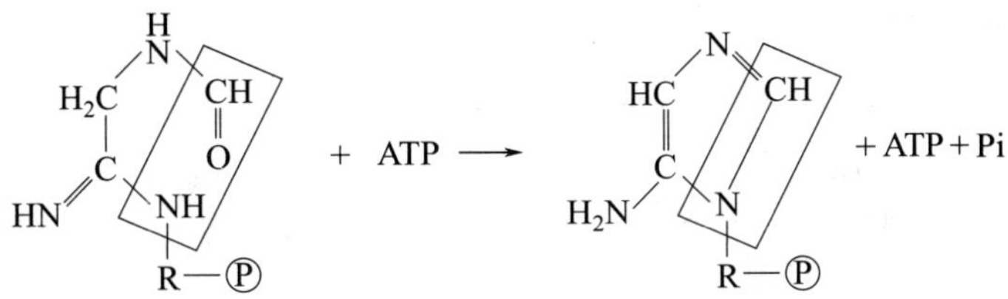

甲酰甘氨咪唑核苷酸　　　　5-氨基咪唑核苷酸

（7）嘌呤环 C6 的引入与 5-氨基咪唑-4-羧酸核苷酸的生成　CO_2 作为嘌呤环 C6 的提供者，在氨基咪唑核苷酸羧化酶催化下生成 5-氨基咪唑-4-羧酸核苷酸。反应式如下：

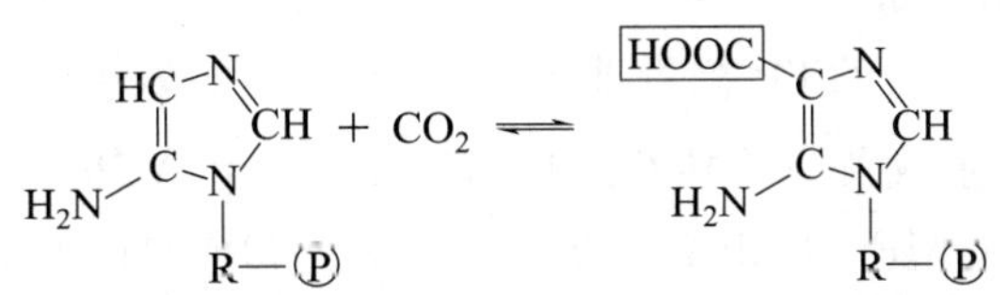

5-氨基咪唑核苷酸　　5-氨基咪唑-4-羧酸核苷酸

（8）嘌呤环 N1 的引入与 5-氨基咪唑-4-琥珀酸甲酰胺核苷酸的生成　天冬氨酸作为 N1 的来源，在氨基咪唑琥珀酸氨甲酰核苷酸合成酶催化下与 5-氨基咪唑-4-羧酸核苷酸反应生成 5-氨基咪唑-4-琥珀酸甲酰胺核苷酸。反应式如下：

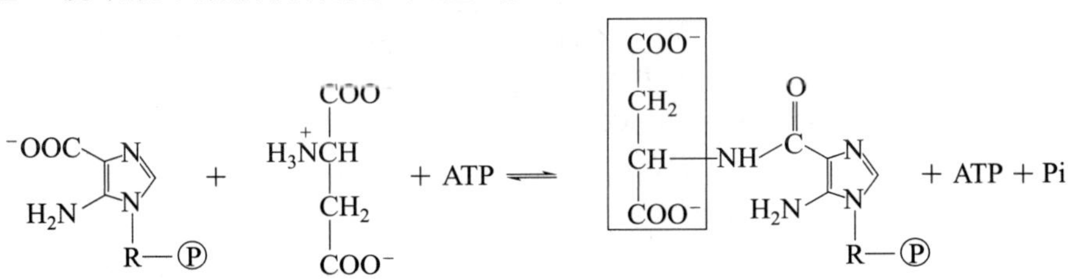

5-氨基咪唑-4-羧酸核苷酸　天冬氨酸　　5-氨基咪唑-4-琥珀酸甲酰胺核苷酸

（9）脱掉延胡索酸　5-氨基咪唑-4-琥珀酸甲酰胺核苷酸在腺苷酸琥珀酸裂解酶催化下脱掉延胡索酸生成 5-氨基咪唑-4-甲酰胺核苷酸。反应式如下：

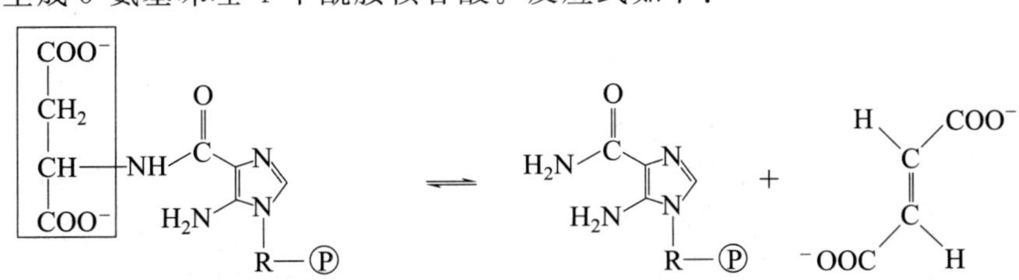

5-氨基咪唑-4-琥珀酸甲酰胺核苷酸　　5-氨基咪唑-4-甲酰胺核苷酸　　延胡索酸

（10）嘌呤环 C2 的引入与 5-甲酰氨基咪唑-4-甲酰胺核苷酸的生成　由 N^{10}—CHO—FH_4 作为嘌呤环 C2 的来源，由氨基咪唑甲酰胺核苷酸甲酰基转移酶催化生成 5-甲酰氨基咪唑-4-甲酰胺核苷酸。反应式如下：

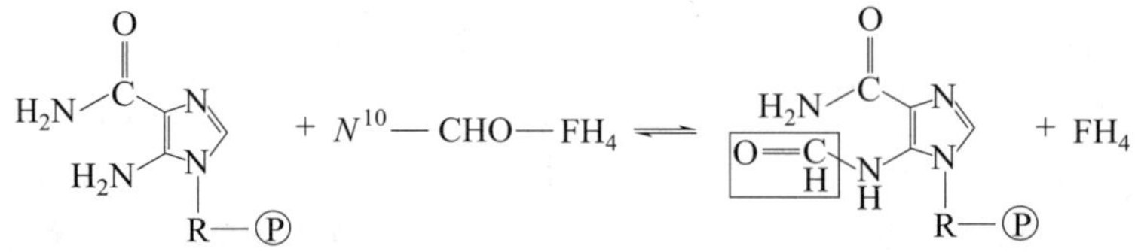

5-氨基咪唑-4-甲酰胺核苷酸　　5-甲酰氨基咪唑-4-甲酰胺核苷酸

（11）次黄苷酸的生成　在次黄苷酸环化水解酶的作用下，5-甲酰氨基咪唑-4-甲酰胺核苷酸脱水环化生成次黄苷酸。

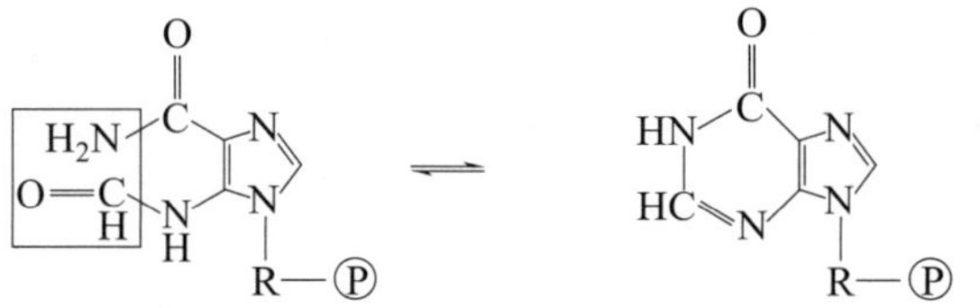

5-甲酰氨基咪唑-4-甲酰胺核苷酸　　次黄苷酸(IMP)

3. IMP 转变成 AMP 和 GMP

IMP 由 Asp 提供 NH_2，由 GTP 提供能量，将 Asp 上的氨基转移到 IMP 的 C6 上生成 AMP；而 IMP 经加水脱氢生成黄嘌呤核苷酸后（XMP），由 ATP 提供能量，将 Gln 上氨基转移到 XMP 的 C2 上形成 GMP。IMP 转变成 AMP 和 GMP 的过程见图 10-7。

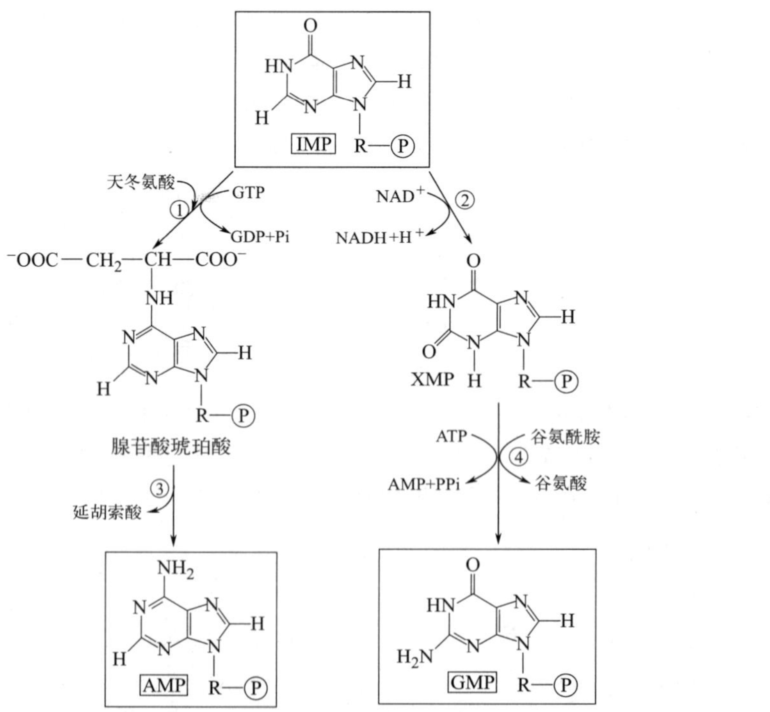

图 10-7　IMP 转变为 GMP 和 AMP

① 腺苷酸代琥珀酸合成酶；②次黄苷酸脱氢酶；③腺苷酸琥珀酸裂解酶；④黄苷酸-谷氨酰胺转移酶

（二）嘌呤核苷酸的补救合成途径

生物体的某些组织可利用外源供给的或体内分解产生的嘌呤碱或嘌呤核苷合成嘌呤核苷酸。补救合成途径有如下两种。

① 嘌呤碱和 PRPP 在特异的磷酸核糖转移酶的作用下生成嘌呤核苷酸。其中，腺嘌呤与 PRPP 在腺嘌呤磷酸核糖转移酶（APRT）的作用下生成 AMP；次黄嘌呤和鸟嘌呤与 PRPP 在次黄嘌呤-鸟嘌呤磷酸核糖转移酶（HGPRT）的作用下生成 IMP 和 GMP。反应式如下：

$$\text{腺嘌呤}+\text{PRPP}\xrightarrow{\text{腺嘌呤磷酸核糖转移酶}}\text{AMP}+\text{焦磷酸}$$

$$\text{鸟嘌呤}+\text{PRPP}\xrightarrow{\text{次黄嘌呤-鸟嘌呤磷酸核糖转移酶}}\text{GMP}+\text{焦磷酸}$$

基因缺陷导致 HGPRT 完全缺失的患儿，表现为自毁容貌症，或称为 Lesch-Nyhan 综合征。

② 嘌呤在核苷磷酸化酶作用下生成嘌呤核苷，嘌呤核苷在核苷磷酸激酶的作用下与 ATP 反应生成嘌呤核苷酸。反应式如下：

$$\text{嘌呤}+\text{1-磷酸核糖}\xrightarrow[\text{Pi}]{\text{核苷磷酸化酶}}\text{嘌呤核苷}\xrightarrow[\text{ATP}\quad\text{ADP}]{\text{核苷磷酸激酶}}\text{嘌呤核苷酸}$$

在生物体内，除腺苷激酶外，缺乏其他嘌呤核苷激酶，因此这一补救合成途径不重要。

（三）嘌呤核苷酸从头合成的调节

嘌呤核苷酸的从头合成是机体核苷酸的重要来源。生物体通过精确的调节机制控制其合成速度以满足核酸代谢对核苷酸的需要，保证各种核苷酸有效合成。调节机制主要涉及代谢物的反馈调节和 AMP、GMP 之间的交叉调节。

1. 反馈调节

嘌呤核苷酸从头合成途径中 PRPP 合成酶、PRPP 酰胺转移酶、腺苷酸代琥珀酸合成酶及次黄嘌呤核苷酸脱氢酶是该途径的限速酶。产物 AMP、GMP、IMP 可反馈抑制 PRPP 合成酶、PRPP 酰胺转移酶的活性。过量的 AMP 还可抑制腺苷酸代琥珀酸合成酶的活性。过量 GMP 也可反馈抑制次黄嘌呤核苷酸脱氢酶的活性，进而调节 AMP、GMP 的合成速度。

2. 交叉调节

由于 IMP 转化生成 AMP 的过程中需要 GTP 提供能量，IMP 转化生成 GMP 的过程中需要 ATP 提供能量，所以 GTP 可以促进 AMP 的生成，ATP 可以促进 GMP 的生成，这种交叉调节对维持 ATP、GTP 浓度的平衡具有重要意义。嘌呤核苷酸从头合成的调节见图 10-8。

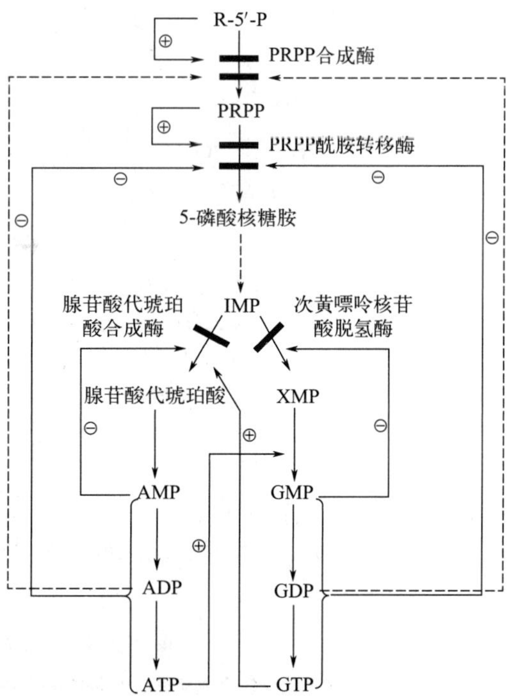

图 10-8　嘌呤核苷酸从头合成的调节

二、嘧啶核苷酸的合成途径

（一）嘧啶核苷酸的从头合成

嘧啶核苷酸的从头合成是首先形成嘧啶环，然后与磷酸核糖结合为乳清酸核苷酸，再生成 UMP，最后由 UMP 转变为其他的嘧啶核苷酸。

1. 嘧啶环上各原子的来源

同位素示踪表明，嘧啶环上的 N3 来自谷氨酰胺上的氨基，C2 来自 CO_2，其余各个原子均来自天冬氨酸。见图 10-9。

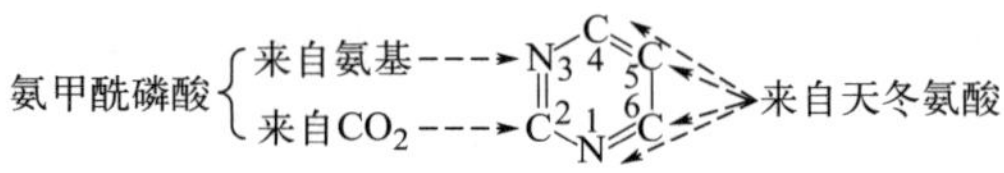

图 10-9　嘧啶环上各原子的来源

2. UMP 的生成

在胞液中，Gln、CO_2 和 ATP 在氨甲酰磷酸合成酶Ⅱ的作用下，从生成氨甲酰磷酸开始，经过重要中间产物乳清酸，最后与 PRPP 在乳清苷酸焦磷酸化酶作用下生成乳清酸核苷酸，经脱羧生成 UMP。具体过程见图 10-10。

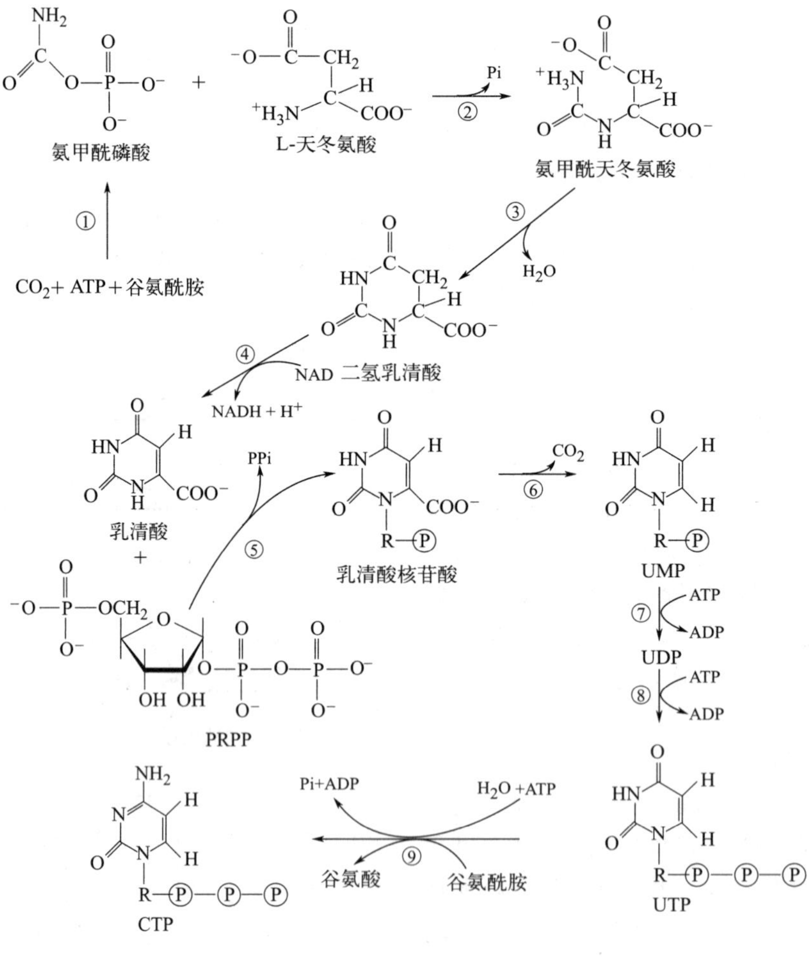

图 10-10　尿嘧啶核苷酸的合成途径

①氨甲酰磷酸合成酶Ⅱ；②转氨甲酰酶；③二氢乳清酸酶；④二氢乳清酸脱氢酶；⑤乳清苷酸焦磷酸化酶；⑥乳清苷酸脱羧酶；⑦尿苷酸激酶；⑧核苷二磷酸激酶；⑨CTP 合成酶

氨甲酰磷酸合成酶Ⅰ与氨甲酰磷酸合成酶Ⅱ的区别见表 10-2。

表 10-2　氨甲酰磷酸合成酶Ⅰ与氨甲酰磷酸合成酶Ⅱ

项目	氨甲酰磷酸合成酶Ⅰ(CPS-Ⅰ)	氨甲酰磷酸合成酶Ⅱ(CPS-Ⅱ)
分布	肝细胞线粒体中	所有细胞胞液中
氮源	NH_3	谷氨酰胺
变构激活剂	*N*-乙酰谷氨酸(*N*-AGA)	无
功能	尿素合成	嘧啶合成

3. UMP 转变为 CMP

UMP 转变为 CMP 是在 UTP 水平上进行的，首先 UMP 在特异的尿嘧啶核苷酸激酶作用下，利用 ATP 生成 UDP，UDP 在核苷二磷酸激酶的作用下生成 UTP。然后在 CTP 合成酶作用下，UTP 由谷氨酰胺提供氨基生成 CTP。反应过程见图 10-11。

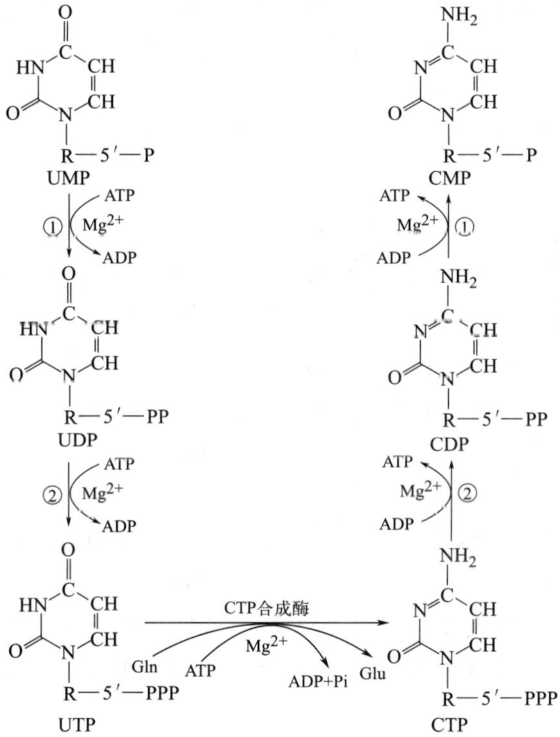

图 10-11　胞苷酸的合成途径

①核苷一磷酸激酶；②核苷二磷酸激酶

（二）嘧啶核苷酸的补救合成途径

各种生物可以利用外源或体内分解产生的嘧啶和核苷，在不同酶的作用下以不同方式重新合成 UMP，并进一步生成 CMP。反应式如下：

$$\text{尿嘧啶}+\text{PRPP}\xrightleftharpoons{\text{UMP 磷酸核糖转移酶}}\text{UMP}+\text{焦磷酸}$$

$$\text{尿嘧啶}+\text{1-磷酸核糖}\xrightleftharpoons{\text{尿苷磷酸化酶}}\text{磷酸}+\text{尿嘧啶核苷}$$

$$\text{尿嘧啶核苷}+\text{ATP}\xrightleftharpoons{\text{尿苷激酶}}\text{UMP}+\text{ADP}$$

（三）嘧啶核苷酸从头合成的调节

嘧啶核苷酸的从头合成受一系列反馈系统的调节。在哺乳动物体内，CPS-Ⅱ是合成过程的主要调节酶，UMP 是其别构抑制剂，PRPP 则有激活作用；在细菌中天冬氨酸氨甲酰转移酶是嘧啶从头合成的主要调节酶，CTP 是其别构抑制剂。

三、核苷酸从头合成的抗代谢物

某些物质在结构上与参加反应的底物结构相似，它们能竞争性地与代谢中某种酶的活性中心结合而抑制该酶的活性从而影响代谢的正常进行，这些物质称为抗代谢物。有一些抗代谢物能抑制嘌呤核苷酸的合成，称为嘌呤核苷酸的抗代谢物。有些是抗菌药物，有些作为抗癌药物已应用于临床。

核苷酸合成的抗代谢物

1. 叶酸类似物

氨基蝶呤和氨甲蝶呤（MTX）的结构与叶酸类似，能竞争抑制二氢叶酸还原酶的活性，使叶酸不能还原成二氢叶酸及四氢叶酸，可以阻碍由叶酸参与的代谢反应，从而阻碍 AMP、GMP 及 TMP 的从头合成途径。叶酸、四氢叶酸、氨基蝶呤和氨甲蝶呤的结构如下：

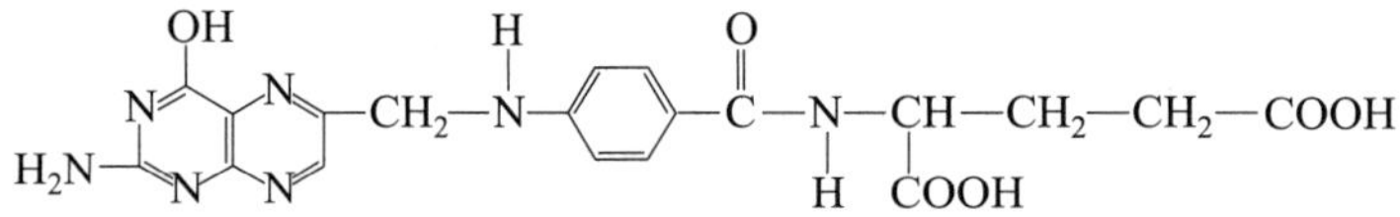
叶酸

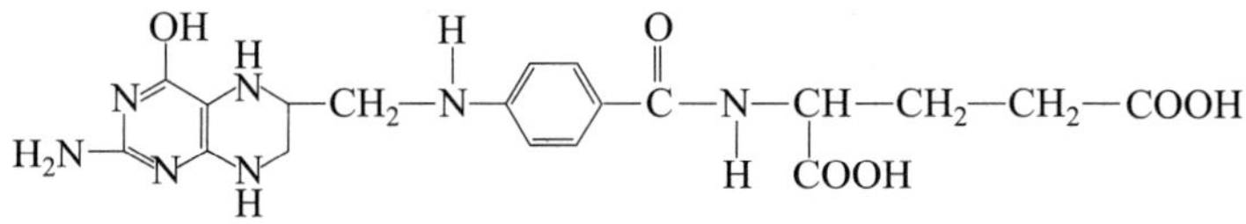
四氢叶酸

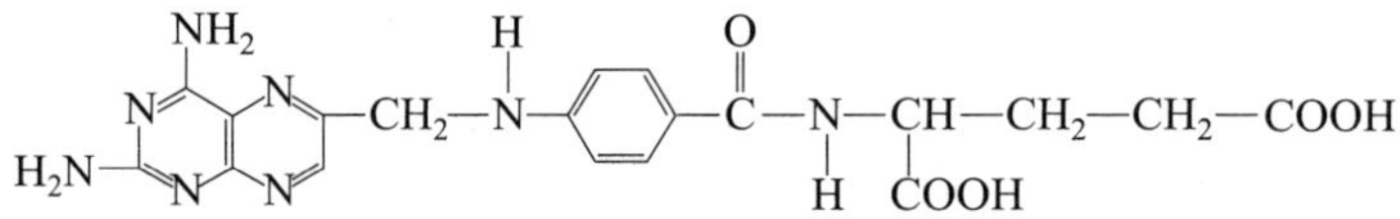
氨基蝶呤

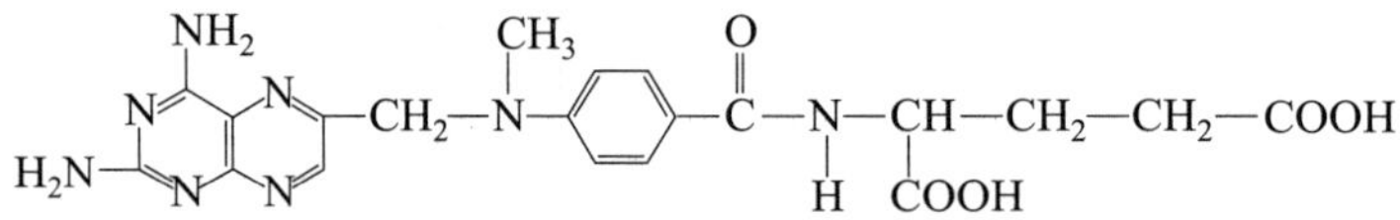
氨甲蝶呤

由于肿瘤细胞中 DNA 复制很快，需要大量合成四种脱氧核苷酸，因此，MTX 等叶酸类似物可用于临床，通过抑制肿瘤细胞中核苷酸的合成干扰 RNA 及 DNA 的合成，达到抑制细胞增殖的目的。

2. 嘌呤类似物

6-巯基嘌呤与次黄嘌呤的结构相似，在体内可生成 6-巯基嘌呤核苷酸抑制次黄苷酸转变成 AMP、GMP；6-巯基嘌呤核苷酸由于结构类似于 IMP 也可反馈抑制 PRPP 酰胺转移酶活性，阻断嘌呤核苷酸从头合成；6-巯基嘌呤还可通过竞争性抑制作用抑制 HGPRT 的活性，从而阻断嘌呤核苷酸的补救合成途径。次黄嘌呤的结构与 6-巯基嘌呤的结构如下：

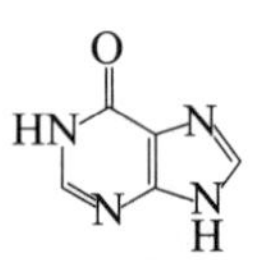
次黄嘌呤

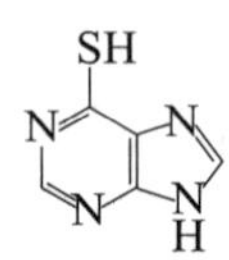
6-巯基嘌呤

3. 氨基酸类似物

谷氨酰胺是合成嘌呤核苷酸的重要原料，重氮丝氨酸等结构与谷氨酰胺相似，能干扰谷氨酰胺参与嘌呤核苷酸合成的有关反应，从而干扰 IMP、GMP 及 CTP 的从头合成，对某些肿瘤的生长有抑制作用，由于这类抗癌药物副作用较大，临床上使用不多。重氮丝氨酸与谷氨酰胺的结构如下：

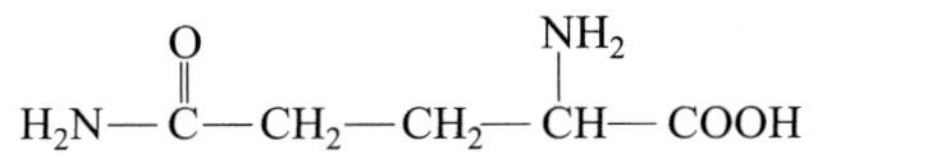
谷氨酰胺

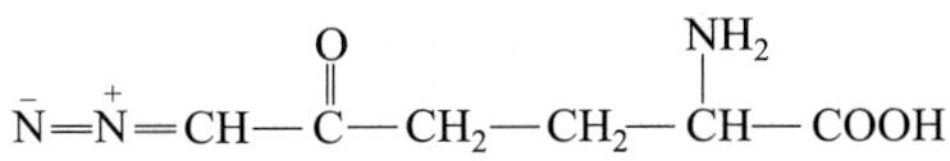
重氮丝氨酸

4. 嘧啶类似物

嘧啶类似物主要有 5-氟尿嘧啶（5-FU）和 5-氟尿嘧啶脱氧核苷，它们的结构分别与胸腺嘧啶和脱氧胸苷类似，这两种物质经过转化可生成 5-氟尿嘧啶脱氧核苷酸（5-FdUMP），5-FdUMP 与 dUMP 的结构相似，是胸苷酸合成酶的强抑制剂，使 TMP 的合成阻断；也可以 FUMP 的形式渗入到 RNA 分子中破坏 RNA 的结构与功能。尿嘧啶和尿嘧啶类似物结构如下：

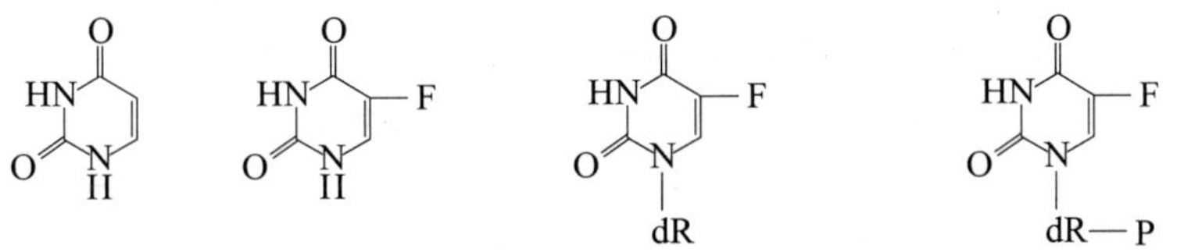
尿嘧啶　　5-氟尿嘧啶　　5-氟尿嘧啶脱氧核苷　　5-氟尿嘧啶脱氧核苷酸

5. 胞苷类似物

阿糖胞苷和环胞苷是嘧啶核苷的类似物，抑制 CDP 还原成 dCDP，影响 DNA 的合成。阿糖胞苷和环胞苷是重要的抗癌药物，结构如下：

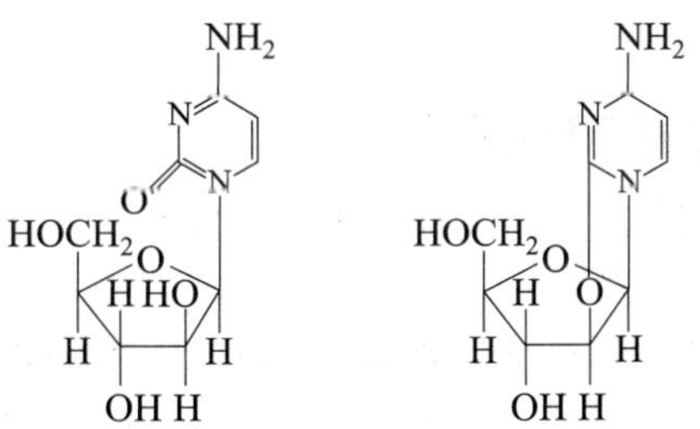
阿糖胞苷　　环胞苷

四、脱氧核糖核苷酸的生物合成

在生物体内，除胸腺嘧啶脱氧核糖核苷酸外，其余核苷酸均可以 NADPH 为还原剂，以 Mg^{2+} 为激活剂，在 ATP 作用下由核糖核苷酸还原酶催化，在核苷二磷酸水平上还原为脱氧核糖核酸，见图 10-12。

从大肠杆菌和动物组织中已分别提取出催化核糖核苷二磷酸还原反应的核糖核苷酸还原酶体系。此体系包括：由 R^1 亚基和 R^2 亚基组成的核糖核苷二磷酸还原酶；由两条相同或相似肽链组成，每条链各含一个—S—S—并结合有一分子 FAD 的硫氧还蛋白还原酶；硫氧还蛋白还原酶是一种含有 2 个巯基的由 108 个氨基酸残基组成的硫氧还蛋白。还原反应需 ATP 供能、NADPH 供氢。

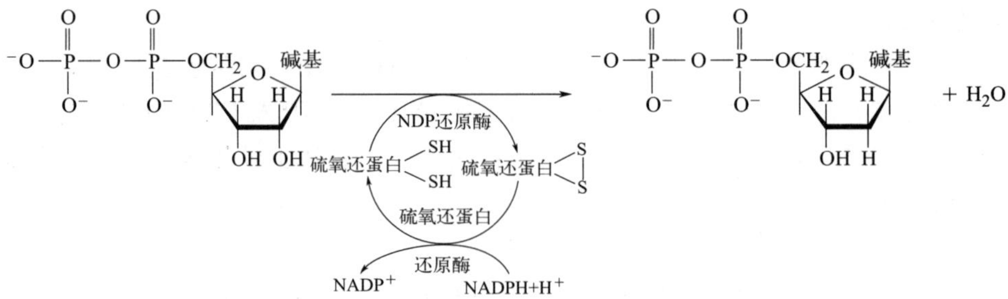

图 10-12　脱氧核糖核苷酸的合成

五、胸苷酸的生成

尿嘧啶脱氧核糖核苷酸在胸苷酸合成酶催化下甲基化生成胸苷酸，$N^5,N^{10}—CH_2—FH_4$ 是甲基供体。合成过程见图 10-13。

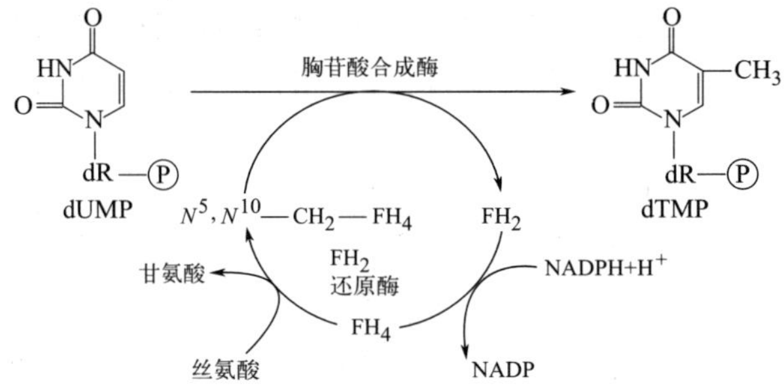

图 10-13　脱氧胸苷酸的合成

dR—脱氧核糖；FH_4—四氢叶酸；FH_2—二氢叶酸

$N^5,N^{10}—CH_2—FH_4$ 去甲基后生成二氢叶酸，在二氢叶酸还原酶催化下，由 NADPH 供氢生成四氢叶酸，四氢叶酸在丝氨酸羟甲基转移酶催化下，四氢叶酸从丝氨酸上接受亚甲基重新转变成 $N^5,N^{10}—CH_2—FH_4$。

六、单核苷酸转变成核苷三磷酸

核苷酸不能直接参加核酸的生物合成，须转化成相应的核苷三磷酸才能参加 DNA 或 RNA 的生物合成。

从核苷酸转化为核苷二磷酸的反应是在相应的核苷酸激酶催化下，由 ATP 提供磷酸基而生成。这些激酶对碱基具有专一性，对核糖及脱氧核糖无特异性。例如，鸟苷酸激酶催化鸟苷酸或脱氧鸟苷酸转化为鸟苷二磷酸或脱氧鸟苷二磷酸。反应式如下：

$$\text{dGMP}+\text{ATP}\xrightarrow{\text{鸟苷酸激酶}}\text{dGDP}+\text{ADP}$$

此类反应的通式是：

$$\text{(d)NMP}+\text{ATP}\xrightarrow{\text{核苷一磷酸激酶}}\text{(d)NDP}+\text{ADP}$$

核苷二磷酸在核苷二磷酸激酶作用下生成核苷三磷酸。此酶特异性很低，对碱基和戊糖均无特殊要求，催化的反应可逆。反应通式如下：

$$\text{(d)NDP}+\text{ATP}\xrightarrow{\text{核苷二磷酸激酶}}\text{(d)NTP}+\text{ADP}$$

在体内主要是以 ATP 为磷酸基供体合成其他核苷二磷酸、核苷三磷酸。

核苷酸生物合成与核酸生物合成的关系见图 10-14。

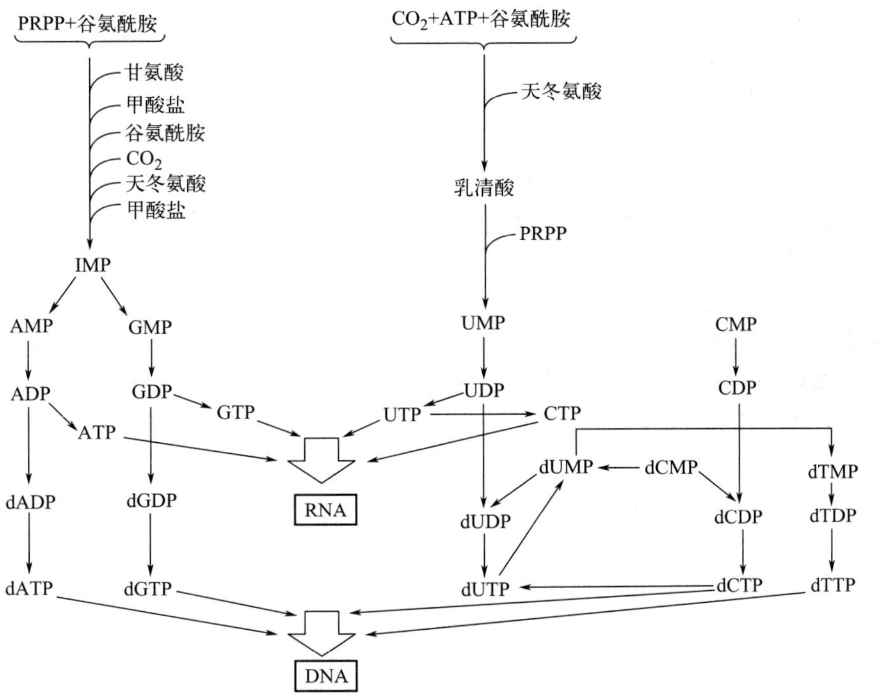

图 10-14 核苷酸生物合成与核酸生物合成的关系

内源或外源核酸分解产生的各种核苷酸、核苷或碱基可通过补救合成途径供给机体重新利用，各种核苷三磷酸化合物也可通过酶促反应转变为相应的核苷二磷酸或核苷酸，这些均未表示于图中

润心驿站 高嘌呤膳食与痛风——健康饮食，共筑健康中国

痛风属于代谢性疾病，以高尿酸血症和尿酸盐晶体的沉淀和组织沉积为特征，导致炎症和组织损伤。尿酸盐结晶沉积于关节、软组织和肾脏，可引起关节炎、肾脏损害等，临床主要表现为反复发作的急性关节炎等。高尿酸血症和痛风是慢性肾病、高血压、心脑血管疾病及糖尿病等疾病的独立危险因素。长期患高尿酸血症还可导致动脉粥样硬化，增加心血管疾病发生的风险。

据我国人群流行病学统计，中国高尿酸血症的总体患病率约为 13.3%，痛风患病率为 0.86%～2.20%，男性高于女性，城市高于农村，沿海高于内陆。痛风患病率呈逐年上升趋势。近年来，痛风发病年龄趋于年轻化，甚至青少年中也不乏痛风患者。如今痛风成为我国仅次于糖尿病的第二大代谢性疾病。

尿酸是人体代谢产物之一，主要由膳食摄入和体内分解的嘌呤化合物经肝脏代谢产生，通过肾脏和消化道排泄。正常情况下，体内尿酸产生和排泄保持平衡状态。当嘌呤代谢障碍时，就会出现高尿酸血症。高尿酸血症是痛风发生的病理基础。当摄入过多高嘌呤食物，如红肉、海鲜和动物内脏，或者体内嘌呤代谢出现障碍时，尿酸水平就会上升。此外，一些遗传因素也可能导致个体对尿酸的代谢能力降低，从而增加患痛风的风险。当体内尿酸水平过高，超过肾脏的排泄能力时，尿酸就会在关节、软骨等组织中沉积，形成尿酸盐结晶。这些结晶会刺激关节滑膜细胞，引发无菌性炎症反应，导致关节红肿、疼痛等症状。此外，尿酸盐结晶还可能引发关节软骨和骨质的破坏，导致关节变形和功能障碍。随着病情的进展，痛风还可能引发肾脏病变，如慢性间质性肾炎、泌尿系统尿酸性结石等。

痛风的预防关键在于调整饮食习惯和生活方式。现代人的饮食结构中，高嘌呤食物往往占据较大比例。从美味的海鲜大餐到丰盛的肉类烧烤，再到各式豆制品和菌类，这些看似诱人的美食背后，却隐藏着诱发痛风的隐患。长期大量摄入高嘌呤食物，不仅会增加尿酸生成，还可能影响肝肾功能，进一步加剧尿酸排泄障碍，形成恶性循环。因此，在饮食习惯上，应减少高嘌呤食物的摄入，特别是动物内脏、海鲜、浓汤等。同时，增加低嘌呤食物的摄入，如新鲜蔬菜、水果、全谷物等，这些食物富含纤维、维生素和矿物质，有助于促进尿酸排泄，维护身体健康。此外，保持足够的水分摄入，避免饮酒和含糖饮料，也是预防痛风的重要措施。饮食健康不仅关乎个人福祉，更影响社会整体健康水平。我们每个人都应成为自身健康的守护者，参考国家卫生健康委发布的《成人高尿酸血症与痛风食养指南（2024年版）》，从日常饮食的点滴做起，选择健康食材，培养科学的饮食习惯，做好高尿酸血症和痛风的预防，为实现“健康中国”的伟大目标而不懈努力。

小思考

1. 在痛风防治中，如何践行“健康中国”理念？

2. 痛风年轻化趋势下，青年应如何调整生活方式，树立科学健康观，为国家健康战略贡献力量？

核酸的酶促降解与核苷酸代谢知识框架

<table>
<tr><td rowspan="16">核酸的酶促降解与核苷酸代谢</td><td colspan="4">核酸的酶促降解：产物核苷酸</td></tr>
<tr><td colspan="4">核苷酸的水解：产物碱基、磷酸、1-磷酸戊糖</td></tr>
<tr><td rowspan="7">核苷酸的分解代谢</td><td rowspan="3">嘌呤</td><td colspan="2">AMP——腺苷酸、腺苷水平脱氨为次黄嘌呤后，氧化为黄嘌呤，生成尿酸</td></tr>
<tr><td colspan="2">GMP——鸟苷酸水解为鸟嘌呤后脱氨、氧化为黄嘌呤，生成尿酸</td></tr>
<tr><td colspan="2">特点：脱氨、氧化；不同生物嘌呤代谢终产物不同</td></tr>
<tr><td rowspan="4">嘧啶</td><td colspan="2">胞嘧啶：胞嘧啶脱氨生成尿嘧啶</td></tr>
<tr><td colspan="2">尿嘧啶：尿嘧啶还原为DHU，开环降解为NH_3、CO_2、β-氨基丙氨酸</td></tr>
<tr><td colspan="2">胸腺嘧啶：还原、开环降解为NH_3、CO_2、β-氨基异丁氨酸</td></tr>
<tr><td colspan="2">特点：脱氨、还原、开环降解</td></tr>
<tr><td rowspan="7">核苷酸的合成代谢</td><td rowspan="7">从头合成途径</td><td colspan="2">定义：利用磷酸核糖、氨基酸、CO_2、一碳单位等简单小分子物质经过一系列酶促反应合成核苷酸的过程。主要在肝细胞中进行</td></tr>
<tr><td>嘌呤核苷酸的从头合成原料</td><td>天冬氨酸、谷氨酰胺、甘氨酸、CO_2、一碳单位（甲酰基）、磷酸核糖</td></tr>
<tr><td>嘧啶核苷酸的从头合成原料</td><td>天冬氨酸、CO_2、谷氨酰胺、磷酸核糖</td></tr>
<tr><td rowspan="2">特点</td><td>嘌呤核苷酸：在磷酸核糖分子上逐步合成</td></tr>
<tr><td>嘧啶核苷酸：先合成嘧啶环，与磷酸核糖结合而成</td></tr>
<tr><td rowspan="2">调节</td><td>嘌呤核苷酸：反馈调节与交叉调节</td></tr>
<tr><td>嘧啶核苷酸：反馈调节</td></tr>
</table>

续表

<table>
<tr><td rowspan="9">核酸的酶促降解与核苷酸代谢</td><td rowspan="4">核苷酸的合成代谢</td><td rowspan="3">补救合成途径</td><td colspan="2">定义:利用体内游离的碱基、核苷经过简单的反应合成核苷酸</td></tr>
<tr><td>生理意义</td><td>可以节省从头合成的能量及一些氨基酸的消耗。脑及骨髓只能进行补救合成途径</td></tr>
<tr><td>自毁容貌症</td><td>先天性缺失 HGPRT,缺少补救合成途径</td></tr>
<tr><td>脱氧核苷酸的合成</td><td colspan="2">通过核糖核苷酸的直接还原作用,用 H 取代戊糖 C2 上的—OH;在核苷二磷酸水平上进行,由核糖核苷酸还原酶催化</td></tr>
<tr><td colspan="2" rowspan="4">核苷酸从头合成的抗代谢物</td><td>嘌呤类似物</td><td>6-巯基嘌呤</td></tr>
<tr><td>氨基酸类似物</td><td>重氮丝氨酸</td></tr>
<tr><td>叶酸类似物</td><td>氨基蝶呤,氨甲蝶呤</td></tr>
<tr><td>嘧啶类似物</td><td>5-FU、5-FdUMP</td></tr>
</table>

本章思考题

一、名词解释

1. 嘌呤核苷酸的从头合成途径　　2. 嘌呤核苷酸的补救合成途径

二、填空题

1. 人类对嘌呤代谢的终产物是______________。

2. 嘌呤核苷酸的从头合成分为两个阶段，首先合成__________，然后再将其转变成__________和 GMP。

3. 嘌呤核苷酸从头合成的第一个核苷酸是___________，嘧啶核苷酸从头合成的第一个核苷酸是_______________。

4. 嘧啶核苷酸的从头合成途径是先合成________再与_________结合生成。

三、选择题

1. 合成嘌呤环的氨基酸为（　　）。

A. 甘氨酸、天冬氨酸、谷氨酸　　B. 甘氨酸、天冬氨酸、谷氨酰胺

C. 甘氨酸、天冬酰胺、谷氨酰胺　　D. 蛋氨酸、天冬酰胺、谷氨酸

2. 嘧啶环中的两个氮原子来自（　　）。

A. 谷氨酰胺和氨　　B. 谷氨酰胺和天冬酰胺

C. 谷氨酰胺和谷氨酸　　D. 天冬氨酸和氨甲酰磷酸

3. 5-FU 的抗癌作用机制为（　　）。

A. 合成错误的 DNA，抑制癌细胞生长

B. 抑制尿嘧啶的合成，从而减少 RNA 的生物合成

C. 抑制胞嘧啶的合成，从而抑制 DNA 的生物合成

D. 抑制胸腺嘧啶核苷酸合成酶的活性，从而抑制 DNA 的生物合成

四、问答题

1. 别嘌呤醇为什么可用于治疗痛风？

2. 标出嘌呤、嘧啶碱基环上每个原子的来源。

第三篇　分子生物化学

第十一章 DNA的生物合成

DNA是遗传物质的发现

内容概要与学习指导——DNA 的生物合成

本章从 DNA 复制的方式、 DNA 复制有关的酶与蛋白质、原核与真核细胞复制的过程、逆转录等方面介绍了 DNA 生物合成的基础知识。重点阐述了半保留复制、 DNA 聚合酶、原核细胞的复制过程、端粒的复制、基因突变与 DNA 的损伤修复等问题。

半保留复制是 DNA 复制的主要方式。无论是环状 DNA、线状 DNA、双链 DNA 还是单链 DNA 的基因组，都以该种方式复制。其中，环状 DNA 复制有 θ 型复制、滚环型复制、D-环型复制；线状 DNA 的复制主要通过端粒结构解决 5′-末端在切除引物以后引起的末端缩短问题。

复制是多种分子参与的过程。参与该过程的有关酶与蛋白质有：DNA 聚合酶、引物酶、DNA 连接酶、DNA 拓扑异构酶、DNA 解链酶、单链结合蛋白等。DNA 的复制过程为复制的起始、延伸、终止三个阶段。原核生物和真核生物具体过程不尽相同。其中，*E. coli* 是复制过程研究较为清楚的原核生物的代表。

以 RNA 为模板，按照 RNA 中的核苷酸顺序合成 DNA 的过程称逆转录。它的发现，大大拓宽了人们对生物遗传信息传递过程的认识。

虽然，自然界中 DNA 的突变不可避免，而且突变对于生物进化而言是必不可少的；但是，绝大多数的突变是有害的。细胞通过直接修复（光复活）、切除修复、重组修复、SOS 修复等机制，对突变加以修复。

学习本章时应以 DNA 复制的机制及参与分子为主线，并注意：

① 复制是生物信息由父代细胞向子代细胞传递的机制，其高度保真对物种的稳定具有重要意义，因此，细胞有一系列的机制保持该过程的准确；

② 复制过程机制的典型代表是 *E. coli*；

③ DNA 复制的过程是建立在 DNA 结构特点的基础之上，因此，本章的学习要与核酸的分子结构部分相联系。

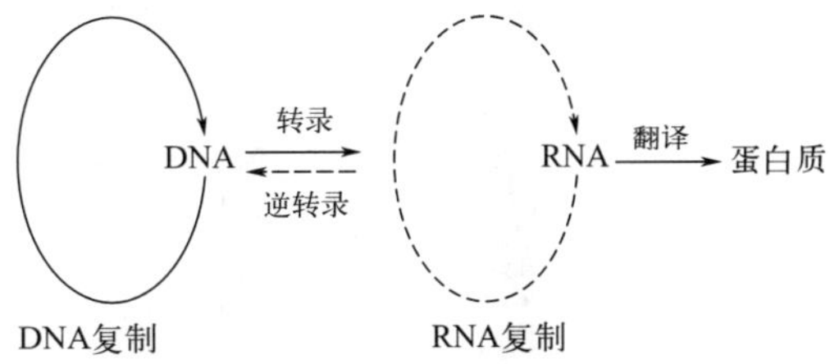

图 11-1　中心法则

DNA 是绝大多数生物遗传信息的载体。通过碱基配对，实现自我复制，从而将遗传信息向子代细胞传递。经过转录，DNA 将其携带的遗传信息传递给 RNA；最后，在核糖体中通过翻译过程，将 RNA 上携带的遗传信息翻译成蛋白质，完成了遗传信息由细胞核内向细胞核外的传递。遗传信息从 DNA 传给 RNA，再从 RNA 传给蛋白质这一规律，称为遗传信息传递的中心法则。这是 1958 年由 Crick 提出，后来人们在实验室中又发现了病毒 RNA 可以在寄主细胞中作为模板逆向合成 DNA，从而完善了最初提出的中心法则。经过不断补充和完善后，20 世纪 70 年代提出的中心法则见图 11-1。

DNA 的合成过程不是一个简单的核苷酸聚合成 DNA 大分子的过程，而是要按照原有的 DNA 分子的核苷酸顺序合成一个不失真的、完全与母分子一样的子分子的过程，也就是说新合成的 DNA 是模板 DNA 分子的复制品，故 DNA 的生物合成亦称 DNA 的复制。所谓 DNA 复制就是以亲代 DNA 为模板合成子代 DNA 的过程，这一过程的完成涉及一系列的问题。

① DNA 是如何复制的？是母链分子的两条链分开，各自合成一条新链的半保留复制，还是母链分子以整个分子为模板，合成两条链都是新的子分子的全保留复制？

② DNA 复制时有没有特定的起始点？是一个起始点，还是多个起始点？

③ 两条链是同时进行复制，还是逐条复制？

④ 母链复制时两条链是如何解开的？

⑤ 复制时有哪些酶参加？是否有其他因子？如何保证复制的精确性？

⑥ DNA 复制如何调节？

本章将就 DNA 复制的这些问题，讨论 DNA 复制的过程。

第一节　DNA 的半保留复制

一、复制的机理

半保留复制的发现

早在 1953 年，Watson 和 Crick 在提出 DNA 双螺旋结构时，就推测 DNA 的复制方式可能是以半保留的方式进行，并对半保留的复制机理进行了探讨。

1958 年 Meselson 和 Stahl 利用氮的同位素 ^{15}N 标记大肠杆菌

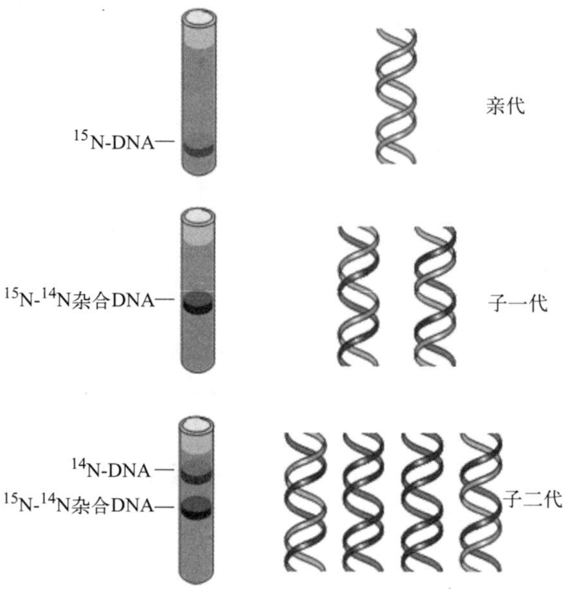

图 11-2 Meselson 和 Stahl 实验

DNA，第一次用实验直接证明了 DNA 的半保留复制（图 11-2）。具体过程是让大肠杆菌长期在以$^{15}NH_4Cl$为唯一氮源的培养基内生长，使细菌内 DNA 分子上的 N 原子全部标记上^{15}N，然后将细菌转移到以$^{14}NH_4Cl$为氮源的培养基内连续培养；在不同时间提取细菌中的 DNA 进行氯化铯密度梯度离心，由于^{15}N 的密度比^{14}N 的密度大，这两种 DNA 便分开成为两个区带。实验证明，经一代培养之后，DNA 只出现一条区带，位于^{15}N-DNA 和^{14}N-DNA 之间，这条区带的 DNA 是一条由^{15}N-DNA 和^{14}N-DNA 组成的；经二代培养后，出现两条区带，一条为^{15}N-DNA 和^{14}N-DNA 的杂交分子，另一条为^{14}N-DNA 组成的分子；第三代以后，^{14}N-DNA 组成比例增加，整个变化与半保留复制预期的结果完全一致。

1963 年 Cairns 用放射自显影的方法，首次直接观察到完整的正在复制的大肠杆菌的染色体 DNA。直观地观察到呈现半保留复制的染色体 DNA。此后，又对细菌、动植物细胞及病毒进行了许多实验研究，都证明了 DNA 复制的半保留复制方式。

DNA 半保留复制是指从亲代 DNA 合成的子代 DNA 双链中，一条链来自亲代，另一条链是新合成的。具体过程是：DNA 复制时，亲代 DNA 双链碱基间氢键断裂而使双链解旋和分开。然后以每条单链为模板（template），按碱基互补配对原则，在两条单链上各形成一条互补链。结果，一条 DNA 双链可精确复制成两条 DNA 双链。新形成的两个 DNA 分子与亲代 DNA 分子的碱基顺序完全一样，且每个子代 DNA 分子中，一条单链来自亲代 DNA，另一条单链为新合成的。

DNA 的半保留复制方式，可使遗传信息准确地传递给子代细胞，保持其相对稳定性而不致发生变化，这对生物的遗传和维持物种稳定性具有重要意义。

二、复制起点、方向和速度

1. 复制起点与复制子

实验证明，细胞中 DNA 的复制是从固定的位点开始的，这一位点被称为复制起点（origin of replication）。其往往表现为特定的序列，识别并结合与复制有关的酶与蛋白质，并且 DNA 在该位点解链开始复制。一般在一个完整的细胞周期中，每个复制起点，只使用一次，完成一个复制过程，即每个复制子启动一次。

DNA 中独立复制的单位称为复制子（replicon），每个复制子只含一个复制起点。一般来说，原核生物的染色体 DNA、质粒、病毒以及真核细胞线粒体的 DNA 为单复制子（即只有一个复制子、一个复制单位）；而真核生物染色体 DNA 是多复制子（multireplicon）完成复制（即多个复制起点，有多个复制单位）。对于基因组较大的真核生物，多复制子的同时启动复制，对于细胞在短时间内完成 DNA 复制任务具有积极意义。

2. 复制方向和速度

在复制启动后，母链 DNA 解链成双股链，所以在解链区域，母链与双股的子链形成叉子型结构，称为复制叉（replication fork）。

由复制起点启动的复制有两种可能的方向。一种是双向复制，即由复制起点开始向两边复制；另一种是单向复制，即由复制起点开始向一边复制（见图 11-3）。无论是原核还是真核生物，DNA 的复制主要是从起始点开始双向复制（等速进行或异速进行），形成两个复制叉，少数是单向复制，形成一个复制叉。

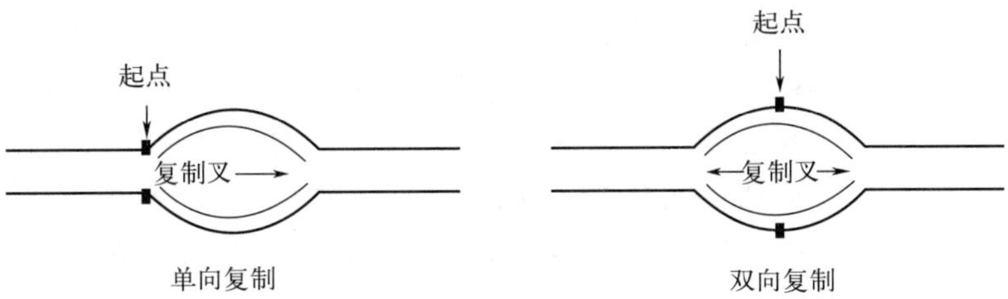

图 11-3　DNA 复制的方向

细胞中，复制叉移动的线性速度是比较恒定的。真核生物一般为每秒移动 50bp，而原核生物移动速度相对较高（*E. coli* 为前者的 20 倍还多）。生物体 DNA 复制的实际速度取决于复制起始的频率和复制子的数量。真核生物为多复制子，多处同时复制，所以，即使复制叉移动的线性速度较低，但总体复制速度仍然较高。复制的控制是在起始阶段，一旦复制开始即继续下去，直到整个复制子完成复制。

三、复制的主要方式

细胞内 DNA 复制以半保留复制方式进行，这是生物的共性；但不同生物体内 DNA 分子的存在形式不同，表现在复制方式上也各有差别，这是个性。下面介绍几种复制的机制。

（一）线性 DNA 的复制

对于线性 DNA，复制叉的生长方式有单一起点的单向（如腺病毒）及双向（如 T7 噬菌体）和多个起点的双向复制（真核细胞染色体 DNA）等几种方式。线性 DNA 复制的具体过程，将在第三节中详细介绍。

（二）环状 DNA 的复制

1. θ 型复制

它是环状双链 DNA 单起点的双向或单向复制方式，典型代表是 *E. coli*。*E. coli* DNA 是单起点的两边双向等速复制方式。从复制起点 oriC 处，DNA 双链解链，形成两个方向相反的复制叉。随着两个复制叉的移动，形成一个 θ 型结构（图 11-4）。

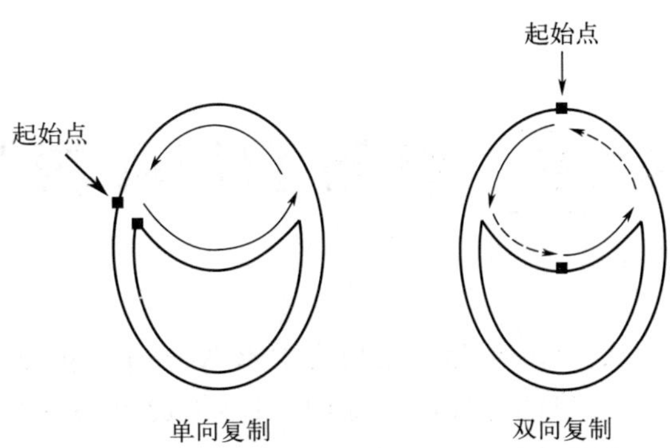

图 11-4　环状 DNA 的 θ 型复型

2. 滚环型复制

它是环状 DNA 单向复制的一种特殊方式，典型代表是 *ΦX174* 噬菌体。此噬菌体 DNA 为单链环状 DNA。但其在复制时，单

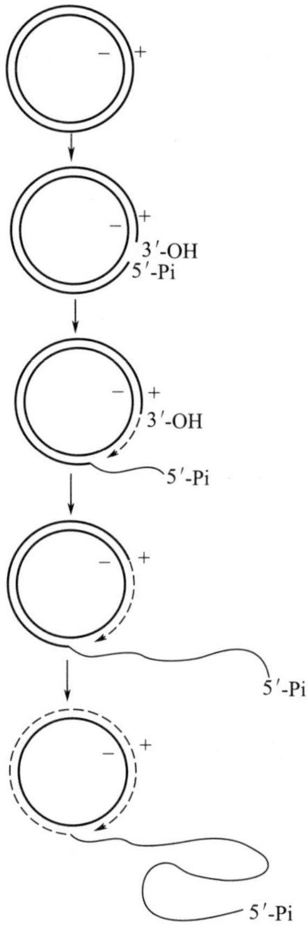

图 11-5 滚环型复制示意图

链 DNA 指导合成互补链，转变为双链环状 DNA（*ΦX174* 噬菌体的复制型，即 RF 型）。*ΦX174* 噬菌体的双链环状 DNA 复制型（RF 型）的复制方式，就是以滚环型复制。

具体过程为：DNA 双链正链从起始点专一性切割开；形成的自由 5′-端被从双链环中置换出来，并被 DNA 单链结合蛋白所覆盖；形成的 3′-OH 端作为引物，以未断裂的环状链为模板，在 DNA 聚合酶的作用下不断延伸，形成“滚环结构”。生长点沿环状模板链滚动，3′-端不断延长，5′-端不断被置换甩出，而成为一条单链。反应循环进行，在单链上合成了环状基因的许多单位的单链拷贝。这些单链拷贝按单位长度断裂，产生“原初环状复制子的单链线性拷贝”。这些单链线性拷贝，或保持其单链环状形式存在（*ΦX174* 噬菌体 DNA 存在形式），或合成其互补链，转化为双链环状形式（*ΦX174* 噬菌体的 RF 型）（图 11-5）。

3. D-环型复制

其是一种单起点单向复制的特殊形式。典型代表是叶绿体 DNA 和线粒体 DNA（纤毛虫线粒体 DNA 例外，其为线性 DNA）。复制时，双链环在固定的起点处解链进行复制。但两条链的合成是高度不对称的：一条链先复制，迅速合成其互补链；另一条链则保持单链状态，成为游离的单链环（电镜下，呈 D-环形状）。待一条链复制到一定程度，暴露出另一条链的复制起点，另一链才开始复制（图 11-6）。

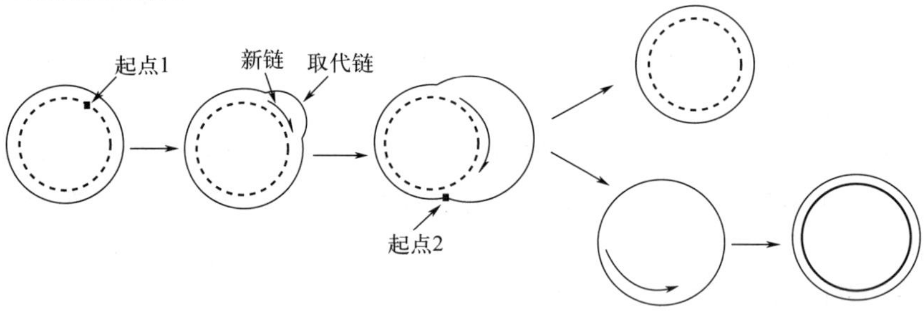

图 11-6 D-环型复制示意图

第二节 参与 DNA 复制的酶和蛋白质

从 1956 年起，生物化学家 Kornbgerg 等用大肠杆菌提取液进行 DNA 合成的体外研究证明，DNA 是在多种酶和辅助因子的作用下快速准确地复制。

参与DNA复制的酶与蛋白质

一、 DNA 聚合酶

DNA 聚合酶催化脱氧核苷三磷酸连续地加到 DNA 链的 3′-OH 末端，同时释放出焦磷酸：

$$\underset{\text{DNA 链}}{(\text{dNMP})_n} + \underset{\text{脱氧核苷三磷酸}}{\text{dNTP}} \xrightarrow{\text{DNA 聚合酶}} \underset{\text{伸长的 DNA 链}}{(\text{dNMP})_{n+1}} + \underset{\text{焦磷酸}}{\text{PPi}}$$

研究表明，DNA 合成前体是 dNTP，不能用 NTP、dNDP 和 dNMP 代替，而且 DNA 合成方向是 5′→3′，即新单核苷酸加到已经存在的 DNA 链的 3′-OH 末端，而不是 5′-磷酸基末端。

DNA 聚合酶的反应特点如下：①以 4 种 dNTP 为底物；②反应需要接受模板的指导，不能催化游离的 dNTP 的聚合；③反应需要引物 3′-OH 的存在；④链生长方向为 5′→3′方向；⑤产物 DNA 的性质与模板相同。

不同生物所需 DNA 聚合酶不同，现已发现原核生物 DNA 聚合酶有五种：DNA 聚合酶Ⅰ、DNA 聚合酶Ⅱ、DNA 聚合酶Ⅲ、DNA 聚合酶Ⅳ、DNA 聚合酶Ⅴ。真核生物 DNA 聚合酶现已发现了 15 种以上。对于哺乳动物主要有 5 种：DNA 聚合酶 α、DNA 聚合酶 β、DNA 聚合酶 γ、DNA 聚合酶 δ、DNA 聚合酶 ε。本节仅讨论原核生物 DNA 聚合酶的功能，见表 11-1。

表 11-1　*E. coli* DNA 聚合酶的性质比较

性质	聚合酶Ⅰ	聚合酶Ⅱ	聚合酶Ⅲ	聚合酶Ⅳ	聚合酶Ⅴ
5′→3′聚合酶活性	+	+	+		
3′→5′外切酶活性	+	+	+		
5′→3′外切酶活性	+	—	—		
已知的结构基因	*pol A*	*pol B*	*pol C* （*dnaE*,*N*,*Z*,*X*,*Q* 等）	*dinB*	*umuC* 和 *umuD*
亚基数目	1 （单亚基）	≥7 （多亚基）	≥10（多亚基），7 种亚基单位和 9 个亚基		
细胞内的分子数	400	100	10～20		
作用	①切除由紫外线照射而形成的嘧啶二聚体 ②切除冈崎片段 5′-端的 RNA 引物，并修复补齐缺口	修复 DNA	*E. coli* 复制的主要酶	涉及 DNA 的错误倾向修复（errorprone repair）。当 DNA 受到较严重的损伤时，即可诱导产生这两个酶，使修复缺乏准确性（accuracy）。因而出现高突变率	

（一） DNA 聚合酶Ⅰ

DNA 聚合酶Ⅰ是第一个被鉴定出来的 DNA 聚合酶，但它不是复制大肠杆菌染色体的主要聚合酶。DNA 聚合酶Ⅰ是一种多功能酶，它的主要功能有三方面。

1. 具有聚合链式反应功能

催化 DNA 链沿 5′→3′方向延长，将脱氧核糖核苷酸逐个加到具有 3′-OH 末端的多核苷酸链（RNA 引物或 DNA）上，形成 3′,5′-磷酸二酯键（图 11-7）。

2. 具有 3′→5′ 外切酶活力

能识别和切除错配的核苷酸末端，而对双链 DNA 则不起作用。在正常聚合条件下，

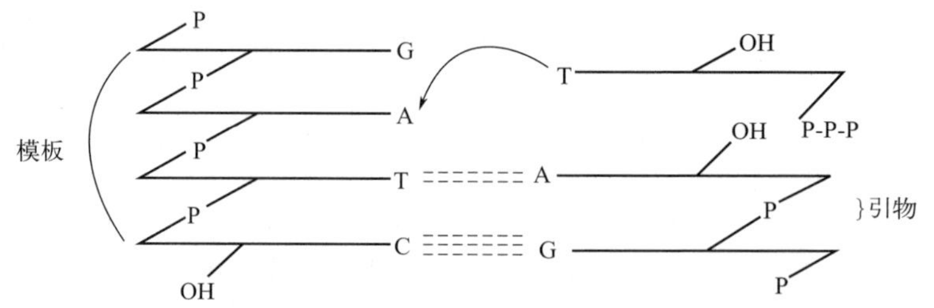

图 11-7　DNA 聚合酶催化链延长的方向

3′→5′外切酶活性很低，一旦出现碱基错配，聚合反应立即停止，由 3′→5′外切酶将错配的核苷酸切除，然后进行正常的聚合反应。因此，DNA 聚合酶Ⅰ的 3′→5′外切酶活性是一种重要的校对功能，有了这种校对功能，就能更好地保证复制的精确性。

3. 具有 5′→3′外切酶活性

它只作用于双链 DNA，从 5′-末端切下单个核苷酸或一段寡核苷酸，这一功能使得 DNA 聚合酶Ⅰ能从 5′→3′方向切除损伤的核苷酸和移去作为 DNA 合成引物的 RNA。

（二）DNA 聚合酶Ⅱ

DNA 聚合酶Ⅱ具有催化 DNA 链沿 5′→3′延伸的功能和 3′→5′外切酶活力，但无 5′→3′外切酶活性，而且 DNA 聚合酶Ⅱ活力很低，只有 DNA 聚合酶Ⅰ的 5%，它在细胞内的生理功能以及在 DNA 复制中的作用还不是很清楚。

（三）DNA 聚合酶Ⅲ

它的性质和功能与 DNA 聚合酶Ⅰ相似，沿 5′→3′方向催化 DNA 聚合反应，同时具有 3′→5′外切酶活性。DNA 聚合酶Ⅲ活性很强，是 DNA 聚合酶Ⅰ的 15 倍，是 DNA 聚合酶Ⅱ的 300 倍，DNA 聚合酶Ⅲ是合成新链 DNA 的主要酶。

（四）DNA 聚合酶Ⅳ、DNA 聚合酶Ⅴ

这两种酶分别由 *dinB* 和 $umuD_2C$ 编码，主要在 SOS 修复过程中发挥功能。二者涉及 DNA 的错误倾向修复（errorprone repair），其催化的复制，不需要模板的指导。当 DNA 受到较严重的损伤时，模板严重受损的情况下，正常 DNA 聚合酶在此部位因不能形成正确碱基配对而停止复制，此时即可诱导产生这两个酶，能在 DNA 许多损伤部位继续复制，从而在跨越损伤部位时就造成错误倾向的复制，使修复在缺乏准确性下完成。这种复制方式会出现高突变率。突变虽会杀死许多细胞，但至少可以克服复制障碍，使少数突变细胞得以存活。这对于细胞在极端的情况下存活具有积极意义。

二、其他酶与蛋白质

1. 引物酶

引物酶是一种专门合成引物的 RNA 聚合酶，它以 DNA 为模板，以四种核糖核苷酸为原料，合成一小段 RNA，这段 RNA 作为合成 DNA 的引物，它是合成 DNA 所必需的。

2. DNA 连接酶

DNA 连接酶是催化 DNA 双链中的一条单链缺口处的游离 3′-OH 末端和 5′-磷酸基末端形成 3′,5′-磷酸二酯键，把 DNA 片段连成一条完整 DNA 链。

3. DNA 拓扑异构酶

DNA 拓扑异构酶是细胞内一类催化 DNA 拓扑异构体相互转化的酶，其与 DNA 双链形成共价结合的“蛋白质-DNA 中间体”，在 DNA 双链骨架的 3′,5′-磷酸二酯键处造成暂时的切口，使 DNA 的多聚核苷酸链得以穿越，通过改变 DNA 的连接数，而改变分子拓扑结构。

DNA 复制时，随着解链的进行，在复制叉前端会产生很高的扭转张力，阻碍复制的继续进行。拓扑异构酶能消除复制叉前进带来的扭转张力。同时，拓扑异构酶在重组、修复和其他 DNA 转变方面也起重要作用。

拓扑异构酶有两种类型：Ⅰ型拓扑异构酶、Ⅱ型拓扑异构酶。在大肠杆菌中，起主要作用的拓扑异构酶是拓扑异构酶Ⅰ，又被称为 DNA 旋转酶。它在复制叉前一段距离，切断双链中的一条链，使另一条链自由旋转而松开螺旋，再接上断裂的链。通过“打断一条链—旋转而松开螺旋—再接上断裂的链”这一过程，就实现了解开被扭紧的螺旋，以保证复制不断向前进行。

4. DNA 解链酶

DNA 解链酶也叫 DNA 解螺旋酶，其利用 ATP 水解的能量解开 DNA 双链之间的氢键，每解开一对碱基，需水解 2 分子 ATP $\longrightarrow$ADP＋Pi（磷酸盐），使 DNA 母链的碱基暴露在 DNA 复制体前，以保证 DNA 聚合酶识别母链的碱基而进行正确的碱基配对。需要注意的是，其分解 ATP 的活动依赖于单链 DNA 的存在，即 DNA 解链酶的作用需要单链 DNA 的存在。作用步骤是先与单链 DNA 结合，然后沿 DNA 移动，使双链解开。

5. 单链结合蛋白（SSB 蛋白）

当 DNA 双链局部被解链酶打开后，立即有一些结合蛋白与 DNA 结合，这些结合在 DNA 单链上的蛋白称为单链结合蛋白，它可防止解开的单链 DNA 重新形成双链，单链结合蛋白主要结合在含 A-T 碱基对较密集的部位。大肠杆菌中，其以四聚体形式存在于复制叉处，待单链复制后才掉下来，重新循环。原核生物的单链结合蛋白与 DNA 结合时表现出明显的协同效应；而真核生物的 SSB 蛋白与 DNA 结合时，不表现协同效应。

总之，参与 DNA 复制的酶和蛋白质因子的数目已超过 20 多种，每一种酶和蛋白质因子起着特殊的作用，将这 20 多种酶和因子统称为 DNA 复制体系，并给予一个特殊的名称——复制体。

第三节　原核生物 DNA 复制过程

DNA复制的过程

DNA 复制是在多种因子的协同作用下从复制起点开始，按新生链 5′→3′方向合成。实验证明，DNA 的复制是在多种蛋白质因子与酶的参与下完成。DNA 复制的过程分为复制的起始、DNA 链的延伸、DNA 复制的终止三个阶段。

一、复制的起始

复制由特定的位点——复制起始点开始。以 *E. coli* 为例，其复制起点称为 oriC 位点。该位点为 245bp 长度序列。其序列在细菌复制起点中十分保序，具有两组短的保守序列：第一组序列为三个 13bp 重复序列，它是 oriC 中的 DNA 解链部位；第二组序列为四个 9bp 重复序列，其是 DnaA 蛋白结合位点（图 11-8）。

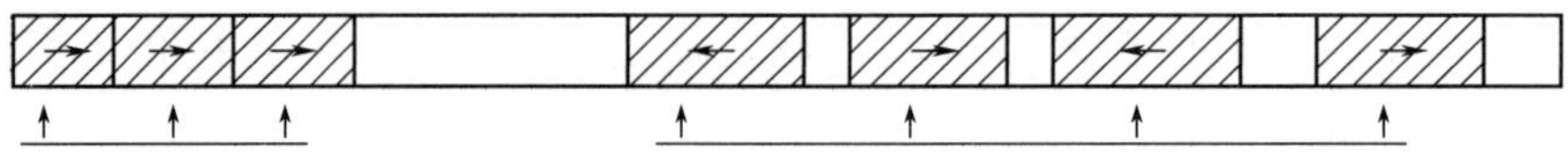

图 11-8　*E. coli* 复制起始点 oriC 的保守序列

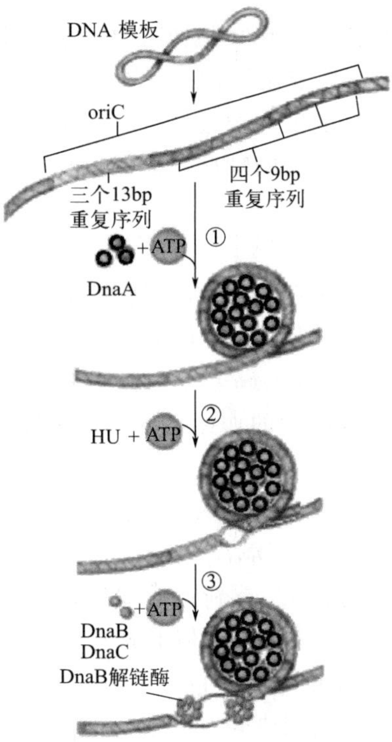

图 11-9　*E. coli* DNA 复制起始的过程

E. coli DNA 复制起始的具体过程见图 11-9。

① DnaA 蛋白，识别 oriC 上的四个 9bp 重复序列，并与之结合。有 20～40 个 DnaA 蛋白各自带一个 ATP 结合于该部位，形成核心，oriC 包裹于其外，形成复制起始复合物。

② 在 HU 蛋白的促进下，由 ATP 提供能量，DnaA 蛋白使 oriC 的三个 13bp 重复序列解链变性，成为开链复合物。

③ 解链酶（DnaB 蛋白）借助 ATP 水解的能量，在 oriC 局部解链的基础之上，沿 DNA 链 5′→3′方向移动，进一步解开双链，形成复制叉。Dna 旋转酶（拓扑异构酶Ⅱ）在复制叉前端移动，消除前端双链的扭转张力；单链结合蛋白（SSB 蛋白）结合与解开的单链部位，保护单链，防止其重新复性，并保护其不受细胞内核酸酶的降解。

二、 DNA 链的延伸

1. RNA 引物的形成

已知的 DNA 聚合酶都不能启动新链的合成，只能催化已有链的延长反应，它行使功能需要有引物暴露出游离的 3′-OH。因此需要合成一小段 RNA 引物。RNA 引物是以亲代 DNA 的单链为模板，在 RNA 聚合酶（引发酶）的催化下，合成一段含有 50～100 个核苷酸的 RNA 短链。RNA 的合成方向也是 5′→3′方向，与亲代 DNA 单链成逆向平行。

2. 半不连续复制

DNA 分子的两条单链是反方向的，而 DNA 聚合酶催化的 DNA 链沿 5′→3′方向合成，因此新生的 DNA 单链中，一条单链合成方向与复制叉移动方向一致，连续合成，称为前导链（leading strand）；而另一条单链合成方向与复制叉移动方向相反，为不连续合成，其先合成一系列短的片段，然后再连接成一条长链，称为滞后链（lagging strand）。滞后链的合成过程中，首先合成的短的 DNA 片段称为冈崎片段，其一般约 1000 核苷酸长度。DNA 新生的两条单链，一条链（前导链）连续合成，另一条链（滞后链）不连续合成的复制方式称为半不连续复制（图 11-10）。

3. 前导链的引发与合成

前导链的合成是连续合成，合成方向与复制叉移动方向一致。所以，其合成与链的延伸相对简单。以 *E. coli* 为例，首先，引发酶（DnaG 蛋白）在起点处合成一段 RNA 引物（约 10～60 个核苷酸）；然后，DNA 聚合酶Ⅲ在引物 3′-端上加入脱氧核糖核酸，合成前导链；

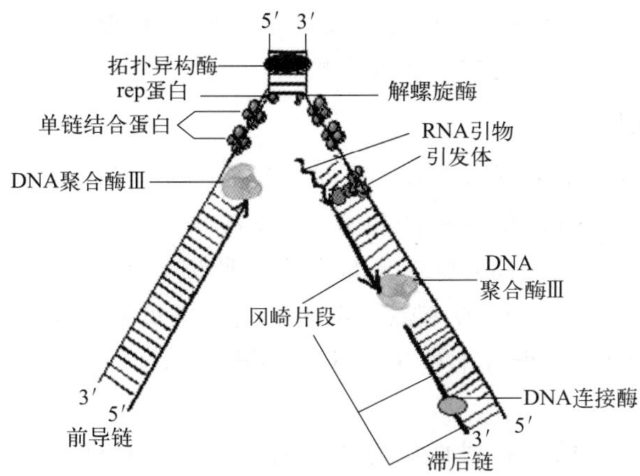

图 11-10　DNA 聚合酶催化链延长的方向

链的延伸与复制叉的移动保持同步，连续合成。

4. 滞后链的引发与合成

滞后链的引发由引发体来完成。其是 6 种蛋白质组装而成的复合体。以 *E. coli* 为例，首先，引发体在滞后链分叉方向上前进，并在模板上断断续续合成 RNA 引物片段；然后，DNA 聚合酶Ⅲ在引物 3′-端上加入脱氧核糖核酸合成冈崎片段，直至遇到下一个引物或冈崎片段为止；接着，RNaseH 降解 RNA 引物，并由 DNA 聚合酶Ⅰ补齐引物降解所产生的缺口；最后，DNA 连接酶将冈崎片段连接，形成长的滞后链单链。

三、 DNA 复制的终止

当复制叉移动到终止部位时，复制停止。以 *E. coli* 复制为例，其为环状复制，两复制叉最终在终止区相遇并停止复制。该终止区含 6 个 22bp 的终止子位点（ter 位点）。

当复制叉移动到终止子区域时。首先，Tus 蛋白与 ter 位点结合形成“Tus-ter 复合物”，使解链酶（DnaB 蛋白）不再将 DNA 解链，复制叉移动停止。当反方向复制叉到达后，两复制叉间仍有 50～100bp 的缺口未被复制。然后，由修复方式填补空缺。DNA 拓扑异构酶Ⅳ使复制叉解体，释放两个子链 DNA。

其他原核细胞的环状染色体 DNA（包括某些真核生物病毒），复制终止可能以类似的方式进行。

第四节　真核生物 DNA 复制过程

一、真核生物与原核生物 DNA 复制的区别

真核生物 DNA 的复制方式与原核生物不尽相同。真核生物染色质上有多个起始点；原核生物染色质上只有一个复制起点。真核生物染色体在全部完成复制之前，各起始点不再开始新的复制；原核生物染色体上复制起始点可连续开始新的复制，表现为一个复制子，有多个复制叉。真核生物染色体复杂（核小体），所以复制叉移动速度原核快于真核，但真核染

色体上有更多的复制起点。所以，真核复制总速度很快。真核冈崎片段的长度为 100～400 个核苷酸，而原核生物为 1000～2000 个核苷酸。

二、端粒的复制

真核生物 DNA 为线状染色体 DNA。线状 DNA 在复制过程中，由于 5′-磷酸末端引物的删除，新生链产生 5′-磷酸末端缺口；同时，DNA 聚合酶补齐缺口需要有 3′-OH 末端的存在。所以，对于线状 DNA 复制后，存在新生子链 5′-磷酸末端缩短的问题。事实上，真核细胞染色体存在有端粒结构，很好地解决了这个问题。

端粒的复制

1. 端粒及其功能

端粒（telomere）是真核生物线性染色体的两个末端基具有的特殊结构，其由许多成串的重复序列所组成。该重复序列通常一条链富含 G（G-rich），互补链富含 C（C-rich）。端粒结构紧密，能稳定染色体末端结构；同时防止染色体间末端交连；并且补偿新生 DNA 链与末端在消除 RNA 引物后造成的空缺。

2. 端粒酶

端粒酶是一种含有 RNA 链的逆转录酶，其以所含 RNA 为模板合成 DNA 端粒结构。通常端粒酶含约 150 个核苷酸的 RNA 链，其中含 1.5 个拷贝（copy）的端粒重复单位的模板。

3. 端粒酶延长端粒的机制

复制使端粒 5′-末端缩短，而端粒酶可以外加重复单位到 5′-末端上，维持端粒一定长度。下面以四膜虫为例，介绍端粒延长机制。四膜虫端粒酶的 RNA 为 159 个核苷酸，含有 CAACCCCAA 序列。如图 11-11 所示。

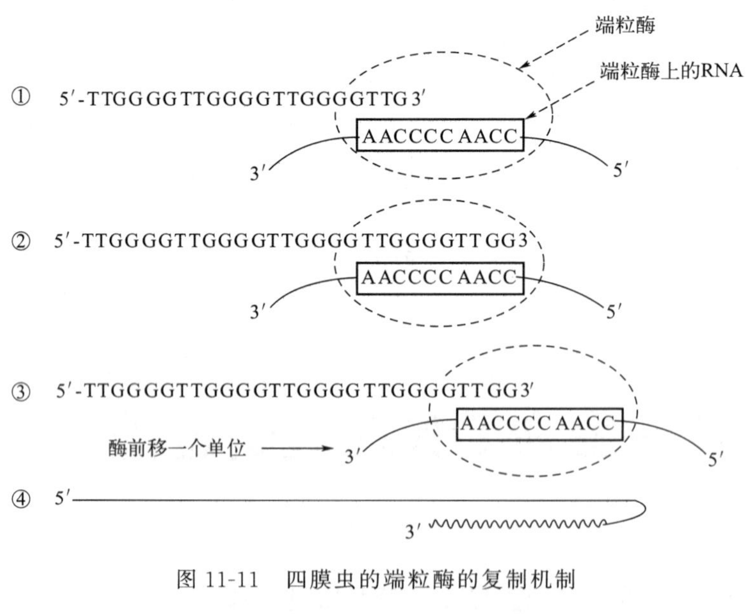

图 11-11　四膜虫的端粒酶的复制机制

① 端粒酶结合到端粒 DNA 3′-末端上，酶上的 RNA 模板的 5′-端识别端粒 DNA 的 3′-末端二者互补配对。

② 以端粒酶上 RNA 为模板，延长端粒 DNA。

③ DNA 延长一个重复单位后，酶再向前（DNA 的 3′-端）移动一个单位。DNA 端粒

不断延长……

④ 新合成的端粒 DNA 的 3′-端单链回折，作自身引物，合成其互补链（尺蠖模型）。

上述机制中，新合成的单链 DNA（TG 股）回折，并借“非标准碱基配对”形成的发夹结构实现，这种模式称作尺蠖模型。

三、 DNA 复制的保守性

生物体 DNA 复制具有高度保守性（高保真），复制 10^7～10^{11} 碱基对，只有一个错误碱基。这种复制的保守性，对于物种的稳定性具有重要的意义。维持 DNA 复制的保守性的因素如下。

1. 碱基互补配对

碱基的互补配对原则，A-T、G-C，是 DNA 复制高保真的基础。半保留复制中，通过碱基互补配对的原则，确保新生的两个 DNA 分子与母链 DNA 分子一致。

但是，碱基对的自由能通常在 4～13kJ/mol，这样的自由能相当于平均掺入 100 个核苷酸就可能出现一次错配，仅靠 Watson-Crick 双螺旋的碱基配对原则，突变率将高达 10^{-2}。在细胞中，仍有其他机制确保 DNA 复制的高保真。

2. DNA 聚合酶对碱基的选择作用

（1）酶的被动论　不同的核苷酸在聚合位点停留时间不同，正确的 dNTP 能长时间停留，而参与聚合。DNA 聚合酶能依照模板的核苷酸，选择正确的 dNTP 掺入引物末端。

（2）酶积极参与理论　DNA 聚合酶对正确与错误的核苷酸，不仅亲和性不同，而且将它们插入 DNA 引物端的速度也不同。

（3）动力学校正阅读　在新的磷酸二酯键未形成时，dNTP 结合在酶与模板-引物复合物的聚合位点上，DNA 聚合酶能识别正确与错误的 dNTP。

DNA 聚合酶对底物的识别作用，DNA 聚合酶有两种底物，一种是 DNA 模板-引物，另一种是 dNTP。

DNA 聚合酶先识别 DNA 模板和引物的 3′-OH 末端，再识别底物 dNTP，这是一种有序的识别过程。

3. DNA 聚合酶的校正功能

E. coli 的 DNA 聚合酶Ⅰ和 DNA 聚合酶Ⅲ，具有 3′→5′核酸外切酶活性。当合成中掺入错误的核苷酸时，其 3′→5′核酸外切酶活性，可从新生链的 3′-端直接删除错误插入的核苷酸。某些 *E. coli* 突变株，其 DNA 聚合酶Ⅰ缺失 3′→5′核酸外切酶活性，其催化 DNA 合成时，出现错误的概率增高 5～50 倍。因此，DNA 聚合酶的 3′→5′核酸外切酶活性，可使 DNA 复制的真实性提高 1～2 个数量级。

第五节　逆转录

以 RNA 为模板，按照 RNA 中的核苷酸顺序合成 DNA 的过程称逆转录。催化逆转录反应的酶称逆转录酶，也称为依赖 RNA 的 DNA 聚合酶。1970 年，Temin 和 Baltimore 分别从致癌 RNA 病毒（劳氏肉瘤病毒和鼠白血病病毒）中发现逆转录酶。逆转录酶广泛存在于鸟类劳氏肉瘤病毒、小鼠白血病病毒等致癌病毒中，也存在于正常动物胚胎细胞中。

致癌 RNA 病毒侵染细胞后并不引起细胞死亡，却可以使细胞发生恶性转化。经过改造后可以作为基因治疗的载体。用嘌呤霉素（puromycin）来抑制静止细胞蛋白质的合成，发现这种细胞仍能感染劳氏肉瘤病毒（RSV），证实逆转录酶是由反转录病毒带入细胞的，而不是感染后在宿主细胞中新合成的。

逆转录酶是一种多功能酶，它兼有三种酶的活力。

① 依赖 RNA 的 DNA 聚合酶的活力，即以 RNA 为模板，合成 DNA，形成 RNA-DNA 杂交分子。

② 核糖核酸酶 H（RNase H 酶）的活力，专门水解 RNA-DNA 杂交分子中的 RNA，起着 3′→5′外切酶和 5′→3′外切酶的作用。

③ 依赖 DNA 指导的 DNA 聚合酶活力，即以新合成的 DNA 链为模板合成互补的 DNA 链，形成 DNA 双链。

逆转录酶的发现，表明遗传信息可以从 RNA 传到 DNA，从而丰富了中心法则的内容；而且可以以真核生物分离的 RNA 为模板，利用逆转录酶合成其相应的 *cDNA*（即该蛋白质的基因），以获取目的基因。这种方法已成为生物技术和分子生物学研究中最常见的方法之一，因此逆转录酶是一种重要的工具酶，在基因工程和蛋白质工程中具有重要的实际意义。

第六节　基因突变和 DNA 的损伤修复

一、基因突变

基因突变是指 DNA 的碱基顺序发生突然而永久的改变。DNA 的碱基顺序发生变化，转录出的 RNA 以及翻译出的蛋白质跟着发生变化，其结果表现出异常的遗传特性。基因突变有如下三种形式。

① 一个或几个碱基对被置换。其中，同类碱基不同嘌呤或不同嘧啶之间的置换称为转换；而嘌呤和嘧啶之间的置换称为颠换。

② 插入一个或几个碱基对。

③ 一个或多个碱基对缺失。其中，碱基对的置换和插入是可逆的突变，碱基对的缺失是不可逆的突变；最常见的突变形式是碱基对的置换。在 DNA 合成过程中，大约每 10^9 个碱基对就发生一次突变，突变可以是自发的，也可以是物理、化学因素引起的。物理因素如紫外线、电离辐射等；化学因素如化学诱变剂硫酸二甲酯等。

二、 DNA 的损伤修复

一些理化因素使 DNA 分子中的碱基对遭到破坏的现象称为 DNA 的损伤。DNA 损伤导致突变或死亡。但在生物体内存在一套修复机制，对 DNA 的损伤有一定的修复能力。目前已知的修复途径有四种。

1. 光复活

由紫外线照射引起的DNA损伤可用强的可见光（最有效波长400nm）照射使大部分细胞恢复正常的过程称光复活。其原因是利用光能激活光复活酶，切除由紫外线照射产生的嘧啶二聚体之间的C—C键，而恢复原来状态。光复活酶广泛分布于除哺乳动物以外的各种生物体内，专一性极强，只作用于紫外线引起的DNA损伤形成的嘧啶二聚体（见图11-12）。

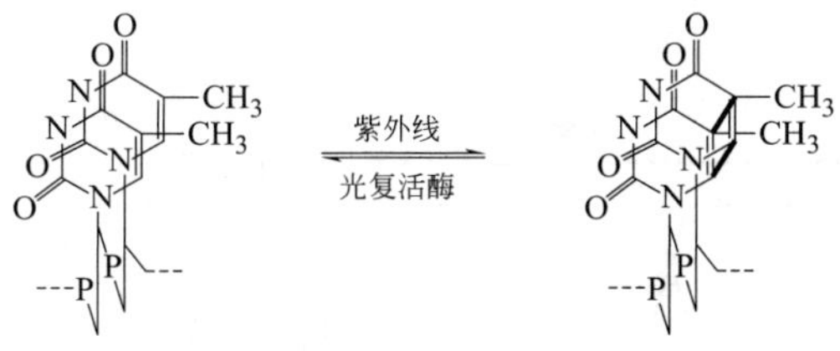

图11-12　胸腺嘧啶二聚体的形成以及光复活酶的修复

2. 切除修复

也称暗修复，即在一系列酶的作用下，将DNA分子受损伤的部分切除，然后以另一条完好的链为模板合成切去的部分使DNA恢复正常的过程。切除修复包括四个连续的步骤。

① 由特异的核酸内切酶在靠近损伤部位的5′-端切断单链DNA，提供3′-OH末端。

② DNA聚合酶Ⅰ利用另一条完整的DNA链为模板，在断口处进行局部的修复合成。

③ DNA聚合酶Ⅰ利用其5′→3′外切酶的活性，切去损伤的寡聚核苷酸片段。

④ DNA连接酶将新合成的DNA链与原来的DNA链连在一起。

切除修复是生物体内存在的普遍的修复机制，由于切除修复过程发生在DNA复制之前，因此又称为复制前修复（图11-13）。

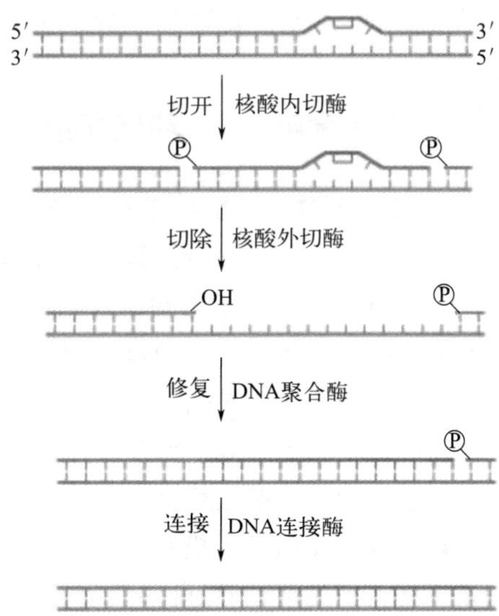

图11-13　大肠杆菌DNA的切除修复机制

3. 重组修复

在重组修复酶的作用下，含有损伤的DNA仍可进行复制，但在复制过程中，DNA聚合酶跳过损伤部分，继续向前复制，产生有缺口的子链，同时也复制出另一完整的子代DNA。然后，通过分子间重组，从完整的亲代或子代DNA链上转移相应的碱基片段至缺口处，再以另一完整亲代DNA链为模板新合成一段互补碱基序列，补上缺口。这种修复DNA双链的重新排列组合过程称作重组修复。由于是先复制后修复，因此也称为复制后修复。重组修复并没有真正修复损伤的DNA，只是随着复制的不断进行，经过若干代后，损伤的DNA比例越来越小，最终几乎不影响正常的生理过程（图11-14）。

4. SOS修复

SOS修复是一种错误倾向的修复。在DNA损伤后，DNA复制过程中由于核苷酸聚合

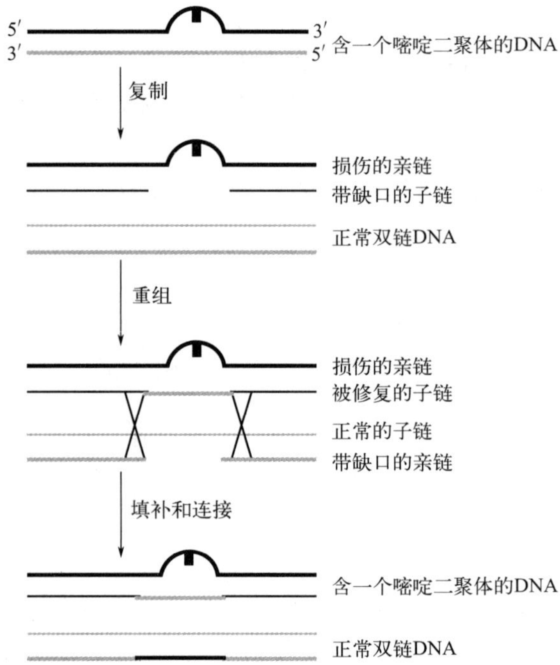

图 11-14　DNA 重组修复机制

发生了差额，导致子代产生这样或那样的突变，但避免了死亡，因此也称为应急反应。SOS 修复一方面诱导切除修复和重组修复中某些关键酶和蛋白质的产生，另一方面诱导缺乏校对功能的 DNA 聚合酶，复制出有缺陷的 DNA 链，带来高的变异率。

上述光复活、切除修复是修复模板链，重组修复是形成一条新的正常模板链，都不导致基因突变，而 SOS 修复是唯一导致突变的修复。

润心驿站　2015 年诺贝尔化学奖——DNA 损伤修复

2015 年诺贝尔化学奖授予瑞典科学家托马斯 · 林达尔（Tomas Lindahl）、美国科学家保罗 · 莫德里奇（Paul Modrich）和拥有美国、土耳其国籍的科学家阿齐兹 · 桑卡尔（Aziz Sancar），以表彰他们在基因修复机理研究方面所作的贡献。研究成果在分子水平上描绘细胞如何修复基因并维护遗传信息，为科学界提供了关于活细胞功能的基本知识，其中的一些发现可被运用到抗癌新疗法研发方面。

20 世纪 70 年代，科学界曾认为基因是非常稳定的分子，但林达尔推断若基因果真如此稳定，则基因的自然衰变速度就不足以支撑地球生命的发展。从这一观点出发，林达尔提出并证实碱基切除修复（BER）机制，推翻“DNA 极度稳定”的传统认知，揭示 DNA 在生理环境下会自发损伤，细胞通过 BER 修复氧化或烷基化等引起的碱基损伤，为理解遗传稳定性及癌症发生机制奠定基础。

桑卡尔解析核苷酸切除修复（NER）机制，阐明细胞修复紫外线引起的 DNA 嘧啶二聚体等大片段损伤的全过程，解释了着色性干皮病等光损伤相关疾病的分子机制。莫德里奇揭示错配修复（MMR）机制，阐明细胞如何纠正 DNA 复制过程中产生的碱基配对错误（如 A-G 错配），维持复制保真性。

小思考

1. 林达尔敢于质疑“DNA极度稳定”的学界共识，刻苦研究，最终在DNA修复领域取得突破性进展，这体现了科学家的什么精神？

2. 2015年诺贝尔化学奖授予了来自三个国家的科学家，这体现了科学界的什么精神？

DNA的生物合成知识框架

<table>
<tr><td rowspan="22">DNA的生物合成</td><td rowspan="12">复制</td><td rowspan="3">复制的特点</td><td>半保留复制</td><td>定义：在新合成DNA分子中，有一条链是新合成的，另一条链是亲代DNA分子的，这种复制方式称为半保留复制</td></tr>
<tr><td>双向复制</td><td>复制从起始点向两侧同时复制，形成两个方向相反的复制叉</td></tr>
<tr><td>半不连续复制</td><td>定义：DNA复制过程中，有一条链是连续合成的，另一条链是不连续合成的
前导链：合成方向与解旋方向一致的链
随后链：合成方向与解旋方向相反的链
冈歧片段：不连续合成的DNA片段</td></tr>
<tr><td>参与复制的酶与蛋白质</td><td colspan="2">解旋酶：解开DNA双螺旋，形成单链模板
拓扑异构酶：切开DNA链，引入超螺旋
DNA聚合酶：DNA合成时催化核苷酸聚合，并具有校对功能
DNA连接酶：连接冈崎片段
引物酶：合成RNA引物
SSB：单链结合蛋白，稳定DNA模板单链</td></tr>
<tr><td>DNA复制的保真性</td><td colspan="2">DNA复制时严格遵守碱基配对规律；DNA复制时聚合酶对碱基的选择功能；DNA复制出错时的即时校对功能</td></tr>
<tr><td rowspan="3">DNA复制的过程</td><td>起始</td><td>解开双链，生成模板，合成引物，复制叉的生成</td></tr>
<tr><td>延伸</td><td>按碱基配对原则由DNA聚合酶Ⅲ在引物的3′-OH末端逐个增加核苷酸，连续（不连续）合成子链DNA</td></tr>
<tr><td>终止</td><td>切除引物，填充空隙，DNA连接酶连接DNA片段</td></tr>
<tr><td rowspan="4">真核生物DNA复制终止</td><td>端粒</td><td>定义：真核生物染色体线性末端的结构
作用：维持染色体的稳定性和DNA复制完整性
特点：富含G、C短序列，多次重复</td></tr>
<tr><td rowspan="3">端粒酶</td><td>组成：RNA和蛋白质</td></tr>
<tr><td>作用：以RNA为模板，反转录合成DNA端粒结构</td></tr>
<tr><td>模型：爬虫模型</td></tr>
<tr><td rowspan="2">反转录</td><td>反转录酶</td><td colspan="2">定义：催化以RNA为模板合成DNA的酶
功能：以RNA为模板合成DNA的功能；水解DNA-RNA中RNA的功能；以DNA为模板合成DNA的功能</td></tr>
<tr><td>反转录意义</td><td colspan="2">加强了对中心法则的认识；制备cDNA获取基因工程目的基因；拓宽了RNA病毒致癌、致病研究</td></tr>
<tr><td rowspan="8">DNA损伤与修复</td><td rowspan="4">突变</td><td colspan="2">定义：指个别DNA中核苷酸残基以及片段的异常变化</td></tr>
<tr><td colspan="2">因素：物理、化学</td></tr>
<tr><td colspan="2">意义：突变是进化、分化的分子基础，也是某些疾病的发病基础</td></tr>
<tr><td colspan="2">类型：错配、缺失、插入、重排</td></tr>
<tr><td rowspan="4">DNA损伤与修复</td><td>光修复</td><td>光修复酶，解开嘧啶二聚体</td></tr>
<tr><td>切除修复</td><td>核酸内切酶切除损伤部分，DNA聚合酶、DNA连接酶共同修补完成；复制前修复</td></tr>
<tr><td>重组修复</td><td>复制时损伤部分留下缺口，由相对的姊妹链重组修复；复制后修复</td></tr>
<tr><td>SOS修复</td><td>应急修复，DNA保留错误，继续复制</td></tr>
</table>

本章思考题

一、名词解释

1. 复制 2. 半保留复制 3. 前导链 4. 后随链 5. 冈崎片段 6. 逆转录

二、填空题

1. DNA 复制中引物的化学本质是________。
2. 在 DNA 复制过程中，______链的合成是连续的，并且与复制叉的移动方向一致。
3. ______链的合成是不连续的，这些被不连续合成的片段称________。
4. 所有冈崎片段的延伸都是按____________方向进行的。
5. DNA 合成时，先由引物酶合成________，再由________在其 3′端合成 DNA 链。
6. DNA 损伤的修复方式主要有光修复、重组修复、________和________等。
7. 端粒酶由________和________组成。

三、选择题

1. DNA 连接酶的作用是（ ）。

A. 解决解链中的打结缠绕现象 B. 合成 RNA 引物

C. 使 DNA 形成超螺旋结构 D. 连接 DNA 双链中的单链缺口

2. DNA 复制时需要解开 DNA 的超螺旋结构，参与此过程的酶是（ ）。

A. DNA *pol* Ⅰ B. DNA *pol* Ⅱ

C. DNA *pol* Ⅲ D. 拓扑异构酶

3. 关于 DNA 的半不连续合成，正确的说法是（ ）。

A. 前导链是连续合成的 B. 随从链是不连续合成的

C. 不连续合成的片段是冈崎片段 D. 随从链的合成迟于前导链的合成

4. 下面不属于逆转录酶的功能的是（ ）。

A. 以 RNA 为模板合成 DNA

B. 以 DNA 为模板合成 DNA

C. 水解 RNA-DNA 杂交分子中的 RNA 链

D. 指导合成 RNA

5. 紫外线对 DNA 的损伤主要是因为（ ）。

A. 引起碱基置换 B. 导致碱基缺乏

C. 发生碱基插入 D. 形成嘧啶二聚体

四、问答题

1. 试写出参与 DNA 复制的酶类。
2. 简述原核生物的 DNA 复制过程。
3. 简述逆转录酶的活性。

第十二章 RNA的生物合成

内容概要与学习指导——RNA 的生物合成

本章从 RNA 聚合酶、转录的起始、RNA 链的延伸、转录的终止、转录后加工及 RNA 的复制等方面介绍了 RNA 生物合成的基础知识。重点阐述了 RNA 聚合酶、转录的过程机制、转录后加工等问题。

RNA 聚合酶是 DNA 复制的主要酶。其与 DNA 聚合酶相比，既有相似之处又有区别。

由 RNA 聚合酶催化的转录过程可分为三个反应步骤：转录的起始；RNA 链的延伸；RNA 链合成的终止。这是蛋白质因子与 DNA 分子相互作用、共同完成的过程。

RNA 转录后加工是大多数 RNA 合成过程中的重要步骤。尤其是真核细胞 mRNA 的加工过程更为复杂。

学习本章时应以 RNA 转录的机制为主线，并注意：

① RNA 聚合酶与 DNA 聚合酶相比较，比较二者的相同点与不同点；

② RNA 转录制过程机制中参与蛋白与相应 DNA 序列的相互作用；

③ 真核细胞 mRNA 的转录后加工过程，在 RNA 成熟过程中的重要意义。

RNA 的生物合成，也称为转录。它是以 DNA 的一条链为模板，以四种核苷三磷酸为底物，在 RNA 聚合酶的催化下，按照碱基配对原则合成 RNA 链的过程。由于 DNA 双链中只有一条链作为模板进行 RNA 的合成，故称为不对称转录，其中作为模板的 DNA 单链称为模板链或反义链，另一条链称为编码链或有义链。但各个基因的模板链不一定位于同一条 DNA 链上。RNA 链的转录起始于 DNA 模板的一个特定起点（启动子），并在一终点处（终止子）终止，此转录区域称为转录单位。一个转录单位可是一个基因，也可是多个基因。

除了转录产生蛋白质合成所需的模板 mRNA 外，还转录产生 tRNA（识别遗传信息的解码者）以及 rRNA（核糖体中的重要成分，参与肽键的形成）。从 DNA 转录生成 RNA 与 DNA 的复制有很大的区别。

① 转录和复制的底物不同。复制的底物是 dNTP，转录的底物是 NTP。

② 转录和复制的酶不同。复制是由 DNA 指导的 DNA 聚合酶催化，转录是以 DNA 指导的 RNA 聚合酶催化。

③ 转录和复制的程度不同。转录是有选择性的，根据细胞的需要在某个时候只转录一种或一些 mRNA、tRNA、rRNA，模板为 DNA 的一条链；而复制是无选择性的，必须是全分子复制，以两条链同时作为模板。

④ 转录和复制的条件不同。转录不需要引物，复制需要引物。

⑤ DNA 的解链程度不同。RNA 转录时无须将双链完全解开，RNA 聚合酶使 DNA 双链局部解开形成转录泡，完成后 DNA 双链重新闭合；而复制中，母链 DNA 完全解链，并不再闭合。

⑥ 转录需要后处理过程。转录有复杂的后处理过程，必须经过转录后加工，才能从无活性的 RNA 转变为有活性的 RNA。

第一节　DNA 指导的 RNA 的合成

一、 RNA 聚合酶

RNA 聚合酶主要以双链 DNA 为模板（若以单链 DNA 为模板，则活性大大降低），以 4 种核糖核苷酸（NTP）为底物，以 Mg^{2+} 或 Mn^{2+} 为辅助因子，按 $5'\rightarrow 3'$ 方向催化 RNA 链合成与模板 DNA 链互补的 RNA 链。RNA 聚合酶的催化作用无需引物，也无校对功能。

$$\begin{matrix} n_1\text{ATP} \\ + \\ n_2\text{GTP} \\ + \\ n_3\text{CTP} \\ + \\ n_4\text{UTP} \end{matrix} \xrightleftharpoons{\text{DNA指导的RNA聚合酶}} \text{RNA} + (n_1+n_2+n_3+n_4)\text{PPi}$$

PPi分解可推动可逆反应正向进行

RNA聚合酶

（一）原核生物 RNA 聚合酶

已从大肠杆菌和其他细菌中高度提纯了 DNA 指导的 RNA 聚合酶。大肠杆菌的 RNA 聚合酶全酶分子量约 50 万，由五个亚基（$\alpha_2\beta\beta'\sigma$）组成。没有 σ 亚基的酶（$\alpha_2\beta\beta'$）叫核心酶。核心酶只能使已开始合成的 RNA 链延长，但不具有起始合成 RNA 的能力，必须加入 σ 亚基才表现出全部聚合酶的活性。这就是说，在开始合成 RNA 链时必须有 σ 亚基参与作用，因此 σ 亚基为起始因子（图 12-1）。

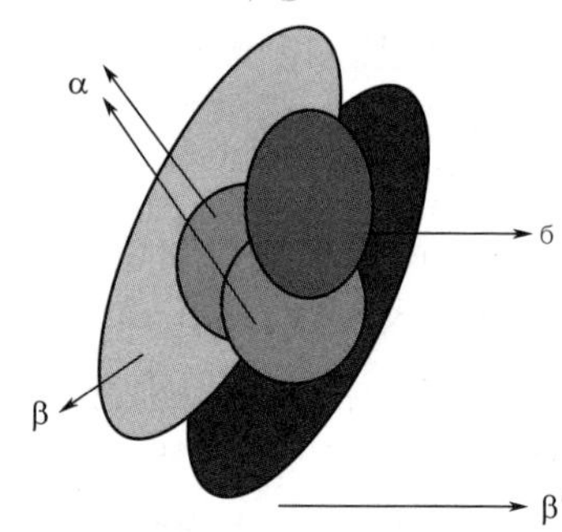

图 12-1　RNA 聚合酶示意图

各亚基的大小和功能列于表 12-1。

表 12-1　大肠杆菌 RNA 聚合酶各亚基的大小和功能

亚基	分子量	亚基数	功能
β′	1.55×10^5	1	β 和 β′共同形成 RNA 合成的活性中心
β	1.51×10^5	1	
σ	7.0×10^4	1	存在多种 σ 因子，用于识别不同的启动子
α	3.65×10^4	2	核心酶组装，启动子识别

在不同的细菌中，α、β 和 β′亚基的大小比较恒定，σ 亚基有较大变动。σ 亚基的功能在于使 RNA 聚合酶稳定地结合到 DNA 的启动子上。单独的核心酶也能与 DNA 结合，这主要是由碱性蛋白质与酸性核酸之间的静电引力造成的，因此与其特殊序列无关，DNA 仍然保持双螺旋形式。σ 亚基大大提高 RNA 聚合酶对启动子序列的亲和力。它极大减少了酶与 DNA 一般序列的结合常数和停留时间，同时又大大增加了酶与 DNA 启动子的结合常数和

停留时间。这样就使得全酶能迅速找到启动子并与之结合。它负责模板链的选择与转录的起始。一旦转录开始，则脱离起始复合物。某些细菌细胞内含识别不同启动子的 σ 因子，以调控不同基因转录的起始，适应不同发育阶段的需要。不同的 σ 因子识别不同类型的启动子，可借以调控基因的转录。

（二）真核生物 RNA 聚合酶

真核细胞的 RNA 聚合酶有许多种，比原核生物 RNA 聚合酶更为复杂，通常由 4～6 种亚基组成，并含有 Zn^{2+}，分子量约 5×10^5。利用 α-鹅膏蕈碱的抑制作用可将它们分为三类：RNA 聚合酶Ⅰ、RNA 聚合酶Ⅱ和 RNA 聚合酶Ⅲ。它们可以分别对不同种类的 RNA 进行转录（表 12-2）。

表 12-2 真核细胞 RNA 聚合酶的种类和性质

酶的种类	分布	对 α-鹅膏蕈碱的敏感度	合成的 RNA 类型
RNA 聚合酶Ⅰ	核仁	不敏感	rRNA
RNA 聚合酶Ⅱ	核质	敏感	核不均一 RNA(hnRNA)
RNA 聚合酶Ⅲ	核质	存在物种特异性	tRNA

值得注意的是，真核生物线粒体、叶绿体中含有自身的 RNA 聚合酶，分别转录线粒体、叶绿体的基因组 DNA。与一般的真核生物细胞核的 RNA 聚合酶相比，其结构简单，更类似于细菌的 DNA 聚合酶。在对于抑制剂的反应上，二者不受 α-鹅膏蕈碱抑制，而受原核生物 RNA 聚合酶抑制物（利福平等）的抑制。

二、 RNA 的合成过程

由 RNA 聚合酶催化的转录过程可分为三个反应步骤：转录的起始；RNA 链的延伸；RNA 链合成的终止。

转录的过程

（一）转录的起始

RNA 的转录是从 DNA 模板的特定部分开始的（启动子），在 σ 亚基识别作用下，RNA 聚合酶对启动子的亲和力大大提高，能够迅速结合到启动子的特殊部位，并局部打开 DNA 双螺旋，从 5′→3′方向开始转录。由于 DNA 双链中只有一条链作为模板进行 RNA 的合成，故称为不对称转录，其中作为模板的 DNA 单链称为模板链或反义链，另一条链称为编码链或有义链。但各个基因的模板链不一定位于同一条 DNA 链上。

1. 启动子

启动子是 RNA 聚合酶识别、结合和开始转录的一段 DNA 序列，其确保转录精确而有效地起始。比较已知启动子结构，可发现其序列上具有保守性。原核生物启动子具有 3 个关键的保守序列。

启动子

① −10 区（Pribnow 框），位于复制起点上游 −10bp 处（实际位置在不同启动子中略有不同），有 6bp 保守序列——TATAAT，其含较多 A-T，有助于 DNA 局部双链解开，若其突变会降低 DNA 双链解开速度。

② −35 区，为序列识别区，其位于起点上游 −35bp 处，有保守序列——TTGACA，其提供 RNA 聚合酶识别信号，若其突变会降低 RNA 聚合酶与启动子结合速度。

③ 间隔序列，原核生物启动子－35 区与－10 区间距离约 16～19bp，小于 15bp 或大于 20bp 会降低启动子活性，即－35 区与－10 区间距离对控制基因表达水平很重要（图 12-2）。

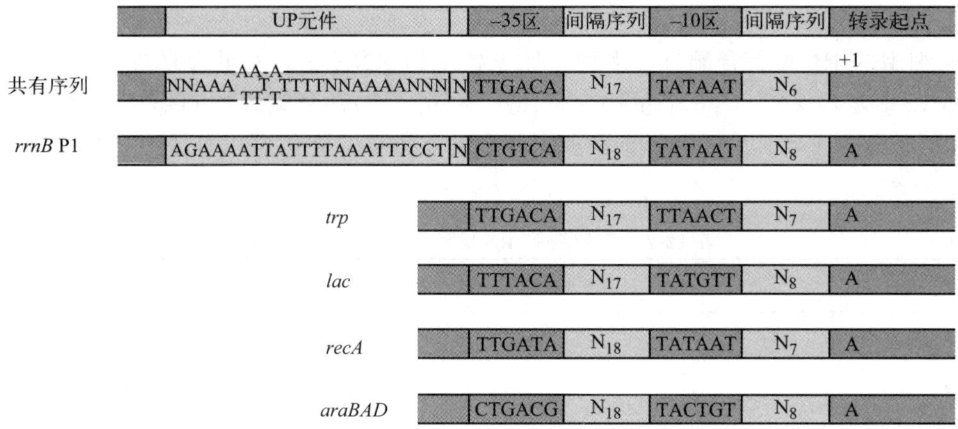

图 12-2　原核生物启动子中的－10 区、－35 区和间隔序列

真核生物启动子有三类。分别称为类别Ⅰ启动子（classⅠ），由 RNA 聚合酶Ⅰ转录；类别Ⅱ启动子（classⅡ），由 RNA 聚合酶Ⅱ转录；类别Ⅲ启动子（classⅢ），由 RNA 聚合酶Ⅲ转录。真核生物启动子常由一些短的保守序列组成。其中类别Ⅰ、类别Ⅲ启动子种类有限，对其识别所需辅助因子数量也较少；类别Ⅱ启动子序列多种多样，由各种作用元件组成。

2. 模板识别阶段

模板识别阶段，指 RNA 聚合酶与启动子相互作用并与之结合，然后，启动子附近的 DNA 双链局部解链，形成转录泡（解链仅发生在与 RNA 聚合酶结合的部位）。其中，σ 因子引导 RNA 全酶识别启动子。全酶通过扩散作用与 DNA 任意部位结合，这种结合是疏松且可逆的，随后酶结合的 DNA 迅速被置换下来，该过程持续下去，全酶不断改变 DNA 的结合部位；当全酶遇到启动子，疏松结合变为牢固结合，且 DNA 双链局部解开。

3. 转录起始阶段

从单个核苷酸与“开链启动子-酶复合物”结合构成新生 RNA 的 5′-端到合成 6～9 个核苷酸短链（原核生物在该阶段完成后，σ 因子才从全酶中释放出来）。该阶段 RNA 聚合酶一直处于启动子区。新生的 RNA 链与模板 DNA 结合不够牢固，很容易从 DNA 链上掉下来并导致转录重新开始。只有当新生 RNA 链达 6～9 个核苷酸时才能形成稳定的“DNA-RNA-聚合酶”三元复合物，然后释放 σ 因子，进入转录延伸阶段。RNA 新链 5′-端的第一个掺入的核苷酸多为嘌呤核苷三磷酸，当与模板碱基互补的第二个核苷三磷酸的 5′-磷酸基与第一个核苷酸的 3′-羟基形成 3′,5′-磷酸二酯键，并释放出焦磷酸则开始了 RNA 链的延伸。

（二） RNA 链的延伸

RNA 聚合酶离开启动子，沿 DNA 链移动并使新生 RNA 链不断伸长的过程就是转录的延伸（RNA 链的延伸）。RNA 链的延伸由核心酶催化。随着酶向前移动，解链区也跟着移动，RNA 聚合酶沿模板 3′→5′方向移动，DNA 双链不断解开，与模板碱基互补的核苷三磷酸不断掺入，新生的RNA链就不断延伸；新生RNA链与DNA模板在解链区形成RNA-DNA杂交体，然后，DNA恢复双螺旋结构，RNA链置换出来。

（三）RNA链合成的终止

当RNA链延伸到转录终止位点时，RNA聚合酶不再形成新的磷酸二酯键，RNA-DNA杂合物分离，转录泡瓦解，DNA恢复双链状态，RNA聚合酶和RNA链从模板释放出来，就是转录的终止。提供转录终止信号的DNA序列称为终止子。帮助RNA聚合酶识别终止信号的辅助因子（蛋白质）称为终止因子，如大肠杆菌中ρ因子能与RNA聚合酶结合，阻止RNA聚合酶向前移动，于是转录终止，并释放合成的RNA链（图12-3）。

转录终止机制

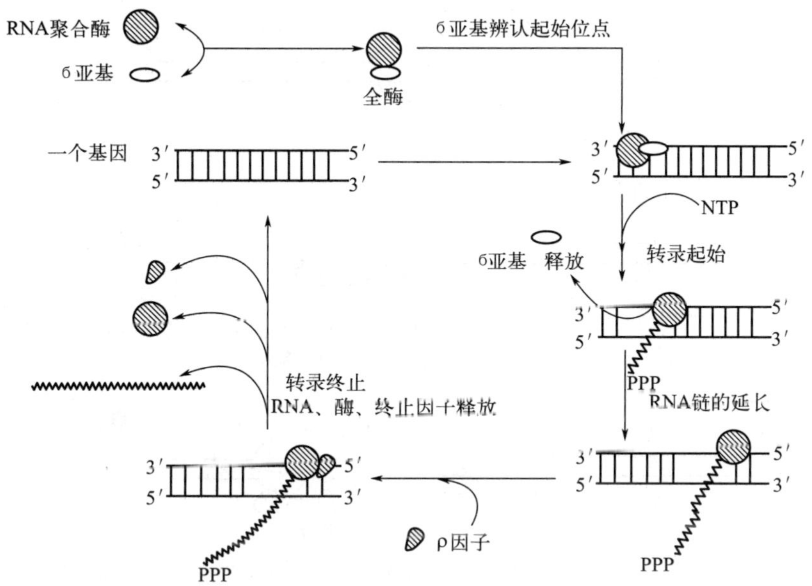

图12-3　大肠杆菌RNA的合成过程

下面以*E. coli*为例，介绍原核生物转录终止机制。

1. *E. coli*不依赖ρ因子的终止机制

*E. coli*不依赖ρ因子的终止子，具有一些有利于转录终止的序列特点。①终止子位点上游存在富含GC的二重对称区（回文结构），其转录的RNA易形成发夹结构；②终止点前有一段4～8bp长度的聚合A序列，其转录的RNA与之对应的序列为聚合U，则DNA-RNA配对区域在此易解链（图12-4）。

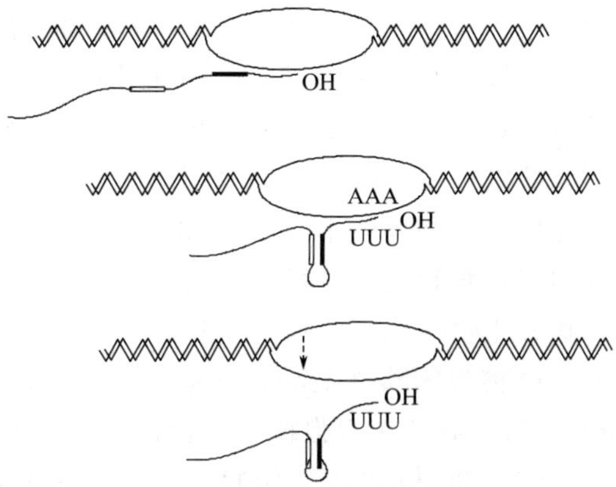

图12-4　不依赖ρ因子的转录终止子

当RNA聚合酶移动到转录终止位点时，转录产生的mRNA上对应于终止子回文结构的区域形成发夹结构。这一终止信号使RNA聚合酶停留在终止子。同时，DNA-RNA的聚合 A-U 配对区域解离，转录泡瓦解，新生 RNA 链与 RNA 聚合酶从模板释放出来，模板 DNA 恢复双链状态，转录终止。

2. *E. coli* 依赖 ρ 因子的终止机制

ρ 因子（rho 因子）为分子量 4.6×10^4 的六聚体蛋白。具有以下特点：①依赖于 RNA 的 NTPase 酶活性，即在 RNA 存在时，其能水解核苷三磷酸；②具有 RNA-DNA 解链酶活性。所以，其能催化 NTP 水解，促使 RNA-DNA 解链，而使新生 RNA 从三元转录复合物中解离出来。

转录终止的具体过程是：RNA 合成起始后，ρ 因子附着于新生 RNA 链上，靠 ATP 水解的能量，沿 RNA 链 5′→3′方向，朝 RNA 聚合酶移动；当 RNA 聚合酶遇终止子，暂停下来；ρ 因子追上 RNA 聚合酶与之相互作用，促使 RNA-DNA 解链，释放新生 RNA，并使 RNA 聚合酶与 ρ 因子一起从 DNA 上脱落，转录终止（图 12-5）。

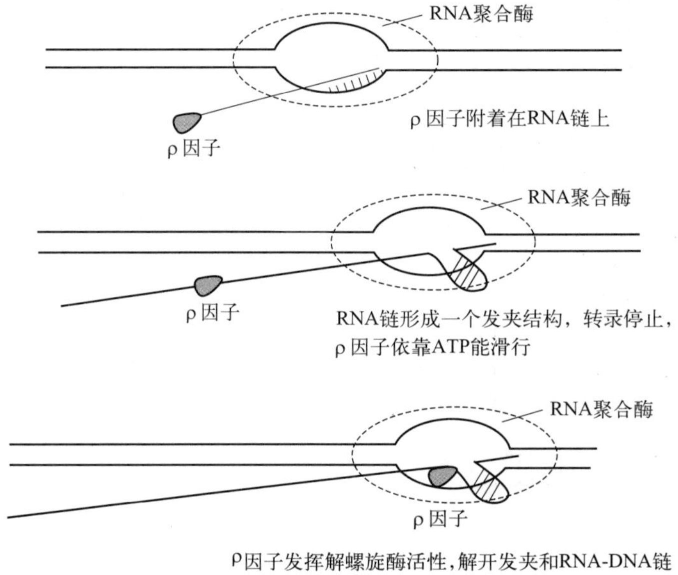

图 12-5　依赖 ρ 因子的转录终止子

三、转录后加工

在细胞内，由 RNA 聚合酶合成的原初转录物，往往需经过一系列的加工，包括链的裂解、5′-端与 3′-端的切除和特殊结构的形成、核苷的修饰和糖苷键的改变以及拼接和编辑等过程，才能转变为成熟的 RNA 分子，此过程称为 RNA 的成熟或者称为转录后加工。

原核细胞中，转录和翻译同步进行，转录产生的多基因的 mRNA 生成后，绝大部分直接作为模板去翻译各个基因所编码的蛋白质，不再需要加工；转录的 tRNA、rRNA，需一系列加工过程转化为活性分子形式。

真核生物编码蛋白质的基因以单个基因作为转录单位，不像原核生物那样组成操纵子，其转录产物为单顺反子，而不是多顺反子。真核生物里转录和翻译的时间和空间都不相同，mRNA 的合成是在细胞核内，蛋白质的翻译是在胞质中进行，而且许多真核生物的基因是不连续的（断裂基因）。不连续基因中的不编码蛋白质部分，称为内含子；被内含子隔开的部分称为外显子。外显子和内含子一起被转录在一条很大的原初转录物 RNA 分子中，在核内加工过程中形成分子大小不等的中间物，因此它们被称为核内不均一 RNA（hnRNA），其中至少有一部分可转变为细胞质的成熟 mRNA。

真核细胞 mRNA 的加工，包括如下几步。

① hnRNA 被剪接，除去由内含子转录来的序列，将外显子的转录序列连接起来（图 12-6）。

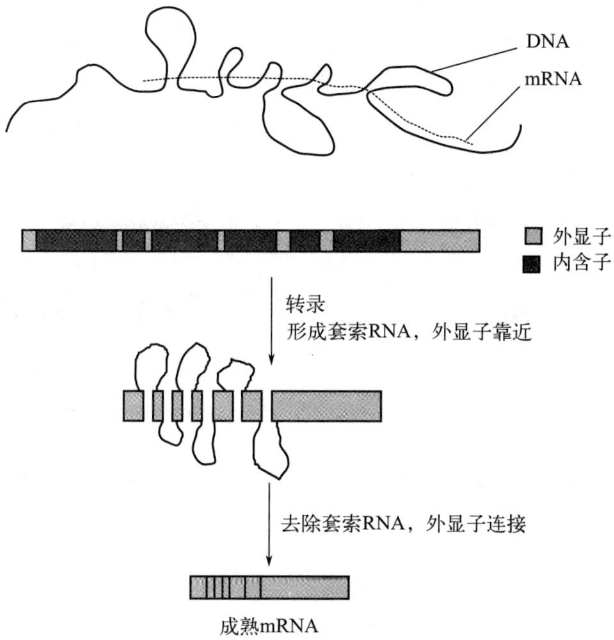

图 12-6 mRNA 的剪接

② 在 3′ 末端连接上一段约有 20～30 个腺苷酸的多聚腺苷酸（polyA）的“尾巴”结构。

③ 在 5′-末端连接上一个“帽子”结构 $m^7GpppmNp$。

④ 在内部少数腺苷酸的腺嘌呤 6 位氨基发生甲基化（m^6A）。

第二节 RNA 的复制

有些以 RNA 作为遗传物质的病毒在遗传信息传递过程中，可以以病毒 RNA 为模板复制出新的病毒 RNA 分子的过程称为 RNA 的复制。完成 RNA 复制的酶称为 RNA 指导的 RNA 聚酶，亦称 RNA 复制酶。它能特异地催化以病毒自身的 RNA 为模板，以四种 NTP 为原料，从 5′→3′方向合成与模板 RNA 相互补的 RNA 链。这种酶具有高度的模板特异性，即 Qβ 噬菌体的 RNA 复制酶只能用 Qβ 噬菌体的 RNA 为模板，而宿主细胞的 RNA 不能被复制。

一、Qβ 噬菌体 RNA 的复制

Qβ 噬菌体 RNA 的复制过程分两个阶段。

（1）当 Qβ 噬菌体侵染大肠杆菌细胞后，其单链 RNA 充当 mRNA，利用宿主细胞中核糖体合成噬菌体外壳蛋白质和 RNA 复制酶的 β 亚基。这类既可作为遗传物质，又可以直接作为蛋白质合成模板 mRNA 的 RNA 分子，称为（＋）链 RNA；而只能作为遗传物质，不能作为蛋白质合成的模板的 RNA 称为（－）链 RNA。

（2）当复制酶的 β 亚基与宿主细胞原有的 α、γ、б 亚基自动装配成 RNA 复制酶后，开始 RNA 的复制。首先 RNA 复制酶吸附到（＋）链 RNA 的 3′-末端，以它为模板合成（－）链 RNA；然后（－）链 RNA 从正链模板上释放出来。同一个酶又吸附到（－）链 RNA 的 3′-末端，合成出病毒（＋）链 RNA，见图 12-7。这种（＋）链 RNA 具有感染力，与外壳蛋白质重新装配成噬菌体。

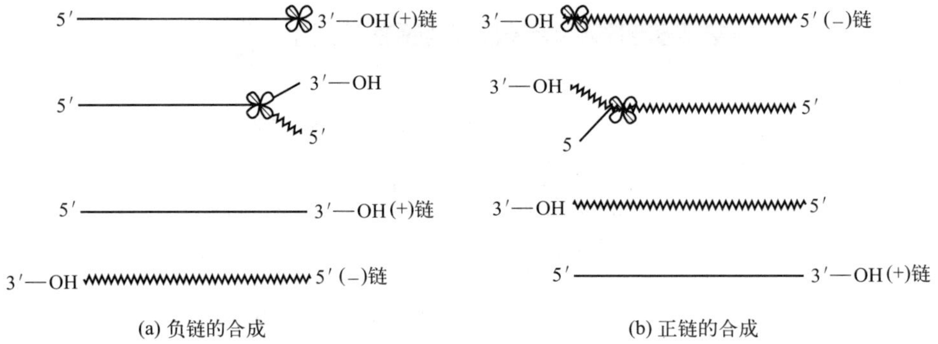

图 12-7　Qβ 噬菌体 RNA 的合成

二、病毒 RNA 复制的主要方式

RNA 病毒的种类很多，其复制方式也是多种多样的，归纳起来可以分成以下几类。

1. 病毒含有正链 RNA

进入宿主细胞后首先合成复制酶（以及有关蛋白质），然后在复制酶作用下进行病毒 RNA 的复制，最后由病毒 RNA 和蛋白质装配成病毒颗粒。Qβ 噬菌体和灰质炎病毒（poliovirus）即这种类型的代表。灰质炎病毒是一种小 RNA 病毒（picornavirus）。它感染细胞后，病毒 RNA 即与宿主核糖体结合，产生一条长的多肽链，在宿主蛋白酶的作用下水解成 6 个蛋白质，其中包括 1 个复制酶、4 个外壳蛋白和 1 个功能还不清楚的蛋白质。在形成复制酶后病毒 RNA 才开始复制。

2. 病毒含有负链 RNA 和复制酶

如狂犬病病毒（rabies virus）和马水疱性口炎病毒（vesicular-stomatitis virus）。这类病毒侵入细胞后，借助于病毒带进去的复制酶合成出正链 RNA，再以正链 RNA 为模板，合成病毒蛋白和复制病毒 RNA。

3. 病毒含有双链的 RNA 和复制酶

如呼肠孤病毒（reovirus）。这类病毒以双链 RNA 为模板，在病毒复制酶的作用下通过不对称的转录，合成出正链 RNA，并以正链 RNA 为模板翻译成病毒蛋白质，然后再合成病毒负链 RNA，形成双链 RNA 分子。

4. 致癌 RNA 病毒

主要包括白血病病毒（leukemia virus）和肉瘤病毒（sarcoma virus）。它们的复制需经过 DNA 前病毒阶段，由逆转录酶所催化。

润心驿站　RNA 生物合成中的科学精神与家国情怀——施一公团队剪接体研究

在探索生命奥秘的科学征程中，RNA 生物合成是关键一环，而剪接体作为其过程中的核心分子机器，其结构解析一直是个难题。施一公教授带领团队历经多年艰苦攻关，成功解析剪接体的三维结构，为理解 RNA 剪接的分子机制奠定了坚实基础，这一成果不仅闪耀于国际学术舞台，更蕴含着深刻的思政教育意义。

施一公教授在事业巅峰时期毅然回国，全职进入清华大学任教，带领团队在结构生物学领域取得一系列重大突破，将个人的科研追求与国家发展紧密相连。他的回归不仅是个人的选择，更是一种家国情怀的体现。他坚信，能让中国屹立于世界民族之林，需要有一帮人拼命努力。这种情怀，激励着无数海外高层次人才回到祖国，投身于国家的建设和发展中。在新时代，我们更需要这种将个人理想与国家命运相结合的精神，为实现中华民族伟大复兴的中国梦贡献自己的力量。

施一公团队的科研之路，是一场对科学高峰的无畏攀登。面对剪接体结构解析这一极具挑战性的课题，他们没有丝毫退缩。施一公凭借其“胆大心细”带领团队从基础研究做起，逐步攻克难关。在研究过程中，团队成员们日夜奋战，甚至在身体极度疲惫时仍坚持工作，这种对科学事业的执着追求，生动诠释了科学家精神中的“勇攀高峰、敢为人先”。他们深知，科学探索只有第一没有第二，唯有沉下心来、潜心钻研，才能在激烈的国际竞争中脱颖而出。这种精神，激励着每一位科研工作者在自己的领域里深耕细作，为攻克更多科学难题而努力奋斗。团队中的每一位成员都经过长期严格的科研训练，充分发挥自己的能力特长，在各自领域达到高水平。他们在导师的指导下，通过师兄师姐与师弟师妹之间的手把手教学，积累了丰富的经验。这种“传帮带”的科研训练模式，体现了科学事业的传承与发展。在当今时代，科技创新需要一代又一代人的接力，只有通过不断地学习和传承，才能培养出更多优秀的科研人才，推动我国科技事业的持续进步。

施一公团队在 RNA 生物合成领域的研究成果，不仅是科学探索的胜利，更是科学精神与家国情怀的胜利。他们的故事告诉我们，科研之路虽然充满艰辛，但只要我们勇于挑战、敢于创新，重视科研训练与传承，并将个人追求与国家发展紧密相连，就一定能够在科学的道路上取得辉煌的成就，为国家的繁荣富强作出自己的贡献。

小思考

施一公团队的成功，离不开他们对科研训练的重视和传承。请问施一公团队培养了哪些青年科学家？

RNA 的生物合成知识框架

<table>
<tr><td rowspan="3">RNA 的生物合成</td><td rowspan="3">转录</td><td>定义：以 DNA 为模板合成 RNA 的过程</td></tr>
<tr><td>模板：单链 DNA
模板链：作为模板合成 RNA 的 DNA 单链
编码链：不作为模板的 DNA 单链</td></tr>
<tr><td>特点：不对称转录</td></tr>
</table>

续表

RNA 的生物合成	RNA 聚合酶	原核生物：核心酶+б因子	
		模板与酶的辨认结合：−10 区，−35 区，间隔序列	
	转录过程	起始	б因子辨认起始位点，第一个磷酸二酯键生成后，б因子脱落
		延伸	核心酶向前移动，形成转录泡
		终止	依赖于 ρ 因子的终止子；不依赖于 ρ 因子的终止子
	真核生物转录后修饰	mRNA	首尾的修饰：帽子结构与 polyA 尾巴
			切除内含子，拼接外显子
			部分碱基的修饰：甲基化等
		tRNA	3′-CCA 序列；碱基修饰；切除内含子
		rRNA	自我剪接的方式形成不同大小的 rRNA
	核酶	定义	具有催化作用的 RNA
		特性	催化自我剪接
		意义	1. 拓宽了传统酶的含义 2. 对中心法则作了补充 3. 人工设计核酶可以破坏病原微生物

本章思考题

一、名词解释

1. 转录　2. 有意义链　3. 反意义链　4. 启动子

二、填空题

1. 大肠杆菌中 DNA 指导的 RNA 聚合酶全酶的亚基组成为____________，去掉________因子的部分称为核心酶。

2. RNA 聚合酶中的б因子使全酶能识别 DNA 上的________位点。

3. RNA 的转录过程大体可分为 3 个阶段：______、RNA 链的延伸及______阶段。

4. 第一个被转录的核苷酸一般是__________。

三、选择题

1. 不对称转录是指（　　）。

A. 双向复制后的转录

B. 同一 DNA 模板转录可以是从 5′至 3′延长和从 3′至 5′延长

C. 同一单链 DNA，转录时可以交替作有义链和反义链

D. 转录经翻译生成氨基酸，氨基酸含有不对称碳原子

2. 原核生物参与转录起始的酶是（　　）。

A. 解链酶　　B. 引物酶

C. RNA 聚合酶Ⅱ　　D. RNA 聚合酶全酶

3. 识别转录起始点的是（　　）。

A. ρ 因子　　B. 核心酶

C. RNA 聚合酶的 α 亚基　　D. б因子

4. ρ 因子的功能是（　　）。

A. 结合阻遏物于启动区域处

B. 增加 RNA 合成速率

C. 释放结合在启动子上的 RNA 聚合酶

D. 参与转录的终止过程

5. 合成后无须进行转录后加工修饰就具有生物活性的 RNA 是（　　）。

A. tRNA　　B. rRNA

C. 原核细胞 mRNA　　D. 真核细胞 mRNA

6. 真核细胞中的 mRNA 帽子结构是（　　）。

A. 7-甲基鸟嘌呤核苷三磷酸　　B. 7-甲基尿嘧啶核苷三磷酸

C. 7-甲基腺嘌呤核苷三磷酸　　D. 7-甲基胞嘧啶核苷三磷酸

四、问答题

1. 在转录过程中哪种酶起主要作用？简述其作用。

2. 简述真核生物 mRNA 的加工过程。

第十三章

蛋白质的生物合成

内容概要与学习指导——蛋白质的生物合成

本章从蛋白质合成体系、蛋白质合成的过程、肽链的加工与蛋白质的转运等方面介绍了蛋白质生物合成的基础知识。重点阐述了遗传密码、氨基酸的活化、肽链的起始、肽链的延伸、肽链合成的终止、新生肽链的折叠与加工与蛋白质的转运等内容。

蛋白质翻译过程中，遗传密码是 mRNA 核苷酸序列向肽链氨基酸序列转化的基础；tRNA 是信号转换体；核糖体是蛋白质加工工厂，其中，rRNA 催化肽键的形成。蛋白质的翻译过程包括：氨基酸的活化、肽链的起始、肽链的延伸、肽链合成的终止、新生肽链的折叠与加工五个阶段，是一个众多分子参与的耗能复制过程。

蛋白质的转运，是功能蛋白发挥作用的前提条件，也是目前十分活跃的研究领域。

学习本章时应以蛋白质翻译的过程以及参与细胞器为主线，并注意：

① 蛋白质的生物合成是细胞内蛋白质代谢的重要组成部分，参与细胞生理过程的调节；

② 参与蛋白质翻译合成的相关分子、细胞器的结构与功能。

蛋白质是生命活动的体现者，细胞内的一切活动几乎都需要蛋白质的参与，细胞必须不断合成出大量的蛋白质，并将它们送到特定的部位行使各自的功能。而且蛋白质的生物合成是基因表达的结果：细胞内每个蛋白质分子的合成都受细胞内 DNA 的指导，但是贮存遗传信息的 DNA 并非蛋白质合成的直接模板，而要经过转录作用把遗传信息传递给 mRNA，然后在核糖体上通过遗传密码将遗传信息传递到蛋白质的结构中。因此，蛋白质的生物合成，是比 DNA 复制、RNA 转录更为复杂的过程。这个过程涉及细胞中几乎所有种类的 RNA 和几十种蛋白质因子；这个过程速度很快，如 *E. coli* 细胞中有 3000 种不同的蛋白质，每种蛋白质又有无数分子，其需要在不到 20min 的细胞周期内完成所有合成；这个过程是一个需能反应，细胞代谢总能量的 90％消耗在蛋白质的合成过程中。

翻译指将 mRNA 链上的核苷酸从一个特定的起始点位开始，按 3 个核苷酸代表一个氨基酸的原则，依次合成一条多肽链的过程。其中，核糖体是蛋白质合成的场所，是装配者；mRNA 是蛋白质合成的模板；tRNA 是模板与氨基酸之间的连接体，搬运氨基酸，起信号转换器的作用。

上述过程为狭义的蛋白质合成过程。事实上，细胞中广义的蛋白质代谢主要涉及：①蛋白质的合成（翻译合成蛋白质）；②新生蛋白质的加工修饰（新生多肽链经过一系列加工与化学修饰形成成熟蛋白质）；③蛋白质的定位（合成加工好的蛋白质被运送至其发挥功能的地方）；④蛋白质的降解（完成功能使命、异常蛋白质或受损蛋白质及时被细胞分解）。

第一节　蛋白质合成体系的重要组分

一、 mRNA 与遗传密码

在细胞中，编码蛋白质的基因是通过它的 DNA 中脱氧核苷酸序列，或更直接地是通过它的转录产物 mRNA 的核苷酸序列来决定蛋白质中的氨基酸序列。mRNA 上每 3 个核苷酸决定肽链上 1 个氨基酸，这种 mRNA 上的核苷酸序列与其编码的肽链氨基酸序列的对应关系称为遗传密码，也叫作三联体密码。

（一）遗传密码的破译

既然遗传信息从 DNA 经 mRNA 传给蛋白质，那么，DNA 或 mRNA 分子中必定以确定的核苷酸序列来代表蛋白质中的各种氨基酸。这种对应关系，即遗传密码，是一些科学家从不同的角度进行破译的。

1. 数量问题

也就是说由几个核苷酸来对应一个氨基酸的问题。在 DNA 或 mRNA 中只有 4 种核苷酸，若每一种核苷酸决定一种氨基酸，只能决定四种氨基酸，这不能满足细胞质 20 种氨基酸的需求；如果 2 个核苷酸编码一种氨基酸，那么也只能决定 16 种不同的氨基酸。若 4 个核苷酸对应一个氨基酸，则会有 256 种核苷酸排列组合，如果那样基因组会更大，会造成浪费。因此猜测，为了决定蛋白质中的 20 种氨基酸，可能由三个核苷酸来编码一种氨基酸。那么就能编制出 64 种不同的三联体，足以对应 20 种氨基酸。

实验证明，三个碱基编码一个氨基酸是正确的。1961 年 Crick 等用吖啶类试剂处理 T4 噬菌体使之发生移码突变。结果发现：缺失/插入一个或两个核苷酸的突变体噬菌体，合成氨基酸序列完全不同的没有功能的蛋白质，是严重缺陷性的噬菌体，不能侵染 *E. coli*；而缺失/插入三个核苷酸的突变体噬菌体，合成的蛋白质的氨基酸序列变化不大，能侵染 *E. coli*。这验证了 mRNA 上三个核苷酸决定一个氨基酸的对应关系。

2. 密码子对应关系的破译

密码子与氨基酸对应关系的破译是多个科学家参与逐步破译的过程。它的总体思路是外加特定的模板（均聚物、随机共聚物、特定序列的共聚物）指导多肽链的合成，来确定模板核苷酸与所产生肽链氨基酸的对应关系。

（1）制备 *E. coli* 的无细胞合成体系　将 *E. coli* 破碎，离心除细胞碎片，上清液则含有蛋白质合成所需的各种成分（包括 DNA、mRNA、tRNA、核糖体、氨酰-tRNA 合成酶及其他酶类和各种因子）。

（2）消除无细胞合成体系自身的 RNA 合成　向体系中加入 DNase，降解体系中的 DNA；保温一段时间，内源 mRNA 被降解，系统自身蛋白质的合成随即停止。

（3）外加特定模板合成肽链　补充外源 mRNA 或人工合成的各种均聚物或共聚物作为模板，以及 ATP、GTP、AA 等成分，37℃保温；合成新的多肽链，多肽链的序列由加入的 mRNA 模板来决定。加入的模板序列已知，所以可以根据合成的多肽链的氨基酸序列来确定密码子的对应关系。

1961 年，Nirenberg 把 poly U 加入无细胞蛋白质合成系统中，产生多聚 Met；同理，poly A 指导产生多聚 Lys，poly C 指导产生多聚 Pro；poly G 由于易形成多股螺旋，不宜作 mRNA 模板。从而确定了上述几种对应关系。

把核酸分子中相邻三个核苷酸称为一个密码子，用相应的碱基代替。如 UUU 代表苯丙氨酸，CUU 代表亮氨酸。细胞中有 64（4^3）个密码子（codon），其中 61 个为编码 20 种氨基酸的密码子（其中，AUG 既编码 Met，又兼起始密码子）；3 个为终止密码子（UAA、UGA 和 UAG），不编码任何氨基酸。

各密码子与氨基酸之间的对应关系见表 13-1。

表 13-1　各密码子与氨基酸之间的对应关系

密码子的第一位碱基(5′)	密码子的第二位碱基				密码子的第三位碱基(3′)
	U	C	A	G	
U	苯丙氨酸(Phe)	丝氨酸(Ser)	酪氨酸(Tyr)	半胱氨酸(Cys)	U
	苯丙氨酸	丝氨酸	酪氨酸	半胱氨酸	C
	亮氨酸(Leu)	丝氨酸	终止密码	终止密码	A
	亮氨酸	丝氨酸	终止密码	色氨酸(Trp)	G
C	亮氨酸	脯氨酸(Pro)	组氨酸	精氨酸(Arg)	U
	亮氨酸	脯氨酸	组氨酸(His)	精氨酸	C
	亮氨酸	脯氨酸	谷氨酰胺	精氨酸	A
	亮氨酸	脯氨酸	谷氨酰胺(Gln)	精氨酸	G
A	异亮氨酸(Ile)	苏氨酸(Thr)	天冬酰胺	丝氨酸(Ser)	U
	异亮氨酸	苏氨酸	天冬酰胺(Asn)	丝氨酸	C
	异亮氨酸	苏氨酸	赖氨酸	精氨酸(Arg)	A
	甲硫氨酸(Met)	苏氨酸	赖氨酸(Lys)	精氨酸	G
G	缬氨酸(Val)	丙氨酸(Ala)	天冬氨酸(Asp)	甘氨酸(Gly)	U
	缬氨酸	丙氨酸	天冬氨酸	甘氨酸	C
	缬氨酸	丙氨酸	谷氨酸(Glu)	甘氨酸	A
	缬氨酸	丙氨酸	谷氨酸	甘氨酸	G

注：1. AUG 作为起始密码子。

2. UAA、UGA 和 UAG 为终止密码子，其不代表任何氨基酸，不能与 tRNA 的反密码子配对，但能被终止因子或释放因子识别，终止肽链的合成。

（二）遗传密码的特点

1. 遗传密码的编码性

在 64 个密码子中，有 61 个用作 20 种氨基酸的编码，余下的 3 个（即 UAA、UAG、UGA）不为任何氨基酸编码，确定为蛋白质合成的终止信号，称为终止密码子，在蛋白质合成过程中，遇到任何一个终止密码子，肽链合成终止。另外，AUG 即是甲硫氨酸的密码子，也是肽链合成的起始密码子。

遗传密码的特性

2. 遗传密码的简并性

密码子的简并性是指不同的密码子编码一个氨基酸的特性。编码同一个氨基酸的一组密码子被称为同义密码子，如 GUU、GUA、GUC 和 GUG 均编码缬氨酸，为同义密码子。密码子的简并性在生物物种的稳定上具有重要的意义，它可以使 DNA 的碱基组成有较大的变化余地，而仍保持多肽的氨基酸序列不变，如精氨酸的密码子 CGG 的 C 突变为 A 时，AGG

决定的仍是精氨酸，即这种基因的突变并没有引起基因表达产物——蛋白质的变化。

3. 遗传密码的通用性

一直以来，人们一直认为无论是真核生物、原核生物乃至病毒都共用一套密码子。这使得物种之间转基因成为可能。但是在 1979 年发现线粒体的遗传密码与人们长期以为的“通用密码”有差异。人线粒体遗传密码与通用密码差异见表 13-2。

表 13-2　人线粒体遗传密码与通用密码差异

密码	通用密码	人线粒体遗传密码
UGA	终止密码	色氨酸
AGA	精氨酸	终止密码
AGG	精氨酸	终止密码
AUA	异亮氨酸	起始密码(甲硫氨酸或异亮氨酸)
AUU	异亮氨酸	起始密码(异亮氨酸)
AUG	起始密码或甲硫氨酸	起始密码(甲硫氨酸)

4. 遗传密码的无标点性、无重叠性

即密码子的连续性。密码子的无标点性是指两个密码子之间没有任何信号加以隔开；无重叠性是指每 3 个碱基编码 1 个氨基酸，碱基不重复使用。因此，要正确地阅读密码子必须以一个正确的起点开始，从 mRNA 的 5′→3′方向连续不断地一个密码子接一个密码往下读，直至遇到终止信号。如下列一段 mRNA 中的密码顺序应翻译为：

5′……AUGCGGUACCCAC……GGUGAGAUACUCUAA……3′

NH_2-甲硫氨酰-精氨酰-酪氨酰-组氨酰-甘氨酰-谷氨酰-异亮氨酰-亮氨酸 COOH

5. 遗传密码的摆动性

已经证明，密码子的专一性主要是由前两位碱基决定的，而第三位碱基具有较大的灵活性。Crick 将第三位碱基的这一特性称之为“摆动性”（图 13-1）。

二、tRNA 与运载工具

活化的氨基酸的接受体是特定的 tRNA。每一个细菌细胞内含有大约 60 种不同的 tRNA，而真核细胞内多达 100～120 种。由于合成蛋白质的氨基酸只有 20 种，显然，同一种氨基酸能够连到多种 tRNA 上。这一组能运载同一种氨基酸的 tRNA 称为同工 tRNA。即每一种 tRNA 只能搬运一种氨基酸，而一种氨基酸却可由几种 tRNA 来搬运。

tRNA 在蛋白质生物合成中具有下列三方面的功能。

① 被特定的氨酰-tRNA 合成酶识别，使 tRNA 接受正确的活化氨基酸。

② 识别 mRNA 链上的密码子。这种识别作用是通过 tRNA 的反密码子与密码子进行碱基配对进行的。这样，便可以保证不同的氨基酸按照 mRNA 链上的密码子所决定的次序掺入到多肽链中。

③ tRNA 的接纳功能。对于 tRNA 的接纳功能来说，它有两个结构很重要，一个是氨基酸臂，它携带特定的氨基酸，氨基酸的羧基与 tRNA 3′-端腺苷的核糖上的 2′—OH 或 3′—OH 形成酯键（图 13-2）；另一个是反密码环，它含有反密码子，能与 mRNA 上的密码子反平行地碱基配对，密码子的第一个碱基（5′→3′方向阅读）与反密码子第三个碱基配对（图 13-1）。

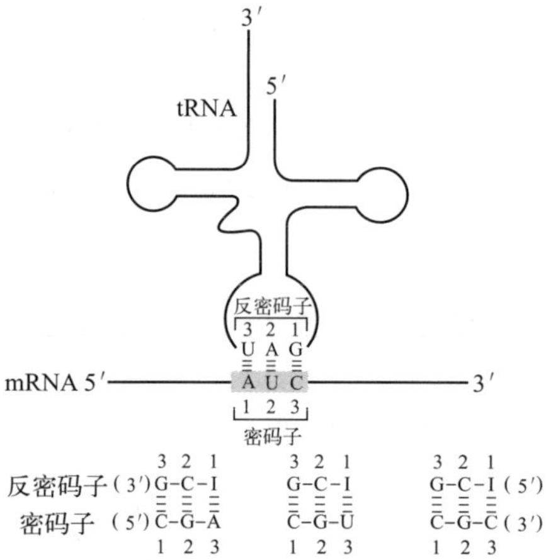

图 13-1　密码子与反密码子配对的摆动碱基示意图

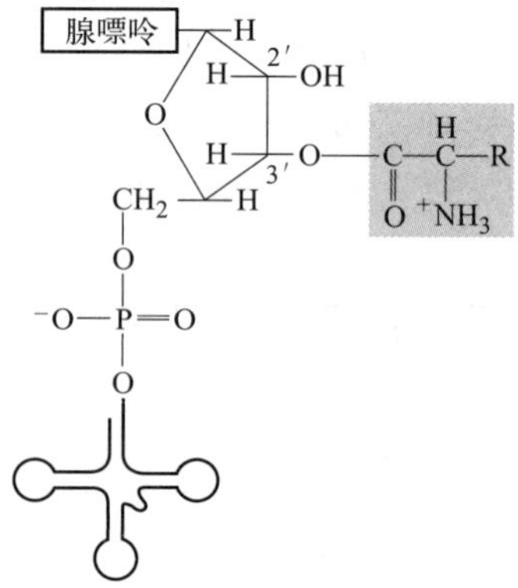

图 13-2　氨酰-tRNA

在蛋白质合成过程中，tRNA 起着连接生长的多肽链与核糖体的作用。tRNA 与多肽合成有关的位点至少有 4 个：氨基酸接受位点；结合 mRNA 的反密码子位点；识别氨酰-tRNA 合成酶的位点；核糖体识别位点。

研究发现，一种 tRNA 分子常常能够识别一种以上的同一种氨基酸的密码子，也就是说，一种反密码子能够与不同的密码子发生碱基配对。通过考察密码子与反密码子的配对，Crick 得出一个结论：大多数密码子的第三个碱基与它的反密码子相对应的碱基之间配对是比较疏松的，这可以使蛋白质合成时 tRNA 能够从密码子上迅速解离下来，以保证蛋白质的合成速度。

三、rRNA 与蛋白质合成场所

rRNA与蛋白质合成场所

蛋白质合成场所是核糖体，核糖体是由 rRNA 和多种蛋白质结合而成的一种大的核糖核蛋白体。在原核细胞中，它们或者以游离的形式存在，或者与 mRNA 结合成多核糖体形式，真核细胞中的核糖体还可与内质网结合。大肠杆菌细胞内含有 15000 个以上的核糖体，几乎占细胞干重的 25%；每个真核细胞含有 10^6～10^7 个核糖体。

原核细胞的核糖体含有大约 65% 的 rRNA 和大约 35% 的蛋白质，其沉降系数为 70S，故称为 70S 核糖体。它由大小不同的两个亚基组成，即一个小亚基（30S）和一个大亚基（50S）。研究表明，两个亚基之间存在一条细沟，可能在蛋白质合成中用来接纳 mRNA 分子。每个 70S 核糖体含有两个结合 tRNA 分子的部位：一个是氨酰基部位，称为 A 位，它是氨酰-tRNA 结合的部位；另一个是肽酰基部位，称为 P 位，它是正在延长的多肽链-tRNA 结合的部位。核糖体的 A 位和 P 位有一小部分在 30S 亚基内，大部分在 50S 亚基内。此外，在核糖体上还有其他的活性部位，如肽基转移酶结合部位，GTP 水解成 GDP 和 Pi 的部位。

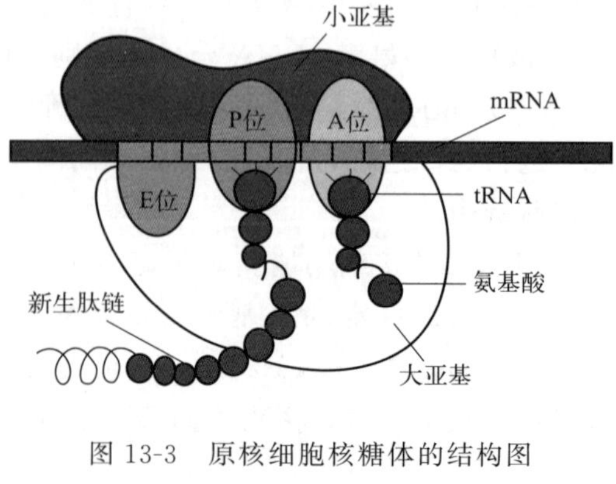

图 13-3　原核细胞核糖体的结构图

真核细胞的核糖体比原核细胞的核糖体要大而且更为复杂，其沉降系数大约为 80S。它是由一个小亚基（40S）和一个大亚基（60S）组成的。原核细胞核糖体的结构见图 13-3。

第二节　蛋白质合成的过程

翻译的步骤

一、原核生物蛋白质的合成过程

蛋白质的合成过程虽然复杂，但其合成速度极快。在最适条件下，合成一条含400个氨基酸的多肽链大约需要10s。实验证明，多肽链的合成是从N端延伸的，mRNA上信息的阅读是从5′→3′方向进行的。蛋白质合成过程可分为以下几个阶段：氨基酸的活化；肽链合成的起始；肽链的延长；肽链合成的终止及释放；新生肽链的折叠与加工。

1. 氨基酸的活化

一个氨基酸的氨基与另一个氨基酸的羧基不能直接形成肽键，这一障碍可以通过活化氨基酸的羧基形成活化中间体——氨酰-tRNA加以克服。游离氨基酸必须在"氨酰-tRNA合成酶"作用下，生成活化氨基酸（氨酰-tRNA），才能用于合成肽链。氨基酸以它的羧基连接到它相应的tRNA上形成氨酰-tRNA的过程，称为氨基酸的活化。氨基酸活化是在胞液中由氨酰-tRNA合成酶催化进行的，每活化一个氨基酸分子，需消耗2分子ATP。

反应式如下：

$$\text{氨基酸}+\text{tRNA}+\text{ATP}+H_2O\xrightarrow[Mg^{2+}]{\text{酶}}\text{氨酰-tRNA}+\text{AMP}+\text{PPi}$$

细胞中至少存在20种"氨酰-tRNA合成酶"，每一种酶专一性识别一种AA和与此AA对应的一种或多种tRNA。即，对于20种标准AA中的每一种AA，细胞中一般含一种与之对应的氨酰-tRNA合成酶；而每一种氨酰-tRNA合成酶识别相应的一种氨基酸和与之对应的一种或多种tRNA分子。

（1）氨基酸活化具有两方面意义　其一是氨基酸必须由tRNA携带方可进入核糖体的特定部位，而且氨基酸本身并不能识别mRNA上的密码子，也要由tRNA去识别；其二是氨酰-tRNA的氨酰键中贮存了能量，使氨酰基具有相当高的转移势能，足以用于以后肽链的形成，而不需要再从外界输入能量。

（2）氨酰-tRNA合成酶具有底物选择性　其选择专一的氨基酸及与之对应的tRNA。这种选择性主要由"氢键"来决定。所以，其能纠正AA与tRNA间的非正确组合（即AA只与搬运它的tRNA特异性结合）。可见，氨酰-tRNA合成酶具有两个活性部位：催化部位和校正部位。

（3）起始氨酰-tRNA的形成　在细胞生物中，甲硫氨酸的密码子只有一个，即AUG，但是携带该氨基酸的tRNA有两种。一种tRNA用于蛋白质合成的起始，识别mRNA上AUG起始密码子；另一种用于肽链延长时识别内部的AUG密码子。原核生物的起始氨基酸为甲酰甲硫氨酸（fMet），真核生物的起始氨基酸为甲硫氨酸（Met）。

在细菌中，负责识别AUG起始密码子的tRNA用符号"$\text{tRNA}^{\text{fMet}}$"表示，它携带*N*-甲酰甲硫氨酸（fMet），形成*N*-甲酰甲硫氨酰-$\text{tRNA}^{\text{fMet}}$（fMet-$\text{tRNA}^{\text{fMet}}$）。负责识别内部AUG密码子的tRNA用符号$\text{tRNA}^{\text{Met}}$表示，它携带甲硫氨酰-$\text{tRNA}^{\text{Met}}$（Met-$\text{tRNA}^{\text{Met}}$）。参与起始的$\text{tRNA}^{\text{fMet}}$不参与肽链的延伸。

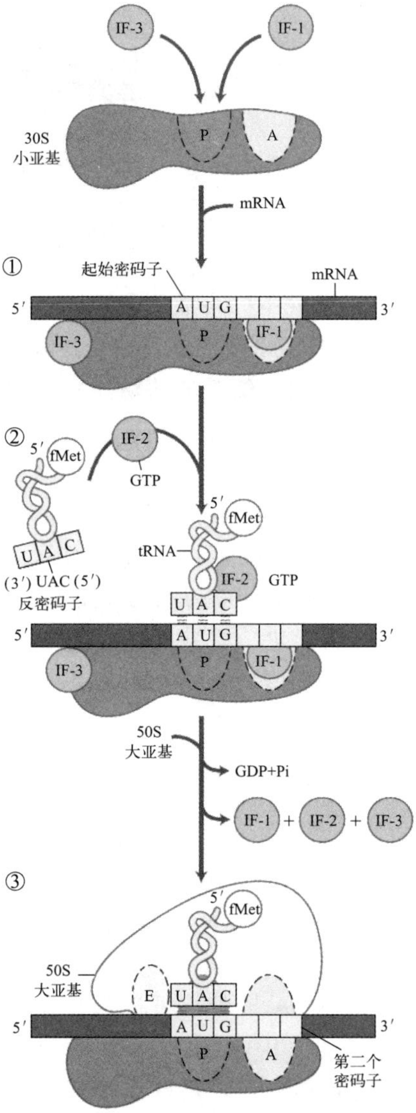

图 13-4　蛋白质合成的起始复合物的形成

在真核生物细胞中，识别 AUG 起始密码子的 tRNA 与识别内部的 AUG 密码子的 tRNA 也不一样，分别用符号 $tRNAi^{Met}$ 和 $tRNA^{Met}$ 表示。$tRNA^{Met}$ 形成 Met-$tRNA^{Met}$，被“延伸因子”所识别，掺入延伸的肽链中；$tRNAi^{Met}$ 形成 Met-$tRNAi^{Met}$，被“起始因子”所识别，只与起始密码子 AUG 结合。这样，在肽链合成时这两种 tRNA 各自携带的甲硫氨酸掺入多肽链的不同部位。

2. 肽链合成的起始

多肽链合成的起始是形成一个有功能的，包含有 mRNA 和起始 fMet-$tRNA^{fMet}$ 在内的 70S 核糖体，称为 70S 起始复合物。这一过程相当复杂，参与的组分共有七种：①30S 核糖体亚基；②50S 核糖体亚基；③编码多肽链的 mRNA；④起始 fMet-$tRNA^{fMet}$；⑤三种可溶性的胞液蛋白质，称为起始因子（IF-1、IF-2、IF-3）；⑥GTP；⑦Mg^{2+}。整个过程分三步完成（图 13-4）。

（1）30S • mRNA 复合物的形成　完整的 70S 核糖体不能直接与 mRNA 结合起始多肽链的合成，而必须先解离成 50S 和 30S 亚基。它的解离需要起始因子 IF-3 的参与以及 IF-1 的协助。当 IF-3 与 30S 亚基结合后便形成稳定的游离亚基，它便不能再与 50S 亚基结合。接着，这种游离的 30S 亚基结合到 mRNA 上，使 AUG 起始密码子正确定位于该亚基的部分 P 位内，形成 30S 亚基-mRNA 复合物。

（2）30S 预起始复合物的形成　起始 *N*-甲酰甲硫氨酰-$tRNA^{fMet}$（fMet-$tRNA^{fMet}$）以及结合有一分子 GTP 的 IF-2 结合到 30S • mRNA 复合物上，形成 30S 预起始复合物。此时，fMet-$tRNA^{fMet}$ 坐落在 30S 亚基的部分 P 位内，该起始 tRNA 上的反密码子与 mRNA 上 AUG 起始密码子碱基配对。

（3）70S 起始复合物的形成 50S 核糖体亚基结合到 30S 预起始复合物上，同时，结合在 IF-2 上的 GTP 被水解成 GDP 和 Pi，并释放出来。随之，IF-3 和 IF-2 也离开核糖体。结果，便形成了一个包含有 mRNA 和起始 fMet-$tRNA^{fMet}$ 在内的有功能的 70S 起始复合物。

由于 GTP 的水解，贮存在它的高能键中的能量引起核糖体构象的变化，使得结合着的 30S 和 50S 亚基转变为一个有活性的 70S 核糖体。这时，核糖体便具有完整的 P 位和 A 位，而且 P 位已被 fMet-$tRNA^{fMet}$ 占据，而 A 位是空着的，准备接受下一个氨酰-tRNA 的进位，使肽链合成进入延伸阶段。

3. 肽链的延伸

肽链的延伸是核糖体沿着 mRNA 移动、肽链逐步生长的过程。参与肽链延伸的组分有四种：①有功能的 70S 核糖体；②氨酰-tRNA；③三种可溶性的蛋白质，即延伸因子（又称延长因子）EF-Tu、EF-Ts、EF-G；④GTP。肽链的延伸是以一种循环方式逐个地将氨基酸单位加到正在合成的肽链羧基末端使其从 N 端向 C 端不断伸长。每一轮延长循环由三个步骤组成。

（1）氨酰-tRNA 进入核糖体 A 位（图 13-5）　由核糖体 A 位中 mRNA 上的密码子所决定的氨酰-tRNA 并不直接进入这个部位，而要先与结合有一分子 GTP 的 EF-Tu 二元复合物（EF-Tu · GTP）相结合，生成氨酰-tRNA · EF-Tu · GTP 三元复合物，然后，进入核糖体的 A 位，氨酰-tRNA 的反密码子正好与 mRNA 上处于 A 位的密码子进行碱基配对。当氨酰-tRNA 进入核糖体 A 位后，GTP 被水解成 GDP 和 Pi，同时，EF-Tu · GTP 二元复合物从核糖体上释放出来。此时，核糖体的 P 位和 A 位均被氨酰-tRNA 占据，准备下一步形成肽键。

从核糖体上释放出来的 EF-Tu · GDP 复合物必须再生为 EF-Tu · GTP 后，才能再与另一个氨酰-TRNA 结合。这一再生过程需要另一种延长因子 EF-Ts 的参与。EF-Ts 首先将 GDP 从 EF-Tu 上置换下来，生成 EF-Tu · EF-Ts 复合物。然后，一分子 GTP 又将 EF-Ts 从 EF-Tu 上置换下来，生成 EF-Tu · GTP 复合物。这样，该复合物又可去协助另一个氨酰-tRNA 进入核糖体的 A 位。

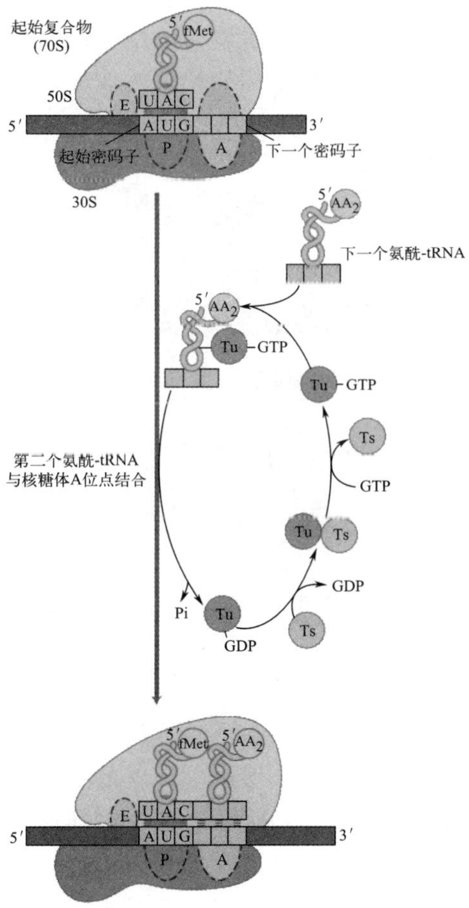

图 13-5　肽链延伸的第一步反应：第二个氨酰-tRNA 的结合

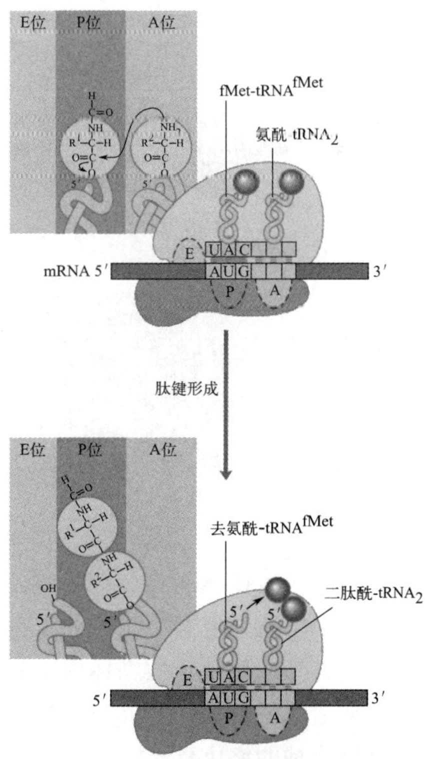

图 13-6　肽链延伸的第二步反应：肽键的生成

值得注意的是，起始的 fMet-tRNA^{fMet} 不能与 EF-Tu · GTP 复合物结合，因而，它不能进入核糖体的 A 位，*N*-甲酰甲硫氨酰也就不能掺入到多肽链的内部。fMet-tRNA^{fMet} 只能由 IF-2 · GTP 携带进入核糖体的 30S 亚基的部分 P 位。Met-tRNA^{Met} 和其他的氨酰-tRNA 一样能够与 EF-Tu · GTP 复合物结合进入核糖体的 A 位。因而，mRNA 中编码区内部的 AUG 密码子是被 Met-tRNA^{Met} 而不是被 fMet-tRNA^{fMet} 所阅读。

由上可见，氨酰-tRNA 进入核糖体的 A 位需要消耗能量，这种能量是通过 GTP 水解为 GDP 和 Pi 提供的，每一个氨酰-tRNA 分子的进位需要消耗一分子 GTP。

（2）肽键的形成　在氨酰-tRNA 进入核糖体 A 位以后，核糖体的两个 tRNA 结合部位均被氨酰-tRNA 占据，这时，由 tRNA^{fMet} 携带的 *N*-甲酰甲硫氨酰基在肽基转移酶的催化下转移到 A 位中氨酰基的氨基上，从而形成肽键。结果，在 A 位上形成了一个二肽酰-tRNA，在 P 位上结合着“空载”（脱去氨酰基后）的 tRNA^{fMet}（图 13-6）。

（3）移位　肽键形成以后，核糖体向 mRNA 的 3′方向移动一个密码子的距离。由于核糖体的移位，使原来处于核糖体 A 位中的二肽基-tRNA 从 A 位移至 P 位，但仍与 mRNA 上密码子结合，而原来在 P 位中“空载”的 tRNA^{fMet} 便离开 P 位返回到胞液中。此时，mRNA 上的下一个密码子恰好处于核糖体的 A 位，供下一个氨酰-tRNA 的进位。核糖体移位需要第三种延长因子 EF-G（也称为移位酶）以及 GTP 参与。EF-G 也结合着一个 GTP 分子，当它与核糖体结合后，便推动核糖体的移位。然后，GTP 水解为 GDP 和 Pi 并从核糖体上释放出来，这时，EF-G 也随之从核糖体上解离下来。核糖体构象发生改变，从而使它沿 mRNA 移动（图 13-7）。

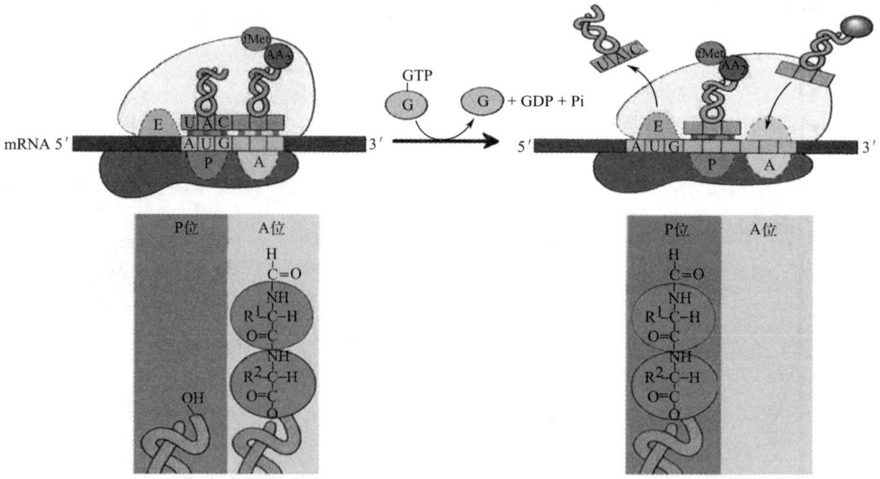

图 13-7　肽链延伸的第三步反应：移位

由此可见，核糖体的移位也要消耗一分子 GTP。到此为止，一轮肽链的延伸循环便完成。每进行一轮循，便有一个新的氨酰-tRNA 进入核糖体 A 位，形成一个新的肽键并使肽链延伸一个氨基酸残基，核糖体向 mRNA 的 3′方向移动一个密码子的距离。这样循环重复进行，直至到达 mRNA 上的终止密码子为止。

4. 肽链合成的终止及释放

当核糖体沿 mRNA 移动到终止密码子（UAA、UAG、UGA）位于 A 位时，肽链的延伸便停止，进入合成的终止阶段。

多肽链合成的终止需要终止因子（RF）的参与。在细菌中有三种终止因子 RF_1、RF_2 和 RF_3，RF_1 和 RF_2 负责识别终止密码子，它们的识别具有专一性，RF_1 识别 UAA 和

UAG，而 RF_2 识别 UAA 和 UGA。终止因子 RF_3 是一种 GTP 酶，它的确切功能尚不清楚。多肽链合成的终止过程分三步进行（图 13-8）。

（1）释放因子进入核糖体 A 位　当核糖体 A 位被一个终止密码子占据时，RF_1 或 RF_2 就进入 A 位与该终止密码子结合。

（2）多肽链的释放　位于核糖体 A 位的 RF_1 或 RF_2 可以诱导肽基转移酶的水解作用，将位于核糖体 P 位的 tRNA 上的肽基部分移到一个水分子上，而不再以氨酰-tRNA 的氨基作为受体。这样，多肽链被游离出来而离开核糖体，释放因子以及空载的 tRNA 也随之离开核糖体。

（3）70S 核糖体的解体　结合在 mRNA 上的 70S 核糖体发生解离并脱离 mRNA，可能是 50S 亚基先离开，而 30S 亚基或与 mRNA 分开或仍保持结合状态。在有些多顺反子 mRNA 上，30S 亚基可以简单地滑动直至找到下一个起始密码子，而开始下一轮翻译。

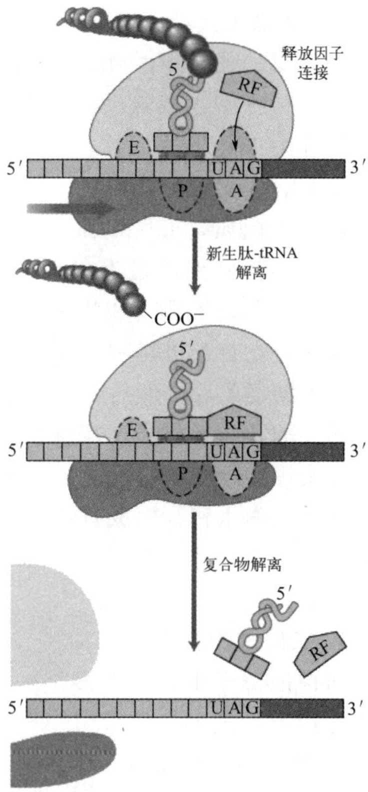

图 13-8　肽链合成的终止

二、真核生物蛋白质的合成过程

真核生物蛋白质的合成过程与原核生物蛋白质的合成过程十分相似，但是某些步骤更为复杂，所涉及的蛋白因子也更多。主要不同之处表现为以下几点。

（1）核糖体更大　真核细胞核糖体为 80S，可解离成 60S 与 40S 两个亚基。

（2）起始氨酰-tRNA 不同　真核细胞多肽链合成的起始氨基酸为甲硫氨酸，而不是 *N*-甲酰甲硫氨酸。起始氨酰-tRNA 为 $tRNAi^{Met}$。

（3）起始复合物不同　真核细胞蛋白质合成起始过程涉及的蛋白因子较多，已发现的有 9 种，最终形成的是一种 80S 复合物。

（4）肽链延长、终止与释放因子不同　真核细胞的肽链延长因子为 $EF_1\alpha$ 和 $EF_1\beta\gamma$，真核细胞中的多肽链合成终止因子只有一种，也称为释放因子 eRF。

三、肽链合成后的加工

肽链合成后多数还要经过加工处理才能转变成有活性的蛋白质分子，这个过程叫后修饰作用。总结起来有以下几种情况。

肽链合成后的加工

1. N 端甲酰基及多余氨基酸的切除

按蛋白质合成机理来说，细胞中蛋白质 N 端的第一个氨基酸总是甲酰甲硫氨酸（原核）或甲硫氨酸（真核）。但事实上成熟的蛋白质的第一个氨基酸绝大多数不是这两种氨基酸。这是由于脱甲酰基酶除去了 N 端的甲酰基，氨肽酶切除了 N 端的 1 个或几个多余氨基酸。此过程通常在延长中的肽链约有 40 个氨基酸长度时就开始了。

2. 蛋白质内部某些氨基酸的修饰

氨基酸被修饰的方式是多样的，主要是磷酸化、羧化、甲基化、乙酰化、羟化等。例如胶原蛋白中的一些脯氨酸、赖氨酸被羟化成为羟脯氨酸和羟赖氨酸；组蛋白中某些氨基酸被乙酰化；细胞色素 c 中有些氨基酸被甲基化；糖蛋白中有些氨基酸被糖基化。被修饰的部位通常是丝氨酸或苏氨酸侧链上的羟基；天冬氨酸、谷氨酸侧链上的羧基；天冬酰胺侧链上的酰胺基；精氨酸、赖氨酸侧链上的氨基；半胱氨酸侧链上的巯基等。这些修饰作用都是在专一的修饰酶催化下完成的。

3. 切除非必需肽段

许多蛋白质，如胰岛素、一些蛋白水解酶，它们最初被合成出来的是较大的无活性的前体。这些前体必须经过蛋白水解酶作用进行修剪，才能变成有活性的形式。

例如，胰岛素刚合成出来时是一条相当长的多肽链——前胰岛素原，在它的前端有一段信号序列，它首先被切除，剩余的部分折叠成特定的三维结构，接着在此基础上形成正确的二硫键变为胰岛素原。然后，胰岛素原内部的一段间插序列（称为 C 肽）被蛋白酶切除，从而变成有活性的胰岛素分子。蜂毒素（其能溶解动物细胞，也能溶解蜜蜂自身细胞）也是一个典型代表。蜜蜂在细胞内合成无活性的“前毒素”，分泌入“刺吸器”后，其 N 端的 22 个氨基酸的序列被蛋白酶水解，生成有毒性的功能蛋白质。这样保证了蜂毒素不会伤害自身细胞。

许多肽类激素和酶前体，如血纤维蛋白酶、胰蛋白酶原等，都是经过肽片段的切除而转化为活性形式。

4. 二硫键的形成

蛋白质分子中常含有多个二硫键，这是特定部位的两个半胱氨酸侧链上的巯基在专一氧化酶作用下形成的。

5. 糖基侧链的添加

糖蛋白的糖基侧链是在多肽链合成期间或合成以后共价连接上的。糖蛋白主要是由蛋白质上天冬氨酸、丝氨酸、苏氨酸残基上糖基形成。在有些糖蛋白中，糖链通过酶的作用与天冬酰胺残基侧链上的氮原子连接，有的与丝氨酸或苏氨酸残基侧链上的氧原子连接。内质网可能是蛋白质 N-糖基化的主要场所。

6. 辅基的加入

许多原核和真核生物的蛋白质必须共价连接辅基以后，才能发挥其功能。这些辅基是在多肽链从核糖体释放出来以后被连接上去的。例如，乙酰 CoA 羧化酶含有共价连接的生物素，细胞色素 c 连接有血红素基团。

四、蛋白质的折叠

多肽链经过折叠，形成特定空间结构，才能行使功能蛋白功能。多肽链的折叠是一个复杂的过程。通常先折叠成二级结构；再进一步折叠成三级结构；寡聚蛋白还需进一步组装成四级结构。

往往蛋白质的正确折叠需要另一些蛋白质（如分子伴侣等）的帮助。分子伴侣是一类序列上没有相关性，但有共同功能的保守蛋白，其在细胞中帮助其他多肽正确折叠、组装、运转、降解。主要通过防止或消除肽链的错误折叠、增加功能性蛋白折叠产率来发挥作用，并非加快折叠反应速率。本身不参与最终产物的形成。

细胞中有两类分子伴侣家族。第一类为热休克蛋白，其为一类应急反应性蛋白，其促使能自发折叠的蛋白质正确折叠，它广泛存于真核生物、原核生物，包括 Hsp70、Hsp40、GrpE 三个家族，三者协同作用。第二类为伴侣素，其帮助非自发折叠的蛋白质的正确折叠。

五、蛋白质运转机制

在核糖体上合成的多肽需运送到细胞各部分，以行使其功能。多肽的输送是有目的、定向进行的（运送过程中往往发生大量修饰）。这个过程称为蛋白质的定向转运，也称蛋白质的分选，是指除线粒体和叶绿体中能合成少量蛋白质外，绝大多数的蛋白质均在细胞质基质中的核糖体开始合成，然后转运至细胞的特定部位，并装配成结构和功能的复合体，参与细胞的生命活动。它是一个复杂问题，也是目前十分活跃的研究领域涉及如下方面。

① 蛋白质如何从合成部位运输到功能部位，如何跨越细胞中膜的结构？

② 跨膜之后又靠何信息运送至功能部位？

③ 膜蛋白，是何因素决定其是外周蛋白还是内在蛋白，是部分镶嵌还是跨膜分布，是膜外侧还是内侧？

1. 蛋白质转运（分选）的类型与基本途径

蛋白质转运机制分为两类：翻译运转同步机制和翻译后运转机制。

翻译运转同步机制是蛋白质的合成和运转同时发生。分泌蛋白质大多是以该机制运输的，内质网、高尔基体本身的蛋白质的转运也是这种方式。真核细胞中，蛋白质合成起始后，转移至粗面内质网，新生肽边合成边转入粗面内质网腔中，随后经高尔基体运至溶酶体、细胞膜或分泌至细胞外。

翻译后运转机制是蛋白质先合成，从核糖体上释放后才发生运转。由胞质进入细胞器的蛋白质大多是以该机制运输的，如线粒体、叶绿体、过氧化物酶体、细胞核及细胞质基质的特定蛋白质（最近发现有些还可转运至内质网中）。

也有两种机制兼有的蛋白质转运机制，参与生物膜形成的蛋白质，则两种机制兼有，转运嵌入膜内。

2. 蛋白质转运分四大基本类型

（1）蛋白质的跨膜转运　在细胞质基质中合成的蛋白质转运到内质网、线粒体、质体（包括叶绿体）和过氧化物酶体等细胞器。

（2）膜泡运输　蛋白质通过不同类型的转运小泡从其粗面内质网合成部位转运至高尔基体进而分选运至细胞的不同部位，其中涉及各种不同的运输小泡的定向转运，以及膜泡出芽与融合的过程。

（3）选择性的门控转运　指在细胞质基质中合成的蛋白质，通过核孔复合体选择性地完成核输入或从细胞核返回细胞质。

（4）细胞质基质中的蛋白质的转运　蛋白质在细胞质基质中的转运，显然与细胞骨架系统密切相关。上述三种类型也均涉及蛋白质在细胞质中的转运。

润心驿站　　蛋白质合成抑制与耐药防控——抗生素的双刃剑效应

在生物化学的宏大知识体系中，蛋白质生物合成作为核心内容之一，宛如一座精密运转的“分子工厂”，调控着细胞内各种蛋白质的合成，对生命活动的正常进行起着至关重要的作用。抗生素的发现在医学领域具有里程碑的意义，与蛋白质生物合成过程紧密相连，它通过干扰细菌蛋白质合成来发挥抗菌作用，成为人类对抗细菌感染的有力武器。然而，随着抗生素的广泛使用，耐药性问题日益凸显，成为全球公共卫生领域的重大挑战。

蛋白质生物合成是一个复杂而精密的过程，核糖体作为蛋白质合成的“装配车间”，在原核生物和真核生物中具有不同的结构和组成，原核生物核糖体为 70S，由 30S 小亚基和 50S 大亚基组成；真核生物核糖体为 80S，由 40S 小亚基和 60S 大亚基组成。这种结构上的差异为抗生素的选择性作用提供了基础。

抗生素通过多种方式干扰细菌蛋白质合成。例如，四环素类药物能够特异性地结合细菌核糖体30S亚基，阻止氨酰-tRNA进入A位，从而阻断翻译起始过程，使细菌无法正常合成蛋白质。氯霉素则作用于50S亚基的肽酰转移酶中心，抑制肽键的形成，阻碍蛋白质合成的延伸阶段。这些抗生素精准地针对细菌核糖体的特有结构或功能，最大限度地减少了对宿主（真核生物）的伤害。

随着抗生素的广泛使用，耐药性问题日益严重。世界卫生组织（WHO）数据显示，耐药菌每年直接导致全球大量人口死亡，这一严峻的现实警示我们，抗生素滥用不仅是一个医学问题，更是一个涉及伦理和社会的重大问题。在养殖业中，为预防动物疾病或促进生长而大量使用抗生素，导致耐药菌在动物体内产生并传播，进而可能通过食物链进入人体，引发难以治疗的感染。这凸显了抗生素滥用对公共卫生的严重威胁，也提醒我们在使用抗生素时必须遵循合理用药原则，尊重生命、保护环境，要树立强烈的伦理意识和社会责任感，避免抗生素的滥用，为维护人类健康和生态环境贡献自己的力量。

小思考

抗生素耐药性已突破国界，成为全人类健康与公共卫生安全的重大威胁，它关乎当下与未来，迫切需要全球深度合作与高效协调。那么，在耐药防控这场持久战中，你能设计出哪些具体可行方案呢？

蛋白质的生物合成知识框架

<table>
<tr><td rowspan="11">蛋白质的生物合成</td><td rowspan="6">蛋白质生物合成体系</td><td colspan="2">基础条件：氨基酸；酶；mRNA、tRNA、rRNA；蛋白因子；ATP、GTP</td></tr>
<tr><td rowspan="3">mRNA与遗传密码</td><td>定义：三个核苷酸编码一种氨基酸</td></tr>
<tr><td>遗传密码的特点：编码性、简并性、连续性、不重叠性、通用性、摆动性</td></tr>
<tr><td>起始密码、终止密码</td></tr>
<tr><td>氨酰-tRNA合成酶</td><td>具有绝对专一性，对氨基酸及tRNA都能高度识别</td></tr>
<tr><td>核糖体</td><td>蛋白质合成的场所</td></tr>
<tr><td rowspan="3">过程</td><td>起始</td><td>起始复合物的生成：大小亚基的解聚，30S复合物的生成，70S复合物的生成；起始因子</td></tr>
<tr><td>延伸</td><td>核蛋白体循环：进位、转肽、移位；延伸因子</td></tr>
<tr><td>终止</td><td>终止密码子进入A位，肽链水解，亚基解聚；终止因子</td></tr>
<tr><td>合成后的加工</td><td colspan="2">N端甲酰基或N端氨基酸的除去；信号肽切除；蛋白质剪接；二硫键的形成；氨基酸侧链的修饰；多肽链的折叠</td></tr>
<tr><td colspan="3">蛋白质的定向转运</td></tr>
</table>

本章思考题

一、名词解释

1. 翻译　　2. 遗传密码与密码子　　3. 反密码子

二、填空题

1. 蛋白质生物合成中，合成原料是____________。

2. 蛋白质合成过程中，mRNA 起模板作用，tRNA 起____________作用，核糖体起____________作用。

3. 三联体密码子共有____个，其中终止密码子共有____个，分别为____、____、____；而起始密码子共有____个。

4. 氨酰-tRNA 合成酶对氨基酸和相应 tRNA 都具有较高专一性，在识别 tRNA 时，其 tRNA 的________环起着重要作用，此酶促反应过程中由____________提供能量。

5. 肽链延伸过程需要____________、____________、____________三步循环。

6. 原核生物中肽链延伸过程的第一步需要______和______延伸因子，第三步需要____________延伸因子。

三、选择题

1. 生物体编码 20 种氨基酸的密码子个数是（　　）。

A. 20　　B. 24　　C. 61　　D. 64

2. 遗传密码的摆动性是指（　　）。

A. 一个遗传密码子可以代表不同的氨基酸

B. 一个氨基酸可以有几个密码的现象

C. 密码的第 1 位碱基与反密码的第 3 位碱基可以不严格配对

D. 密码的第 3 位碱基与反密码的第 1 位碱基可以不严格配对

3. 蛋白质生物合成部位在（　　）。

A. 细胞核内　　B. 线粒体膜　　C. 粗面内质网　　D. 细胞膜内

4. 下列有关氨酰-tRNA 合成酶叙述中，叙述有误的是（　　）。

A. 氨酰-tRNA 合成酶促反应中由 ATP 提供能量，推动合成正向进行

B. 每种氨基酸活化均需要专一的氨基酰-tRNA 合成酶催化

C. 氨酰-tRNA 合成酶活性中心对氨基酸及 tRNA 都具有绝对专一性

D. 该类酶促反应终产物中氨基酸的活化形式为 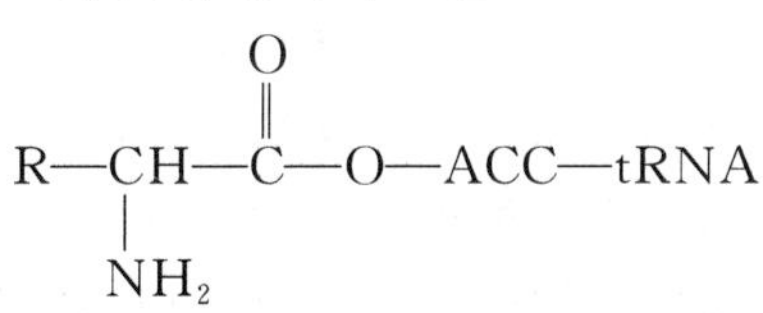

5. 蛋白质合成过程中氨基酰活化的专一性取决于（　　）。

A. 密码子　　B. mRNA　　C. 核蛋白体　　D. 氨基酰-tRNA 合成酶

6. 原核生物中，多肽链合成时的起始氨基酸是（　　）。

A. 蛋氨酸　　B. 甲酰蛋氨酸　　C. 半胱氨酸　　D. 胱氨酸

7. 下列（　　）因子参与了蛋白质生物合成的终止过程。

A. RF　　B. ρ　　C. б　　D. EF

四、问答题

1. 简述遗传密码的基本特性。

2. 蛋白质的生物合成包括几大步骤？

第十四章

物质代谢的相互联系及调节控制

内容概要与学习指导——物质代谢的相互联系及调节控制

本章概述了物质代谢的相互关系，以酶的区域化、变构作用、共价修饰作用对代谢途径中的关键酶的调节，理解生物体内物质代谢的整体性、协调性、相互制约性。

生物体是一个统一的整体，各种物质代谢彼此之间相互联系、相互影响。其中，糖代谢是各种代谢的基础，糖可以转变为脂类，糖代谢的分解产物为非必需氨基酸的合成提供碳骨架，戊糖也是合成核苷酸的重要原料。

生物体的各种代谢处于动态平衡状态。维持这种平衡的实质是对代谢途径中的关键酶进行调节。机体内代谢调节在细胞水平（酶水平）、激素水平和神经水平进行调节。酶水平的调节是最基本的调节方式，主要通过酶的区域化、变构作用、共价修饰作用对代谢途径中的关键酶的活性进行调节；通过基因表达的调节对酶含量进行控制。调节代谢的细胞机制是激素、神经递质等信号分子与细胞膜上或细胞内的特异受体结合，将代谢信息传递到细胞的内部，以实现对细胞内酶的活性或酶蛋白的基因表达的调控。学习本章时应注意：

① 这章内容是前面各章内容的总结，学习时应复习酶及四大物质的代谢；

② 激素与神经调节部分因无相关的基础知识作支撑，最好自学动物生理相关内容；

③ 酶的调节部分要以具体的酶为例学习酶的调节机理；

④ 基因表达调节以原核生物乳糖操纵子和色氨酸操纵子为例学习酶的诱导和阻遏调节机制。

前面我们详细讨论了糖、脂类、蛋白质和核酸四大物质的代谢。然而，这些物质的代谢并不是孤立的，而是一个完整统一的过程。事实上，同一组织细胞中的各种代谢反应可以在同一时间内有规律地进行，既相互联系又相互制约，构成一个完整统一的过程。同时，为了适应体内各种条件的变化，各类物质代谢还受着多种因素的调节和控制，使生物体内错综复杂的生物化学反应和生理活动有条不紊地协调进行。

第一节　物质代谢的相互联系

物质代谢包括分解代谢与合成代谢，细胞的分解代谢与合成代谢大致可以分为三个阶段。

分解代谢中，多糖、脂肪和蛋白质经第一阶段降解为主要构建分子。其中，多糖降解为单糖（戊糖和己糖等），脂肪降解为甘油和脂肪酸，蛋白质降解为氨基酸。在第二阶段这些单体又转变为更简单的中间代谢物，如戊糖、己糖、生糖氨基酸和甘油降解为丙酮酸，然后生成乙酰 CoA；同样，脂肪酸和生酮氨基酸也降解为乙酰 CoA 和其他几种末端产物。在第三阶段，这些中间产物最终降解为 CO_2、H_2O。

合成代谢则经历相反的三个阶段。首先，以分解代谢第三阶段中产生的（或从环境中摄入的）小分子为合成原料合成简单的有机物（一类为自养生物以 CO_2 为原料合成有机物质，另一类为异养生物利用有机碳化物为合成起始原料）；其次，简单的有机物进一步合成各种生物大分子的构建分子，如磷酸丙糖生成磷酸己糖和磷酸戊糖，乙酰 CoA 经丙二酸单酰 CoA 合成脂肪酸，磷酸二羟基丙酮可还原为甘油，α-酮酸与氨基供体反应生成氨基酸；再次，这些构件单体合成生物大分子，如磷酸己糖合成多糖，脂肪酸和甘油合成脂肪，氨基酸合成多肽与蛋白质。

在这些代谢过程中，糖类、脂肪、蛋白质与核酸通过共同的中间代谢物而相互联系、相互转化。

一、糖代谢和脂代谢的相互关系

从代谢途径上看，糖类和脂类的代谢存在着共同的中间产物——乙酰 CoA 和磷酸二羟基丙酮，因此它们可以互相转变。

事实上，动物的体内脂肪主要由糖转变而来。糖代谢产生的磷酸二羟基丙酮可还原生成 α-磷酸甘油；糖代谢产生的丙酮酸经氧化脱羧作用转变成乙酰 CoA，可合成脂肪酸或脂酰 CoA。α 磷酸甘油和脂酰 CoA 可进一步合成脂肪。

脂肪也能转变成糖。脂类分解产生的甘油经磷酸化生成 α-磷酸甘油，再经脱氢变成磷酸二羟基丙酮可沿糖异生途径生成糖，脂肪酸通过 β-氧化生成的乙酰 CoA 在某些植物和微生物体内经乙醛酸循环生成琥珀酸，琥珀酸经三羧酸循环生成草酰乙酸后经脱羧、磷酸化生成磷酸烯醇式丙酮酸，也可沿糖异生途径生成糖。但在动物体内，由于不存在乙醛酸循环，所以脂肪转变为糖是很有限的。糖代谢与脂代谢之间的相互关系见图 14-1。

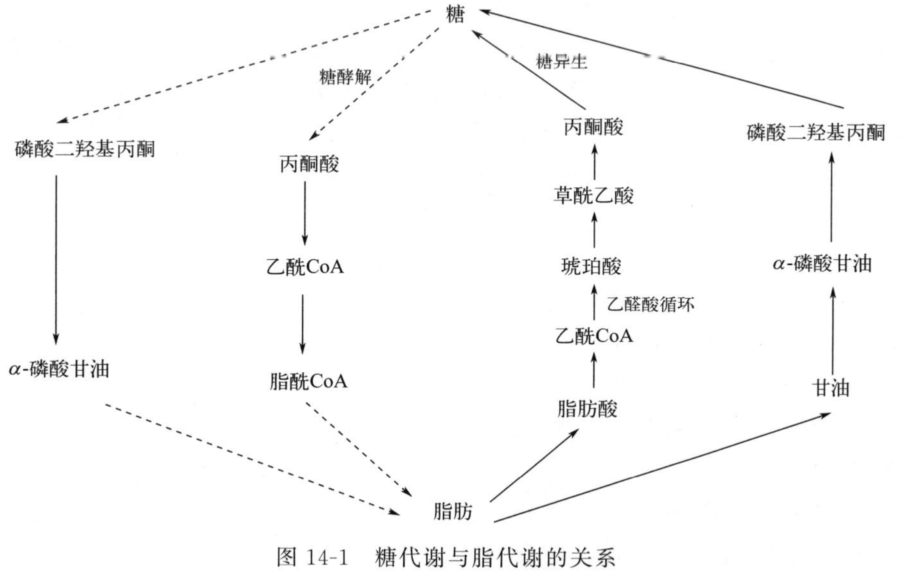

图 14-1　糖代谢与脂代谢的关系

二、糖代谢和蛋白质代谢的相互关系

糖是生物体内重要的碳源和能源。糖代谢的中间产物丙酮酸、草酰乙酸和α-酮戊二酸等可用于合成各种氨基酸的碳架结构，经氨基化或转氨基后，即可生成丙氨酸、天冬氨酸、谷氨酸等相应的氨基酸，并可进一步转化为其他的非必需氨基酸；此外，糖分解产生的能量（ATP 和 GTP），可供蛋白质合成之用。在糖的供应缺乏时，细胞能量水平下降，机体内蛋白质合成过程明显受到抑制。

蛋白质水解为氨基酸后，经脱氨可转化生成丙酮酸、草酰乙酸、α-酮戊二酸等由糖异生途径生成糖。在机体缺乏糖的摄入（如饥饿）时，体内蛋白质的分解就会加强，组成蛋白质的 20 种氨基酸，除了赖氨酸和亮氨酸以外，都可以直接或间接地转变为糖，以满足机体对葡萄糖的需求和维持血糖水平。糖代谢和蛋白质代谢的关系见图 14-2。

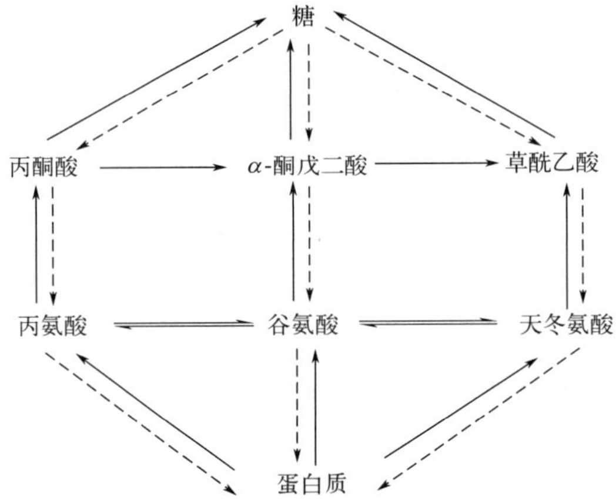

图 14-2　糖代谢与蛋白质代谢的关系

三、脂代谢和蛋白质代谢的相互关系

脂类和蛋白质之间可以互相转变。

脂肪可以转变为蛋白质。脂肪代谢的中间产物甘油可以转变为丙酮酸，经三羧酸循环可生成草酰乙酸、α-酮戊二酸等，后者可经转氨基生成相应的氨基酸作为蛋白质合成的原料；在含有乙醛酸循环的生物体内，脂肪酸分解产生的乙酰 CoA 可经乙醛酸循环、三羧酸循环合成琥珀酸，也可转化为草酰乙酸或α-酮戊二酸等，在这些生物体内，脂肪也可转化为氨基酸。

蛋白质也可转化为脂肪。蛋白质水解产物氨基酸经脱氨而生成酮酸或进一步形成乙酰 CoA，乙酰 CoA 可再缩合成脂肪酸，然后合成脂类物质。

此外，丝氨酸和甲硫氨酸是合成磷脂中乙醇胺和胆碱的原料，可进一步合成脑磷脂和卵磷脂。脂代谢与蛋白质代谢的关系见图 14-3。

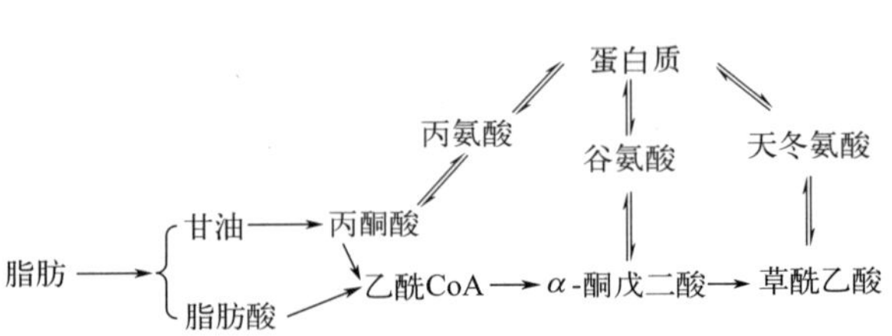

图 14-3　脂代谢与蛋白质代谢关系

三大营养物质在代谢中不仅可以相互转化，而且还彼此制约。在通常情况下，糖和脂肪在体内主要用于分解供能，而蛋白质主要作为建造细胞的原材料。但是，糖和脂肪的分解代谢能否正常进行则依赖于代谢途径各种酶的作用，也就是说受到蛋白质代谢的制约，在三者相互转化过程中，乙酰CoA和丙酮酸是关键物质。如果糖和脂肪不能正常分解供能或者食物来源不足，体内就会加速蛋白质的分解，而这又将影响蛋白质发挥其主要生理作用，但三大物质最终都经三羧酸循环彻底氧化，放出能量。可见，三大物质代谢之间存在着相互影响、彼此制约和殊途同归的关系。

四、核酸与其他物质的代谢关系

核酸作为遗传物质，通过控制蛋白质的生物合成，从而影响细胞的组成成分和代谢类型。相反，DNA或RNA的生物合成都需要酶和一些蛋白质因子的参与。

此外，许多核苷酸的衍生物在代谢中起着重要作用。如ATP是能量和磷酸基团的主要载体；UTP参与多糖的合成；CTP参与卵磷脂的合成；GTP供给蛋白质肽链合成所需的能量。许多重要的辅酶：HSCoA、NAD^+、$NADP^+$、FAD、FMN等都是核苷酸的衍生物，参与各类物质的代谢活动。

综上所述，体内各种物质既有各自特殊的代谢途径，又通过一些共同的中间代谢物或代谢环节，广泛地形成网络。其中糖酵解、三羧酸循环途径更是沟通各代谢之间联系的重要环节。四大物质的主要代谢联系总结见图14-4。

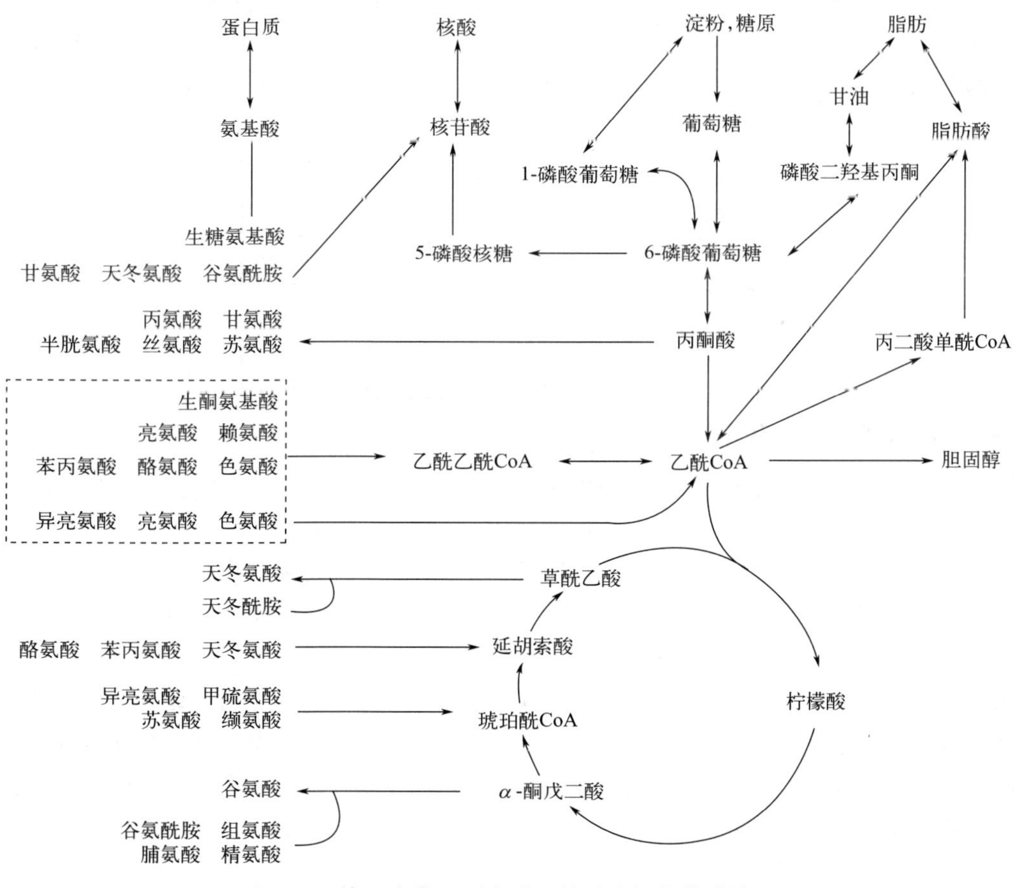

图14-4　糖、脂类、蛋白质和核酸之间的代谢关系

第二节 代谢调节

代谢调节

代谢调节是生物长期进化过程中为适应环境的变化而形成的一种适应能力。进化程度越高的生物，其代谢调节机构越复杂、越完善。就整个生物界来说，代谢调节是在三个不同水平上进行的，即细胞水平调节、激素水平调节、整体水平调节。单细胞通过细胞内代谢物浓度的变化，对酶的活性及含量进行调节，这种调节称为细胞水平调节或原始调节。细胞水平的调节实质上可以看作是酶水平的调节。高等生物中的内分泌细胞及内分泌器官分泌的激素，可以对其他细胞的代谢起调节作用，这种调节称为激素水平的调节。高等动物具有完整的内分泌系统和神经系统，在中枢神经系统的控制下，或通过神经组织及其产生的神经递质对靶细胞发生影响，或通过某些激素的分泌调节某些细胞的代谢及功能，并通过各种激素的相互协调而对机体代谢进行综合调节，这种调节称为整体水平的调节。

细胞水平的调节是最基本的调节方式，为一切生物所共有，是其他调节形式的基础；激素水平和整体水平的调节是在生物进化过程中完善起来的调节机制，但它们最终是通过细胞水平的调节来实现的。代谢调节随生物进化而发展、完善的关系可表示如下：

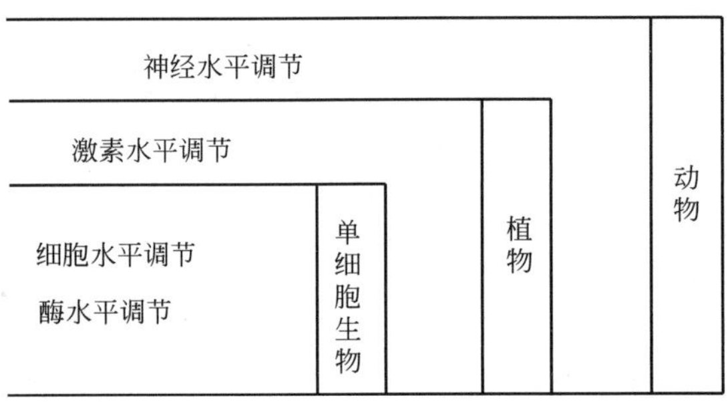

一、细胞水平的调节

机体内的代谢途径是由一系列酶促反应组成的，其速度及方向由代谢途径的关键酶决定，因此细胞水平的调节主要通过酶的调节来实现的。关键酶催化的反应具有以下特点。

① 速率最慢，它的速率决定整个代谢途径的总速率，故又称其为限速酶。

② 催化单向反应不可逆或非平衡反应，它的活性决定整个代谢途径的方向。

③ 这类酶活性除受底物控制外，还受多种代谢物或效应剂的调节。

酶的调节有两种方式：一种是通过酶的别构效应和化学修饰调节酶分子结构、影响酶的活性而实现对酶促反应的调节，称为酶活性的调节；另一种是通过改变酶的合成及降解的速率来改变酶的浓度而实现对酶促反应的调节，称为酶含量的调节。酶活性的调节在分、秒之内就可完成，是快速调节方式；酶含量调节一般要在几小时甚至更长时间才能完成，是缓慢调节方式。

（一）酶活性的调节

1. 酶的别构调节

细胞内有一类酶称为别构酶，这类酶大部分是寡聚酶，含有两个或两个以上的亚基，除活性部位外还有别构部位。当代谢物与别构部位以非共价键结合时，引起酶活性中心构象改变，从而引起酶活性的提高或降低。这种酶构象改变引起酶活性的变化称为别构效应。凡能引起酶构象改变的物质称为效应物，其中，能使酶活性提高的效应物称为别构激活剂；使酶活性降低的效应物，称为别构抑制剂。别构调节主要有下面三种方式。

（1）前馈作用和反馈作用　前馈作用和反馈作用可分别用来说明代谢底物和代谢产物作为效应物对某一代谢过程的调节作用。代谢途径前面的底物对其后面某一步反应的别构酶起的调节作用称为前馈作用；在代谢途径后面的产物对它前面的某一步反应的别构酶的调节作用称为反馈作用。在代谢途径中普遍存在的是前馈激活和反馈抑制两种作用方式。

① 前馈激活。在代谢途径前面的底物（效应物）与其后某一步催化反应的别构酶结合，引起该酶构象改变，使该酶的活性提高，促进代谢进行，称为前馈激活。例如，在糖原合成中，6-磷酸葡萄糖是糖原合成酶的变构激活剂，可促进糖原的合成，如下所示：

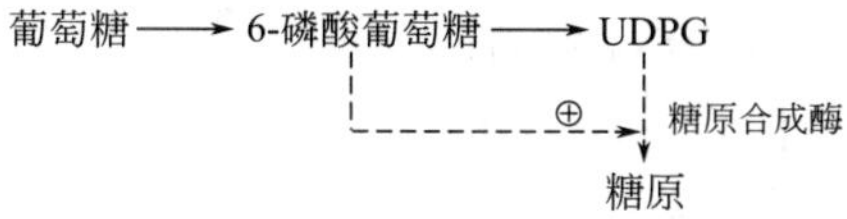

② 反馈抑制。代谢产物是其前面某一步反应酶的别构抑制剂，当它与酶结合时使酶活性降低，抑制代谢过程。例如嘌呤核苷酸合成时，IMP、GMP、AMP 可以抑制嘌呤生成的第一个酶促反应中磷酸核糖焦磷酸合成酶的活性，从而抑制嘌呤核苷酸的从头合成。

（2）代谢产物对不同代谢途径的别构调节　一条代谢途径的某一产物过剩，也可以使另一代谢途径中的某一个酶受到抑制或激活而改变代谢途径。例如在有氧条件下，丙酮酸产生的乙酰 CoA 可以合成柠檬酸参加柠檬酸循环，但当柠檬酸过剩时，柠檬酸作为别构抑制剂一方面抑制磷酸果糖激酶的活性，抑制糖的分解代谢，另一方面，柠檬酸作为别构激活剂激活乙酰 CoA 羧化酶的活性，促进脂肪酸的合成代谢。柠檬酸过剩时对不同代谢途径的调节见图 14-5。

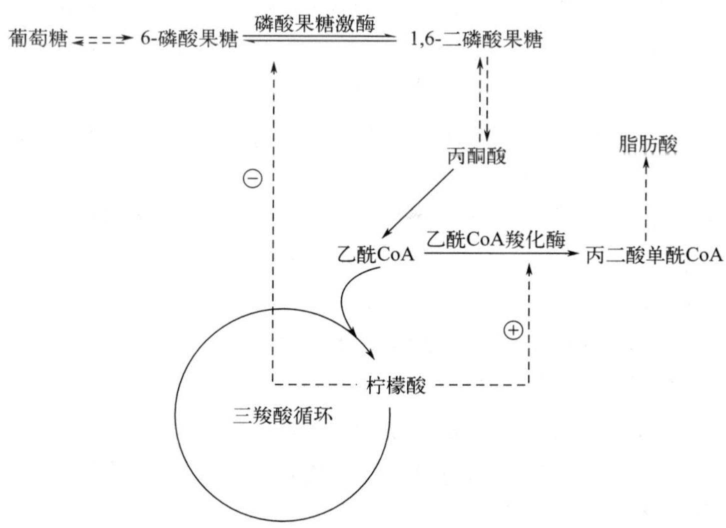

图 14-5　柠檬酸过剩对不同代谢途径的调节作用

（3）ATP、ADP、AMP 的别构调节　生物体 ATP、ADP、AMP 的能量状态可以使某些代谢途径的别构酶的活性改变。当体内 ATP 减少而 ADP、AMP 增加时，通过酶的别构调节可以激活糖分解、脂肪分解途径中关键酶的活性，抑制糖异生、糖原合成、脂肪合成等途径关键酶的活性，加速产能的过程；相反，当 ATP 增加而 AMP、ADP 减少，通过酶的别构调节可以激活糖异生途径、糖合成代谢、脂类合成代谢途径关键酶的活性，抑制糖分解、脂肪分解等途径关键酶的活性，抑制产能过程。表 14-1 列举了一些代谢途径的别构酶及其效应物。

表 14-1　一些代谢途径的别构酶及其效应物

别构酶	效应物	
	别构激活剂	别构抑制剂
己糖激酶		G-6-P
磷酸果糖激酶	AMP、ADP、FDP、Pi	ATP、柠檬酸
丙酮酸激酶	FDP、PEP、Pi	ATP、柠檬酸、乙酰 CoA
柠檬酸合成酶	AMP	ATP、长链脂酰 CoA
异柠檬酸脱氢酶	AMP、ADP、NAD^+	ATP、NADH
果糖二磷酸酯酶	乙酰 CoA、ATP	ADP
磷酸化酶 b	AMP、G-1-P、Pi	ATP、G-6-P
糖原合成酶 a	G-6-P	
肉碱脂酰转移酶Ⅰ		丙二酰 CoA
乙酰 CoA 羧化酶	柠檬酸	长链脂酰 CoA
谷氨酸脱氢酶	ADP	GTP、ATP
氨甲酰磷酸合成酶Ⅰ		*N*-AGA
磷酸核糖氨基转移酶		AMP、GMP
天冬氨酸转氨甲酰基酶		CTP

2. 酶的共价修饰调节

酶的共价修饰调节是指在专一酶的催化下某种小分子基团可以共价结合到被修饰酶的特定氨基酸残基上。这种小分子也可在酶催化下水解除去；这种加上或去除某种小分子基团的共价修饰可以改变酶活性，从而达到调节代谢的效果。目前已知有六种修饰方式：磷酸化/去磷酸化、乙酰化/去乙酰化、腺苷酰化/去腺苷酰化、尿苷酰化/去尿苷酰化、甲基化/去甲基化、氧化（S—S）/还原（2SH）。其中，酶的磷酸化和去磷酸化是普遍存在的一类共价修饰调节。现以糖原磷酸化酶为例，说明酶的共价修饰机理。

糖原磷酸化酶有两种存在形式，即磷酸化酶 a 和磷酸化酶 b，前者有活性，后者无活性。两者在不同酶催化下可以转化。肌肉中磷酸化酶 a 是四聚体，含四个相同的亚基；磷酸化酶 b 是二聚体，每个亚基肽链上有一个丝氨酸残基，它是进行磷酸化的部位。在磷酸化酶 b 激酶的催化下，磷酸化酶 b 接受来自 ATP 的磷酸基而磷酸化，并由二聚体转变为四聚体的磷酸化酶 a，催化糖原分解。磷酸化酶 a 在磷酸化酶 a 磷酸酶作用下，水解脱掉磷酸基转变为无活性的磷酸化酶 b，催化糖原合成（图 14-6）。

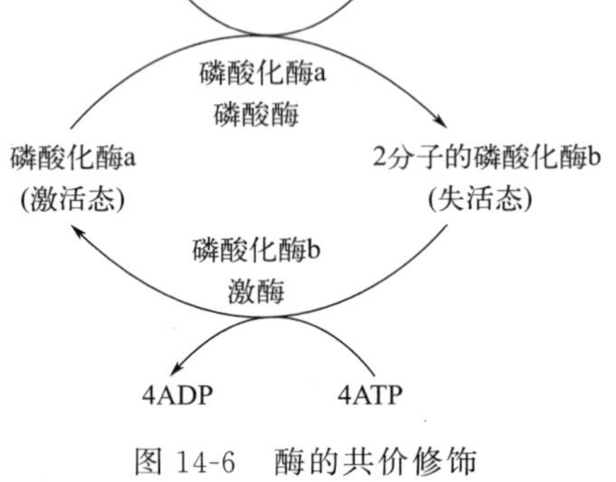

图 14-6　酶的共价修饰

酶的共价修饰调节具有下列特点。

① 这类酶绝大多数具有无活性和有活性两种形式，它们由不同的酶催化，而这些酶又

受激素等调节因素的控制。

② 磷酸化修饰可在从 ATP 获得磷酸基的同时也获得了能量，耗能少而利用率高。

③ 由于酶的共价修饰反应是酶促反应，只要有少量的调节因素存在，即可通过加速这种酶促反应，而使大量的另一种酶发生化学修饰，从而获得放大效应，调节快速，效率极高。这样的连锁代谢反应系统称为级联放大系统。图 14-7 显示了肾上腺素的级联放大反应。表 14-2 列举一些酶的酶促化学修饰反应。

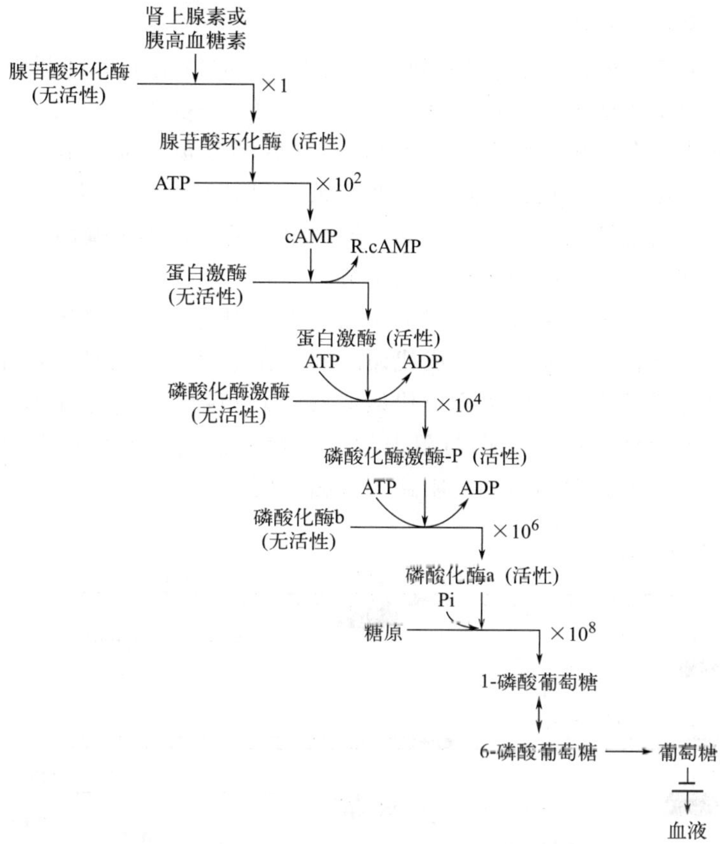

图 14-7　肾上腺素的级联放大反应示意图

表 14-2　酶促化学修饰对酶活力的调节

共价修饰酶	修饰类型	修饰前后酶活力的变化
磷酸化酶	磷酸化/脱磷酸化	增加/降低
磷酸化酶 b 激酶	磷酸化/脱磷酸化	增加/降低
糖原合成酶	磷酸化/脱磷酸化	降低/增加
丙酮酸脱氢酶	磷酸化/脱磷酸化	增加/降低
激素敏感性脂肪酶	磷酸化/脱磷酸化	增加/降低
谷氨酰胺合成酶	腺苷酰化/脱腺苷酰化	降低/增加
HMGCoA 还原酶	磷酸化/脱磷酸	降低/激活
乙酰 CoA 羧化酶	磷酸化/脱磷酸	降低/激活
黄嘌呤氧化酶	2SH/—S—S—	氧化/还原

（二）酶含量的调节

酶含量的调节为缓慢调节类型，它是通过改变酶分子的合成或降解速度来改变细胞内酶的含量以调节物质代谢的过程。加速酶合成的物质称诱导物，减少酶合成的物质称阻遏物。酶的含量至少在两个水平上进行调节：其一是转录水平的调节，即调节 DNA 的转录来诱导或阻遏编码某一蛋白质（酶）的 mRNA 的转录过程，进而改变酶的含量；另一水平是翻译水平的调节，即调节多肽链合成与降解的速度来调节酶的含量。所以酶含量的调节也称基因表达的调节。

1. 原核生物基因表达的调节

1961 年 Jacob 和 Monod 等通过研究利用乳糖为唯一碳源的大肠杆菌中产生 β-半乳糖苷酶的情况，提出一个酶的诱导和阻遏与基因关系的学说——操纵子学说。

操纵子学说认为：在原核生物 DNA 分子的不同区域分布着调节基因与操纵子。操纵子即基因表达的协同单位，它包括在功能上彼此有关的启动基因（启动子）、操纵基因和受操纵基因控制的结构基因或结构基因组。酶的诱导和阻遏发生在操纵基因上，操纵基因中的控制部位可接受调节基因产物（阻遏蛋白）的调节。

一般情况下，细菌不合成那些在代谢上无用的酶，因此一些分解代谢的酶类只在有关的诱导物存在时才被诱导合成；而一些合成代谢的酶类在阻遏物存在时，其合成被阻遏。在酶诱导时，阻遏蛋白与诱导物（一般为合成代谢的底物）相结合而失去封闭操纵基因的能力。在酶阻遏时，原来无活性的阻遏蛋白与阻遏物（一般为合成途径的终产物）相结合而被活化，从而封闭了操纵基因。酶的诱导与阻遏的操纵子模型见图 14-8。

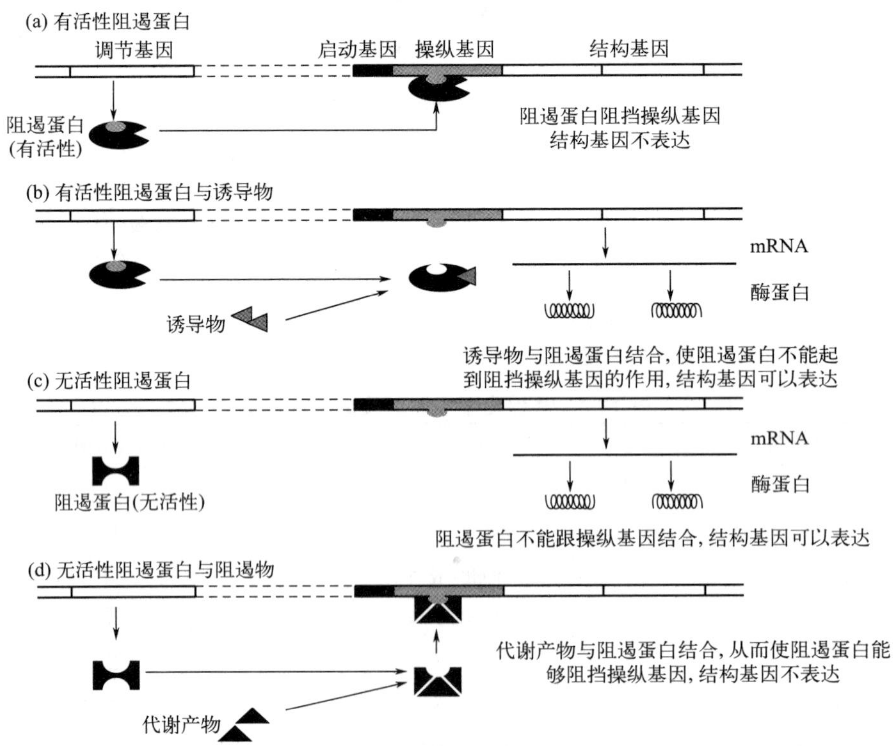

图 14-8　酶的诱导与阻遏的操纵子模型

（1）酶合成的诱导作用　当大肠杆菌生活在有葡萄糖的培养基时，β-半乳糖苷酶、β-半乳糖苷透性酶、半乳糖苷转乙酰基酶这三种代谢乳糖必需的酶含量很少，每个细胞不足 5 个；当大肠杆菌生活在只有乳糖作为唯一碳源的培养基中 1～2min 后，β-半乳糖苷酶、β-半乳糖苷透性酶、半乳糖苷转乙酰基酶迅速增加上千倍，大肠杆菌便能很好地利用乳糖。这说明，乳糖是一种诱导物，可以诱导合成代谢乳糖的三种酶（β-半乳糖苷酶，β-半乳糖苷透性酶、半乳糖苷转乙酰基酶）。这三种酶是诱导酶，是通过诱导物控制酶合成的量而进行调节的。

大肠杆菌乳糖操纵子（*lac*）是第一个被发现的操纵子，它包括依次排列的启动子（*lac p*）、操纵基因（*lac o*）和三个结构基因（*lac z*、*lac y*、*lac a*）。lac 结构基因 *z*、*y* 和 *a* 分别编码 β-半乳糖苷酶、β-半乳糖苷透性酶、半乳糖苷转乙酰基酶。操纵基因（*lac o*）不编码任何蛋白质，它是调节基因（*lac i*）所编码的阻遏蛋白的结合部位。

在酶诱导时，调节基因编码产生的阻遏蛋白和诱导物（乳糖）结合，引起阻遏蛋白构象改变而不能结合到 *lac o* 上，于是转录便得以进行，从而使吸收和分解乳糖的酶被诱导产生；当细胞中没有乳糖或其他诱导物时，则阻遏蛋白就结合在 *lac o* 上，阻止结合于启动子（p）上的 RNA 聚合酶向前移动，使转录不能进行。见图 14-9。

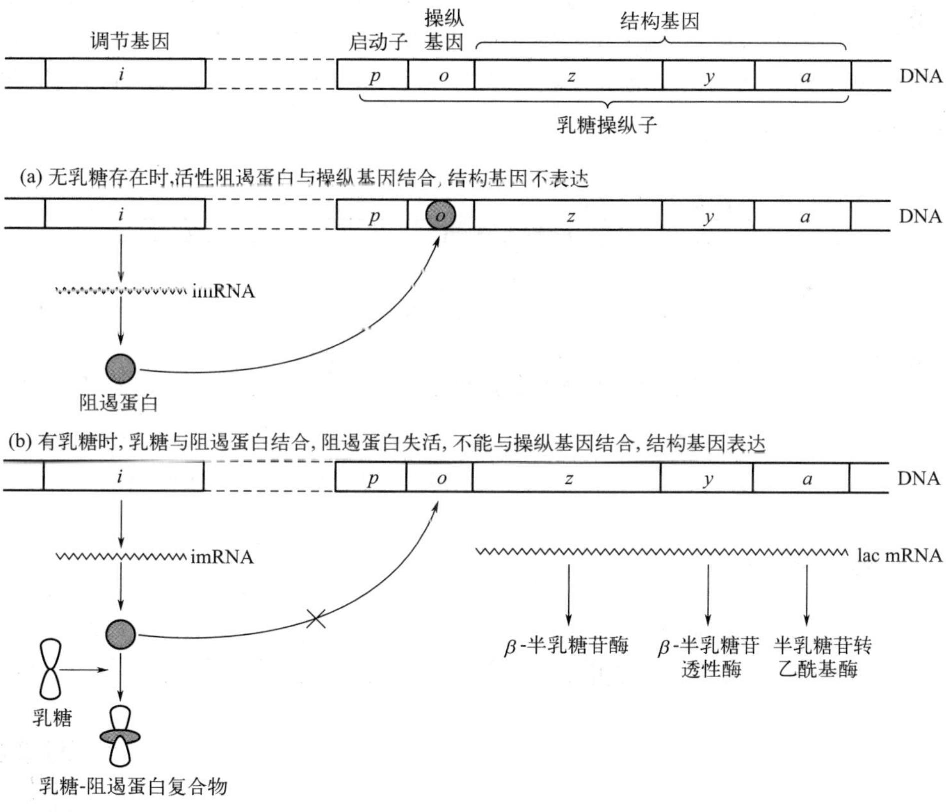

图 14-9 乳糖操纵子在阻遏状态

乳糖操纵子是弱启动子，除受乳糖诱导外还受 CAP 的正调控。

CAP 称为分解代谢物基因激活蛋白，也称为 cAMP 受体蛋白。当大肠杆菌中葡萄糖含量丰富时，抑制腺苷酸环化酶活性，导致 cAMP 水平低，CAP 不结合 cAMP 时无活性，所以即使存在乳糖，启动子也不能和 RNA 聚合酶结合，转录不能进行；当葡萄糖水平低

乳糖操纵子

时，激活腺苷酸环化酶，cAMP 水平增加，cAMP 与 CAP 结合后激活 CAP，结果促进 RNA 聚合酶与启动子结合，使转录增强。所以乳糖操纵子只有在葡萄糖水平低，且乳糖存在时才能被诱导转录。大肠杆菌乳糖操纵子基因表达的调节是酶的诱导作用和 CAP 正调控作用的联合作用的结果。

（2）酶合成的阻遏作用　与上述酶的诱导合成作用相反，某些代谢产物能阻止细胞内某种酶的生成，这些物质称为阻遏物，这种作用称为酶的阻遏作用。例如用 NH_4^+ 作为大肠杆菌的唯一氮源时，大肠杆菌能合成全部的氨基酸和其他含氮化合物；但在培养基中加入色氨酸，则大肠杆菌利用 NH_4^+ 和碳源合成色氨酸的酶系便迅速减少，这样，色氨酸就是合成色氨酸酶系的阻遏物。当色氨酸存在时，通过阻遏物（色氨酸）控制相关酶系的合成量而调节色氨酸的合成，这种调节方式是酶的阻遏调节。

色氨酸操纵子由 5 个功能相关的结构基因（E、D、C、B、A）、操纵基因和启动子组成。在第一个结构基因与操纵基因之间有一段前导序列和衰减子。

色氨酸操纵子的调节基因产物——阻遏蛋白是无活性的，不能与操纵基因结合，此时结构基因是开放的，可转录并翻译合成色氨酸的 5 种酶；在有过量色氨酸时，色氨酸作为阻遏物与阻遏蛋白结合，形成有活性的阻遏蛋白。有活性的阻遏蛋白与操纵基因结合，阻止转录的进行，使结构基因不能编码参与合成色氨酸的 5 种酶，色氨酸的合成减弱。色氨酸操纵子的酶合成的阻遏作用见图 14-10。

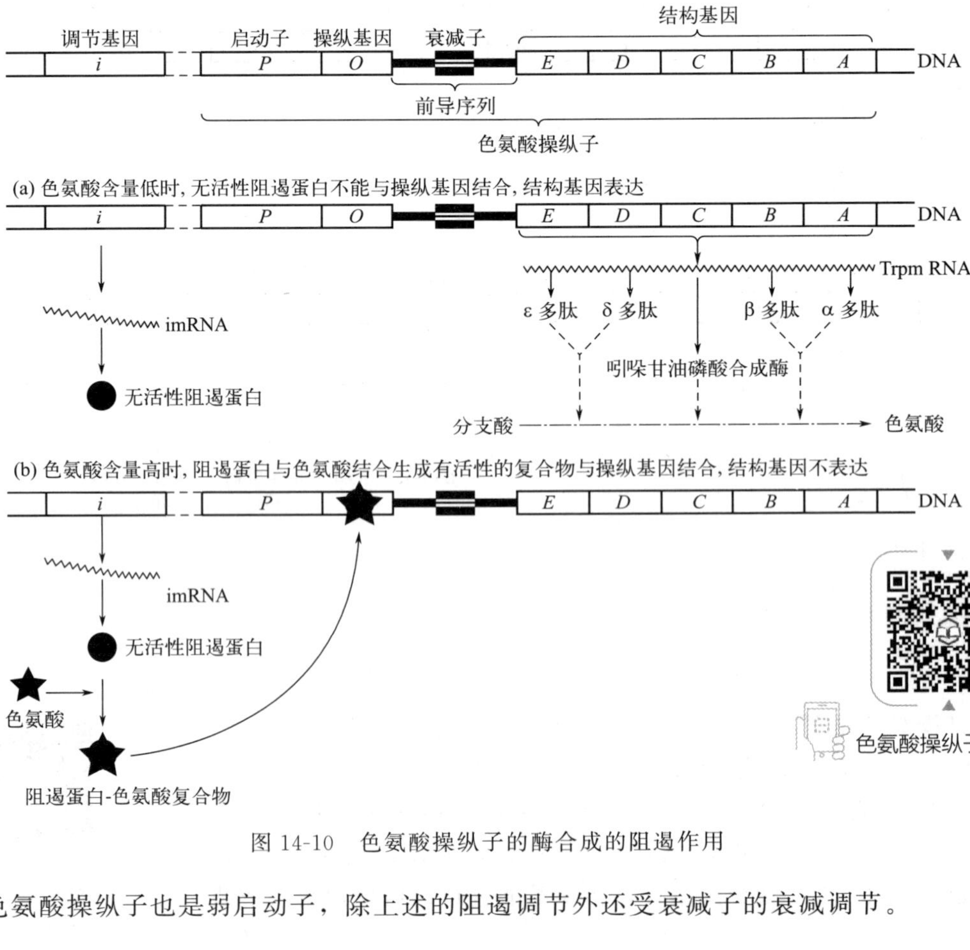

色氨酸操纵子

图 14-10　色氨酸操纵子的酶合成的阻遏作用

色氨酸操纵子也是弱启动子，除上述的阻遏调节外还受衰减子的衰减调节。

衰减子是存在于操纵基因与结构基因之间的前导序列中的一段碱基序列。衰减子区富含G-C碱基对，由4个特殊核苷酸序列区构成，可以形成回文结构。在1区和2区、3区和4区以及2区和3区之间都可以进行碱基配对，一旦不同区之间形成配对就会使前导序列产生不同的二级结构，直接影响转录是否进行。所以，衰减子是一个不依赖于终止因子的终止子。色氨酸的酶的阻遏作用与衰减子的转录衰减作用的联合作用是生物体控制色氨酸合成的高灵敏机制。

2. 真核生物基因表达的调节

真核生物基因表达的调节比原核生物复杂得多，可以在转录前、转录过程、转录后加工、翻译和翻译后进行多级调控，真核生物的基因表达的调控主要集中在转录水平上的调控，需要大量的转录因子通过一种联合机制发挥作用。

（1）顺式作用元件　顺式作用元件是指同一DNA分子中具有转录调节功能的特异DNA序列。顺式作用元件包括启动子、增强子、沉默子和绝缘子等。启动子是RNA聚合酶识别并与之结合从而起始转录前的一段特异性DNA序列；增强子是能够增强启动子转录活性的DNA序列，这种增强子的作用是通过结合特定的转录因子或改变染色质DNA的结构而促进转录；沉默子是指当有特异转录因子与它结合时可对转录起阻遏作用的DNA序列；绝缘子的功能是阻止激活或阻遏作用在染色质上的传递，使染色质活性限于结构域内。

（2）反式作用因子　反式作用因子是指识别、结合顺式作用元件并调控基因转录的蛋白质。反式作用因子主要是各种蛋白质调控因子。通过蛋白质调控因子特异的功能结构域与基因调控序列相互作用调控转录过程。功能结构域大体有螺旋-转角-螺旋、锌指、亮氨酸拉链和螺旋-环-螺旋四种主要类型。

（三）酶定位的区域化

酶在细胞内有一定的布局和定位，催化不同代谢途径的酶类，往往分别组成各种多酶体系，存在于一定的亚细胞结构区域，或存在于胞液之中，这种现象称为酶的区域化。所以，酶的分布是高度区域化的，代谢反应是分室分工进行的。

多酶体系在细胞中的区域化为酶水平的调节创造了条件，使某些调节因素可以专一地影响细胞某一部分的酶活性，而不致影响其他部位的酶活性；而且在一个细胞内，由同一代谢物可在不同酶催化下发生完全不同的变化，从而保证整体代谢的顺利进行。

此外，酶定位的区域化使它与底物和辅酶在细胞器内一起相对浓缩，有利于在细胞的局部范围内快速进行各个代谢过程。酶在真核细胞内的分布见表14-3。

表14-3　酶在真核细胞内的分布

细胞器	酶系
质膜	ATP合成酶、腺苷酸环化酶等
胞基质（胞液）	参与糖酵解途径、磷酸戊糖途径、糖原分解、糖原合成、糖异生途径、脂肪酸合成、嘌呤与嘧啶分解、氨基酸合成等的酶系
线粒体	三羧酸循环、电子传递、氧化磷酸化、尿素循环、脂肪酸β-氧化转氨作用等酶系
微粒体	蛋白质合成、脂肪酸碳链延长等
过氧化物体	过氧化氢酶
高尔基体	多糖、核蛋白生成酶系
溶酶体	水解酶类
细胞核	DNA、RNA的合成等

二、激素水平的调节

生物界的激素可分为哺乳动物激素、高等植物激素和无脊椎动物激素。其中，哺乳动物激素依其化学本质分为四类：氨基酸及其衍生物、肽及蛋白质类激素、固醇类激素、脂肪酸衍生物激素；植物激素分为五类：生长素、赤霉素、激动素、脱落酸、乙烯；昆虫类激素有蜕皮激素和保幼激素。激素是由特殊活细胞分泌的对某些靶细胞有特殊激动作用的一群微量有机物质，对代谢起着强大的调节作用。激素调节代谢的作用是通过对酶活性的控制或对酶及其他生化物质合成的诱导作用来完成的。

各类激素的作用机理不同，膜受体激素如肽类和蛋白质类激素是通过与细胞膜上的受体结合而激活腺苷酸环化酶，促使 ATP 转化为 cAMP，然后再通过 cAMP 把此信息传送到靶细胞内某种酶系发挥对靶细胞的调节作用。所以，激素是第一信使，cAMP 是第二信使。见图 14-11。

膜内受体激素如固醇类激素从内分泌细胞分泌后经血液循环送到靶细胞后即进入靶细胞内与“受体蛋白”结合，形成激素-受体蛋白复合物。这种复合物在一定条件下进入细胞核，通过影响 RNA 和蛋白质的合成过程而影响某种酶蛋白的合成及其活性。所以激素是第一信使，激素-受体蛋白是第二信使。见图 14-12。

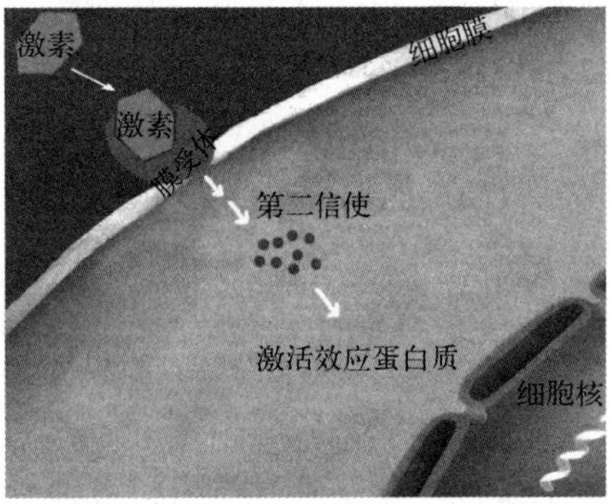

图 14-11　膜受体激素的作用途径

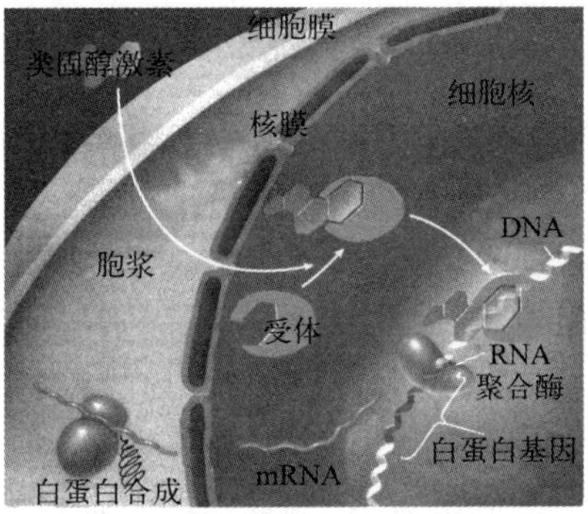

图 14-12　膜内受体激素的作用途径

三、整体水平的调节

高等动物有完善的神经系统，神经系统对代谢的调节有直接和间接的调节作用。神经系统的直接调节作用是大脑接受某种信号后直接对有关的组织、器官或细胞发出信息，使它们兴奋或抑制以调节代谢。神经系统的间接调节作用是大脑接受某种信号后通过对内分泌腺分泌活动的调控实现其调节作用。

润心驿站　　生命代谢的和谐网络——和而不同，平衡共生

在生物体内，糖、脂类、核酸、蛋白质等物质的代谢过程构成了一个庞大而精细的网络，彼此间相互依存、相互影响。这张生命之网不仅维系着生物体的稳态，更揭示了生命活动的奥秘。正如自然界中的万物，虽然各自扮演着不同的角色，却紧密相连，共同构成了一个和谐统一的整体。糖、脂肪、蛋白质及核酸等物质的代谢过程，在生物体内也是如此，它们各自独特但又不可或缺，共同维持着生命的平衡与稳定。

在中国古代哲学中，“天人合一”思想强调了人与自然的和谐共生。生物体内的物质代谢过程也深刻体现了这种和谐与统一。每一种代谢产物的生成与消耗，都是生命之网中不可或缺的一环，它们相互交织，共同维系着生命的稳态。这种思想启示我们，在理解生命现象时，不能孤立地看待每一个代谢过程，而应将其置于整体生命活动的框架中加以考察。

阴阳相互依存、相互制约的哲学观念，同样适用于生物体内的代谢平衡。代谢平衡是生命正常进行的重要保障，它蕴含着深刻的哲学智慧。当生物体内的物质代谢出现失衡时，往往会引发一系列疾病，如因能量代谢障碍导致脂肪堆积所致的肥胖症；因嘌呤代谢异常引起尿酸水平升高导致的痛风；因胰岛素分泌不足或利用障碍导致糖、蛋白质和脂肪代谢紊乱所致的糖尿病、酮症等代谢性疾病。

在生物代谢中，糖、脂类、蛋白质等物质的代谢过程各具特色，但又相互依存、相互影响，共同维持着生物体的生命活动。这种“和而不同”的代谢模式，既体现了生物体内物质代谢的复杂性和多样性，又揭示了生命活动的内在规律和本质特征。它启示我们，在研究和理解生命现象时，需要既关注个体的独特性，又重视整体的和谐性，以全面深入地把握生命的奥秘。

小思考

1. 如何从“天人合一”思想出发，理解生物体内物质代谢的和谐统一与生命稳态的维系？

2. 阴阳哲学中的平衡观念如何帮助我们认识生物体内代谢失衡与代谢性疾病的关系？

物质代谢的相互联系及调节控制知识框架

<table>
<tr><td rowspan="8">物质代谢的相互联系及调节控制</td><td rowspan="8">代谢的联系</td><td rowspan="7">物质代谢的相互关系</td><td rowspan="4">糖与脂肪的相互转化</td><td>糖→磷酸二羟基丙酮→磷酸甘油→参与脂肪合成</td></tr>
<tr><td>糖→磷酸二羟基丙酮→丙酮酸→乙酰 CoA→脂肪酸→TG</td></tr>
<tr><td>TG→甘油→磷酸甘油→磷酸二羟基丙酮→异生为糖</td></tr>
<tr><td>TG→脂肪酸→乙酰 CoA→三羧酸循环</td></tr>
<tr><td>糖与蛋白质的相互转化</td><td>糖→丙酮酸、草酰乙酸、α-酮戊二酸→非必需氨基酸
蛋白质→{生糖氨基酸
生糖兼生酮氨基酸}→异生为糖</td></tr>
<tr><td>脂肪与蛋白的相互转化</td><td>脂肪→甘油→α-酮酸→非必需氨基酸
蛋白质→生酮氨基酸→脂肪酸→
蛋白质→生糖氨基酸→甘油(此步转化无意义)</td></tr>
<tr><td>结论</td><td>1. 糖在体内可大量转变为脂肪并永久贮存
2. 糖供应不足或利用障碍时，脂肪中的甘油可转化为糖
3. 氨基酸可经糖异生途径生成糖，糖和脂肪可转化为非必需氨基酸</td></tr>
<tr><td>能量代谢的相互关系</td><td colspan="2">1. 三大物质都需进入三羧酸循环才能彻底氧化，释放能量
2. 三大物质均以氧化磷酸化的方式产生大量的能量
3. 机体在能量的生成与利用上相互影响、相互制约
4. ATP 是机体能量利用的共同形式</td></tr>
</table>

续表

<table>
<tr><td rowspan="20">物质代谢的相互联系及调节控制</td><td rowspan="20">代谢调节</td><td>代谢特点</td><td colspan="4">1. 机体代谢是一个完整的统一体
2. 每种物质都有各自的代谢特点和代谢池
3. ATP、NADPH 是共同的代谢产物
4. 代谢是被调节控制的</td></tr>
<tr><td>方式</td><td colspan="4">细胞水平的调节——改变酶的活性及含量
激素水平的调节——改变酶的活性及含量
整体水平的调节——改变激素的分泌</td></tr>
<tr><td rowspan="10">细胞水平调节</td><td rowspan="2">酶活性调节（快速调节）</td><td>别构调节</td><td colspan="2">定义：通过酶的别构效应改变关键酶的活性而调节代谢反应的过程
特点：别构酶有两种形式（T 态和 R 态），在效应物作用下可以相互转化；别构酶是寡聚酶，不符合米氏方程
形式：前馈激活、反馈抑制及 ATD/ADP、AMP 调节</td></tr>
<tr><td>共价修饰调节</td><td colspan="2">定义：通过共价结合小分子物质改变关键酶的活性而调节代谢反应的过程
特点：共价修饰酶有两种状态（有活性和无活性），在其他酶的催化下通过共价修饰和去修饰而转化；具有级联放大效应
形式：磷酸化和去磷酸化是最常见的形式</td></tr>
<tr><td rowspan="7">酶含量调节（慢调节）</td><td rowspan="6">原核生物——操纵子模型</td><td rowspan="3">酶的诱导</td><td>无诱导物（乳糖）时，阻遏蛋白有活性，与操纵基因结合，结构基因关闭不表达，不能产生降解乳糖的酶</td></tr>
<tr><td>有诱导物（乳糖）时，诱导物与阻遏蛋白结合，阻遏蛋白不能与操纵基因结合，结构基因开放，转录后产生降解乳糖的酶</td></tr>
<tr><td>CAP 的正调控</td></tr>
<tr><td rowspan="3">酶的阻遏</td><td>无阻遏物（如色氨酸）时，阻遏蛋白无活性，不能与操纵基因结合，结构基因开放，转录后产生合成色氨酶的酶</td></tr>
<tr><td>有阻遏物（如色氨酸）时，阻遏物与阻遏蛋白结合，有活性的阻遏蛋白与操纵基因结合，结构基因关闭不表达，不能产生合成色氨酸的酶</td></tr>
<tr><td>衰减子的调节作用</td></tr>
<tr><td>真核生物</td><td colspan="2">多水平进行调节，主要在转录水平，通过顺式作用元件和反式作用因子调节基因的表达</td></tr>
<tr><td>酶的区域化</td><td colspan="3">糖酵解、磷酸戊糖途径、脂肪酸合成等——胞液
三羧酸循环、β-氧化、呼吸链等——线粒体
蛋白质合成等——内质网
核酸合成——细胞核</td></tr>
<tr><td rowspan="4">激素水平的调节</td><td rowspan="2">膜受体激素</td><td colspan="3">多为蛋白质类激素</td></tr>
<tr><td colspan="3">激素为第一信使，cAMP 为第二信使</td></tr>
<tr><td rowspan="2">膜内受体激素</td><td colspan="3">多为固醇类激素</td></tr>
<tr><td colspan="3">激素为第一信使，激素-受体蛋白为第二信使</td></tr>
<tr><td rowspan="4">整体水平调节</td><td rowspan="2">饥饿</td><td colspan="3">短期：脂肪动员、组织蛋白降解、糖异生加强，葡萄糖利用降低</td></tr>
<tr><td colspan="3">长期：脂肪动员加强，产生大量酮体；肾糖异生增强；组织蛋白质降解减弱，肌肉以脂肪酸为主要能源</td></tr>
<tr><td rowspan="2">应激</td><td colspan="3">定义：是机体受到创伤、中毒等强烈刺激和恐慌等情绪激动所作出的一系列反应的总称</td></tr>
<tr><td colspan="3">血糖水平升高、脂肪动员加强、蛋白质分解加强</td></tr>
</table>

本章思考题

一、填空题

1. 沟通糖、脂代谢的关键化合物是____________。

2. 不同代谢途径可以通过交叉点代谢中间物进行转化，在糖、脂、蛋白质及核酸的相互转化过程中三个最关键的代谢中间物是____________、丙酮酸和____________。

3. 对于高等生物而言，物质代谢调节可分为三级水平，包括________、________及整体水平的调节。

4. 酶含量的调节主要通过改变酶________或________以调节细胞内酶的含量，从而调节代谢的速度和强度。

二、选择题

1. 关于糖、脂、氨基酸代谢叙述错误的是（　　）。

A. 乙酰 CoA 是糖、脂、氨基酸分解代谢共同的中间代谢物

B. 三羧酸循环是糖、脂、氨基酸分解代谢的最终途径

C. 当摄糖量超过体内消耗时，多余的糖可转变为脂肪

D. 当摄入大量脂类物质时，脂类可大量异生为糖

2. 磷酸二羟丙酮是（　　）代谢之间的交叉点。

A. 糖—氨基酸　　B. 糖—脂肪酸　　C. 糖—甘油　　D. 糖—胆固醇

3. 酶化学修饰调节的主要方式是（　　）。

A. 乙酰化与去乙酰化　　B. 甲基化与去甲基化

C. 磷酸化与去磷酸化　　D. 聚合与解聚

三、问答题

1. 简单举例说明生物体代谢调控的三个水平。

2. 哪些中间代谢物可以将糖、脂、蛋白质和核酸代谢联系起来？

附　录

常用生化名词缩写

缩写	中文名称	英文名称
A(Ado)	腺(苷)嘌呤	adenosine
A site	氨甲酰部位	aminoacyl site
AA	氨基酸	amino acid
ACP	酰基载体蛋白质	acyl carrier protein
ADP	腺苷二磷酸	adenosine diphosphate
ADPG	腺苷二磷酸葡萄糖	adenosine diphosphate glucose
AGA	乙酰谷氨酸	acetyl glutamic acid
AIDS	获得性免疫缺陷综合征	acquried immunodeficiency syndrome
AMP	腺苷(一磷)酸	adenosine monophosphate
cAMP	环腺苷酸	cyclic adenosine monophosphate
dAMP	脱氧腺苷(一磷)酸	deoxyadenosine monophosphate
apo	载脂蛋白	apolipoprotein
Arg	精氨酸	arginine
Asn;N	天冬酰胺	asparagine
Asp;D	天冬氨酸	aspartic acid
ATCase	天冬氨酸转氨甲酰酶	aspartate transcarba mylase
ATP	腺苷三磷酸	adenosine triphosphate
BAL	二巯基丙醇	dimercaprol
BC	生物素羧化酶	biotin carboxylase
BCCP	生物素羧基载体蛋白	biotin carboxyl carrier protein
bp	碱基对	base pair
C	互补;环-;胞(苷)嘧啶	complementary;cyclic-;cyticline
CAP	分解物基因激活蛋白(cAMP 受体蛋白)	catabolite gene activator protein(cyclic AMP receptor protein)
cccDNA	共价闭环 DNA	covalent closed circular-DNA
cDNA	互补 DNA	complementary DNA
CDP	胞苷二磷酸	cytidine diphosphate
Cit	瓜氨酸	citrulline
CM	乳糜微粒	chylomicron
CMC	羧甲基纤维素	carboxymethyl cellulose
CMP	胞苷(一磷)酸	cytidine monophosphate
dCMP	脱氧胞苷(一磷)酸	deoxycytidine monophosphate
CoA	辅酶 A	coenzyme A
Co Ⅰ	辅酶 Ⅰ	coenzyme Ⅰ
Co Ⅱ	辅酶 Ⅱ	coenzyme Ⅱ
ConA	伴刀豆球蛋白	concanavalin
CTP	胞苷三磷酸	cytidine triphosphate

Cys;C	半胱氨酸	cysteine
cyt	细胞色素	cytochrome
DEAE	二乙氨乙基纤维素	diethyl-amino-ethyl cellulose
DFP	二异丙基氟磷酸	di-isopropyl fluorophosphate
DHA	二十二碳六烯酸	docosahexaenoic acid
DNA	脱氧核糖核苷酸	deoxyribonucleic acid
DNase	脱氧核糖核酸酶	deoxyribonuclease
DNFB	2,4-二硝基氟苯	2,4-dinitroflurobenzene
DNP	2,4-二硝基苯酚;DNA-蛋白质复合体	2,4-dinitrophenol;DNA-protein complex
DOPA	3,4-二羟基苯丙氨酸(多巴)	3,4-dihydroxyphenylalanine
DPG	2,3-二磷酸甘油	diphospho-glycerol
dsDNA	双链 DNA	double stramd DNA
E	酶	enzyme
EC	国际酶学委员会	Enzyme Commission
EDTA	乙二胺四乙酸	editic acid
EF	延长因子	elongation factor
ELISA	酶标记免疫吸附测定法	enzyme-linked immunosorbent assay
EMP	糖酵解途径	Embden-Meyerhof pathway
EPA	二十碳五烯酸	eicosapentaenoic acid
ER	内质网	endoplasmic reticulum
ES	酶-底物复合物	enzyme-substrate complex
ETC	电子传递链	electron transfer chain
F-6-P	6-磷酸果糖	fructose-6-phosphate
FFA	游离脂肪酸	free fatty acid
FAD	黄素腺嘌呤二核苷酸	flavin adenine dinucleotide
Fd	铁氧还蛋白	ferredoxin
FDP	1,6-二磷酸果糖	fructose-1,6-biphosphate
FH_4	四氢叶酸	tetrahydrofolic acid
fMet	甲酰甲硫氨酸	formyl methionine
FMN	黄素单核苷酸	flavin mononucleotide
Fru	果糖	fructose
5-FU	5-氟尿嘧啶	5-fluorouracil
G	鸟(苷)嘌呤	guanosine
GAR	甘氨酰胺核糖核苷酸	glycinamide ribonucleotide
GDP	鸟苷二磷酸	guanosine diphosphate
GK	葡萄糖激酶	glucokinase
Gln;Q	谷氨酰胺	glutamine
Glu	葡萄糖	glucose
Glu;E	谷氨酸	glutamic acid
Gly;G	甘氨酸	glycine
GMP	鸟苷(一磷)酸	guanylic acid
cGMP	环鸟苷酸	cyclic guanylic acid
dGMP	脱氧鸟苷酸	deoxyguanylic acid
GOT	谷草转氨酶	glutamic-oxalacetic transaminase
GPT	谷丙转氨酶	glutamic-pyruvic transaminase
GSH	还原型谷胱甘肽	glutathione

GSSG	氧化型谷胱甘肽	glutathione peroxidase
Hb	血红蛋白	hemoglobin
HbA	成人血红蛋白	adult hemoglobin
HbS	镰状红细胞血红蛋白	"sickled"hemoglobin
HbO_2	氧合血红蛋白	oxyhemoglobin
HDL	高密度脂蛋白	high-density lipoprotein
HGPRT	次黄嘌呤-鸟嘌呤磷酸核糖基转移酶	hypoxanthine guanine phosphoribosyl transferase
His;H	组氨酸	histidine
HK	己糖激酶	hexokinase
HMG-CoA	β-羟-β-甲基戊二酸单酰 CoA	β-hydroxy-β-methylglutaryl-CoA
hnRNA	核不均一 RNA	heterogeneous nuclear RNA
5-HT	5-羟色胺	5-hydroxytryptamine
Hyp	羟脯氨酸	hydroxyproline
I	次黄(苷)嘌呤	inosine
IEF	等电聚焦	isoelectric focusing
IF	起始因子	initiation factor
Ile;I	异亮氨酸	isoleucine
IMP	次黄苷酸	inosinic acid
IU	国际单位	international unit
K_{cat}	催化速率常数(酶的转换数)	catalytic rate constant(turnover number)
K_m	米氏常数	Michaelis constant
L	硫辛酸	lipoic acid
LDH	乳酸脱氢酶	lactic dehydrogenase
LDL	低密度脂蛋白	low density lipoprotein
Leu;L	亮氨酸	leucine
LP	脂蛋白	lipoprotein
Lys;K	赖氨酸	lysine
Met;M	甲硫氨酸(蛋氨酸)	methionine
$m'G$	一甲基鸟苷	mono-methyl-guanosine
6MP	6-巯基嘌呤	6-mercaptopurine
mRNA	信息 RNA	messenger RNA
mtRNA	线粒体 RNA	mitochondrial RNA
NAD	烟酰胺腺嘌呤二核苷酸	nicotinamide adenine dinucleotide
NADP	烟酰胺腺嘌呤二核苷酸磷酸	nicotinamide adenine dinucleotide phosphate
NMR	核磁共振	nuclear magnetic resonance
NPN	非蛋白氮	non-protein nitrogen
ocDNA	开环 DNA	open circular DNA
Orn	鸟氨酸	ornithine
OSCP	寡霉素敏感蛋白	oligomycin-sensitivity-conferring protein
P site	肽基部位	peptidyl site
P/O	磷氧比	P/O ratio
PAGE	聚丙烯酰胺凝胶电泳	polyacrylamide gel electrophoresis
SDS-PAGE	SDS-聚丙烯酰胺凝胶电泳	SDS-polyacrylamide gel electrophoresis
PCR	聚合酶链反应	polymerase chain reaction
PEP	磷酸烯醇式丙酮酸	phosphoenol pyruvate
PEPCK	磷酸烯醇式丙酮酸羧激酶	phosphoenolpyruvate carboxykinase

PGK	磷酸甘油酸激酶	phosphoglycerate kinase
Phe;F	苯丙氨酸	phenylalanine
p*I*	等电点	isoelectric point
PITC	异硫氰酸苯酯	phenylisothiocyanate
PK	丙酮酸激酶	pyruvate kinase
PLP	磷酸吡哆醛	pyridoxal phosphate
PMP	磷酸吡哆胺	pyridoxamine phosphate
polyA	多聚腺苷酸	polyadenylic acid
polyU	多聚尿苷酸	polyuridylic acid
PPi	焦磷酸	pyrophosphate
Pro;P	脯氨酸	proline
PRPP	磷酸核糖焦磷酸	phospho ribosyl pyrophosphate
QH_2	质体醌	plastoquinone
rcDNA	松弛环形 DNA	relaxed circular DNA
RF	释放因子	releasing factor
R_f	迁移率	rate of flow
RNA	核糖核酸	ribonucleic acid
RNP	核糖核蛋白	ribonucleoprotein
rRNA	核糖体 RNA	ribosomal RNA
SAM	*S*-腺苷甲硫氨酸	*S*-adenosylmethionine
SD.	SD-序列	Shine-Dalgarno sequence
SDS	十二烷基硫酸钠	sodium dodecyl sulfate
Ser;S	丝氨酸	serine
snRNA	核内小 RNA	small nuclear RNA
SOD	超氧化物歧化酶	superoxide dismutase
SSB	单链结合蛋白	single strand binding protein
T	(脱氧)胸苷,胸腺嘧啶	deoxythymidine
TDP	胸苷二磷酸	thymidine diphosphate
TEMED	*N*,*N*,*N*′,*N*′-四甲基乙二胺	*N*,*N*,*N*′,*N*′-tetramethyl ethylene diamine
TF	转录因子	transcriptional factor
Ts	稳定的延长因子	stable elongation factor
Tu	不稳定的延长因子	unstable elongation factor
Thr;T	苏氨酸	threonine
TMP	胸苷(一磷)酸	deoxythymidylic acid
TPP	焦磷酸硫胺素	thiamine pyrophosphate
Tris	*N*-三羟甲基氨基甲烷	*N*-trishydroxymethyl aminomethane
tRNA	转移 RNA	transfer RNA
Trp;W	色氨酸	tryptophane
Tyr;Y	酪氨酸	tyrosine
U	尿(苷)嘧啶	uridine
UDP	尿苷二磷酸	uridine diphosphate
UDPG	尿苷二磷酸葡萄糖	uridine diphosphate glucose
UMP	尿苷酸	uridylic acid
UTP	尿苷三磷酸	uridine triphosphate
Val;V	缬氨酸	valine
VLDL	极低密度脂蛋白	very low density lipoprotein
X	黄(苷)嘌呤	xanthosine
XMP	黄苷酸	xanthosine monophosphate

参 考 文 献

[1] 王镜岩，朱圣庚，徐长法．生物化学［M］．3版．北京：高等教育出版社，2005.

[2] 张丽萍，杨建雄．生物化学简明教程［M］．5版．北京：高等教育出版社，2015.

[3] 张曼夫，生物化学［M］．北京：中国农业大学出版社，2002.

[4] 李庆章，吴永尧．生物化学［M］．北京：中国农业出版社，2004.

[5] 刘国琴，杨海莲．生物化学［M］．3版．北京：中国农业大学出版社，2019.

[6] 张楚富．生物化学原理［M］．2版．北京：高等教育出版社，2012.

[7] 郑集，陈钧辉．普通生物化学［M］．4版．北京：高等教育出版社，2007.

[8] 周爱儒，查锡良．生物化学［M］．5版．北京：人民卫生出版社，2000.

[9] 张冬梅，陈钧辉．普通生物化学［M］．6版．北京：高等教育出版社，2021.

[10] 王镜岩，朱圣庚，徐长法．生物化学教程［M］．北京：高等教育出版社，2008.

[11] 王希成．生物化学［M］．北京：清华大学出版社，2001.

[12] 田余祥．生物化学［M］．4版．北京：高等教育出版社，2020.

[13] 郭蔼光．基础生物化学［M］．北京：高等教育出版社，2001.

[14] 于自然，黄泰熙．现代生物化学［M］．3版．北京：化学工业出版社，2012.

[15] 刘玉乐．生物化学［M］．5版．北京：清华大学出版社，2023.

[16] 谭景莹．英汉生物化学及分子生物学词典［M］．北京：科学出版社，2007.

[17] Moran L A，Horton R A，Serimgeour G，et al. Principles of Biochemistry［M］．5th ed. New York：Pearson Education inc，2011.

[18] 朱圣庚，徐长法．生物化学［M］．4版．北京：高等教育出版社，2016.

[19] Campbell M K，Farrell S O. Biochemistry［M］．7th ed. New York：Brooks Cole，2011.

[20] 共产党员网．百年瞬间丨我国完成人工全合成结晶牛胰岛素［EB/OL］．(2021-09-21)［2025-12-17］．

[21] 袁隆平．水稻的雄性不孕性［J］．科学通报，1966，17（4）：185-188.

[22] 袁隆平，李必湖，尹华奇．利用“野败”选育“三系”的进展［J］．中国农业科学，1974，7（1）：1-6.

[23] 刘雅婷．农科大类基础课程思政教学指南［M］．北京：中国农业出版社，2022：236.

[24] 无．孙思邈巧识脚气病［J］．中国中医药现代远程教育，2013，11（14）：112.

[25] 高尿酸血症相关疾病诊疗多学科共识专家组．中国高尿酸血症相关疾病诊疗多学科专家共识［J］．中华内科杂志，2017，56（3）：235-248.

[26] LIU R，HAN C，WU D，et al. Prevalence of hyperuricemia and gout in mainland China from 2000 to 2014：a systematic review and meta-analysis［J］．Biomed Res Int，2015：762820.

[27] 中华医学会．临床诊疗指南：风湿病分册［M］．北京：人民卫生出版社，2005：120.

[28] Li Y，Shen Z，Zhu B，et al. Demographic，regional and temporal trends of hyperuricemia epidemics in mainland China from 2000 to 2019：a systematic review and meta-analysis［J］．Glob Health Action，2021，14（1）：1874652.

[29] 王皓毅．基础研究的喜悦无与伦比——未来论坛独家专访2017未来科学大奖生命科学奖得主施一公［J］．科技中国，2017（11）：102-108.

[30] 刘昌孝．当代抗生素发展的挑战与思考［J］．中国抗生素杂志，2017，42（1）：1-12.

[31] 罗丹，马世伟，王哲．金黄色葡萄球菌耐药机制及治疗药物［J］．国外医药（抗生素分册），2024，45（1）：1-11.